当代杰出青年科学文库

原生高砷地下水

（下册）

王焰新 等 著

科学出版社

北京

内 容 简 介

本书分上、中、下三篇，主要包括三个方面的内容：原生高砷地下水形成与分布机理、高砷地下水修复技术研发与示范、高砷地下水研究方法。系统总结全球尺度原生高砷地下水分布规律及内在机制，提出高砷地下水成因的新模型；详细阐述原生高砷地下水修复与改良的主要方法与技术，丰富和完善地下水污染修复理论与技术方法体系；开展详细的同位素地球化学与生物地球化学研究，发展水文地球化学方法体系，推动学科的创新发展。

本书可供水文地质、地下水科学与工程、环境科学与工程、水利工程等专业的本科生、研究生以及从业人员参考阅读。

图书在版编目（CIP）数据

原生高砷地下水.下册/王焰新等著.—北京：科学出版社，2022.4
（当代杰出青年科学文库）
ISBN 978-7-03-062866-4

Ⅰ.① 原… Ⅱ.① 王… Ⅲ. ① 砷-地下水污染-研究 Ⅳ.① X523

中国版本图书馆 CIP 数据核字（2019）第 242502 号

责任编辑：何 念/责任校对：高 嵘
责任印制：彭 超/封面设计：陈 敬

科 学 出 版 社 出版

北京东黄城根北街 16 号
邮政编码：100717
http://www.sciencep.com

武汉精一佳印刷有限公司印刷
科学出版社发行 各地新华书店经销
*
开本：B5（720×1000）
2022 年 4 月第 一 版 印张：29
2022 年 4 月第一次印刷 字数：583 000
定价：288.00 元
（如有印装质量问题，我社负责调换）

序

　　高砷地下水指的是砷含量已超过人类饮用水可接受水平（As 质量浓度 ≥ 10 μg/L）的地下水，长期饮用会导致人体慢性砷中毒。尽管高砷地下水不宜作为人畜的饮用水源，但在全球许多缺水贫困地区，它可能是唯一的供水水源；尽管砷富集于地下水中，但它在自然和人类活动影响下可进入相邻的含水层、地表水体和土壤中，进而威胁人类的饮水安全、农产品和水产品安全，乃至生态安全。资料显示，目前高砷地下水已在全球 70 多个国家和地区被发现，威胁着约 1.5 亿人的饮水安全，我国有近 2 000 万人口暴露在高砷地下水分布区。因此，高砷地下水是一个全球性环境地质问题，也是世界各国政府高度关注的民生问题，更是国际水文地质学界研究的热点和前沿问题。

　　高砷地下水常常是地球系统经过漫长地质演化而形成的。砷是一种典型的变价元素，可以固、液、气三种形态存在，常与硫、铁、铜、镍、锑等元素共生，已发现的含砷硫化物、氧化物等矿物有 300 多种。岩石矿物中的砷通过复杂的水循环过程和水-岩相互作用在地下水系统中迁移、转化和富集，并受地质、气候、人类活动等多种因素控制。高砷地下水在成因上具有多源性、多过程性和多界面性，空间分布上具有高度的地域性、多组分共生性和非均质性。高砷地下水的形成分布规律及水质改良技术研究也因此成为国际水文地质学界的难点。

　　王焰新教授领导其团队，在国家杰出青年科学基金项目、国家自然科学基金重点项目、国家高技术研究发展计划（863 计划）课题、国土资源大调查项目、科技部国家国际合作专项项目等持续资助下，围绕高砷地下水成因、砷的水文生物地球化学过程、高砷地下水水质改良等重大科技问题，在海河流域、黄河流域和长江流域等地开展了长期的跨学科创新研究，相关成果在国内外产生了广泛的学术影响。

　　王焰新教授领导的团队是将我国大同盆地、江汉平原等高砷地下水典型分布区推进国际热点研究区的核心力量。该团队提出了高砷地下水赋存的基本模式和成因新理论，发展了基于 As-S-Fe 体系的水-岩相互作用机理，揭示了南亚、东南亚和东亚高砷的区域分布规律，建立了高砷地下水分布区地下优质淡水的靶区圈定方法与高效开发及保护技术体系，研发了人工调控含水层物化条件使地下水中的砷以晶体态或非晶体态矿物形式被原位"固定"于含水介质中的原位水质改良新技术，研制了菱铁矿、沸石、纳米矿物材料除砷等一系列基于天然岩矿材料的取水井反滤层或渗透性反应墙滤料配方。上述成果得到国内外同行的高度认可，提出的高砷地下水成因理论得到了国际同类研究的大量引证，研发的关键技术和关键材料在国内外多个地区和场地得到了推广应用，从而为我国高砷地下水分布区居民的"脱贫解困解疾"贡献了水文地质工作者的"学科智慧"，为破解高砷地下水分布区安全供水这一世界性环境地质问题提供了"中国方案"。

该书是王焰新教授及其领导的团队近 20 年高砷地下水研究成果的系统总结和理论升华。全书以地球系统科学理论为指导，按照"原生高砷地下水形成与分布机理""高砷地下水修复技术研发与示范""高砷地下水研究方法"三篇共20 章布局，119 余万字。该书布局宏大、结构合理、内容全面、数据翔实、语言简练、图文并茂，是系统总结我国高砷地下水研究成果和最新进展的一部力作。

在此，我衷心地祝贺该书经过作者们近两年的艰苦努力而终于正式出版问世。我相信，该书将为推动我国水文地质学创新发展发挥重要作用。

中国科学院院士

林学钰

2018 年 1 月 20 日于长春

前　言

　　砷在地球环境中广泛分布，被世界卫生组织列为人类第一类致癌物。因长期饮用原生高砷地下水（地质成因的砷质量浓度超过世界卫生组织推荐饮用水标准 10μg/L 的地下水），全球有 70 多个国家超过 1 亿人口直接受暴露或罹患地方性砷中毒，孟加拉国、印度、越南、柬埔寨、缅甸和中国等亚洲国家问题尤为严重。与原生高砷地下水有关的水资源可持续利用和供水安全问题，是各国面临的世界性难题。

　　我自 1995 年开始关注高砷地下水问题，1998 年赴加拿大滑铁卢大学在国际著名水文地球化学家 Eric Reardon 教授指导下从事合作研究，系统收集了当时国际上有关孟加拉国等地高砷地下水的研究成果，开展了利用岩矿材料去除水中砷的实验研究。1999 年 9 月回国后，我在承担的国家自然科学基金重点项目支持下，带领研究生在山西省大同盆地，开始了我国典型原生高砷地下水分布区环境水文地质研究的艰难探索之旅。近 20 年来，我们的研究区域包括：海河流域的大同盆地、黄河流域的河套盆地、长江流域的江汉盆地等，还与印度学者合作开展了印度高砷地下水与中国高砷地下水水文地球化学对比研究。除这些高砷孔隙地下水外，我们还研究了西藏、云南的富砷地热流体及其环境效应。

　　原生高砷地下水具有如下特点。①区域性：与点源污染所致"污染羽"不同，它是岩石（或沉积物）矿物中的砷通过水-岩相互作用和水循环作用，在特定地质单元内迁移转化形成的区域性自然现象；②复杂性：受地质、水文、气候等多因素影响，砷的来源和迁移富集过程难以识别，时空分布呈现高度变异性；③伴生性：在分布格局上常出现多种原生劣质地下水（高砷、高氟、高碘、高盐度地下水等）的相互伴生，原生高砷地下水多分布在我国缺水地区和贫困人口片区，与人民群众的缺水、贫困、地方病等主要民生问题伴生。

　　近几十年来，国内外学者围绕原生高砷地下水进行了大量研究，但仍存在两大关键难题亟待解决：①如何揭示原生高砷地下水的形成分布规律？②如何绿色、经济、高效改良原生劣质地下水，以变害为利、增加这些缺水地区的可利用水资源量？我们针对这两大难题开展了长期的探索实践，力图为破解原生高砷地下水分布区安全供水这一世界性环境地质问题提供"中国方案"。

贯穿我们研究工作的一个核心、基础性科学问题，是如何科学认知、精细刻画砷在地下水系统中的迁移转化行为。我们以地球系统科学和水-岩相互作用理论为指导，发展并集成先进的分析、示踪、模拟技术手段，通过持续20年的跨学科交叉融合和环境水文地质理论方法的推陈出新，在地下水系统中砷的迁移转化机理、水质改良技术、方法学等方面取得了系统性的研究成果，我的研究团队已经成为全球高砷地下水研究领域近20年发表SCI期刊论文最多的三个主要团队之一。

本书是这些研究成果的总结，更是我的研究团队集体智慧的结晶。全书按机理、修复和研究方法的研究逻辑分为上、中、下三篇，共计20章，119余万字。各篇各章的执笔人分别是：上篇的第1章，邓娅敏，王焰新；第2章，谢先军，顾延生；第3章，谢先军，王焰新；第4章，郭华明；第5章，郭华明，谢先军；第6章，谢作明；第7章，谢先军；第8章，甘义群，王焰新；第9章，邓娅敏，甘义群；第10章，郭清海；中篇的第11章，袁松虎；第12章，田熙科；第13章，袁松虎；第14章，谢先军，苏春利；第15章，王焰新，谢先军；下篇的第16章，马腾，邓娅敏；第17章，苏春利，谢先军，郭伟；第18章，谢先军，苏春利；第19章，谢先军，甘义群；第20章，李平。王焰新负责前言的写作及全书章节构思和统稿工作，甘义群协助王焰新完成日常协调和统稿工作，邓娅敏、谢先军参与统稿工作。我和研究团队成员指导的数十位研究生在研究工作中做出重要贡献，其中，皮坤福、李俊霞、段艳华、钱坤和黄爽兵博士参与了部分章节部分内容的写作。林学钰院士欣然应邀为本书作序，给我们以莫大的激励与鞭策。

在20余年的研究工作中，我们得到了很多前辈、领导、同行、同事的帮助和指导。张宗祜院士生前多次耳提面命，鼓励我开展高砷、高氟地下水研究；林学钰、薛禹群、袁道先、汪集旸4位院士和我的恩师沈照理教授长期关心、指导我们的研究工作。我们还要特别感谢以下领导和专家长期以来给予的关心和支持：国家自然科学基金委员会副主任刘丛强院士；原国土资源部汪民副部长；中国地质调查局钟自然局长、李金发副局长，及武选民、文冬光、郝爱兵、李文鹏、韩子夜、张福存研究员；中国地质大学（北京）王成善院士，及王广才、刘菲、董海良教授；武汉大学夏军院士；南京大学吴吉春教授；南方科技大学郑春苗、郑焰教授；长安大学王文科教授；吉林大学赵勇胜、苏小四、许天福教授；山西省地质勘查局王润福、闫世龙高工；山西省水利厅原厅长潘军锋、副厅长解方庆，及武全胜、邓安利高工；山西省万家寨引黄工程管理局原局长菅二拴先生；中国地质大学（武汉）殷鸿福、金振民院士。我们的研究工作始终得到国际同行的大力支持和积极参与，需要特别感谢的是：美国斯坦福大学的 Scott Fendorf 教授，加州大学伯克利分校的 Donald DePaolo 院士，哥伦比亚大学 Alexander van Geen 研究员，蒙大拿州立大学的 Timothy McDermott 教授，圣路易斯华盛顿大学的 Daniel Giammar 教授，东北大学的 Akram N. Alshawabkeh 教授，美国地质调查局的 Kirk Nordstrom 博士、Yousif Kharaka 博士、Richard Wanty 研究员；加拿大滑铁卢大学的 Eric Reardon 教授，及 John Cherry、Robert Gillham 和 Philippe van Cappellen 院士；德国卡尔斯鲁厄理工学院的 Doris Stuben、Stefan Norra 教授；英国伦敦大学学院的 John McArthur 教授，曼彻斯特大学 David Polya 教授；丹麦与格陵兰地质调查局 Dieke Postma 博士；俄罗斯科学院维纳斯基地球化学与分析化学研究所的 Boris N. Ryzhenko 教授，托木斯克理工大学的 Stepan Shvartsev 教授；印度理工学院孟买分校的 Dornadula Chandrasekharam 教授。

　　我们 20 余年的研究工作得到了国家自然科学基金委、科学技术部、教育部、中国地质调查局、山西省水利厅、山西省财政厅、山西省万家寨引黄工程管理局的资助和支持。尤其是国家自然科学基金委的 30 余项面上项目、10 余项青年基金项目、2 项重点项目（49832005、40830748）、3 项优秀青年科学基金项目（41222020、41522208、41722208）、1 项国家杰出青年科学基金项目（40425001）、1 项重大国际合作与交流项目（41120124003 ）、1 项创新研究群体项目（41521001）的支持，使我们得以长期专注该领域，持续、稳定地开展基础研究。借此机会，向上述机构致以衷心的感谢！

　　我们期待着学界和读者们对本书的批评指正。如果本书能够助推我国水文地质及相关交叉学科的创新发展，或能够启迪青年学者的思维，或能够丰富读者的知识，虽历时两年多、几易其稿，平添出几缕银发，内心定是充满喜悦之情的。

王焰新

2018 年 1 月 18 日于南望山麓

目 录

中篇 高砷地下水修复技术研发与示范

下篇　高砷地下水研究方法

中 篇

高砷地下水
修复技术研发与示范

11.1　地下水除砷方法

地下水除砷的关键在于调控砷的价态和形态，从而降低其移动性使其从水相转移至固相。水体中的砷主要有+3 和+5 两种价态，但根据环境条件不同具有多种不同的存在形态。砷的价态和形态主要受赋存环境 Eh 和 pH 控制（Smedley and Kinniburgh, 2002）：在氧化环境中（高 Eh 值），砷主要以 As（V）的形式存在，其中在 pH 小于 6.9 时 $H_2AsO_4^-$ 占优势，在 pH 较高时以 $HAsO_4^{2-}$ 为主；在还原性环境中（低 Eh 值），砷主要以 As(III)的形式存在，在 pH 小于 9.2 时以电中性的 $H_3AsO_3^0$ 为主。高砷地下水赋存的含水层通常为还原条件，因此地下水中的 As 主要为毒性更强的 As（III）。通常在环境中性条件下，电中性的 As（III）相比于负电性的 As（V）更难被矿物（如三价铁矿物）吸附，具有更强的移动性，因此将 As（III）氧化为 As（V）可提高除砷效果。

地下水除砷方法根据实施方式可分为抽出处理和原位固定处理（图 11-1-1）。其中抽出处理为将高砷地下水抽提到地面后，通过人为措施将砷从水相中分离，主要包括吸附处理、沉淀处理、离子交换法、膜过滤法等方法。原位固定处理是通过人为措施调控含水层的氧化还原条件，例如，引入氧化剂和硫化物等，从而强化砷从水相向含水介质固相中转移。

图 11-1-1　高砷地下水主要处理技术

11.2　三价砷氧化

与电中性的 As（III）相比，负电性的 As（V）的移动性要低得多，更容易通过配体置换和离子交换方式吸附到固相上，因此将地下水中的 As（III）氧化为 As（V）已成为提高除砷效果的重要措施。目前经常采用的氧化方法有活化氧气氧化、外加药剂氧化、光氧化等。

11.2.1 活化氧气氧化

空气中的 O_2 是最为廉价易得的氧化剂，但是在中性条件下 O_2 直接氧化 As(III) 的速度非常慢，不能满足除砷需求。然而，当氧气被活化为单线态氧、超氧自由基（$\cdot O_2^-$）、过氧化氢（H_2O_2）、羟自由基（$\cdot OH$）等活性氧化物种后，对 As（III）的氧化将大大加快。大量研究证明，Fe（II）在接触空气时可产生氧化活性物种，从而使 As（III）氧化。Fe（II）活化 O_2 的效率和机制与其形态密切相关。游离态 Fe（II）是指以离子形态存在于水相中的 Fe（II）（通常表示为 Fe^{2+}），是地下水中最为常见的形态。Fe（II）与 O_2 反应的总方程式如式（11-2-1）所示。Fe（II）氧化的动力学可由 pH、O_2 浓度和 Fe（II）浓度的函数来表示[式（11-2-2）]（Pham and Waite, 2008）。在酸性条件下，游离态 Fe（II）与 O_2 反应的速率极低，与 O_2 和 Fe（II）浓度无关。在中性条件下游离态 Fe（II）与 O_2 的反应速率极快，pH 为 8 时 Fe（II）被氧化的半衰期仅为几分钟。Fe（II）与 O_2 反应过程中产生的活性氧化物种是广受关注的热点问题，目前对于中性条件下氧化污染物的活性氧化物物种是 $\cdot OH$ 还是四价铁[Fe（IV）]还存在争议[式（11-2-5）和式（11-2-6）]（Pang et al., 2010; Hug and Leupin, 2003）。相对于 $\cdot OH$ 对污染物氧化的无选择性，Fe（IV）氧化具有一定选择性，能够氧化某些物种[如 As（III）、甲醇、乙醇等]，而对芳香族化合物等有机污染物的氧化作用较弱（Hug and Leupin, 2003）。

$$4Fe（II）+O_2+2H_2O+8OH^- \longrightarrow 4Fe(OH)_3(s) \tag{11-2-1}$$

$$\frac{d[Fe(II)]}{dt} = -k[Fe(II)][O_2][OH^-]^2 \tag{11-2-2}$$

$$Fe（II）+O_2 \longrightarrow Fe（III）+\cdot O_2^- \tag{11-2-3}$$

$$Fe（II）+\cdot O_2^-+H^+ \longrightarrow Fe（III）+H_2O_2 \tag{11-2-4}$$

$$Fe（II）+H_2O_2 \longrightarrow Fe（III）+\cdot OH+OH^- \tag{11-2-5}$$

$$Fe（II）+H_2O_2 \longrightarrow Fe（IV）+H_2O \tag{11-2-6}$$

当游离态 Fe（II）结合在矿物尤其是铁（氢）氧化物表面后，还原活性可得到显著增强。表面结合态 Fe（II）的还原活性还与矿物类型如铁（氢）氧化物基体的种类有关（图 11-2-1）（Elsner et al., 2004）。Fe（II）还原活性的增强会加速 Fe（II）被 O_2 氧化的速率，并影响其反应途径。Pham 和 Waite 研究组发现，游离态 Fe（II）在中性 pH 条件下形成氢氧化物等结合态二价铁后，其与氧气的反应速率大大增加（Pham and Waite, 2008）。近期在室内研究中也发现，游离态 Fe（II）

在中性 pH 条件下被空气氧化时，吸附在产生的三价铁氢氧化物上后可产生·OH，并促进 As（III）的氧化。因此，在除砷过程中通过添加含铁矿物的方式，可有效地强化 Fe（II）活化 O_2 对 As（III）的氧化效率。

当游离态 Fe（II）被含氧配体络合后，其活化 O_2 的速率和机理也被改变。配体可以通过与游离态 Fe（II）络合而形成水相络合态 Fe（II），也可以通过影响配体交换及其对铁氧化物的化学还原溶解作用而形成固相络合态 Fe(II)（Strathmann and Stone, 2002）。随着水相和固相络合态 Fe（II）物种的形成，Fe（III）/ Fe（II）氧化还原电子对的氧化还原电位相应降低（图 11-2-1），Fe（II）失电子能力增强，更易被 O_2 氧化（Strathmann and Stone, 2002; Stumm and Sulzberger, 1992）。除加快 Fe（II）氧化速率外，近期研究发现配体络合作用还能促进 Fe（II）活化 O_2 产生·OH。例如，Sedlak 课题组发现，游离态 Fe（II）在中性条件下活化 O_2 主要产生 Fe（IV），而当 Fe（II）被小分子有机酸如草酸、氨三乙酸或乙二胺四乙酸二钠络合后，产生的主要活性氧化物种为·OH（Keenan and Sedlak, 2008）。

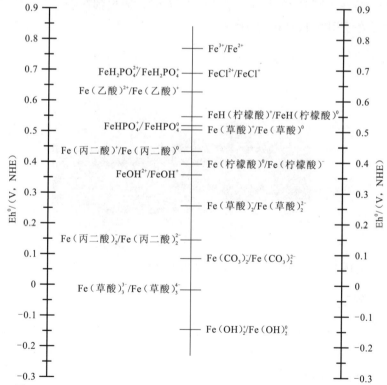

图 11-2-1　不同 Fe（III）/ Fe（II）氧化还原电子对的 Eh^0 对比图

NHE 为标准氢电极，normal hydrogen electrode；电位数据源自 Strathmann 和 Stone（2002）

As（III）相对比较容易氧化（标准氧化还原电位：0.56 V），无论 Fe（II）活化 O_2 产生的活性物种是 $\cdot OH$ 还是 Fe（IV），As（III）都可以得到快速氧化。因此，Fe（II）活化 O_2 氧化 As（III）已被广泛应用于高砷地下水的处理，并且取得了很好的效果。由于高砷地下水中通常含有一定量的游离态 Fe（II），在地下水抽出地面后，可通过曝气（如跌水曝气）等方式使其接触空气，在此过程中 As（III）被氧化。根据调查，在江汉平原的多个以地下水为水源的给水厂中，大多采用跌水曝气的方式来氧化和去除地下水中的 Fe（II）（图 11-2-2），同时使地下水中的低质量浓度砷（10~50 μg/L）被一并去除。需要注意的是，该方法氧化砷的有效性受地下水中 Fe/As 质量浓度比值的限制，通常地下水中固有的 Fe（II）质量浓度有限（几毫克每升），因此这种氧化方式仅在砷质量浓度较低时（如几十微克每升）有效。当地下水中固有的 Fe（II）质量浓度相对于 As（III）不足时，可通过人为引入 Fe（II）来强化氧化效果。例如，通过人为投加亚铁盐如硫酸亚铁（将在混凝沉淀部分叙述），或通过零价铁（将在吸附部分叙述）和铁阳极电解提供 Fe（II）（将在本篇第 13 章电化学处理中叙述），原理都在于引入游离态 Fe（II），不同之处在于引入 Fe（II）的速率。

图 11-2-2　江汉平原跌水曝气除铁除砷水厂（拍摄于 2016 年 5 月）

11.2.2　外加药剂氧化

除了使用 Fe（II）活化 O_2 氧化 As（III）外，工程上也可直接投加其他氧化剂，主要有高锰酸盐（MnO_4^-）、游离氯、过氧化氢（H_2O_2）、臭氧（O_3）、高铁酸盐等。不同氧化剂的氧化还原电位和氧化机理不同，对 As（III）的氧化程度和速率也不同，其简要分析见表 11-2-1。

表 11-2-1　不同氧化剂氧化 As（III）的比较

氧化剂	标准氧化还原电位 / V		优势	缺陷
	酸性	碱性		
高锰酸盐	1.70	0.57	储运方便，使用安全，产物易于分离	会生成固体锰产物
游离氯	1.63	0.52	成本低、氧化速率快	储运有风险，腐蚀设备，产生氯代副产物风险
过氧化氢	1.77	0.88	使用安全，投加方便	氧化作用慢，自身分解损失
臭氧	2.07	1.24	氧化速率快	臭氧有害健康，运行成本高
高铁酸盐	—	0.90	氧化速率快，产物直接混凝沉淀	成本高，大规模应用困难

1. 高锰酸盐

高锰酸盐是一种强氧化剂，可以氧化包括 As（III）在内的多种污染物。根据 pH 的不同，Mn（VII）/ Mn（IV）的氧化还原电位在 0.57～1.70 变化。高锰酸盐将 As（III）氧化的同时，自身生成二氧化锰固体析出 [式（11-2-7）]。在氧化过程中，高锰酸根的消耗量与 As（III）的氧化量理论上可按照化学计量关系（Mn/ As = 0.67）进行（Sorlini and Gialdini, 2010），但在实际处理中，地下水中共存的其他还原态物质如 Fe（II）、有机质等都会消耗高锰酸根，导致 Mn/As 的增加。处理过程中过量的高锰酸根可通过外加 Fe（II）来去除，因为 Fe（II）被氧化形成的 Fe（III）可进一步促进砷的吸附去除。例如，我国哈尔滨工业大学马军研究组联合使用高锰酸钾和硫酸亚铁，对水体中的砷氧化和去除取得了很好的效果（姜利，2008）。

$$3H_3AsO_3 + 2MnO_4^- \longrightarrow 3H_2AsO_4^- + 2MnO_2 + H_2O + H^+ \qquad (11\text{-}2\text{-}7)$$

2. 游离氯

游离氯主要包括液氯（Cl_2）、次氯酸盐（ClO^-）和二氧化氯（ClO_2），氧化 As（III）的反应方程如式（11-2-8）和式（11-2-9）。由于液氯存在储运不便的问题，在除砷中主要使用次氯酸盐和二氧化氯。次氯酸盐氧化 As（III）的速率很快，当投加量大于化学计量比时 [0.95 mg Cl_2 / mg As（III）]，氧化可在几分钟甚至几十秒内完成，而且氧化受 pH 的影响很小；二氧化氯对 As（III）的氧化速率比次氯酸盐慢，但在水体中共存金属离子的催化作用下，氧化速率可大大提高（Sorlini and Gialdini, 2010）。游离氯在使用过程中会腐蚀储运和反应设备，存在与地下水中有机质形成氯代副产物的风险。

$$H_3AsO_3 + ClO^- \longrightarrow H_2AsO_4^- + Cl^- + H^+ \qquad (11\text{-}2\text{-}8)$$

$$5H_3AsO_3 + 2ClO_2 + H_2O \longrightarrow 5H_2AsO_4^- + 2Cl^- + 7H^+ \qquad (11\text{-}2\text{-}9)$$

3. 过氧化氢

过氧化氢能直接将 As（III）氧化为 As（V），如式（11-2-10）～式（11-2-12）所致（刘桂芳 等，2013）。过氧化氢氧化 As（III）的速率对 As（III）的形态依赖性很强，例如，过氧化氢对电中性的 H_3AsO_3 基本没有氧化作用，仅对解离态 As（III）有效，因此氧化速率随 pH 升高而增加（Pettine et al., 1999）。水体中的金属离子，尤其是二价铁也会显著提高氧化速率。过氧化氢在氧化过程中自身转化为水，不会产生二次污染的副产物。但是，过氧化氢的稳定性较差，在储运和使用过程中自身分解作用会降低药剂的利用率。

$$AsO(OH)_2^- + H_2O_2 \longrightarrow HAsO_4^{2-} + H_2O + H^+ \qquad (11\text{-}2\text{-}10)$$

$$AsO_2(OH)^{2-} + H_2O_2 \longrightarrow HAsO_4^{2-} + H_2O \qquad (11\text{-}2\text{-}11)$$

$$AsO_3^{3-} + H_2O_2 \longrightarrow HAsO_4^{2-} + OH^- \qquad (11\text{-}2\text{-}12)$$

4. 其他氧化剂

其他氧化剂如臭氧、高铁酸盐、过硫酸盐等，都在 As（III）氧化方面有一定的研究，但很少用于高砷地下水的氧化处理中。臭氧虽然氧化速率快，但很受地下水中有机质和共存还原态组分的影响，而且需要原位产生，对人体也有一定危害；高铁酸盐和过硫酸盐都是新兴的氧化剂，成本较高，目前尚处于研究阶段。

11.2.3 其他途径氧化

其他用于地下水中 As（III）氧化的途径还有光化学氧化、电化学氧化、超声氧化等（刘桂芳 等，2013）。光化学氧化直接利用太阳光，使水体中的三价铁氢氧化物（如胶体态）和有机质等产生活性氧化物种引起 As（III）氧化（徐晶，2016;Buschmann et al., 2005）。瑞士联邦理工学院 Hug 团队发现向高砷地下水中滴加柠檬酸可极大地加速 As（III）的光化学氧化（Hug et al., 2001），进而研制了利用太阳光氧化和去除地下水中 As（III）的新方法（图 11-2-3）（Hug, 2001）。在对孟加拉国地区高砷地下水的处理过程中，将 4～8 滴柠檬汁滴入 1 L 含砷水中，然后在太阳光下照射几小时，即可使 As（III）吸附到三价铁沉淀物中（Hug, 2001）。该方法对地下水中的铁质量浓度有一定需求，一般需大于 8 mg/L。在光氧化过程中，也可加入催化剂（二氧化钛纳米颗粒）提高氧化速率。

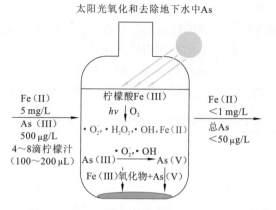

图 11-2-3　太阳光氧化和去除地下水中 As（III）的新方法（Hug, 2001）

　　电化学法也曾被用于 As（III）的氧化处理，主要是直接利用阳极氧化作用将 As（III）氧化。许多稳定阳极材料如石墨、铂、钛涂层阳极等都可以达到氧化效果（Lacasa et al., 2012）。在阳极氧化过程中，如体系中存在一定浓度的氯离子，也可通过析出游离氯加速氧化。阳极氧化在氧化地下水中 As（III）时，电流效率低和能耗高等问题尚待解决。

11.3　抽　出　处　理

　　抽出处理是目前应用最为广泛的高砷地下水处理方法，在我国和东南亚地区的集中式供水厂和家用净水处理中都有使用。含砷地下水被抽出地面后，一般需要先经过氧化处理将 As（III）转化为 As（V），然后经过吸附、混凝沉淀等方式将砷从水相中分离，得到净化后的水。

11.3.1　吸附处理

　　吸附法是使用较大表面积或较多吸附基团的吸附剂，通过物理和化学机制，将水中的污染物如砷富集到固相上，进而将吸附剂与水分离达到水净化的目的。吸附饱和的富砷吸附剂或者作为危险废物进行处置，或者经过再生处理后重复使用，在吸附处理前一般需要对 As（III）进行预氧化处理。吸附效率受水体 pH、初始砷浓度和形态、地下水共存组分等因素的影响。水体 pH 除影响吸附质分子的形态及带电荷多少外，还会影响吸附材料的表面电荷，不同价态和形态的砷吸附性能差异很大。通常使用的吸附剂为金属氧化物及负载有金属氧化物的多孔材料，以铝系和铁系吸附剂为主，另外还有二氧化钛、活性炭、天然含铁矿物等吸附材料。几种主要吸附剂的除砷性能比较如表 11-3-1 所示。吸附法除砷具有效果好和灵巧方便等优点，而且不向水体中引入新的物质。吸附法除砷的缺点是受有机物、pH、共存离子成分和浓度的影响，以及受水中砷的存在形态、砷的浓度等影响较大，而且吸附剂有一定的使用寿命，要定期更换，成本也较高。

表 11-3-1　不同吸附剂除砷比较（王颖 等，2010）

吸附剂	优势	缺陷
活性氧化铝	操作简单，用碱易于再生，廉价，适合小型处理厂	不能有效吸附 As（III），铝溶出较高，硅酸根、碳酸根等明显抑制
铁（氢）氧化物	廉价、易分离，去除率高，对 As（III）和 As（V）都有效	不具备良好孔结构，不易再生，受 pH 影响大，耐腐蚀性和机械强度不够
活性炭	工艺简单，比表面积大，化学性质稳定	吸附容量低，再生能力差，作用时间长，不适于痕量砷的去除
二氧化锰	对 As（III）有很好的吸附，成本低	受阴离子干扰大
石英砂	机械性能好，成本低	比表面积小，孔隙率低，吸附性能差

1. 活性氧化铝

活性氧化铝吸附除砷的主要原理是，氧化铝颗粒表面具有一定电荷，通过静电吸附和离子交换作用将砷吸附去除。因此，电中性的 As（III）必须被氧化为负电性的 As（V）才能被吸附，而负电性的 As（V）被有效吸附要求氧化铝表面带正电。对应地，水体的 pH 必须小于氧化铝的零电荷点（point of zero charge, PZC）。虽然氧化铝的 PZC 的 pH 为 8 左右，但是吸附了阴离子后会迅速降低到 $5.5\sim6$，这就要求除砷时的 pH 需调节到 5.5 以下（Anderson et al., 2002）。高砷地下水往往伴随着较高浓度的重碳酸根，调节 pH 无疑会增加成本，同时增加水中的离子浓度。pH 降低后氧化铝溶解会向水体中释放铝离子。

活性氧化铝吸附除砷具有操作简单、易于再生和廉价等优点，在小型处理厂中曾广泛应用。例如，在印度和孟加拉国交接地区，曾于 2007 年起安装了 200个村庄规模的抽出处理除砷装置（图 11-3-1），内置曝气和活性氧化铝过滤单元，服务于大约 20 万居民，在周期性再生情况下，系统十多年内保持了稳定的除砷效果（Sarkar et al., 2010, 2005）。该系统能发挥重要作用的一个很大原因在于，地下水中 Fe（II）在曝气过程中氧化后沉积在氧化铝表面，既可达到氧化 As（III）的效果，也可通过提供三价铁（氢）氧化物提高吸附处理性能。

图 11-3-1　活性氧化铝等吸附除砷应用

(a)印度偏远农村传统取水方法;(b)除砷单元示意图;(c)除砷单元与含砷地下水取水井相连(Sarkar et al., 2010)

2. 铁（氢）氧化物

随着铝系吸附剂除砷过程中缺点的不断出现,人们不断探索新的除砷吸附剂。大量研究发现,铁（氢）氧化物如水合铁氧化物（hydrous ferric oxide, HFO）、针铁矿、赤铁矿、水铁矿、纤铁矿等对 As（III）和 As（V）都能有效地吸附（Mohan and Pittman, 2007）。由于铁（氢）氧化物的机械强度很低,人们尝试将铁（氢）氧化物负载到多孔材料载体上使用。在目前使用的铁（氢）氧化物吸附除砷中,最为简单的是利用地下水中固有的 Fe（II）,在暴露空气氧化过程中自动负载到石英砂上。这要求地下水具有较高的 Fe（II）浓度和较低的砷浓度,也就是较高的 Fe/As 值。例如,在我国江汉平原的多个以地下水为水源的给水厂中,大多通过空气氧化地下水中的 Fe（II）,然后形成的三价铁（氢）氧化物在流经后续砂滤池时截留在石英砂表面,达到对低浓度砷的去除（图 11-3-2）;在越南红河流域,地下水中 Fe/As 值在 100 以上,远高于孟加拉国地区 20 左右的比值,因此红河附近农村地区也一般采用空气氧化和砂滤的方式去除地下水中的铁和砷（图 11-3-2）（Hug et al., 2008）。

铁（氢）氧化物也被负载到石英砂、活性炭、沸石等多孔材料上,以改善由机械性能差导致的流失问题。镀铁石英砂对地下水中的 As（III）和 As（V）都具有很好的吸附效果（Thirunavukkarasu et al., 2003）,美国环境保护署（Environmental Protection Agency, EPA）将基于镀铁石英砂的过滤处理作为小型水厂除砷的一个新兴技术（USEPA, 1999）。由于石英砂的比表面积较小,铁（氢）氧化物也被负

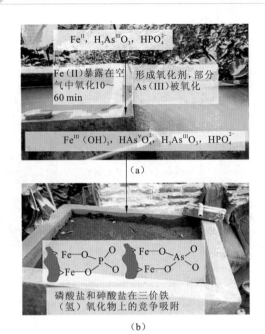

图 11-3-2　越南使用的沉淀（a）和砂滤（b）地下水除砷（Hug et al., 2008）

无论是利用地下水中固有的还是外加的 Fe（II），在暴露空气氧化过程中部分 As（III）被氧化，形成的疏松三价铁（氢）

氧化物将砷吸附去除。与三价砷的弱吸附性相比，五价砷和磷酸根在三价铁（氢）氧化物上的吸附要强得多

载到活性炭、沸石、纤维等材料上。例如，将铁氧化物分别负载到石英砂和玻璃纤维后，在 pH 为 7.2～7.8 和初始 As（V）质量浓度为 1 000 μg/L 时，对应的 As（V）吸附容量分别为 0.44 mg（砷）/g 和 0.09～0.10 mg（砷）/g，负载到剥离纤维上的吸附容量要大得多（Kumar et al., 2009）。

　　另外，还有使用零价铁作为铁源来氧化和吸附除砷的应用，以在东南亚地区广泛使用的 SONO 除砷装置最具代表性（图 11-3-3）（Neumann et al., 2013; Hussam and Munir, 2007）。该装置以处理后的铁屑为核心，配合砂子、木炭以一定顺序做成过滤器。在除砷过程中，零价铁逐渐腐蚀溶出二价铁，进而在溶解氧作用下氧化形成三价铁（氢）氧化物，在此过程中 As（III）也得到氧化。根据实际运行效果统计，该装置每天处理饮用水量为 20～30 L（对应 1 或 2 个家庭），每 5 年的运行成本为 40 美元，砷被固定到含铁固相中不会滤出（Hussam and Munir, 2007）。该装置可以通过零价铁提供二价铁，因此除砷时可不受 Fe / As 比值的限制。该装置具有安装方便且操作简单、处理效果稳定等特点，到 2007 年已在孟加拉国安装了大约 3 万套（Hussam and Munir, 2007）。在运行过程中，零价铁在闲置状态下会产生较多的二价铁累积，因此在运行初期会有高浓度的二价铁带出，同时该过滤器也会存在透水性下降的问题。

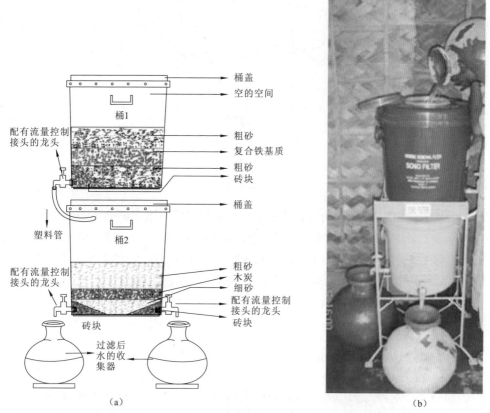

图 11-3-3 SONO 除砷装置示意图（a）和除砷应用照片（b）（Hussam and Munir, 2007）

（a）中 SF-TWIN 模型专利 1003935，2002；规格和外观为了改进可能会改变

3. 其他吸附剂

二氧化钛由于性质较为稳定，而且与砷具有较强的亲和力，在吸附除砷方面表现出了很好的效果。我国生态环境研究中心的景传勇研究组，使用同步辐射和密度泛函计算从分子尺度研究了二氧化钛吸附砷的表面机理，并使用二氧化钛纳米颗粒填充柱对大同地区的高砷地下水进行了现场处理（胡珊，2015）。地下水中 As（Ⅲ）和 As（Ⅴ）的平均质量浓度分别为 454 μg/L 和 88 μg/L，经过 10 g 二氧化钛颗粒填充柱可处理 2 955 个柱体积的地下水，对应的砷吸附容量为 1.53 mg（砷）/ g 二氧化钛，吸附饱和后用 2 mol/L 的氢氧化钠和盐酸进行再生，再生后的填充柱吸附能力稍有降低（图 11-3-4）。

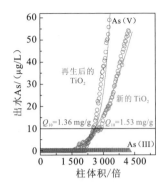

图 11-3-4　二氧化钛（10 g）填充小柱对山西大同盆地高砷地下水的吸附效果（胡珊，2015）

天然矿物如锰矿、黏土矿物、菱铁矿等也被用于地下水中砷的吸附去除。例如，中国地质大学（北京）郭华明等研究发现，菱铁矿对砷的吸附容量在暴露空气条件下可达到 115～121 mg（砷）/g，比无氧条件下高出 10 倍，他们认为氧化条件下形成的针铁矿与菱铁矿共存提高了砷的吸附容量。中国地质大学（武汉）王焰新团队使用矿物材料对砷的吸附去除也开展了一系列深入的研究（详见第 12 章）。

11.3.2　沉淀处理

1. 传统混凝沉淀

混凝沉淀除砷是利用外加或原位产生的混凝剂，在处理过程中形成的絮体的强大吸附作用，将地下水中的砷转移到固相，进而通过沉淀作用去除固体物质（图 11-3-5）。铁盐和铝盐是使用最为广泛的混凝剂，铝盐和三价铁盐沉淀过程中需要对 As（III）进行预氧化处理，铁盐适用的 pH 范围比铝盐广，而二价铁盐投加后在空气条件下可直接使 As（III）氧化，因此铁盐尤其是二价铁盐比铝盐在混

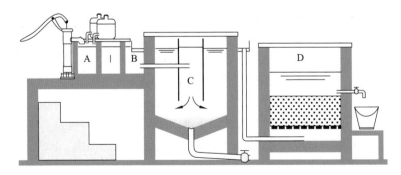

图 11-3-5　在印度进行的与抽水井相连的混凝沉淀／过滤除砷处理系统（Ahmed, 2001）
A 为混合；B 为絮凝；C 为沉降；D 为过滤（升流式）

凝沉淀除砷方面更有优势。混凝沉淀法操作简单、易于实施，当与氧化配合使用可同时去除 As（III）和 As（V）。混凝沉淀除砷的最大缺点是产生大量的含砷废渣，容易造成二次污染。

美国学者以氯化铁和硫酸铁为混凝剂，对美国科罗拉多州南部和孟加拉国高砷地下水进行了室内处理比较，发现铁盐沉淀可以有效地将砷质量浓度降低到 10μg/L 以下（Wickramasinghe et al., 2004）。在孟加拉国 7 个家庭进行的混凝沉淀/过滤法除砷现场试验表明，该方法对砷具有高效稳定的去除效果，水中共存的磷酸盐和硅酸盐会降低砷的去除效果，当控制 Fe/As 质量比大于 40 时砷质量浓度可降低到 50μg/L 以下（Meng et al., 2001）。

2. 电絮凝

电絮凝除砷就是在外电场的作用下，利用可溶性阳极（以铁阳极为主）产生的阳离子在溶液中水解、聚合成一系列多核羟基配合物及氢氧化物，使水中的砷被氧化、吸附或共沉淀等机理去除（图 11-3-6）。电絮凝中使用最多的阳极为铁，其次为铝，铁阳极电絮凝的效果优于铝（Zhao et al., 2010a; Kumar et al., 2004），这与吸附和沉淀法去除的规律一致。以铁阳极为例，絮凝过程是指铁阳极（图 11-3-6 中的 M）在通直流电后失去电子形成金属阳离子 Fe^{2+}，进而在氧气的作用下迅速氧化为 Fe^{3+} 离子，并与溶液中阴极产生的 OH^- 结合形成高活性的铁氢氧化物，将地下水中的砷吸附共沉去除。电絮凝法是通过电解作用缓慢原位产生絮凝剂，因此处理效果的灵活可控性好，但同样存在含砷废渣的后处理问题。

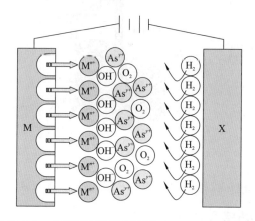

图 11-3-6　电絮凝除砷概念草图（Gomes et al., 2007）

M 和 X 指电极，它们可以相同也可以不同；M^{n+} 指产生的金属阳离子；箭头方向指产生气体的迁移方向

影响电絮凝除砷效果的主要因素包括电流密度、pH、砷形态和浓度、共存组分等。电流密度对于砷去除的总量没有显著影响，但随着电流密度的增加，砷的去除速率能得到提高，这是由于增加电流密度会促进 Fe^{2+} 的释放，增加絮体的产生速率及 As（III）的氧化（Kobya et al., 2011; Lakshmanan et al., 2010）。由于阴极反应产生氢氧根离子，溶液 pH 会有少量增加（Kobya et al., 2011; Kumar et al., 2004），不同的溶液 pH 初始值对电絮凝过程存在一定的影响，pH 较高时三价铁的水解速率加快，对吸附砷有利（Kumar et al., 2004），但在其他条件相同时，pH 在 6～8 变化对砷的最终去除效率没有显著影响（Zhao et al., 2010a; Kumar et al., 2004）。与对吸附和沉淀的影响类似，地下水中的共存组分如 P、Si 等对电絮凝除砷也具有较大影响。磷酸根离子和硅酸根离子由于其分子结构和砷离子非常相似，在电絮凝除砷过程中，磷酸根离子和硅酸根离子会与砷离子竞争铁氧化物表面的结合位点，使得砷去除效果大大降低（Zhao et al., 2010b）。溶解性有机物如腐殖酸的存在会减少体系中的溶解氧浓度，影响 Fe（II）和 As（III）的氧化，甚至会通过改变胶体表面电荷降低沉降性能，抑制电絮凝除砷效果（Pallier et al., 2011）。

生态环境研究中心 Zhao 等（2010a）比较了铁和铝分别作为阳极时对砷的电絮凝去除效果，发现铁阳极除砷速率和效率要明显高于铝阳极，当铁和铝同时作为阳极使用时，可以高效地同时去除地下水中的砷和氟。Amrose 等(2014)搭建了一种适合小型社区使用的电絮凝除砷装置（图 11-3-7），并在印度西孟加拉邦的农村做了一系列现场除砷试验，600 L 的高砷地下水通过电絮凝及加铝盐促进沉淀的处理后，出水 As 质量浓度低于 5 μg/L。

图 11-3-7　小型电絮凝除砷装置（Amrose et al., 2014）

11.3.3　其他抽出处理方法

除常见的吸附和沉淀处理外，高砷地下水的抽出处理方法还有离子交换法、膜过滤法、生物法等。

离子交换法是利用阴离子交换树脂与地下水中的砷酸根离子发生交换作用，从而把水中的砷置换出来，树脂经过再生后可重复使用。离子交换法要求砷处于解离态，因此只对阴离子型的 As（V）有效，去除地下水中普遍存在的 As（III）需要进行预氧化处理。由于离子交换过程中对 As（V）缺乏选择性，而地下水中的砷质量浓度通常低于 1 mg/L，共存阴离子如重碳酸根等的浓度比砷要高出几个数量级，在离子交换过程中会与 As（V）形成强烈的竞争作用，从而降低对砷的交换效果。因此，离子交换法除砷比较适合较为洁净和背景离子浓度较低的地下水。

膜过滤法是借助外界压力，使水通过膜而将砷等溶解组分截留，因此可以得到非常干净的水。膜工艺包括微滤、超滤、纳滤和反渗透，对应截留组分的尺寸依次降低，对应的外加压力依次升高。由于砷为溶解态，亚砷酸和砷酸根的分子尺寸都很小，所以只有纳滤和反渗透对去除砷有效。As（V）的分子直径大于 As（III），对地下水中的 As（III）进行氧化处理，可提高膜对砷的截留效率。膜法虽然处理效果好，但是会产生很多的浓缩液需要后处理，膜的生成成本和运行维护成本也很高。

生物法也可对砷具有很好的去除效果。生物法主要是与除铁除锰共同使用，例如，在生物滤池氧化和截留地下水中铁和锰的过程中，砷也可一并去除。哈尔滨工业大学张杰院士团队在生物滤池除铁除锰研究的基础上，发现生物滤池中产生的高价锰氧化物可以有效地氧化地下水中的 As（III），并使 As（V）被滤池截留去除（杨柳，2014）。

11.4　原位固定处理

抽出处理是目前高砷地下水除砷的主流技术。但是抽出处理中不可避免地会产生含砷废渣，后处理不慎会存在二次释放的风险。目前对原生高砷地下水形成机制的主要认识可归纳为两大类：含砷三价铁矿物在有机碳和微生物驱动下的还原溶解释放出砷，以及含砷硫铁矿在氧化过程中溶解放出砷。特定地区的高砷地下水形成机制与所在地区的水文地质和地球化学性质有关。基于此认识，人们通过调节富砷含水层的氧化还原条件，拟通过逆转以上机理过程，探索使释放到地下水中的砷重新返回到含水介质中的原位除砷技术思路。

11.4.1 原位氧化固定

富砷含水层中通常含有一定浓度的游离态 Fe（II）和矿物 Fe（II），因此通过注入氧化剂的方法使 Fe（II）氧化为 Fe（III），同时诱导 As（III）氧化为 As（V），成为一条首先被探索的原位修复思路。理论上所有能氧化 Fe（II）的药剂都可注入，也有注入硝酸盐和高锰酸的尝试（Sun et al., 2009; Matthess, 1981），但考虑到成本和二次污染等问题，注入含氧水成为探索最多的方法。

荷兰 Van Halem 研究组在注入含氧水原位除砷方面开展的研究最具代表性。除砷原理如图 11-4-1 所示：充氧水被周期性地注入无氧含水层中，部分置换了含铁的地下水；溶解氧氧化吸附在含水介质上的二价铁，在含水介质表面形成可吸附二价铁和砷的三价铁（氢）氧化物涂层；当抽水时，含有二价铁和砷的无氧地下水通过形成的三价铁（氢）氧化物时，二价铁和砷都可被吸附去除（Van Halem et al., 2010, 2009）。他们基于此原理，在孟加拉国马尼格甘杰县进行了原位修复试验（图 11-4-2）。多次周期性注入含氧水后，对地下水中铁的去除产生了很好的效果，最多可抽提出 17 倍注水体积的地下水（以铁浓度低于地下水中浓度一半为准），但是对砷的去除效果却远不如铁好，最多只能抽提出 2 倍注水体积的地下水（以砷浓度低于地下水中浓度一半为准）。他们认为，砷的去除主要取决于含水层中被氧气氧化的二价铁的量，而不是去除的二价铁的量，而且去除效果还受地下水中共存阴离子如磷酸根离子的影响（Van Halem et al., 2010）。

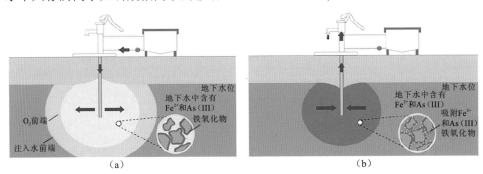

图 11-4-1　注入含氧水原位除铁除砷原理示意图（Van Halem et al., 2010）

（a）注射阶段；（b）抽出阶段

注入含氧水原位除砷受到水体中氧气溶解度的限制，每次可以氧化的二价铁量很少，因此可以吸附和去除的砷浓度较低。也有研究者探索了直接曝气的方法（Brunsting and McBean, 2014），但目前尚未进行原位试验。在江汉平原高砷区也开展注入含氧水原位除砷的试验，提出地下水原位电解产氧的供氧思路，并进行野外试验（详见第 13 章）。

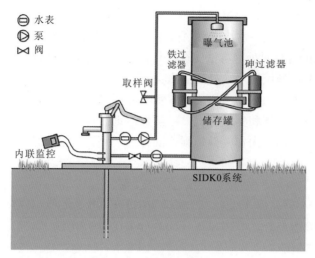

图 11-4-2　注入含氧水原位除铁除砷试验示意图（van Halem et al., 2010）

11.4.2　原位形成硫铁矿固定

通过原位形成硫铁矿固定地下水中砷的思路是由中国地质大学（武汉）王焰新研究组提出的。他们在对高砷地下水的形成机制和水文地球化学条件进行了调查和研究的基础上，提出了向富砷含水层中注入硫酸亚铁，通过微生物还原作用在含水介质表面生成硫铁矿，从而固定地下水中砷的新思路（皮坤福，2016; Xie et al., 2015）。他们在一系列室内机理研究的基础上，在山西大同盆地进行了原位修复试验，并取得了很好的除砷效果（详见第 14~15 章）。

11.5　地下水除砷方法比较分析

总体而言，高砷地下水的抽出处理技术成熟度高，而原位修复方法目前还处于研究探索阶段。由于原位修复具有抽出处理不可比拟的环境友好性，所以需要加大对原位修复的研究力度，推出更为实用的高砷地下水修复新方法。对于目前广泛使用的抽出处理来说，氧化过程一般情况都被用作预处理或被包括在处理过程中（如吸附和沉淀）；吸附法简单易行，非常适合于小水量的处理（如家庭和村庄规模），但吸附剂再生困难导致成本较高；沉淀法处理处理量较为灵活，投资和运行成本低，但产生的含砷废渣量大；离子交换法和膜过滤法除砷效果好，但是对水质要求较高，投资和运行成本也较高。

在实际高砷地下水处理中，选择何种除砷方法取决于实际情况。主要包括：①地下水化学组成，地下水中 Fe、As、P、有机质等的含量，Fe / As 浓度比值大小和竞争离子 P 含量对处理方法的选择具有重要影响；②处理水量，分散式家庭/村庄供水和集中式城镇供水，处理的水量不一样对应于不同的处理方法；③净化后水的用途，净化后的水用于饮用、养殖、灌溉等不同用途时，对应的处理方法也会不同；④当地经济和生活状况，经济发达地区可选择操作简便但成本较高的方法，贫困地区可选择操作复杂但廉价的方法，还需考虑当地的供电情况。

参 考 文 献

胡珊, 2015. 共存离子对砷在纳米二氧化钛上吸附影响的围观机制研究[D]. 北京: 中国科学院大学.

姜利, 2008. 高锰酸钾预氧化-新生态铁联用去除 As(III) 的效能及机理[D]. 哈尔滨: 哈尔滨工业大学.

刘桂芳, 于树芳, 王春丽, 等, 2013. 水中 As(III) 氧化的研究进展[J]. 工业水处理, 33(9): 15-19.

皮坤福, 2016. 浅层地下水系统中砷-铁-硫耦合作用机理与砷原位固定性方法研究[D]. 武汉: 中国地质大学(武汉).

王颖, 吕斯丹, 李辛, 等, 2010. 去除水体中砷的研究进展与展望[J].环境科学与技术(9): 102-107.

徐晶, 2016. 铁-砷配合物的形成及其对三价砷的光氧化作用与机理研究[D]. 武汉: 武汉大学.

杨柳, 2014. 生物滤池同步去除地下水中铁、锰、砷的工艺及机理研究[D].哈尔滨: 哈尔滨工业大学.

AMROSE S E,BANDARUA S R S, DELAIRE C, et al., 2014. Electro-chemical arsenic remediation: field trials in West Bengal[J]. Science of the total environment,488-489: 539-546.

ANDERSON M A, ZELTNER W, LEE E, 2002. Removal of As(III) and As(V) in contaminated groundwater with thin-film microporous oxide adsorbents[R]. Madison:University of Wisconsin Water Resources Institute .

AHMED M F, 2001. An overview of arsenic removal technologies in Bangladesh and India[C]//Proceedings of BUET-UNU international workshop on technologies for arsenic removal from drinking water, Dhaka.[S.l.]:[s.n.].

BRUNSTING J H, MCBEAN E A, 2014. In situ treatment of arsenic-contaminated groundwater by air sparging[J]. Journal of contaminant hydrology ,159: 20-35.

BUSCHMANN J, CANONICA S, LINDAUER U, et al., 2005. Photoirradiation of dissolved humic acid induces arsenic(III) oxidation[J]. Environmental science & technology ,39: 9541-9546.

ELSNER M, SCHWARZENBACH R P, HADERLEIN S, 2004. Reactivity of Fe(II)-bearing minerals toward reductive transformation of organic contaminants[J]. Environmental science & technology,38: 799-807.

GOMES J A, DAIDA P, KESMEZ M, et al., 2007. Arsenic removal by electrocoagulation using combined Al-Fe electrode system and characterization of products[J]. Journal of hazardous materials, 139(2): 220-231.

HUG S J, 2001. An adapted water treatment option in Bangladesh: solar oxidation and removal of arsenic(SORAS)[J]. Environmental science(Toyko) ,8: 467-479.

HUG S J, LEUPIN O, 2003. Iron-catalyzed oxidation of arsenic(III) by oxygen and by hydrogen peroxide: pH-dependent formation of oxidants in the Fenton reaction[J]. Environmental science & technology, 37: 2734-2742.

HUG S J, CANONICA L, WEGELIN M, 2001. Solar oxidation and removal of arsenic at circumneutral pH in iron containing waters[J].Environmental science & technology, 35: 2114-2121.

HUG S J, LEUPIN O, BERG M, 2008. Bangladesh and Vietnam: different groundwater compositions require different approaches to arsenic mitigation[J].Environmental science & technology, 42: 6318-6323.

HUSSAM A, MUNIR A K, 2007. A simple and effective arsenic filter based on composite iron matrix: development and deployment studies for groundwater of Bangladesh[J]. Journal of Environmental science and health part A:toxic/ hazardous substances and environmental engineering, 42:1869-1878.

KEENAN C R, SEDLAK D L, 2008. Factors affecting the yield of oxidants from the reaction of nanoparticulate zero-valent iron and oxygen[J]. Environmental science & technology, 42: 1262-1267.

KOBYA M, GEBOLOGLU U, ULU F, et al., 2011. Removal of arsenic from drinking water by the electrocoagulation using Fe and Al electrodes[J].Electrochimica acta,56: 5060-5070.

KUMAR P R,CHAUDHARI S, KHILARK C, et al., 2004. Removal of arsenic from water by electrocoagulation[J]. Chemosphere, 55: 1245-1252.

KUMAR A, GURIAN P L, BUCCIARELLI-TIEGER R H, et al., 2009. Removal of arsenic by sorption to iron-coated fibers[R].New Mexico:WERC.

LACASA E, CÃNIZARES P, RODRIGO M A, et al., 2012. Electro-oxidation of As(III) with dimensionally-stable andconductive-diamond anodes[J]. Journal of hazardous materials,203-204: 22-28.

LAKSHMANAN D, CLIFFORD D A, SAMANTA G, 2010. Comparative study of arsenic removal by iron using electrocoagulation and chemical coagulation[J]. Water research,44: 5641-5652.

MATTHESS G, 1981.*In-situ* treatment of arsenic contaminatedgroundwater[J]. Science of the total environment, 21: 99-104.

MENG X G, KORFIATIS G P, CHRISTODOULATOS C, et al., 2001. Treatment of arsenic in Bangladesh well water using a household co-precipitation and filtration system[J]. Water research,35: 2805-2810.

MOHAN D, PITTMAN C U, 2007. Arsenic removal from water/wastewater using adsorbents-a critical review[J]. Journal of hazardous materials, 142: 1-53.

NEUMANN A, KAEGI R, VOEGELIN A, et al., 2013. Arsenic removal with composite iron matrix filters in Bangladesh: a field and laboratory study[J]. Environmental science & technology, 47: 4544-4554.

PALLIER V, FEUILLADE G, SERPAUD B, 2011.Influence of organic matter on arsenic removal by continuous flow electrocoagulation treatment of weakly mineralized waters[J]. Chemosphere, 83: 21-28.

PANG S Y, JIANG J, MA J, 2010. Oxidation of sulfoxides and arsenic(III) in corrosion of nanoscale zero valent iron by oxygen: evidence against ferryl ions (Fe(IV)) as active intermediates in Fenton reaction[J]. Environmental science and technology, 45: 307-312.

PETTINE M, CAMPANELLA L, MILLERO F, 1999. Arsenic oxidation by H_2O_2 in aqueous solution[J]. Geochimica et cosmochimica acta,63: 2727-2735.

PHAM A N, WAITE T D, 2008. Oxygenation of Fe(II) in natural waters revisited: kinetic modeling approaches, rate constant estimation and the importance of various reaction pathways[J]. Geochimica et cosmochimica acta, 72: 3616-3630.

SARKAR S, GUPTA A, BISWAS R K, et al., 2005. Well-head arsenic removal units in remote villages of Indian subcontinent: field results and performance evaluation[J]. Water research, 39: 2196-2206.

SARKAR S, GREENLEAF JE, GUPTA A, et al., 2010. Evolution of community-based arsenic removal systems in remote villages in West Bengal, India: assessment of decade-long operation[J]. Water research, 44: 5813-5822.

SMEDLEY P L, KINNIBURGH D G, 2002. A review of the source, behavior and distribution of arsenic in natural waters[J]. Applied geochemistry, 17: 517-568.

SORLINI S, GIALDINI F, 2010. Conventional oxidation treatments for the removal of arsenic with chorine dioxide, hypochlorite, potassium permanganate and monochloroamine[J]. Water research, 44: 5653-5659.

STRATHMANN T J, STONE A T, 2002. Reduction of oxamyl and related pesticides by Fe^{II}: influence of organic ligands and natural organic matter[J]. Environmental science & technology, 36: 5172-5183.

STUMM M, SULZBERGER B, 1992. The cycling of iron in natural environments: considerations based on laboratory studies of heterogeneous Eh processes[J]. Geochimica et cosmochimica acta, 56: 3233-3257.

SUN W, SIERRA-ALVAREZ R, MILNER L, et al., 2009. Arsenite and ferrous iron oxidation linked to chemolithotroph-icdenitrification for the immobilization of arsenic in anoxic environments[J]. Environmental science & technology, 43: 6585-6591.

THIRUNAVUKKARASU O S, VIRAGHAVAN T, SURAMANIAN K S, 2003. Arsenic removal from drinking water using iron-oxide coated sand[J]. Water, air, and soil pollution, 142(1/2): 95-111.

USEPA(Environmental Protection Agency), 1999. Technologies and costs for removal of arsenic from drinking water, Draft Report: EPA-815-R-00-012[R]. Washington D. C.: Environmental Protection Agency .

VAN HALEM D, HEIJMAN S, AMY G, et al., 2009. Subsurface arsenic removal for small-scale application in developing countries[J]. Desalination, 248: 241-248.

VAN HALEM D, OLIVERO S, DE VET W, et al., 2010. Subsurface iron and arsenic removal for shallow tube well drinking water supply in rural Bangladesh[J]. Water research, 44: 5761-5769.

WICKRAMASINGHE S R, HAN B B, ZIMBORON J, et al., 2004. Arsenic removal by coagulation and filtration: Comparison of groundwaters from the United States and Bangladesh[J]. Desalination, 169: 231-244.

XIE X J, WANG Y X, PI K F, et al., 2015. *In situ* treatment of arsenic contaminated groundwater by aquifer iron coating: experimental study[J]. Science of the total environment, 527-528: 38-46.

ZHAO X, ZHANG B, LIU H, et al., 2010a. Simultaneous removal of arsenite and fluoride via an integrated electro-oxidation and electrocoagulation process[J]. Chemosphere, 83: 726-729.

ZHAO X, ZHANG B, LIU H, et al., 2010b. Removal of arsenite by simultaneous electro-oxidation andelectro-coagulation proces[J]. Journal of hazardous materials, 184: 472-476.

利用矿物材料除砷技术   第 12 章

12.1 除 砷 原 理

矿物材料因其经济、有效、易获得、无二次污染等特点，在重金属污染水处理方面显示出了较大优势，尤其以矿物材料为代表的除砷吸附材料，其中最为典型且研究较多的主要有含铁矿物、水滑石类矿物、黏土类矿物、多孔沸石矿物等。矿物材料是由矿物及其改性产物组成的与生态环境具有良好协调性或直接具有防治污染和修复环境功能的一类材料（鲁安怀，1997），以其资源丰富、成本低廉和无二次污染等特点受到越来越多环境工作者的关注和重视。因此，近年来的许多研究致力于开发性能优异的矿物材料来治理与修复砷污染的地下水。

随着现代科技的发展，在研究砷与矿物结合的机理上，研究者们引入了各种现代分析技术，如扩展 X 射线吸收精细结构（extended X-ray absorption fine structure, EXAFS）光谱、傅里叶变换红外光谱（Fourier transform infrared spectrum, FT-IR）、X 射线光电子能谱（X-ray photoelectron spectroscopy, XPS）、扫描电子显微镜（scanning electron microscope, SEM）、透射电子显微镜（transmission electron microscope, TEM）、X 射线衍射（X-ray diffraction, XRD）等。研究表明，砷在矿物材料表面的吸附大多属于专性吸附，砷氧阴离子进入金属氧化物表面的原子配位中，与配位壳中的羟基或水合基置换，形成了类似磷在铁氧化物表面所形成的单齿单核螯合和双齿双核螯合两种配位形式（周爱民 等，2005）。例如，Sun 和 Doner（1998，1996）通过 FT-IR 和 EXAFS 分析发现，砷酸根四面体优先与铁八面体的 A 型（单配位，singly coordinated）羟基进行配位体交换反应，形成双齿双核、双齿单核或单核配位体；对于 B 型（三配位，triply coordinated）和 C 型（双配位 doubly coordinated）羟基，三价砷[As（III）]优先结合双配位羟基，而五价砷[As（V）]结合三配位羟基。此外，砷在铁、铝氢氧化物上的吸附过程除了专性吸附，还发生共沉淀作用。大多数环境条件下，砷和金属氧化物或氢氧化物的共沉淀作用是较普遍的现象（魏显有和王秀敏，1999）。由于 As（III）的毒性高出 As（V）的 60 倍，且 As（III）具有更强的流动性，所以在除砷过程中，通常先将三价砷氧化成五价砷，然后再进行去除（Leupin and Hug, 2005; Lenoble, 2003; Pettine and Millero, 2000; Pettine et al., 1999）。尤其对于缺氧、pH 呈中性的天然地下水来说，砷主要以三价的形式存在，其氧化过程是至关重要的。

12.1.1　表面羟基作用

　　表面羟基作用主要是依靠矿物材料表面的羟基基团与砷互相作用，通过化学键形成含砷络合物，或者发生 OH^- 与含砷阴离子 $H_2AsO_3^-$、$H_2AsO_4^-$ 的交换。Sun 和 Doner（1996）通过 FT-IR 分析发现在铁氧化物表面的双齿双核配位砷络合物是通过表面羟基作用形成的。具体包括两步反应：快速形成内球单配位表面复合物，随后发生配位体的慢速交换形成内球双配位基复合物。大部分 As（V）和 As（Ⅲ）含氧阴离子被铁氧化合物表面的 2 个 OH^- 取代形成双核衔接配合物 Fe-O-AsO（OH）-O-Fe 和 Fe-O-As（OH）-O-Fe。Han 等（2013）采用非离子型表面活性剂合成了介孔氧化铝，并研究了表面羟基在除砷过程中的重要作用。运用 Box-Behnken Design 方法对吸附砷的条件进行优化，基于实验数据的响应面分析，发现初始 As（V）浓度和 pH 在吸附过程中起到至关重要的作用，而反应时间和反应温度对材料除砷容量的影响无关紧要。在整个除砷过程中，表面羟基起到主要的活性作用，详见图 12-1-1，主要机理包括：①在酸性条件下（pH < 2.0），As（V）的存在形态为 H_3AsO_4 和 $H_2AsO_4^-$，分别通过氢键吸附在表面未质子化羟基基团上，以及静电引力吸附在材料表面的酸性中心和质子化的羟基基团上；②在中性条件下（pH = 6.6），As（V）的存在形态为 $H_2AsO_4^-$ 和 $HAsO_4^{2-}$，表面的酸性中心

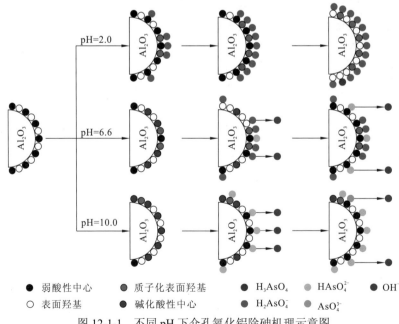

图 12-1-1　不同 pH 下介孔氧化铝除砷机理示意图

和质子化的羟基基团主要通过表面静电作用去除 $HAsO_4^{2-}$，表面碱化的酸性中心更倾向于与 $H_2AsO_4^-$ 发生 OH^- 离子交换作用；③在碱性条件下（pH=10.0），$HAsO_4^{2-}$ 主要与材料表面碱化的酸性中心的 OH^- 发生离子交换作用，同时少量 $HAsO_4^{2-}$ 是通过静电作用吸附在表面的弱酸性中心和质子化的表面羟基基团上。王焰新教授团队合成的 MgO 微球对 As（III）和 F 都表现出良好的去除性能（Gao et al., 2016），其根本原因是 MgO 表面与水反应形成丰富的表面羟基基团，As（III）含氧阴离子与表面羟基形成稳定的化合物吸附在材料表面，同时氟离子与表面羟基发生离子交换作用，从而实现对 As（III）和 F 的高效去除。

12.1.2　表面络合作用

通常砷以带负电荷的砷氧阴离子形式存在，易于跨越能量壁垒接近矿物材料的表面，从而产生专性吸附作用（Sadiq, 1997）。内层专性吸附和外层非专性吸附是两种被广泛接受的吸附理论。内层专性吸附是指矿物质表面的官能团与被吸附的离子之间通过进行配位体交换或形成化学键，使被吸附的离子固定在矿物质的双电层中。而外层吸附是指静电引力作用使被吸附的离子存在于距离矿物质表面的一定区域内。砷在矿物材料表面的配位形式包括单齿单核络合、双齿双核络合和双齿单核络合三种，如图 12-1-2 所示，主要是通过进入矿物表面的金属原子配位壳中的砷氧阴离子与配位壳中的水合基或羟基进行置换而完成的。王焰新教授团队研究表明，As（III）和 As（V）在铁、锰、镁氧化物及氢氧化物表面均发生络合作用并形成不同类型的表面配位络合物，利用 XPS、FT-IR 等表征技术证明了表面络合作用的发生。

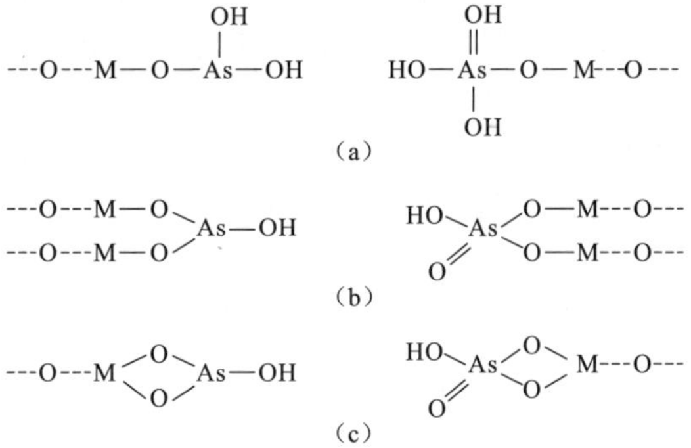

图 12-1-2　As（III）和 As（V）所形成的内球面表面化合物示意图（M＝Fe、Mn 或其他金属）

(a) 单齿单核；(b) 双齿双核；(c) 双齿单核

Goldberg 和 Johnston（2001）研究认为，As（V）在无定形铁、铝氧化物上形成内层表面配位体，而 As（III）在无定形铁氧化物上既存在内层配位，也存在外层配位，在无定形铝氧化物上则以外层配位形式吸附。应用 EXAFS 光谱和 FT-IR 研究发现，As（V）主要通过形成内层表面络合物被铁、铝氧化物吸附（专性吸附），而 As（III）既可在铁、铝氧化物表面形成内层表面络合物，又可形成外层表面络合物（静电吸附），且形成的表面配合物类型取决于其表面覆盖程度，表面覆盖度极低时形成单齿配位体，而高覆盖度时形成双齿单核配位体。

12.1.3 离子交换作用

离子交换作用较早用于水中污染物的去除（Oehmen et al., 2006），该工艺成熟，操作简单，不易产生二次污染，适用于处理量不大、砷浓度较低、组成简单、具有较高回收价值的废水。阴离子的可交换性与它们所带的电荷数及自身的性质有关。一般来说，阴离子的电荷越高，离子半径越小，则交换能力越强；带有更高电荷密度、更高价电荷的阴离子要比低价阴离子有更强的交换能力。

在砷的去除中，以阴离子形态存在的 As（V）易与离子交换树脂表面的阴离子进行交换（Choong et al., 2007）。由于常规标准离子交换树脂对 As（V）没有选择性，通常采用在交换部位含有 Cl^- 的离子交换树脂，当含砷的水溶液通过树脂容器，As（V）与 Cl^- 发生交换作用，流出容器的水比进入容器的水含砷量低，从而实现去除水体中砷的目的。但出水中 Cl^- 的含量高，并且离子交换树脂中所有或大部分含有 Cl^- 的交换位点变成含有 As（V）的交换位点，使得树脂的寿命耗尽，因此循环使用的离子交换树脂会产生废液和固体废渣需进一步进行处置。为解决这一问题，研究报道通过研制具有优异再生性能和耐受能力的选择性螯合树脂来提升其对 As（V）的交换能力（Donia et al., 2011; An et al., 2010）。例如，固定了四乙基五胺配体的甲基丙烯酸缩水甘油酯/甲基双丙烯酰胺树脂在 pH 为 4～7 内对 As（V）均有较高的离子交换能力，且两种树脂均在 5 min 内对 As（V）的吸附达到平衡，在 1 mol/L 盐酸溶液中，树脂的再生效率可高达 99%。

三价砷在天然水体 pH 条件下主要以 H_3AsO_3 形式存在，由于不带电荷，无法用离子交换法去除，所以需要将三价砷氧化成五价砷，才能够通过离子交换法在不改变 pH 条件下去除。同时，由于阴离子交换树脂对水中多种阴离子都有交换吸附能力，如果水中存在其他阴离子，特别是硫酸根离子，将会直接影响到树脂对砷的吸附量和选择性。美国环境保护署建议在对地下水源的饮用水除砷时，对于硫酸根质量浓度高于 120 mg/L 或者总溶解性固体高于 500 mg/L 的水源水不适宜采用离子交换树脂法除砷（美国自来水厂协会，2008）。王焰新教授团队合成的 MgO 微球对 As（III）和 F 具有较强的去除能力，还有一个原因就是 MgO 表面与水中溶解的 CO_2 形成少量 $MgCO_3$，这是除表面羟基外的另一种活性位点，表面碳酸根离子能同时与亚砷酸根离子和氟离子发生交换作用。在利用 Fe（II、III）层状双金属氢氧化物除砷技术中发现，对 As（V）的去除就是利用其表面羟基与砷的含氧阴离子（$H_2AsO_4^-$ 等）发生离子交换作用。此外，利用水滑石剥层技术及其与石墨烯复合形成了 LDHs-RGO 水凝胶结构，对地下水中 As（III）表现出良好的吸附性能，主要利用的也是层间阴离子的交换能力。同样，Wen 等（2013）报道了镁铝水滑石对 As（V）的吸附性能，主要是通过层间离子与砷酸根发生离子交换作用达到除砷的目的，如图 12-1-3 所示。

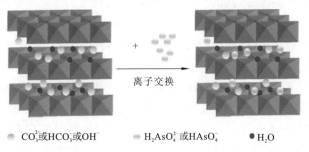

　●CO$_3^{2-}$或HCO$_3^-$或OH$^-$　　●H$_2$AsO$_4^{2-}$或HAsO$_4^-$　　●H$_2$O

图 12-1-3　LDHs 去除 As（V）的离子交换机理示意图

12.1.4　化学沉淀作用

化学沉淀作用除砷的基本原理是水中的砷酸根阴离子与金属离子形成稳定沉淀物并通过分离方法去除。砷的含氧阴离子能够与许多金属离子形成难溶性化合物：

$$Fe^{3+} + AsO_4^{3-} \longrightarrow FeAsO_4 \qquad K_{sp} = 5.7 \times 10^{-21} \quad (12\text{-}1\text{-}1)$$

$$Al^{3+} + AsO_4^{3-} \longrightarrow AlAsO_4 \qquad K_{sp} = 1.6 \times 10^{-16} \quad (12\text{-}1\text{-}2)$$

$$3Ca^{2+} + 2AsO_4^{3-} \longrightarrow Ca_3（AsO_4）_2 \qquad K_{sp} = 6.8 \times 10^{-19} \quad (12\text{-}1\text{-}3)$$

$$3Mg^{2+} + 2AsO_4^{3-} \longrightarrow Mg_3（AsO_4）_2 \qquad K_{sp} = 2.1 \times 10^{-20} \quad (12\text{-}1\text{-}4)$$

式中：K_{sp} 为溶度积。

利用这一特性，常加入铁、铝、钙、镁盐及硫化物等作为沉淀剂，经过滤去除水中的砷酸根从而达到去除水中砷的目的。化学沉淀法是目前应用范围最广、操作最简单的处理方法，但需要大量的化合物，而且在最终产物的处理上存在很大的局限性，其产生的大量含砷和多种重金属的废渣无法利用，长期堆积则容易造成二次污染。

砷的价态及水环境的pH会直接影响砷在水中的存在形态和砷化物的溶解度，因此对化学沉淀法的除砷效果起到重要作用。一般而言，亚砷酸盐的溶度积较砷酸盐溶度积大，相比于砷酸根往往需要更高的金属离子浓度。另外，在天然地下水 pH 条件下，亚砷酸根主要以分子形式存在，这会影响化学沉淀作用对亚砷酸盐的去除。因此采用化学沉淀处理含有三价砷的地下水时，需要通过预氧化将其转化为五价砷，以实现在相同条件下的除砷效率。

12.1.5 氧化作用

砷在天然水体中常以 As（III）和 As（V）的形式存在，As（V）相比于 As（III）更容易吸附到固体表面（Filippi，2004），因此在除砷过程中，先将 As（III）氧化成 As（V）也是一种常用的方法，氧化法常作为一种预处理技术与其他方法联合使用，主要包括空气氧化和化学氧化。空气氧化法操作简单、成本低廉，但是反应动力学非常缓慢。Kim 和 Nriagu（2000）研究表明用空气和纯氧可以将受污染水中 $54\%\sim 57\%$ 的 As（III）氧化成 As（V），臭氧可以将 As（III）完全氧化成 As（V），但是这个过程的成本是非常昂贵的，而且还会产生有毒副产物，如溴酸盐、碘酸盐，同时水中还会有臭氧残留。化学氧化常用的氧化剂有 Fenton 试剂、游离氯、高锰酸钾、臭氧和微生物等（Sorlini and Gialdini，2010；Li et al.，2007；Driehaus et al.，1995），其反应速度明显优于空气氧化，在反应过程中可以氧化其他污染物，并杀灭微生物，但需要严格控制 pH 和氧化步骤。Lafferty 等（2010）运用 EXAFS 和 XRD 来研究晶型较差的 $\delta\text{-MnO}_2$ 氧化 As（III）的机理，如图 12-1-4 所示，研究发现 $\delta\text{-MnO}_2$ 对 As（III）的氧化和 As（V）的吸附主要受其结构中的 Mn 氧化态影响较大。

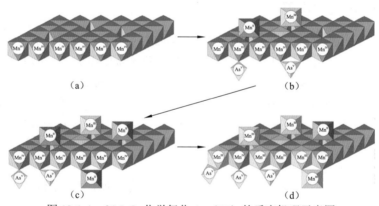

图 12-1-4　$\delta\text{-MnO}_2$ 化学氧化 As（III）的反应机理示意图
（a）0 h；（b）0~4 h；（c）4~6 h；（d）6~8 h

另外，还有一些研究报道了用光化学和光催化的方法来促进 As（III）的氧化（Bhandari et al.，2012；Yoon et al.，2009；Zaw et al.，2002）。例如，在针铁矿存在条件下，光诱导 As（III）氧化成 As（V）的反应机理示意图如图 12-1-5 所示。在溶解氧存在的条件下，光照射在针铁矿和亚砷酸盐的体系可导致 As（V）产物吸附在针铁矿表面以及反应溶液中，并且在溶液中发现 Fe（II）的存在。在此过程中，水溶液中形成的活性氧也可能导致溶液中 As（III）的进一步氧化。而在缺氧条件下，虽然能够发生 As（III）的氧化反应，但 As（V）产物主要局限于针铁矿表面，这与溶解氧存在的 As（III）氧化反应形成鲜明对比。在光催化氧化 As（III）

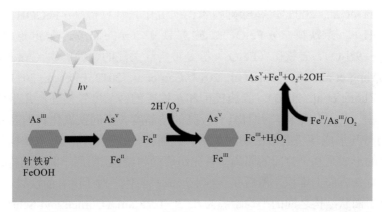

图 12-1-5　在针铁矿存在条件下，光诱导 As（III）氧化成 As（V）的反应机理示意图

的过程中，由于其氧化速率较快，溶液 pH 对 As（III）的氧化影响不大（Sharma et al., 2007）。此外，Kocar 和 Inskeep（2003）在草酸铁存在情况下对光化学氧化 As（III）的研究发现光化学反应中涉及的水合铁络合物能够生成自由基物种（如羟基自由基），并且在含有 DOC 的天然水体中，As（III）氧化速率显著提升(4～6 μmol/L·h)，光化学氧化从而促进了水体中 As 的循环。二氧化钛常被用作光催化剂应用于水体中 As 的去除，它不仅能够将 As（III）在光催化作用下氧化成 As（V），还能高效地吸附水溶液中的 As（III）和 As（V）。Miller 等（2011，2010）报道了一种新型且高效的 As 去除剂——浸渍二氧化钛的壳聚糖珠，其在不受紫外线照射的情况下对 As（III）和 As（V）的去除容量分别达 2 198 mg/g 和 2 050 mg/g。在紫外光照射下，该催化剂可将 As（III）光氧化为低毒性的 As（V），并相应提高了 As 的去除率，对 As(III)和 As(V)的吸附容量分别高达 6 400 mg/g 和 4 925 mg/g。

12.2　典型矿物材料除砷技术

矿物材料如含铁矿物、水滑石、黏土矿物、多孔沸石等被广泛应用于含砷地下水的修复。在本节中，主要依据矿物材料的组分，分别阐述几种典型矿物材料的除砷技术。

12.2.1　含铁矿物除砷技术

铁的氧化物和氢氧化物对许多无机或有机污染物均具有较强的吸附能力，这主要取决于其表面积大、表面电荷高等特点。目前，由于其对砷有较强的亲和力而受到了研究者的广泛关注（Chen et al., 2014; Ma et al., 2013; Amstaetter et al.,

2009；Saha et al.，2005）。在除砷技术的研究中，针铁矿（α-FeOOH）、纤铁矿（γ-FeOOH）、赤铁矿（α-Fe$_2$O$_3$）、磁赤铁矿（γ-Fe$_2$O$_3$）、无定形铁氧化物（5Fe$_2$O$_3$·9H$_2$O）、磁铁矿（Fe$_3$O$_4$）等是被广泛关注的含铁矿物（Andjelkovic et al.，2015；Yang et al.，2014；Du et al.，2013；Cao et al.，2012；Li et al.，2011；Zhang et al.，2010；Zhong et al.，2006）。除施氏矿和水铁矿的结晶度较差外，几乎所有的其他铁氧化物均为晶体结构，并且具有较高的结晶度。不同铁氧化物的晶粒大小及晶体结构与其形成环境有着密切的关系。八面体是铁氧化物的基本结构单元，这些八面体的形成是基于封闭的阴离子首先组成面状结构，阴离子面状结构在晶体结构的一些特殊方向上堆积，然后在三维上形成八面体。对于所有的铁氧化物来说，这些阴离子面状结构之间的平均距离为 0.23～0.25 nm（Cornell and Schewertmann，2006）。在阴离子面状结构之间存在的空隙的数量是一层阴离子面状结构上阴离子数量的两倍。Fe（III）或者 Fe（II）存在于这些空隙当中，使结构中的电子达到平衡，并根据不同的顺序排列而形成了不同的铁氧化物。Fe 原子在晶体结构中被 6 个 O 和—OH 离子环绕，以八面体（γ 型）或六面体（α 型）的形式紧密结合在一起，八面体排列方式不同使不同铁氧化物之间存在着差异。铁氧化物的表面性质十分重要，因为它与其他不同物质之间的反应主要发生在固液两相的界面，铁氧化物表层中 OH$^-$和 H$^+$离子的吸附和解吸行为及表面的羟基化，使铁氧化物表面具有较高的表面能和表面电荷。

在所报道的铁氧化物除砷研究中，所用铁氧化物的性质，如表面结构、表面的电性质及物理化学性质等与砷的吸附量密切相关。一般来说，表面积比较大和结晶程度较差的氧化物能够提供更多有效的吸附点位，因而具有较强的吸附砷的能力（Wang and Mulligan，2006），从现有的研究数据可以推断：不同铁氧化物的组成和结晶形态不同使其对砷的吸附能力存在着一定差异。常见铁氧化物的吸附能力排序为：无定形铁氧化物＞针铁矿＞赤铁矿（Ilic et al.，2014），例如，As（III）和 As（V）在水铁矿上的吸附，是其在针铁矿上的 2～3 倍（Yang et al.，2005）。另外，针铁矿具有较大的表面积，对 As（V）和 As（III）的吸附是赤铁矿的 2 倍（Cornelis et al.，2008）。下面分别阐述各种含铁矿物在去除地下水中砷方面的应用及其相互作用机理。

1. 水合铁矿

水合铁矿是一类无定形含铁矿物，在铁的众多氧化物类型中属不稳定态，是赤铁矿和针铁矿等稳定的铁氧化物的中间过渡态，在土壤环境中大量存在（Wilkie and Hering，1996）。无定形铁氧化物对砷的亲和力最强，因而在对砷的去除方面受到了格外关注，因为在其结构中的核心区域是以八面体为主，表面存在着大量的四面体结构单元，这种表面的未饱和状态与比表面积大、结晶度差的特点相结合，使其具有较高的吸附外来离子的能力（Cain et al., 2013）。

Lafferty 和 Loeppert（2005）研究了水合铁矿对甲基砷酸、甲基亚砷酸、二甲基砷酸、二甲基亚砷酸、砷酸和亚砷酸的吸附与脱附。水合铁矿的合成过程如下：将一定浓度的 Fe（NO₃）₃·9H₂O 加入 0.1 mol/L NaNO₃ 溶液中，搅拌并用 NaOH 调节 pH，使 pH 从 2.0 快速升至 8.0，形成红褐色的胶状沉淀，然后经过 18～24 h 熟化得到水合铁矿样品。样品经 X 射线衍射分析为典型的水合铁矿，采用吸附比表面测试法（Brunauer-Em-mett-Teller method, BET method）测得其比表面积为 205 m²/g。将水合铁矿用于水中 As（III）和 As（V）的去除，研究结果表明溶液 pH 和存在的硅酸对砷的去除均有较大的影响。

此外，Lenoble 等(2002)也研究了不同 pH 条件下，无定形氢氧化铁对 As（III）和 As（V）的吸附。运用 XRD、FT-IR、BET、表面酸性和 Zeta 电位等分析手段对吸附剂进行了表征。结果表明酸性条件下砷更容易被吸附，在 pH 为 4～9 时，As（III）的吸附容量达到最大值，并发现无定形氢氧化铁对 As（III）和 As（V）的吸附能力最强。Vatutsina 等（2007）合成了一种纤维状的聚合无机吸附材料，并用其去除砷。这种吸附剂由纤维聚合物和高度分散的水合铁氧化物纳米粒子构成，由于水合氧化铁纳米粒子对砷的高吸附亲和力和纤维聚合物优良的力学性能及化学稳定性，使得这种新型吸附剂对 As（III）和 As（V）均有很好的去除能力。特别是对 As（III）的去除，不仅在反应过程中不需要调节 pH，也不需要进行预氧化处理，而且水体中存在的 SO_4^{2-}、Cl^- 和 $H_2PO_4^-$ 对三价砷的去除没有影响。

2. 针铁矿

针铁矿的分布极广，存在于几乎所有类型的土壤中，尤其是在湿润而且氧化势较高的亚表层土中。针铁矿在电子显微镜下成针状，具有由八面体联成的链状晶体结构。由于合成条件的不同可制备出多种形貌的针铁矿，且广泛应用于水处理中，特别是水中 As 的去除。如 Li 等（2011）将二价铁盐溶于水和乙二醇的混合液中，在 100 ℃回流反应 1 h，大规模地合成出了菊花状 α-FeOOH 分级结构微球，并研究了其去除 As 的性能。图 12-2-1 为 α-FeOOH 花状微球的 SEM 和 TEM 图，从图中可知，三维分级结构花状微球是由数根几百纳米长的纳米棒构成，且具有较高的结晶度。此外，还对花状微球的生长机理进行了研究，通过比较不同反应时间的样品的 SEM 图，发现在反应初期的产物为大量 30 nm 的纳米颗粒且纳米颗粒易于团聚。当反应进行 7 min 时纳米颗粒长大成 100 nm 微球且在微球表面开始生长出较短的纳米棒，随着反应时间的延长，反应 60 min 后纳米短棒变长最终形成菊花状分级结构微球，如图 12-2-1（d）所示。该菊花状 α-FeOOH 分级

图 12-2-1　α-FeOOH 花状微球的 SEM 图（a）、TEM 图（b）和电子衍射图（c）；
α-FeOOH 花状微球的生长过程示意图（d）

结构微球的比表面积可达 120.8 m^2/g。

图 12-2-2 为菊花状 α-FeOOH 分级结构微球去除 As（V）和 Pb（II）的动力学曲线和吸附等温线，As（V）的最大吸附容量为 66.2 mg/g，对砷的去除实验是在正常 pH 条件下进行的，表明分级结构微球在实际水样处理中无须进行 pH 调节，这为实际水处理工艺设计提供了一定的理论依据。实验表明花状分级结构微球对水中重金属表现出优异的去除性能，这主要是由于该材料具有分级结构、较大的比表面积及多孔结构。

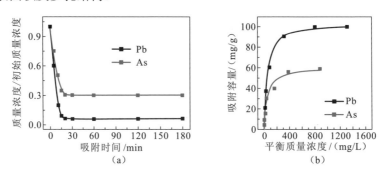

图 12-2-2　α-FeOOH 花状微球去除 As（V）和 Pb（II）的动力学曲线（a）和吸附等温线（b）

分级结构大幅提高了材料的比表面积和反应活性位点，因此构建分级结构（尤其是微纳分级结构，其兼具微米尺度和纳米尺度效应）也是提高除砷性能的一条有效途径。Wang 等（2012）在无模板条件下将二价铁盐溶于水和丙三醇的混合液中采用溶剂热方法制备出了均一海胆状 α-FeOOH 空心微球，图 12-2-3（a）和（b）是空心微球的 SEM 图和 TEM 图，由此可见海胆状空心微球的内、外直径分别为 500 nm 和 1 μm。α-FeOOH 空心微球的比表面积可达 96.9 m^2/g，对 As（V）的最大吸附容量为 58 mg/g。同时对刚果红和 Pb（II）也有非常好的去除效果，

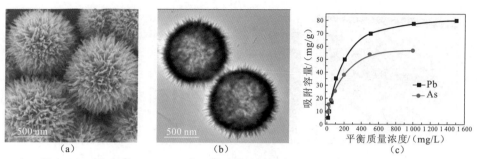

图 12-2-3　海胆状 α-FeOOH 空心微球的 SEM 图（a）、TEM 图（b）及其去除
As（V）和 Pb（II）吸附曲线（c）

吸附容量分别高达 275 mg /g 和 80 mg /g。

Andjelkovic 等（2015）将针铁矿纳米颗粒与石墨烯复合成功制备出了多功能的三维气凝胶结构复合材料，并将其用于实际含砷饮用水的处理，如图 12-2-4 所示。图 12-2-4（a）、（c）和（d）为复合材料的 SEM 和 TEM 图，可以看出针铁矿纳米颗粒均匀地负载在石墨烯纳米片的表面，直径为 10～50 nm 的纳米颗粒形貌不规则且呈随机分布状态。该复合材料的合成方法简便且合成过程中不使用有毒试剂，它的比表面积高达（220±5）m²/g 且具有多孔网络结构，因而对 As（III）和 As（V）均有较好的去除能力。当复合材料的用量为 0.1 g/L 时，其对处理含砷饮用水 5 min 后，水中砷的质量浓度即可达到世界卫生组织规定的饮用水最高砷允许质量浓度（0.01 mg/L）以下，如图 12-2-4（b）所示。此外，该三维气凝胶对 As 具有较快的去除速率及显著的吸附容量，如图 12-2-4（e）所示，约 60 min 可达到吸附平衡，对 As（III）和 As（V）的最大吸附容量分别为 13.4 mg/g 和 81.3 mg/g。并且这种三维块体材料可根据不同的反应容器来调节材料的最终形状，做成不同形状的器件材料，这为吸附材料在实际应用中极大地提供了便利，从而也为其用于个人家庭饮用水系统增加了可能性。

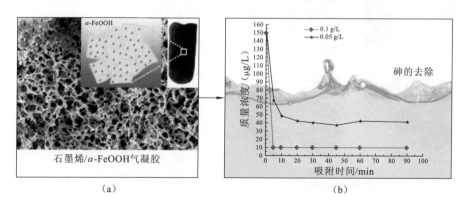

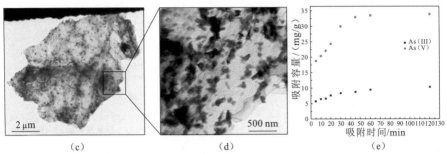

图 12-2-4　针铁矿/石墨烯复合材料的 SEM 图（a）及对含砷饮用水中砷的去除曲线（b），针铁矿/石墨烯气凝胶的 TEM 图（c）、（d）及其对 As（III）和 As（V）的去除动力学曲线（e）

3. 赤铁矿

赤铁矿颜色赤红，在电镜下呈六方片状，其结构是由八面体成六方紧密堆积而成，常见于亚热带高度风化的氧化势高且干燥的表土层中。纳米材料独特的结构状态使其产生了小尺寸效应、量子尺寸效应、表面效应和宏观量子隧道效应等特性，因而在人们生产、生活中各个领域有着广泛的应用。基于纳米材料的特殊功能，王焰新教授团队合成了不同形貌的纳米氧化铁材料，并应用其对水体中 As（V）的处理进行了研究。

以亚铁氰化钾为铁源、水合肼为碱源、羧甲基纤维素钠（CMC）为封端剂和分散剂，通过 200 ℃水热反应 16 h 合成出具有高度对称性的十四面体状 α-Fe$_2$O$_3$ 纳米材料。图 12-2-5（a）、（b）是十四面体 α-Fe$_2$O$_3$ 的 SEM 图，从图中看出多晶体具有良好的多面体形状，厚度为 200～250 nm，长度为 250～300 nm。从横截面观察该产物具有明显的高度对称性，几乎所有的颗粒都含有 2 个顶六边形表面和 12 个梯形侧

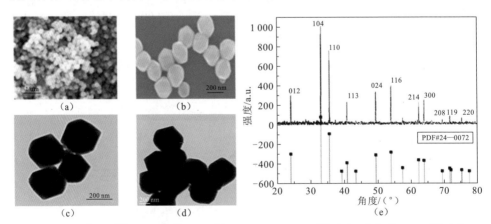

图 12-2-5　十四面体 α-Fe$_2$O$_3$ 的 SEM 图（a）、（b），TEM 图（c）、（d）和 XRD 图（e）

表面，由此可见多面体由 14 面及 30 边组成。图 12-2-5（c）、（d）是十四面体 α-Fe$_2$O$_3$ 的 TEM 图，也说明所制备的纳米 α-Fe$_2$O$_3$ 具有良好结构形貌。十四面体 α-Fe$_2$O$_3$ 的 XRD 图如 12-2-5（e）所示，谱线上出现的特征衍射峰与斜六方体 α-Fe$_2$O$_3$ 的各个晶面相对应，且狭窄尖锐的峰形表明所获得的 α-Fe$_2$O$_3$ 结晶良好。同时，在谱图中未出现其他铁氧化物的衍射峰，说明产物纯度高、不含杂质。

将十四面体 α-Fe$_2$O$_3$ 纳米材料对水中 As（V）去除性能进行了研究，图 12-2-6 为不同初始质量浓度（a）、pH（b）和共存阴离子（c）对十四面体 α-Fe$_2$O$_3$ 吸附 As（V）的影响。研究表明在 296 K、313 K 温度下，材料吸附 As（V）的最大容量分别是 51.80 mg/g 和 55.29 mg/g，其理论吸附容量可达 61.99 mg/g、65.44 mg/g。由图 12-2-6（b）可知，十四面体 α-Fe$_2$O$_3$ 对 As（V）的吸附容量随着初始 pH 增大而减小，表明酸性条件更有利于材料对砷的吸附，这主要是通过影响 As（V）在水中的存在形态和材料表面羟基的质子化程度来实现的。在低 pH 情况下，溶液中大量的 H$^+$ 会促进吸附剂表面的质子化反应向右进行（Fe$-$OH$+$H$^+ \longrightarrow$ Fe$-$OH$_2^+$），使溶液中正电荷位点增多。但是在碱性环境下，十四面体 α-Fe$_2$O$_3$ 表面的羟基容易与溶液中的羟基发生 Fe$-$OH$+$OH$^- \longrightarrow$ Fe$-$O$^-+$H$_2$O 反应，使溶液中负电荷位点增多，进而排斥溶液中 H$_2$AsO$_4^-$ 离子。同时，当 pH 逐渐升高时，溶液中 OH$^-$ 含量也会增多，与 As（V）形成竞争吸附，最终造成十四面体 α-Fe$_2$O$_3$ 对 As（V）的吸附减弱。综上分析，十四面体 α-Fe$_2$O$_3$ 对 As（V）的吸附是通过正负电荷相互吸引的静电作用，pH 是影响十四面体 α-Fe$_2$O$_3$ 吸附 As（V）的重要因素。由于自然、人为等多种因素导致实际水体中含有大量的不同种离子，它们的存在往往会影响 As（V）的去除，采用 Cl$^-$、NO$_3^-$、CO$_3^{2-}$、SO$_4^{2-}$、PO$_4^{3-}$ 五种常见离子来模拟实际水体中共存离子对 As（V）去除的影响，如图 12-2-6（c）所示。由图可知，五种阴离子都降低了十四面体 α-Fe$_2$O$_3$ 对 As（V）的吸附，并且共存离子浓度越

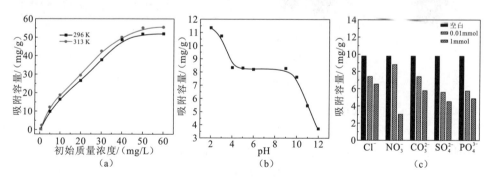

图 12-2-6　不同初始质量浓度（a）、pH（b）和共存阴离子（c）对十四面体 α-Fe$_2$O$_3$ 吸附 As（V）的影响

高，十四面体 $\alpha\text{-}Fe_2O_3$ 吸附 As（V）的容量越小。由于这些共存离子带有与 As（V）相同的负电荷，它们同样会与十四面体 $\alpha\text{-}Fe_2O_3$ 表面的正电荷位点产生静电吸引作用，从而导致这些阴离子与 As（V）共同竞争材料表面的活性位点，影响了十四面体 $\alpha\text{-}Fe_2O_3$ 对 As（V）的去除，从而降低其吸附容量。阴离子的存在会抑制材料对砷的吸附，整体来看高价态的磷酸影响最大，主要由于磷酸在水中结构形态与砷酸根相似。等温吸附实验表明材料对砷的吸附符合 Langmuir 吸附等温线模型，其动力学曲线可以用准二级动力学模型很好地进行线性拟合，R^2 高于 0.999。

　　基于十四面体 $\alpha\text{-}Fe_2O_3$ 的合成，选用乙二醇作为辅助溶剂，在 200 ℃温度下溶剂热反应 6 h 合成了橄榄球状纳米 $\alpha\text{-}Fe_2O_3$。图 12-2-7（a）～（d）是产物 $\alpha\text{-}Fe_2O_3$ 的 SEM 和 TEM 图，从图中可知 $\alpha\text{-}Fe_2O_3$ 颗粒表现出高均匀性和良好的纳米橄榄球形状，粒径长为 300～350 nm，宽为 150～200 nm。橄榄球状 $\alpha\text{-}Fe_2O_3$ 的 XRD 图谱如 12-2-7（e）所示，明显的特征衍射峰对应 $\alpha\text{-}Fe_2O_3$ 的特征峰，由此可确定所获得的产物是 $\alpha\text{-}Fe_2O_3$，且结晶度高。

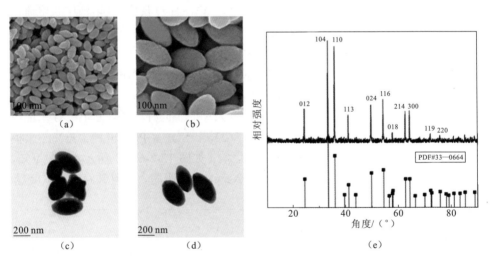

图 12-2-7　橄榄球状纳米 $\alpha\text{-}Fe_2O_3$ 的 SEM 图（a）、（b），TEM 图（c）、（d）和 XRD 图（e）

　　通过改变晶化时间进一步研究了橄榄球状纳米 $\alpha\text{-}Fe_2O_3$ 生长历程，如图 12-2-8 所示。其形成机理为：初期的小晶体组装或团聚成大颗粒，后期大颗粒表面进一步粗化或重结晶形成单晶材料。当反应时间是 1 h 时，得到不同大小的颗粒状产物，且呈团聚状态，部分产物具有橄榄球状。反应 2 h 后，大量的小颗粒已经消失，产物几乎全部呈橄榄球形状，但是橄榄球表面还有凸起部分，表明该晶体是由大量微小颗粒团聚或组装而成。随着反应时间延长至 4 h，产物已经完全是规整的橄榄球状，但颗粒表面仍有许多未晶化好的小颗粒的存在，由此表明重结晶过程正在进行。在反应时间延长至 6 h 后，350 nm 橄榄球纳米材料形状未发生变化，但是颗粒表面变得非常光滑。如图 12-2-8（e）、（f）所示，继续延长反应时间到 15 h 和 30 h，产物形貌、尺寸均不再发生变化。

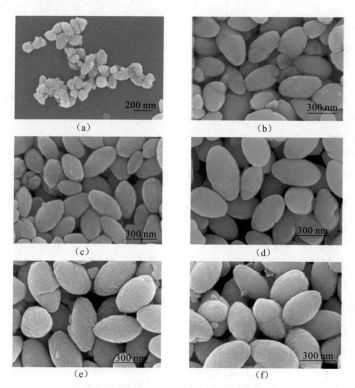

图 12-2-8　橄榄球状纳米 α-Fe$_2$O$_3$ 在不同反应时间的 SEM 图

（a）1 h；（b）2 h；（c）4 h；（d）6 h；（e）15 h；（f）30 h

对橄榄球状纳米 α-Fe$_2$O$_3$ 的除砷性能进行了研究，图 12-2-9 为不同初始质量浓度（a）、pH（b）和共存离子（c）对橄榄球状纳米 α-Fe$_2$O$_3$ 吸附 As（V）的影响。结果表明：①在 296 K 和 313 K 温度下，材料吸附 As（V）的最大容量分别为 53.77 mg /g 和 56.45 mg /g，其理论吸附容量可达 61.99 mg /g 和 65.44 mg /g；②吸附容量随着 pH 的增大而减小，pH=3 时吸附容量可达 11.77 mg /g，pH=11 时吸附容量减小至 6.93 mg /g；③阴离子、阳离子的存在均对材料吸附砷起到抑制作用，这主要与竞争吸附有关；④Langmuir 吸附等温线模型适合描述该吸附热力学过程，准二级动力学模型适合描述该吸附过程的动力学。

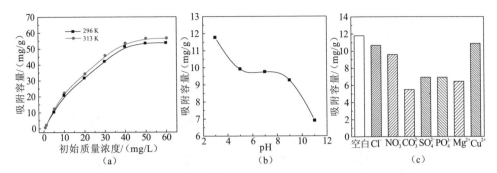

图 12-2-9 不同初始质量浓度（a）、pH（b）和共存离子（c）对橄榄球状纳米
α-Fe$_2$O$_3$ 吸附 As（V）的影响

4. 磁铁矿

目前，为了进一步提高吸附剂对重金属的吸附容量，国内外许多学者正在改进传统的合成技术，探索新型技术和方法合成吸附能力更强的吸附剂。由于大多数铁氧化物都是粉末状的，在实际应用中常遇到难以分离的问题，从而限制了其在水处理中的应用。磁铁矿晶体常呈八面体和菱形十二面体，集合体呈粒状或块状，由于具有独特的磁性，磁铁矿在外磁场作用下能够快速响应，使分离和回收变得容易，移除外磁场后，其高度分散性又会恢复。磁铁矿的磁学性能使其在制备过程中易于分离，在应用过程中易于回收，因而在污水处理方面受到研究者的广泛关注，同时也成了近几十年科学家研究的热点。

王焰新教授团队在上节合成的十四面体纳米结构 α-Fe$_2$O$_3$ 基础上，使用乙醇为辅助溶剂，在 200 ℃温度下反应 30 h 获得立方体结构的磁性四氧化三铁，并深入研究了其对 As（V）的吸附性能。利用 SEM 和 TEM 对产物的形貌进行分析，结果如图 12-2-10（a）～（d）所示。由图可知，产物具有显著的立方体结构，长为 600～700 nm，宽为 400～600 nm，高为 300～500 nm，但其表面还存在一定缺陷。图 12-2-10（e）是所制备 Fe$_3$O$_4$ 的 XRD 图，由图可知，标准卡片（JCPDS 89—0691）Fe$_3$O$_4$ 的特征衍射峰能与谱线上的特征峰相对应，由此确定该晶体是 Fe$_3$O$_4$。尖锐的峰型表明所获得产物的结晶度高，不含其他杂质峰说明制备的 Fe$_3$O$_4$ 纯度高。

磁性立方体 Fe$_3$O$_4$ 对 As（V）的吸附是随着 As（V）初始质量浓度的增大而增大，并且升高温度能促进 Fe$_3$O$_4$ 对 As（V）的吸附，如图 12-2-11（a）所示。Langmuir 吸附等温线模型适合描述该吸附过程，确定 Fe$_3$O$_4$ 对 As（V）是单分子层吸附，单分子层最大吸附容量分别为 86.73 mg/g（296 K）和 89.93 mg/g（313 K）。从图 12-2-11（b）可以看出 pH 对 Fe$_3$O$_4$ 吸附 As（V）的影响是非常大的，这主要

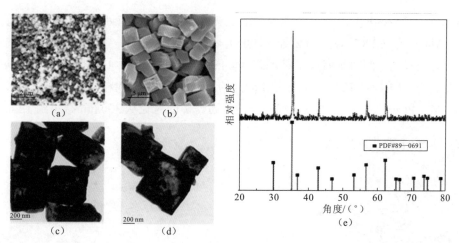

图 12-2-10　磁性立方体四氧化三铁的 SEM 图（a）、（b），TEM 图（c）、（d）和 XRD 图（e）

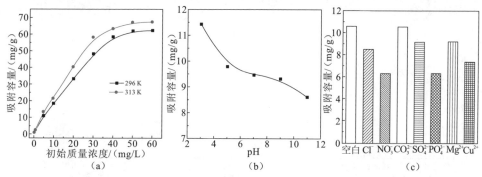

图 12-2-11　不同初始质量浓度（a）、pH（b）和共存离子（c）
对磁性立方体 Fe_3O_4 吸附 As 的影响

与 pH 影响铁氧化物表面的质子化情况和砷酸根的形态有关。酸性条件有利于 Fe_3O_4 表面带正电荷，从而与 $H_2AsO_4^-$ 发生静电吸附；而在碱性条件下，Fe_3O_4 表面羟基发生去质子化而带负电荷，易与 $HAsO_4^{2-}$、AsO_4^{3-} 发生静电排斥，使得 Fe_3O_4 很难吸附 As（V）。Cl^-、NO_3^-、CO_3^{2-}、SO_4^{2-}、PO_4^{3-}、Mg^{2+}、Cu^{2+} 的存在均抑制 Fe_3O_4 对 As（V）吸附。阴离子的影响主要体现在以下两个方面：①会压缩铁氧化物表面的双电层，使其厚度减小，从而使得电位减小，同时颗粒间静电斥力减小，增大了颗粒碰撞机会，使其容易团聚，进而减小了吸附砷的比表面和位点；②与 As 共同竞争铁氧化物表面的吸附位点，从而抑制了 Fe_3O_4 对 As（V）的吸附。阳离子对 Fe_3O_4 吸附 As（V）的吸附容量影响主要是与吸附位点共同竞争吸附 As（V），从而降低了 Fe_3O_4 对 As（V）的吸附。

纳米科学和纳米技术的不断发展促进了纳米粒子在水处理技术中的应用。

纳米粒子具有高的比表面积和反应活性，被认为是快速去除水中污染物的合适选择。Mayo 等（2007）、Yavuz 等（2006）研究了高表面积、单分散的 Fe_3O_4 纳米晶对砷的吸附，同时也研究了纳米磁铁矿的粒径大小对 As（III）和 As（V）吸脱附的影响。图 12-2-12 为不同粒径 Fe_3O_4 的 TEM 图、对应的粒径分布图及对水中 As（V）和 As（III）的去除曲线。当纳米磁铁矿的粒径从 300 nm 减小到 12 nm

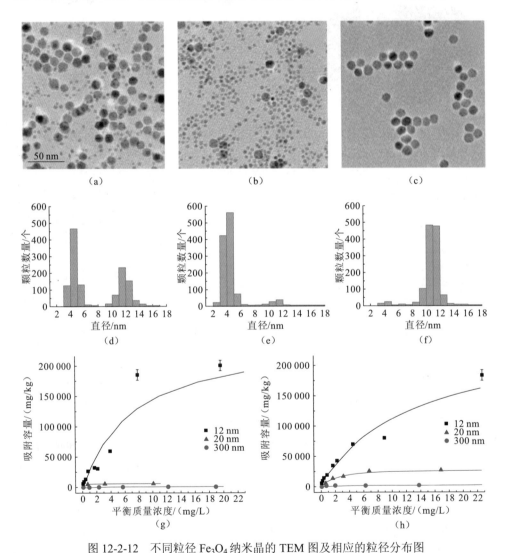

图 12-2-12　不同粒径 Fe_3O_4 纳米晶的 TEM 图及相应的粒径分布图

4 nm 和 12 nm 混合液（a）、（d），高磁场分离得到的 4 nm 溶液（b）、（e），低磁场分离得到的 12 nm（c）、（f），
对水中 As（V）（g）和 As（III）（h）的去除曲线

时，Fe_3O_4 对 As（III）和 As（V）的吸附容量增加近 200 倍，这主要是由 Fe_3O_4 纳米晶尺寸减小导致比表面积的增大而引起的。这类 Fe_3O_4 纳米晶吸附剂由于尺寸效应具有磁场响应作用，因而可通过添加外磁场来分离吸附剂，从而实现吸附剂的有效回收及再利用。

虽然粒径小于 12 nm 的氧化铁颗粒对 As（III）具有极强的吸附作用，但单独的小尺寸纳米颗粒极易发生团聚。近年来，一种新型的核壳结构材料——Rattle 型微纳结构材料因其具有大的比表面积、低密度及大空腔被广泛地应用于水处理研究领域（Lou et al., 2008）。

因此，王焰新教授团队将小尺寸的纳米颗粒制备为壳层，利用碳模板的支撑作用合成了核壳结构的 $C@Fe_2O_3$（@表包覆，形成核壳结构），且核壳之间存在大空腔的特殊结构，从而防止了纳米颗粒的团聚。同时，材料具有大比表面积、多孔及磁学特性。用于去除水体中的砷时，材料展现出优异的吸附性能，且能通过简单的外加磁场回收，由此可见，这种核壳材料是一种潜在的水处理材料。$C@Fe_2O_3$ 的合成过程如图 12-2-13 所示，首先将 Fe_3O_4 纳米颗粒负载在 C 微球上，然后将合成的 $C@Fe_3O_4$ 核壳结构前驱体进行煅烧。考察不同煅烧温度（250 ℃、350 ℃）及煅烧时间（0.5 h、1 h、2 h、4 h）对产物形貌的影响发现，在温度为 350 ℃下煅烧 0.5 h、1 h 后分别能够得到不同空腔体积的 Rattle 型 $C@Fe_2O_3$。在煅烧的过程中，内部的 C 核则通过煅烧不断减小，从而形成了 Rattle 型 $C@Fe_2O_3$ 微纳结构材料。

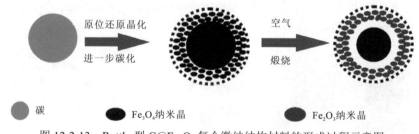

图 12-2-13　Rattle 型 $C@Fe_2O_3$ 复合微纳结构材料的形成过程示意图

样品煅烧前后的微观形貌用 TEM 进行观察，如图 12-2-14 所示。Rattle 型 $C@Fe_2O_3$ 的碳球内核与纳米氧化铁颗粒外壳之间的空隙大小能够通过煅烧时间来调节，在煅烧 0.5 h 时，内部碳球与表面的纳米颗粒之间的空隙为 10 nm 左右，表面的 Fe_2O_3 纳米颗粒大小为 9 nm，球壳厚度约为 50 nm；延长煅烧时间到 1 h，内部碳球与表面的纳米颗粒之间的空隙为 100 nm 左右，内部碳球大小约为 200 nm，表面的 Fe_2O_3 纳米颗粒大小保持为 9 nm 不变，球壳厚度约为 50 nm。图 12-2-14（e）中 $C@Fe_3O_4$ 核壳结构的 XRD 谱线上有无定型碳的峰（2θ 为 25° 左右），并且出现了立方晶系尖晶石相的磁铁矿的特征衍射峰。经过煅烧，在 C@Fe$_2$O$_3$ 的谱线上发现无定型碳的峰减弱且出现了新的立方晶系磁赤铁矿（γ-Fe$_2$O$_3$）的衍射峰，这是因为四氧化三铁在温度低于 500 ℃时煅烧产物为磁赤铁矿（γ-Fe$_2$O$_3$）。

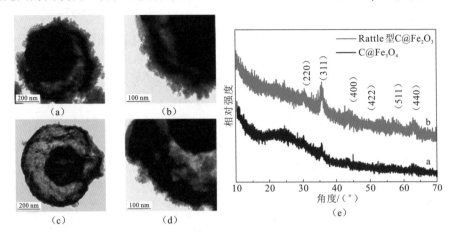

图 12-2-14　样品的 TEM 图（a）～（d）和 XRD 图（e）

（a）、（b）煅烧 0.5 h，（c）、（d）煅烧 1 h

为了直观地观察样品吸附 As 前后的磁性，图 12-2-15（a）～（c）展示了其吸附 As 前后的磁分离过程照片。在吸附前样品呈现红褐色且能较好地分散在溶液中，吸附 As（III）和 As（V）后样品可用磁铁进行分离，从而能更有效地回收该材料。对此，用振动样品磁强计（vibrating sample magnetometer, VSM）将煅烧 1 h 后的产物进行了磁学性能测试，其饱和磁化强度为 25.389 emu / g。

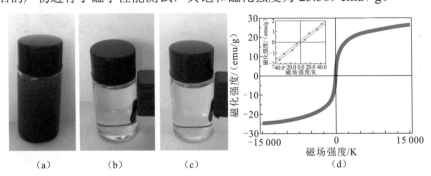

图 12-2-15　样品吸附 As 前后的磁分离过程照片（a）～（c）和煅烧 1 h 样品磁滞曲线图（d）

考虑到自然水体中的实际情况，考察了（HCO$_3^-$、NO$_3^-$、Cl$^-$、F$^-$ 和 H$_2$PO$_4^-$）5 种阴离子对吸附 As（III）和 As（V）的影响。由图 12-2-16 可以看出其影响顺序为 H$_2$PO$_4^-$ > HCO$_3^-$ > Cl$^-$ > F$^-$ > NO$_3^-$，当 NO$_3^-$、Cl$^-$、F$^-$的物质的量浓度为 10 mmol/L 时，

其对 C@Fe$_2$O$_3$ 吸附 As（V）的影响也不大，而 HCO$_3^-$ 和 H$_2$PO$_4^-$ 即使在物质的量浓度为 0.1 mmol/L 时也能显著影响 Rattle 型 C@Fe$_2$O$_3$ 微纳结构材料吸附 As（III）和 As（V）的去除率。一般认为磷酸根对砷酸根在氧化铁材料表面的吸附的竞争源于以下两点：①砷酸根、磷酸根都能与氧化铁表面的羟基交换形成内球络合物，因此磷酸根能竞争占据氧化铁材料表面的活性位点；②加入磷酸根能增加溶液的 pH，从而使得吸附量降低。在不同 pH 条件下，合成的 Rattle 型 C@Fe$_2$O$_3$ 微纳结构材料在 pH 为 2~12 对 As（III）和 As（V）均有非常好的捕获效果，这拓宽了该材料在实际水体中的应用范围。

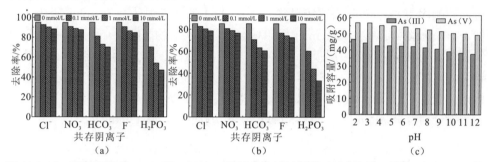

图 12-2-16　竞争离子对 Rattle 型 C@Fe$_2$O$_3$ 微纳结构材料吸附 As（V）（a）和 As（III）（b）的影响，pH 对 Rattle 型 C@Fe$_2$O$_3$ 微纳结构材料吸附 As 的影响（c）

Rattle 型 C@Fe$_2$O$_3$ 微纳结构材料对 As（III）和 As（V）去除率随着时间变化曲线如图 12-2-17（a）所示。在 30 min 后吸附达到平衡，对 As（III）和 As（V）的去除率分别为 90.08% 和 97.22%，这说明 Rattle 型 C@Fe$_2$O$_3$ 微纳结构材料对 As（III）和 As（V）都具有非常好的去除效果。实验结果表明准二级动力学模型能更好地描述 As（V）和 As（III）在 Rattle 型 C@Fe$_2$O$_3$ 表面的吸附情况。Rattle 型 C@Fe$_2$O$_3$ 吸附 As（V）和 As（III）的吸附容量 q_t 对 $t^{1/2}$ 作图如图 12-2-17（c）所示。由拟合数据表明，Rattle 型 C@Fe$_2$O$_3$ 对 As（V）和 As（III）吸附包括两个传质步骤，

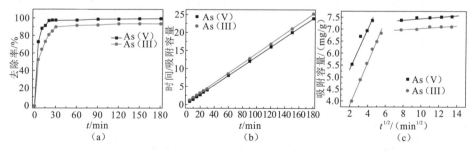

图 12-2-17　Rattle 型 C@Fe$_2$O$_3$ 微纳结构材料去除 As 的吸附速率曲线（a），准二级动力学模拟图（b）和内扩散模型图（c）

首先是粒子在 Rattle 型 C@Fe$_2$O$_3$ 外部的传质阶段，即图中的第一部分的线性阶段。这一阶段过程中 As（V）和 As（III）在 Rattle 型 C@Fe$_2$O$_3$ 的吸附主要依赖于液膜扩散的影响。其次是粒子在 Rattle 型 C@Fe$_2$O$_3$ 内部的传质阶段，见图中第二段线性阶段。这一阶段过程表示的是 As（V）和 As（III）在 Rattle 型 C@Fe$_2$O$_3$ 内部传质阶段，其速率主要受粒子内扩散速率的影响。

利用 Langmuir、Freundlich、Tempkin 和 Dubinin-Radushkevich（D-R）4 种吸附等温线模型对前面提到不同煅烧时间样品对不同浓度 As（V）和 As（III）的吸附数据进行模拟，实验数据如表 12-2-1 所示。通过比较模拟的相关系数，模型拟合匹配顺序为 Langmuir 吸附等温线＞Freundlich 吸附等温线＞Tempkin 吸附等温线＞D-R 吸附等温线。Langmuir 吸附等温线假设污染物之间没有相互作用，污染物在吸附剂表面是单分子层吸附并且吸附剂表面活性位点均一且固定。因此推测不同煅烧时间的样品（0 h、0.5 h 和 1 h）对 As（V）和 As（III）的吸附属于单分子层吸附。煅烧 0.5 h 和 1 h 所得的 Rattle 型 C@Fe$_2$O$_3$ 对 As（V）和 As（III）的最大吸附容量分别为 48.515 mg/g、54.993 mg/g 和 40.760 mg/g、48.179 mg/g。

表 12-2-1　不同煅烧时间样品吸附 As（V）和 As（III）的等温线参数

污染物	煅烧时间/h	Langmuir 吸附等温线			Freundlich 吸附等温线		
		q_{max}/（mg/g）	K_L/（L/mg）	R^2	$1/n$	K_F	R^2
As（V）	0	41.392	0.797	0.980	0.384	4.480	0.956
	0.5	48.515	1.427	0.994	0.355	14.011	0.980
	1	54.993	3.228	0.998	0.318	37.673	0.969
As（III）	0	34.292	0.271	0.997	0.585	0.102	0.967
	0.5	40.760	0.474	0.986	0.522	2.613	0.937
	1	48.179	0.864	0.991	0.462	5.891	0.976
As（V）	0	37.455	7.495	0.656	13.110	94.010	0.894
	0.5	73.082	7.180	0.780	13.490	1 303.950	0.879
	1	139.349	8.220	0.900	13.520	15 360.151	0.868
As（III）	0	11.532	3.780	0.819	17.030	0.000 252	0.989
	0.5	22.621	5.423	0.757	19.810	0.019 463	0.954
	1	43.409	7.454	0.811	25.230	0.007 086	0.963

进一步探讨 Rattle 型 C@Fe$_2$O$_3$ 微纳结构微球吸附 As（V）和 As（III）的机制，对吸附 As（V）和 As（III）后的材料进行了 XPS 表征，吸附 As（V）和 As（III）后的 XPS 全谱图中出现了明显的与砷对应的峰（图 12-2-18）。将全谱图放大后发

现结合能位于 269.0 eV、33.4 eV、198.7 eV、145.8 eV 和 45.0 eV 处出现了对应的 As LM1、As LM2、As 3s、As 3p 和 As 3d 的峰。这充分地说明了 As（V）和 As（III）被 Rattle 型 C@Fe$_2$O$_3$ 材料所吸附。吸附 As 后的高分辨的 As 3d 轨道峰如图 12-2-18（d、f）所示，As 3d 的峰位置分别为 45.12 eV 和 44.34 eV，这分别对应 As（V）和 As（III）的光电子能谱峰。对其进行分峰拟合，吸附 As（III）后的 As 3d 峰可以细分为 42.87 eV、43.93 eV、44.93 eV 和 46.04 eV 4 个峰，其中前三个峰对应 As（III），而最后一个峰对应 As（V），其面积比为 18.19%，这说明 As（III）在吸附后有部分被氧化为 As（V）；而吸附 As（V）后，As 3d 峰可以细分为 44.54 eV、45.56 eV、46.64 eV 和 47.69 eV 4 个峰，这些都对应于 As（V），这说明吸附 As（V）后，As 的存在形态仅为 As（V）。

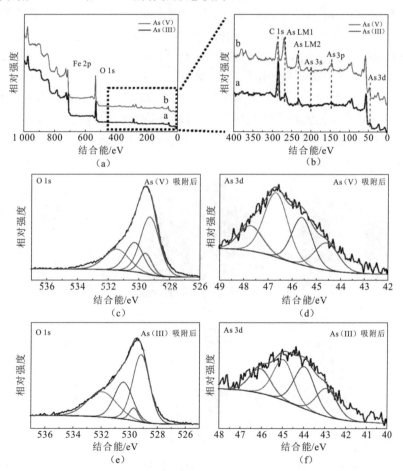

图 12-2-18　Rattle 型 C@Fe$_2$O$_3$ 吸附 As（III）（a）和 As（V）（b）后的 XPS 全谱图，O 1s 谱图（c）、（e）和 As 3d 谱图（d）、（f）

此外，王焰新教授团队基于石墨烯的 3D 结构将四氧化三铁纳米颗粒与其进行复合，合成了 3D 水凝胶结构的除砷吸附剂（Li et al.，2016b）。石墨烯的 3D 结构不仅保留了石墨烯大的比表面积，而且富有多孔道结构，在催化、储能及污水处理等领域具有很好的应用前景。

分别以三乙二醇（TEG）和乙二醇（EG）作为反应溶剂和还原剂，乙酰丙酮铁[Fe（acac）$_3$]为铁源，采用一步溶剂热法合成了两种磁性石墨烯水凝胶（简写为 M-RGO）。首先，Fe^{3+} 被层状 GO 中的羟基、羧基和环氧基等基团捕获，再在 210℃ 溶剂热条件下原位沉积为 Fe_3O_4 纳米颗粒，同时 GO 被还原自组装成 3D 水凝胶结构，磁性水凝胶（M-RGO）通过冷冻干燥得到相对应气凝胶结构。将在 TEG 溶剂中合成的产物命名为 M1-RGO，在 EG 溶剂中合成的产物命名为 M2-RGO。最后，将 M-RGO 用于对地下水中 As（III）吸附性能的研究，并且还通过模拟柱实验对有机染料过滤吸附性能进行了研究。由石墨烯和 Fe_3O_4 纳米颗粒组装成的气凝胶如图 12-2-19（a）所示，即直径约为 1 cm，高为 2～3 cm 的圆柱状水凝胶结构。图 12-2-19（b）是 3D 石墨烯结构的 SEM 图，可以观察到石墨烯极薄的层状微观结构。而图 12-2-19（c）、（d）为 M1-RGO 的 TEM 图，（e）、（f）为 M2-RGO 的 TEM 图，可以看出磁性纳米颗粒均匀地负载在石墨烯纳米片层上。M1-RGO 中的 Fe_3O_4 为短棒状，且棒状直径为 6～17 nm（平均直径为 10 nm），平均长度为 18 nm。M2-RGO 中 Fe_3O_4 为球状，直径为 7～20 nm（平均直径为 11 nm）。两种磁性水凝

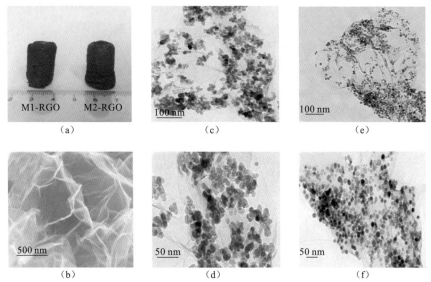

图 12-2-19　M1-RGO 和 M2-RGO 的照片（a），RGO 的 SEM 图（b），M1-RGO 的 TEM 图（c）、（d），M2-RGO 的 TEM 图（e）、（f）

胶中 Fe₃O₄ 颗粒形状不同的原因可能是不同的溶剂分子对 Fe₃O₄ 微晶面的影响不同，造成（100）/（111）上的晶体生长速率不同，从而导致晶体形貌上的差异。

图 12-2-20 中 M-RGO 的能量面分析表明了铁、碳、氧元素均匀地分散在整个图像中。利用元素分析仪测试，M1-RGO 和 M2-RGO 中碳含量分别为 28.97%和 20.24%，其结果表明了 Fe₃O₄ 和石墨烯大致的质量比分别为 2.5∶1 和 4∶1。正因为 M2-RGO 中 Fe₃O₄ 成分高，所以这也证实了 M2-RGO 的饱和磁化强度（Ms）较 M1-RGO 高。为了探究磁性水凝胶的磁学性质，M-RGO 在室温下做的磁滞（M-H）曲线如图 12-2-20（c）所示。M-H 曲线表明了 M-RGO 具有超顺磁性，M1-RGO 和 M2-RGO 的 Ms 分别为 17.168 emu/g 和 39.771 emu/g。尽管样品中含有大量的石墨烯，比大块高纯的 Fe₃O₄ 的 Ms（92 emu/g）小（Gao et al., 2011），但我们制备的 M-RGO 的 Ms 比文献报道的复合材料大很多（Ping et al., 2012; Chen et al., 2011）。所以，可以表明该新颖多功能石墨烯水凝胶在小的应用磁场下有强的磁场信号，因而它的实际应用受到广泛关注。

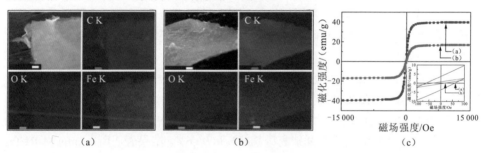

图 12-2-20　M1-RGO（a）和 M2-RGO（b）的 SEM、EDS 面分析图，磁滞曲线图（c）

（a）、（b）标尺长度为 10 μm

M-RGO 对 As（III）的吸附实验如图 12-2-21 所示，其中图 12-2-21（a）是初始 pH 对 As（III）的吸附影响。As（III）离子被 M-RGO 吸附是由于 M-RGO 表

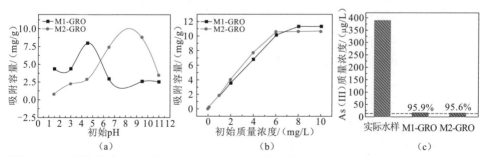

图 12-2-21　在温度为 25 ℃时，pH 对 As（III）吸附影响（a），M-RGO 的吸附等温线（b），
M-RGO 在实际水体中的应用（c）

面的正电荷和砷的含氧阴离子之间的静电吸引作用。在较广的 pH 条件下，As（III）以非离子 H_3AsO_3 形态存在。通过吸附剂的零点电位（pH_{PZC}）和 pH 的大小来决定砷离子吸附在 M-RGO 表面情况：当 pH < pH_{PZC} 时，M-RGO 表面带正电荷，就可以促进 M1-RGO 吸附 As（III），导致最大吸附量在 pH 为 4.5；当 pH > pH_{PZC} 时，M-RGO 表面带负电荷，随着 pH 增加，M1-RGO 表面的正电荷位点减少，使得在 pH > pH_{PZC} 时对 As（III）吸附减少。对于 M2-RGO，随着 pH 增加，带负电的砷离子种类增加，然而在表面正电荷位点减少到 pH_{PZC} 值。pH 为 7~9 的碱性溶液对 As（III）吸附量增加表明在 M2-RGO 中静电相互作用因素不能控制吸附过程，pH > pH_{PZC} 时强吸附 As（III）表明吸附过程是表面络合作用，而不是静电相互作用。M-RGO 气凝胶吸附剂对 As（III）的吸附行为通过吸附等温线表示，如图 12-2-21（b）所示，吸附曲线符合 Langmuir 吸附等温线模型。M1-RGO 和 M2-RGO 的最大吸附容量分别为 11.3 mg／g、10.6 mg／g。所以，M-RGO 气凝胶对于水污染中重金属的去除有着潜在的应用。气凝胶中石墨烯片层和 Fe_3O_4 纳米颗粒的协同效应引起的静电吸引、离子交换和金属离子与重金属离子之间的络合作用，以及石墨烯上含氧官能团与重金属离子的作用等，使得其对重金属离子有强大的吸附容量。

实际地下水样来源于受污染的中国湖北省仙桃市的江汉平原地区，采用原子荧光检测所合成的 M-RGO 材料吸附前后的 As（III）质量浓度，如图 12-2-21（c）所示，经过 M1-RGO 和 M2-RGO 吸附后水体中 As（III）的质量浓度分别为 16.0 μg／L 和 17.1 μg／L，对应的去除率分别高达 95.9% 和 95.6%。结果表明所合成的 M-RGOs 对地下水中的 As（III）有优良的吸附性能。

M-RGO 吸附剂吸附 As（III）离子后，利用 XPS 表征结果解释其对 As（III）的吸附机理，如图 12-2-22 所示。M-RGO 达到吸附饱和后，利用磁铁收集吸附剂后 60 ℃ 恒温干燥，得到吸附饱和后的吸附剂。图 12-2-22（a）的 XPS 图中出现了 As 3d 的谱线，并且增加了氧的强度，这些结果可以验证砷是吸附在 Fe_3O_4 表面。在图 12-2-22（b）中 Fe 2p 的 XPS 图，通过比较吸附前的 Fe 2p 图，可以发现 M-RGO 光谱强度增加并且 Fe $2p_{3/2}$ 谱线向左移到 711.2 eV，Fe $2p_{1/2}$ 左移到 723.8 eV，表明 Fe 原子与 As（III）之间存在较强的相互作用。另外，在图 12-2-22（b）中，在 712~722 eV 有一些锯齿状波动起伏的小峰，这是由于 Fe 原子与 As 发生络合反应，从而引起键能的改变，所以 Fe 元素的存在对 As 的吸附非常重要。图 12-2-22（c）是 Fe_3O_4 吸附了 As（III）后在 44.0 eV 处显示的 As 3d 峰，这归因于 As（III）—O 键能（Guo and Chen，2005），表明吸附 As（III）后，Fe 和 As 元素的价态基本没有发生变化。图 12-2-22（d）所示的是 O 1s 的 XPS 图，在 531.0 eV、532.0 eV 和 533.2 eV 处的峰分别归因于 Fe—O 或 As—O 晶格中的氧原子、表面羟基基团中的氧原子和最外

层吸附 H_2O 或 CO_2 分子中的氧原子。在 Fe_3O_4 中有强的 H—O 峰出现,表明在 Fe_3O_4 表面存在很多的羟基基团,这在吸附 As(III) 过程中起到了重要作用。在吸附过程中,含砷的阴离子与羟基进行离子交换,更利于吸附。

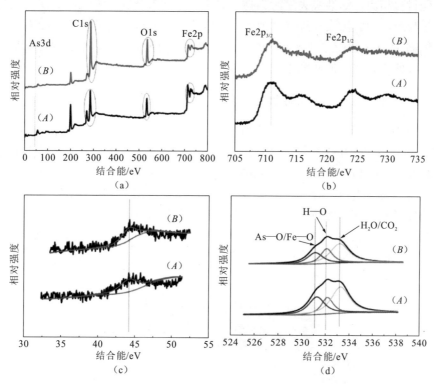

图 12-2-22　M1-RGO (A) 和 M2-RGO (B) 吸附 As(III) 后 XPS 图

全谱图 (a),Fe 2p (b),As 3d (c),O 1s (d)

综上所述,铁氧化物/氢氧化物是一种很好的去除地下水中砷的吸附剂,不仅因为其良好的物化稳定性、较强的吸附能力,更是因为它使用方便、对环境无后续污染、易获得、不昂贵。在自然界中,铁氧化物/氢氧化物存在许多形式,且对砷有很强的吸附性能,因而受到科研工作者广泛关注,尤其是各种铁氧化物/氢氧化物具有不同的尺寸、高的表面积/体积比、超顺磁性、容易合成、表面容易改良、低毒性、化学稳定性好、好的生物适应性,在污水处理方面具有巨大的应用前景。并且各种新奇形貌的铁氧化物/氢氧化物被合成出来,如纳米球、纳米环、纳米棒、纳米粒子组成的树枝、纳米粒子、玫瑰花状、多级花状微球等。此外,铁氧化物的很多有用属性取决于其制备方法,制备方法对颗粒尺寸、形状、粒度分布、表面化学和应用起着关键作用,除此之外,制备方法还决定着结构缺陷的程度、缺陷的分布及颗粒的纯度。目前，各种各样的合成路线已被设计开发来实现颗粒尺寸、分散性、形状及结晶度的控制，从而来增强铁氧化物与 As（III）、As（V）的相互作用，提高除砷的效率。铁的氧化物也已被广泛用作除砷吸附剂，与传统的除砷材料相比，活性炭去除污染物主要为离子交换及物理吸附，而铁氧化物则是化学吸附，即将污染物选择性地吸附到吸附剂表面或与之共沉淀。随着近年来铁氧化物/氢氧化物在除砷领域中的广泛应用，人们对能快速、简易制备具有良好吸附效果的铁氧化物的研究也越来越深入。

12.2.2 水滑石类矿物除砷技术

水滑石（LDHs）是一类二维纳米结构的阴离子黏土矿物，由带正电荷的 LDHs 主板、层间阴离子和层间水分子组成，如图 12-2-23 所示。化学组成通式用 $[M^{2+}_{1-x}M^{3+}_x(OH)_2]^{x+}(A^{n-})_{x/n}\cdot mH_2O$ 表示，M^{2+} 和 M^{3+} 是二价和三价阳离子，A^{n-} 是为了平衡带正电 LDHs 主板的层间阴离子，x 是 $M^{2+}/(M^{2+}+M^{3+})$ 的摩尔比。其合成制备相对简单经济，常用的制备方法有共沉淀法、离子交换法、水热合成法及晶体原位生长法。LDHs 材料在催化、光化学、电化学、生物医学和环境等领域展现出广阔的应用前景，受到了研究者广泛的关注。

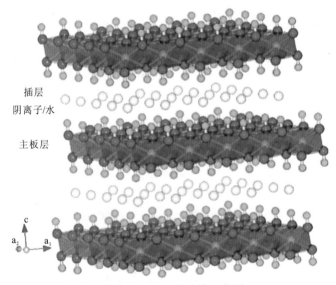

插层
阴离子/水

主板层

图 12-2-23　LDHs 晶体结构示意图

由于 LDHs 特殊的层状结构，其具有以下性质。①层板元素组成及结构可调变性：具有相近离子半径的 M^{2+} 和 M^{3+} 金属阳离子的比例及种类可在一定范围内进行调变。②层间离子交换性：对于常见的层间阴离子，其交换能力大小为

$CO_3^{2-} > HPO_4^{2-} > SO_4^{2-} > OH^- > F^- > Cl^- > NO_3^-$，通常低价阴离子容易被高价阴离子交换出来，根据交换阴离子种类的不同可得到不同性质的 LDHs（Yamaoka et al., 1989）。③层板可剥离性：以 LDHs 为前体，通过剥离方法将 LDHs 剥离成带正电的纳米片（Liu et al., 2006），具有催化活性的物种可被高度分散且有序地组装或固载在其表面上。④结构拓扑转变效应（Li et al., 2008）：通过焙烧或还原，LDHs 作为前体或刚性稳定的模板，诱导或限制形成具有高分散和特定形貌的复合金属氧化物或负载型金属纳米粒子。⑤结构记忆效应：LDHs 经焙烧得到相应的复合金属氧化物，在一定温度和 pH 的阴离子溶液中进行结构复原，又可得到含相应阴离子的 LDHs 结构，但记忆效应受温度影响，温度过高会使 LDHs 的结构无法恢复。⑥弱碱性：层板上羟基对的存在赋予了 LDHs 一定的弱碱性，其相对强弱与层板中所含二价金属离子的种类有关。基于这些独特的性质，LDHs 已经被广泛应用于去除污水中的重金属和有机污染物（El et al., 2009；Goh et al., 2008），且表现出吸附移除速率快、吸附容量大和分离再生简单等优势，LDHs 对污染物的去除主要是基于以下三种过程：表面吸附、层间阴离子交换、阴离子插层重构 LDHs。

王焰新教授团队采用水热法合成了 MgAl-LDHs 和 La 掺杂的 MgAl-LDHs，并通过煅烧得到层状结构的纯金属氧化物 MgAl-CLDHs 和 La-MgAl-CLDHs 样品。LDHs 随着 Mg/Al 比值的增加，XRD 衍射锋更尖锐，说明样品的结晶度更好，Mg/Al 比值为 3 时表现最为突出。随着水热反应温度的升高，晶体的尺寸变大，但是仍然保持原来的形状。图 12-2-24（a）和（c）为水热温度 120 ℃且 Mg/Al=3

图 12-2-24　MgAl-LDHs 的 SEM 图（a）和 TEM 图（c），MgAl-CLDHs 的 SEM 图（b）和 TEM 图（d），La-MgAl-LDHs 的 SEM 图（e），La-MgAl-CLDHs 的 SEM 图（f）

条件下合成的 MgAl-LDHs 的 SEM 图和 TEM 图，可以看出前驱体为六方片层晶体，直径约为 200～500 nm。500 ℃煅烧后产物仍是片状结构，且片层较薄，近于透明，表面粗糙，存在丰富的孔洞。而 La 掺杂的 LDHs 为块状晶体，高温煅烧后呈粉末状。由 FT-IR 和 XRD 分析可知，经 500 ℃煅烧后 LDHs 层间结晶水、碳酸根及羟基离子基本被脱除，但经过 NaCO₃ 溶液处理的 CLDHs 又恢复了 LDHs 的层间结构。此外，MgAl-LDHs、MgAl-CLDHs、La-MgAl-LDHs 和 La-MgAl-CLDHs 的电位分别为 16.19 mV、18.11 mV、20.97 mV 和 23.86 mV，这表明样品表面都带正电荷，且煅烧前后的样品的电位都有所增加，这利于对带负电荷的阴离子的吸附。研究 MgAl-LDHs 和 La 掺杂的 MgAl-LDHs 对氟离子和硒酸根的去除性能，结果发现其吸附能力较强且具有良好的再生性能。

Kang 等（2013）采用共沉淀法制备出 CO_3^{2-} 插层的 MgFe-LDHs，再煅烧前驱体得到 MgFe-CLDHs，并用于水中砷和氟的同时去除。图 12-2-25（a）展示的是 MgFe-LDHs 和 MgFe-CLDHs 的 XRD 图和 SEM 图，可以看出 Mg 含量的增加会形成更高的结晶度和更好的层状结构，提高焙烧温度也有利于形成镁铁金属氧化物，最优的制备条件是 M^{2+}/M^{3+} 摩尔比为 5，焙烧温度为 400 ℃，比表面积为 145.3 m²/g。性能测试也表明该制备条件下合成的 MgFe-CLDHs 对 As（V）和 F 的去除效果最好，如图 12-2-25（b）所示，最大吸附容量分别为 50.24 mg/g 和 50.91 mg/g，且符合准二级动力学模型。由 XRD、FT-IR 和 XPS 分析结果可知，400 ℃焙烧后，插层离子 CO_3^{2-}/HCO_3^-/OH^- 分解，LDHs 结构遭到破坏，但吸附砷后，污染物离子插入层间，LDHs 结构又得到重建，即结构记忆效应。此外，除砷后水溶液的 pH 有所升高，说明阴离子与层间羟基发生了离子交换。吸附机理包括水滑石层板的表面吸附、层间阴离子的交换作用及 LDHs 结构的重建。

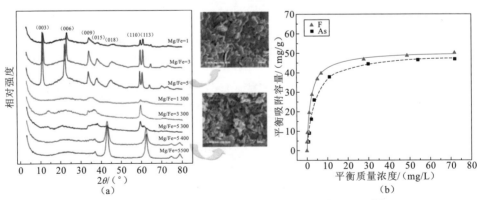

图 12-2-25　MgFe-LDHs 和 MgFe-CLDHs 的 XRD 图和 SEM 图（a），
MgFe-CLDHs 对 As（V）和 F 的吸附等温线（b）

除了研究 CO_3^{2-} 插层的 LDHs，Goh 等（2009）还报道了 NO_3^- 插层的 LDHs，并深入探讨其主要的除砷机制。联合共沉淀法和水热法制备出 NO_3^- 插层的 MgAl-LDHs 纳米晶（标记为 FCHT-LDHs），与传统共沉淀法制得的 LDHs 相比，FCHT-LDHs 具有更小的晶体尺寸和更大的层间距，由图 12-2-26（a）的高分辨 TEM 图可看出，随机选取区域中纳米晶的大小为 5.3~5.8 nm，且比表面积为 127 m^2/g，孔径大小为 8 nm。由吸附等温线拟合出 FCHT-LDHs 对 As（V）的最大吸附容量为 114 cmol/kg（85 mg/g），远大于其他各类 LDHs，如图 12-2-26（b）所示，这是由于 FCHT-LDHs 具有少量 CO_3^{2-} 含量、高比表面积、多孔结构、较小的晶粒尺寸及纳米晶特性。循环实验表明 FCHT-LDHs 经过多次再生后仍保持较高的除砷活性，且金属离子浸出较少。为了评价 LDHs 与 As（V）发生离子交换的程度，引入 K_{ex} 值（Gaines and Thomas, 1953; Vanselow Albert, 1932）来有效确定不同离子浓度下离子平衡的状态，实验计算出的 K_{ex} 值为 30.6，据报道 K_{ex} 值在 24.5~69.2 说明存在着多价交换（Miyata, 1983）。这个结果表明该过程中 NO_3^- 参与了砷酸根的离子交换作用，并形成外球面络合物，且在反应过程中释放出 NO_3^-，从而导致溶液中 NO_3^- 浓度增加，由此说明阴离子交换机理在去除 As（V）过程中起主导作用。与此同时还发现反应过程中溶液的 pH 略有增加，说明除了阴离子交换机理，还存在配位体交换机理，能够形成稳定的内球面表面络合物。

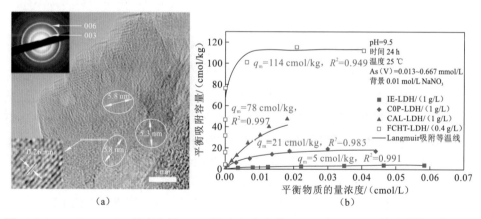

图 12-2-26　FCHT-LDHs 的高分辨 TEM 图（a）和各类 LDHs 对 As（V）的吸附等温线（b）

（a）的椭圆区域为一些随机面的晶粒衍射图，插图为选区电子衍射（SAED）图和放大的晶格条纹图

Jiang 等（2015）合成了 Cl^- 插层的 MgFe-LDHs，并用于去除地下水中的 As（III）。MgFe-LDHs 具有良好的结晶度和稳定性，第一次吸附砷实验后仅浸出 1.2% Mg^{2+} 或 Fe^{3+}，第二次循环后浸出量更少（约 0.5%），且除砷效率在初始 pH 为 2.5~9.0 基本不受影响。但 MgFe-LDHs 去除 As（III）受到共存竞争离子的影响。当

LDHs 用量为 2 g/L 时，MgFe-LDHs 能够将 400 μg/L 的 As(III)溶液处理至 10 μg/L 以下，其最大吸附容量为 14.6 mg/g。此外，以 4% NaOH 和 2% NaCl 为洗脱剂进行吸附-脱附再生实验，实验中加入 NaCl 的目的是让 Cl 进入 LDHs 的层间，从而重建 LDHs 结构。循环性实验结果表明该 LDHs 循环使用 20 次仍然保持较高的除砷能力，去除率为 93.0%～98.5%，而处理后 As(III)质量浓度一直处于 50 μg/L 以下，结果如图 12-2-27（a）所示。当用过滤柱处理实际砷污染的地下水样品时，发现该 LDHs 能够处理高质量浓度砷样品和低质量浓度砷样品的体积分别是 2.8 L 和 13.2 L，吸附容量分别达到 490 μg/g 和 376 μg/g，使得高砷含量的孟加拉国地下水处理后的砷质量浓度符合当地饮用水标准（<50 μg/L），如图 12-2-27（b）所示。主要的除砷机制包括表面化学吸附及与层间阴离子和配体发生的离子交换作用。

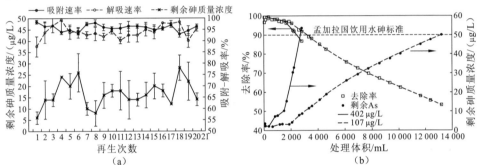

图 12-2-27　不同再生周期下 MgFe-Cl-LDHs 的吸附-脱附曲线（a），过滤柱处理质量浓度为 402 μg/L 和 107 μg/L 含砷地下水的去除率曲线（b）

材料的形貌会影响其电子、磁性、光学、催化和吸附等性质。采用沉淀法制备的 LDHs 一般都是层状或块状材料，除此之外，3D 多级结构 LDHs 的制备也有报道（Gunawan and Xu, 2009, 2008; Li et al., 2006）。Yu 等（2012）采用简单的溶剂热法制备出 3D 多级花状的 MgAl-LDHs，并测试其在水质净化中的性能，其形貌如图 12-2-28 所示，这种花状微球是由薄且光滑的纳米片构成，直径约为 0.5～1 μm，比表面积为 118.17 m²/g。通过对不同时间的中间产物进行表征来研究这种多级结构的形成机制，结果如图 12-2-28（d）所示，在这个过程中尿素和乙二醇起到关键性作用，诱发成核过程且控制纳米片的过快生长，最终在高温高压条件下自组装成 3D 多级结构。此外，高温焙烧后的 CLDHs 仍然保持这种花状结构，焙烧 3 h 只破坏少量水滑石结构，层间 CO_3^{2-} 并未完全消除，焙烧 8 h 则形成镁铝双金属氧化物，且焙烧后比表面积有所增加。

图 12-2-29 展示了焙烧后产物 CLDHs 对 As(V)和 Cr(VI)的去除效果，

图 12-2-28　MgAl-LDHs 的形貌图

低倍 SEM 图（a），高倍 SEM 图（b），TEM 图（c），3D 多级花状 MgAl-LDHs 的形貌演变示意图（d）

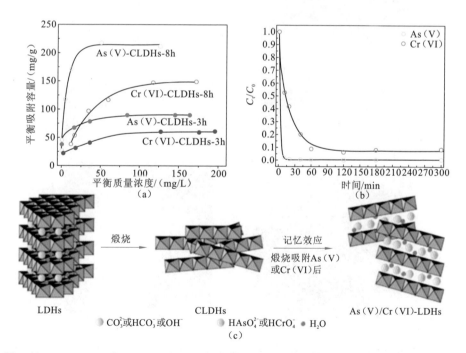

图 12-2-29　CLDHs 对 As（V）和 Cr（VI）的吸附等温线（a），CLDHs-8h 对 As（V）和 Cr（VI）的吸附动力学（b），As（V）和 Cr（VI）吸附在 CLDHs 上的机理示意图（c）

可以看出焙烧 8 h 的 CLDHs 比焙烧 3 h 的 CLDHs 对 As（V）/ Cr（VI）的吸附性能更好，这是由于 CLDHs-8h 具有较大的比表面积和较少的层间阴离子。CLDHs-8h 对 As（V）和 Cr（VI）的最大吸附容量分别高达 216.45 mg/g 和 188.32 mg/g，而 CLDHs-3h 对 As（V）和 Cr（VI）的最大吸附容量仅为 92.51 mg/g 和 65.32 mg/g，表明多级结构的 LDHs 相比层状结构的 LDHs 具有更好的除砷效果，这是因为多级结构的纳米材料暴露更多的表面活性位点且焙烧后的 LDHs 层间阴离子减少，更有利于含氧阴离子污染物的插层。由吸附动力学实验可知 CLDHs-8h 对 As（V）的去除速率很快，20 min 就能够达到平衡。通过表征吸附后的产物，发现 LDHs 结构进行了重建且砷酸根和铬酸根对层间进行了插层，以实现污染物的有效去除，其示意图如图 12-2-29（c）所示。

与此同时，王焰新教授团队采用溶剂热法也制备了多级结构类似花状的 MgO 微球（Gao et al., 2016），其结构形貌如图 12-2-30 所示。花状微球由大量纳米片构成，呈明显的微纳米分级结构，纳米片厚度约为 30 nm，整体直径约为 2 μm，TEM 图进一步显示花瓣表面聚集着很多纳米颗粒，选区电子衍射（SAED）图显

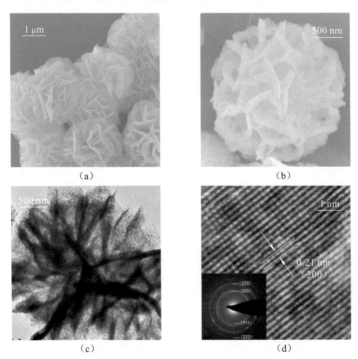

图 12-2-30 花状 MgO 的 SEM 图（a）、（b），TEM 图（c）及高分辨 TEM 图（d），
插图为对应的 SAED 图谱

示明亮的圆环，说明这是一种多晶结构。其比表面积和总孔体积分别为 46.3 m²/g、0.29 cm³/g。该材料的 BET 法测得的比表面积虽然不大，但其除砷能力却很强，且已有很多报道表明比表面积并不是确定除砷性能的唯一指标。此外，还研究了这种微纳结构的形成机制，包括快速成核过程及随后的慢速聚集和结晶过程，在最初的 3 h 形成了扭曲的 2D 纳米片，9 h 时纳米片聚集自组装成微球状，12 h 时通过 Ostwald 熟化作用形成更厚更大的纳米片（Li et al., 2016a），并组装成纳米花状，最后经煅烧得到多孔结构。

由于地下水中砷和氟往往发生共存现象，我们研究了所制备的 MgO 纳米花对 As（III）和 F 的同时去除效果，如图 12-2-31 所示。从实验结果可以看出 MgO 纳米花能够很好地去除 As（III）和 F，One-site Langmuir 吸附等温线和 Two-site Langmuir 吸附等温线都能很好地拟合该吸附过程，计算出的最大去除容量分别为 540.9 mg/g 和 290.67 mg/g，而且 Two-site Langmuir 吸附等温线说明该材料表面可

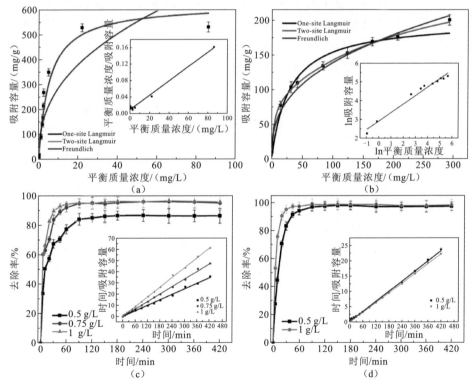

图 12-2-31 花状 MgO 对 As（III）（a）和 F（b）的吸附等温线，插图分别为线性 Langmuir 吸附等温线和 Freundlich 吸附等温线；对 As（III）（c）和 F（d）的吸附动力学曲线，插图为准二级动力学模型曲线

能存在两种不同的活性位点。如图 12-2-31（c）、（d）所示，MgO 纳米花还具有较高的去除速率，当吸附剂用量为 1 g/L 时，能够在 30 min 内达到 As（III）和 F 的吸附平衡，而且吸附过程符合准二级动力学模型，表明 MgO 纳米花对 As（III）和 F 的吸附是一种化学吸附。此外，由粒子内扩散模型可知，该过程包括外部的质量传输、粒子内扩散和吸附-脱附平衡阶段，且粒子内扩散过程不是限速步骤。此外，还研究了初始 pH 和共存离子对除砷除氟效果的影响，结果发现，pH 在 2～10，其去除效果基本没有受到影响。在低 pH 下，质子化作用增强，增加了材料与污染物之间的静电引力；而在高 pH 下，材料表面羟基增多，增大了对 As（III）和 F 的亲和力。且共存离子 Cl^-、NO_3^-、SO_4^{2-}、HCO_3^-、CO_3^{2-} 的影响可以忽略不计，说明该材料对砷和氟具有较好的选择性，但高浓度的 SiO_3^{2-}、PO_4^{3-} 能够明显抑制材料的除砷除氟能力，其原因是这些阴离子与 As（III）和 F 竞争材料表面的活性位点。

此外，深入探讨了制备的 MgO 纳米花对 As（III）和 F 的去除机理。由 FT-IR 图可以看出，吸附砷和氟之后材料的红外谱线上位于 3 700 cm^{-1} 处的羟基伸缩振动峰明显增强，表明部分 MgO 与 H_2O 反应生成了 Mg（OH）$_2$。原材料中 1 448 cm^{-1} 处为 CO_3^{2-} 的伸缩振动峰，说明有少量 $MgCO_3$ 存在于材料表面，与 As（III）和 F 反应后，该处吸收峰减弱，表明 CO_3^{2-} 参与了反应；同时，820 cm^{-1} 处形成的新峰为 As—O 的伸缩振动峰，530 cm^{-1} 处形成的新峰为 Mg—F 的伸缩振动峰。如图 12-2-32（a）～（c）所示，由 XPS 图也可以明显看出，吸附反应后形成了

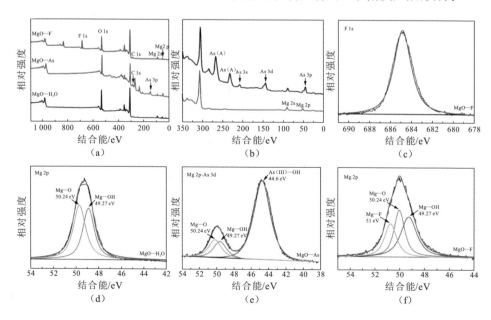

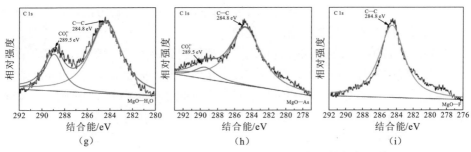

图 12-2-32　花状 MgO 吸附 As（III）和 F 前后的各类图谱

XPS 图（a）～（c），Mg 2p 图（d）～（f），C 1s 图（g）～（i）

As 3d 和 F 1s 的峰。根据 C 1s 图谱，吸附前材料表面存在 CO_3^{2-} 的峰，吸附 As（III）后该峰减弱，吸附 F 后该峰消失，这与 FT-IR 结果相一致。综上分析可知，制备的 MgO 纳米花除砷除氟机制包括：MgO 与 H_2O、CO_2 反应生成了少量的 $Mg(OH)_2$ 和 $MgCO_3$，形成两种不同的活性位点，As（III）与表面羟基形成络合物吸附在材料表面，同时亚砷酸根可与 CO_3^{2-} 发生交换作用，而氟离子与表面羟基和碳酸根同时发生离子交换作用，几种作用的协同效应实现了 MgO 纳米花对 As（III）和 F 的高效去除。将该材料应用于实际地下水的除砷研究（水样取自中国湖北省江汉平原），发现其对低浓度的砷氟共存地下水仍具有良好的净化能力，初始 As（III）质量浓度为 728 μg/L 的地下水经处理后质量浓度仅为 8.05 μg/L，F 质量浓度由 2.3 mg/L 降低到 114 μg/L，符合 WHO 规定的饮用水中砷和氟的含量标准，而且处理后 MgO 材料仍然保持花状结构，表明该材料具有良好的机械强度和稳定性。

　　为了得到稳定的 2D 单层纳米片 LDHs，还研究了 LDHs 的剥层技术。LDHs 主板上富有的高密度电荷和层间通道里的分子和离子建成完整的氢键网状结构，所以主板层间具有较强的静电作用，因而 LDHs 剥层被认为是一项非常艰难的挑战。目前成功研发出的剥层技术是依赖于溶剂的使用，分为以下几种不同的方法。①乙醇中分层：短链醇是一类最早被尝试剥层 LDHs 的溶剂，当表面活性剂插入层间后，LDHs 微晶的层间通道会迅速膨胀，然后热处理或机械振动后得到剥层纳米片，但该方法存在剥层条件较复杂（如回流或超声）、反应时间长、产率低等不足。②水中分层：Gardner 等（2001）描述了在含有甲醇的水溶液中分层 LDHs，在室温下放置过夜使甲醇离子完全水解最终形成接近透明的胶体悬浮液。③甲酰胺中分层：Hibino 和 Jones（2001）描述了一种在甲酰胺中新型剥层 MgAl-甘氨酸 LDHs 的方法。在甲酰胺中，剥层过程是快速、自发的，对比其他氨基酸插层的研究，结果表明在氨基酸含量不是太高时，剥层过程也会发生（Hibino,2004）。Hibino 也用氨基酸修饰了 Co-Al、Zn-Al 和 Ni-AlLDHs，结果表明甲酰胺是 LDHs

的剥层剂。所以，在甲酰胺中剥层 LDHs 被认为是目前最好的方法，它通过直接的插层剥层反应，不需要加热或回流处理。

此外，对 NO_3^- 插层的 LDHs 进行剥层，能够得到高产率、微米尺寸和优良的单分散 LDHs 纳米片（Liu et al., 2006; Li et al., 2005）。完全剥层是一个相当简单且可再生的过程：首先通过均相沉淀法获得大量的 LDHs-CO_3^{2-}，在浓盐-稀酸的溶液中通过离子交换生成 LDHs-NO_3^-，然后在甲酰胺中进行剥层。这个方法被成功地应用于 MgAl 和 CoAl-LDHs 的剥层研究中。Iyi 等（2005, 2004a）发现通过浓盐-稀酸溶液可以交换出 LDHs 中的 CO_3^{2-}。这就是酸-盐处理法，它是利用其他阴离子成功交换出 CO_3^{2-} 且不会对 LDHs 主板有损伤，并且可以通过阴离子交换过程制得不同离子插层的 LDHs。通过均相沉淀法制备高结晶样品，控制替换 CO_3^{2-} 离子所需酸的浓度，而不会引起 LDHs 主板形态的改变。一旦利用其他阴离子（如 NO_3^-）插层 LDHs-CO_3^{2-}，将其分散在甲酰胺中然后机械振荡 1～2 d，剥层就可以实现。完全分层得到的胶体悬浮液具有明显的丁铎尔效应，如图 12-2-33 所示（Ma et al., 2006），原子力显微镜（atomic force microscope, AFM）结果表明，截面尺寸为几微米，厚度约 0.8 nm。

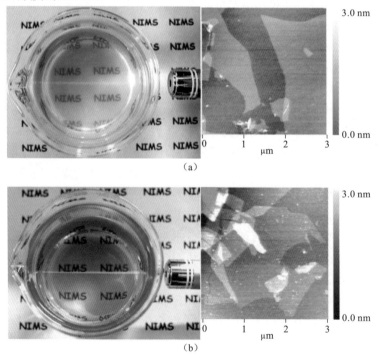

图 12-2-33　剥层纳米片悬浮液的丁铎尔现象图（左）和 AFM 图（右）

MgAl-LDHs（a），CoAl-LDHs（b）

为了理解甲酰胺能够诱导氨基酸插层的 LDHs 的剥层机理，Hibino（2004）采用不同的极性溶剂作对比，结果发现甲酰胺是唯一可以大量进入层间通道的溶剂。他推测 LDHs 膨胀的推动力与氢键有关，氢键是分子中的偶极吸引，氢元素与强电负性元素（如氧或氮元素）产生强共价键。因此，分子中的电负性原子的含量和比率可能决定了氢键的含量。在 Hibino 测试的有机溶剂中，甲酰胺分子中电负性元素比率最高，包括一个氧原子和一个氮原子，意味着形成的氢键含量最多。在实验中，氨基酸改性的插层环境吸引甲酰胺形成了强的氢键，然后甲酰胺进入层间，使层间膨胀。

LDHs 在甲酰胺中分层机理步骤：迅速的膨胀和随后缓慢的剥层（Liu et al.，2006）。原理图 12-2-34（a）为 XRD 的演变过程图，当 0.5 mL 的甲酰胺中加入 LDHs-NO$_3^-$（晶面间距为 0.89 nm）时，甲酰胺快速替换水分子，得到一个高度膨胀相（8 nm），最后超声剥层形成单层纳米片。甲酰胺进入 LDHs 插层中，破坏原有的—OH、层间水分子和离子（NO$_3^-$）形成的网状氢键，重新组成大的网状氢键结构。甲酰胺中—C＝O 与 LDHs 羟基板形成强的氢键作用，而甲酰胺中的 NH$_2$ 不能与 NO$_3^-$ 形成键结构，从而甲酰胺替代了 NO$_3^-$ 离子，产生膨胀过程。随着甲酰胺量的增加，膨胀程度进一步增加，有可能达到十几甚至几百纳米。夹层膨胀程度可以认为是"渗透型膨胀"，所以甲酰胺能够快速进入夹层中替代水分子和层间阴离子，再通过超声震荡等外力作用，提供横向剪切力而实现剥层。

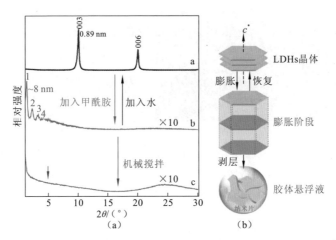

图 12-2-34　LDHs-NO$_3^-$ 在甲酰胺溶液中剥层前后的 XRD 图（a）和 LDHs-NO$_3^-$ 在甲酰胺溶液中剥层机理示意图（b）

为了增加材料表面的活性基团，提高除砷效果，关于 LDHs 与石墨烯的复合材料也常有报道。图 12-2-35 显示的是水热法合成镁铝水滑石-氧化石墨烯复合材料（MgAl-LDHs-GO）的形貌图（Wen et al., 2013），可以看出 LDHs 呈六方片状，有褶皱的 GO 牢牢地粘附在 LDHs 表面，当 GO 含量为 6% 时，LDHs-GO 复合材料的比表面积为 35.4 m^2/g。此外，将该复合材料分散在水中，得到澄清透明且十分稳定的胶体，同时该胶体具有丁铎尔效应，表明存在着剥离的 LDHs-GO 纳米片。氧化石墨烯的存在增大了 LDHs 对 As（V）的去除效果，其结果如图 12-2-36 所示，其中 LDHs-6%GO 复合材料的除砷效果最好，最大吸附容量高达 183.11 mg/g，这是由 GO 的高比表面积和 LDHs 层间可交换阴离子起到协同作用的结果，但是 GO 负载量过高或过低均不利于砷的去除。由吸附动力学可知 2.5 h 可达到吸附平衡，其吸附机理主要包括 LDHs-GO 层板与 As（V）之间的静电引力、LDHs 层间阴离子（CO_3^{2-} /HCO_3^-/OH^-）与 As（V）发生离子交换以及 GO 表面提供更多的活性位点。

图 12-2-35　LDHs 的 SEM 图（a）和 TEM 图（b），LDHs-6%GO 的 SEM 图（c）和 TEM 图（d），LDHs-6%GO 在水中的分散图（e），用红色激光证明分散体系的丁铎尔效应（f），LDHs-6%GO 在水中膨胀的示意图及其凝胶图（g）

　　当石墨烯纳米片被组装成 2D 结构时，由于石墨烯纳米片间存在强 π—π 键相互作用、疏水相互作用和范德瓦耳斯力等相互作用而趋向于团聚和重新堆叠。为了解决这个问题，目前已经提出了如水凝胶或气凝胶结构的 3D 石墨烯结构。基于石墨烯的 3D 结构不仅保留了石墨烯大的比表面积，而且富有大而多的孔道结构，故 3D 结构的石墨烯在吸附领域有很好的应用前景。王焰新教授团队采用

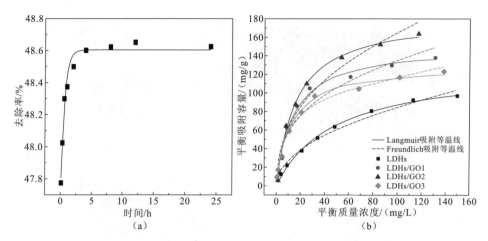

图 12-2-36　LDHs-6%GO 对 As（V）的吸附动力学曲线（a），

LDHs 和 LDHs-GO 对 As（V）的吸附等温线（b）

一种温和的且环境友好型的方法合成了一种 3D 石墨烯水凝胶吸附剂，高比表面积且带负电的 GO 与剥层后带正电荷的 MgFe-LDHs 合成 LDHs 负载的石墨烯 3D 水凝胶结构（LDHs-RGO），用于地下水中 As（III）的吸附。合成的 LDHs-RGO 中 RGO 和 LDHs 的质量比约为 1∶1，将合成的 LDHs-RGO 进行煅烧可形成气凝胶结构 CLHDs-RGO。将所制备出的 4 种材料 LDHs-CO_3^{2-}、LDHs-NO_3^-、LDHs-RGO 和 CLDHs-RGO 分别应用于 As（III）的吸附性研究。

图 12-2-37 表示的是 LDHs-CO_3^{2-}、LDHs、LDHs-RGO 和 CLDHs-RGO 的 TEM 图。其中，图 12-2-37（a）是合成的六方片状的 LDHs-CO_3^{2-}，六方片的直径为 25～75 nm。图 12-2-37（b）是通过 LDHs 剥层技术后得到的单层 LDHs 的 TEM 图，从图中可以看出剥层作用没有破坏 LDHs 土板的形态结构，得到的单层 LDHs 是中间薄、边缘厚的六方片结构，而且明显看出片状的厚度变薄，其边缘厚的原因可能是在剥层过程中存在边缘效应。图 12-2-37（c）是采用溶剂热法合成的 LDHs-RGO，红色圈出来的是 LDHs，可以看出 LDHs 成功地负载于石墨烯片层上。图 12-2-37（d）是煅烧后 CLDHs-RGO 的 TEM 图，煅烧后 LDHs 层板间水分子和层间阴离子缺失造成其结构坍塌。LDHs 层板脱水且部分石墨烯片层上的碳被氧化成气体，致使石墨烯成分减少，故而得到直径为几纳米的小颗粒。由此得到的金属氧化物颗粒小、活性面暴露多，对于水体中 As（III）的吸附更有优势。

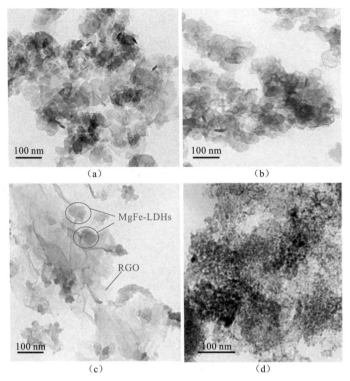

图 12-2-37　4 种 LDHs 材料的 TEM 图

（a）LDHs-CO_3^{2-}，（b）LDHs，（c）LDHs-RGO，（d）CLDHs-RGO

关于 LDHs-RGO，其合成过程分为两步：第一步为 LDHs 的剥层过程；第二步为负载 RGO 的过程，合成的机理示意图如图 12-2-38 所示。第一步，首先采用非常简单的共沉淀法合成 LDHs-CO_3^{2-}，在 $NaNO_3$-HNO_3 的混合溶液中进行离子交换，NO_3^- 取代 LDHs 层间 CO_3^{2-}，得到 LDHs-NO_3^-，层间距有所增加，再在甲酰胺

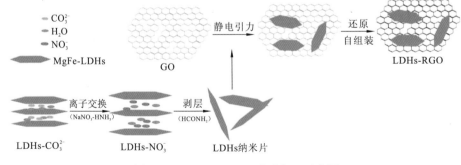

图 12-2-38　LDHs-RGO 合成机理示意图

中分散制备好的 LDHs-NO$_3^-$，通过快速溶胀和超声分层过程得到剥层的 LDHs 纳米片胶体溶液。第二步，表面带负电的 GO 纳米片与带正电的 LDHs 纳米片通过静电吸引作用，将 LDHs 均匀而牢固地吸附在 GO 表面上，采用溶剂热还原法，在 160 ℃下保持 24 h，自组装成 3D 水凝胶结构的 LDHs-RGO。最后经 500 ℃煅烧，得到橙色的 CLDHs-RGO。

　　所合成的 4 种材料对 As（III）的吸附等温线如图 12-2-39（a）所示，计算得出 LDHs-CO$_3^{2-}$、LDHs-NO$_3^-$、LDHs-RGO 和 CLDHs-RGO 4 种材料的最大吸附容量分别为 3.31 mg/g、7.12 mg/g、8.07 mg/g 和 11.9 mg/g。由于 LDHs-CO$_3^{2-}$ 是最稳定的 LDHs 形式，从 XRD 结果中可以得出 LDHs-CO$_3^{2-}$ 的层间距比 LDHs-NO$_3^-$ 小，LDHs-CO$_3^{2-}$ 层间的 CO$_3^{2-}$ 很难被其他阴离子交换出来，故 LDHs-CO$_3^{2-}$ 对含 As（III）阴离子吸附量比 LDHs-NO$_3^-$ 小。对于 LDHs-CO$_3^{2-}$ 和 LDHs-NO$_3^-$ 这两种单一材料对 As（III）的吸附途径有两种：一是通过阴离子交换，As（III）含氧阴离子进入 LDHs 层间，这是由于 LDHs 层间存在大量的阴离子，As（III）在水溶液中以阴离子形式存在，当含砷阴离子的电负性比水滑石层间阴离子的电负性大时，层间阴离子交换就发生了，这样可以吸附大量的 As（III）阴离子；二是 MgFe-LDHs 的主板是由镁铁双氢氧化物组成，金属离子对 As（III）阴离子有很大的吸附性，尤其是含铁元素的 LDHs，其主板上存在很多活性位点，可以直接通过络合作用固定住 As（III）阴离子。对于 LDHs-RGO，剥层后可以暴露出很多铁元素活性位点，此时不存在或只有极少量阴离子交换作用，只通过络合作用吸附含 As（III）的阴离子，故其对 As（III）吸附性能增加。对于煅烧后的材料 CLDHs-RGO，RGO 部分氧化成气体，LDHs 层板上的氢氧根脱水使 LDHs 主板坍塌，从而形成尺寸为几纳米的小颗粒镁铁混合氧化物，暴露了更多的活性位点，故对 As（III）的吸附量进一步增加。

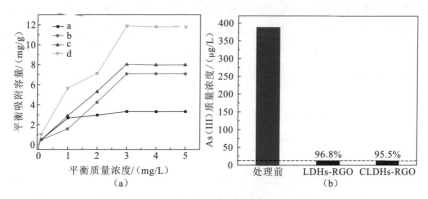

图 12-2-39　4 种 LDHs 对 As（III）的吸附等温线（a），LDHs-RGO 和

CLDHs-RGO 对实际地下水样品中 As（III）的去除效果图（b）

（a）中 a、b、c、d 分别代表的是 LDHs-CO$_3^{2-}$、LDHs-NO$_3^-$、LDHs-RGO、CLDHs-RGO

选取受污染的江汉平原地区（中国湖北省仙桃市）的实际水样作为研究对象，所合成的复合材料对实际水样中 As（III）的去除效果如图 12-2-39（b）所示，吸附前水体中 As（III）的质量浓度为 389.46μg/L，经过复合材料 LDHs-RGO 和 CLDHs-RGO 处理后 As（III）的质量浓度分别为 12.5 μg/L 和 17.7 μg/L，对应的去除率分别为 96.8% 和 95.5%。结果表明我们所合成的 LDHs-RGO 和 CLDHs-RGO 对实际水体中 As（III）的去除效率较高，但处理后的水样未达到 WHO 规定的饮用水中砷含量的标准，因此这种复合材料的除砷性能有待进一步提高。

总之，以 LDHs 作为吸附剂除砷是一种十分有效的污染水体修复方法，其经济适用并值得推广。目前研究较多的水滑石为 MgFe-LDHs 和 MgAl-LDHs，层间阴离子多为 CO_3^{2-}、NO_3^-、Cl^- 等，由于主板上存在较多的活性位点，层间阴离子较强的交换能力及焙烧复原的独特性质，LDHs 类材料表现出良好的除砷效果。此外，与石墨烯形成的复合材料进一步提高了其吸附砷能力。但是，实际水体污染严重，成分较为复杂，水处理工艺对吸附剂的要求更高，因此应注重研究能同时去除两种或多种污染物的吸附剂，并加强 LDHs 除砷的再生性研究。

12.2.3　海泡石复合矿物除砷技术

海泡石是一类天然的纤维状硅酸盐黏土矿物，其资源丰富、价格低廉，具有巨大的比表面积、丰富的孔道结构、环境友好特性及良好的吸附特性、流变性和催化性等（Jones and Galan, 1988; Morgan, 1985）。海泡石具备的这些优良的物理化学性质使得其在环境保护领域得到广泛的应用，尤其是在污水处理方面，国内研究者已经做了大量的研究工作，并取得一定的研究成果（丛丽娜 等，2008；邓庚凤和罗来涛，1999）。研究者已将海泡石应用到重金属、阳离子、染料及有机污染物等废水的处理中，研究结果表明海泡石对这些污染物的去除有较好的效果。但是，天然的海泡石在自然界稳定存在多年，与合成的纳米材料相比，其活性较低。另外，虽然海泡石的理论比表面积可高达 900 m^2/g，但由于海泡石原矿品位不高，其晶体结构中的孔道结构被杂质填堵或未完全打开，且外表面常被一些杂质或伴生矿物覆盖，使得其实际比表面积低于理论值。另外，海泡石表面呈弱酸性且带有负电性，这些因素都使得海泡石对 As（III）阴离子具有一定的排斥作用；且海泡石表面主要以 Si—O—Si 官能团为主，能捕获 As（III）的活性位点少，限制了海泡石的实际应用。因此，直接使用海泡石处理水中 As（III），存在去除效率低的不足。同时，海泡石纤维粒径和密度小，吸附反应完成后在溶液中成悬浮状态，难以回收再利用。Ansanay-Alex 等（2012）研究了天然海泡石对砷的去除性能，其表面性能如表 12-2-2 所示。天然海泡石对 As（V）的最大吸附容量仅为 0.006 mg/g。

表 12-2-2　天然海泡石的表面性质

表面性质	参数
pH_{pzc}	8.8 ± 0.5
阳离子交换量（CEC）/（meq／g）	0.12 ± 0.3
比表面积/（m^2／g）	330 ± 10
孔径/Å	3.6×10.6
矿物粒度/μm	5 ± 1

12.2.1 小节已经介绍了含铁吸附剂具有优良的吸附阴阳离子的能力，以铁元素为主要成分的吸附剂的制备研发和应用受到国内外学者的广泛关注。其中纳米铁化合物因其纳米尺度、表面效应大和吸附能力强等优势从而在去除砷污染水中受到广泛重视。但是粉末状的纳米铁颗粒较细微，在水中易失活和团聚，且难以回收和重复利用。因此，基于以上分析，王焰新教授团队从改变表面电性、增加有效活性官能团和磁性回收等方面入手，对天然海泡石进行活化处理，设计合成了几种铁基海泡石纳米复合材料，并对其在环境污染治理领域的应用开展了一系列的研究工作，以提高地下水中 As（III）的去除效果。

首先，Tian 等（2015）以海泡石、葡萄糖和乙酰丙酮铁为原料，设计了一种绿色简便且易于大规模合成的实验方案，通过水热反应首先制备表面碳化的海泡石纳米复合材料（SEPs@C），再进一步通过溶剂热反应制备磁性海泡石纳米纤维（MI/SEPs@C），最后通过不同温度煅烧去掉海泡石纤维表面的有机碳，制备出来了两种磁性海泡石纳米纤维（MI/SEPs-250 和 MI/SEPs-500），大量 Fe_2O_3 纳米颗粒均匀地负载在海泡石纤维的表面。将制备的纳米 MI/SEPs 复合材料用于地下水中 As（III）的去除，探讨了溶液 pH、初始浓度及吸附时间等条件对材料吸附性能的影响。结果显示该材料不仅对 As（III）有很好的吸附效果，而且易于实现分离回收，在实际应用中能够简化生产工艺、降低生产成本。

为了了解样品的微观形貌结构，我们采用透射电镜对其进行了表征，图 12-2-40（a）～（d）分别为 SEPs、SEPs@C、Fe_3O_4/SEPs@C 和 MI/SEPs 的 TEM 图，从图中可以看出海泡石原样呈纤维状，直径为 30～50 nm，海泡石本身是带有负电荷的，其表面呈亲水性，所以海泡石易发生团聚，从而会影响材料的性能，从图 12-2-40（a）中可以看出。而海泡石与葡萄糖水热碳化后，海泡石纤维的表面负载了一层无定形碳，并有一些纳米碳球出现，如图 12-2-40（b）所示。在葡萄糖水热碳化过程中，加入模板物质能够有效地抑制碳化过程中的均相成核效应，并且还可以促进碳化产物异构沉积在模板上形成均匀的纳米复合材料。相反，如果没有加入模板，形成的产物则是尺寸较大的碳微球。与海泡石原样相比，其复合物分散性有所提高。再将 SEPs@C 与乙酰丙酮铁进行水热反应，直径为 10 nm 左右黑色的磁性 Fe$_3$O$_4$ 颗粒均匀且稳定地附着在 SEPs@C 的表面，且磁性 Fe$_3$O$_4$ 颗粒没有出现团聚或是分散的单颗粒，如图 12-2-40（c）所示。通过一定温度的煅烧，黑色的 Fe$_3$O$_4$ 颗粒转化成红棕色的 γ-Fe$_2$O$_3$ 颗粒，并且有一大部分的无定形碳通过有氧煅烧生成二氧化碳，而余下的磁性 γ-Fe$_2$O$_3$ 颗粒均匀且稳定地附着在 SEPs@C 的表面，如图 12-2-41 所示。图 12-2-41（a）～(d) 为 MI/SEPs-250 和 MI/SEPs-500 对应的 TEM 图和粒径分布图，从图中可知氧化铁纳米颗粒的直径在 5～15 nm，平均直径约为 9 nm。通过 XRD 分析，能确定负载的纳米颗粒为铁的氧化物，但仅从 XRD 表征尚不能明确地区别 Fe$_3$O$_4$ 和 γ-Fe$_2$O$_3$，因为两者的谱线一致。从以上数据分析证明复合材料中有铁的氧化物存在，这与我们得到的微观形貌结果一致。此外，通过对比标准卡片可以证明 MI/SEPs-500 中存在 α-Fe$_2$O$_3$ 物相。

图 12-2-40　材料的 TEM 图

（a）SEP；（b）SEPs@C；（c）Fe$_3$O$_4$/SEPs@C；（d）MI/SEPs

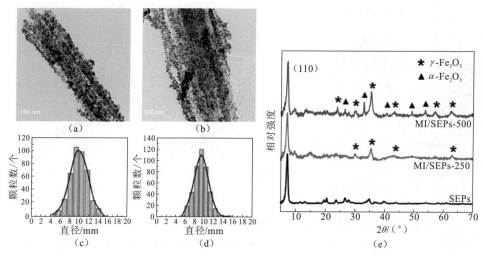

图 12-2-41 MI/SEPs-250（a）、（c）和 MI/SEPs-500（b）、（d）的 TEM 和粒径分布图，
相应的 XRD 图（e）

为了证明负载的磁性纳米颗粒中铁的氧化态，对样品进行了光电子能谱分析，结果如图 12-2-42 所示。海泡石原样在结合能为 284.5 eV 和 531.0 eV 处分别为 C 1s 和 O 1s 的特征峰，在修饰后的磁性纳米纤维的谱线上新出现了 Fe 2p 峰，710.4 eV 和 724.4 eV 分别为 Fe $2p_{3/2}$ 和 Fe $2p_{1/2}$。另外，在 718.8 eV 处出现了 γ-Fe_2O_3 的卫星峰（Sun et al., 2011; Jian et al., 2009），进一步说明负载在海泡石纤维表面的为磁性 γ-Fe_2O_3。因此，通过 XPS 分析并结合 XRD、FT-IR 等一系列的表征分析，可知 MI/SEPs-250 中的氧化铁纳米颗粒为 γ-Fe_2O_3，而 MI/SEPs-500 中的氧化铁为 γ-Fe_2O_3 和 α-Fe_2O_3 的混合物。

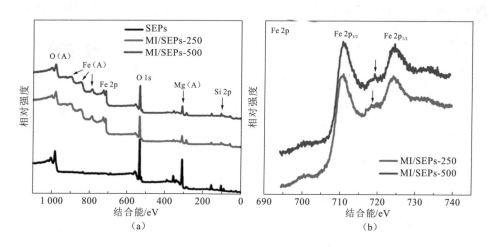

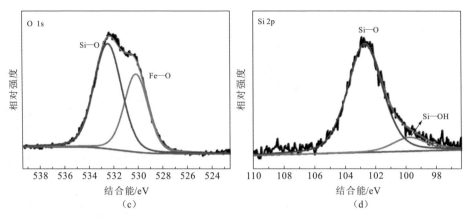

图 12-2-42　SEPs、MI/SEPs-250 和 MI/SEPs-500 的光电子能谱（a），

高分辨 Fe 2p 谱图（b）、O 1s 谱图（c）和 Si 2p 谱图（d）

　　MI/SEPs 复合材料吸附 As（III）的等温线如图 12-2-43（a）所示，其吸附容量随着初始浓度的增大而增大。MI/SEPs-250 和 MI/SEPs-500 对 As（III）均具有较好的吸附能力，且能在较短时间内达到吸附平衡，可达到的最大吸附容量分别为 30.83 mg/g、38.62 mg/g。根据平衡浓度与吸附量的关系，用 Langmuir 吸附等温线模型和 Freundlich 吸附等温线模型分别进行非线性回归分析，根据实验数据可知，Langmuir 吸附等温线模型更适用于描述 MI/SEPs 对水溶液中 As（III）的吸附过程。Langmuir 吸附等温线模型假设吸附剂表面是均匀的，属于单分子层吸附，当吸附剂表面活性位点达到饱和时，吸附容量达到最大值。根据 Langmuir 吸附等温线模型拟合曲线计算得出，MI/SEPs-250 和 MI/SEPs-500 单分子层吸附 As（III）的最大吸附容量分别为 35.15 mg/g、50.35 mg/g（298 K）。以上结果显示，海泡石通过氧化铁纳米颗粒改性后，对水溶液中 As（III）的去除效果明显提高，

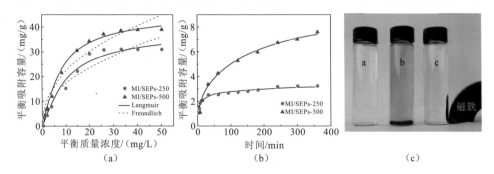

图 12-2-43　MI/SEPs-250 和 MI/SEPs-500 去除 As（III）的吸附等温线（a）和

吸附动力学曲线（b），MI/SEPs 样品吸附 As（III）前后磁分离的照片（c）

MI/SEPs 作为一种低成本、高效的改性黏土材料在重金属水污染治理领域具有巨大的应用前景。

水溶液中 As（III）的吸附速率曲线如图 12-2-43（b）所示，从图中可以看出，MI/SEPs-250 和 MI/SEPs-500 对三价砷的吸附速率很快，初始质量浓度为 1 mg/L 的砷溶液在 3 h 内吸附容量分别可以达到 2.5 mg/g 和 7.9 mg/g。随后，吸附容量增加缓慢，直至吸附达到平衡，吸附平衡时间为 6 h。吸附初始阶段的吸附速率快，主要是由于溶液中 As（III）的浓度远大于吸附材料表面 As（III）的浓度，吸附材料表面未被占据的活性位点多，向吸附反应方向进行的趋势大。然而随着反应的进行，吸附材料表面的有效活性位点减少，浓度差逐渐减小，吸附速度也减慢，最终吸附达到平衡。为了进一步了解吸附反应的历程，对实验数据进行准一级动力学和准二级动力学模拟，从模拟数据可知，MI/SEPs 吸附 As（III）用准一级动力学模拟的线性相关性不好。另外，模拟计算得出的平衡吸附容量与实验值相差很大。然而用准二级动力学进行模拟，相对应线性相关系数 R^2 值分别为 0.991 5 和 0.994 0，且模拟计算出的平衡吸附容量（3.192 mg/g，8.979 mg/g）与实验得出的平衡吸附容量相近（3.15 mg/g，7.90 mg/g）。由此可见，MI/SEPs 吸附 As（III）符合准二级动力学模型，吸附过程主要以化学吸附为速率控制步骤。

图 12-2-43（c）表示样品吸附前后及磁分离过程的照片示意图，即样品去除含砷污水的整个过程，（a）是含砷的污水溶液，（b）为样品在含砷溶液中进行的吸附过程，（c）是吸附后通过外加磁铁对样品进行磁分离。从图中可知，外加磁场能使样品在溶液中快速地聚集从而实现回收处理。

将 MI/SEPs-500 复合材料用于低浓度的含砷污水处理（图 12-2-44），砷的初始质量浓度为 140 μg/L 和 60 μg/L，通过该材料的处理砷的质量浓度都能达到 5 μg/L 以下（低于国家标准值），这说明 MI/SEPs 复合材料对于低浓度的砷也

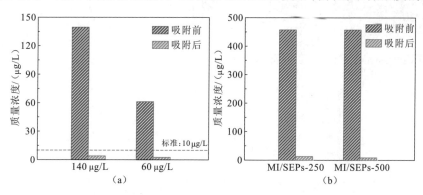

图 12-2-44　MI/SEPs-500 处理初始质量浓度为 140 μg/L 和 60 μg/L 砷溶液的前后质量浓度对比图（a），MI/SEPs 处理江汉平原实际地下水的砷质量浓度前后对比图（b）

具有很好的去除效果。另外，将其用于江汉平原地区实际地下水样的处理，如图 12-2-44（b）所示，MI/SEPs 复合材料对地下水中 As（III）的去除率高达 96.4%。结果表明合成的 MI/SEPs 复合材料对 As（III）有优良的吸附性能。

最后，对 MI/SEPs 去除 As（III）的机理进行了探讨。图12-2-45 为磁性 MI/SEPs-500 复合材料吸附 As（III）前后的光电子能谱图，（a）为 MI/SEPs-500 吸附 As（III）前后的全谱扫描图，（b）为材料吸附 As（III）后拟合的 As 3d 高分辨率能谱图，（c）为材料吸附 As（III）后拟合的 O 1s 高分辨率能谱图。吸附 As（III）后，在全谱中可观察到结合能于 45 eV 处新出现的峰，其对应于 As 3d 轨道的主峰，说明 As（III）在磁性 MI/SEPs-500 复合材料的表面发生了吸附反应。此外，在结合能为 91 eV 处的 Fe 3s 峰相对地减弱，这是由于砷阴离子与铁基团结合在表面形成内球形亚砷酸盐络合物（Yang et al., 2014; Vadahanambi et al., 2013）。通过对结合能为 44.8 eV 处的 As 3d 峰进行分峰拟合，得到位于 43.6 eV、44.5 eV、45.4 eV 的三个峰，分别为 As—O、As_2O_3 和 As_2O_5，如图 12-2-45（b）所示。其中 As_2O_3 的峰面积最大，说明吸附在材料表面的砷主要是以三价为主，但是也有少量的五价砷出现。从图 12-2-45（c）中可看出复合材料吸附 As（III）前后 O 1s 的结合能有明显的变化，结合能为 530.0 eV、532.5 eV、533.5 eV 的峰分别为 O 原子与 Fe、Si、H 原子成键的特征峰，吸附后位于 530.0 eV 处的 Fe—O 峰面积明显地减弱，这可能是由于 Fe—O 中的 O 原子通过共价键与 As（III）结合，从而使得其降低，说明 O、Fe 官能团可能与 As（III）发生了配位反应。并且在结合能位于 531.2 eV 处出现 As—O 键的特征峰。

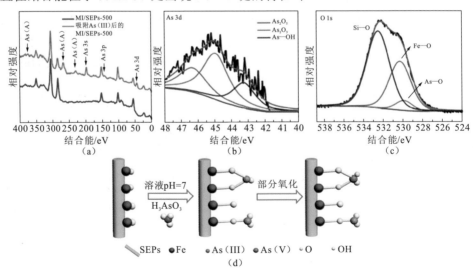

图 12-2-45　MI/SEPs-500 吸附 As（III）前后的 XPS 全谱扫描图（a），材料吸附 As（III）后拟合的 As 3d （b）和 O 1s（c）高分辨率能谱图；MI/SEPs 去除 As（III）的机理图（d）

通过 XPS、FT-IR 等表征手段研究发现磁性 MI/SEPs 对水溶液中 As（III）的吸附作用主要体现以下两个方面：一是物理吸附，改性后的 MI/SEPs 表面附着的 Fe_2O_3 颗粒为 As（III）的去除提供了更多的吸附活性位点，且 Fe_2O_3 颗粒可改变海泡石表面的电性，使得其与 As（III）阴离子之间的静电吸引力增大，从而使吸附剂对 As（III）的吸附更容易进行；二是化学吸附，即表面络合，从吸附前后的 FT-IR 以及 XPS 表征分析可知，吸附了 As（III）后的磁性 MI/SEPs 复合材料的结构及成分未发生变化，并且在材料的表面有 As 的存在，研究表明铁氧化物与亚砷酸根阴离子发生配位络合反应生成单配位表面基团，即 Fe 与亚砷酸根阴离子共用一个 O 原子，属于专性吸附或内层吸附。另外，起到吸附作用的还有海泡石表面的 Si—OH 和 Mg—OH。MI/SEPs 复合材料去除 As（III）的机理如图 12-2-45（d）所示。

此外，我们又采用共沉淀法合成了一种新型高效的除砷吸附剂——Fe（II、III）-LDH/SEPs 纳米复合材料（Tian et al., 2016），大量片状的 Fe（II、III）-LDH 负载在海泡石的表面。Fe（II、III）氢氧化物俗称绿锈（green rust, GRs），属于层状双金属氢氧化物（LDH）家族，其晶体结构是由带正电荷的水镁石结构层板与阴离子、水分子层堆叠构成的，显电中性，其中 M（II）和 M（III）分别为二价和三价金属阳离子，层间的离子为阴离子，它们的结构和组成取决于结合的阴离子。Bernal 等（1959）最初将 GRs 根据 X 射线衍射划分为两类：一类是具有平面阴离子的 GR1，如 GR1（Cl^-）、GR1（CO_3^{2-}）、GR1（SO_3^{2-}），它们的晶体结构被认为类似于碳酸镁铁矿 $Mg_6^{II}Fe_2^{III}(OH)_{16}CO_3 \cdot 4H_2O$；另一类是具有三维阴离子的 GR2，到目前为止，只有两种 GR2（SO_4^{2-}）和 GR2（SeO_4^{2-}）被发现，其晶体结构尚未确定（Ruby et al., 2006; Simon et al., 2003）。GRs 结构中二价铁离子的存在，使 GRs 具有特殊的性质，能表现出极强的吸附能力及氧化还原能力，同时其特殊的结构、组成及可调变性使得其在催化和吸附等领域得到广泛的应用（Loyaux-Lawniczak et al., 2000; Myneni and Tokunaga, 1997）。

我们研究了合成条件（如反应时间、原材料用量等因素）对 Fe（II、III）-LDH/SEPs 纳米复合材料形貌的影响，并将其用于水中 As（III）和 As（V）的去除，讨论了溶液初始质量浓度及吸附时间对材料吸附性能的影响，结果显示该材料对 As（III）和 As（V）有很好的吸附效果。

采用 SEM 和 TEM 对样品的微观结构进行研究，图 12-2-46 为 Fe（II、III）-LDH/SEPs 的 SEM 和 TEM 图，可以看到呈六面体形状、大小较均一的 Fe（II、III）-LDH 均匀地负载在海泡石表面。图 12-2-46（a）、（b）分别为海泡石原样及海泡石负载 Fe（II、III）-LDH 后的 SEM 图。从图中我们可以知道，海泡石原样呈纤维状，直径为 30～50 nm，经过修饰在海泡石纤维的表面负载了大量形貌一致、尺寸均一的 20 nm 厚度的纳米片状 Fe（II、III）-LDH，海泡石负载 Fe（II、III）-LDH 后的 TEM 图如图 12-2-46 中（c）、（d）所示。采用 XRD 表征技术对样品的物相进行分析，结果如图 12-2-46（e）所示，Fe（II、III）-LDH/SEPs 纳米复合材料在 2θ 为 7.288°处的（110）晶面特征衍射峰仍然存在，层间距为 1.22 nm，由此可说明海泡石在反应前后其物相成分未发生变化，仍保持原结构。而在 Fe（II、III）-LDH/SEP 复合材料的 XRD 图谱中，2θ 为 11.74°、23.65°、33.56°处均出现了新的衍射峰，通过分析，产物的衍射峰符合菱面体 $Fe_6(OH)_{12}(CO_3)$ 标准卡片（JCPDS 46-0098，$a = b = 3.1691$ Å，$c = 22.5620$ Å），其对应的晶面分别为（003）、（006）、（012），且 XRD 图谱中其他的衍射峰强度并不高，说明其纯度较高。由此可以证明负载在海泡石纤维表面的化合物为 Fe（II、III）-LDH。海泡石原样及合成的 Fe（II、III）-LDH/SEPs 的 N_2 等温吸脱附曲线及孔径分布曲线如图 12-2-46（f）所示。根据 IUPAC 定义（Tao et al., 2006），可以看出海泡石和 Fe（II、III）-LDH/SEPs 复合材料的 N_2 吸附-脱附曲线属于典型的 IV 型等温线，在 $P/P_0 = 0.6$ 之后，具有 H_3 型滞后环，说明海泡石及其复合产物均有丰富的介孔结构存在。由实验测试结果表明，海泡石的 BET 比表面积为 297.19 m²/g，孔径为 6.19 nm，孔容为 0.46 cm³/g。通过层状双金属氢氧化物修饰后，产物的滞后环

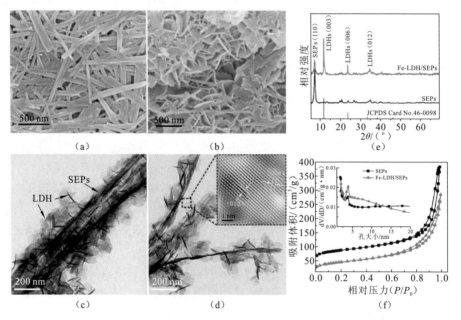

图 12-2-46　海泡石原样的 SEM 图（a），Fe（II、III）-LDH/SEPs 的 SEM 图（b）和 TEM 图（c）、（d），SEP 和 Fe（II、III）-LDH/SEPs 的 XRD 图（e）和氮气吸脱附等温线及对应的孔径分布图（f）

面积有所减小，BET 法测得比表面积有所减小，孔容减小，而孔径却增大。复合产物的比表面积比原海泡石小，但仍比其他铁基化合物的比表面积大，其比表面积约为 160.22 m^2/g，片状 Fe（II、III）-LDH 覆盖在海泡石的表面导致 Fe（II、III）-LDH/SEPs 复合材料相对于海泡石原样的比表面积和孔容有所减小，进一步证明了 Fe（II、III）-LDH 成功地负载在海泡石纳米纤维的表面。

海泡石原样和 Fe（II、III）-LDH/SEPs 的 FT-IR 谱线如图 12-2-47 所示，海泡石在 3 692 cm^{-1} 处的峰为 Mg—OH 键的伸缩振动，3 569 cm^{-1} 为结合水的振动，3 415 cm^{-1}、1 664 cm^{-1} 处是由于沸石水的振动，在 1 200～400 cm^{-1} 范围内是硅酸盐的特征峰区，1 211 cm^{-1}、1 020 cm^{-1}、979 cm^{-1} 为 Si—O 键的伸缩振动，1 020 cm^{-1} 和 472 cm^{-1} 为 Si—O—Si 键的伸缩振动，690 cm^{-1} 和 644 cm^{-1} 是 Mg—OH 键的伸缩振动，472 cm^{-1} 处是八面体和四面体中的 Si—O—Mg 键的伸缩振动。在复合物的红外谱图中，在 620 cm^{-1} 处出现了新的峰，此处为 Fe—O 键的伸缩振动，1 112 cm^{-1} 为 Fe—OH 键的羟基振动峰，1 363 cm^{-1} 为碳酸根的吸收振动峰。

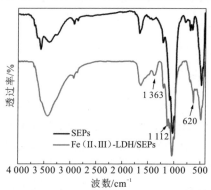

图 12-2-47　SEP 和 Fe（II、III）-LDH/SEPs 的 FTIR 图

Fe（II、III）-LDH/SEPs 吸附水溶液中 As（III）和 As（V）的吸附速率曲线如图 12-2-48（a）所示，从图中可以看出，As（III）和 As（V）的初始浓度为 5 mg/L，吸附初始阶段，吸附速率很快，吸附时间达到 1 h 后，吸附效率增加缓慢，直至 6 h 吸附达到平衡。吸附初始阶段的吸附速率快，主要是由于溶液中 As（III）的浓度远大于吸附材料表面 As（III）的浓度，吸附材料表面未被占据的活性位点多，向吸附反应方向进行的趋势大。然而随着反应的进行，吸附材料表面的有效活性位点减少，浓度差逐渐减小，吸附速度也减慢，最终吸附达到平衡。为了进一步了解吸附反应的历程，对其实验数据进行准一级动力学和准二级动力学模拟。从实验结果可知，初始浓度为 5 mg/L 时，Fe（II、III）-LDH/SEPs 吸附 As（III）和 As（V）的数据用准一级动力学模拟时，线性相关系数 R^2 值分别为 0.920 5 和 0.890 3，

相关性不好。另外，模拟计算得出的平衡吸附容量与实验值相差很大。然而对于 As（III）和 As（V）的吸附用准二级动力学进行模拟时，相对应线性相关系数 R^2 值分别为 0.998 5 和 0.995 4，且模拟计算出的平衡吸附容量（28.59 mg/g、37.89 mg/g）与实验得出的平衡吸附容量相近（27.46 mg/g、38.01 mg/g）。由此可见，Fe（II、III）-LDH/SEPs 吸附 As（III）符合准二级动力学模型，吸附过程主要以化学吸附为速率控制步骤。

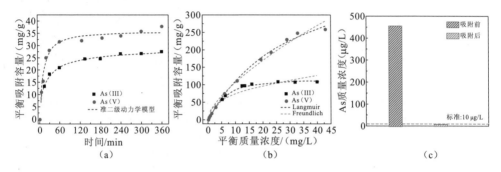

图 12-2-48　Fe（II、III）-LDH/SEPs 去除 As（III）的吸附等温线（a）和吸附动力学曲线（b），
以及去除实际地下水的砷质量浓度的对比图（c）

在 As（III）和 As（V）溶液初始质量浓度为 0.5～40 mg/L 时，用 Fe（II、III）-LDH/SEPs 复合材料对 As（III）和 As（V）进行吸附，其吸附曲线如图 12-2-48（b）所示。从图中可以看出，初始质量浓度对 As（III）和 As（V）去除性能有很大的影响。在初始阶段，吸附容量随着 As（III）和 As（V）初始质量浓度的增加而增大；当初始质量浓度升高到一定范围之后，吸附容量增加幅度减缓且到达一个最大值。这是由于在吸附剂用量一定的条件下，随着 As（III）和 As（V）溶液初始浓度的增加，在吸附剂表面活性位点周围的 As（III）粒子数增加，使得吸附反应更加充分，因而吸附量会增加。随着初始浓度的变化，Fe（II、III）-LDH/SEPs 对 As（III）和 As（V）的最大吸附容量分别为 109.50 mg/g、262.27 mg/g，而纯的 Fe（II、III）-LDH 对 As（III）和 As（V）的最大吸附容量分别为 82.02 mg/g、189.35 mg/g。由此可见，用 Fe（II、III）-LDH 负载海泡石能有效地提高水溶液中 As（III）的去除效果，可能存在的原因有：海泡石经 Fe（II、III）-LDH 修饰后，材料表面引入大量的官能团如 Fe—OH 等，增加了材料表面的活性位点，能与重金属离子产生络合作用；而纯的 Fe（II、III）-LDH 纳米片的小尺寸纳米特性使得其容易团聚，从而影响 As 的去除效率；引入海泡石纳米纤维后可使纳米片得到有效地分散从而提高对 As 的吸附效果。因此，海泡石通过 Fe（II、III）-LDH

改性后, 吸附 As (III) 和 As (V) 的最大容量明显提高。根据平衡浓度 C_e 与吸附量 q_e 的关系, 用 Langmuir 吸附等温线模型和 Freundlich 吸附等温线模型分别对 Fe (II、III)-LDH/SEPs 复合材料吸附砷的等温线进行非线性回归分析, 根据实验数据可知 Langmuir 吸附等温线模型更适用于描述 Fe (II、III)-LDH/SEPs 对水溶液中 As (III) 和 As (V) 的吸附过程。Langmuir 吸附等温线模型假设吸附剂表面是均匀的, 属于单分子层吸附, 当吸附剂表面活性位点达到饱和时, 吸附容量达到最大值。根据 Langmuir 吸附等温线模型拟合曲线计算得出, 单分子层最大吸附容量分别可达 135.5 mg/g、295.9 mg/g (298K)。图 12-2-48 (c) 是将 Fe (II、III)-LDH/SEPs 复合材料用于江汉平原地区实际地下水样的处理, 其对地下水中 As (III) 的去除率高达 97.8%, 处理后地下水中的 As (III) 浓度能达到国家标准值 10 μg/L 以下。经过以上分析, 发现海泡石通过 Fe (II、III)-LDH 改性后, 对水溶液中 As (III) 和 As (V) 的去除效果明显提高, Fe (II、III)-LDH/SEPs 作为一种低成本、高效的改性黏土材料在重金属水污染治理领域具有巨大的应用前景。

　　为了探讨 Fe (II、III)-LDH/SEPs 去除 As (III) 和 As (V) 的机理, 对吸附 As (III) 和 As (V) 前后的 Fe (II、III)-LDH/SEPs 进行了 FTIR 分析, 由图 12-2-49 可知, 位于 1 112 cm^{-1} 处的铁羟基峰消失且 620 cm^{-1} 处的 Fe—O 振动峰减弱, 从此可推断 Fe—OH 在 As (III) 的吸附过程中起了作用, 使得 Fe (II、III)-LDH/SEPs 失去了表面羟基而将 As (III) 吸附于材料的表面。且在 1 363 cm^{-1} 处的碳酸根离子吸附振动峰的强度有所减弱, 这表明了 As (III) 阴离子与碳酸根离子存在着离子交换作用。在吸附了 As (III) 后的谱线上出现了两处新的吸附峰, 分别位于 794 cm^{-1} 和 1 263 cm^{-1}, 而吸附 As (V) 后的谱线上却是在 835 cm^{-1} 处出现新的吸收峰, 归属于 As—O 键的伸缩振动。

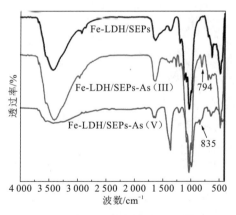

图 12-2-49　Fe (II、III)-LDH/SEPs 去除 As (III) 和 As (V) 前后的 FTIR 图

图 12-2-50 为 Fe（II、III）-LDH/SEPs 纳米分级结构材料吸附 As（III）和 As（V）前后的 XPS 图，（a）为 Fe（II、III）-LDH/SEPs 吸附 As（III）和 As（V）前后的全谱扫描图，（b）为拟合的 O 1s 高分辨率能谱图，（c）为材料吸附 As（III）后拟合的 O 1s 高分辨率能谱图，（d）为材料吸附 As（V）后拟合的 O 1s 高分辨率能谱图。吸附 As（III）和 As（V）后，从 XPS 全谱上可观察到 As 3d、As 3p、As 3s 和 As LLM 四种结构的峰，说明 As（III）和 As（V）在 Fe（II、III）-LDH/SEPs 的表面发生了吸附反应。对 Fe（II、III）-LDH/SEPs 的 O 1s 峰进行分峰拟合，得到结合能位于 531.5 eV、529.8 eV、532.3 eV 的三个峰，分别对应为 O—H、O—Fe、O—Si，说明了 Fe（II、III）-LDH/SEPs 纳米分级结构材料的表面含有大量的羟基基团，对 As 的去除起着至关重要的作用。在 O 1s 谱图中新出现了位于 531.0 eV 的 O—As 峰，并且 H—O 峰有明显的下降，说明羟基基团在砷的去除过程中起关键作用，特别是在材料对 As（V）的吸附中更为突出。此外，还计算出了 Fe（II、III）-LDH/SEPs 吸附 As 前后 O 1s 中各个含氧键的质量百分比，并将其

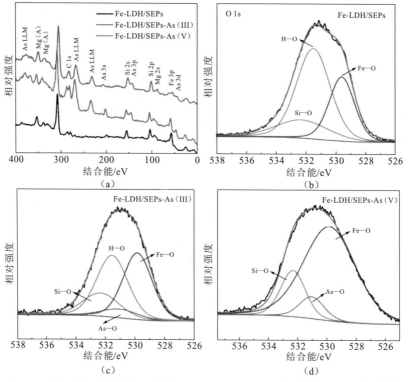

图 12-2-50　Fe（II、III）-LDH/SEPs 吸附 As（III）、As（V）前后的 XPS 全谱扫描图（a）和 O 1s 高分辨率能谱图（b）～（d）

列于表 12-2-3 中。通过分析，Fe（II、III）-LDH/SEPs 对于 As（V）的去除主要是离子交换起主导作用，在 OH 与 $H_2AsO_4^-$ 之间进行交换。另外，我们还对结合能为 44.8 eV 处的 As 3d 峰进行了分峰拟合，得到位于 43.6 eV、44.5 eV、45.4 eV 的三个峰分别为 As—O、As_2O_3 和 As_2O_5 的特征峰。

表 12-2-3　Fe（II、III）-LDH/SEPs 吸附 As 前后 O 1s 的各含氧键含量

样品	O—H, 531.5 eV	O—Fe, 529.8 eV	O—Si, 532.3 eV	O—As, 531.0 eV
Fe-LDH/SEPs	53.99%	29.04%	16.97%	0
Fe-LDH/SEPs-As（III）	38.34%	38.44%	16.84%	6.38%
Fe-LDH/SEPs-As（V）	0	74.32%	17.44%	8.24%

　　Fe（II、III）-LDH/SEPs 复合材料对 As（III）的吸附作用主要为物理吸附和化学吸附，其吸附机理如图 12-2-51 所示。由复合材料的 TEM、SEM 和 BET 分析可知，改性后的海泡石表面负载大量的片状铁（氢）氧化物，比表面积为 160.22 m^2/g，孔容为 0.33 cm^3/g，从而为 As（III）和 As（V）的去除提供了更多的吸附活性位点；且海泡石表面负载的铁（氢）氧化物可能使其表面的电负性变为带正电荷，使得材料表面与 As 阴离子之间的静电吸引力增强，从而使得吸附更容易进行。另外，层状铁铁双金属氢氧化物中的阴离子——碳酸根离子在吸附 As 之后，其红外吸收振动峰的强度有所减弱，可推断碳酸根离子易于与 As 阴离子发生离子交换。且从红外分析可知 1 112 cm^{-1} 处的铁羟基峰消失且 620 cm^{-1} 处的 Fe—O 振

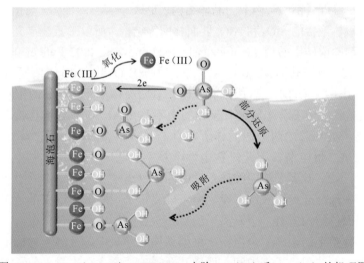

图 12-2-51　Fe（II、III）-LDH/SEPs 去除 As（III）和 As（V）的机理图

动峰减弱，从此可推断 Fe—OH 在 As（III）的吸附过程中起了作用，Fe 与 As（III）阴离子发生表面络合吸附，可能海泡石表面的 Si—OH、Mg—OH 也起一定的吸附作用，其可能的吸附过程如下：

$$\equiv MOH + H_2AsO_3^- \longrightarrow \equiv MAsO_3^- + OH^- \tag{12-2-1}$$

$$2\equiv MOH + H_2AsO_3^- \longrightarrow (\equiv M)_2AsO_3 + 2OH^- \tag{12-2-2}$$

其中：M 代表 Fe、Mg、Si 等金属元素。

海泡石具有资源丰富、价格低廉、吸附效果较佳、二次污染小及重复使用等特点，因而在污水处理领域备受关注。近年来，国内外学者对于海泡石用作吸附剂方面的报道颇多。作者也利用天然纳米硅酸盐黏土矿物材料——海泡石，开发出了新型的除 As 吸附剂。通过不同的化学方法如水热法、沉淀法等，对海泡石进行表面改性，设计合成了几种高效除 As 的含铁海泡石纳米复合材料，将其应用于地下水中 As（III）的处理，并取得了一定的成效。

12.2.4 多孔沸石复合矿物除砷技术

沸石分子筛是一类多孔开放式框架结构晶体，分子孔道为 3 Å～15 Å，化学组成十分复杂。沸石分子筛的结构因种类不同而有很大的差异，基本结构单元是 TO_4，是由 T 原子和周围的四个 O 原子按照面体结构排列，硅通过顶原子和周围的四个氧按照面体结构排列，构成硅氧四面体群，T 通常代表一个小的高电荷阳离子，常为 Si^{4+}。其中硅氧四面体中的硅离子还可被铝置换从而构成铝氧四面体的结构。硅氧四面体和铝氧四面体通过顶端原子连接，组成短程有序和长程有序的各种形态的三维硅（铝）氧构架的晶体结构，形成一维、二维或三维孔道结构。沸石具有通过氧桥连接的 SiO_4 和 AlO_4 四面体网络结构，所以沸石被定义为微孔结晶态结构的硅酸盐或硅铝酸盐（Kolodziejski and klinowski, 2002; Fyfe et al., 1992）。

沸石的氧化物形式为 $M_{x/n}(AlO_2)_x(SiO_2)_y \cdot mH_2O$，其中 $y \geqslant x$。依据 Loewenstein 规则，它适用于所有的水热合成沸石，即铝氧四面体不能与相邻的铝氧四面体相连接，也就是说在沸石分子筛的骨架结构中不存在 Al—O—Al 键连接。位于公共顶角的氧离子被相邻的两个四面体所共有，同时相邻的两个四面体中心的硅离子中和氧的负二价电荷，因此氧在电性上是不活泼的，属于惰性氧。硅四面体中 Si : O = 1 : 2，硅离子被四面体角顶的四个氧离子各以负一价所中和，电价为零。然而其中部分硅离子被铝置换，由于硅离子是正四价而铝离子是正三价，所以在铝氧四面体结构中有一个氧离子的负一价得不到中和而带负电荷。沸石骨架中的铝原子使整个结构产生负电荷，框架结构的净负电荷数等于结构中铝原子的数目，需要外部的阳离子来中和，而沸石孔道中通常含有大量水分子，这使得沸石具有离子交换的能力。这个特性使沸石具有多方面的应用，如水处理和催化领域（Humplik et al., 2011；FruijtierPölloth, 2009），在工业废水和农业污水去除氨，收集有害核裂变产物（如 $^{137}Cs^+$ 和 $^{90}Sr^{2+}$），水的软化、贵金属元素的回收等方面。此外，利用改性沸石也可以处理高氟高砷污水或地下水，具有价格低廉的优势。

目前的矿物吸附材料中，大多对 As（V）有较好的去除效果，但对 As（III）的去除能力较差。因此，在除砷过程中氧化 As（III）为 As（V），同步吸附除砷的方法既能降低砷的毒性，还能提高砷的去除效率。铁锰复合氧化物是一种合适的材料，其中的 Mn（IV）能将 As（III）氧化为 As（V），Fe（III）对砷有较强的专一性去除能力（Mondal et al., 2013; Mohan and Jr, 2007）。文献报道的制备铁锰氧化物方法中利用高锰酸盐和亚铁盐发生氧化还原反应，共沉淀法制备得到微米级的铁锰氧化物，但是亚铁盐在反应过程中容易发生氧化，操作条件不易控制，生成物产率较低（Zhang et al., 2007）。利用氯化铁和高锰酸盐按照一定的配比和步骤，制得纳米铁锰复合氧化物的除砷材料，在此基础上，为了提高纳米铁锰氧化物的除砷效率，减轻纳米颗粒的团聚现象，利用多孔矿物材料如沸石对纳米铁锰氧化物进行负载后，运用模拟地下水开展除砷实验；该材料便于实际应用中的固液分离，避免对环境产生二次污染；还分析了沸石负载的纳米铁锰氧化物除砷的机理，进行了室内柱实验除砷，并开展了野外场地除砷工作。

1. 沸石负载的纳米铁锰氧化物除砷

氯化铁和高锰酸钾（钠）的摩尔比为 4∶3，在搅拌下将氯化铁溶液雾化为液滴喷入高锰酸钾（钠）溶液中，同时调节体系的 pH 为 8～10 并保持稳定；待氯化铁溶液喷入完毕后，置于电炉上加热至 90～100 ℃，保持在此温度持续加热 1～2 h，加热过程中用玻璃棒搅拌防止暴沸，静置老化 6～12 h；将所得固体反应产物用去离子水洗涤至中性，干燥后碾碎过筛，再于 300～500 ℃煅烧 6～12 h，即可制备得到纳米铁锰复合氧化物的除砷材料（孔淑琼 等，2012）。其形貌表征结果如图 12-2-52 所示，纳米铁锰复合氧化物的平均粒径为 10～20 nm，其中锰为 +4 价，铁为 +3 价；由图 12-2-52（d）～（f）可看出纳米铁锰氧化物已经均匀地负载到沸石表面和孔隙中，呈多孔的疏松结构。经氮气吸附方法分析表面积和孔径分布，纳米铁锰复合氧化物的 BET 比表面积为 225～282 m^2/g，沸石负载的纳米铁锰氧化物的比表面积为 126 m^2/g，平均孔径大小为 135.7 Å，总孔隙体积为 0.31 cm^3/g（Kong et al., 2014）。以此复合材料进行后续除砷实验的研究。

图 12-2-53 为沸石负载的铁锰氧化物复合材料对砷的动力学曲线，可以看出水相中的砷质量浓度在初始阶段急剧下降，15 min 内已经接近反应完全。在去除 As（III）过程中，监测到 As（V）的出现，其质量浓度在 10 min 左右达到最大值，而后迅速减低，直到被完全去除，说明除 As（III）是一个吸附与氧化共存的过程。而在

图 12-2-52　纳米铁锰氧化物的 TEM 图（a），SEM 图（b）和 EDX 图（c）；
沸石负载的纳米铁锰氧化物的 TEM 图（d），SEM 图（e）和 EDX 图（f）

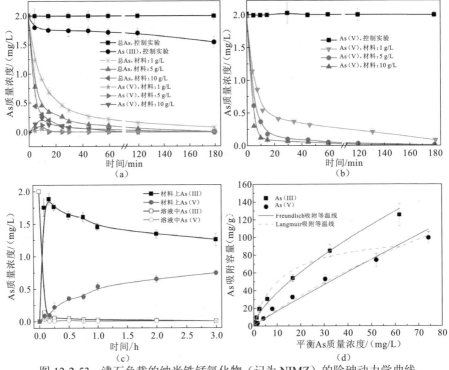

图 12-2-53　沸石负载的纳米铁锰氧化物（记为 NIMZ）的除砷动力学曲线

As（Ⅲ）（a）；As（Ⅴ）（b）；NIMZ 去除 As（Ⅲ）时，水相和材料表面的砷形态（c）；NIMZ 的除砷等温线（d）

去除 As（V）的过程中，没有观察到砷的形态变化，说明除 As（V）是一个吸附过程。同时，材料投加量越大，砷的去除速率越大。通过模拟动力学方程计算的反应速率系数知，该材料对 As（III）的去除速率比 As（V）的快，溶液中最终的总砷质量浓度也更低。该现象表明该复合材料应用于地下水中除砷时，存在 As（III）氧化为 As（V）的过程，有着降低砷毒性与提高砷去除效率的双重作用。

为了研究 As（III）在去除过程中发生吸附与氧化过程的数量比例关系，弄清水相和材料表面 As（III）和 As（V）随时间的质量浓度变化，运用盐酸溶解法分析不同时间固液两相中的砷形态和含量（Zhao et al., 2011），如图 12-2-53（c）所示。可以看出 As（III）的氧化和吸附过程同步发生，在初始的 15 min 内，As（III）的质量浓度很快从 2 mg/L 降低到 0.01 mg/L，几乎完全被除去。水相中在初始阶段几分钟内可检测到少许 As（V），这是 As（III）被氧化的产物释放到水相中，但最终水相中总砷质量浓度接近于零。在此过程中，材料表面占主导地位的砷形态为 As（V），且其含量随时间而增大直至平衡浓度。从材料表面的砷形态分析得知，达到平衡态时有 37.5% 的 As（III）被氧化为 As（V）并吸附到材料表面。

利用吸附等温线模型对不同浓度的 As（III）和 As（V）进行最大吸附容量的计算，结果显示 As（III）和 As（V）的最大吸附容量分别为 296.23 mg/g 和 201.10 mg/g，如图 12-2-53（d）所示。在相同条件下，如果 As（III）全部被氧化为 As（V），它们的吸附容量应该相等，而材料表面砷形态分析数据说明 As（III）部分被氧化为 As（V）；而等温线分析中 As（III）的最大吸附容量要大于 As（V）的最大吸附容量，由此可以推测，As（III）被氧化为 As（V）的反应过程中，材料表面形貌发生变化，As（III）被 Mn（IV）氧化释放 Mn^{2+}，生成了更多新的吸附活性点位吸附生成的 As（V），使得 As（III）的最大吸附容量大于 As（V）的吸附容量。将该材料对 As（III）和 As（V）的最大吸附容量与已报道的文献中其他材料的除砷能力相比较，结果如表 12-2-4 所示。

表 12-2-4　该吸附材料与文献报道中其他材料的最大砷吸附能力比较

吸附剂	质量浓度 / (mg / L)	As（III）最大吸附容量/ (mg / g)	As（V）最大吸附容量/ (mg / g)	文献
NIMZ	2~100	296.23 (pH=7.0)	201.10 (pH=7.0)	本书
Fe—Mn 双氧化物	5~40	132.7 (pH=5.0)	69.8 (pH=5.0)	Zhang 等（2007）
MnO$_2$	—	9.75	7.5	Kong 等（2014）
Fe—Zr 双氧化物	5~40	120.0 (pH=7.0)	46.1 (pH=7.0)	Zhao 等（2011）
纳米 Fe（III）-Ti（IV）混合氧化物	5~350	85.0 (pH=7.0)	14.3 (pH=7.0)	Lenoble 等（2004）
负载 Fe（III）海绵	—	18 (pH=9.0)	137.3 (pH=4.5)	Ren 等（2011）

续表

吸附剂	质量浓度 /（mg / L）	As（III）最大吸附容量/（mg / g）	As（V）最大吸附容量/（mg / g）	文献
纤铁矿纳米晶体	5～25	—	134.1（pH=7.5）	Gupta 和 Ghosh（2009）
Al_2O_3/Fe（OH）$_3$	7.5～135	9.0（pH=6.6）	36.7（pH=7.2）	Muñoz 等（2002）
针铁矿	—	—	39.8（pH=3.3）	Deliyanni 等（2003）
CuO 纳米颗粒	0.1～100	26.9（pH=8.0）	22.6（pH=8.0）	Hlavay 等（2005）
纳米 TiO_2	—	59.9（pH=7.0）	37.5（pH=7.0）	Matis 等（1997）

此外，铁锰氧化物表面的活性点位主要是通过表面络合作用而固定砷酸根，地下水中存在的其他阴离子成分由于竞争吸附会影响砷的去除。我们的研究表明，共存阴离子影响作用大小顺序为：$SiO_3^{3-}>H_2PO_4^->HCO_3^->NO_3^->SO_4^{2-}>Cl^-$（图 12-2-54）。我们还研究了溶液 pH 对复合材料除砷性能的影响，如图 12-2-54（c）所示，结果发现 As（III）和 As（V）的吸附量与 pH 密切相关，随着 pH 增大，吸附量逐渐减小。金属氧化物对弱酸吸附后溶液的 pH 通常会接近于弱酸的

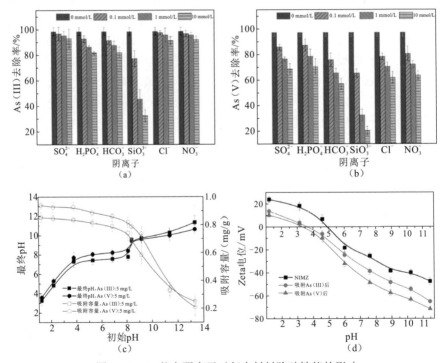

图 12-2-54　共存阴离子对复合材料除砷性能的影响

As（III）（a），As（V）（b），初始 pH 对总砷吸附容量和最终 pH 的影响（c），复合材料除砷前后的 Zeta 电位（d）

pK$_{a1}$ 值，H$_3$AsO$_3$ 的 pK$_{a1}$ 值是 9.17。As（III）在 pH 约大于 9.0 时的吸附容量减小归因于 As（III）与带负电荷材料 NIMZ 表面（pH$_{ZPC}$ = 4.9）的库伦斥力。随着溶液 pH 的增加，带负电荷的表面点位逐渐占据主导地位，排斥作用增强，使得砷的吸附容量降低。pH 减小时，材料表面的质子数增加，As（V）阴离子与带正电荷的材料表面之间的静电引力增大，因而吸附容量增加。通过观察沸石负载的纳米铁锰氧化物去除地下水中的 As（III）和 As（V）前后材料的 Zeta 电位，发现其等电点从 4.9 分别降至 3.6 和 3.3，如图 12-2-54（d）所示。在 pH 中性条件下，As（V）以含氧酸根阴离子存在，被材料吸附后增加了固体表面的负电荷，导致等电点下降。而对 As（III），在 pH 中性条件下以不带电的亚砷酸分子存在，被材料吸附到表面后固体表面的等电点也有所下降，但下降幅度并没有吸附 As（V）后的明显，说明有部分而不是全部 As（III）被氧化为 As（V），氧化后的产物带负电吸附到材料表面，使等电点下降（Zhao et al., 2011）。

采用 XPS 图来考察材料表面铁和锰的氧化还原状态。分别与 As（III）和 As（V）反应后，对材料的 XPS 数据进行分峰处理，如图 12-2-55 所示，从图中可以看出，材料吸附 As（V）后，砷、铁和锰的价态没有变化，维持了原有的形态。材料吸附 As（III）后，铁的价态没有变化，而 Mn（IV）被部分还原为 Mn（II），As（III）被部分氧化为 As（V）。根据分峰结果计算了铁和锰不同形态的含量并列入表 12-2-5 中，可知在沸石负载的铁锰氧化物除 As（III）的过程中，Fe（III）未参与氧化还原反应，起到氧化 As（III）作用的主要成分是 Mn（IV），被还原

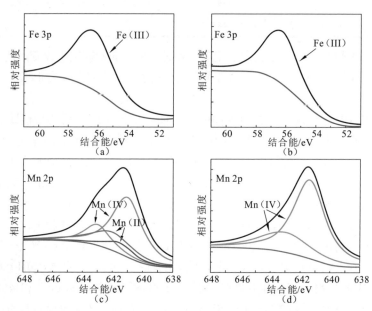

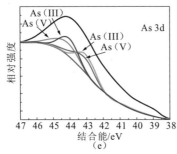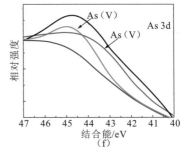

(e)　　　　　　　　　　　　(f)

图 12-2-55　复合材料除砷后的 XPS 分峰图：吸附 As（III）和 As（V）后的 Fe 3p 图谱（a）、（b）；吸附 As（III）和 As（V）后的 Mn 2p3/2 图谱（c）、（d）；吸附 As（III）和 As（V）后的 As 3d 图谱（e）、（f）

表 12-2-5　材料分别与 As（III）和 As（V）反应后的 XPS 图分峰结果

峰	B.E. / eV	种类	%	χ^2
Fe 3p, 吸附 As（III）的 NIMZ	55.6	Fe（III）	100	2.39
Fe 3p, 吸附 As（V）的 NIMZ	55.6	Fe（III）	100	2.16
Mn 2p$_{3/2}$, 吸附 As（III）的 NIMZ	641.5	Mn（II）	74.2	5.24
	643	Mn（IV）	25.8	
Mn 2p$_{3/2}$, 吸附 As（V）的 NIMZ	643	Mn（IV）	100	2.69
As 3d, 吸附 As（III）的 NIMZ	44.4	As（III）	52.1	7.36
	43.3	As（V）	47.9	
As 3d, 吸附 As（V）的 NIMZ	44.4	As（V）	100	3.46

后的 Mn（II）以离子形式释放到水相中，此时材料表面形貌发生改变，活性点位增多，随后水相中的 Mn^{2+} 又被吸附到带负电的材料表面，与羟基结合形成 Mn（II）—OH 键。

　　运用 FTIR 分析来研究材料表面的官能团，通过反应前后的官能团变化判断表面化学反应。图 12-2-56 中在 1 800～3 500 cm^{-1} 范围内主要有一个宽阔的大峰，3 400 cm^{-1} 处的峰属于羟基的伸缩振动峰，各个样品在此处的特征峰差别不大，在这里不做展示，仅着重分析 400～1 800 cm^{-1} 范围内的峰。1 642 cm^{-1} 处的峰来自水分子的振动，说明水分子物理吸附到了材料表面；1 416 cm^{-1} 处的峰来自 O—H 键的弯曲振动；1 127 cm^{-1}、1 045 cm^{-1} 和 975 cm^{-1} 处的峰全部来自 Fe—OH 键的弯曲振动，说明材料表面有大量的羟基；820 cm^{-1} 处的峰来自 As（V）—O 的伸缩振动，可以看出材料吸附 As（V）后，此处的峰振动强于吸附 As（III）后，说明吸附 As（III）后材料表面也存在部分被氧化的 As（V）；711 cm^{-1} 和 460 cm^{-1} 处的峰来自材料本身表面的 Fe—O—Si 和 Si—O—Mn 键，这说明沸石与负载的纳米铁锰氧化物、铁和锰氧化物之间均存在键能结合力，是通过化学键形成的复合物，而不是物理的混合物，这与 Mn（IV）被 As（III）还原后，能形成新的活性点位相吻合。

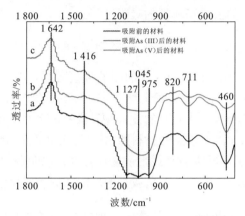

图 12-2-56　复合材料除砷前后的 FTIR 谱图

反应前的材料 a，材料吸附 As（V）后 b，材料吸附 As（III）后 c

根据实验数据结果和分析推理，推测出沸石负载的纳米铁锰氧化物的除砷机理，如图 12-2-57 所示。概括为：材料表面由于水分子的物理吸附，存在着大量羟基。亚砷酸分子靠近材料表面时，被氧化铁所吸附，材料表面的羟基和亚砷酸分子中 H—O 键共同缩合脱去一分子水，形成 Fe—O—As（III）键，As（III）与

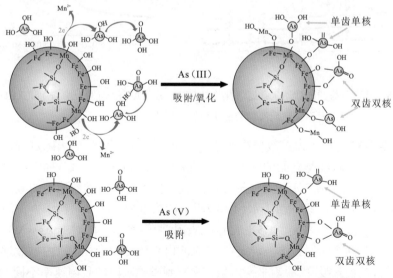

图 12-2-57　沸石负载的纳米铁锰氧化物的除砷机理示意图

Mn（IV）发生氧化还原反应，生成 As（V）和 Mn^{2+}，而后 Mn^{2+} 又以 Mn—O—Fe 的形式被材料表面吸附，As（V）和 As（III）与 Fe（III）—O 可形成单齿单核、双齿单核和双齿双核类型的表面络合物。As（III）的去除包括吸附和氧化同步反应进行，而 As（V）的去除是典型的吸附过程。

2. 沸石负载的磁性纳米铁锰氧化物除砷

为了矿物材料除砷后能达到较好的固液分离效果，在前期工作的基础上，制得了沸石负载的磁性纳米铁锰氧化物，表征结果如图 12-2-58 所示，其主要活性成分为磁性纳米 Fe_3O_4 和 MnO_2 的复合物，沸石的多孔结构起支撑和降低纳米颗粒团聚现象的作用。测得该磁性材料的 BET 比表面积为 340 m^2/g（Kong et al., 2014）。我们还研究了不同沸石负载量的磁性强度，当负载 10%沸石时，其饱和磁化强度高达 45 emu/g，随着沸石负载量的增加，饱和磁化强度有所降低。

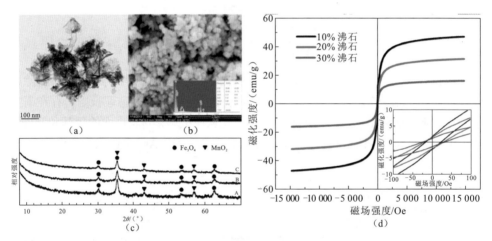

图 12-2-58　沸石负载的磁性纳米铁锰氧化物的 TEM 图（a）、SEM-EDX 图（b）和 XRD 图（c）；沸石不同负载量时的磁化曲线（插图为磁滞回线）（d）

图 12-2-59 为粒子内扩散模型曲线，结果表明 As（III）的去除过程，可分为三个阶段：第一阶段是开始的快速反应阶段，在 15 min 内完成，属于瞬时吸附或外表面吸附阶段；第二阶段是逐渐吸附阶段，受到粒子内扩散速率的限制；第三阶段是最终的平衡阶段，由于水相中吸附质的浓度相对减少，粒子内扩散速度逐渐缓慢下来直至趋近平衡，1.5 h 后达到吸附-脱附平衡。而对于 As（V）的吸附去除，可分为两个阶段：第一阶段在 15 min 内完成传质过程，而内扩散过程不明显，然后直接进入吸附-脱附平衡阶段。观察到不同阶段的吸附速率不同，随着时间延长，吸附速率逐渐减慢。

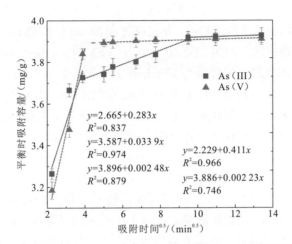

图 12-2-59　沸石负载的磁性纳米铁锰氧化物对 As（III）和 As（V）的粒子内扩散模型曲线

此外，还开展了复合材料对含砷水的柱实验，按照如图 12-2-59（a）连接实验装置，在除砷实验之前确定柱子的各相关水动力学常数（Kong et al., 2013）。调节进出水流速，分别设置为 2.5 mL/min 和 5 mL/min，测定 As（III）和 As（V）的穿透曲线，结果如图 12-2-60（b）、（c）所示，可知 As（III）在这两种流速下的穿透时间分别为 79 h 和 53.6 h，而 As（V）在这两种流速下的穿透时间分别为 53.4 h 和 28.2 h。另外，在测定 As（III）的穿透曲线过程中，监测到流出液中有一定比例含

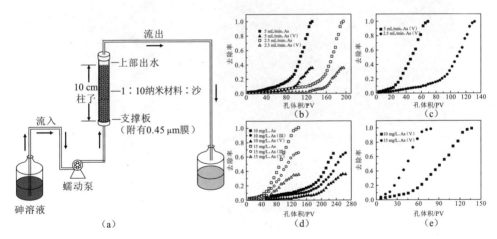

图 12-2-60　室内柱试验示意图（a）；不同进水流速时柱试验的穿透曲线：As（III）（b），As（V）（c）；不同砷质量浓度进水时柱试验的穿透曲线：As（III）（d），As（V）（e）

量的 As（V），表明 As（III）已在实验过程中被部分氧化。与此同时，我们还探讨了进水中砷的初始质量浓度的影响，分别设置为 10 mg/L 和 15 mg/L，测定 As（III）和 As（V）的穿透曲线，如图 12-2-60（d）～（e）所示，可知 As（III）在这两种初始质量浓度下的穿透时间分别为 53.6 h 和 15.6 h，而 As（V）在这两种初始质量浓度下的穿透时间分别为 28.2 h 和 16.2 h。在测定 As（III）的穿透曲线过程中，同样监测到流出液中有一定比例含量的 As（V），证实了上述结论。

在前期室内试验的基础上，还开展了野外试验点除砷试验工作，试验区域如图 12-2-61（a）所示，试验对象为位于山西省大同盆地高砷地下水。试验区内大多数农村地区水井的取水管直径约为 3.3 cm，将沸石负载的磁性纳米铁锰复合氧化物均匀裹在新制作的湿润水泥球表面，待其干燥后即得到球状颗粒滤料，将直径为 0.5～1.5 cm 的颗粒滤料装入若干个尼龙滤网袋中，再把尼龙网袋首尾相接，使它们形成波浪形，悬置于高砷地下水的水井取水管中，留绳子在井口外面，便于随时检查、取样和更换滤料（孔淑琼 等，2014），示意图如图 12-2-61（b）所示。

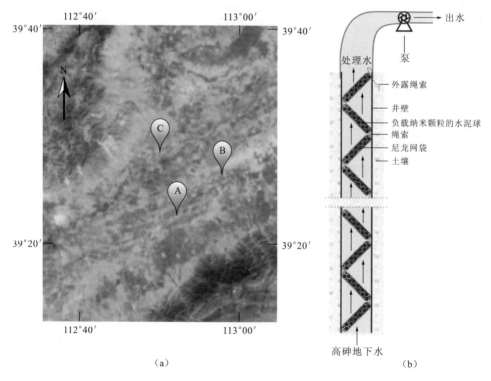

图 12-2-61　野外场地除砷试验点位分布图（a），野外井管除砷装置示意图（b）

　　根据实际高砷地下水中的砷质量浓度及水化学组成、取水井的深度、取水的速度和流量等实际条件，设计合理的滤料加量，开展野外除砷工作（图 12-2-62）。根据取水时的水流速度，计算高砷地下水与滤料的接触反应时间，保证砷的去除效果。监测出水中砷的总浓度，并控制在饮用水标准 10 ppb[①]以下，如果超过该标准，则及时更换滤料。并注意观察净化后出水中水化学组成的波动情况。根据实际场地地球化学条件和野外除砷实验操作参数，预计 A、B 和 C 三个试验点更换滤料的频率分别约为 3 个月、2 年和 6 个月。

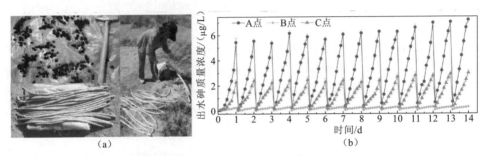

图 12-2-62　野外场地所用材料照片（a）和野外除砷效果监测图（b）

　　综上所述，已经介绍了多种矿物材料的地下水除砷技术，并对其吸附机理及影响因素进行了深入的探讨。这些矿物材料具有来源广泛、成本低廉、效果优良且不易出现二次污染及可循环利用等优势，成为环境领域中的重点研究对象。尤其是多孔及分级微纳米结构的金属氧化物和复合物，它们在改善除砷性能方面起着重要的作用，且构筑的纳米材料具有较好的亲和力和选择性，为治理与修复含砷地下水提供了一定的理论依据。

　　矿物材料在处理砷污染的技术上虽然理论研究较多，但能够将室内研究成果转化为工业化应用的则很少，其中还有一些问题未得到解决。例如，上述所列矿物材料对砷都有较好的去除效果，但绝大多数材料对 As（V）的吸附能力要比对As（III）的吸附能力强，而 As（III）的毒性却远远高于 As（V）的毒性；有些矿物对 As（III）的去除是先在矿物表面将其氧化为 As（V）再将其吸附；矿物材料对砷的吸附受 pH 变化的影响较大，而且对两种价态的砷的最大吸附量却发生在不同的 pH，不能同时达到最好的吸附效果；矿物材料对低浓度含砷水的处理效果研究较少，而实际地下水中砷浓度较低；尚未建立完整的矿物材料除砷的作用机理及吸附理论。

---

① 1 ppb = 1×10^{-9}。

参 考 文 献

丛丽娜, 孟令国, 刘明星, 等, 2008. 海泡石矿物的应用研究进展[J]. 中国资源综合利用, 26(6): 9-11.

邓庚凤, 罗来涛, 1999. 海泡石的性能及其应用[J]. 江西科学, 17(1): 59-66.

孔淑琼, 余梅, 焰新, 2012. 一种纳米铁锰复合氧化物的除砷材料及其制备方法: CN102745792B[P].2013-09-18.

孔淑琼, 周辰昕, 王焰新, 等, 2014. 一种用于高砷地下水地区农村水井的除砷方法: CN103739057B[P]. 2015-06-24.

鲁安怀, 1997. 环境矿物材料研究方向探讨[J]. 岩石矿物学杂志, 16(3): 184-187.

美国自来水厂协会, 2008. 水质与水处理: 公共供水技术手册[M]. 北京: 国建筑工业出版社.

魏显有, 王秀敏, 1999. 土壤中砷的吸附行为及其形态分布研究[J]. 河北农业大学学报, 2(3): 28-30.

周爱民, 王东升, 鸿霄, 2005. 磷（P）在天然沉积物-水界面上的吸附[J]. 环境科学学报，25(1): 64-69.

AMSTAETTER K, BORCH T, LARESE-CASANOVA P, et al., 2009. Redox transformation of arsenic by Fe(II)-activated goethite (α-FeOOH)[J]. Environmental science and technology, 44(1): 102-108.

AN B, FU Z L, XIONG Z, et al., 2010. Synthesis and characterization of a new class of polymeric ligand exchangers for selective removal of arsenate from drinking water[J]. Reactive and functional polymers, 70(8): 497-507.

ANDJELKOVIC I, TRAN D N, KABIRI S, et al., 2015. Graphene aerogels decorated with α-FeOOH nanoparticles for efficient adsorption of arsenic from contaminated waters[J]. ACS applied materials and interfaces, 7(18): 9758-9766.

ANSANAY-ALEX S, LOMENECH C, HUREL C, et al., 2012. Adsorption of nickel and arsenic from aqueous solution on natural sepiolite[J]. International journal of engineering science, 9(3/7): 204-215.

BHANDARI N, REEDER R J, STRONGIN D R, 2012. Photoinduced oxidation of arsenite to arsenate in the presence of goethite[J]. Environmental science and technology, 46(15): 8044-8051.

BERNAL J D, DASGUPTA D R, MACKAY A L, 1959. The oxides and hydroxides of iron and their structural inter-relationships[J]. Clay minerals bulletin, 4(21): 15-30.

CAIN D J, CROTEAU M N, FULLER C C, 2013. Dietary bioavailability of Cu adsorbed to colloidal hydrous ferric oxide[J]. Environmental science and technology, 47(6): 2869-2876.

CAO C Y, QU J, YAN W S, et al., 2012. Low-cost synthesis of flowerlike alpha-Fe_2O_3 nanostructures for heavy metal ion removal: adsorption property and mechanism[J]. Langmuir, 28(9): 4573-4579.

CHEN W F, LI S R, CHEN C H, et al., 2011. Self-assembly and embedding of nanoparticles by in situ reduced graphene for preparation of a 3D graphene/nanoparticle aerogel[J]. Advanced materials, 23(47): 5679-5683.

CHEN L, XIN H C, FANG Y, et al., 2014. Application of metal oxide heterostructures in arsenic removal from contaminated water[J]. Journal of nanomaterials, 2014(2): 1-10.

CHOONG T S Y, CHUAH T G, ROBIAH Y, et al., 2007. Arsenic toxicity, health hazards and removal techniques from water: an overview[J]. Desalination, 217(1/3): 139-166.

CORNELL R M, SCHWERTMANN U, 2006. The iron oxides: structure, properties, reactions, occurrences and uses[M]. Hoboken:John Wiley & Sons.

CORNELIS G, JOHNSON C A, GERVEN T V, et al., 2008. Leaching mechanisms of oxyanionic metalloid and metal species in alkaline solid wastes: a review[J]. Applied geochemistry, 23(5): 955-976.

DELIYANNI E A, BAKOYANNAKIS D N, ZOUBOULIS A I, et al., 2003. Sorption of As(V) ions by akaganeite-type nanocrystals[J]. Chemosphere, 50(1): 155-163.

DONIA A M, ATIA A A, MABROUK D H, 2011. Fast kinetic and efficient removal of As(V) from aqueous solution using anion exchange resins[J]. Journal of hazardous materials, 191(1/3): 1-7.

DRIEHAUS W, SEITH R, JEKEL M, 1995. Oxidation of arsenate(III) with manganese oxides in water treatment[J]. Water research, 29(1): 297-305.

DU Y C, FAN H G, WANG L P, et al., 2013. α-Fe_2O_3 nanowires deposited diatomite: highly efficient absorbents for the removal of arsenic[J]. Journal of materials chemistry A, 1(26): 7729-7737.

El G L, LAKRAIMI M, SEBBAR E, et al., 2009. Removal of indigo carmine dye from water to Mg-Al-CO_3-calcined layered double hydroxides[J]. Journal of hazardous materials, 161(2/3): 627-632.

FILIPPI M, 2004. Oxidation of the arsenic-rich concentrate at the Přebuz abandoned mine (Erzgebirge Mts., CZ): mineralogical evolution[J]. Science of the total environment, 322(1/3): 271-282.

FRUIJTIERPÖLLOTH C, 2009. The safety of synthetic zeolites used in detergents[J]. Archives of toxicology, 83(1): 23-35.

FYFE C A, FENG Y, GRONDEY H, et al., 1992. One- and two-dimensional high-resolution solid-state NMR studies of zeolite lattice structures[J]. Chemical reviews, 23(5): 1525-1543.

GAINES G L, THOMAS H C, 1953. Adsorption studies on clay minerals. II. a formulation of the thermodynamics of exchange adsorption[J]. Journal of chemical physics, 21(4): 714-718.

GAO M R, ZHANG S R, JIANG J, et al., 2011. One-pot synthesis of hierarchical magnetite nanochain assemblies with complex building units and their application for water treatment[J]. Journal of materials chemistry, 21(42): 16888-16892.

GAO P P, TIAN X K, YANG C, et al., 2016. Fabrication, performance and mechanism of MgO meso-/macroporous nanostructures for simultaneous removal of As(III) and F in a groundwater system[J]. Environmental science: nano, 3(6): 1416-1424.

GARDNER E, HUNTOON K M, PINNAVAIA T J, 2001. Direct synthesis of alkoxide-intercalated derivatives of hydrocalcite-like layered double hydroxides: precursors for the formation of colloidal layered double hydroxide suspensions and transparent thin films[J]. Advanced materials, 13(16): 1263-1266.

GOH K H, LIM T T, DONG Z, 2008. Application of layered double hydroxides for removal of oxyanions: a review[J]. Water research, 42(6/7): 1343-1368.

GOH K H, LIM T T, DONG Z, 2009. Enhanced arsenic removal by hydrothermally treated nanocrystalline Mg/Al layered double hydroxide with nitrate intercalation[J]. Environmental science and technology, 43(7): 2537-2543.

GOLDBERG S, JOHNSTON C T, 2001. Mechanisms of arsenic adsorption on amorphous oxides evaluated using macroscopic measurements, vibrational spectroscopy, and surface complexation modeling[J]. Journal of colloid and interface science, 234(1): 204-216.

GUNAWAN P, XU R, 2008. Synthesis of unusual coral-like layered double hydroxide microspheres in a nonaqueous polar solvent/surfactant system[J]. Journal of materials chemistry, 18(18): 2112-2120.

GUNAWAN P, XU R, 2009. Direct assembly of anisotropic layered double hydroxide (LDH) nanocrystals on spherical template for fabrication of drug-LDH hollow nanospheres[J]. Chemistry of materials, 21(5): 781-783.

GUO X J, CHEN F H, 2005. Removal of arsenic by bead cellulose loaded with iron oxyhydroxide from groundwater[J]. Environmental science and technology, 39(17): 6808-6818.

GUPTA K, GHOSH U C, 2009. Arsenic removal using hydrous nanostructure iron(III)-titanium(IV) binary mixed oxide from aqueous solution[J]. Journal of hazardous materials, 161(2/3): 884-892.

HAN C, PU H, LI H, et al., 2013. The optimization of As(V) removal over mesoporous alumina by using response surface methodology and adsorption mechanism[J]. Journal of hazardous materials, 254-255: 301-309.

HIBINO T, 2004. Delamination of layered double hydroxides containing amino acids[J]. Chemistry of materials, 16(25): 5482-5488.

HIBINO T, JONES W, 2001. New approach to the delamination of layered double hydroxides[J]. Journal of materials chemistry, 11(5): 1321-1323.

HLAVAY J, POLYÁK K, 2005. Determination of surface properties of iron hydroxide-coated alumina adsorbent prepared for removal of arsenic from drinking water[J]. Journal of colloid and interface science, 284(1): 71-77.

HUMPLIK T, LEE J, O'HERN S C, et al., 2011. Nanostructured materials for water desalination[J]. Nanotechnology, 22(29): 2788-2794.

ILIC N I, LAZAREVIC S S, RAJAKOVIC-OGNJANOVIC V N, et al., 2014. The sorption of inorganic arsenic on modified sepiolite: effect of hydrated iron(III)-oxide[J]. Journal of the serbian chemical society, 79(7): 815-828.

IYI N, MATSUMOTO T, KANEKO Y, et al., 2004a. Deintercalation of carbonate ions from a hydrotalcite-like compound: enhanced decarbonation using acid−salt mixed solution[J]. Chemistry of materials, 16(15): 2926-2932.

IYI N, MATSUMOTO T, KANEKO Y, et al., 2004b. A novel synthetic route to layered double hydroxides using hexamethylenetetramine[J]. Chemistry letters, 33(9): 1122-1123.

IYI N, OKAMOTO K, KANEKO Y, et al., 2005. Effects of anion species on dcintercalation of carbonate ions from hydrotalcite-like compounds[J]. Chemistry letters, 34(7): 932-933.

JIAN L, LING J X, RONG C D, et al., 2009. Solvothermal synthesis and characterization of Fe_3O_4 and γ-Fe_2O_3 nanoplates[J]. The journal of physical chemistry c, 113(10): 4012-4017.

JIANG J Q, ASHEKUZZAMAN S M, HARGREAVES J S J, et al., 2015. Removal of Arsenic(III) from groundwater applying a reusable Mg-Fe-Cl layered double hydroxide[J]. Journal of chemical technology and biotechnology, 90(6): 1160-1166.

JONES B F, GALAN E, 1988. Sepiolite and palygorskite[J].Reviews in mineralogy and geochemistry,19:631.

KANG D, YU X, TONG S, et al., 2013. Performance and mechanism of Mg/Fe layered double hydroxides for fluoride and arsenate removal from aqueous solution[J]. Chemical engineering journal, 228: 731-740.

KIM M J, NRIAGU J, 2000. Oxidation of arsenite in groundwater using ozone and oxygen[J]. The Science of the total environment, 247: 71-79.

KOCAR B D, INSKEEP W P, 2003. Photochemical oxidation of As (III) in ferrioxalate solutions[J]. Environmental science and technology, 37(8): 1581-1588.

KOLODZIEJSKI W, KLINOWSKI J, 2002. Kinetics of cross-polarization in solid-state NMR: a guide for chemists[J]. Chemical reviews, 102(21): 613-628.

KONG S, WANG Y, ZHAN H, et al., 2013. Arsenite and arsenate removal from contaminated groundwater by nanoscale iron-manganese binary oxides: column studies[J]. Environmental engineering science, 30(11): 689-696.

KONG S, WANG Y, HU Q, et al., 2014. Magnetic nanoscale Fe-Mn binary oxides loaded zeolite for arsenic removal from synthetic groundwater[J]. Colloids and surfaces a physicochemical and engineering aspects, 457(1): 220-227.

KONG S, WANG Y, ZHAN H, et al., 2014. Adsorption/oxidation of arsenic in groundwater by nanoscale Fe-Mn binary oxides loaded on zeolite[J]. Water environment research: a research publication of the water environment federation, 86(2): 147-155.

LAFFERTY B J, LOEPPERT R H, 2005. Methyl arsenic adsorption and desorption behavior on iron oxides[J]. Environmental science and technology, 39(7): 2120-2127.

LAFFERTY B J, GINDER-VOGEL M, ZHU M Q, et al., 2010. Arsenite oxidation by a poorly crystalline manganese-oxide. 2. results from X-ray absorption spectroscopy and X-ray diffraction[J]. Environmental science and technology, 44(22): 8467-8472.

LENOBLE V, 2003. Arsenite oxidation and arsenate determination by the molybdene blue method[J]. Talanta, 61(3): 267-276.

LENOBLE V, BOURAS O, DELUCHAT V, et al., 2002. arsenic adsorption onto pillared clays and iron oxides[J]. Journal of colloid and interface science, 255(1): 52-58.

LENOBLE V, LACLAUTRE C, SERPAUD B, et al., 2004. As(V) retention and As(III) simultaneous oxidation and removal on a MnO$_2$-loaded polystyrene resin[J]. Science of the total environment, 326(1/3): 197-207.

LEUPIN O X, HUG S J, 2005. Oxidation and removal of arsenic(III) from aerated groundwater by filtration through sand and zero-valent iron[J]. Water research, 39(9): 1729-1740.

LI L, MA R, EBINA Y, et al., 2005. Positively charged nanosheets derived via total delamination of layered double hydroxides[J]. Chemistry of materials, 17(17): 4386-4391.

LI L, MA R, IYI N, et al., 2006. Hollow nanoshell of layered double hydroxide[J]. Chemical communications, 29(29): 3125-3127.

LI N, FAN M H, VAN LEEUWEN J, et al., 2007. Oxidation of As(III) by potassium permanganate[J]. Journal of Environmental sciences, 19(7): 783-786.

LI C, WANG L, WEI M, et al., 2008. Large oriented mesoporous self-supporting Ni-Al oxide films derived from layered double hydroxide precursors[J]. Journal of materials chemistry, 23(23): 2666-2672.

LI H, LI W, ZHANG Y J, et al., 2011. Chrysanthemum-like α-FeOOH microspheres produced by a simple green method and their outstanding ability in heavy metal ion removal[J]. Journal of materials chemistry, 21(22): 7878-7881.

LI Y, WU Z, ZHAO F, et al., 2016a. Facile template-free fabrication of novel flower-like γ-Al$_2$O$_3$ nanostructures and their enhanced Pb(II) removal application in water[J]. CrystEngComm, 18(21): 3850-3855.

LI Y, ZHANG R F, TIAN X K, et al., 2016b. Facile synthesis of Fe$_3$O$_4$ nanoparticles decorated on 3D graphene aerogels as broad-spectrum sorbents for water treatment[J]. Applied surface science, 369: 11-18.

LIU Z, MA R, OSADA M, et al., 2006. Synthesis, anion exchange, and delamination of Co-Al layered double hydroxide: assembly of the exfoliated nanosheet/polyanion composite films and magneto-optical studies[J]. Journal of the American chemical society, 128(14): 4872-4880.

LOU X W, ARCHER L A, YANG Z C, 2008. Hollow Micro-/Nanostructures: Synthesis and Applications[J]. Advanced materials, 20(21): 3987-4019.

LOYAUX-LAWNICZAK S, REFAIT P, EHRHARDT J J, et al., 2000. Trapping of Cr by formation of ferrihydrite during the reduction of chromate ions by Fe(II)-Fe(III) hydroxysalt green rusts[J]. Environmental science and technology, 34(3): 438-443.

LU J, JIAO X, CHEN D, et al., 2009. Solvothermal synthesis and characterization of Fe$_3$O$_4$ and γ-Fe$_2$O$_3$ nanoplates[J]. The journal of physical chemistry C, 113(10): 4012-4017.

MA J, ZHU Z L, CHEN B, et al., 2013. One-pot, large-scale synthesis of magnetic activated carbon nanotubes and their applications for arsenic removal[J]. Journal of materials chemistry A, 1(15): 4662-4666.

MA R Z, LIU Z P, LI L, et al., 2006. Exfoliating layered double hydroxides in formamide: a method to obtain positively charged nanosheets[J]. Journal of materials chemistry, 16(39): 3809-3813.

MATIS K A, ZOUBOULIS A I, MALAMAS F B, et al., 1997. Flotation removal of As(V) onto goethite[J]. Environmental pollution, 97(3): 239-245.

MAYO J T, YAVUZ C, YEAN S, et al., 2007. The effect of nanocrystalline magnetite size on arsenic removal[J]. Science and technology of advanced materials, 8(1/2): 71-75.

MILLER S M, ZIMMERMAN J B, 2010. Novel, bio-based, photoactive arsenic sorbent: TiO$_2$-impregnated chitosan bead[J]. Water research, 44(19): 5722-5729.

MILLER S M, SPAULDING M L, ZIMMERMAN J B, 2011. Optimization of capacity and kinetics for a novel bio-based arsenic sorbent, TiO$_2$-impregnated chitosan bead[J]. Water research, 45(17): 5745-5754.

MIYATA S, 1983. Anion-exchange properties of hydrotalcite-like compounds[J]. Clays and Clay minerals, 31(4): 305-311.

MOHAN D, JR P C, 2007. Arsenic removal from water/wastewater using adsorbents: a critical review[J]. Journal of hazardous materials, 142(1/2): 1-53.

MONDAL P, BHOWMICK S, CHATTERJEE D, et al., 2013. Remediation of inorganic arsenic in groundwater for safe water supply: A critical assessment of technological solutions[J]. Chemosphere, 92(2): 157-170.

MORGAN D J, 1985. Palygorskite-sepiolite: occurrence, genesis and uses[J]. Clay minerals, 20(2): 276-277.

MUÑOZ J A, GONZALO A, VALIENTE M, 2002. Arsenic adsorption by Fe(III)-loaded open-celled cellulose sponge: thermodynamic and selectivity aspects[J]. Environmental science and technology, 36(15): 3405-3411.

MYNENI S C B, TOKUNAGA T K, 1997. Abiotic selenium redox transformations in the presence of Fe(II,III) oxides[J]. Science, 278(5340): 1106-1109.

OEHMEN A, VIEGAS R, VELIZAROV S, et al., 2006. Removal of heavy metals from drinking water supplies through the ion exchange membrane bioreactor[J]. Desalination, 199(1/3): 405-407.

PETTINE M, MILLERO F J, 2000. Effect of metals on the oxidation of As(III) with H_2O_2[J]. Marine chemistry, 70(1/3): 223-234.

PETTINE M, CAMPANELLA L, MILLERO F J, 1999. Arsenite oxidation by H_2O_2 in aqueous solutions[J]. Geochimica et cosmochimica acta, 63(18): 2727-2735.

PING C H, CHEN R X, PING W, et al., 2012. Macroscopic multifunctional graphene-based hydrogels and aerogels by a metal ion induced self-assembly process[J]. ACS nano, 6(3): 2693-2703.

REN Z, ZHANG G, CHEN J P, 2011. Adsorptive removal of arsenic from water by an iron-zirconium binary oxide adsorbent[J]. Journal of colloid and interface science, 358(1): 230-237.

RUBY C, UPADHYAY C, GÉHIN A, et al., 2006. *In situ* redox flexibility of Fe^{II-III} oxyhydroxycarbonate green rust and fougerite[J]. Environmental science and technology, 40(15): 4696-4702.

SADIQ M, 1997. Arsenic chemistry in soils: an overview of thermodynamic predictions and field observations[J]. Water, air, and soil pollution, 93(1/4): 117-136.

SAHA B, BAINS R, GREENWOOD F, 2005. Physicochemical characterization of granular ferric hydroxide (GFH) for arsenic(V) sorption from water[J]. Separation Science and Technology, 40(14): 2909-2932.

SHARMA V K, DUTTA P K, RAY A K, 2007. Review of kinetics of chemical and photocatalytical oxidation of Arsenic(III) as influenced by pH[J]. Journal of environmental science and health, part A, 42(7): 997-1004.

SIMON L, FRANCOIS M, REFAIT P, et al., 2003. Structure of the Fe(II-III) layered double hydroxysulphate green rust two from rietveld analysis[J]. Solid state sciences, 5(2): 327-334.

SORLINI S, GIALDINI F, 2010. Conventional oxidation treatments for the removal of arsenic with chlorine dioxide, hypochlorite, potassium permanganate and monochloramine[J]. Water research, 44(19): 5653-5659.

SUN X H, DONER H E, 1996. An investigation of arsenate and arsenite bonding structures on goethite by FTIR[J]. Soil science, 161(12): 865-872.

SUN G, DONG B, CAO M, et al., 2011. Hierarchical dendrite-like magnetic materials of Fe_3O_4, $\gamma\text{-}Fe_2O_3$, and Fe with high performance of microwave absorption[J]. Chemistry of materials, 23(6): 1587-1593.

SUN X H, DONER H E, 1998. Adsorption and oxidation of arsenite on geothite[J]. Soil science, 163(4): 278-287.

TAO Y, KANOH H, ABRAMS L, et al., 2006. Mesopore-modified zeolites: preparation, characterization, and applications[J]. Chemical reviews, 106(3): 896-910.

TIAN N, TIAN X K, MA L L, et al., 2015. Well-dispersed magnetic iron oxide nanocrystals on sepiolite nanofibers for arsenic removal[J]. RSC advances, 5(32): 25236-25243.

TIAN N, TIAN X K, LIU X W, et al., 2016. Facile synthesis of hierarchical dendrite-like structure iron layered double hydroxide nanohybrids for effective arsenic removal[J]. Chemical communications, 52(80): 11955-11958.

VADAHANAMBI S, LEE S H, KIM W J, et al., 2013. Arsenic removal from contaminated water using three-dimensional graphene-carbon nanotube-iron oxide nanostructures[J]. Environmental science and technology, 47(18): 10510-10517.

VANSELOW ALBERT P, 1932. Equilibria of the base-exchange reactions of bentonites, permutites, soil colloids, and zeolites[J]. Soil science, 33(33): 95-114.

VATUTSINA O M, SOLDATOV V S, SOKOLOVA V I, et al., 2007. A new hybrid (polymer/inorganic) fibrous sorbent for arsenic removal from drinking water[J]. Reactive and functional polymers, 67(3): 184-201.

WANG S, MULLIGAN C N, 2006. Occurrence of arsenic contamination in Canada: sources, behavior and distribution[J]. Science of the total environment, 366(2/3): 701-721.

WANG B, WU H, YU L, et al., 2012. Template-free formation of uniform urchin-like alpha-FeOOH hollow spheres with superior capability for water treatment[J]. Advanced materials, 24(8): 1111-1116.

WEN T, WU X, TAN X, et al., 2013. One-pot synthesis of water-swellable Mg-Al layered double hydroxides and graphene oxide nanocomposites for efficient removal of As(V) from aqueous solutions[J]. ACS applied materials and interfaces, 5(8): 3304-3311.

WILKIE J A, HERING J G, 1996. Adsorption of arsenic onto hydrous ferric oxide: effects of adsorbate/adsorbent ratios and co-occurring solutes[J]. Colloids and surfaces A: physicochemical and engineering aspects, 107(20): 97-110.

YAMAOKA T, ABE M, TSUJI M, 1989. Synthesis of Cu-Al hydrotalcite like compound and its ion exchange property[J]. Materials research bulletin, 24(10): 1183-1199.

YANG L, SHAHRIVARI Z, LIU P K T, et al., 2005. Removal of trace levels of arsenic and selenium from aqueous solutions by calcined and uncalcined layered double hydroxides (LDH)[J]. Industrial and engineering chemistry research, 44(17): 6804-6815.

YANG J, ZHANG H W, YU M H, et al., 2014. High-content, well-dispersed γ-Fe$_2$O$_3$ nanoparticles encapsulated in macroporous silica with superior arsenic removal performance[J]. Advanced functional materials, 24(10): 1354-1363.

YAVUZ C T, MAYO J T, YU W W, et al., 2006. Low-field magnetic separation of monodisperse Fe$_3$O$_4$ nanocrystals[J]. Science, 314(5801): 964-967.

YOON J, AMY G, CHUNG J, et al., 2009. Removal of toxic ions (chromate, arsenate, and perchlorate) using reverse osmosis, nanofiltration, and ultrafiltration membranes[J]. Chemosphere, 77(2): 228-235.

YU X Y, LUO T, JIA Y, et al., 2012. Three-dimensional hierarchical flower-like Mg-Al-layered double hydroxides: highly efficient adsorbents for As(V) and Cr(VI) removal[J]. Nanoscale, 4(11): 3466-3474.

ZAW M, EMETT M T, 2002. Arsenic removal from water using advanced oxidation processes[J]. Toxicology letters, 133(1): 113-118.

ZHANG G, QU J, LIU H, et al., 2007. Preparation and evaluation of a novel Fe-Mn binary oxide adsorbent for effective arsenite removal[J]. Water research, 41: 1921-1928.

ZHANG S J, LI X Y, CHEN J P, 2010. Preparation and evaluation of a magnetite-doped activated carbon fiber for enhanced arsenic removal[J]. Carbon, 48(1): 60-67.

ZHAO Z, JIA Y, XU L, et al., 2011. Adsorption and heterogeneous oxidation of As(III) on ferrihydrite[J]. Water research, 45(19): 6496-6504.

ZHONG L S, HU J S, LIANG H P, et al., 2006. Self-assembled 3D flowerlike iron oxide nanostructures and their application in water treatment[J]. Advanced materials, 18(18): 2426-2431.

电化学除砷技术 第 13 章

13.1 除 砷 机 理

根据砷的地球化学特性，高毒性 As（III）可被 Fe（II）与 O_2 反应产生的活性氧化物种氧化为低毒性 As（V），同时 As（V）可被生成的 Fe（III）以吸附/共沉淀方式去除。因此，当高砷地下水中共存有较高浓度的 Fe（II）时，在直接接触空气的过程中即可使 As 得到去除。但是，当地下水中固有的 Fe（II）浓度不足以去除砷时，就需要人为添加 Fe（II）。将铁作为阳极，通过电解作用可以定量地产生 Fe（II），在空气或氧气作用下 Fe（II）的氧化沉淀过程即可引起 As（III）的氧化和去除，这是电絮凝法除砷的基本原理。本章将叙述基于砷迁移转化的地球化学理论和电絮凝除砷原理提出的异位和原位电化学除砷构想，以及在室内和野外开展的机理研究和效果论证试验。

13.2 铁阳极强化砂滤除砷

由于东南亚等地区的高砷地下水中常常伴随有一定含量的 Fe（II），砂滤器在这些地区普遍被用来净化地下水，去除地下水中因为铁而形成的异味及悬浊物（Luzi et al., 2004）。虽然经过砂滤处理之后得到了表观清洁的水，但是砷含量往往还是超过 WHO 发布的饮用水中砷质量浓度标准（10 μg/L）。例如，Berg 等（2006）在越南红河三角洲高砷地下水地区调查了 43 个农户家用的砂滤器，发现处理后的出水砷含量因井水水质不同而不同，只有 Fe/As≥250（质量比）的井水才能被砂滤去除至出水 As 质量浓度低于 10 μg/L。如此高的 Fe/As 比值可能是因为地下水中同时存在的 P 和 Si 抑制了 As 在 Fe（III）沉淀物上的吸附（Hug et al., 2008）。研究表明很多高砷地下水地区，如孟加拉地区，都存在着除砷时地下水铁含量不足的问题（Berg et al., 2006; Luzi et al., 2004）。在江汉平原地区，大多数井水也可能存在含铁量不足的问题，因为其平均 Fe/As 比值为 60，而 P 含量与越南红河地区相近（Gan et al., 2014）。这些地区都需要在砂滤器中外加铁来强化除砷。

已有多种方法被用来向砂滤器中添加 Fe 强化除砷效果。Fe（III）盐是一种常用的 Fe 添加剂，但是需要预先投加如次氯酸之类的氧化剂来氧化 As（III）（Cheng et al., 2004；Meng et al., 2001）。在去除地下水中的 As 时，投加 Fe（II）被认为比 Fe（III）更为有效，因为 Fe（II）与 O_2 反应的过程中会产生活性中间体氧化 As（III）（Roberts et al., 2004; Hug et al., 2003）。另外，分步投加或连续投加 Fe（II）会加速 As（III）的氧化并减少 Fe 投加量（Roberts et al., 2004）。在实际应用中，Fe（II）的连续投加可以通过酸溶解、氧腐蚀及电解金属铁的方式实现（Roberts et al., 2004）。用硫酸等酸液溶解金属铁是工业上生产硫酸亚铁的方法，但它用于地下水除砷则需要调节出水 pH 且引入大量不必要的阴离子。基于零价铁腐蚀的方法设计的强化除砷砂滤器得到较多的关注，例如，在孟加拉国已有较大规模应用的家用 SONO 过滤器（Neumannet al., 2013; Hussam and Munir, 2007; Leupin et al., 2005）。但是零价铁在有氧水中腐蚀是一种被动产铁过程，产铁量受到溶解氧和表面钝化的限制，无法根据需铁量进行人为调控（Leupin et al., 2005）。SONO 过滤器也同样因为这些因素的限制而无法将处理水量提高到供小型村镇集体用水的程度。通过铁阳极电解也可以原位连续投加 Fe（II），是电絮凝除砷的主要机理之一（Li et al., 2012; Balasubramanian et al., 2009; Lakshmanan et al., 2009; Gomes et al., 2007; Parga et al., 2005; Kumar et al., 2004）。但是目前电絮凝除砷主要是室内研究，处理后如何将含砷的絮体与净化后的水进行分离，是在农村地区应用时面临的一个问题。Amrose 等（2014）开发了一个供社区使用的电化学除砷装置，他们通过加入 6～15 mg/L 的铝盐来辅助铁絮凝物沉淀而与清洁水分离，但是这个过程耗时数小时且装置需要序批式运行。实际上，通过砂滤的方法可以在数分钟内完成铁絮凝物的分离过程。由于铁阳极电解产生的 Fe（II）可以通过电流大小调节（Tong et al., 2016, 2014），所以通过铁电解向砂滤器中连续投加 Fe（II）将是一种灵活可控、省时省力的强化地下水除砷方法。

在江汉平原，无论村镇水厂的砂滤池还是农户家里自制的砂滤器，都存在出水水质不能让居民满意的问题。因此，我们整合砂率分离和电絮凝氧化吸附功能，研制了铁阳极强化砂率除砷的反应器，并依托江汉平原高砷区对其除砷性能进行试验研究。本节内容主要源自博士论文（谢世伟，2016），部分内容已发表（Xie et al., 2017）。

13.2.1　野外试验

1. 试验场地

试验场地位于中国中部湖北省江汉平原南洪村（30.16°N, 113.67°E），距离湖北省第一例砷中毒患者家约 50 m。选择这个地方是因为砷中毒患者家门前建有长期监测井，水质资料和地层资料完备，且其 As 含量高（Gan et al., 2014）。场地含水介质岩性主要为，地下 0～18 m 左右为砂质粉土和黏土层，18 m 以下为细砂和粗砂层。承压含水层主要赋存于 18 m 以下的砂层中，当地居民水井也大多在 10～45 m 深的孔隙承压含水层中取水，而这一含水层也是砷浓度最高的地方（Schaefer et al., 2016; Gan et al., 2014）。2015 年 5 月我们在试验场地钻取并安装了两口直径 5 cm 的管井，其中 1 号管井深度 23 m，2 号管井深度 26 m。每口井的井管都在底部设置有 2.4 m 长的花孔过滤带，井间间距 1 m。管井安装完毕后立即洗井 30 min，并放置 1 个月之后开始试验，试验周期为 2015 年 6 月至 9 月。两口井水质情况如表 13-2-1 所示。

表 13-2-1 管井水质及铁阳极强化砂滤器的出水水质

参数	管井 1[a]	管井 2[a]	出水[b]	
			R2	G2
pH	7.18	7.34	7.26	7.47
Eh /mV[c]	41	−3	88	121
DO/（mg/L）	0.2	0.2	1.2	2.4
EC/（μS/cm）	950	963	740	702
HCO_3^-/（mg/L）	689	664	463	463
Ca /（mg/L）	157	146	107	98
Mg /（mg/L）	33	32	31	29
Si /（mg/L）	45	34	26	25
P /（mg/L）	0.9	1.1	0.02	<0.01
As /（μg/L）	272	435	24.4	<0.5
Fe /（mg/L）	4.7	9.8	0.5	0.14
Mn /（mg/L）	3.23	3.75	3.16	1.18

注：a 管井 1 和 2 的 pH、Eh、DO 和 EC 值以及 As、Fe 的质量浓度为至少 15 次取样分析的平均值，其他组分的质量浓度为 2 次取样分析的平均值；b 出水的各参数值根据长效性实验（产水量为 800 L 时）取样分析结果而得，其中 R2 和 G2 分别表示红桶和绿桶的出水；c 给出的所有 Eh 值是将基于 Ag/AgCl 电极的测量值转换为标准氢电极电位后的值。

2. 铁阳极强化砂滤器的设计和运行方法

铁阳极强化砂滤器的设计参考在东南亚地区大量使用的 SONO 过滤器（Neumann et al., 2013）。我们也采用了两个砂滤桶作两级处理，装置的结构示意图如图 13-2-1 所示。在两个聚丙烯水桶（容积为 17 L）中分别填装有 13 kg 粗砂和 1.5 kg 的砖块，最终每个桶的孔隙体积约为 2.5 L。粗砂取自当地建筑用黄沙，平均粒径为 0.5 mm，使用 2 号管井中的井水冲洗干净。两桶内的砂层表面各置有两片 S45C 型碳钢板制成的铁电极，电极间距 1 cm。每块电极直径 27 cm，电极上均匀分布 241 个直径 6 mm 的孔以保持水流流通。电流通过一台直流稳压电源（GPC-3060D 型，台湾固纬电子实业有限公司生产）提供和调节。试验期间，电源设置为恒电流模式。为了去除电极表面可能产生的铁锈和水垢，定期手动切换电极极性，每隔一个星期将电极取出刷洗干净。假设铁阳极电解产铁的电流效率为 100%，则过滤器中电解产生的 Fe（II）质量浓度[$C_{\text{Fe(II)}}$，mg/L]是运行电流（I，A）和流量（Q，L/h）的函数：

$$C_{\text{Fe(II)}} = 3.6 \times 10^6 \frac{I}{Q} \left(\frac{M}{zF} \right) \tag{13-2-1}$$

式中：z 为 Fe 电解过程中转移的电子数；F 为法拉第常数，C/mol；M 是 Fe 的摩尔质量，g/mol。

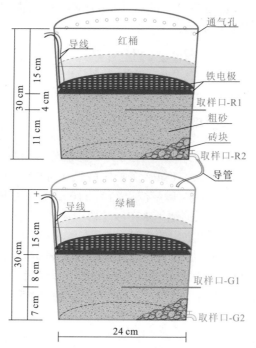

图 13-2-1　铁阳极电解供铁强化砂滤器装置结构示意图

砂滤装置放置于距离两个水井约 5 m 的居民住宅内，地下水通过过蠕动泵从 1 号管井中抽取至红桶中。在长效性试验中，为了尝试不同井水水质对处理效果的影响，在砂滤器产水量达到 220 L 时进水水源从 1 号管井切换至 2 号管井。砂滤器内的电流供应经历了三个阶段：在 0～400 L 时，红桶和绿桶内电极电流均为 0.6 A；在 400 L 之后关闭绿桶电极电源，红桶电极电流仍为 0.6 A，直至 875 L；在 845～

945 L 时，两桶电极的电源均关闭。

3. 电化学参数的选择

在开始铁阳极强化砂滤器除砷试验前，为了获取电化学参数，在现场进行了一系列批式铁阳极电絮凝实验。在一个 750 mL 容积的有机玻璃电解池中，以 4 cm 的间距放置有两块多孔碳钢钢板（S45C 型，尺寸 4 cm×5 cm）制成的电极。每次试验开始前，通过蠕动泵抽取 1 号管井中地下水 600 mL 至电解池中，注水过程在 2 min 内完成以防止 Fe（Ⅱ）过多氧化。电解池的盖板与电解池之间留有空隙，使电解池内保持有氧状态，使用磁力搅拌器进行搅拌。为了防止铁电极表面可能生成的钝化膜对实验结果的影响，每次实验开始前将电极浸泡在稀盐酸中 1~2 min，并用砂纸擦拭至光亮。电荷投加速率[dq/dt, C/（L·min）]在电解过程中与铁投加速率[$d[Fe]/dt$, g Fe/（min·L）]成比例（Li et al., 2012），被用来评估铁投加量对 As 去除效果的影响：

$$\frac{dq}{dt} = \frac{I}{V} = \frac{d[Fe]}{dt}\left(\frac{zF}{M}\right)$$

$\hspace{8cm}$ (13-2-2)

式中：q 为电荷投加量，C/L；V 为电解液体积，L。

13.2.2 传统砂滤除砷效果

作为对照，首先研究了无外加电流时的砂滤器除砷效果。如图13-2-2 所示，地下水中的 As（约 300 μg/L）在第一个桶中降低了 42%，在第二个桶中降低了另外的 16%。最后出水中总 As 质量浓度约为 110 μg/L，比 WHO 饮用水标准值（10 μg/L）高出 10 倍。无氧的地下水在砂滤器中被充氧，DO 值随着水流在各个取样口附近逐渐升高，直至出水中的 3.2 mg/L。在红桶中，地下水中 90%的 Fe（Ⅱ）被表层砂快速截留，这主要是由于砂砾对 Fe（Ⅱ）的表面吸附和催化氧化作用（Sharma, 2001）。Fe（Ⅱ）氧化后新生成的 Fe（Ⅲ） 沉淀物为 As 和其他元素（如 P 等）提供了吸附点位。但是，P 在 Fe（Ⅲ）沉淀物上的吸附能力比 As（Ⅴ）高 0.4 倍，比 As（Ⅲ）高 100 倍以上（Roberts et al., 2004）。有研究表明，对于与水铁矿类似的 Fe（Ⅲ）沉淀物来说，对含氧阴离子的最大吸附容量换成摩尔比值约为 0.25（Voegelin et al., 2014）。而在本试验场地的井水中，P/Fe 摩尔比为 0.21~0.33，因此在吸附的过程中可能会由 P 的竞争作用而导致没有足够的吸附位点来去除水中的 As。在越南红河地区做的现场调查表明，当地下水中 P 质量浓度为 1 mg/L 左右时，用砂滤器将 As 去除至 10 μg/L 以下需要水中的 Fe/As 质量比≥250（Berg et al., 2006）。本研究中井水 Fe/As 质量比为 14~29，因此水中 Fe（Ⅱ）不足是砂滤器除砷效果较差的主要原因，若要强化除砷效果必须外加 Fe（Ⅱ）。

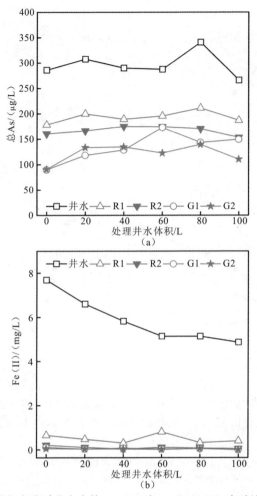

图 13-2-2　无外加电流时井水中的 As（a）和 Fe（II）（b）在砂滤器中的变化

试验期间流速控制在 12 L/h，出水 pH 为 7.31 ± 0.16

13.2.3　铁阳极强化砂滤除砷

电荷投加速率会显著影响反应器的处理负荷及停留时间，是一个在不同规模反应器中都通用的参数（Amrose et al., 2013）。为了获得最佳的电荷投加速率，我们首先进行了一系列批式电絮凝实验。在没有铁电极电解时，反应器中的井水在 60 min 的搅拌过程中约有 20% 的 As（III）发生了氧化[图 13-2-3（a）]，而溶液中 Fe（II）在 10 min 内被耗尽[图 13-2-3（b）]。这一结果与之前没有外加电流时的砂滤试验结果是相符的，大量的 As（III）没有被氧化导致处理效果偏低。当对反应器

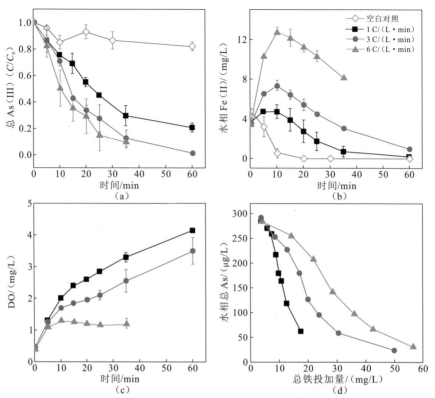

图 13-2-3　批式电絮凝实验中总 As（III）（a），溶解态 Fe（II）质量浓度（b）及 DO 值在铁阳极电解过程中的变化情况（c），和反应过程中溶解态总 As 与 Fe 投加量之间的关系（d）

（Xie et al.，2017）

地下水含有（286±3）μg/L As 且 73%～80%为 As（III）。空白指不放电极时地下水在空气中氧化的对照实验。在不同的电荷投加速率情况下，反应过程中溶液 pH 从 7.20±0.05 升高至 7.28±0.04 [6C/（L·min）]、7.44±0.06 [3C/（L·min）]、7.73±0.01 [1C/（L·min）] 和 8.01±0.11（空白）

施加以 1C/（L·min）的电荷投加速率时，As（III）的氧化效果大大提高，60 min 时的氧化率达到 80%左右。而增加电荷投加速率至 3 C/（L·min）时，As（III）的氧化进一步提升至接近 100%。但继续增加电荷投加速率至 6 C/（L·min）时提升效果不明显。另外，6 C/（L·min）的电荷投加速率导致溶液中 Fe（II）质量浓度过高（在 30 min 内一直在 8 mg/L 之上）。从图 13-2-3（c）可以看出，在高电荷投加速率 [6 C/（L·min）] 时空气中氧转移速率会成为一个限制因素，因为 Fe（II）产生过快会消耗大量的 O_2，导致 DO 不足限制反应。图 13-2-3（d）表明，在将溶液中总 As 降低至同一水平时所需要投加的 Fe（II）量随着电荷投加速率的增加而增加。

根据批式电絮凝实验结果，进而评价了铁阳极强化作用下的砂滤器除砷效果。在批式电絮凝实验中以 3C/（L·min）的电荷投加速率电解 60 min，可以使 As 质量浓度降低至 10 μg/L 以下，即除砷需要的电荷投加量为 180 C/L。而在砂滤过程中，当流速为 12 L/h 时要达到同样的电荷投加量需要的电流值为 0.6 A。而当 0.6 A 的电流施加到两桶中的电极上时，总 As 的去除得到了显著的提升[图 13-2-4（a）]。在 140 L 井水的处理过程中，红桶出水中的 As 质量浓度逐渐从 145 μg/L 降低至 11 μg/L，使得 As 的去除率从 33%提高至 95%。井水中剩余的 As 在流经绿桶时得到进一步的去除，并在处理了约 80 L 水后达到出水 As 质量浓度小于 10 μg/L 的稳定状态。井水本身含有的 Fe（II）和电解铁阳极产生的 52 mg/L Fe（II）也在砂滤器中得到了很好的去除，在 R2 取样口检测到的 Fe（II）质量浓度除了一个 10 mg/L 的高点外都＜2 mg/L[图 13-2-4（b）]。这个 Fe（II）质量浓度高点，可能因为红桶中 DO 在此时降低到较低的水平（图 13-2-9）。井水在进入绿桶时被重新曝气，使得剩余的 Fe 大多在表层被去除，而出水 Fe（II）质量浓度＜0.3 mg/L[图 13-2-4（b）]。

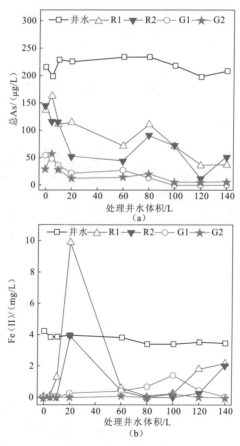

图 13-2-4　井水和砂滤器各取样点总 As（a）和 Fe（II）（b）随处理水量的变化情况（Xie et al., 2017）

两桶内电极施加的电流都是 0.6 A，流速 12 L/h，pH 为 7.33±0.24

13.2.4 连续运行效果

　　对铁阳极强化除砷进行了 30 d 的不连续运行，总共处理了约 945 L 井水。在处理的过程中，根据除砷效果对电流进行了三个阶段的调整。如图 13-2-5（a）所示，在第一个阶段（0～400 L），两桶电极上加载的电流都是 0.6 A。这一阶段中，绿桶的出水 As 质量浓度逐渐降低，直到处理了 100 L 之后降低至 10 μg/L 以下。在处理了 220 L 之后，虽然出水 As 质量浓度依然达标，但是绿桶对除砷的贡献不超过 11%。为此在产水量为 400 L 时切断绿桶的电流，进行第二阶段的试验，这一阶段共产水量 475 L（400～875 L）。虽然只有红桶的铁电极进行电解，但是砂滤器最终出水仍然没有明显变化，总砷质量浓度维持在 10 μg/L 以下。试验的最

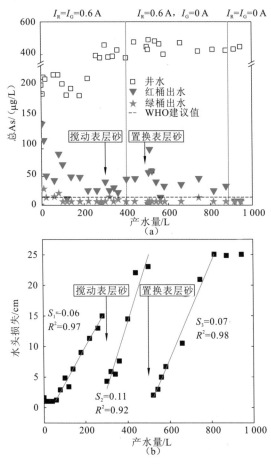

图 13-2-5　总产水量 945 L 的铁阳极强化砂滤器除砷试验中总 As 质量浓度（a）
和红桶内砂层水头损失（b）的变化（Xie et al., 2017）

后阶段（875～945 L），由于处理效果已经稳定，两桶上的电流都被切断。与之前无电流时的砂滤除砷效果相比，这一阶段砂滤器的除砷效果要高得多，出水 As 质量浓度都低于 10 μg/L。类似地，在 SONO 过滤器的长期运行过程中，也发现类似的效果变好的趋势（Hussam and Munir, 2007）。铁阳极电解过程中不断产生的 Fe（II）被吸附和氧化沉淀在砂子表面（图 13-2-6），形成新的 Fe（III）（氢）氧化物，为 As 提供了大量的吸附点位。

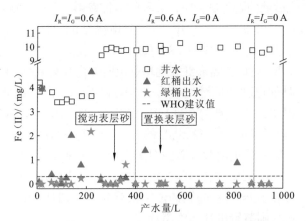

图 13-2-6　总产水量 945 L 的铁阳极强化砂滤器除砷试验中 Fe(II)质量浓度变化（Xie et al., 2017）

在试验期间，红桶内砂层的水头损失变化可反映出电解供铁过程中砂滤器的堵塞情况[图 13-2-5（b）]。在 0～280 L 的处理期间，红桶内砂层水头损失从 1 cm 上升至 15 cm，并且在砂层表面可以看到一层黄褐色的泥浆。在手动搅动了泥浆层之后继续试验，发现水头损失降低至 4.3 cm。但是，在后续的处理过程中，水头损失又开始线性上升至 23 cm。在产水量为 500 L 时出水流量已无法维持在 8 L/h，对红桶表层约 5 cm 厚度的砂层进行了更换，铺上刚刚清洗干净的同样厚度粗砂。在经过换砂之后，水头损失重新降低至 2 cm。此时红桶出水 As 质量浓度升高至 99.2 μg/L，后面又随着电解供铁的进行慢慢降低，但是绿桶出水 As 质量浓度没有明显变化，一直维持在 10 μg/L 以下。在继续处理了 375 L 后，水头损失又升高至最大值 25 cm。这一过程表明，要维持砂滤器的流速，需要周期性地对红桶表层砂进行更换或者清洗。事实上，大多数砂滤器都会采取定期更换或清洗表层砂的措施来对其进行维护，例如，在越南红河三角洲地区广泛使用的那些砂滤池及 SONO 过滤器（Hussam et al., 2007; Luzi et al., 2004）。而维护的频率则取决于进水 Fe（II）质量浓度的高低，本试验中铁阳极电解产生的高质量浓度 Fe（II）会加快这一过程。

砂滤器堵塞而导致的周期性更换表层砂，带来了含砷废渣的处置问题。毒性浸出程序是危险废弃物是否满足卫生填埋的要求而所需要测试的标准程序。As

的浸出质量浓度为 0.013 mg/L，远低于标准值 5 mg/L，分析结果中其他有毒元素的含量也低于检出限。这表明砂滤器更换下来的废渣可视为无毒害的废弃物进行卫生填埋。在农村没有填埋场地的情况下，含砷废渣的处置常要求置于接触空气的氧化环境中（Luzi et al., 2004）。

13.2.5　运行成本及维护比较

在铁阳极强化砂滤的野外试验中，装置的运行费用主要由电耗和铁电极材料的消耗组成。电耗取决于电极电流和电压。在运行电流为 0.6 A，且经常维护的情况下，电极间的电压绝大部分时间稳定在（4.8±0.5）V。若假定电压恒定在 4.8 V，砂滤器的滤速稳定在 12 L/h，则砂滤器在红绿桶均供电时的电耗为 0.48（kW·h）/m^3，在停止对绿桶供电时的电耗降低至一半为 0.24（kW·h）/m^3。因此在处理水量为 945 L 的现场试验中，总的电耗为 0.31 kW·h，平均电耗 0.33（kW·h）/m^3。在野外试验条件下，铁阳极理论产生 52 mg/L 的 Fe（II），则平均铁消耗量为 0.07 kg/m^3。由于当地有大量廉价的建筑用砂，砂滤器所需要的量很少，所以砂子的成本可忽略不计。按钢材 2 500 元/t，电价 0.47 元/（kW·h）计，则电解供铁强化砂滤器的总运行成本为 0.33 元/m^3（按现在的汇率换算为美元则是 0.05 \$/m^3）。若采用间断电解供铁的方式，则装置电耗和铁消耗将进一步降低。

作为比较，Amrose 等（2014）在印度西孟加拉地区使用的一个电絮凝除砷装置（ECAR），电能消耗为 2.31（kW·h）/m^3，铁电极消耗 0.22 kg/m^3，另外其试验中铁絮凝物通过混凝沉淀的方式去除，混凝剂铝盐的消耗为 6~15 g/m^3。其装置总运行成本为 0.44 \$/m^3，可以发现 ECAR 的运行成本远高于本试验所使用的铁阳极强化砂滤器。而在孟加拉等国广泛使用的 SONO 过滤器 5 年的投资加运行总成本为 35~40 \$，处理水量约 200 t，则其平均总成本为 0.2 \$/m^3 左右（Hussam et al., 2007）。铁阳极强化砂滤器需要周期性地维护电极，例如，切换电极正负极，表层砂需要定期更换以保持流速。ECAR 同样需要对电极定期维护，虽然没有砂层堵塞的问题，但需要投加铝盐混凝剂、搅拌及排出污泥。SONO 过滤器也会存在堵塞的问题，一方面是表层砂需要定期清洗或更换，另一方面过滤器的反应核心——由铁屑制成的铁基复合体长时间使用后会结块导致流速降低。

通过与其他类似除砷方法的比较，可以认为铁阳极强化的砂滤器的运行成本及维护复杂程度是可以接受的。另外，由于铁阳极装置简单，可以方便地将装置扩大到社区使用的规模，并且可以安装在只有曝气砂滤工艺的村镇地下水水厂里，以强化其对 As 的去除。

13.3　电化学诱导二价铁氧化沉淀除砷机理

在电絮凝和铁阳极强化砂率等抽出处理方式中，都不可避免地会产生含砷废渣，存在对环境造成二次污染的风险。鉴于高砷地下水中通常伴随存在着浓度可观的游离态 Fe（II），因而可以考虑通过人为手段向地下水中提供 O_2 以诱导 Fe（II）的非生物氧化过程来实现对高砷地下水的原位修复。一方面，Fe（II）非生物氧化过程中形成的活性氧化物种可以将 As（III）氧化成 As（V）；另一方面，游离态 Fe（II）氧化后形成的三价铁（氢）氧化物沉淀可以将 As 从水溶液中吸附去除，反应生成的含砷三价铁氧化物最终沉淀在地下，从而避免了异位修复中含危险废物处置困难和二次污染风险大的难题。向地下水中提供 O_2 以诱导 Fe（II）非生物氧化过程这种高砷地下水修复理念已被多位研究者提出并证实。譬如，1998 年 Nickson 等发表在 Nature 上的一篇文章提出，向孟加拉国地下水提供 O_2 促进 Fe（II）与 As（III）氧化沉淀可作为一种当地砷污染地下水的原位修复手段；Appelo 等（2003）通过向含水层中注入富氧水的方法，将地下水中 As 的质量浓度从 40 μg/L 降低到 10 μg/L（WHO 标准）以下；在孟加拉国的一个试点，采用同样的方法可以使 500～1 300 μg/L As 去除 50% 以上（Sarkar and Rahman., 2001）；当地下水中 Fe（II）质量浓度不足时，研究者通过同时向水中加入富氧水和 Fe（II）盐的办法使 As 质量浓度从 100 μg/L 降低到了 WHO 标准以下（Miller and Mansuy, 2004; Welch et al., 2000）。

然而，通过化学试剂注入的方式很难调控合适的 O_2/Fe（II）比，Fe（II）量过少不能实现完全修复，而 Fe（II）量过多又会产生过多的沉淀物堵塞含水层，O_2/Fe（II）比过低会使多余的 Fe（II）与 As（III）竞争活性物种，导致 As（III）氧化效率降低。因此，针对此问题，提出通过电化学技术向地下水中提供 O_2 诱导 Fe（II）氧化沉淀，以原位修复高砷地下水的技术思路。如图 13-3-1 所示，围绕取水井周围构建环形电极井，通过井中的三电极体系电解定量控制 O_2/Fe（II）比，形成围绕取水井的一个环形氧化带，使流经氧化带的地下水中的砷得到去除，从而保证取水井得到干净的水。

本节先通过室内静态体系对该思路的可行性进行验证，考察双阳极电流比对 Fe 形态和物相转化及对 As（III）氧化去除效率的影响。在静态试验中，为了模拟地下还原环境，体系初始处于无氧状态。通过铁阳极定量释放 Fe（II），通过惰性阳极定量产生 O_2，从而获得不同 O_2/Fe（II）比下砷的去除规律。进而通过室内柱试验，模拟多孔介质中电化学调控 O_2/Fe（II）对 As（III）氧化去除的影响，并探究共存组分的影响。本节内容主要源自博士论文（童曼，2015），部分内容已发表（Tong et al., 2016, 2014）。

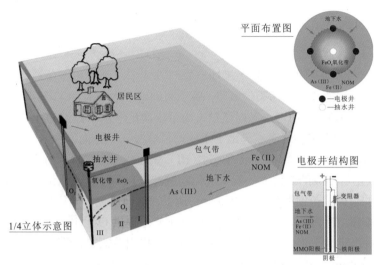

图 13-3-1 电化学调控 Fe（II）-O$_2$ 反应原位修复高砷地下水概念模型

13.3.1 试验过程

1. 静态体系

静态试验体系采用双阳极电解体系。三个电极均匀分布于丙烯酸树脂装置（1 L）中，其中一个 Fe 阳极（型号 S45C，武汉钢铁厂）用于产生 Fe（II），一个 MMO 阳极（铱钽涂层钛电极网，陕西开达化工有限责任公司）用于产生 O$_2$，另外一个 MMO 阴极用于产生 OH$^-$。电极尺寸为长 58 mm，宽 50 mm，厚 1.7 mm。铁阳极上均匀分布 16 个直径为 4.1 mm 的孔。阴极置于两个阳极中间，相邻电极之间的间距为 40 mm。实验所用地下水为模拟孟加拉国地下水（Roberts et al.，2004；Kinniburgh and Smedley，2001），其组成为 6.67 μmol/L（500 μg/L）As（III）、8.2 mmol/L NaHCO$_3$、2.5 mmol/L CaCl$_2$、1.6 mmol/L MgCl$_2$、0.025 mmol/L NaH$_2$PO$_4$ 和 0.246 mmol/L Na$_2$SiO$_3$，模拟地下水通过向高纯水中溶解相应的试剂配制而成，其初始 pH 为 8。反应开始前，先将 750 mL 的模拟孟加拉国地下水转移到装置中，向溶液中及顶空位置通入高纯氮气使其中的溶解氧质量浓度降低到 1 mg/L 以下后，立即密封装置然后在磁力搅拌器上以 300 r/min 的转速开始反应。电极上的电流通过直流电源提供，向铁阳极上施加 30 mA 的恒定电流，向 MMO 阳极上施加一系列不同的电流（0 mA、5 mA、10 mA、15 mA、30 mA、45 mA、60 mA），从而得到不同的 Fe（II）与 O$_2$ 产出速率比。

作为效果对照，对传统电絮凝体系和化学试剂注入体系的除 As 效果也进行了评价。传统电絮凝体系中只用一个铁阳极和一个 MMO 阴极，电流为 30 mA，在好氧环境和厌氧环境中各做一组，其中好氧实验在敞口体系中实施，厌氧实验在通氮除氧密封装置中实施。化学试剂注入体系不使用任何电极，Fe（II）的提供通过向模拟孟加拉国地下水中加入 0.73 mmol/L Fe^{2+}（铁阳极 30 mA 电流下的最大产铁量）来得到，O$_2$ 的提供通过在敞口体系中实施得到。

2. 动态柱试验

动态过柱试验在内径为 50 mm、长度为 320 mm 的小柱中进行。两片 MMO 电极和一片 Fe 电极排放在柱子中，相邻电极之间的距离为 59 mm。柱子中的剩余空间全部填充粒径为 0.41 mm 的石英砂，砂柱的总体积和孔隙水体积分别为 628 mL 和 251 mL。模拟孟加拉国地下水通过恒流泵从砂柱底端进入，并从砂柱顶端流出。利用直流电源提供总电流，利用变阻器调节两个阳极间的电流分配。为了保证动态过柱体系在厌氧环境中运行，首先将模拟地下水转移至 2.5 L 的细口玻璃罐中，向水溶液中通入高纯氮使其中 DO 质量浓度降低到 1 mg/L 以下后，将玻璃罐出口与充满 N$_2$ 的密封气体采样袋（2 L）相连，整个体系与外界空气隔绝。在通电反应前，先用 2 倍孔隙水体积（500 mL）的模拟地下水冲洗砂柱，反应开始后，每个采样时间点从 6 个采样孔各取 2 mL 样品测量 pH 及 As（III）、As（V）、Fe（II）和总 Fe 质量浓度。

13.3.2　双阳极静态体系除砷效果

图 13-3-2（a）所示为双阳极除砷体系中 As 的形态转化和在水相和固相中的分配情况。当向 Fe 阳极和 MMO 阳极上各施加 30 mA 电流时，模拟孟加拉国地下水中 6.67 μmol/L 的 As（III）在 30 min 内被全部氧化和去除，达到了很高的除砷效率。水相中的 As（V）在前 5 min 逐渐上升到 29.5%，随后降低至 0%，而固相中的 As（V）在 30 min 内持续上升至 100%。为了更好地比较电絮凝体系与双阳极体系的除砷效果，分别考察了电絮凝体系在有氧和无氧环境中对 As（III）的氧化和去除效果。在有氧电絮凝体系中，As（III）在 5 min 内被全部氧化，总 As 在 30 min 内被全部从水溶液中去除[图 13-3-2（b）]。有氧电絮凝体系中 As（III）的氧化速率要高于双阳极体系中向 MMO 阳极施加 30 mA 电流时的氧化速率，这是因为在敞口体系中 O$_2$ 的供给量要高于向 MMO 阳极施加 30 mA 电流时的 O$_2$ 供给量。然而，当电絮凝体系在密封除氧的厌氧环境中运行时，其对 As（III）的氧化和去除速率都大大降低，且明显低于双阳极体系[图 13-3-2（c）]。由此可见，向厌氧环境中提供 O$_2$ 是促进地下水中 As（III）氧化和去除的必要条件。

　　另外，也对比了传统的化学试剂注入体系的除砷效果。在该体系中，Fe(II)的供应方式由电解改为向体系中一次性投加 0.75 mmol/L Fe^{2+}（该值是 Fe 阳极上电流为 30 mA 时的最大产铁量），O$_2$ 通过敞口搅拌的方式供给。虽然该体系的总 As 去除速率与双阳极体系大致相同[图 13-3-2（d）]，但是对 As(III) 的氧化速率却明显低于双阳极体系[图 13-3-2（d）]，这是因为在反应初始阶段一次性投加的过量的 Fe^{2+} 与 As(III) 竞争了活性物种而造成 As(III) 氧化速率变慢。因此，控制合适的[DO]/[Fe(II)]比对于提高反应效率也具有重要作用。综上所述，在无氧的地下水环境中，提供足量的 O$_2$ 和合适的[DO]/[Fe(II)]比对于 As(III) 的氧化去除至关重要，而双阳极体系可以作为一种原位技术向厌氧的地下水中提供适量的 O$_2$ 和 Fe^{2+}，具有高效原位修复高砷地下水的可行性。

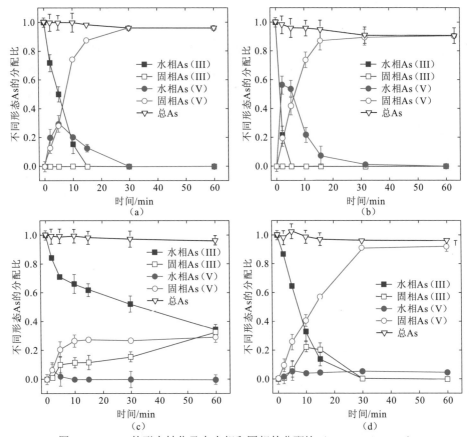

图 13-3-2　As 的形态转化及在水相和固相的分配比（Tong et al., 2014）

（a）双阳极体系；（b）好氧电絮凝体系；（c）厌氧电絮凝体系；（d）化学试剂注入体系

13.3.3　双阳极电流分配比对 Fe 和 As 去除的影响规律

1. Fe 氧化沉淀

由于 As（III）的氧化和总 As 的去除都与 Fe 的形态转化密切相关（Li et al.，2012; Lakshmanan et al., 2010; Hug and Leupin, 2003），而 Fe 形态转化由阳极供应的 Fe（II）和 O_2 的比例决定，因此评价双阳极体系中两个阳极上的电流分配比对 Fe 形态转化的影响十分必要。通过固定 Fe 阳极上的电流并改变 MMO 阳极上的电流来改变两个阳极上的电流分配比。根据法拉第定律，当 MMO 阳极上的电流分别为 5 mA、10 mA、15 mA、30 mA、45 mA、60 mA 时，O_2 的产生速率分别为 1.04 mmol/（L·min）、2.08 mmol/（L·min）、3.12 mmol/（L·min）、6.24 mmol/（L·min）、9.36 mmol/（L·min）、12.48 mmol/（L·min）。由于 Fe 阳极上的电流固定为 30 mA 时 Fe（II）的产生速率为 12.4 mmol/（L·min），所以通过调节两个阳极上的电流比可以得到不同的 O_2/Fe（II）产生速率比。不同电流分配比下 Fe（II）和 Fe（III）在体系中的累积都符合伪零级动力学方程（图 13-3-3），当 MMO 阳极上的电流（I_{MMO}）从 0 上升到 60 mA 时，Fe（II）累积的零级动力学常数 $[k_{0,Fe（II）}]$ 从 11.39 mmol/（L·min）下降到 3.19 mmol/（L·min），而 Fe（III）累积的零级动力学常数 $[k_{0,Fe（III）}]$ 从 4.03 mmol/（L·min）上升到 9.25 mmol/（L·min）。有趣的是，图 13-3-3（c）显示 $k_{0,Fe（II）}$ 与 I_{MMO} 分段负相关，而 $k_{0,Fe（III）}$ 与 I_{MMO} 分段正相关，$k_{0,Fe（II）}$ 和 $k_{0,Fe（III）}$ 与 I_{MMO} 之间的相关性（$R^2 > 0.985$）说明，可以通过调节 MMO 阳极上的电流定量调控 Fe（II）向 Fe（III）的转化。

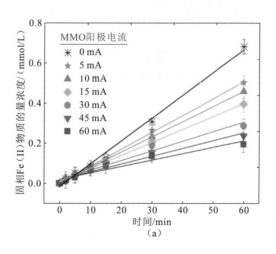

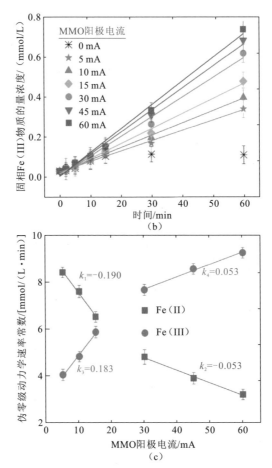

图 13-3-3　阳极电流分配比对固相 Fe（II）（a）和固相 Fe（III）（b）在体系中累积的影响，Fe（II）和 Fe（III）累积的伪零级动力学速率常数与 MMO 阳极上电流的相关性分析（c）（Tong et al., 2014）

2. As 氧化和去除

如图 13-3-4（a）所示，不同 I_{MMO} 条件下 As（III）的氧化均符合伪一级动力学（Fe 阳极上电流固定为 30 mA）。当 I_{MMO} 从 5 mA 上升到 60 mA 时，As（III）氧化的伪一级反应速率常数从 0.083 min^{-1} 上升到 0.273 min^{-1}，且与 I_{MMO} 呈现出很好的正相关性[图 13-3-4（b）]。通过对不同电流分配比下 As（III）氧化量与 Fe（II）氧化量进行相关性分析发现，双阳极体系中 As（III）/Fe（II）的反应计量比在 1∶30～1∶11。图 13-3-4（c）表明 As（III）的去除速率也随着 I_{MMO} 的增加而增大。当 I_{MMO} 从 5 mA 上升到 60 mA 时，As（III）去除的伪一级反应速率常数从 0.046 min^{-1} 上升到 0.120 min^{-1}，且也与 I_{MMO} 呈现出很好的正相关性［图 13-3-4（b）］。As（III）去除速率随 I_{MMO} 的增加而加快的原因主要有两方面：①MMO 阳极电流的增加加快了 As（III）向 As（V）的转化。在 pH 为 4～10 的范围内，As（V）以带负电的砷酸盐的形态存在，而 As（III）以电中性的亚砷酸形式存在，因此，As（V）比 As（III）更容易吸附在带正电的铁沉淀物上（Wan et al., 2011; Amstaetter et al., 2010; Parga et al., 2005; Balasubramanian and Madhavan, 2001），这与图 13-3-4（b）所示的在相同条件下 As（V）的去除速率总是高于 As（III）这一现象相吻合。因此，I_{MMO} 增大时 As（III）氧化速度的加快同时加速了 As 的去除。②I_{MMO} 的增加也加快了

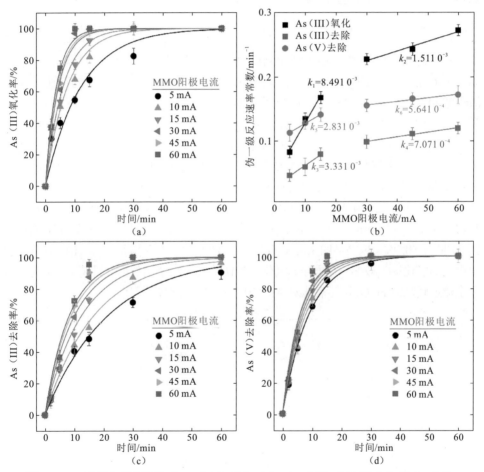

图 13-3-4　阳极电流分配比对 As（III）氧化（a），As（III）去除率（c）和 As（V）去除率（d）的影响，As（III）氧化、As（III）去除率和 As（V）去除率的伪一级动力学速率常数与 MMO 阳极上电流的相关性分析（b）（Tong et al., 2014）

Fe（II）向 Fe（III）的转化。据相关研究表明，Fe（III）矿物对 As 的吸附能力要远高于 Fe（II）矿物（Lakshmanan et al., 2010），且无定型铁矿物对 As 的吸附能力也高于晶型好的铁矿物（Bone et al., 2006）。如图 13-3-4（d）所示，As（V）去除速率也随着 I_{MMO} 增加而增大，这一现象证明，通过增加 MMO 阳极产氧量促进 Fe（II）矿物向 Fe（III）矿物转化确实可以加速 As 的去除速率。以上研究中所得到的 As（III）氧化和去除与 I_{MMO} 之间良好的相关性说明，在双阳极体系中 As（III）氧化和去除的速率是可以通过调节阳极上的电流比来定量调控的。

13.3.4　双阳极柱试验除砷

1. 地下水流速的影响

在动态双阳极柱中，采用 MMO 阳极‖MMO 阴极‖Fe 阳极的电极配置方式，地下水流速对 As（III）氧化和去除效果的影响如图 13-3-5 所示。不同流速下柱子沿程的 pH 变化相差不大。当流速分别为 2 mL/min、4 mL/min、6 mL/min、8 mL/min 时，As（III）在 MMO 阳极上的氧化率分别为 100%、62.2%、39.1%、12.9%。流速升高使 As（III）在 MMO 阳极上的停留时间变短，因此导致 As（III）在 MMO 阳极上的氧化率降低。除被 MMO 阳极氧化外，As（III）还会在通过 Fe 阳极后被 Fe-O$_2$ 反应过程中生成的活性物种[·OH 或 Fe（IV）]氧化（Bhandari et al., 2012; Pang et al., 2010; Hug and Leupin, 2003）。当地下水流速分别为 2 mL/min、4 mL/min、6 mL/min、8 mL/min 时，As（III）被 Fe-O$_2$ 诱导氧化的氧化率分别为 0、37.8%、50.9%、39.1%[图 13-3-6（c）]。如图 13-3-6（c）所示，As（III）在 MMO 阳极上的氧化率与被 Fe-O$_2$ 诱导的氧化率的比值随着流速增加而线性降低，说明当地下水流速较高时 Fe-O$_2$ 诱导氧化对 As（III）氧化具有重要作用。

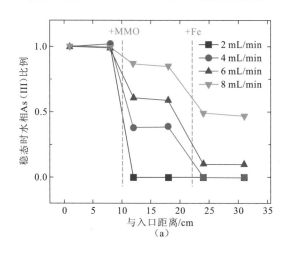

（a）

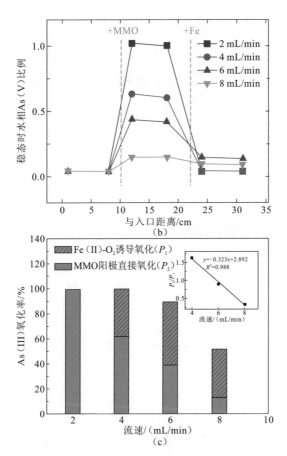

图 13-3-5 流速对稳定运行状态下处理效果的影响（Tong et al., 2016）

（a）水相 As（III）；（b）水相 As（V）；（c）As（III）被 Fe-O₂ 诱导氧化和被 MMO 阳极直接氧化的比例

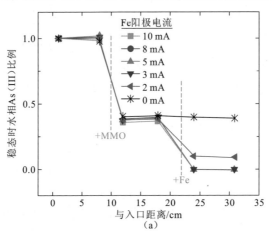

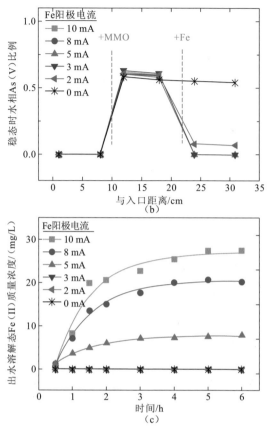

图 13-3-6 Fe 阳极电流对水相 As（III）（a），水相 As（V）（b），
出水中溶解态 Fe（II）质量浓度（c）的影响（Tong et al., 2016）

2. 铁阳极电流的影响

在含铁双阳极柱试验体系中，Fe（II）的产生量不仅影响 As（III）的氧化和去除，同时也影响出水水质。因此，很有必要探究清楚 Fe 阳极电流与体系处理效果的关系。在本小节里，将动态柱中的 MMO 阳极电流固定为 10 mA，调节 Fe 阳极电流在 0～10 mA 变化（工作电压为 15～20 V），将模拟地下水流速设定为 4 mL/min。如图 13-3-6 所示，在固定流速下，As（III）在 MMO 阳极上的氧化率与 Fe 阳极电流无关，始终为 60% 左右，所以后续只讨论由 Fe-O₂ 反应引起的 As（III）氧化和去除。当 Fe 阳极上的电流大于 3 mA 时，模拟地下水在通过 Fe 阳极后其中的 As（III）能被全部氧化为 As（V），且总 As 的吸附率也能达到 100%；当 Fe 阳极上的电流降到 2 mA 时，只有 73.7% 的剩余 As（III）被氧化，82.9% 的总 As 被去除；

当 Fe 阳极不通电时，经过 Fe 阳极后 As（III）无法被氧化和去除。

根据总 As 去除率和 Fe/As 质量浓度比分别与电流之间的定量关系，可以估算出在双阳极体系中最优的 Fe/As 质量浓度比为 24∶1。据其他研究者报道，在其他基于 Fe 的除砷体系如化学絮凝、电絮凝和吸附体系中，要达到完全的除砷效果，Fe/As 质量浓度比一般也要大于 10（Lakshmananet al., 2010; Sheffer et al., 2010）。因此，在双阳极动态体系中，当 MMO 阳极电流为 10 mA 时，最优的 Fe 阳极电流为 2.8 mA，12 mg/L 的 Fe（II）就足以修复含 500 μg/L As（III）的模拟地下水。增大 Fe 阳极上的电流对 Fe 阳极附近 pH 的影响很小，但是会使出水中溶解态 Fe（II）的质量浓度显著上升[图 13-3-6（c）]。Fe 阳极电流为 2 mA 和 3 mA 时出水中几乎检测不到溶解态 Fe（II），而当 Fe 阳极电流为 5 mA、8 mA 和 10 mA 时，出水溶解态 Fe（II）的质量浓度分别增加到 8.0 mg/L、20.3 mg/L 和 27.6 mg/L。这说明当 Fe 阳极电流大于 3 mA 时，其产生的 Fe（II）无法通过氧化沉淀反应被完全消耗。

13.3.5　动态柱试验连续运行效果

为了评价双阳极体系的长效性，考察了柱子连续运行 10 d 过程中 As（III）的氧化去除率及出水水质情况。如图 13-3-7 所示，随着时间的推移，As（III）的氧化和去除率始终维持在稳定水平。约 60% 的 As（III）在 MMO 阳极上被氧化成 As（V），剩余的 As（III）在通过 Fe 阳极后被全部氧化，而出水中的 As 质量浓度始终低于检出限，表现出很好的除砷效果。出水 pH 始终在 7.5 左右波动，出水中的溶解态 Fe（II）质量浓度在前 2 d 时低于检出限，然后逐渐升高，但在 10 d 后其质量浓度仍低于 0.32 mg/L。XRD 图谱显示，运行 10 d 后柱子中的铁沉淀物为无定形矿物。综上所述，双阳极体系可以在实验室环境中稳定运行较长时间。

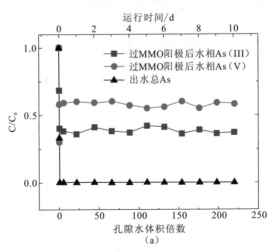

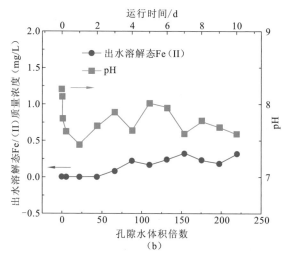

图 13-3-7　柱子连续运行 10 d 过程中 As（III）的氧化和去除效果（a）及出水水质情况（b）

　　由于 MMO 电极已经被成功应用于场地修复并被证明可以稳定运行数十年（Sale et al., 2005），因此，双阳极体系在实际场地修复中的长效性主要取决于 Fe 阳极的使用寿命和生成的沉淀物对含水层的堵塞情况。根据法拉第定律，Fe 阳极在 3 mA 电流下运行 1 h 消耗的 Fe 质量为 3.13 mg，本小节中使用的 Fe 阳极质量为 10 g，因此其使用寿命为 133 d。鉴于高砷地下水中通常伴随存在着较高浓度的 Fe（II）（高达数十个 ppm），Fe 阳极上的电流可以根据地下水中的本底 Fe（II）浓度适当降低，因此 Fe 阳极的实际使用寿命应该更长。双阳极体系中生成的铁沉淀物使含水层孔隙率减小是另一个可能问题。假设生成的铁沉淀物全部为 $Fe(OH)_3$，10 g Fe 阳极完全消耗后生成的 $Fe(OH)_3$ 体积的估算值为 5.6 ml，由于 Fe 阳极上游部分的孔隙体积为 82 mL，所以 Fe 阳极完全消耗后会使孔隙体积减少 6.8%。实际上，地下水中 Fe^{2+} 氧化沉淀造成的含水层堵塞程度已经被评估过。在欧洲一个利用曝气促进 Fe（II）氧化沉淀以去除含水层中溶解态 Fe（II）的场地修复项目中，在长达 12 年的运行时间里，超过 100 000 mol 的溶解态 Fe^{2+} 被氧化沉淀下来，却并没有观察到明显的含水层堵塞现象（Van Halem et al., 2011）。这是因为，虽然生成的铁沉淀物最初以体积较大的絮凝物的形式存在，但是随着时间推移，它会逐渐脱水陈化形成更加稳定且体积大大减小的矿物晶体如针铁矿，从而降低堵塞含水层的风险（Van Halem et al., 2011）。

　　本节针对含铁双阳极调控 Fe（II）-O_2 反应原位除砷的技术思路，在室内分别进行了静态批式试验和动态柱试验的研究。静态批式试验中获得了电化学定量调控 Fe、As 氧化和去除的规律，动态柱试验中进一步探究了电化学产生和共存有机质的影响，并在 10 d 的连续动态柱试验中获得了稳定高效的砷氧化和去除效果。室内模拟试验结果证明，通过含铁双阳极体系可以有效地调控 $Fe(II)$-O_2 的反应速率，从而控制 $As(III)$ 的氧化和去除。然而，由于室内条件与野外原位赋存条件仍存在很大差异，技术思路的应用可行性尚需通过原位试验来进一步评价。

13.4　电化学原位除砷试验

原位注入含氧水是起源于欧洲而在全世界广泛使用的地下水除铁锰技术，后来研究人员发现这个过程中也伴随着地下水 As 浓度的降低，因此也被提出来用于地下水除砷（Van Halem et al., 2010; Gupta et al., 2009; Van Halem et al., 2009; Krüger et al., 2008; Rott and Kauffmann, 2008; Hallberg and Martinell, 1976）。该方法一般需要周期性地向含水层注入含氧水，然后再抽出地下水。在注入含氧水的过程中吸附在含水层矿物表面的 $Fe(II)$ 和 $As(III)$ 被氧化，生成 $Fe(III)$ 沉淀物并提供新的吸附点位，在抽水的过程中含有 $Fe(II)$ 和 As 的地下水经过新生成的 $Fe(III)$ 区时被吸附去除，当其吸附逐渐饱和且抽出水中 Fe 和 As 浓度超过预定值时，进行第二次循环。在多次循环后，$Fe(III)$ 沉淀物逐渐累积增多形成所谓的"氧化带"，使得抽出的地下水体积远超过注水体积。这个方法可以通过单井、双井或多井的方式实施，目前文献中报道的野外中试验研究还比较少。Appelo 和 De Vet（2003）在荷兰 Schuwacht 水厂进行了一次 7 个周期的注水抽水试验，单次最大注水量 1 440 m^3，出水 As 质量浓度在抽水初期升高至 14 μg/L 后慢慢降低，但周期的增加并没有带来除砷效果的明显提升。Rott 和 Kauffmann（2008）在印度西孟加拉邦地区曾进行了一个单井的原位曝氧含水层除砷试验，单次最大注水量 6 m^3，在为期 19 个月左右的试验过程中，抽出水中的 As 质量浓度在 1～500 μg/L 波动，直到 16 个月之后才得到比较稳定的 As 达标出水。Van Halem 等（2010）搭建了一个连接管井的原位地下含水层除砷装置，单次最大注水量 1 m^3，同样发现除砷效果并没有随着抽注水循环次数的增加而增加。可以发现，这些抽注水试验都存在着初期 As 质量浓度超过 WHO 规定的 10 ug/L 限制值，且处理效果不稳定的问题。

含氧水中 DO 质量浓度有限（25 ℃时为 8 mg/L 左右），且抽水过程中含水层没有氧气供应。仅靠含水层的吸附作用对地下水 As 进行去除，在地下水存在高浓度 $As(III)$ 且含有 P 和 Si 等竞争性阴离子时，去除效果会被大大降低。原位向含水层注入空气或氧气也是一种原位除砷的选择，但是目前文献中只有极少量报道。Brunsting 和 McBean（2014）室内砂槽试验结果表明，原位曝气对 As 的处理效果有限，最高只达到 79%。Mille 和 Mansuy（2006）进行了两个场地试验，通过在抽水井附近交替注入空气和 Fe（II），在一个试验场地中实现了出水 As 质量浓度< 10 μg/L 的处理目标，但在另一个场地试验中出水 As 质量浓度却维持在未处理前的水平。

本节在前面室内研究的基础上，根据江汉平原高砷地下水中 Fe（II）质量浓度较高的特征，采用含水层原位电解产氧的方法来诱导含水层中水相和固相 Fe（II）的氧化沉淀，在抽水井周围形成 As 的氧化过滤带，使得抽出地下水中 As 质量浓度降低或达到饮用水标准。首先通过地面曝氧的注水抽水试验，对含水层需氧量和原位除铁除砷的可行性进行初步探究，然后通过原位电解产氧的方法研究氧气在含水层中运移时对含水层水质水位等性质的影响，根据试验结果对方法的有效性和存在的问题进行分析。本节内容主要源自博士论文（谢世伟，2016），部分内容已发表（Yuan et al., 2018）。

13.4.1　野外试验过程

1. 试验场地搭建

试验场地与 13.2 节部分相同。2015 年 5 月我们在试验场地钻取并安装了 11 口管井，井群分布图如图 13-4-1 所示。以抽水井 W1 为中心，在半径 1m 的圆周

图 13-4-1　研究现场井群分布图

E1～E6 为电极井，W1 为产水井，管径都是 5 cm，M3 为直径 2.5 cm 的监测井

上均匀分布 6 口电极井 E1~E6，监测井 M3 距离抽水井 2 m。所有管井深度为 22.6~23.3 m，井间间距 1 m。除 M3 井外直径均为 5 cm，M3 直径 2.5 cm。每口井的井管都在底部设置有 2.4 m 长的过滤带，穿孔孔径 2 cm，外包裹双层纱网。井壁外以未筛分的黄沙作为填充层。管井安装完毕后立即洗井 30 min，并放置 1 个月之后开始试验。根据前期监测结果，各水井水质参数如表 13-4-1 所示。其中 W1 井水 Fe 和 As 为 2015 年 6~9 月近 25 次及 2016 年 4 月 1 次的检测均值，其他井为 2016 年 4 月的 1 次检测结果。可见地下水铁和砷含量严重超标，As 主要以 As（III）形式存在，有较高质量浓度的 P 和 Si，这些都增加了地下水除砷的难度。

表 13-4-1　原位试验开始前各井水主要参数一览表

参数	W1	M3	E1	E2	E3	E4	E5	E6
深度 / m	23.3	23.0	22.6	23.0	23.0	22.7	23.0	23.0
DO/（mg/L）	0	0	0	0	0	0	0	0
pH	7.34	7.20	7.14	7.33	7.18	7.38	7.51	7.28
EC/（μS/cm）	912	896	899	867	885	871	892	875
P/（mg/L）	1.19	1.58	1.07	1.18	1.08	1.43	1.17	1.24
As（III）/（μg/L）	407	—	443	313	278	423	292	283
As /（μg/L）	435	328	521	417	431	605	423	468
Fe（II）/（mg/L）	9.8	10.4	6.9	10.8	14.3	10.6	11.3	9.9
Mn/（mg/L）	3.75	1.26	3.60	3.25	2.40	3.55	1.75	3.25

2. 单井循环抽注水试验

为了与原位电解供氧含水层除砷做对照，并初步探索含水层除砷的可行性，首先在 W1 井中进行了地面曝氧的抽注水试验。试验时间为 2016 年 4 月。试验装置由充气水池（1.68 m³）、额定流量约 1.4 m³/h 的离心泵、家用水表、自制喷头、蠕动泵等组成。初始时在充气水池中装有约 1.34 m³ 的自来水，取样检测后用离心泵注入 W1 井，让含氧水在地下含水层中反应约 2 h 后抽出并曝气，抽出的水存储于水池中。抽水体积约 1.35 m³，抽水过程中定期用蠕动泵从井中取样监测 DO、pH 及 Fe 和 As。曝气完毕后将池水注入 W1 井，注入完成后静置约 5 h 开始抽水至水池，抽水体积控制在 1.34 m³ 左右。如此循环 5 次后，发现池水 DO 偏低（约 3 mg/L），于是在抽水结束后用水泵循环曝气 1 h 以提高水池 DO 值。以注水—静置—抽水—循环曝气—注水的方式继续进行 4 次，静置时间至少 2 h，抽注水体积均在 1.34 m³ 左右。在第 10 次将池水注入含水层后，增加抽水体积，观察除铁除砷效果，最先抽出的 1.34 m³ 地下水仍存储于水池中，多余的排至水沟，总抽水体积 3.9 m³。在第 10 次抽水结束后，仍对池水循环曝气 1 h，并第 11 次向 W1 井中注水。第二天开始连续抽水 13.5 m³，定期取样监测各指标。

3. 含水层原位电解供氧除砷试验

单井注水抽水试验结束 1 个月之后，开始进行含水层原位电解供氧的除砷试验。现场搭建的试验装置示意图如图 13-4-2 所示。每口电极井中放有 2 条 3 cm× 100 cm 的 MMO 电极作正负极，电极间距为 8 mm。通过 24 V 直流电源供电，并安装电流电压表头进行监测。电解过程中阴极表面会附着水垢使电阻增大，因此每当电流降低到 3 A 左右时切换电极的正负极，以保持电极活性。为了促进地下水和 O_2 在含水层中的运移，将 W1 井抽出的地下水回灌至 E1～E6 井中。

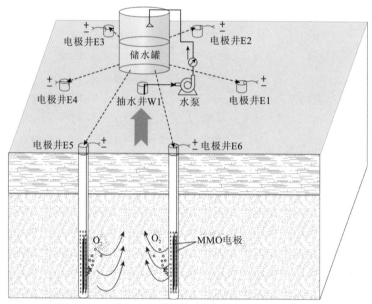

图 13-4-2 原位电解供氧含水层除砷试验装置示意图

电解开始时间为 2016 年 5 月 30 日，电解和抽水过程连续进行 48 h 后 E6 井水溢出（此时 W1 井抽水量为 45.7 m³），停止电解和抽水。安装流量为 2 m³/h 的水泵对堵塞的电极井进行回抽，回抽时间约 10 min，回抽之后堵塞问题得到缓解。继续运行一段时间后又会出现电极井堵塞溢水的现象，且频率逐渐加快。为了应对堵塞问题，为 6 口电极井都安装回抽水泵，并联机运行，一旦某口井出现溢水，则开启 6 台回抽水泵回抽 5～10 min。根据运行过程中的出水水质和电极井堵塞情况，对装置的运行程序进行了尝试性的调整。第一阶段采用的是电解供氧并回灌，时间是 2016 年 5 月 30 日～6 月 15 日；由于堵塞太频繁，第二阶段采用的是电解供氧但无回灌，时间是 2016 年 6 月 26～29 日，但该段处理效果较差；第三阶段采用的是电解供氧并回灌，时间是 2016 年 6 月 30 日～7 月 2 日，此时电极井堵塞十分严重，无法连续回灌；第四阶段采用的是电解供氧但无回灌，时间是 7 月 12～21 日。

13.4.2　单井循环注入含氧水原位除砷

1. 循环过程中 As 的释放和吸附

在 W1 井中进行的 11 次抽注水试验，经过一次循环之后池水澄清，Fe 质量浓度降低至检出限 0.03 mg/L 以下，表明含水层对 Fe 沉淀物的过滤效果明显。但是 As 和 P 质量浓度显著升高，分别为 83.2 μg/L 和 0.07 mg/L。在前 4 次循环中池水中的总 As 质量浓度迅速升高至 96～100 μg/L，之后随着注水抽水循环次数的增加反而逐渐降低，在第 11 次循环时池水总 As 质量浓度最低（51.4 μg/L）。与之趋势相似的是，As（III）质量浓度也在前 4 次循环中迅速上升至 50.4 μg/L，之后逐渐降低（图 13-4-3）。而 P 的质量浓度在前 5 次循环中升高至 0.18 mg/L 之后逐渐降低至 0.13～0.15 mg/L。Fe 质量浓度在第 1 次循环之后维持在较低水平变化不大，但也有一个慢慢升高的趋势，在 11 次循环后增加至 0.06 mg/L。

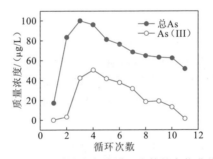

图 13-4-3　池水中总 As 和 As（III）质量浓度随循环次数的变化曲线（Yuan et al., 2018）

2. 含水层除铁除砷能力

图 13-4-4 显示了第 11 次循环时抽出的井水中 As（III）、总 As、Fe（II）和 P 的质量浓度随抽水体积比的变化趋势。4 条曲线都呈现上升趋势，但是 Fe（II）有明显的滞后，在 0～3 倍体积时基本稳定在 0 mg/L 附近，在 4.7 倍体积之后呈缓慢上升趋势，在抽水体积为 10 倍注水体积时出水中 Fe（II）质量浓度达 0.11 mg/L，远低于饮用水标准限制值 0.3 mg/L（中华人民共和国卫生部，2006）。这一现象证明含水层在经过 10 次注水抽水循环后具有了很好的除铁能力。总 As 和 P 质量浓

度的上升呈现出一致性，总 As 从 51 μg/L 上升至 293 μg/L，而 P 从 0.15 mg/L 上升至 0.36 mg/L，P 质量浓度增加值略小于 As。出水中 As 主要以 As（III）形式存在，As（III）质量浓度在 4.7 倍体积前从 1.5 μg/L 快速上升至 141.6 μg/L，之后上升趋势变缓，并与 Fe（II）质量浓度的上升趋势保持一致，最终质量浓度达 192.3 μg/L。虽然出水 As 质量浓度未能达到标准限制值 10 μg/L，但仍低于初始地下水 As 质量浓度（约 435 μg/L），证明含水层在多次循环后具有一定的除砷能力。

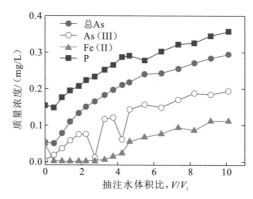

图 13-4-4　第 11 次循环时 W1 井出水中 As、Fe 和 P 质量浓度随抽水与注水体积比的变化（Yuan et al., 2018）

　　含氧水注水抽水循环过程使得含水层具有一定量除铁能力，这一过程在很多研究中得到证实和应用（Van Halem et al., 2010; 裴中文 等, 2001; 范懋功, 1989; Hallberg and Martinell, 1976）。这个工艺的效率（E）定义为出水中处理目标物（如 Fe）质量浓度达到最大限制值时抽出的地下水体积与注入有氧水体积之间的比值，如式（13-4-1）所示：

$$E=V_a/V_i \qquad (13\text{-}4\text{-}1)$$

式中：V_a 为抽出地下水的体积，m^3；V_i 为注入有氧水的体积，m^3。按此公式计算本试验的除铁效率将大于 10，因为出水 Fe（II）质量浓度仍远低于限制值 0.3 mg/L。这一效率已经与成熟的地下除铁水厂的效率相当（范懋功, 1989; Hallberg and Martinell, 1976），而这正是前面 10 次循环注入含氧水的贡献。

　　Fe（II）能被循环注入含氧水后的含水层有效去除，而除 As 效果却较差，这一结果与多篇文献是一致的（Van Halem et al., 2010; Miller, 2006）。Van Halem 等（2010）在孟加拉国地区进行的循环注入含氧水除砷试验表明在 20 次循环后池水中 As 质量浓度依然在 15 μg/L 左右，并随着抽水体积的增加迅速上升。作者认为吸附是含水层除砷的主要机制，而含水层中氧化的 Fe（III）沉积物量是除砷的控制因素。郭欣欣（2014）对本试验场地附近 SY03 号井 20 m 深沉积物的铁形态分析结果表明，其草酸可提取态 Fe（III）即 HFO 含量为 5.6 mg/g。假设沉积物密度为 2.6 g/cm^3，孔隙度为 0.3，则 HFO 相对于孔隙水的浓度为 0.87 mol/L。根据 Dzombak and Morel（1990）的研究，HFO 表面弱吸附位点密度为 0.2 mol/mol，强吸附位点密度为 0.005 mol/mol。按 Appelo 等（2003）给出的沉积物阳离子交换容量 5 mmol/kg 计，在 W1 井地下水水质环境下，用 PHREEQC 3.3.7 可计算吸附在 HFO 表面 Fe（II）物质的量浓度为 69 mmol/L。Fe（II）与 O$_2$ 反应的计量比为 4，则氧化全部的吸附态 Fe（II）需要 552 mg/L 的 O$_2$。而本试验中 11 次注入的含氧水 DO 值的累积质量浓度也只有 52 mg/L，不足以将含水层中全部吸附态 Fe（II）氧化。根据注水体积和池水 DO 值，可计算其输入地下的总 O$_2$ 量为 2.2 mol，可以氧化 8.8 mol 的 Fe（II）。按 W1 井地下水 Fe（II）质量浓度初始值为 10 mg/L 计，则可处理地下水量为 49 m^3。这一处理水量是注水体积的 36 倍左右，从而也证明了其对 Fe（II）较好的处理能力，与图 13-4-4 的结果是相符的。

由以上计算可知，含水层中还有大量吸附态 Fe（II）未被氧化。提高 Fe（II）的氧化量会生成更多的 Fe（III）沉淀物，有助于提高 As 的吸附去除效率。而通过循环注入含氧水的过程输入 O$_2$ 的效率太低，且在抽水的过程中没有 O$_2$ 的供应，As（III）不能被氧化。因此，直接原位电化学产生氧气可能是更好的选择。

13.4.3　原位电解供氧含水层除砷

1. 第一阶段：电解供氧并回灌

第一阶段间断式运行了 15 d，其间在电解供氧的同时将 W1 井中抽出的地下水全部回灌至 6 个电极井中。W1 井中 As 质量浓度随抽水量的变化情况如图 13-4-5 所示，总 As 和 As（III）质量浓度都呈先升高后降低的趋势。在前 6 m^3 的运行过程中，总 As 从 133 μg/L 快速上升至 216 μg/L，且这个阶段 90% 左右的 As 为 As（III）。在后面的运行过程中总 As 以较慢的速度降低至 163.6 μg/L，但 As（III）质量浓度降低的趋势更明显，从最大值 212 μg/L 降低至 76 μg/L。相对于背景值（表 13-4-1），第一阶段结束时总 As 和 As（III）的去除率分别为 62% 和 81%。虽然出水中 As 质量浓度总体呈下降趋势，但 Fe（II）却呈现出上升趋势。Fe（II）质量浓度在前 33 m^3 从 1 mg/L 左右快速上升至 3.2 mg/L，并保持一段时间的稳定，然后在 74～81 m^3 有个 0.6 mg/L 的突然提升，之后又稳定在 4.3 mg/L（图 13-4-6）。Mn 质量浓度在第一阶段以及整个试验周期内变化很小，平均值为 3 mg/L。地下水 P 质量浓度初始值与前期循环注入含氧水试验结束时 W1 井水中 P 质量浓度是吻合的，均为 0.36 mg/L。P 质量浓度在系统运行的过程中逐渐上升，在第一阶段结束时为 0.7 mg/L 左右。相对于背景值（表 13-4-1），Fe（II）、Mn 和 P 在第一阶段结束时的去除率分别为 56%、20% 和 41%。

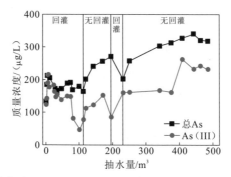

图 13-4-5　W1 井中总 As 和 As（III）随抽水量的变化情况（Yuan et al., 2018）

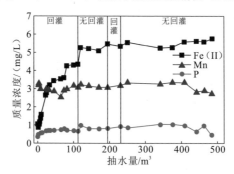

图 13-4-6　W1 井中 Fe（II）、Mn 和 P 随抽水量的变化情况

试验期间地下水 pH 和 EC 波动较小，平均值分别为 7.2 和 890 μS/cm。地下水 DO 值在第一阶段呈现上升趋势，从 0.2 mg/L 左右逐渐上升，最大值在抽水量为 101 m³ 时取得，为 1.2 mg/L。地下水 Eh 从抽水量 46 m³ 时开始记录，在整个第一阶段也呈现出较快的上升趋势，从 -229 mV 升高至 -149 mV。

电解供氧试验开始之前，W1 井中曾进行过 11 个周期的注入含氧水试验，使得井水 As、Fe 和质量浓度 P 初始值都比较低。若没有电解供氧并回灌，按图 13-4-4 中的趋势，As、Fe 和 P 质量浓度都将不断上升，直至从含水层氧化带中完全穿透并恢复背景值。由于地下水背景值中 DO 值是接近于 0 mg/L 的，而在 W1 抽出的地下水中能检测到 1.2 mg/L 的 DO，说明电极井中电解产生的 O_2 能够进入含水层并运移到 W1 井。按照法拉第电解定律可以估算 15 d 运行周期内的总产氧量为 26.7 mol（表 13-4-2）。而 14.3.2 小节中估算的吸附态 Fe（II）物质的量浓度为 69 mmol/L，在以电极井为圆周管井过滤带为高的圆柱形范围内孔隙水体积为

$$V = \pi r^2 h\theta = 3.14 \times 1^2 \times 2.4 \times 0.3 = 2.3 \ (\text{m}^3) \tag{13-4-2}$$

表 13-4-2　第一阶段各电极井电流数据一览表

日期	持续时间/h	各电极井电流 I/A（DC 电压均为 24.0 V）						总电流/A
		E1	E2	E3	E4	E5	E6	
2016/5/30	2	4.46	4.33	4.09	4.50	4.25	4.11	25.74
	2	4.79	4.45	4.03	4.49	4.66	4.26	26.68
	2	4.58	4.4	4.03	4.44	4.59	4.19	26.23
	2	4.75	4.54	4.22	4.48	4.47	4.20	26.66
	2	4.70	4.51	4.20	4.43	4.34	4.14	26.32
2016/5/31	11	5.08	4.66	4.36	4.87	4.89	4.45	28.31
	2	5.01	4.69	4.35	4.90	4.89	4.45	28.29
	4	4.97	4.67	4.34	4.82	4.87	4.46	28.13
	4.5	5.04	4.69	4.32	4.74	4.86	4.44	28.09
2016/6/1	11.5	4.94	4.4	4.13	4.55	4.64	4.28	26.94
2016/6/8	13.0	4.96	4.49	4.23	4.65	4.58	4.32	27.23
2016/6/9	8.0	5.10	4.53	4.40	4.66	4.87	4.46	28.02
2016/6/10	7.0	5.05	4.69	4.28	4.64	4.82	4.26	27.74
2016/6/11	6.0	—	—	—	—	—	—	—
2016/6/13	8.0	5.04	4.72	4.22	4.70	4.67	4.28	27.63
2016/6/14	11.0	5.07	4.73	4.29	4.62	4.76	4.20	27.67
2016/6/15	8.0	4.93	4.67	4.34	4.71	4.87	4.44	27.96

注：6 月 11 日运行了 6 h 但未记录电流值。

　　则此范围内吸附态 Fe（II）总量可以估算为 159 mol。而电解产生的 O_2 量即使全部进入含水层并氧化 Fe（II），可氧化的 Fe（II）量也只有 107 mol。实际上有大部分电解产生的 O_2 会因为来不及溶解而从电极井中逸出。虽然进入含水层的 O_2 量有限，不能彻底改变含水层的性质，但这个过程对含水层产生了一定的影响。Eh 在第一阶段及第二阶段都处于上升趋势，氧化物质的进入中和了部分含水层中的还原物质使其还原程度降低。As（III）质量浓度在短暂的上升之后迅速地降低，而总 As 的降低过程比较缓慢。因此我们可以推测 As（III）正在被快速地氧化为 As（V），而 As（V）由于含水层吸附能力有限而去除率受到限制。井水中 Fe（II）质量浓度升高至 3.2 mg/L 之后，只是在 74～81 m^3 有 2 h 没有回灌地下水而导致一个跃迁，其他时间基本都能保持稳定。这一现象也证明电解产生的 O_2 进入含水层并氧化了部分 $Fe(II)$，生成的 $Fe(III)$ 沉淀又为 $Fe(II)$ 提供了一定量的吸附点位，所以限制了地下水 $Fe(II)$ 质量浓度的继续上升。但是 $Fe(II)$ 质量浓度并没有像 As 质量浓度那样下降，说明 $Fe(II)$ 的吸附点位和容量与 As 是不同的。

2. 第二~四阶段

第一阶段的试验结果表明，在原位电解产氧并回灌地下水的运行条件下，井水 As 质量浓度在逐渐降低，而 $Fe(II)$ 质量浓度上升的趋势也受到了抑制。若继续以这样的条件运行，可能 As 和 $Fe(II)$ 质量浓度会进一步降低直至达到饮用水标准。但是在第一阶段的后期，回灌至电极井的井水愈来愈频繁地溢出。因此在第一阶段处理水量为 113 m³ 时，尝试了无回灌的原位电解供氧除砷。从图 13-4-5 可以看出，停止回灌后 As 质量浓度迅速上升，虽然在后期上升速度减缓。而井水 $Fe(II)$ 质量浓度跃升了 0.9 mg/L，之后又维持在一个新的稳态（5.3 mg/L）（图 13-4-6）。在第三阶段曾短暂地开启过回灌，效果十分明显，图 13-4-5 中 As 质量浓度有一个突然的降低，而在第四阶段则继续上升。P 和 Mn 的变化情况都不明显。地下水 DO 值在 171 m³ 时有个短暂的升高之后持续地降低，在 250 m³ 之后都维持在 0 mg/L。而地下水 Eh 值在停止回灌后一段时间，即抽水量为 195 m³ 之后一直处于下降趋势之中。这都说明在没有回灌的条件下，O_2 从电极井到含水层中的运移受到限制。

3. 电极井堵塞

在采用回灌方式的系统运行期间，电极井中井水每隔一段时间就会溢出，表明电极井堵塞。此时对堵塞的电极井采取回抽的方法恢复其运行，但是在继续运行一段时间后仍然会堵塞。在第一阶段（2016/5/30~2016/6/15），其间隔时间从最开始的 48 h，逐渐缩短至 2 h 左右。第三阶段（2016/6/30~2016/7/2）重新采用回灌方式时，堵塞的间隔时间从 2 h 逐渐缩短，后在 7 月 2 日因为抽水泵故障而停止试验一段时间。7 月 8 日重新开始试验时，发现各电极井在回灌数分钟之后就出现溢水，即使关闭电解供氧也是很快就溢出，且溢出的水中有小气泡。虽然电极井堵塞时无法注水，但是抽水效率却不受太大影响。每次堵塞之后需要对电极井进行回抽（流量约 1.6 m³/h），抽出的地下水在回抽的前 1~2 min 是澄清的，这部分是管井中的地下水，其中 $Fe(II)$ 已氧化沉淀完毕；之后有 1~2 min 的出水为黄色混浊液体，含有较高浓度的 $Fe(III)$ 悬浮物；继续回抽出的地下水又变澄清，这部分含有一定量 $Fe(II)$。

通过管井向含水层中注水的过程经常会碰到堵塞的问题，堵塞的原因主要有：①注入水中悬浮物含量过高；②管底或含水层中微生物繁殖；③含水层中发生化学反应产生沉淀；④气泡堵塞等（Oberdorfer and Peterson, 1985）。由于本试验回灌的是刚刚抽出来的地下水，有机质污染程度较低，微生物大量繁殖的可能性不高。文献（Appelo et al., 1999; Hallberg and Martinell, 1976）报道，通过向含水层循环注入含氧水除铁时，在几十年的运行过程中并没有发生化学沉淀堵塞含水层的现象。因为含水层空隙结构众多，铁沉淀物附着在含水层砂粒表面所占据的体积比例很小。但是循环注入的含氧水在水厂中常要求在曝气之后进行脱气泡处理。在 Miller（2006）的原位除砷试验中，空气和 Fe（II）溶液交替地注入含水层中，试验前后发现反应区域内的含水层渗透性并没有发生明显变化，而管井抽水效率的降低被认为主要是井管滤网和砾石填充层堵塞造成的。

本试验中 W1 井抽出的地下水中含有 $1\sim6$ mg/L 的 Fe（II），电极井电解产生了 H_2 和 O_2 气泡。地下水回灌至电极井中时，O_2 和 Fe（II）同时存在于电极井中，电解产生的气泡吸附 Fe（II）氧化产生的絮凝物，附着在井管滤网上将极大地阻塞水流。而本试验中井管滤网是两层的纱网，孔径很小，容易堵塞。因此，在回灌之前对抽出的地下水进行除铁可能会缓解堵塞的发生。根据铁阳极强化砂滤除砷的研究结果，Fe（II）在砂层中能被迅速地截留。但是在本试验中流速比砂滤器中大 100 倍，需要粒径较大的砾石做过滤滤料。实际上，本试验在第三阶段曾尝试过用砾石填充在中间的储水罐中进行除铁，但对电极井堵塞并没有影响。可能是因为之前的试验中电极井井管滤网已经被铁絮凝物附着，若在试验开始前就设置除铁程序可能效果更好。

在江汉平原高砷地下水区域建立了试验井群，开展了单井的 11 次循环注入含氧水原位除砷试验，并在此基础上对含水层原位电解供氧的除砷方法进行了探索性研究，处理地下水近 500 m³。可发现，注入含氧水可以有效地将地下水中的铁浓度降低全标准值以下，也能明显地降低砷浓度，但无法降低至标准值以下。电极井回灌和不回灌地下水的条件下，系统处理效率相差较大。回灌地下水增加了电极井和抽水井之间的水力梯度，也增强了电极井中井水的紊流程度，促进了 O_2 的溶解和运移，从而使得处理效果更好。虽然在回灌过程中电极井频繁发生堵塞现象，但是含水层渗透性并没有明显降低。主要的堵塞点可能发生在井管滤网处，电解产生的气泡及回灌水中 Fe（II）氧化产生的 Fe 絮凝物可能是井管滤网堵塞的重要原因之一。在地下水 Fe（II）含量较高的地方应用原位电解供氧含水层除砷方法时，需要将抽出的地下水除铁后回灌至电极井，从而改善除 As 效率并缓解电极井堵塞问题。

参 考 文 献

范懋功, 1989. 地下水除铁 VYREDOX 法在我国的应用[J]. 中国给水排水(3):17.

郭欣欣, 2014. 江汉平原浅层含水层系统中砷释放与迁移过程研究[D]. 武汉:中国地质大学（武汉）.

何夏清, 2011. 电絮凝技术在水处理中的研究进展[M]. 四川环境, 30(3):94-98.

李圭白, 朱启光, 柏蔚华, 1984. 充氧回灌地层除铁机理探讨[J]. 哈尔滨建筑工程学院学报(1): 5.

柳勇, 2013. 有机碳源促进土壤中五氯酚还原降解的生物化学机制[D]. 杭州:浙江大学.

裴中文, 沙兆光, 王孝军, 等, 2001. 单井充氧回灌地层除铁除锰研究[J]. 轻金属(1):62-64.

童曼, 2015. 地下环境 Fe(II)活化 O_2 产生活性氧化物种与除砷机制[D]. 武汉:中国地质大学（武汉）.

谢世伟, 2016. 电化学供 $H_2/O_2/Fe(II)$ 处理地下水中氯化烃砷的新方法及作用机制[D]. 武汉:中国地质大学（武汉）.

严煦世, 范瑾初, 1999. 给水工程[M]. 北京：中国建筑工业出版社.

中华人民共和国卫生部, 2006. 生活饮用水卫生标准:GB/T 5750—2006[S]. 北京:中国标准出版社.

APPELO C, DRIJVER B, HEKKENBERG R, et al., 1999. Modeling *in situ* iron removal from ground water[J]. Ground water, 37: 811-817.

APPELO C A J, DE VET W, 2003. Modeling *in situ* iron removal from groundwater with trace elements such as As[M]//WELCH A H, STOLLENWERK K G. Arsenic in ground water. Boston:Springer: 381-401.

AMSTAETTER K, BORCH T, LARESE-CASANOVA P, et al., 2010. Eh transformation of arsenic by Fe(II)-activated goethite (alpha-FeOOH)[J]. Environmental science & technology,44: 102-108.

AMROSE S, GADGIL A, SRINIVASAN V, et al.,2013. Arsenic removal from groundwater using iron electrocoagulation: effect of charge dosage rate[J]. Journal of environmental science and health part a, 48: 1019-1030.

AMROSE S E, BANDARU S R, DELAIRE C, et al., 2014. Electro-chemical arsenic remediation: field trials in West Bengal[J]. Science of the total environment, 488: 539-546.

BONE E P, GONNEEA M E, CHARETTE M A, 2006. Geochemical cycling of arsenic in a coastal aquifer[J]. Environmental science & technology,40: 3273-3278.

BRUNSTING J H, MCBEAN E A, 2014. *In situ* treatment of arsenic-contaminated groundwater by air sparging[J]. Journal of contaminant hydrology,159: 20-35.

BERG M, LUZI S, TRANG P T K, et al., 2006. Arsenic removal from groundwater by household sand filters: comparative field study, model calculations, and health benefits[J]. Environmental science & technology,40: 5567-5573.

BALASUBRAMANIAN N, MADHAVAN K, 2001. Arsenic removal from industrial effluent through electrocoagulation[J]. Chemical engineering and technology,24: 519-521.

BALASUBRAMANIAN N, KOJIMA T, BASHA C A, et al., 2009. Removal of arsenic from aqueous solution using electrocoagulation[J]. Journal of hazardous materials, 167: 966-969.

BHANDARI N, REEDER R J, STRONGIN D R, 2012. Photoinduced oxidation of arsenic in the n presence of goethite[J]. Environment science & technology,46:8044-8051.

CHENG Z, VAN GEEN A, JING C, et al.,2004. Performance of a household-level arsenic removal system during 4-month deployments in Bangladesh[J]. Environmental science and technology, 38: 3442-3448.

DZOMBAK D A, MOREL F M, 1990. Surface complexation modeling: hydrous ferric oxide[M]. New York: John Wiley and Sons.

GAN Y Y, WANG YX, DUAN Y H, et al., 2014, Hydrogeochemistry and arsenic contamination of groundwater in the Jianghan Plain, central China[J]. Journal of geochemical exploration, 138: 81-93.

GOMES J A, DAIDA P, KESMEZ M, et al., 2007. Arsenic removal by electrocoagulation using combined Al-Fe electrode system and characterization of products[J]. Journal of hazardous materials, 139: 220-231.

GUPTA B S, CHATTERJEE S, ROTT U, et al., 2009. A simple chemical free arsenic removal method for community water supply-A case study from West Bengal., India[J]. Environmental pollution,157: 3351-3353.

HALLBERG R O, MARTINELL R, 1976. Vyredox—*in situ* purification of ground water[J]. Ground water,14: 88-93.

HUG S J, LEUPIN O, 2003. Iron-catalyzed oxidation of arsenic(III) by oxygen and by hydrogen peroxide: pH-dependent formation of oxidants in the Fenton reaction[J]. Environmental science & technology, 37: 2734-2742.

HUG S J, LEUPIN O X, BERG M, 2008. Bangladesh and Vietnam: different groundwater compositions require different approaches to arsenic mitigation[J]. Environmental science & technology, 42: 6318-6323.

HUSSAM A, MUNIR A K, 2007. A simple and effective arsenic filter based on composite iron matrix: development and deployment studies for groundwater of Bangladesh[J]. Journal of environmental science and health part A: toxic/hazardous substances and environmental engineering,42: 1869-1878.

KATSOYIANNIS I A, RUETTIMANN T, HUG S J, 2008. pH dependence of Fenton reagent generation and As(III) oxidation and removal by corrosion of zero valent iron in aerated water[J]. Environmental science & technology, 42: 7424-7430.

KINNIBURGH D G, SMEDLEY P L, 2001. Arsenic contamination of groundwater in Bangladesh[R]. Keyworth: British Geological Survey.

KRÜGER T, HOLLÄNDER H, BOOCHS P, et al., 2008. *In situ* remediation of arsenic at a highly contaminated site in Northern Germany[J]. IAHS publication, 324: 118.

KUMAR P R, CHAUDHARI S, KHILAR K C, et al.,2004. Removal of arsenic from water by electrocoagulation[J]. Chemosphere, 55(9): 1245-1252.

LAKSHMANAN D, CLIFFORD D A, SAMANTA G, 2009. Ferrous and ferric ion generation during iron electrocoagulation[J]. Environmental science & technology,43: 3853-3859.

LAKSHMANAN D, CLIFFORD D A, SAMANTA G, 2010. Comparative study of arsenic removal by iron using electrocoagulation and chemical coagulation[J]. Water research, 44(19): 5641-5652.

LEUPIN O X, HUG S J, BADRUZZAMAN A, 2005. Arsenic removal from Bangladesh tube well water with filter columns containing zerovalent iron filings and sand[J]. Environmental science & technology, 39: 8032-8037.

LI L, VAN GENUCHTEN C M, ADDY S E, et al., 2012. Modeling As(III) oxidation and removal with iron electrocoagulation in groundwater[J]. Environmental science & technology,46: 12038-12045.

LUZI S M, BERG M, PHAM T K T, et al., 2004. Household sand filters for arsenic removal[R]. Duebendorf: Swiss Federal Institute for Environmental science and technology (EAWAG), Duebendorf, Switzerland.

MILLER G, 2006. Subsurface treatment for arsenic removal[R]. Denver:American Water Works Association Research Foundation:59.

MILLER G P, MANSUY N, 2004. Apparatus, method and system of treatment of arsenic and other impurities in ground water: WO 2004/085319 A1[P]. 2004-03-22.

MILLER G, MANSUY N,2006. Apparatus, method and system of treatment of arsenic and other impurities in ground water: U.S. Patent Application 10/550,071[P]. 2006-11-02.

MENG X, KORFIATIS G P, CHRISTODOULATOS C, et al., 2001. Treatment of arsenic in Bangladesh well water using a household co-precipitation and filtration system[J]. Water research, 35: 2805-2810.

NEUMANN A, KAEGI R, VOEGELIN A, et al.,2013. Arsenic removal with composite iron matrix filters in Bangladesh: a field and laboratory study[J]. Environmental science & technology, 47: 4544-4554.

NICKSON R, MCARTHUR J, BURGESS W, et al., 1998. Arsenic poisoning of Bangladesh groundwater[J]. Nature, 395: 338-338.

OBERDORFER J A, PETERSON F L, 1985. Waste - water injection: geochemical and biogeochemical clogging processes[J]. Ground water, 23: 753-761.

PANG S Y, JIANG J, MA J, 2010. Oxidation of sulfoxides and arsenic(III) in corrosion of nanoscale zero valent iron by oxygen: evidence against ferryl ions (Fe(IV)) as active intermediates in Fenton reaction[J]. Environmental science & technology, 45: 307-312.

PARGA J R, COCKE D L, VALENZUELA J L, et al., 2005. Arsenic removal via electrocoagulation from heavy metal contaminated groundwater in La Comarca Lagunera Mexico[J]. Journal of hazardous materials, 124: 247-254.

RAVEN K P, JAIN A, LOEPPERT R H, et al., 1998.Arsenite and arsenate adsorption on ferrihydrite: kinetics, equilibrium, and adsorptionenvelopes[J]. Environmental science & technology, 32:344-349.

ROBERTS L C, HUG S J, RUETTIMANN T, et al., 2004. Arsenic removal with iron(II) and iron(III) in waters with high silicate and phosphate concentrations[J]. Environmental science & technology, 38: 307-315.

ROTT U, KAUFFMANN H, 2008. A contribution to solve the arsenic problem in groundwater of Ganges Delta by in-situ treatment[J]. Water science and technology, 58: 2009-2015.

SALE T, PETERSEN M, GILBERT D M, 2005. Electrically induced redox barriers for treatment of groundwater[R]. Fort Collins: Colorado State University.

SARKAR A R, RAHMAN O T, 2001. In-situ removal of arsenic-experiences of DPHE-DANIDA pilot project. Technologies for arsenic removal from drinking water[R]. Bangladesh: Bangladesh University of Engineering and Technology and The United Nations University: 201-205.

SCHAEFER M V, YING S C, BENNER S G, et al., 2016. Aquifer arsenic cycling induced by seasonal hydrologic changes within the Yangtze River Basin[J]. Environmental science & technology, 50: 3521-3529.

SHARMA S, 2001. Adsorptive iron removal from groundwater[M]. Boca Raton：CRC Press.

SHEFFER N A, REEDY R C, SCANLON B R, 2010.Push-pull experiments to evaluate *in-situ* arsenic remediation in the Ogallala aquifer[R]. Austin：Report Prepared for Texas Commission on Environmental Quality.

TONG M, YUAN S H, ZHANG P, et al., 2014. Electrochemically induced oxidative precipitation of Fe(II) for As(III) oxidation and removal in synthetic groundwater[J]. Environmental science & technology, 48: 5145-5153.

TONG M, YUAN S H, WANG Z, et al., 2016. Electrochemically induced oxidative removal of As(III) from groundwater in a dual-anode sand column[J]. Journal of hazardous materials, 305: 41-50.

VOEGELIN A, KAEGI R, BERG M, et al., 2014. Solid-phase characterisation of an effective household sand filter for As, Fe and Mn removal from groundwater in Vietnam[J]. Environmental chemistry,11: 566-578.

VAN HALEM D, HEIJMAN S, AMY G, et al., 2009. Subsurface arsenic removal for small-scale application in developing countries[J]. Desalination, 248: 241-248.

VAN HALEM D, OLIVERO S, DE VET W, et al.,2010. Subsurface iron and arsenic removal for shallow tube well drinking water supply in rural Bangladesh[J]. Water research, 44: 5761-5769.

VAN HALEM D, DE VET W, VERBERK J, et al., 2011. Characterization of accumulated precipitates during subsurface iron removal[J]. Applied geochemistry,26: 116-124.

WAN W, PEPPING T J, BANERJI T, et al., 2011. Effects of water chemistry on arsenic removal from drinking water by electrocoagulation[J]. Water research, 45: 384-392.

WELCH A H, STOLLENWERK K G, FEINSON L, et al., 2000. Preliminary evaluation of the potential for *in-situ* arsenic removal from ground water. Arsenic in groundwater of sedimentary aquifers[C]// 31st International Geological Congress, Rio de Janeiro, Brazil.[S.l.]:[s.n.].

WHO(World Health Organization), 2011.Guidelines for Drinking-water Quality[S]. 4th ed. Geneva:World Health Organization: 386-387.

XIE S W, YUAN S H, LIAO P, et al., 2017. Iron-anode enhanced sand filter for arsenic removal from tube water[J]. Environmental science & technology, 51:889-896.

YUAN S H, XIE S W, ZHAO K Y, et al., 2018. Field tests of in-well electrolysis removal of arsenic from high phosphate and iron groundwater[J]. Science et the total environment, 644:1630-1640.

14.1　高砷地下水传统处理技术

14.1.1　异位处理技术

传统的异位处理方法中最具代表性的是抽出—处理技术（Fu et al., 2014）。该技术是最早开发且应用最为广泛的一种地下水砷污染修复技术，目前已得到了商业实践与推广。在估算受污染水体大致体积的基础上，先将受污染地下水抽到地表，然后再用后续处理方法将其净化，主要处理方法有絮凝/共沉淀（Bordoloi et al., 2013）、离子交换（Korngold et al., 2001）、膜分离（Shih, 2005）、石灰软化（Mondal et al., 2013）、活性吸附（Mishra and Farrell, 2005）、氧化还原（Lee et al., 2003）及生物降解（Keimowitz et al., 2007）等。上述方法除砷效果良好，通常能够将水砷质量浓度从数百 μg/L 降低至 10 μg/L 以下，且具有适用范围广和修复周期短的优点。但其也存在一些难以克服的缺点，如操作复杂、运行成本高、后续处理复杂、容易失效及产生二次污染等（Mondal et al., 2013, 2006）。此外，大量抽取地下水可能导致地面沉降或海（咸）水入侵等地质灾害的发生。由于农村地区居民难以承担高昂的前期安装和日常系统维护等费用，且缺乏专业知识来正确操作水处理系统，因此这项技术对偏远农村地区不具备实践性和推广价值。

14.1.2　原位处理技术

传统的原位处理方法中最具代表性的是渗透性反应墙技术（Sharma et al., 2014; Ravenscroft et al., 2009）。该技术的基本原理是建造填充有活性材料的被动反应区，当被污染的地下水通过该区时，通过沉淀、吸附、氧化还原和生物降解等手段将污染物固定或降解，从而达到去除污染的目的。与异位处理方法相比，该技术不需将地下水抽取出来和建立地表水处理系统。此外，原位处理方法具有一些独到的优势，包括（Shan et al., 2013; Van Halem et al., 2010）：①操作方法简便，使用寿命较长；②无需昂贵的处理材料和维护费用，运行成本比抽出-处理方法低；③处理后的地下水可直接或只需经过简单处理后即可使用，无需额外设备投资；④适用于农村偏远和贫穷地区，无需复杂操作和维护；⑤无需处理废弃物，二次污染较少。

虽然渗透性反应墙技术在地下水污染修复中已得到了广泛的研究和初步的应用，但是该技术用于原生高砷地下水水质改良时，还存在明显不足：①不同于污染羽式分布，原生高砷地下水常以带状或面状大面积分布，污染源难以厘定；②高砷地下水通常见于十数米或数十米深的含水层中，渗透性反应墙技术施工工程量巨大，技术要求高，费用昂贵；③墙体中反应材料容易发生阻塞或者失活，除砷效率不稳定。

鉴于传统高砷地下水处理技术的局限性，开发经济高效的高砷地下水水质改良新技术与方法是保障偏远农村地区供水水质安全的有效甚至唯一途径。

14.2　区域含水层原位固砷新方法

14.2.1　地下水系统中砷迁移转化规律对开发固砷新方法的启示

通过研究高砷地下水形成主控因素可知，控制地下水系统中砷迁移转化的两个主要地球化学过程为：①含砷铁氧化物微生物还原溶解；②硫酸盐还原环境下含砷铁氧化物非生物还原（Pi et al., 2016; Wang et al., 2014; Xie et al., 2013b）。在前一个过程中，铁氧化物的还原溶解直接导致砷的释放；反之，若能通过调控地下水水化学环境促进铁氧化物矿物相的生成，则可利用其对砷的强烈亲和力来强化砷的原位固定。在后一个过程中，铁氧化物还原产生的亚铁与硫酸盐还原产生的硫化物反应后生成的硫化亚铁矿物对砷有较强的亲和力，因此，可通过调控地下水水化学条件强化硫化亚铁的生成，从而促进砷的原位固定。

地下水系统中砷迁移转化规律研究结果表明：根据高砷地下水赋存环境，可从调控地下水溶解态亚铁或硫化物浓度角度出发，通过合理选择钛盐及反应试剂组合，来调控含水层水化学条件及砷的归趋行为，形成有利于砷原位固定环境并予以强化，从而实现原生高砷地下水水质改良的目的。

由以上论述可知，基于铁基材料的高砷地下水水质原位改良技术在实际应用时，必须突破的瓶颈有①高效且大吸附容量铁基材料的研发与装备；②含水层介质铁基除砷材料含水层原位植入技术。

解决上述问题的可行途径是，开发基于调控含水层修复概念的区域含水层原位镀铁固砷技术（Xie et al., 2016）。其基本原理是在理解污染物迁移富集主控因素的基础上，通过导入铁镀层制备试剂的方式，人工调控地下水环境并创建有利的地下水砷污染修复带。该方法的最大优点在于：避免了传统渗透性反应墙技术需要大量工程开挖的缺陷，能显著降低地下水污染修复成本，并能根据高砷地下水赋存环境变化的灵活选择对应的处理方法。

14.2.2　基于亚铁氧化沉淀的原位固砷技术

高砷地下水原位水质改良的基本思路之一是：经由注入井周期性地引入氧化剂（如曝氧水或其他氧化剂）到目标含水层，改变地下水氧化还原条件，促进赋存于液相或沉积物颗粒表面的亚铁和其他低价态金属的氧化沉淀（Welch et al., 2008）。当天然地下水中的亚铁含量较低时，则可以尝试氧气和亚铁的联合注入方法（Miller, 2006）。产生的铁氧化物可包覆在含水介质颗粒表面，以吸附和共沉淀方式固定地下水中的砷（Appelo and Vet, 2003）。含水介质颗粒表面铁氧化物由于具有大的比表面积，因此在水砷去除过程中占主导地位（Richmond et al., 2004）。引入的氧化剂也可氧化 As（III）为 As（V），提高固砷效果（Zhang et al., 2007）。在欧洲地区该方法最早用于去除地下水中高含量的铁，研究结果显示地下水砷含量在该处理过程中也有显著的下降（Appelo and Vet, 2003）。

值得注意的是，在亚铁的异相氧化反应过程中，亚铁还可以被吸附，之后被氧化形成新的吸附点位。新形成的铁氢氧化物表面又可用于吸附亚铁和砷。以氧化剂 ClO^- 为例，这些过程可以简要表示为（Xie et al., 2015）

$$2Fe^{2+} + ClO^- + 4OH^- \longrightarrow 2Fe^{3+}OOH_{(s)} + Cl^- + H_2O \qquad (14\text{-}2\text{-}1)$$

$$Fe^{3+}OOH_{(s)} + Fe^{2+} + H_2O \longleftrightarrow Fe^{3+}OOFe^{2+}OH_{(s)} + 2H^+ \qquad (14\text{-}2\text{-}2)$$

$$Fe^{3+}OOFe^{2+}OH_{(s)} + 0.5ClO^- + 2OH^- \longrightarrow 2Fe^{3+}OOH_{(s)} + 0.5Cl^- + 0.5H_2O \quad (14\text{-}2\text{-}3)$$

$$Fe^{3+}OOH_{(s)} + H_2AsO_4^{2-} \longrightarrow Fe^{3+}OH_2AsO_{4(s)} + OH^- \qquad (14\text{-}2\text{-}4)$$

这种地下水原位除铁方法在中欧和美国等地区均有报道（Mettler et al., 2001; Appelo et al., 1999），但在地下水原位除砷应用方面却是一个相对新的尝试（van Halem et al., 2009; Rott et al., 2002）。这项技术有可能成为一种经济有效的为农村偏远地区提供安全饮水的重要途径。研究表明，当曝氧水被注进含水层后，砷质量浓度从最高 400 μg/L 降低到 10 μg/L 以下（Appelo and Vet, 2003; Rott et al., 2002）。在孟加拉国，Sarkar 和 Rahman（2001）研究发现运用该方法可将高质量浓度砷（500～1 300 μg/L）去除 50% 以上。交替注入曝氧水和亚铁后，地下水砷质量浓度从 100 μg/L 降到了 10 μg/L 以下（Miller, 2006）。然而，这种方法因需要注入大量的曝氧水，经济价值较低。

在我国大同盆地，高砷地下水分布广泛，地下水通常处于弱碱性和还原性环境，亚铁质量浓度普遍较低（< 1 mg/L），DO 质量浓度低于检出限（<0.01 mg/L）（Xie et al.，2008）。该地区地下水是重要的饮用和灌溉用水水源。因此，为消除该地区地下水砷暴露风险，迫切需要开发一种经济高效的高砷地下水原位水质改

良处理方法。鉴于此，遴选 $FeSO_4$ 和 NaClO 作为铁镀层制备试剂，通过室内无氧柱实验模拟含水层原位镀铁固砷的过程，并评价该技术对大同盆地高砷地下水的适用性。具体研究目的包括：①确定固砷试剂 $FeSO_4$ 和 NaClO 的最佳浓度和最佳负载时间；②评价实际地下水条件下本除砷方法的有效性；③揭示铁氧化物镀层的除砷机制。

1. 材料制备方法

1）除砷材料制备

所有实验柱规格为长 $L=30$ cm，内径 ID = 4.5 cm，容积 $V_{柱}=477$ cm³，玻璃材质（实验柱符合 $L \geq 4 \times ID$，确保填装柱均匀的有效孔隙度），实验柱及相关配件（如导管、密封圈等）均用质量分数为 15% 的盐酸溶液浸泡 48 h 后，用去离子水冲洗洁净，晾干备用。选用石英砂（粒径为 0.30～0.84 mm）模拟含水层介质颗粒，用 6 mol/L HCl 浸泡石英砂 24 h 后，用去离子水反复清洗洁净，混匀，转入无氧去离子水中保存备用。

采用湿法填装实验柱。组装好实验柱后，往柱中灌满无氧去离子水，将备好的石英砂缓慢地填入柱内，密封后备用。此过程中确保实验柱充满水且没有空气混入，以保证石英砂填装均匀和处于无氧环境。制备多个平行实验柱时，填入的石英砂数量和填装高度一致。

柱实验过程中试剂注入在无氧条件下（氮气氛围）进行。采用四步交替循环法，向砂柱中依次注入 $FeSO_4$ 溶液、无氧去离子水及 NaClO 溶液。NaClO 将 Fe（II）氧化后，在石英砂表面形成铁氧化物镀层。采用多通道泵和高强度 PVC 管线控制柱内水的流速。

为了避免在进水口处形成大量沉淀而造成堵塞，在 $FeSO_4$ 与 NaClO 溶液之间引入无氧去离子水作为冲洗溶液，使 $FeSO_4$ 与 NaClO 在实验柱中均匀扩散，以便形成均匀的铁氧化物镀层。

制备过程示意图如图 14-2-1 所示，具体实验步骤如下。

第一步：以 $v_i=12.1$ mL/min 进水速率泵入 5 mmol/L $FeSO_4$ 溶液（厌氧条件，DO 质量浓度<0.01 mg/L）1 min；

第二步：以相同进水速率泵入无氧去离子水 1 min；

第三步：以相同进水速率继续泵入 2.5 mmol/L NaClO 溶液 1.2 min，按化学计量平衡，NaClO 溶液稍过量泵入，足以氧化 Fe（II）形成铁氧化物；

第四步：保持进水速率，再次泵入无氧去离子水 1 min。

重复上述四个步骤，直至实验柱中石英砂颜色无明显变化，且流出液中铁含量基本保持恒定时完成除砷材料制备。

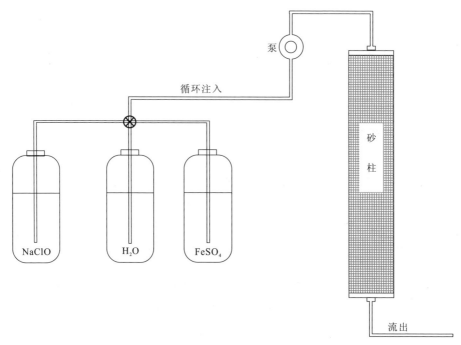

图 14-2-1　基于亚铁氧化沉淀原理的除砷铁镀层制备示意图

2）制备条件优化

依照上述制备程序，选定 $FeSO_4$ 和 NaClO 溶液的物质的量浓度分别为 5 mmol/L 和 2.5 mmol/L，观察不同注入时间内实验柱颜色的变化，判定最佳负载时间。该实验柱标记为 I。

按上述方法准备 4 个实验柱，将 $FeSO_4$ 与 NaClO 溶液物质的量浓度分别设定为 0 mmol/L 与 0 mmol/L、2 mmol/L 与 1 mmol/L、3 mmol/L 与 1.5 mmol/L 及 5 mmol/L 与 2.5 mmol/L，按照相同注入方法，观察相同时间内不同实验柱颜色的变化，判定最佳注入液浓度配比。该组实验柱依次标为 II-a、II-b、II-c 和 II-d。

3）除砷柱实验

选取荧光素钠为惰性示踪剂，对比监测砷的穿透过程。先泵入 10 倍柱孔隙体积（$V_{孔}$）的无氧去离子水冲洗实验柱 I，后以 $v_j = 7.2$ mL/min 的速率向实验柱 I 中连续泵入 0.29 mmol/L 荧光素钠溶液。泵入过程中每间隔 30 s 用自动部分收集器收集一份流出液样品，并立即测定荧光素钠浓度，最后绘制荧光素钠穿透曲线。本实验共泵入约 $18V_{孔}$ 体积的荧光素钠溶液。

选取 Na_2HAsO_4 模拟地下水中 As（V）的存在形态。通过 Na_2HAsO_4 穿透实验评价所制备除砷材料对砷污染地下水的修复效果。通过对比荧光素钠与 Na_2HAsO_4 的穿透曲线，评价该材料的除砷效率，并通过检测镀层中铁和砷含量的变化，计算铁镀层除砷容量。

除砷实验过程如下。

第一步：以 v_j= 7.2 mL/min 的速率连续泵入 $10V_孔$ 的无氧去离子水冲洗柱 I；

第二步：保持进水速率，继续将 3 000 µg/L 的 As（V）溶液注入实验柱 I 中，每隔 1 h 用自动部分收集器收集一份流出液样品，并滴加 1～2 滴优级纯浓 HCl 酸化至 pH 小于 2，避光冷藏保存，在 72 h 内测定砷浓度；

第三步：当流出液和注入液中 As 浓度一致并在一段时间内保持稳定不变后，将注入液替换为无氧去离子水，终止实验。将砷吸附饱和后的镀铁石英砂柱（实验柱 III）避光保存，留待后用。

将实验柱 III 中的全部镀铁石英砂小心取出，先加入 500 mL 的 6 mol/L HCl 溶液，室温振荡提取 30 min，静置 12 h 后，收集溶液，并重复上述提取过程，直至石英砂表面看不见棕色残留物为止，最后用去离子水清洗石英砂 3 遍，收集所有清洗液至容量瓶中，用去离子水定容至 2 L，后测定铁和砷的含量，计算除砷容量。

4）含水层原位镀铁固砷模拟实验

依照上述方法准备空白石英砂柱。为模拟实际地下水环境和原位固砷过程，将 $FeSO_4$ 溶液替换为 Fe（II）+ As（V）混合溶液，该溶液中 Fe（II）和 As（V）的浓度分别为 5 mmol/L 和 233 µg/L。采用上述四步交替循环法，以 v_i=12.1 mL/min 进水速率向空白砂柱中依次注入 Fe（II）+ As（V）混合溶液、无氧去离子水及 NaClO 溶液。每间隔 5 min 用自动部分收集器收集一份流出液样品，4 ℃冷藏保存待测。约 96 h 后完成模拟实验，该实验柱标记为 IV。实验装置组装及整个实验过程均在厌氧环境中进行，以避免氧气的影响。

实验完成后，收集柱内镀铁石英砂，按上述方法提取出镀层中的铁和砷，并测定其含量，计算所制备材料对的固砷容量。

当实验柱完全充水后，使柱中水在重力作用下全部释出，用天平测定出水质量，取多次实验测定结果平均值，作为柱内孔隙水质量 $m_孔$，并计算实验砂柱孔隙体积 $V_孔$。按照以下公式计算砂柱有效孔隙度：

$$\eta = \frac{m_孔}{\rho_水 \times V_柱} \times 100\% \tag{14-2-5}$$

定义无因次阻滞因子（R），用于表征实验过程中砷相对于惰性示踪剂荧光素钠的延迟穿透（Van Halem et al., 2010）。R 值计算公式如下：

$$R_{As} = \frac{\left(\dfrac{V}{V_{孔}}\right)_{As\,\frac{C}{C_0}=0.5}}{\left(\dfrac{V}{V_{孔}}\right)_{示踪剂\,\frac{C}{C_0}=0.5}} \qquad (14\text{-}2\text{-}6)$$

式中：C 为测量值；C_0 为注入液中含量值，惰性示踪剂为荧光素钠；$V/V_{孔}$ 值为流出液体积（V）除以柱孔隙体积（$V_{孔}$）。

2. 铁镀层制备条件优化

柱实验中，除砷材料制备时间（即试剂注入时间）、$FeSO_4$ 与 $NaClO$ 溶液浓度及实验前后柱体孔隙度的变化均可不同程度影响除砷效果，因此，铁镀层制备条件的优化十分重要。

首先，所使用的试剂浓度可直接影响所制材料除砷效果，并影响地下水除砷容量和使用寿命。其次，合理的除砷材料制备时间不仅能有效节约时间，还能节约投入的材料。另外，石英砂柱的孔隙度变化也会对柱体（即目标含水层）的渗透性产生直接的影响。如果 $FeSO_4$ 与 $NaClO$ 溶液的注入导致实验柱中石英砂表面形成过量铁氧化物沉淀，会使得有效孔隙度显著降低以致影响含水层的渗透性，其结果将导致该除砷方法达不到预期的地下水改良效果。实际上，以上因素会相互关联，$FeSO_4$ 与 $NaClO$ 溶液注入浓度过高，可能会导致柱体堵塞，浓度过低则会延长材料制备时间。因此，需通过室内柱实验优化试剂注入时间、注入浓度及控制相应的孔隙度变化。其结果对于高砷地下水原位水质改良的应用实践具有重要的意义。

实验结果显示，实验柱 I 中石英砂表面涂层的黄褐色随时间延长逐渐加深，但不同时间内涂层颜色分布相对均一（图 14-2-2），说明注入过程中石英砂表面形成了较为均匀的铁镀层。在负载时间 t 达 96 h 后，实验柱中石英砂涂层颜色已无明显变化，呈均匀黄褐色，且流出液中铁含量无明显降低。此外，试剂注入过程中没有发现流动速率和注入压力的明显变化，表明实验期间无堵塞现象发生。因此，可将 96 h 设定为最佳制备时间。

从图 14-2-3 可以看出，当 $FeSO_4$ 与 $NaClO$ 物质的量浓度较低时（$FeSO_4$：2 mmol/L，$NaClO$：1 mmol/L），石英砂柱下端涂层颜色偏浅，即使增加负载时间，石英砂表面颜色仍无明显变化。这说明注入试剂浓度偏低时，柱体下端石英砂无法负载足量的铁氧化物，其原因可能是新生成的铁氧化物数量较少，在水流的冲刷作用下难以附着。当 $FeSO_4$ 与 $NaClO$ 试剂物质的量浓度增加至 5 mmol/L

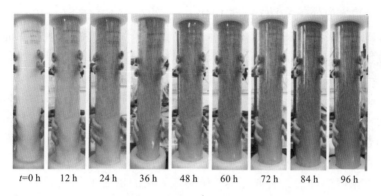

$t=0$ h　12 h　24 h　36 h　48 h　60 h　72 h　84 h　96 h

图 14-2-2　FeSO₄ 和 NaClO 交替注入期间石英砂柱体颜色随时间的变化

$c(FeSO_4) =$　0　　2.0　　3.0　　5.0　　mmol/L
$c(NaClO) =$　0　　1.0　　1.5　　2.5　　mmol/L

图 14-2-3　不同 FeSO₄ 和 NaClO 试剂物质的量浓度配比所制得的铁镀层效果对比

与 2.5 mmol/L 时，柱体颜色相对更深也更为均匀，说明产生的铁氧化物数量增多，铁镀层分布更加均匀。因此可选定 FeSO₄ 与 NaClO 溶液的最佳注入物质的量浓度分别为 5 mmol/L 与 2.5 mmol/L。

柱体孔隙度测试结果表明，相比于镀铁前空白砂柱，在上述 4 种不同注入液浓度条件下制得的镀铁石英砂柱（实验柱 II-a、II-b、II-c、II-d）的孔隙度变化很小（<0.1%）。因此，将 5 mmol/L FeSO₄ 与 2.5 mmol/L NaClO 作为注入试剂不会引起实验柱孔隙度（$\eta =25.24\%$）的显著变化。

3. 镀铁石英砂柱除砷过程

同一镀铁石英砂柱（实验柱 I）中，惰性示踪剂荧光素钠和 As（V）的穿透过程存在显著差异（图 14-2-4）。当注入速率 v_j 为 7.2 mL/min 时（即柱中流速 $v_L =$ 0.45 cm/min），荧光素钠在 20 min 时开始穿透，其完全穿透时间约为 2 h。As（V）约在 26 h（11.2 L，93.3$V_孔$）时开始穿透，亦即约 11.2 L 的高砷地下水被完全净化（砷质量浓度值低于 WHO 标准 10 μg/L）；约在 35 h（15.1 L，126 $V_{孔}$）后砷才完全穿透。穿透实验结果表明，砷的穿透明显滞后于荧光素钠，砷的阻滞因子 R_{As} 为 23。柱体内 Fe（II）的异相氧化和表面吸附过程占主导地位，砷穿透过程的严重滞后表明，铁涂层对砷表现出非常强的吸附能力（Rott and Friedle, 1999）。值得注意的是，在砷完全穿透后一段时间内，流出液中砷的浓度有所下降[14-2-4（b）]，原因可能是动态吸附饱和的氧化物/氢氧化物对砷的再吸附作用（Kanel et al., 2006）。动态吸附饱和后，低流速下反应时间的延长可能导致局部静态吸附的发生，使已经达到动态吸附饱和的铁氧化物对柱中局部孔隙内的砷再次吸附，从而导致流出液中砷浓度的降低。研究证实，砷与铁矿物的相互作用时间可直接影响其吸附效果，在铁矿物含量几乎不变的情况下，由于铁矿物对砷的再吸附作用，水相中砷含量会随时间的推移逐渐降低（廖国权，2012）。此外，随着地下水运移速率的降低，除砷容量可能呈现增加的趋势（张雪，2009）。

对柱内固相铁和砷的含量分析表明，柱内镀铁量为 0.424 g，吸附 As 总量为 64.3 mg，据此可知，当地下水运移速率为 0.45 cm/min 时，砷的动态饱和吸附比例为 151.7 mg As/g Fe，即 0.11 mol As/mol Fe。Raven 等（1998）的研究表明，pH 为 4.6 和 9.2 时，As（V）在水铁矿上的最大吸附容量可达 0.25 mol As/mol Fe 和 0.16 mol As/mol Fe，均大于本实验中砷的动态饱和吸附比，这种差异可能是由于相对于静态吸附，水流驱动下的动态吸附使得砷的吸附量降低（张雪，2009）。这也可能与反应体系的 pH 有关，因为在不同的 pH 条件下，铁氧化物表面的电荷量不同，同时砷的含氧阴离子的电离形式不同（强碱时为 AsO_4^{3-}，电负性更强），导致砷在铁矿物相表面的特异性吸附形式不同，从而改变砷的实际吸附容量（Jia and Demopoulos, 2005）。

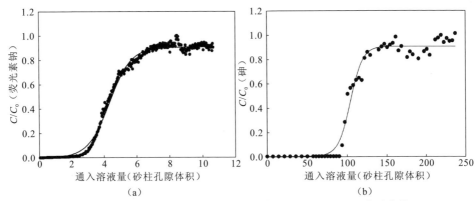

图 14-2-4　镀铁实验柱 I 中荧光素钠穿透曲线（a）和 As（V）穿透曲线（b）

4. 铁涂层固砷机理

从扫描电镜微观形貌图可以看出[图 14-2-5（a）]，镀铁后石英砂表面负载了一层鳞片状结晶态矿物。EDS 能谱图证实[图 14-2-5（b）]，铁含量明显增高，说明该矿物为结晶态铁矿物相，从其典型的鳞片状形貌推断组成矿物相为针铁矿（α-FeOOH）（Cornell and Schwertmann, 2003）。针铁矿是一种自然界常见的结晶态铁矿物相，可由亚铁氧化产生的无定型铁沉淀经老化作用形成，其对砷具有良好的吸附作用（Dixit and Hering, 2006）。对比砷吸附前后的表征结果可知（图 14-2-5 和图 14-2-6），砷吸附后该结晶态铁矿物的形态没有发生明显的改变，仍然保持鳞片状的结晶形貌。但从 EDS 能谱结果可以看出，砷的质量分数明显增加，从砷吸附前低于检出限增加到砷吸附后的 1.07%[图 14-2-5（d）]与 2.62%[图 14-2-6（d）]，

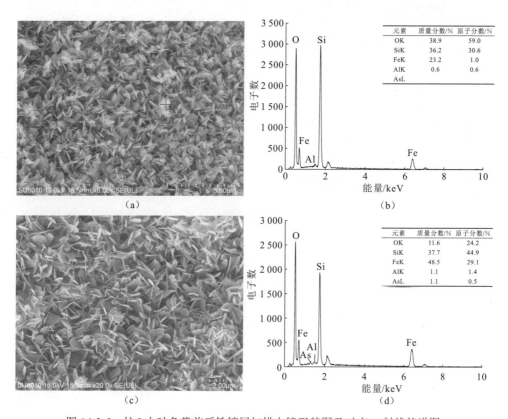

图 14-2-5　柱 I 中砷负载前后铁镀层扫描电镜形貌图及对应 X 射线能谱图

（a）砷负载前镀层的微观形貌图；（b）对应（a）中目标区域的 X 射线能谱图；（c）砷负载后镀层的微观形貌图；
（d）对应（c）中目标区域的 X 射线能谱图

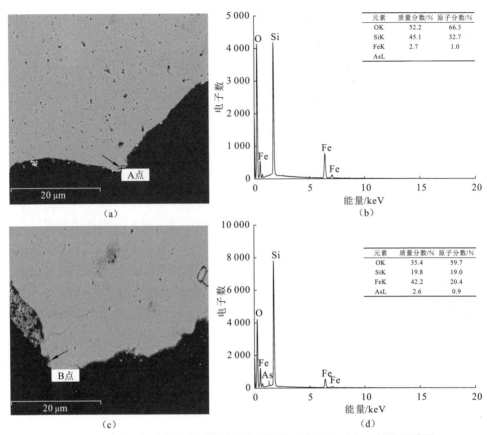

图 14-2-6 柱 I 中砷负载前后铁镀层电子探针形貌图及对应 X 射线能谱图

（a）砷负载前镀层的微观形貌图；（b）对应（a）中微观区域 X 射线能谱图；（c）砷负载后镀层的微观形貌图；
（d）对应（c）中微观区域 X 射线能谱图

证实了被去除的砷结合到了铁矿物表面。水相砷的去除可能与针铁矿对砷的吸附作用有关。针铁矿结构中的八面体通道可与氢键结合形成双倍数量的边缘和棱角，从而产生两倍的 FeO（OH）八面体键，这是一类重要的铁氧化物反应表面，其可以通过配位络合作用吸附与之接触的含氧阴离子，如砷酸根（Giles et al., 2011）。Zhao 和 Stanforth（2001）研究发现，针铁矿表面具有大量的活性吸附位点，对高浓度的砷仍具有较好的吸附能力，从而显著地延迟了实验柱中砷的穿透，显示出良好的除砷能力。

石英砂镀层中铁氧化物表面基团以—OH 为主[图 14-2-7（a）]。当负载的砷与铁氧化物结合时，可能存在如图 14-2-7（b）所示的三种方式（Wang and Mulligan, 2008）。对砷吸附前（柱 I）与砷动态饱和吸附后（柱 III）的铁镀层分别用红外光谱进行分析（图 14-2-8），可以发现相较于砷吸附前，砷吸附后的红外光谱中 1 617.98 cm^{-1} 处有明显吸收峰，且 3 440.24 cm^{-1} 处吸收峰显著增强。该峰为 As—OH 键的 v（O—H）振动吸收峰（排除水分子的干扰后），其较宽的吸收峰证明—（O—H）的键合作用相对宽松，从而推测砷在新生铁矿物上的吸附可能是图 14-2-7（b）中的第一种络合方式，即单齿单核络合方式（Voegelin and Hug, 2003; Sun and Doner, 1996）。这种络合方式会使得 Fe—O 的振动增强，从而使 Fe—O 在 1 085.73 cm^{-1} 处的吸收峰略有增强。另外，从图 14-2-8 中可以看出，砷吸附后的红外光谱中 1 617.98 cm^{-1}、1 793.47 cm^{-1} 和 1 886.04 cm^{-1} 处的吸收峰均显著增强，这可能是 As—O—Fe 化学键形成所致（Voegelin 和 Hug, 2003）。691.79 cm^{-1}

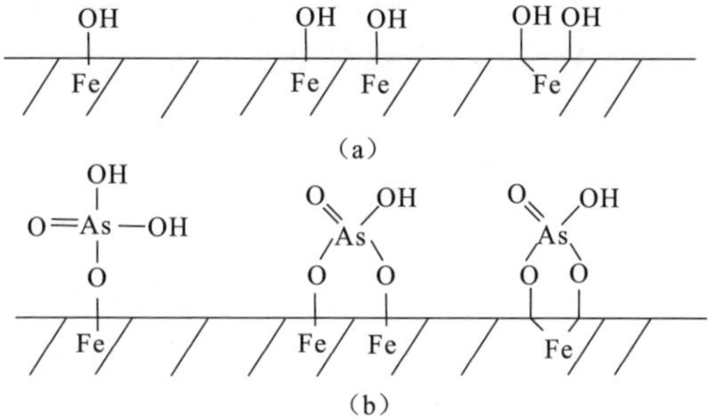

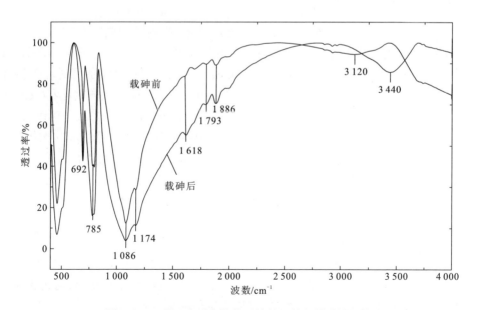

图 14-2-7　铁矿物表面羟基分布形式（a）和 As（V）在铁矿物表面结合方式（b）

图 14-2-8　柱 I 中砷负载前后铁镀层的红外谱图比较

处吸收峰的增强是由于 ν（As—OH）振动的存在，使得—OH 基团的吸收显著增强。这与 Loring 等（2009）利用 X 射线吸收精细结构（EXAFS）光谱对 As（V）在针铁矿表面的配位结构分析所得结果相一致，即砷在针铁矿表面的吸附作用主要是以单齿单核络合方式进行。Grossl 等（1997）在研究 As（V）在针铁矿上的吸附动力学时发现，As（V）会在针铁矿表面首先形成高吸附速率的单齿内球面络合物，然后逐渐发生配体交换从而形成吸附速率较低的双齿内球面络合物。

综上所述，进入石英柱中的 Fe（II）被快速氧化后，形成的铁氧化物沉淀负载在石英砂颗粒表面，随时间延长，其逐渐转变成以鳞片状针铁矿为主的结晶态铁矿物相。结合的砷可在该类铁矿物表面形成单齿单核络合物，铁矿物表面丰富的吸附位点促使砷大量被吸附，从而导致砷的穿透显著滞后，水相中的砷被去除。针铁矿特殊的表面结构使其对高砷含量的地下水仍具有显著的吸附效果（Zhao and Stanforth, 2001）。

5. 含水层原位镀铁除砷过程模拟

监测结果显示，实验柱 IV 流出液的砷质量浓度始终低于检出限（0.1 μg/L），说明在模拟地下水原位除砷过程中，试剂注入可达到砷和铁共同固定的效果。柱中砷的穿透没有发生，因此没有计算该过程中砷的阻滞因子。在此过程中，由于 Fe（II）和 As（V）的同时注入，Fe（II）异相氧化生成铁氧化物的同时，水相中的砷可能通过吸附或者共沉淀作用被去除（Tokoro et al., 2010）。

相同时间内，实验柱 IV 中镀铁总量为 0.32 g，吸附的砷总量为 22.6 mg，低于实验柱 III 中铁和砷的含量；砷吸附量为 0.05 mol As/mol Fe，也小于实验柱 III 中砷动态吸附饱和时的吸附比例（0.11 mol As/mol Fe）。As（V）的同时注入使得相同时间内铁和砷的负载量均有所降低，这说明砷可能影响了铁的氧化和/或沉淀过程，导致铁氧化物的产量和砷的吸附量均降低（Jiang et al., 2013）。值得注意的是，相同时间内，模拟地下水原位除砷过程中砷的穿透更加滞后，砷的吸附量尚未达到饱和，因此砷的吸附仍然可以进行，亦即将有更多的砷可以被去除。上述研究结果对于实际的场地实施是一个重要的发现，因为原位镀铁技术在运用到高砷含水层时，很可能表现出更好的除砷效率（出水中砷的含量保持在低水平）和更长的使用寿命（砷的穿透大大延迟）。

对比实验柱 III 和 IV 中铁镀层的扫描电镜形貌图可以发现，当 As（V）和 Fe（II）被同时注入时，氧化后形成的矿物相结晶性较差[图 14-2-9（c）]。从 EDS 能谱分析结果[图 14-2-9（d）]可知，镀层中砷与铁质量分数均明显升高，分别达 3.10% 与 12.27%，说明新形成的铁氧化物可能以无定型的矿物相或结晶性差的水铁矿为

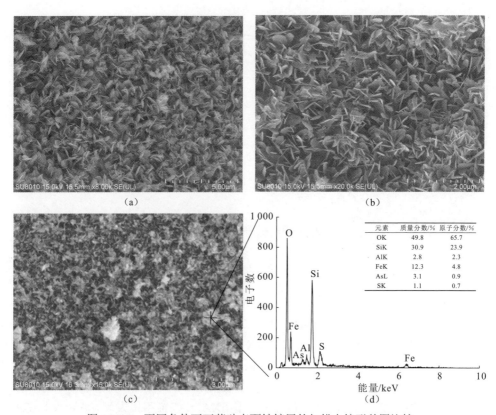

图 14-2-9　不同条件下石英砂表面铁镀层的扫描电镜形貌图比较

（a）柱 I 中石英砂表面镀层微观形貌图；（b）柱 III 中石英砂表面镀层微观形貌图；

（c）柱 IV 中石英砂表面镀层微观形貌图；（d）对应（c）中微观区域 X 射线能谱图

主，且在铁矿物形成的同时砷被固定。新形成的铁氧化物通常有高的（吸附）表面积（Cornell and Schwertmann, 2003），从而促进砷的去除。As（V）和 Fe（II）同时注入过程中，产生的铁矿物相与仅注入 Fe（II）时存在显著差异，表明砷可能参与了铁的氧化成矿过程。铁矿物形成的过程中，可能存在两种砷与铁的作用方式：①如同实验柱 III 中的情形，Fe（II）首先被氧化形成铁矿物相负载在石英砂颗粒表面，然后吸附水相中的砷；②Fe（II）氧化沉淀的同时砷也参与其中，发生砷与铁共沉淀的现象，因砷的参与会导致生成的铁矿物结晶性差（Jiang et al., 2013; Dixit and Hering, 2003）。柱 IV 中铁矿物相的显著差异指示模拟地下水原位除砷过程中可能以上述第二种结合方式为主，即砷的去除同时受到共沉淀作用的影响。

红外光谱分析结果表明（图 14-2-10），相比于柱 I 和 III，柱 IV 铁镀层谱图中

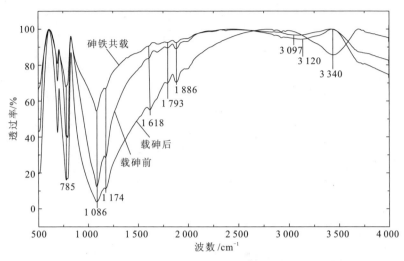

图 14-2-10　不同条件下制得的石英砂表面铁镀层的红外谱图比较

1 085.73 cm^{-1} 处吸收峰明显减弱，可能是由于 As 同时与相邻的一对—O—Fe 成键，束缚了 Fe—O 键的振动（Carabante et al., 2009）。相比于砷吸附前的铁氧化物，柱 IV 中镀铁层的 Fe—（O—H）在 3 120.26 cm^{-1} 处吸收峰发生了红移，这可能是由于 As—O—H 的成键方式使 O—H 键的振动频率降低（Wang and Mulligan，2008）。上述证据表明，柱 IV 中砷与铁可能以双齿双核络合的方式相结合[图 14-2-7（b）中第二种情形]。Waychunas 等（1993）运用 EXAFS 表征手段发现，As（V）在水铁矿这类结晶较差的铁氧化物上，主要是通过形成双齿双核络合物而发生吸附，但也同时存在单齿单核的络合吸附作用。Carabante 等（2009）指出，双齿双核内球面型络合物在热力学上更稳定，因此，砷与无定型铁氧化物表面的结合大多属于此类型。Sun 和 Doner（1996）及 Lumsdon 等（1984）通过傅里叶变换-红外光谱法研究此双齿双核络合物时发现，砷通过在铁氧化物表面与羟基形成砷配合物而发生络合反应。另外，Gräfe 等（2004）的研究表明，在 As（V）含量较高时，As（V）还可在铁氧化物上发生表面沉淀作用而从水相中被去除。

14.2.3　基于硫化亚铁的原位固砷技术

对于强还原性高砷含水层，基于 Fe（II）氧化沉淀的固砷方法可能遭遇某些难题。例如，强还原性条件很可能难逆转，铁氧化物的还原溶解过程相对难以抑制，可能导致砷的二次释放。因此，探寻适应于强还原性高砷含水层的原位固砷方法十分必要。有研究指出，强还原条件下硫酸盐还原产生的硫化亚铁沉淀可显著降低水砷浓度，并且多种类型的硫化亚铁矿物，包括马基诺矿、单硫铁矿和黄铁矿等，均对砷有较强的亲和力（Omoregie et al., 2013; Kirk et al., 2004; Bostick and Fendorf, 2003）。此外，含水层中土著微生物的活动亦可显著促进硫酸盐还原及硫化亚铁的生成（Omoregie et al., 2013）。因此，硫化亚铁固砷方法可能是强还原性高砷地下水水质改良的一种全新思路。在孟加拉国高砷区开展的小尺度场地研究指出，通过刺激硫酸盐还原以促进硫化砷沉淀作用，能够有效地降低地下水中砷的含量（Buschmann and Berg, 2009）。Kirk 等（2010）通过对比实验发现，当溶解态亚铁与硫化物大量共存时，硫化亚铁的沉淀过程可促使砷通过吸附作用被固定，并指出液相中 Fe^{2+} 和 S^{2-} 浓度水平及其比例是控制除砷率的主要因素。也有研究指出，厌氧环境中砷的固定与黄铁矿的形成密切相关，且砷可以进入黄铁矿的晶格结构或晶格孔隙，形成砷黄铁矿或含砷类黄铁矿（Bostick and Fendorf, 2003）。在 Saunders 等（2008）的场地试验中，通过注入硫酸盐和糖浆将孟加拉国含水层中的水砷质量浓度降低到了 10 μg/L 以下。

　　基于铁氧化物的原位固砷方法在高砷地下水修复中的应用已经得到了广泛而深入的研究（Prucek et al., 2013; Zhang et al., 2013; Gupta and Ghosh, 2009; Su and Puls, 2008）。相反，关于铁硫化物在高砷地下水处理中的应用少见报道（Henderson and Demond, 2013; Omoregie et al., 2013; Han et al., 2011）。尽管铁硫化物作为除砷材料在强还原性高砷地下水修复方面具有广阔前景，但鲜有研究致力于阐述与探讨含水层原位生成硫化亚铁对高砷地下水水质改良的适用性。鉴于此，本小节的主要目的在于：①研发一种在石英砂介质表面涂镀硫化亚铁材料的交替引入试剂方法；②评价该方法用于含水层原位固砷的有效性与可行性；③探讨硫化亚铁镀层的固砷机理。

1. 硫化亚铁镀层制备及条件优化

1）硫化亚铁镀层制备

　　所有实验柱规格为长 L=30 cm，内径 ID=4.5 cm，容积 $V_柱$=477 cm³，玻璃材质（实验柱符合 $L \geq 4 \times ID$，确保填装柱均匀的有效孔隙度），实验柱及相关配件（如导管、密封圈等）均用质量分数为 15% 的盐酸溶液浸泡 48 h 后，用去离子水冲洗洁净，晾干备用。选用石英砂（粒径为 0.30～0.84 mm）模拟含水层介质颗粒，用去离子水反复清洗洁净备用。

　　采用湿法填装实验柱，此过程中确保实验柱充满水且没有空气混入，以保证石英砂填装均匀和处于无氧环境。采用多通道泵和低透气的聚四氟管线控制柱内水流速。

　　制备过程示意图如图 14-2-11 所示，具体实验步骤如下。

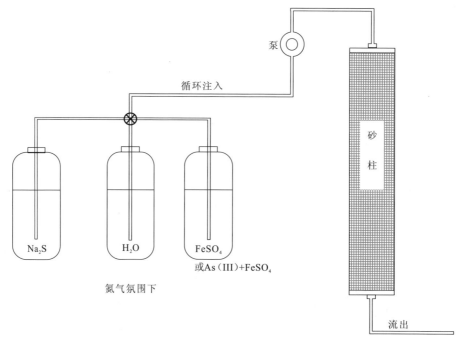

图 14-2-11 基于生成硫化亚铁原理的除砷铁镀层制备示意图

第一步：以 $v_i = 4$ mL/min 进水速率泵入 5 mmol/L FeSO$_4$ 溶液（厌氧条件，DO 质量浓度 < 0.01 mg/L）1 min；

第二步：以相同进水速率泵入无氧去离子水 1 min；

第三步：以相同进水速率继续泵入 4 mmol/L Na$_2$S 溶液 1 min；

第四步：保持进水速率，再次泵入无氧去离子水 1 min。

重复操作上述四个步骤，至实验柱中石英砂颜色无明显变化且流出液中 Fe 含量基本恒定时，完成除砷材料制备。

2）制备条件优化

按照上述制备方法，选定 FeSO$_4$ 和 Na$_2$S 溶液的物质的量浓度分别为 5 mmol/L 和 4 mmol/L，观察不同负载时间内实验柱内颜色的变化，判定最佳负载时间。该组实验柱标记为 V。

按上述方法准备三个实验柱，将 FeSO$_4$ 与 Na$_2$S 溶液物质的量浓度分别设定为 1 mmol/L 与 0.8 mmol/L、2 mmol/L 与 1.6 mmol/L 及 4 mmol/L 与 3.2 mmol/L。按照相同注入方法，观察相同时间内不同实验柱颜色的变化，判定最佳试剂浓度及配比。该组实验柱依次标记为 VI-a、VI-b 和 VI-c。

3）除砷柱实验

选取荧光素钠为惰性示踪剂，对比监测砷的延迟穿透过程。先泵入 $10V_孔$ 体积的无氧去离子水冲洗实验柱 V，后以 $v_j = 4$ mL/min 速率向实验柱 V 中连续泵入 0.29 mmol/L 的荧光素钠溶液。实验过程中每隔 1 min 用自动部分收集器收集一份流出液样品，并立即测定荧光素钠浓度，最后绘制荧光素钠穿透曲线。

在大同盆地，强还原性环境中水砷以 As（III）为主要存在形式（Pi et al., 2016）。本小节选取 NaAsO₂ 模拟地下水中的 As（III）存在形态。通过 NaAsO₂ 穿透实验评价所制备除砷材料对还原性高砷地下水的修复效果。通过对比荧光素钠与 NaAsO₂ 的穿透曲线，评价该材料的除砷效率，并通过测定镀层中铁和砷的总量，计算除砷容量。

除砷实验过程如下。

第一步：以 $v_j = 4$ mL/min 的速率连续泵入 $10V_孔$ 的无氧去离子水冲洗实验柱 V；

第二步：保持进水速率，将 1 000 µg/L 的 As（III）溶液泵入实验柱 V 中，每隔 1 h 收集一份流出液样品，收集完成后取 5 mL 用于 As（III）与 As（V）分离（Le et al., 2000），剩余样品滴加 1～2 滴优级纯浓 HCl 酸化至 pH 小于 2，避光冷藏保存，在 72 h 内测定总砷浓度；

第三步：当流出液和注入液中 As 浓度一致并在一段时间内保持稳定后，将注入液替换为无氧去离子水，终止实验，将砷吸附饱和后的镀铁石英砂柱（标记为 VII）避光保存好待用。

小心将实验柱 VII 中的全部镀铁石英砂转移至锥形瓶，先加入 500 mL 6 mol/L HCl 溶液，沸水浴振荡提取 30 min，静置 12 h 后，收集溶液，并再次用 6 mol/L HCl 溶液重复上述清洗过程，直到石英砂表面不见残留物为止，最后用去离子水清洗石英砂三遍，收集所有清洗液，用去离子水定容至 2 L 后测定铁和砷的含量，并计算除砷容量。

4）含水层原位镀铁固砷模拟

依照上述方法准备空白石英砂柱。为模拟实际地下水环境和含水层原位固砷过程，将 FeSO₄ 溶液替换为 Fe（II）+As（III）溶液，其他条件保持不变。实验装置始终处于恒定的正静水头以阻止氧气的进入。采用上述四步交替循环法，以 $v_j = 4$ mL/min 进水速率向空白石英砂柱中依次注入 Fe（II）+As（III）溶液、无氧去离子水和 Na₂S 溶液。每间隔 4 h 用自动样品收集器收集一份流出液样品，4 ℃ 冷藏保存待测，约 800 h 后完成模拟实验。该实验柱标为 VIII。实验装置组装及整个实验过程均在厌氧手套箱中进行，以避免氧气的影响。

实验完成后收集柱内镀铁石英砂，提取出铁和砷并测定其含量，计算所制备材料对砷的吸附容量。

5）分析方法

当实验柱完全充水后，使柱中水在重力作用下全部释出，用天平测定出水质量，取多次实验结果平均值，作为柱内孔隙水质量 $m_孔$，计算柱孔隙体积 $V_孔$，从而得到石英砂柱孔隙度 η。孔隙度计算公式同式（14-2-5）。实验柱中砷阻滞因子（R_{As}）的计算公式同式（14-2-6）。

2. 镀铁石英砂制备条件优化

通过调整柱实验条件，判定制备硫化亚铁涂层的最佳负载时间、最佳试剂浓度及相应的孔隙度变化情况。上述结果对于后期含水层原位固砷的实践具有重要的指导意义（Han et al., 2011）。

试剂注入过程中，实验柱 V 中石英砂表面涂层的灰黑色随时间延长逐渐加深，且各时刻的颜色分布相对均匀。在负载时间 t 达 120 h 后，实验柱中石英砂涂层颜色无明显变化，且流出液中 Fe 含量无明显降低，因此可将 120 h 设定为最佳负载时间。在除砷材料制备完成后，实验柱中石英砂表面呈均匀灰黑色，推测该灰黑色物质可能为铁的（多）硫化物。由于无氧去离子水的交替注入形成反应缓冲区，该实验过程中无堵塞现象发生。

注入试剂的浓度及配比对石英砂表面镀层的制备效果有显著的影响。当 $FeSO_4$ 与 Na_2S 溶液物质的量浓度偏低（$FeSO_4$：2 mmol/L，Na_2S：1.6 mmol/L）时，实验柱下端石英砂表面颜色偏浅，即使增加负载时间，石英砂柱表面颜色变化仍不明显，由此可见溶液浓度偏低时下端石英砂无法负载足量的铁硫化物沉淀，其原因可能是水流的重力冲刷作用使得新生成的少量铁硫物难以附着。当 $FeSO_4$ 与 Na_2S 溶液物质的量浓度分别增加至 5 mmol/L 与 4 mmol/L 时，实验柱颜色相对更深也较均匀，说明铁硫物的负载量更多，分布相对均匀，有利于除砷效果的提高。当进一步增加 $FeSO_4$ 与 Na_2S 溶液的注入物质的量浓度，会在石英砂柱上部出现堵塞现象，因此本小节选定 $FeSO_4$ 与 Na_2S 溶液的最佳物质的量浓度分别为 5 mmol/L 与 4 mmol/L。

柱实验结果表明，相比于镀铁前空白砂柱，在上述三种不同注入液浓度条件下制得的镀铁石英砂柱（实验柱 VI-a、VI-b、VI-c）的孔隙度无显著变化（< 0.1%）。

3. 硫化亚铁镀层对 As（III）的吸附

通过对比实验柱 V 中荧光素钠和 As（III）的穿透曲线探讨了铁硫化物涂层对 As（III）的去除效率。显而易见，荧光素钠和 As（III）的穿透过程存在显著的差异（图 14-2-12）。当试剂注入速率 v_j 为 4 mL/min 时，荧光素钠在约 25 min（100 mL，

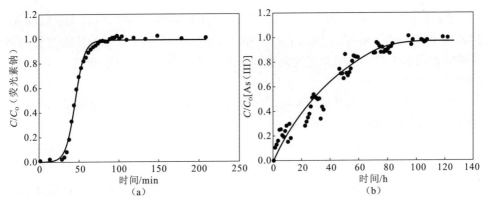

图 14-2-12 镀铁实验柱 V 中（a）荧光素钠穿透曲线和（b）As（III）穿透曲线

0.94$V_{孔}$）时开始穿透，其完全穿透时间约为 1.25 h。As（III）在约 1 h（240 mL，2.26$V_{孔}$）时开始穿透，在 100 h（24 L，225.5$V_{孔}$）趋于稳定。砷的穿透有明显滞后，其阻滞因子 $R_{As（III）}$ 约为 37，说明大量的砷被束缚在了硫化亚铁镀层中。高的 $R_{As（III）}$ 值说明硫化亚铁镀层对 As（III）有着良好的固定效果。

研究表明，在较宽的 pH 范围内，铁硫化物亦能通过吸附作用固定砷（Wolthers et al., 2005; Bostick and Fendorf, 2003; Farquhar et al., 2002）。根据流出液的 pH 和 pE 值绘制了砷的 pH-pE 稳定场图（图 14-2-13）。大多数流出液样品落在 AsS 和 FeS 的稳定场内，表明了实验过程中柱体内生成了 AsS 和 FeS。研究发现，在约

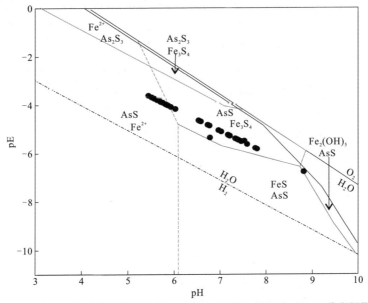

图 14-2-13 亚铁硫化物镀层负载 As（III）过程中流出液 pH-pE 稳定场图

5.5～9.0 的 pH 范围内，FeS 和 FeS$_2$ 均具有较强的砷吸附能力（Bostick and Fendorf, 2003）。因此，在本小节中相比于荧光素钠，实验柱 V 内 As（III）穿透过程的显著滞后表明 FeS 对砷的吸附是控制砷固定的主要过程。上述过程导致了 As（III）的阻滞与固定。

此外，铁硫化物还可直接与吸附的砷反应并生成砷硫化物（Gallegos et al., 2008; Bostick and Fendorf, 2003）：

$$2FeS + H_2AsO_3^- + 2H_2O \Longrightarrow AsS + Fe_2（OH）_5 + HS^- \quad\quad（14\text{-}2\text{-}7）$$
$$7FeS_2 + 2H_3AsO_3 \Longrightarrow 3FeS_4 + 2FeAsS + 2Fe（OH）_3 \quad\quad（14\text{-}2\text{-}8）$$

从图 14-2-13 可知，As（III）与铁硫化物反应的确导致了雌黄等砷硫化物的形成。因此，还原条件下砷硫化物沉淀在铁硫化物镀层表面的形成，表明 As（III）与硫化亚铁矿物相的反应可能是成功控制水砷浓度的另一重要过程。此外，伴随铁氧化物的形成，碱性条件下 As（III）也可被这些 Fe（III）沉淀相吸附，从而促进 As（III）的固定。

尽管该实验条件下得到的砷阻滞因子较高，但在含铁硫化物涂层的柱体系中，As（III）的穿透速度要快于铁氧化物涂层的石英砂柱体系（Xie et al., 2015），这说明 As（III）与铁硫化物涂层的反应过程较缓慢。因此，铁硫化物涂层柱内 As（III）的穿透速度主要受 As（III）和铁硫化物涂层之间的反应控制。

对柱 VII 内矿物进行提取测试分析，结果显示柱内镀铁量为 0.91 g，与之结合砷的总量为 40.91 mg。这说明当试剂注入速率为 4.0 mL/min 时，As（III）在铁硫化物上的动态吸附平衡比例为 44.94 mg As/g Fe，亦即 0.034 mol As（III）/mol Fe。Bostick 和 Fendorf（2003）研究发现，在 pH 为 7 的条件下，黄铁矿和单硫化亚铁对 As（III）的最大吸附容量分别为 0.028 mol As（III）/mol Fe 和 0.001 mol As（III）/mol Fe。这些值均低于本研究中铁硫化物涂层对 As（III）的吸附容量。由以上讨论可知，As（III）和硫化亚铁、黄铁矿的反应可能会通过加强砷硫化物的沉淀作用来强化铁硫化物对砷的固定作用，导致 As（III）在固相上的保留量增加。因此，在铁硫化物涂层上得到的高的 As（III）/Fe 比值除吸附过程外，还归因于砷的硫化物（如二硫化二砷）沉淀的产生。

4. 铁硫化物镀层除砷机理

从实验柱 V 中铁硫化物涂层的扫描电镜图[图 14-2-14（a）]可以看到，在石英砂表面裹覆了一层针状硫化亚铁晶体颗粒。石英砂表面密布的细小裂缝非常有利于铁硫化物聚集体的形成和生长，这与之前观测到的石英砂表面铁氧化物镀层形成过程类似（Xie et al., 2015）。为了更好地观察铁硫化物涂层特性，用 EDS 和

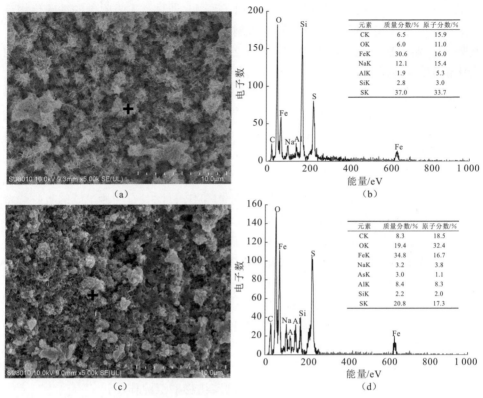

图 14-2-14　柱 V 中砷负载前后 FeS 镀层扫描电镜形貌图及对应 X 射线能谱图

（a）砷负载前镀层的微观形貌图；（b）对应（a）中目标区域的 X 射线能谱图；

（c）砷负载后镀层的微观形貌图；（d）对应（c）中目标区域的 X 射线能谱图

FT-IR 对石英砂上的铁硫化物涂层进行了分析测试。EDS 结果表明铁硫化物涂层主要由 C（6.5%）、O（6.0%）、Fe（30.6%）、Na（12.1%）、Al（4.9%）、Si（2.8%）和 S（37.0%）组成[图 14-2-14（b）]。经过盐酸洗提后的石英砂主要成分为 O、C、Al 和 Si。EDS 结果表明石英砂表面主要由铁硫化物覆盖。通过 EDS 结果得到的 Fe/S 摩尔比为 1/2，可推断铁硫化物涂层的主要成分为黄铁矿。

当砷被吸附到铁硫化物涂层上后，可以看到铁硫化物的形貌发生了显著变化[图 14-2-14（c）]。含 As（III）的铁硫化物涂层主要为薄层的弱结晶态矿物相，只能观察到少量草莓状结晶态矿物相。从铁硫化物涂层形貌的变化可以推断，在 As（III）的吸附过程中，As（III）和铁硫化物发生了反应。吸附了 As（III）的铁硫化物涂层的 EDS 结果说明铁硫化物涂层的化学组分已发生明显变化，主要由 C（8.3%）、O（19.45%）、Fe（34.8%）、Na（3.2%）、As（3.0%）、Al（8.4%）、

Si（2.2%）和 S（20.8%）组成［图 14-2-14（d）］。通过与未吸附砷的铁硫化物涂层对比，硫的质量分数从 37.0% 降至 20.8%，氧的质量分数从 6.0% 升至 19.45%。在吸附了 As（III）后，Fe/S 摩尔比由 1/2 增加至 1/1。铁硫化物涂层化学组分的变化说明，在 As（III）的吸附过程中可能发生了式（14-2-7）和/或式（14-2-8）的反应，最终导致铁硫化物涂层化学组分和形貌的改变。此外，从 EDS 结果还可以观察到［图 14-2-14（d）］，在吸附 As（III）后，铁硫化物中砷的质量分数从低于检出限明显增加至 3.0%。铁硫化物涂层中含有如此高含量的砷主要是由于砷硫化物沉淀的形成［式（14-2-7）和式（14-2-8）］。

　　FT-IR 结果进一步证实了 As（III）和铁硫化物涂层之间存在反应。与砷负载前的谱图相比，砷吸附后的铁硫化物涂层的 FT-IR 谱图具有明显不同的吸收峰特征（图 14-2-15）。吸附砷后，羟基伸缩振动吸收峰从 3 509 cm^{-1} 移至 3 432 cm^{-1}。这种红外偏移可能是 As（III）和铁氧化物通过式（14-2-8）在表面生成的配合物所致。极有可能 As（III）和产生的铁氧化物在表面反应形成了 As—O—H 键，进而造成了 O—H 振动模式的改变，降低了 O—H 键的振动频率（Wang 和 Mulligan，2008）。另外，值得注意的是，砷吸附后，与 Fe—S 键相关的两个红外吸收峰 1 583 cm^{-1} 和 2 325 cm^{-1} 的强度均有所降低，且在 1 551 cm^{-1} 和 2 586 cm^{-1} 处吸收峰的强度明显减弱，以上结果均证实 As（III）沉淀的产生（Pereira et al.，2014；Golsheikh et al.，2013）。因此，铁硫化物除砷的机理为 As（III）和铁氧化物的表面配位作用即式（14-2-7）和式（14-2-8）提到的部分砷硫化物的沉淀作用。

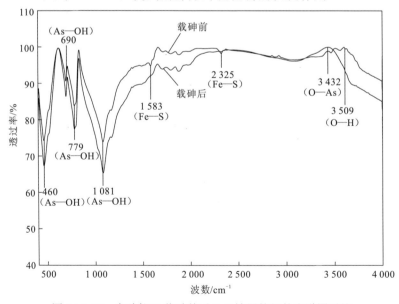

图 14-2-15　实验柱 V 载砷前后 FeS 镀层的红外光谱图对比

5. 含水层原位固砷模拟

为了模拟真实环境下的含水层原位镀铁固砷过程，向填充好的石英砂柱交替注入 Fe（II）+As（III）和 Na$_2$S 溶液。在注入实验初期，流出液中砷质量浓度显著下降，随后砷质量浓度降低趋势变缓，在注入 300 h 后，流出液中砷质量浓度降至20 μg/L（图 14-2-16）。以上结果说明通过该法原位处理砷污染地下水时能获得较高的除砷效率。涂覆在石英砂上的铁质量为 2.64 g，与之结合的砷质量为 291.1 mg。铁镀层对砷的去除能力为 109.7 mg As/g Fe，远高于前述实验中得到的铁硫化物涂层对 As（III）的动态吸附容量及硫化亚铁和二硫化铁对 As（III）的最大吸附容量（Bostick and Fendorf, 2003）。这说明铁硫化物对 As（III）的吸附和/或 As（III）与铁硫化物的反应都不能很好地解释本实验中得到的较高的 As/Fe 摩尔比。交替注入 Fe（II）+ As（III）和 Na$_2$S 溶液可能会产生含砷黄铁矿和含砷硫化物沉淀（Couture et al., 2013; Blanchard et al., 2007）：

$$3S^{2-} + 3Fe^{2+} + 2H_3AsO_3 = As_2S_3 + 3Fe（OH）_2 \qquad （14\text{-}2\text{-}9）$$

$$3S^{2-} + 3Fe^{2+} + H_3AsO_3 = FeS_2 + FeAsS + Fe（OH）_3 \qquad （14\text{-}2\text{-}10）$$

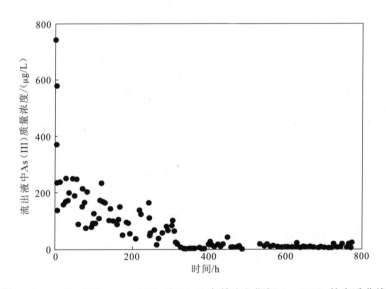

图 14-2-16　Fe（II）+ As（III）和 Na$_2$S 交替注入期间 As（III）的穿透曲线

值得注意的是，几乎所有流出液样品中都存在稳定的硫化砷和 Fe（II）（图 14-2-17）。该结果说明在交替注入 Fe（II）+As（III）和 Na$_2$S 时，As（III）和 S^{2-}直接反应产生了含砷硫化物沉淀。更为重要的是，式（14-2-9）和式（14-2-10）的反应速率比式（14-2-7）和式（14-2-8）快，因为式（14-2-7）和式（14-2-8）

发生在铁硫化物涂层的表面。以上结果说明式（14-2-9）和式（14-2-10）除砷能力要强于式（14-2-7）和式（14-2-8）。因此，本实验中得到的铁硫化物涂层中高 As/Fe 比主要是因为在交替注入 Fe（II）+As（III）和 Na_2S 的过程中产生了砷硫化物沉淀。

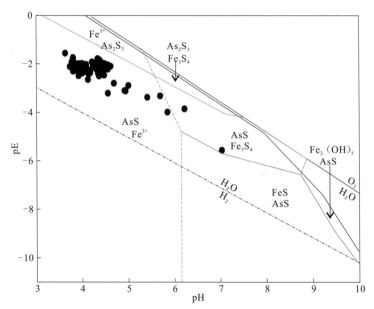

图 14-2-17　Fe（II）+As（III）和 Na_2S 交替注入期间流出液样品在 pH-pE 稳定场图中的分布

　　在交替注入 Fe（II）+As（III）和 Na_2S 的实验中得到的高 As/Fe 摩尔比说明，该方法在处理高砷地下水方面具有较好的应用潜力。值得注意的是，在实验过程中，即使将注入时间延长至 800 h 也没观察到砷的穿透，这说明在交替注入 Fe（II）+As（III）和 Na_2S 时，还可继续处理更多的 As（III）。根据以上讨论可知，产生该现象的原因可能是式（14-2-9）和式（14-2-10）中产生了含砷黄铁矿和砷硫化物沉淀。此外，相对于 As（III），本实验中注入了过量的 Fe（II）和 S^{2-}，因此，As（III）能通过式（14-2-9）和式（14-2-10）被完全消耗掉。结果导致在实验过程中，流出液砷浓度能够一直保持在较低水平。

　　在交替注入 Fe（II）+As（III）和 Na_2S 完成后，柱内石英砂基本上已被一层结晶状微球粒矿物相层所覆盖（图 14-2-18）。这种结晶性微球粒形貌是典型的黄铁矿特征。从 EDS 结果可看到，铁硫化物涂层的化学组分主要有 O（3.8%）、Fe（46.5%）、As（3.7%）、Al（1.3%）和 S（44.8%）。Fe/S 摩尔比略高于 1/2，可以断定铁硫化物涂层中主要为黄铁矿。黄铁矿能够吸收大量的砷（质量分数可达到

10%)（Blanchard et al.，2007）。在还原条件下，吸附的 As（III）能够代替黄铁矿中的硫形成含砷黄铁矿，最终导致 Fe/S 摩尔比略高于 1/2。此外，在铁硫化物涂层上也观察到了一些非晶态矿物相（图 14-2-18）。这些非晶质矿物可能是式（14-2-9）和式（14-2-10）产生的砷硫化物沉淀。因此，可以推断，这些砷硫化物沉淀能够明显促进砷的固定，这也是交替注入 Fe（II）+As（III）和 Na$_2$S 体系的原位固砷潜在机理。

元素	质量分数/%	原子分数/%
OK	3.8	9.1
AsL	3.7	1.9
AlK	1.3	1.9
SK	44.8	54.5
FeK	46.5	32.5

（a）　　　　　　　　　　　（b）

图 14-2-18　Fe（II）+As（III）和 Na$_2$S 交替注入时镀层扫描电镜图（a）及 X 射线能谱图（b）

此外，FT-IR 分析结果也为交替注入 Fe（II）+As（III）和 Na$_2$S 体系的固砷机理提供了重要信息。在交替注入上述溶液过程中，生成的铁镀层 FT-IR 谱图和砷吸附后的铁硫化物涂层表现出相似的特征（图 14-2-19）。值得注意的是，在交替注入 Fe（II）+As（III）和 Na$_2$S 体系中，产生的铁镀层在 460 cm^{-1}、690 cm^{-1}、779 cm^{-1} 和 1 081 cm^{-1} 处的吸收峰强度均有所减小，3 432 cm^{-1} 处的吸收峰移至 3 407 cm^{-1}。上述结果说明，交替注入体系的固砷机理可能完全不同于前文提及的 As（III）和铁硫化物之间的反应。在 460 cm^{-1}、690 cm^{-1}、779 cm^{-1} 和 1 081 cm^{-1} 处吸收峰强度降低，可能是因为 As—OH 键振动的减弱，这种减弱可能与砷和硫化物反应产生了多硫化物结构的物质有关。从上述讨论可知，FT-IR 谱图中 3 407 cm^{-1} 处的吸收峰是 As（III）和铁氧化物的表面配位反应所致。FT-IR 谱图中 3 687 cm^{-1} 处吸收峰的增强是因为生成了 As—S 键，这与产生硫化砷和三硫化二砷等硫化物沉淀的结果相符合。黄铁矿的特征吸收峰从约 2 325 cm^{-1} 处移至约 2 295 cm^{-1}，且吸收峰强度有一定程度的增强，这可能是由于黄铁矿中的硫被 As 取代所致。该取代过程导致了黄铁矿表面的正电荷增加。因此，O—H 键振动强度被大幅削弱，且黄铁矿 FT-IR 吸收峰减弱和红移。所以，综合 SEM-EDS 和 FT-IR 结果可知，式（14-2-9）和式（14-2-10）很可能是交替注入 Fe（II）+As（III）和 Na₂S 体系原位固砷的主要机理。

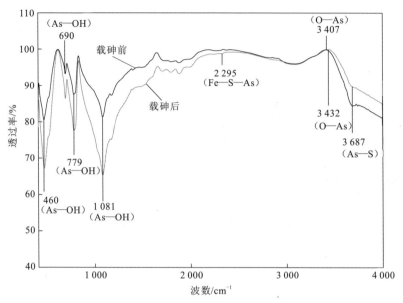

图 14-2-19　Fe（II）+As（III）和 Na₂S 交替注入与实验柱 V 载砷后 FeS 涂层的红外光谱图对比

14.3　场地尺度试验

通过室内实验确定技术参数、除砷机理及主要工艺流程后，还需通过场地试验进行实践应用研究，以明确通过调控含水层环境原位修复高砷地下水的可行性。

在基于亚铁氧化沉淀的方法中，碱性 pH 条件下，亚铁被氧化后可转化为针铁矿（FeOOH）或水铁矿[Fe（OH）₃]（Sorg et al., 2015; Fu et al., 2014; Neumann et al., 2013; Pedersen et al., 2006）。该过程中除了水砷被固定外，铁氧化物在沉积物表面的沉淀亦可抑制砷通过水-沉积物相互作用释出。砷原位固定的主要机理为砷在铁氧化物表面的吸附及砷与铁矿物相的共沉淀反应（Roberts et al., 2004）。然而，这些过程可能受到一系列因素的影响，包括地下水氧化还原势和其他共存离子等。例如，普遍存在的还原性高砷地下水环境对于铁氧化物固砷方法来说是一个严峻的考验。这是因为铁氧化物可能发生还原溶解，并导致 Fe（II）和 As 再一次被释放到地下水中（Xie et al., 2013a）。Roberts 等（2004）研究发现，Fe（III）氧化物/氢氧化物在氧化性或弱还原性条件中可稳定存在一年以上。因此，运用铁氧化物修复氧化性或弱还原性高砷地下水极具可行性。此外，天然地下水系统是一个复杂得多组分系统。高浓度水平的磷酸盐和碳酸氢盐的存在很可能导致铁氧化物表面吸附的砷被释放（Biswas et al., 2014; Ciardelli et al., 2008）。因此，为了攻克天然含水层中遇到的这些难题，不仅需要强化铁氧化物的形成，而且要求促进 As（III）向 As（V）转化以增强砷在铁氧化物上的吸附或共沉淀。如前所述，含水层介质表面镀铁方法可以实现地下水中砷的高效原位去除（Xie et al., 2015）。然而，该技术在被实际应用之前，包括交替注入 Fe（II）和氧化剂的镀铁方法对氧化性或弱还原性高砷地下水的适用性，以及地下水中碳酸氢根、磷酸根及硫酸根等共存离子与砷的竞争吸附效应等问题，必须通过场地尺度的试验进行深入研究与探讨。

因此，本小节通过场地试验，并结合水化学监测和地球化学模拟手段旨在：①验证含水层镀铁固砷方法对弱还原性高砷地下水的适用性；②分析修复过程中影响铁镀层除砷效率的因素；③揭示含水层镀铁原位修复高砷地下水的机理。

1. 试验场地概况

山西省山阴县大营村由于严重的地下水砷污染,被选为本次野外试验研究区。大营村位于大同盆地中部（图 14-3-1），试验场地地下水流速较慢，水流由西南方向流经场地然后由场地东北方向穿出。高砷地下水主要赋存于埋深小于 50 m 的浅层含水层。浅层含水层包含三个相对独立的承压含水层，其埋深由浅至深依次为埋深 20 m、28 m 和 38 m[图 14-3-1（b）]。作为隔水层的黏土及粉质黏土阻滞了空气中氧气及其他氧化性物质的进入，从而使地下水处于缺氧状态。含水层介质主要为灰黑色中粗砂夹杂粉细砂,砂层呈灰黑色主要是由于铁矿物包裹的石英、长石、碳酸盐、伊利石和绿泥石，并有大量的天然有机质存在。由于水文地球化学条件的差异，导致砷在地下水中的分布在空间上呈现显著差异。

1）场地试验

水化学调查发现试验场地地下水具有高砷（234 μg/L）、高 HS^-（30 μg/L）与低 SO_4^{2-}（26 mg/L）和 NO_3^-（低于检出限）含量特征。此外，场地地下水具有较低的氧化还原电位（Eh = -170 mV）。在场地范围内，共设置 5 眼深度均为 40 m 的井（其中 4 眼为注入井，1 眼为抽水井）用于含水层原位镀铁实验研究。5 眼井排布方式为：4 眼注入井在正方形的四个角，抽水井位于 4 眼注入井形成的正方形的中心（图 14-3-2），每眼注入井距离抽水井均为 5 m。5 眼井均采用高强度 PVC 管材成井，井管最大埋深为 40 m,并在距底部 0.5 m 以上设置高为 1.5 m 的花管（进水管）。

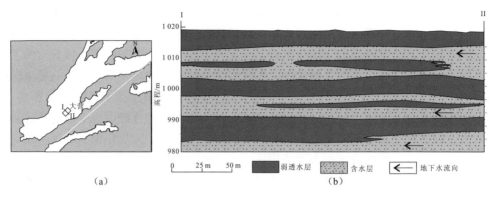

图 14-3-1　试验场地位置和水文地质剖面图

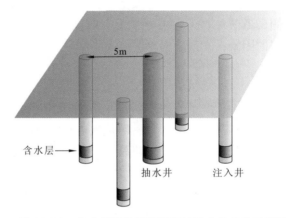

图 14-3-2　含水层原位镀铁现场试验井位布设示意图

分别以 $FeSO_4$ 和 NaClO 作为注入铁盐及氧化剂，采用 $FeSO_4$ 与 NaClO 交替注入方式以实现含水层原位镀铁。当 Fe（Ⅱ）被 NaClO 氧化后快速沉淀并在含水层介质表面形成铁的氧化物/氢氧化物膜。为防止在注入井附近形成大量沉淀而阻塞含水层，试验过程中在注入 $FeSO_4$ 和 NaClO 之间，注入无氧水使铁盐和氧化剂能在目标区域均匀分布，进而形成均匀的铁氧化物沉淀带。

具体现场操作步骤为：①同一时间分别将 20 L 的 5.0 mmol/L $FeSO_4$ 溶液以 4～5 L/min 的速率由 4 口注入井注入目标含水层；②分别将 20 L 无氧水以同样速率由 4 口注入井注入含水层；③暂停注入 2 h，使 Fe（Ⅱ）以天然流速在含水层中运移；④同一时间分别将 20 L 的 2.6 mmol/L NaClO 溶液以 4～5 L/min 的速率由 4 口注入井注入含水层；⑤分别将 20 L 无氧水以同样速率由 4 口注入井注入含水层；⑥暂停注入 2 h，使注入的氧化剂在地下水水流驱动下在含水层中运移。重复上述注入过程（步骤①～⑥）直到抽水井中铁浓度没有明显变化为止。

在整个试验过程中，抽水井中水化学参数（包括 pH、Eh 和温度等）采用 YSI 便携式水质分析仪测试。水样采集后立刻通过滴定法测试水样中 HCO_3^- 浓度。水样中总铁含量用便携式分光光度计（DR2800，HACH）在现场测定。样品经 0.45 μm 滤膜过滤后保存至 50 mL 经酸洗后的 HDPE 瓶中，并采用优级纯 HNO_3 酸化至 pH 低于 2，用于砷及其他组分的测试。阴离子分析样品经 0.45 μm 滤膜过滤后保存至 50 mL 经纯净水清洗的 HDPE 瓶中。根据 Le 等（2000）的方法用离子交换树脂（Missisauga, ON）对砷形态进行现场分离。用于砷形态分析的样品经过优级纯 HNO_3 酸化后保存至 10 mL 的洁净 HDPE 瓶中。

在场地试验前后各采集一次目标含水层中的沉积物样品，取样深度为 36.5～38 m。岩心样品采集完后立即密封并进行遮光保存。

2）地球化学模拟

根据场地水文地球化学及水文地质特征，建立镀铁过程的水文地球化学概念模型。运用 PHREEQC 模拟水流方向上的地球化学过程，模拟过程中所使用的数据库为 WATEQ4F.DAT （Parkhurst and Appelo, 2013）。在沿着水流方向上从注入井到抽水井的水流流速为 1.25 m/d。在整个试验过程中 Fe（II）被氧化形成铁氧化物沉淀，同时提供砷吸附位点。因此，铁氧化物吸附能力的动态变化对地下水中砷的迁移行为有着至关重要的影响。沉积物表面铁氧化物沉淀数量可由后期的化学提取结果计算得到。表面吸附模型采用双电子层扩散理论模型。模型中所使用的表面络合常数如表 14-3-1 所示。

表 14-3-1　铁氧化物吸附砷模型涉及的反应及其热力学常数

	反应方程式	$\lg K$
吸附点位质子化	$GoeOH + H^+ \Longrightarrow GoeOH_2^+$	9.2
	$2GoeOH + AsO_4^{3-} \Longrightarrow (GoeO)_2AsO_2^- + 2OH^-$	29.3
As（V）吸附反应	$GoeOH + AsO_4^{3-} + 2H^+ \Longrightarrow GoeOAsO_2OH^- + H_2O$	26.6
	$2GoeOH + AsO_4^{3-} + 2H^+ \Longrightarrow (GoeO)_2AsOOH + H_2O + OH^-$	33.0

注：GoeOH 代表针铁矿（吸附砷的主要铁氧化物）表面吸附点位，$\lg K$ 为 25 ℃时反应平衡常数的常用对数。

2. 水化学及水砷形态变化

注入试验开始后，抽水井中地下水的 EC 值随时间延长呈现逐渐增加的趋势 [图 14-3-3（a）]，说明铁盐和氧化物的确由注入井流经含水层并到达抽水井。与此同时，地下水中的砷被快速去除。As（III）质量浓度由初始值 166 μg/L 降到 10 μg/L

以下。通过对地下水水质的检测可发现，相对于铁的注入物质的量浓度 5.0 mmol/L（质量浓度 280 mg/L），地下水中铁质量浓度一直很低，变化范围为 0.19～0.49 mg/L。上述监测结果表明，注入的 Fe（II）在试验过程中被氧化形成铁氧化物沉淀。Fe（II）的氧化沉淀可以通过地下水 Eh 的明显增大得到证实[图 14-3-3（b）]。当地下水中存在强氧化剂时，Fe（II）在弱碱性环境中会形成针铁矿沉淀，而在碱性环境中会形成水铁矿沉淀（Bordoloi et al., 2013）。注入过程中对地下水中总铁含量的监测结果证明，99%注入的 Fe（II）被氧化为铁氧化物沉淀。铁和砷的同时去除说明砷与铁发生了共沉淀（Baskan and Pala, 2009）。整个实验过程中地下水的 pH 保持在一个相对稳定的范围（在 7.79 左右小幅波动）。因此，弱碱性至碱性条件有利于砷共沉淀和吸附从而被固定，其反应可表示为

$$FeOOH\downarrow + H_xAsO_4 \Longrightarrow H_xAsO_4 \equiv FeOOH\downarrow \qquad (14\text{-}3\text{-}1)$$

$$Fe（OH）_3\downarrow + H_xAsO_4 \Longrightarrow H_xAsO_4 \equiv Fe（OH）_3\downarrow \qquad (14\text{-}3\text{-}2)$$

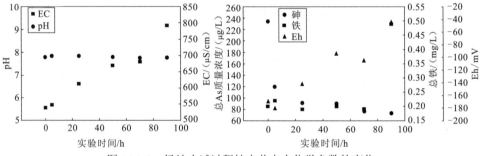

图 14-3-3　场地小试过程抽水井中水化学参数的变化

砷质量浓度及其形态分析可以提供试验过程砷固定并去除的更为详细的信息。在初始阶段 As（III）与 As（V）质量浓度的急剧下降可能是由于铁矿物沉淀对 As（III）和 As（V）的吸附（图 14-3-4）。氧化环境下，铁氧化物对 As（V）和 As（III）均有显著的吸附效果（Manning et al., 2002）。相对于 As（III），As（V）更易于被铁氧化物吸附（Dixit and Hering, 2003）。然而，地下水中 As（V）质量浓度呈上升趋势而 As（III）质量浓度则显著降低。此结果显然与 As（V）更容易被铁氧化物吸附的结论相悖。事实上，在连续注入过程中，NaClO 不仅会将 Fe（II）氧化，同时还会将 As（III）氧化为 As（V）。因此，在上述过程中观察到的 As（III）降低而 As（V）升高的原因在于，注入过程中氧化剂将 As（III）氧化为 As（V）的速度大于 As（V）吸附速度。

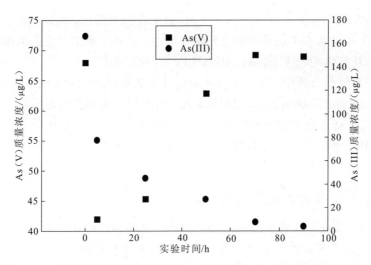

图 14-3-4　场地小试过程抽水井中 As（III）和 As（V）质量浓度的变化

　　注入过程中对地下水 Eh 与 pH 的监测结果显示，所有监测样品均落入铁氧化物 FeOOH 稳定场区域内，表明在注入过程中发生了亚铁氧化生成铁氧化物的过程（图 14-3-5）。氧化条件下砷的固定主要是由于 Fe（II）氧化形成 FeOOH，同

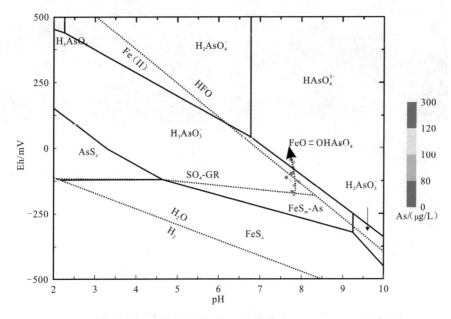

图 14-3-5　场地小试过程抽水井样品在 As-S-Fe-H₂O 稳定场图中的分布变化

时伴随着 As（III）被氧化为 As（V）并被 FeOOH 吸附所致。场地试验前，Fe（II）及 As（III）是地下水中铁与砷的主要赋存形态，且地下水中存在高浓度的砷。随着 Fe（II）及氧化剂的注入，As（III）与 Fe（II）分别被氧化为 As（V）和 FeOOH 沉淀。在整个试验过程中，地下水 pH（平均值为 7.79）低于 FeOOH 的 pH_{zpc}（7.5～9.5）（Cornell and Schwertmann, 2003），As（V）以带负电荷的形式存在于地下水中，从而会被带正电荷的 FeOOH 吸附，导致地下水中的砷被固定。因此，地下水中 As（III）被注入的氧化剂氧化为 As（V）并被新生成的铁氧化物吸附是氧化法砷原位固定的机制。

3. 含水介质表面铁镀层的形成

对比目标含水层中镀铁除砷前后沉积物样品微观形貌及矿物组成可以发现，注入前沉积物表面不存在明显的铁沉淀相，沉积物化学组成主要为 Fe、Si、Al 和 O 等，并没有检测到砷的存在[图 14-3-6（a）]。然而，镀铁后沉积物中砷质量分数高达 2.6%。同时，在镀铁后沉积物表面铁质量分数显著增加（24.2%）。

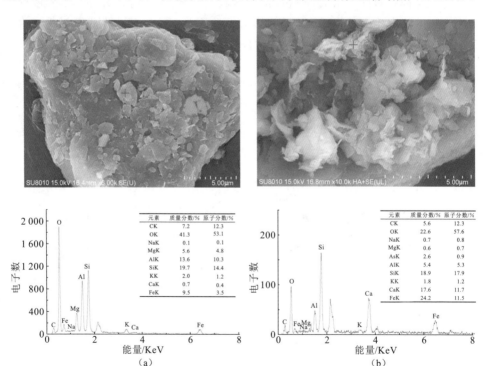

图 14-3-6　原位镀铁固砷前后沉积物扫描电镜图和对应 X 射线能谱图

（a）镀铁试验前；（b）镀铁试验后

从镀铁后沉积物颗粒的表面扫描电镜图可观察到沉积物表面存在不连续的铁膜沉淀[图 14-3-6（b）]。该结果表明，周期性地注入铁盐和氧化剂可成功实现在含水介质表面镀上铁膜。镀铁后沉积物表面可同时观察到高质量分数的砷和铁，说明在含水介质镀铁过程中实现了铁氧化物砷的原位固定。

　　为进一步揭示铁镀层的除砷机制，采用化学顺序提取方法对镀铁前后沉积物样品中铁和砷的质量分数变化进行了分析（表 14-3-2）。结果表明，沉积物中铁和砷质量分数的变化与沉积物的深度有关。沉积物中铁质量分数随深度增加从 1.30 mg/g 增加至 3.49 mg/g，说明相当量的铁已被成功地镀在沉积物表面。就沉积物中总铁质量分数来看，沉积物中结晶态铁氧化物及无定型的铁氧化物是沉积物中铁的主要存在形态，分别占到总铁质量分数的 39%～53% 与 29%～33%。在镀铁试验后沉积物中结晶态铁氧化物质量分数从 0.76 mg/g 增加到 2.80 mg/g。相对而言，无定形态的铁氧化物质量分数变化较小。在镀铁前后的沉积物样品中均发现含有少量的交换态的铁。由化学提取实验结果可知，在镀铁试验过程中铁主要生成了结晶态铁氧化物。相应地，在镀铁后观察到了砷在沉积物中质量分数明显增加。镀铁后由于铁沉淀层的形成导致砷的吸附/沉淀而被固定，从而使得沉积物中砷与铁质量分数的同时增高。随着沉积物中砷质量分数的增高，沉积物中可提取的砷质量分数从 0.32 μg/g 增加到 4.39 μg/g。其中，砷主要存在形式为结晶态铁结合的砷。在镀铁后，与结晶态铁结合的砷质量分数从 0.22 μg/g 增加到 3.17 μg/g。

表 14-3-2　含水层镀铁试验前后沉积物化学顺序提取分析结果

| 深度 /m | 不同赋存形式砷质量分数/（μg/g） | | | | | | | |
| | 注入试验后 | | | | 注入试验前 | | | |
	IE	Amor	Cry	Blk	IE	Amor	Cry	Blk
36.5	1.69	3.19	6.40	15.17	2.92	2.79	3.96	12.95
37	1.25	3.05	4.48	12.08	1.49	2.71	4.26	11.44
37.5	0.99	2.62	3.98	9.91	1.21	2.22	2.42	9.31
38	1.42	2.65	6.24	11.63	1.78	2.07	3.06	7.84

| 深度 /m | 不同赋存形式铁质量分数/（mg/g） | | | | | | | |
| | 注入试验后 | | | | 注入试验前 | | | |
	IE	Amor	Cry	Blk	IE	Amor	Cry	Blk
36.5	0.02	6.20	7.20	18.61	0.04	5.45	6.20	15.53
37	0.01	5.34	7.19	16.37	0.01	5.03	6.44	15.07
37.5	0.01	9.87	16.40	30.81	0.05	9.91	9.20	27.32
38	0.01	8.38	14.35	28.72	0.04	8.79	11.55	26.09

注：IE 为离子可交换态；Amor 为无定形态铁氧化物/氢氧化物相；Cry 为结晶态铁氧化物/氢氧化物相；Blk 为沉积物总量

同时，与无定形态铁结合的砷质量分数也有增加，从 0.22 μg/g 增加到 1.23 μg/g。离子交换态砷的减少主要是因为离子交换态砷转变为与铁氧化物结合态砷。化学提取试验结果表明，镀铁试验可通过形成铁氧化物沉淀并且以吸附/沉淀方式将砷从地下水中有效地去除。

如上所述，在镀铁试验过程中砷主要与铁氧化物发生共沉淀/吸附反应。研究表明，As（V）在铁氧化物表面的吸附与 pH 有关，当 pH 降低时吸附容量显著增加（Dixit and Hering, 2003; Manning et al.,1998）。水铁矿的表面零点电荷 pH 为 7.8~7.9，纤铁矿为 6.7~8，针铁矿为 8.9~9.5（Cornell and Schwertmann, 2003）。本试验场地内地下水平均 pH 在 7.8 左右。因此，仅有针铁矿对带负电荷的砷酸盐离子有吸附固定效果。所以，含水层沉积物中铁氧化物应为针铁矿沉淀，这与前述室内实验结果吻合。在针铁矿形成过程中，砷会吸附在生成的针铁矿表面阻碍矿物结晶的继续生长和 Fe—O—Fe 高聚物的絮凝生成（Yu et al.，2015）。针铁矿的这一生长特性会导致在镀铁试验过程中针铁矿只会增加表面积而其矿物本身的尺寸增长较小（Dixit and Hering, 2003）。在镀铁过程中，砷会继续在针铁矿表面吸附，而且在后续沉淀过程中还会持续向针铁矿表面聚集（Richmond et al.，2004）。

4. 含水层原位镀铁固砷过程的地球化学模拟

采用地球化学模型对含水层原位镀铁除砷过程进行了模拟。在模型中，砷酸盐作为唯一的被吸附物，针铁矿作为唯一的吸附质，吸附位点浓度则基于可提取的结晶态铁氧化物质量浓度。另外，表面吸附位点的量稍微高于砷质量浓度。模型模拟结果表明，砷在铁氧化物表面络合反应主要可以分为两个阶段（图 14-3-7）。在试验开始的前 20 h，砷与铁氧化物反应是一个非平衡吸附过程。此阶段模型预测值与砷的实际测量值相一致。表明当注入铁盐与氧化剂时，能在沉积物表面形成针铁矿，从而可以有效地通过吸附/沉淀固定砷（Richmond et al.，2004）。随后，在注入 30 h 后，砷与铁矿物的表面络合反应是一个平衡状态。此阶段，预测值和测试值均没有显著的变化。然而，在 30 h 后砷质量浓度计算结果低于检出限，低于砷的实际测量值。在模型模拟过程中，设定砷是唯一的吸附剂，而实际地下水环境中，碳酸根、磷酸根、硫酸根及其他组分也会被铁氧化物吸附（Biswas et al.，2014; Ciardelli et al., 2008）。因此，上述离子的竞争吸附使得针铁矿表面的吸附位点减少，进而导致砷的吸附容量降低。因此，改变模型中针铁矿表面吸附位点质量浓度可得到与砷测量值一致的计算结果。在提取的结晶态铁矿物中 Fe/As 摩尔比为 550~6 100（Dixit and Hering, 2003）。如此高的 Fe/As 摩尔比主要是竞争吸附离子的存在及铁氧化物表面积吸附位点显著减少所致。

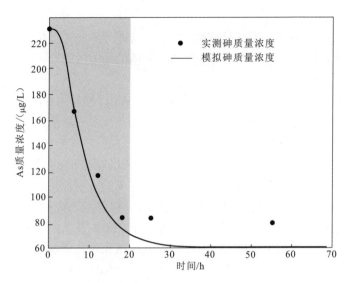

图 14-3-7 基于针铁矿表面吸附模型的地下水砷质量浓度计算值与实测值的比较

地球化学模拟结果与光谱数据及化学提取的结果均证实了在镀铁过程中水相砷被针铁矿吸附去除这一机制。在镀铁后沉积物中 Fe/As 摩尔比远高于 Dixit 和 Hering（2003）利用人工合成 HFO 除砷得到的 Fe/As 摩尔比。其他竞争吸附性离子如磷酸根、碳酸根的存在将通过竞争吸附作用占用砷的吸附位点，从而大幅减少砷的吸附。在非平衡吸附阶段，铁氧化物提供的吸附位点远远超过砷的质量浓度。因此，在此阶段砷的预测值与砷的实际测量值相同。而在平衡吸附阶段，由于铁矿物表面的吸附位点被其他竞争吸附离子占据因而不能提供足够的吸附位点以固定砷，所以，模型预测的砷质量浓度低于实际测量值（图 14-3-7）。

模型预测砷质量浓度变化趋势与实测结果的一致性，证明了场地试验过程中砷被针铁矿吸附去除这一原位镀铁固砷机制。虽然，在天然条件下地下水中存在砷的竞争吸附离子，但是由于铁氧化物具有较大的表面积，所以，可以提供足够的砷的吸附位点吸附并固定地下水中的砷。

5. 含水层原位镀铁固砷技术处理高砷地下水的建议

含水层原位镀铁技术在处理高砷地下水方面已取得了比较理想的效果。然而，还有如下具有挑战性的工作需要在今后的研究中进一步完善。

（1）本小节中砷固定的机理主要是铁氧化物对砷的吸附和共沉淀作用。事实上，铁涂层与砷的相互作用是一个相对复杂的过程，有可能包括吸附、表面沉淀、表面配位和共沉淀等。因此，亟待开展更深入的研究以揭示铁涂层和砷之间的更具体的反应机理。

（2）上述结论基于小型场地试验，其结论可能并不能完全反映更大规模的现场研究的实际情况。因此，有必要开展更大尺度的场地试验来评价含水层镀铁的除砷效率和稳定性。

（3）处理后的地下水质量浓度可能达不到 WHO 推荐的标准值（10 μg/L）。因此，原位含水层镀铁固砷技术需要与其他水处理技术联合进一步降低地下水中砷的质量浓度直至低于 10 μg/L 以下。

通过交替注入 Fe（II）和次氯酸钠原位制备铁镀层的场地试验取得了理想的高砷地下水修复效果。该方法引起了目标含水层中的一系列化学反应，主要包括 Fe（II）和 As（III）的氧化反应、铁氧化物的沉淀反应及 As（V）的吸附和共沉淀等。试验期间，地下水中低质量浓度水平的 Fe（II）及 As（V）/As$_T$ 值的渐增趋势证实了铁氧化物的生成和 As（III）的氧化。沉积物化学顺序提取结果及矿物相光谱分析结果均表明，注入的 Fe（II）大部分转化成了铁氧化物，这类铁氧化物矿物相是沉积物中主要的砷载体。因此，地下水中砷的去除应归因于新生成的铁氧化物对砷的吸附和共沉淀作用。在弱碱性条件下（pH 均值为 7.79），针铁矿可能是与砷结合的主要铁氧化物矿物相。地球化学模拟结果表明，铁氧化物除砷过程可分为非平衡反应阶段和平衡反应阶段。在非平衡反应阶段，水砷测定值与模型预测值一致，证明针铁矿可提供足够的表面吸附位点用于砷的吸附。然而在平衡反应阶段，水砷质量浓度预测值低于测定值。地下水中其他离子组分的竞争吸附作用可降低砷可利用的表面吸附位点，试验结束后沉积物中高的 Fe/As 摩尔比有力地证实了该结论。然而，场地观测和模拟结果一致的变化趋势表明砷与针铁矿的相互作用是场地试验过程中砷固定的主要机理。含水层原位镀铁的高效除砷效果表明本技术在高砷地下水修复场地应用方面极具前景。

参 考 文 献

廖国权, 2012. 钢渣作为 PRB 介质修复砷污染地下水的研究[D]. 太原：山西大学.

张雪, 2009. 高砷煤矿废水在 Fe(III)存在下 As 的自然净化机理的研究[D]. 贵阳：贵州大学.

APPELO C A J, VET W W J M, 2003. Modeling *in situ* iron removal from groundwater with trace elements such as As[M]//WELCH A., STOLLENWERK K.Arsenic in Ground water. New York: Springer: 381-401.

APPELO C A J, DRIJVER B, HEKKENBERG R, et al., 1999. Modeling *in situ* iron removal from ground water[J]. Ground water, 37(6): 811-817.

BASKAN M B, PALA A, 2009. Determination of arsenic removal efficiency by ferric ions using response surface methodology[J]. Journal of hazardous materials, 166(2/3): 796-801.

BISWAS A, GUSTAFSSON J P, NEIDHARDT H, et al., 2014. Role of competing ions in the mobilization of arsenic in groundwater of Bengal Basin: insight from surface complexation modeling[J]. Water research, 55(10): 30-39.

BLANCHARD M, ALFREDSSON M, BRODHOLT J, et al., 2007. Arsenic incorporation into FeS_2 pyrite and its influence on dissolution: a DFT study[J]. Geochimica et cosmochimica acta, 71(3): 624-630.

BORDOLOI S, NATH S K, GOGOI S, et al., 2013. Arsenic and iron removal from groundwater by oxidation-coagulation at optimized pH: laboratory and field studies[J]. Journal of hazardous materials, 260(1): 618-626.

BOSTICK B C, FENDORF S, 2003. Arsenite sorption on troilite (FeS) and pyrite (FeS2) [J]. Geochimica et cosmochimica acta, 67(5): 909-921.

BUSCHMANN J, BERG M, 2009. Impact of sulfate reduction on the scale of arsenic contamination in groundwater of the Mekong, Bengal and Red River deltas[J]. Applied geochemistry, 24(7): 1278-1286.

CARABANTE I, GRAHN M, HOLMGREN A, et al., 2009. Adsorption of As (V) on iron oxide nanoparticle films studied by *in situ* ATR-FTIR spectroscopy[J]. Colloids and surfaces a physicochemical and engineering aspects, 346(1/3): 106-113.

CIARDELLI M C, XU H, SAHAI N, 2008. Role of Fe(II), phosphate, silicate, sulfate, and carbonate in arsenic uptake by coprecipitation in synthetic and natural groundwater[J]. Water research, 42(3): 615-624.

CORNELL R M, SCHWERTMANN U, 1996. The iron oxides: structure, properties, reactions, occurrences, and uses[J]. Clay minerals, 61(408): 740-741.

CORNELL R M, SCHWERTMANN U, 2003. The iron oxides: structure, properties, reactions, occurrences and uses[M].New York: John Wiley and Sons.

COUTURE R M, ROSE J, KUMAR N, et al., 2013. Sorption of arsenite, arsenate, and thioarsenates to iron oxides and iron sulfides: a kinetic and spectroscopic investigation[J]. Environmental science technology, 47(11): 5652-5659.

DIXIT S, HERING J G, 2003. Comparison of arsenic(V) and arsenic(III) sorption onto iron oxide minerals: Implications for arsenic mobility[J]. Environmental science and technology, 37(18): 4182-4189.

DIXIT S, HERING J G, 2006. Sorption of Fe(II) and As(III) on goethite in single- and dual-sorbate systems[J]. Chemical geology, 228(1/3): 6-15.

FARQUHAR M L, CHARNOCK J M, LIVENS F R, et al., 2002. Mechanisms of arsenic uptake from aqueous solution by interaction with goethite, lepidocrocite, mackinawite, and pyrite: an X-ray absorption spectroscopy study[J]. Environmental science technology, 36(8): 1757-1762.

FU F, DIONYSIOU D D, LIU H, 2014. The use of zero-valent iron for groundwater remediation and wastewater treatment: A review[J]. Journal of hazardous materials, 267(3): 194-205.

GALLEGOS T J, HAN Y S, HAYES K F, 2008. Model predictions of realgar precipitation by reaction of As(III) with synthetic mackinawite under anoxic conditions[J]. Environmental science and technology, 42(24): 9338-9343.

GILES D E, MOHAPATRA M, ISSA T B, et al., 2011. Iron and aluminium based adsorption strategies for removing arsenic from water[J]. Journal of environmental management, 92(92): 3011-3022.

GOLSHEIKH A M, HUANG N M, LIM H N, et al., 2013. One-pot hydrothermal synthesis and characterization of FeS_2 (pyrite)/graphene nanocomposite[J]. Chemical engineering journal, 218(4): 276-284.

GRAFE M, NACHTEGAAL M, SPARKS D L, 2004. Formation of metal-arsenate precipitates at the goethite-water interface[J]. Environmental science technology, 38(24): 6561-6570.

GROSSL P R, EICK M, SPARKS D L, et al., 1997. Arsenate and chromate retention mechanisms on goethite. 2. kinetic evaluation using a pressure-jump relaxation technique[J]. Environmental science technology, 31(2): 321-326.

GUPTA K, GHOSH U C, 2009. Arsenic removal using hydrous nanostructure iron(III)-titanium(IV) binary mixed oxide from aqueous solution[J]. Journal of hazardous materials, 161(2/3): 884-892.

HAN Y S, GALLEGOS T J, DEMOND A H, et al., 2011. FeS-coated sand for removal of arsenic(III) under anaerobic conditions in permeable reactive barriers[J]. Water research, 45(2): 593-604.

HENDERSON A D, DEMOND A H, 2013. Permeability of iron sulfide (FeS)-based materials for groundwater remediation[J]. Water research, 47(3): 1267-1276.

JIA Y F, DEMOPOULOS G P, 2005. Adsorption of arsenate onto ferrihydrite from aqueous solution: Influence of media (sulfate vs nitrate), added gypsum, and pH alteration[J]. Environmental science and technology, 39(24): 9523-9527.

JIANG W, LV J, LUO L, et al., 2013. Arsenate and cadmium co-adsorption and co-precipitation on goethite[J]. Journal of hazardous materials, 262(22): 55-63.

KANEL S R, GRENECHE J M, CHOI H, 2006. Arsenic (V) removal from groundwater using nano scale zero-valent iron as a colloidal reactive barrier material[J]. Environmental science and technology, 40(6): 2045-2050.

KEIMOWITZ A, MAILLOUX B, COLE P, et al., 2007. Laboratory investigations of enhanced sulfate reduction as a groundwater arsenic remediation strategy[J]. Environmental science and technology, 41(19): 6718-6724.

KEON N E, SWARTZ C H, BRABANDER D J, et al., 2001. Validation of an arsenic sequential extraction method for evaluating mobility in sediments[J]. Environmental science and technology, 35(13): 2778-2784.

KIRK M F, HOLM T R, PARK J, et al., 2004. Bacterial sulfate reduction limits natural arsenic contamination in groundwater[J]. Geology, 32(11): 953-956.

KIRK M F, RODEN E E, CROSSEY L J, et al., 2010. Experimental analysis of arsenic precipitation during microbial sulfate and iron reduction in model aquifer sediment reactors[J]. Geochimica et cosmochimica acta, 74(9): 2538-2555.

KORNGOLD E, BELAYEV N, ARONOV L, 2001. Removal of arsenic from drinking water by anion exchangers[J]. Desalination, 141(1): 81-84.

LE X C, YALCIN A S, MA M S, 2000. Speciation of submicrogram per liter levels of arsenic in water: On-site species separation integrated with sample collection[J]. Environmental science and technology, 34(11): 2342-2347.

LEE Y, UM I H, YOON J, 2003. Arsenic(III) oxidation by iron(VI) (ferrate) and subsequent removal of arsenic(V) by iron(III) coagulation[J]. Environmental science and technology, 37(24): 5750-5756.

LORING P A, GERLACH S C, 2009. Food, culture, and human health in Alaska: an integrative health approach to food security[J]. Environmental science and policy, 12(4): 466-478.

LORING J S, SANDSTRÖM M H, NORÉN K, et al., 2009. Rethinking arsenate coordination at the surface of goethite[J]. Chemistry-a european journal, 15(20): 5063-5072.

LUMSDON D G, FRASER A R, RUSSELL J D, et al., 1984. New infrared band assignments for the arsenate ion adsorbed on synthetic goethite (α-FeOOH)[J]. Journal of soil science, 35(3): 381-386.

LUMSDON D G, FRASER A R, RUSSELL J D, et al., 2010. New infrared band assignments for the arsenate ion adsorbed on synthetic goethite (α-FeOOH)[J]. Journal of soil science, 35(35): 381-386.

MANNING B A, FENDORF S E, GOLDBERG S, 1998. Surface structures and stability of arsenic(III) on goethite: Spectroscopic evidence for inner-sphere complexes[J]. Environmental science and technology, 32(16): 2383-2388.

MANNING B A, HUNT M L, AMRHEIN C, et al., 2002. Arsenic(III) and Arsenic(V) reactions with zerovalent iron corrosion products[J]. Environmental science and technology, 36(24): 5455-5461.

METTLER S, ABDELMOULA M, HOEHN E, et al., 2001. Characterization of iron and manganese precipitates from an in situ ground water treatment plant[J]. Ground water, 39(6): 921-930.

MILLER G P, 2006. Subsurface treatment for arsenic removal[R]. Denver:American Water Works Association Research Foundation.

MISHRA D, FARRELL J, 2005. Evaluation of mixed valent iron oxides as reactive adsorbents for arsenic removal[J]. Environmental science and technology, 39(24): 9689-9694.

MONDAL P, MAJUMDER C B, MOHANTY B, 2006. Laboratory based approaches for arsenic remediation from contaminated water: Recent developments[J]. Journal of hazardous materials, 137(1): 464-479.

MONDAL P, BHOWMICK S, CHATTERJEE D, et al., 2013. Remediation of inorganic arsenic in groundwater for safe water supply: A critical assessment of technological solutions[J]. Chemosphere, 92(2): 157-170.

NEUMANN A, KAEGI R, VOEGELIN A, et al., 2013. Arsenic removal with composite iron matrix filters in Bangladesh: a field and laboratory study[J]. Environmental science and technology, 47(9): 4544-4554.

OMOREGIE E O, COUTURE R M, VAN CAPPELLEN P, et al., 2013. Arsenic bioremediation by biogenic iron oxides and sulfides[J]. Applied and environmental microbiology, 79(14): 4325-4335.

PARKHURST D L, APPELO C A J, 2013. Description of input and examples for PHREEQC version 3: a computer program for speciation, batch-reaction, one-dimensional transport, and inverse geochemical calculations[R]. Reston:US Geological Survey.

PEDERSEN H D, POSTMA D, JAKOBSEN R, 2006. Release of arsenic associated with the reduction and transformation of iron oxides[J]. Geochimica et cosmochimica acta, 70(16): 4116-4129.

PEREIRA F J, VÁZQUEZ M D, DEBÁN L, et al., 2014. Spectrometric characterisation of the solid complexes formed in the interaction of cysteine with As(III), Th(IV) and Zr(IV)[J]. Polyhedron, 76(8): 71-80.

PI K, WANG Y, XIE X, et al., 2016. Multilevel hydrogeochemical monitoring of spatial distribution of arsenic: a case study at Datong Basin, northern China[J]. Journal of geochemical exploration, 161: 16-26.

PRUCEK R, TUCEK J, KOLAŘÍK J, et al., 2013. Ferrate(VI)-induced arsenite and arsenate removal by in-situ structural incorporation into magnetic iron(III) oxide nanoparticles[J]. Environmental science and technology, 47(7): 3283-3292.

RAVEN K P, JAIN A, LOEPPERT R H, 1998. Arsenite and arsenate adsorption on ferrihydrite kinetics, equilibrium, and adsorption envelopes[J]. Environmental science and technology, 32(3): 344-349.

RAVENSCROFT P, BRAMMER H, RICHARDS K S, 2009. Arsenic pollution: a global synthesis[M]. Chichester: Wiley-Blackwell: 619-645.

RICHMOND W R, LOAN M, MORTON J, et al., 2004. Arsenic removal from aqueous solution via ferrihydrite crystallization control[J]. Environmental science and technology, 38(8): 2368-2372.

ROBERTS L C, HUG S J, RUETTIMANN T, et al., 2004. Arsenic removal with iron(II) and iron(III) in waters with high silicate and phosphate concentrations[J]. Environmental science and technology, 38(1): 307-315.

ROTT U, FRIEDLE M, 1999. Subterranean removal of arsenic from groundwater[M]//CHAPPELL W R, ABERNATHY C O, CALDERON R L . Arsenic exposure and health effects III. Oxford Elsevier Science Ltd: 389-396.

ROTT U, MEYER C, FRIEDLE M, 2002. Residue-free removal of arsenic, iron, manganese and ammonia from groundwater[J]. Water science and technology water supply, 2(1): 17-24.

SARKAR A R, RAHMAN O T, 2001. *In-situ* removal of arsenic-experiences of DPHE-DANIDA pilot project[R]. Bangladesh:Bangladesh University of Engineering.

SAUNDERS J A, LEE M K, SHAMSUDDUHA M, et al., 2008. Geochemistry and mineralogy of arsenic in (natural) anaerobic groundwaters[J]. Applied geochemistry, 23(11): 3205-3214.

SHAN H, MA T, WANG Y, et al., 2013. A cost-effective system for *in-situ* geological arsenic adsorption from groundwater[J]. Journal contaminant hydrology, 154(6): 1-9.

SHARMA A K, TJELL J C, SLOTH J J, et al., 2014. Review of arsenic contamination, exposure through water and food and low cost mitigation options for rural areas[J]. Applied geochemistry, 41(1): 11-33.

SHIH M C, 2005. An overview of arsenic removal by pressure-drivenmembrane processes[J]. Desalination, 172(1): 85-97.

SORG T J, WANG L, CHEN A S C, 2015. The costs of small drinking water systems removing arsenic from groundwater[J]. Journal of water supply: research and technology-AQUA, 64(3):219.

SU C, PULS R W, 2008. Arsenate and arsenite sorption on magnetite: relations to groundwater arsenic treatment using zerovalent iron and natural attenuation[J]. Water, air, and soil pollution, 193(1): 65-78.

SUN X H, DONER H E, 1996. An investigation of arsenate and arsenite bonding structures on goethite by FTIR[J]. Soil science, 161(12): 865-872.

TOKORO C, YATSUGI Y, KOGA H, et al., 2010. Sorption mechanisms of arsenate during coprecipitation with ferrihydrite in aqueous solution[J]. Environmental science and technology, 44(2): 638-643.

VAN HALEM D, HEIJMAN S G J, AMY G L, et al., 2009. Subsurface arsenic removal for small-scale application in developing countries[J]. Desalination, 248(1/3): 241-248.

VAN HALEM D, OLIVERO S, DE VET W W J M, et al., 2010. Subsurface iron and arsenic removal for shallow tube well drinking water supply in rural Bangladesh[J]. Water research, 44(44): 5761-5769.

VOEGELIN A, HUG S J, 2003. Catalyzed oxidation of arsenic(III) by hydrogen peroxide on the surface of ferrihydrite: an *in situ* ATR-FTIR study[J]. Environmental science and technology, 37(5): 972-978.

WANG S, MULLIGAN C N, 2008. Speciation and surface structure of inorganic arsenic in solid phases: a review[J]. Environmental international, 34(6): 867-879.

WANG Y, XIE X, JOHNSON T M, et al., 2014. Coupled iron, sulfur and carbon isotope evidences for arsenic enrichment in groundwater[J]. Journal of hydrology, 519: 414-422.

WAYCHUNAS G, REA B, FULLER C, et al., 1993. Surface chemistry of ferrihydrite: Part 1. EXAFS studies of the geometry of coprecipitated and adsorbed arsenate[J]. Geochimica et cosmochimica acta, 57(10): 2251-2269.

WELCH A H, STOLLENWERK K G, PAUL A P, et al., 2008. *In situ* arsenic removal in an alkaline clastic aquifer[J]. Applied geochemistry, 23(8): 2477-2495.

WOLTHERS M, CHARLET L, VAN DER WEIJDEN C H, et al., 2005. Arsenic mobility in the ambient sulfidic environment: Sorption of arsenic(V) and arsenic(III) onto disordered mackinawite[J]. Geochimica et cosmochimica acta, 69(14): 3483-3492.

XIE X, WANG Y, SU C, et al., 2008. Arsenic mobilization in shallow aquifers of Datong Basin: hydrochemical and mineralogical evidences[J]. Journal of geochemical exploration, 98(3): 107-115.

XIE X, JOHNSON T M, WANG Y, et al., 2013a. Mobilization of arsenic in aquifers from the Datong Basin, China: evidence from geochemical and iron isotopic data[J]. Chemosphere, 90(6): 1878-1884.

XIE X, WANG Y, ELLIS A, et al., 2013b. Multiple isotope (O, S and C) approach elucidates the enrichment of arsenic in the groundwater from the Datong Basin, northern China[J]. Journal of hydrology, 498(18): 103-112.

XIE X, WANG Y, PI K, et al., 2015. *In situ* treatment of arsenic contaminated groundwater by aquifer iron coating: experimental study[J]. Science of the total environment, 527-528: 38-46.

XIE X, PI K, LIU Y, et al., 2016. *in-situ* arsenic remediation by aquifer iron coating: field trial in the Datong Basin, China[J]. Journal of hazardous materials, 302: 19-26.

YU Z, PEIFFER S, GÖTTLICHER J, et al., 2015. Electron transfer budgets and kinetics of abiotic oxidation and incorporation of aqueous sulfide by dissolved organic matter[J]. Environmental science and technology, 49(9): 5441-5449.

ZHANG G S, QU J H, LIU H J, et al., 2007. Removal mechanism of As(III) by a novel Fe-Mn binary oxide adsorbent: oxidation and sorption[J]. Environmental science and technology, 41(41): 4613-4619.

ZHANG G, REN Z, ZHANG X, et al., 2013. Nanostructured iron(III)-copper(II) binary oxide: a novel adsorbent for enhanced arsenic removal from aqueous solutions[J]. Water research, 47(12): 4022-4031.

ZHAO H S, STANFORTH R, 2001. Competitive adsorption of phosphate and arsenate on goethite[J]. Environmental science and technology, 35(35): 4753-4757.

高砷地下水原位水质改良技术
系统与示范工程

15.1 原位改良技术示范工程设计

按高砷地下水赋存环境对上述两种原位镀铁固砷技术分别进行了适用性研究和示范工程建设。技术实施与示范工程建设流程图如图 15-1-1 所示。

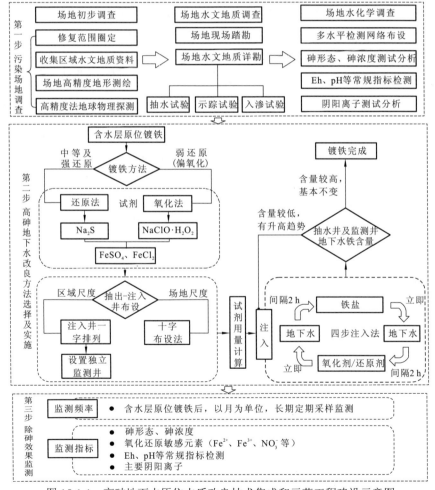

图 15-1-1 高砷地下水原位水质改良技术集成和示范工程建设示意图

15.2　原位改良示范工程场地调查

在前期盆地尺度调查研究的基础上，选取山西省山阴县大营村西一面积约 100 亩①的场地开展了含水层原位镀铁固砷示范工程建设。该示范工程场地位于大同盆地中部，为典型的高砷地下水分布区，地下水砷质量浓度最高达 2 800 μg/L。该场地含水层结构稳定，水文地质条件与水文地球化学特征典型，是理想的高砷地下水原位除砷工艺实施场地。示范工程实施前，针对选取的场地先后开展了高精度地形测绘和地球物理调查。

场地选定后，首先对示范工程场地开展了精度为 1:50 的地形测绘。采用高精度 GPS 进行场地地理位置测定，测量前通过基准点平移对 GPS 数据进行了校正。野外工作完成后通过数据转换得到场地平面坐标及高程数据，并得到场地地形图。场地测绘工作完成后，开展了场地三维结构高密度电法勘探工作及水文地球化学调查。

15.2.1　场地地球物理调查

为了揭示场地地层结构及含水层空间展布特征，开展了高密度电法地球物理探测。高密度电法地球物理探测测线布置如图 15-2-1 所示。场地范围内共布置了 13 条横测线、4 条纵测线和 1 条斜测线。其中，横测线剖面长 300 m，纵测线剖面长 300 m 或 120 m，探测面积约为 350 m × 600 m = 210 000 m²。共计完成高密度排列 36 个，测线长度为 9.720 km。

从温纳装置高密度电法视电阻率剖面图可以看出，场地地层视电阻率呈现明显的分层特征[图 15-2-2（a）～（m），测线 H1～H13]。从浅到深的视电阻率分布特征为：表层 0～10 m 内的视电阻率基本在 10～20 Ω·m；中层视电阻率逐渐增大，10～30 m 内的视电阻率基本在 20～36 Ω·m；深层电阻率较高，30～50 m 内的视电阻率在 30～50 Ω·m。视电阻率曲线类型基本呈 A 型和 G 型曲线分布。图 15-2-2（n）～（o）为测线 L2 和 L5 高密度电法视电阻率剖面图。视电阻率的分层特征与 H 系列测线基本一致，即浅层视电阻率较小，中层视电阻率逐渐较大，深层视电阻率最大。从图 15-2-2（n）和图 15-2-2（o）可以看出，视电阻率在南北测区具有明显的分区特征，测区南部的测线（L2）相对于测区北部的测线（L5）具有较高的视电阻率。

---

① 1 亩 = 666.7 m²。

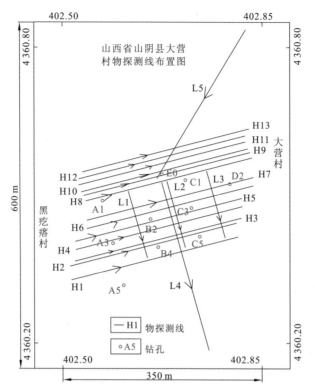

图 15-2-1　示范工程场地高密度电法物探测线布置图

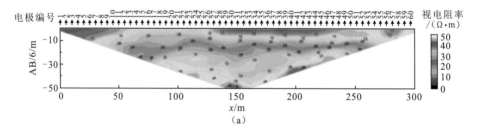

(a)

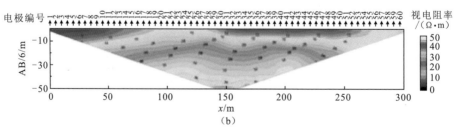

(b)

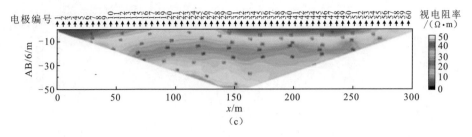

（c）

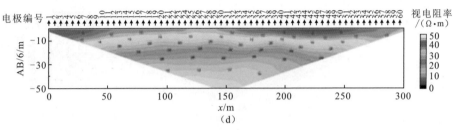

（d）

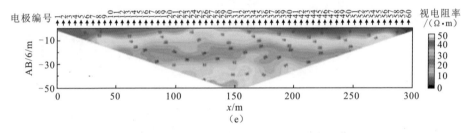

（e）

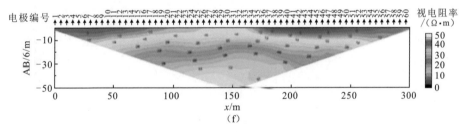

（f）

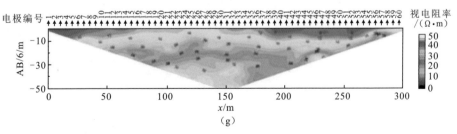

（g）

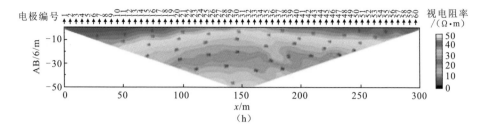

（h）

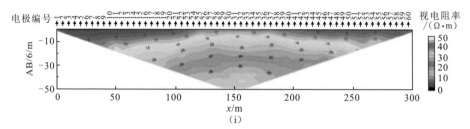

（i）

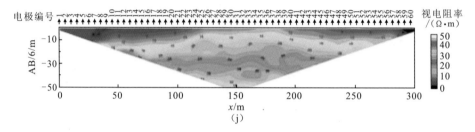

（j）

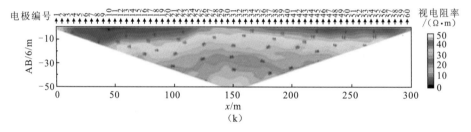

（k）

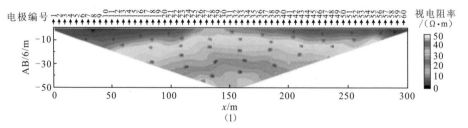

（l）

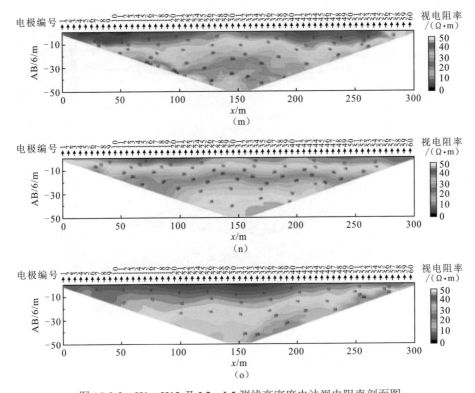

图 15-2-2　H1～H13 及 L2、L5 测线高密度电法视电阻率剖面图

（a）H1 测线；（b）H2 测线；（c）H3 测线；（d）H4 测线；（e）H5 测线；（f）H6 测线；（g）H7 测线；（h）H8 测线；（i）H9 测线；（j）H10 测线；（k）H11 测线；（l）H12 测线；（m）H13 测线；（n）L2 测线；（o）L5 测线

　　将各测线结果进行综合处理后，得出整个试验场地的高密度电法视电阻率立体图（图 15-2-3）。从图中可以看出，整个测区内，浅层视电阻率较低，约 5～15 Ω·m。中层视电阻率增大，深层视电阻率最高，可达 45 Ω·m。无论是浅层还是深层，视电阻率均有一定的变化，这种变化说明场地内地层结构较复杂，砂层和黏土层相互交错，含水层在空间分布上具有显著的非均质性，因此，导致了不同深度视电阻率的变化。为精细刻画不同深度地层岩性分布特征，对获取的高密度电法数据进行了不同深度切片分析。从视电阻率切片随深度变化的特征图可以看出，在 30 m、40 m 和 50 m 深度范围内，视电阻率呈现明显的南北分区特点，北区视电阻率较低，南区视电阻率较高。

　　根据视电阻率曲线进行了地层岩性特征划分，以监测数据为基础采用内插法得到了 A_3-D_2 测线的视电阻率分布特征（图 15-2-4）。场地内地下地层可分为两种类型，即砂层和黏土层。砂层又可细分为中砂、细砂和粉砂层；黏土层分为粉土、

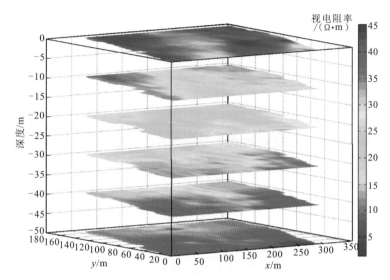

图 15-2-3　示范工程场地高密度电法视电阻率横向剖面图

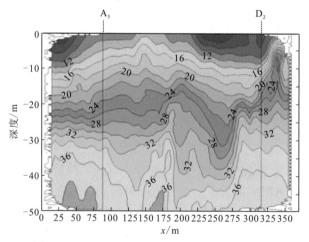

图 15-2-4　A₃-D₂ 测线高密度电法视电阻率断面图

粉质黏土和黏土层。从高密度电法物理探测所揭示的情况来看，黏土层和砂层的横向变异性较强。从物性来看，地层的电阻率一般较低，约 $10\,\Omega\cdot m$ 左右，砂层电阻率较高，约 $50\,\Omega\cdot m$ 左右。但是砂层一般含水率高，导致含砂质水层的电阻下降。表层的粉砂层由于盐碱化程度高，也表现出低的电阻率特征。因此，从视电阻率等值线剖面图（图 15-2-4）来看，浅层电阻率较低，随着深度增大，视电阻率逐渐升高。但在视电阻率等值线剖面图中部，出现两个较低视电阻率的低阻异常带，推断低阻异常是剖面中央存在一个砂质含水层所致。

15.2.2　场地水文地质调查

综合场地地层的高密度电法解译数据和钻探揭露的含水层岩性特征，得到了场地含水层三维结构特征。基于电阻率与岩性匹配的方法，并结合岩性揭露，建立场地区域地层结构可视化模型（图 15-2-5）。由图可知，场地内可识别出三组相对独立的含水层，深度分别为距离地表约 20 m、28 m 和 38 m，依次定名为浅含水层、中含水层和深含水层。地表主要覆盖由粉质黏土和黏土构成的弱渗透性隔水层。三个含水层之间连续分布有粉土或黏土层。含水层沉积物主要由灰色、深灰色或黑灰色中—细砂及少量的砂质粉土组成。

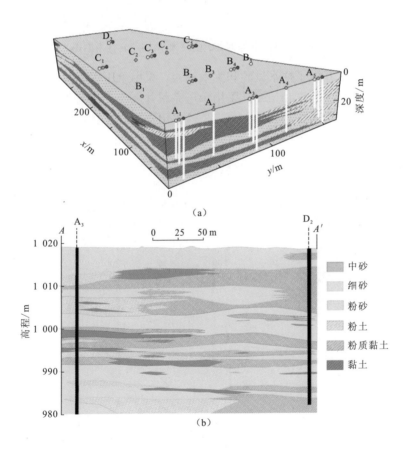

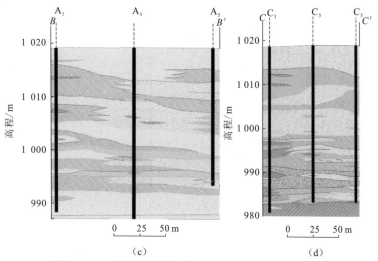

图 15-2-5   示范工程场地地层三维结构及岩性剖面图

在试验场地内开展了抽水试验和弥散试验。采用承压完整井，单孔抽水试验获得含水层渗透系数为 1.40 m/d；采用承压完整井，一个观测孔、中心抽水试验计算含水层渗透系数为 1.39 m/d。两组试验采用直线法计算弥散系数和地下水流速分别为 0.165 m²/d、0.975 m/d，0.153 m²/d、0.984 m/d。

15.2.3   场地水文地球化学调查与模拟

在水文地质和地球物理调查的基础上，在试验场地内构建了地下水多水平监测系统（图 15-2-6，DY 场地），共设置覆盖三个含水层的多水平地下水监测井 32 眼。

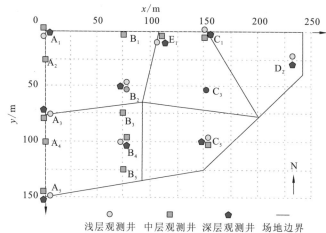

图 15-2-6   示范工程场地和水化学监测网络平视图

1. 水文地球化学调查

在场地内开展了多期地下水分层监测工作。样品编号中分别以 S、M 及 D 表示浅层、中层及深层地下水。

在场地内采集了 10 个均匀分布的钻孔沉积物样品，取样深度在距离地表 0～40 m 深度范围。钻取过程中根据沉积物岩性变化，每间隔 1～2 m 进行一次样品采集。样品采集完毕后立即封装后置于 PVC 套管中冷藏避光保存。沉积物样品进行了总砷、总铁含量消解法分析和不同结合形态砷和铁的顺序提取分析。在解冻后取岩芯中间样品用于顺序提取和 As、Fe 分析。

地下水离子活度、组分化学形态和矿物相饱和指数的计算采用 PHREEQC-3（Parkhurst and Appelo, 2013）完成，所使用的热力学数据库为 WATEQ4F.DAT，并根据 Langmuir 等（2006a）更新了砷形态的热力学数据库。

反应性溶质运移模拟采用 PHREEQC-3 完成。采用了三种表面络合模型对比分析了砷在铁氧化物表面的吸附行为，即 Dzombak 和 Morel（1990）提出的双层扩散表面络合模型（简称 DM-SCM 模型）、电荷分布-多位点表面络合模型（简称 CD-MUSIC 模型）（Hiemstra and Van Riemsdijk, 1999）和 Stollenwerk 等（2007）基于沉积物实验对 DM-SCM 改进后的表面吸附模型（简称 STO-SCM 模型）。在 DM-SCM 模型中，鉴于竞争吸附的影响，扩充了碳酸根（Appelo and Vet, 2003）、硅酸根（Swedlund and Webster, 1999）、亚铁及其他离子（Appelo et al., 2002）等的表面络合反应，更新了这些组分的表面络合反应热力学常数，并据提取实验结果设定沉积物弱吸附位点密度（site）为 0.25 μmol/g 沉积物。在 CD-MUSIC 模型中，所使用的表面络合组分和热力学常数来自 Stachowicz 等（2008），模型中 0～1 层和 1～2 层间的电容值分别为 C_1=0.85 F/m^2 和 C_2=0.75 F/m^2，吸附点位密度为 0.20 μmol/g 沉积物。在 STO SCM 模型中，表面络合常数来自沉积物表面砷吸附实验结果，吸附点位密度为 0.48 μmol/g 沉积物。通过比较二种模型模拟结果，揭示砷在铁矿物相表面的吸附行为和选取适于本小节的砷吸附模型。

2. 场地水化学特征

场地地下水 pH 在 7.69～8.34 变化，平均值为 8.09，指示了地下水的弱碱性环境。地下水水化学类型特点是浅、中层地下水以 $Na-HCO_3$、$Na-HCO_3-SO_4$ 或 $Na-HCO_3-Cl$ 型为主，而深层地下水以 $Na-HCO_3$ 型为主（图 15-2-7）。不同含水层中主要水相阴离子均为 HCO_3^-，其质量浓度变化范围为 268～663 mg/L，均值为 399 mg/L。除采集自浅、中层含水层的少数样品外，地下水中的 Cl^- 和 SO_4^{2-} 质量浓度均较低。此外，绝大多数样品中 NO_3^- 和 HPO_4^{2-} 的质量浓度都低于检出限（0.1 mg/L）。地下水中的主要阳离子是 Na^+，平均质量浓度为 144.3 mg/L，其次是 Ca^{2+} 和 Mg^{2+}，平均值分别为 13.81 mg/L 和 21.79 mg/L。

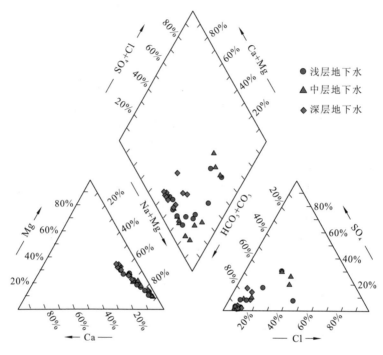

图 15-2-7   示范工程场地地下水 Piper 图

地下水 Eh 值在-222～-32 mV 变化，指示了场地地下水普遍的还原环境。与此对应，地下水还原性组分的质量浓度较高。溶解态 Mn、Fe（II）和 HS^- 的最大值分别达 184 μg/L、0.27 mg/L 和 293 μg/L，平均值分别为 110 μg/L、0.12 mg/L 和 46 μg/L。高质量浓度的溶解态硫化物和砷的共存，是试验场地内水化学的一个显著特征。

在场地尺度上，地下水砷质量浓度表现出高度的空间变异性。2013 年 8 月分析结果显示，水砷质量浓度变化范围为 5.5～2 690 μg/L，平均值达 697 μg/L；其中，29 个样品的砷质量浓度超出了 WHO 推荐的饮用水限定值 10 μg/L（WHO，2011），5 个样品砷质量浓度甚至超过 1 000 μg/L。在垂向上，砷质量浓度呈现先增加后降低的特点 [图 15-2-8（a）]。场地北侧的浅层含水层中水砷质量浓度普遍较低，如 A1S、B1S 和 B2S 样品的砷质量浓度均低于 10 μg/L，而在场地南侧，砷质量浓度显著升高，C5S 样品水砷质量浓度高达 2 630 μg/L。与浅层含水层相似，中层含水层内水砷质量浓度表现出同样显著的空间变化。C5M 和 A4M 样品均含有高质量浓度的砷，分别达 2 690 μg/L 和 1 840 μg/L。不同的是，中层含水层的低砷区主要分布在 B1M～B3M 及 A1M 处，且砷的质量浓度均大于 10 μg/L。在深层含水层，水砷质量浓度的空间分布特征明显不同，水砷质量浓度变异性相对较小，变化范围在 411～763 μg/L，平均值为 546 μg/L。砷质量浓度较高的样品分布在 B2D 和 C1D 之间。

As（III）是水砷的主要存在形态［图 15-2-8（a）］。地下水 As（III）质量浓度变化范围为 0.1～2 310 μg/L，平均值为 528 μg/L，占据总砷的比例在 1.6%～87.9%，平均为 67.9%，且 As（III）的空间变化特点与总砷相似。场地内水砷质量浓度随时间变化呈现波动趋势。不同季节水砷质量浓度平均值分别为 697 μg/L、626 μg/L、630 μg/L 和 654 μg/L，其中夏季水砷质量浓度相对较高。不同季节中，

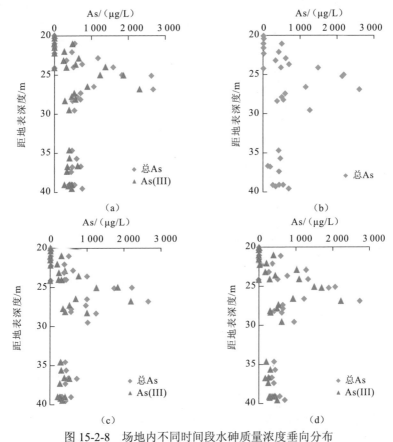

图 15-2-8　场地内不同时间段水砷质量浓度垂向分布

（a）2013 年 8 月；（b）2013 年 11 月；（c）2014 年 4 月；（d）2014 年 4 月

水砷的垂向分布形式总体一致（图15-2-8）。

3. 沉积物中的砷

消解法提取的沉积物总砷质量分数变化范围为 2.06～61.52 mg/kg，平均值为 27.73 mg/kg，绝大多数样品的砷质量分数明显高于现代松散沉积物的背景值（5～10 mg/kg）（Smedley and Kinniburgh, 2002）（图15-2-9）。值得注意的是，沉积物中总砷和总铁质量分数具有相似的垂向分布特征与良好的正相关性（$R^2 = 0.40$, $\alpha = 0.05$），表明沉积物中的铁矿物相是砷的一个主要载体，该结果与普遍认同的观点相一致（Xie et al., 2008）。

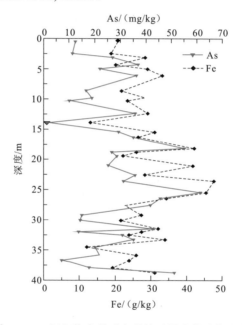

图15-2-9　沉积物中总砷和总铁质量分数垂向分布

沉积物顺序提取结果进一步说明了砷在不同铁矿物相中的赋存情况（表15-2-1）。4个步骤所提取的砷总量占据沉积物总砷质量分数的 41.3%～88.6%。其中，$MgCl_2$ 可提取离子交换态砷（Keon et al., 2001）和 As（III）的质量分数普遍偏低，平均值分别仅为 0.71 mg/kg 和 0.03 mg/kg。低质量分数的离子交换态砷可能是地下水中高质量分数 Na^+ 和 HCO_3^- 等的交换作用所致。NaH_2PO_4 可提取的砷，亦即强吸附态砷质量分数在 1.37～34.89 mg/kg，占据沉积物总砷质量分数的 13.8%～39.8%，表明砷在沉积物表面的化学吸附应该是固相砷的一个重要赋存形式（Giménez et al., 2007）。而且该部分的砷以 As（V）为主，与 As（V）在铁氧化物矿物表面的强烈吸附特性一致（Giménez et al., 2007；Dixit and Hering, 2003）。反之，As（III）只占据很小的部分，平均值仅为 0.04 mg/kg，这可能是由于在弱碱性条件下电中性的 As（III）在矿物相表面的吸附作用相对微弱所致（Yang et al., 2005）。

表 15-2-1　沉积物顺序提取各步骤中砷与铁的质量分数

项目	MgCl₂ 提取		NaH₂PO₄ 提取		NH₂OH·HCl 提取			
	As（III）	As	As（III）	As	As（III）	As	Fe（II）	Fe
最大值	0.15	4.20	0.56	34.89	0.12	38.25	10.26	10.27
最小值	n.d.	0.24	n.d.	1.37	0.01	1.37	3.63	3.71
平均值	0.03	0.71	0.04	6.06	0.01	5.58	5.51	5.66
标准偏	0.04	0.90	0.12	7.57	0.03	8.34	1.80	1.79

项目	HCl 提取				消解法总量		As-S / As-T[a] / %	Fe（II）-H / Fe-H[b] / %
	As（III）	As	Fe（II）	Fe	As	Fe		
最大值	1.02	12.47	3.84	25.31	132.8	51.57	88.6	30.8
最小值	0.02	0.97	0.54	3.03	5.97	14.35	41.3	15.2
平均值	0.19	2.72	1.45	6.93	26.20	24.46	61.1	21.9
标准偏	0.24	2.41	0.99	6.15	30.13	11.79	11.6	4.7

注：质量分数单位：As、As（III）质量分数单位为 mg/kg，Fe、Fe（II）质量分数单位为 g/kg；n.d.表示未检出；a 为四步提取的砷总量占消解法总量的比例；b 为 HCl 提取步骤中 Fe（II）占总铁的质量分数

除上述两种储存形式外，砷还与易还原态铁氧化物相结合。易还原态铁氧化物矿物相中的铁质量分数为 3.71～10.27 g/kg，占据总铁质量分数的 16.5%～32.0%（表 15-2-1）。与之结合的砷质量分数在 1.37～38.25 mg/kg，半均值为 5.58 mg/kg，而且主要以 As（V）的形式存在。易还原态铁氧化物通常是无定型或弱结晶性的铁氧化物，包括水合氧化铁和水铁矿等（Appelo and Postma, 2005）。这类铁氧化物矿物在高砷含水层中广泛分布，还原条件下易于被还原，因此地球化学活性较强（Smedley and Kinniburgh, 2002）。它们具有高的比表面积和大量的表面吸附位点，因此，对电负性的 As（V）表现出强烈的亲和力。高含量的 NaH₂PO₄ 可提取砷和易还原铁氧化物结合砷共同指示了易还原铁氧化物矿物是砷的重要载体，As（V）主要通过化学吸附作用和共沉淀作用与这类铁矿物相结合（Xie et al., 2008；Giménez et al., 2007）。两种形态砷的总量与易还原态铁含量之间表现出良好的正相关性（$R^2 = 0.74$，$\alpha = 0.05$）[图 15-2-10（a）]也证实了上述观点。

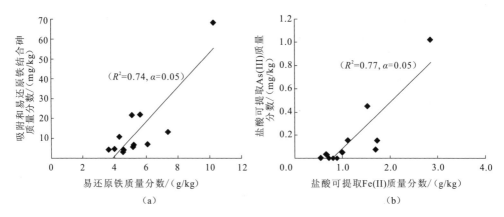

图 15-2-10　沉积物盐酸羟胺和盐酸提取步骤中砷与铁质量分数的关系

沉积物中盐酸可提取态铁质量分数为 3.03～25.31 g/kg，平均值为 6.93 g/kg，与易还原态铁含量大抵相当（表 15-2-1）。与之结合的砷的质量分数在 0.97～12.47 mg/kg，平均值为 2.72 mg/kg，大约是易还原态铁结合砷质量分数的一半。盐酸可提取铁矿物相主要是结晶态铁氧化物，包括赤铁矿和针铁矿等，砷则通过共沉淀或类质同象进入矿物晶格中（Borch et al., 2010；Xie et al., 2013a）。值得注意的是，盐酸可提取 As（III）和 Fe（II）质量分数分别为 0.02～1.02 mg/kg 和 0.54～3.84 g/kg，亚铁含量占据结晶态铁质量分数的 15.2%～30.8%。该部分的 As（III）和 Fe（II）含量之间表现出显著的相关性（$R^2 = 0.77$，$\alpha = 0.05$）［图 15-2-10（b）］，表明次生亚铁矿物在铁矿物相中占据一定的比例，且与 As（III）结合在一起。

4. 水文地球化学过程

场地地下水的低 Eh 值表明含水层很可能处于 Fe（III）氧化物还原甚至硫酸盐还原阶段。Fe（III）和硫酸盐等是含水层微生物参与下的氧化还原反应的重要电子受体（Appelo and Postma, 2005；Chapelle, 2000）。场地地下水高浓度溶解态硫化物和 Fe（II）及低浓度硝酸盐和硫酸盐等水化学特征说明厌氧微生物活动活跃，有机质的微生物降解在含水层氧化还原反应中发挥重要的作用（Thornton et al., 2001；Christensen et al., 2000）。总体而言，一个典型的氧化还原反应序列是有机质降解与不同的潜在电子受体之间的反应依序进行（Borch et al., 2010）。含水层中的氧气会在氧化还原的初始阶段被快速消耗掉，因此，场地内地下水溶解氧的浓度均低于检出限（0.01 mg/L）。当氧气被完全消耗后，硝酸根和锰氧化物会被还原，导致地下水中硝酸根质量浓度的降低和 Mn 质量浓度的增加（图 15-2-11）。接着与有机质氧化耦合的是铁氧化物和硫酸盐的还原，其直接结果是水相中 Fe（II）和 HS⁻浓度的上升。处于氧化还原反应序列末端的是有机质的发酵作用，引起甲烷的释放。

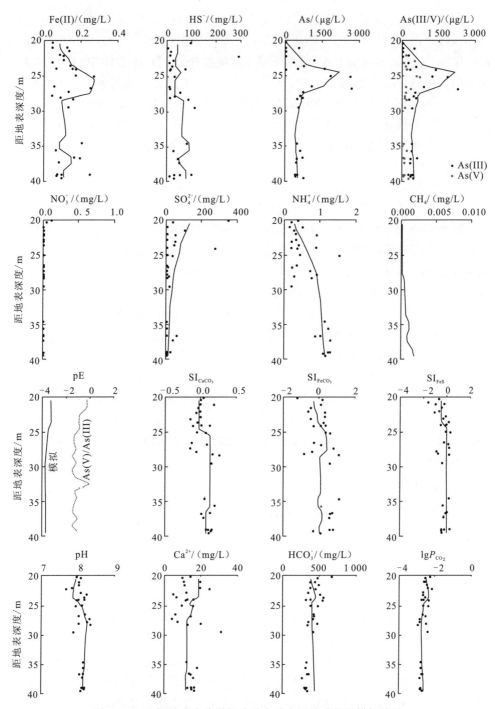

图 15-2-11　场地内水化学组分垂向分布及地球化学模拟结果

有机质分解反应自身则会释放 CO_2 到地下水系统中。然而地下水 CO_2 分压值普遍较低，为 $10^{-2.2} \sim 10^{-2.9}$ 大气压。其原因在于弱碱性条件下 CO_2 进一步与 OH^- 反应生成 HCO_3^-，导致地下水中 HCO_3^- 质量浓度的升高。图 15-2-11 中 pH 与 HCO_3^- 相反的变化趋势指示了 HCO_3^- 对 pH 的影响。该过程的发生则导致场地地下水相对于 $CaCO_3$ 逐渐趋于饱和。在铁氧化物还原过程中 Fe（II）的释放使得地下水中 $FeCO_3$ 的饱和度逐渐增加。当硫酸盐还原开始后，HS^- 质量浓度的增加使得 FeS 的饱和度也逐渐增加。在深层含水层中 Fe（II）质量浓度的降低可能是 $FeCO_3$ 或 FeS 沉淀反应所致。

5. 砷迁移转化主控过程

场地水砷浓度的空间变异性与水化学条件的变化密切相关。采自 C5S 和 C5M 的水样具有高砷质量浓度、低 Eh 值及高 Fe（II）和 HS^- 质量浓度特征，相反，采自 A1S 的样品中砷、Fe（II）和 HS^- 的质量浓度均较低，但 Eh 值较高。由此推测场地内水砷的空间分布受到氧化还原条件的控制，且高砷地下水通常见于还原性环境中（Xie et al., 2013b; Zheng et al., 2004; Stüben et al., 2003; McArthur et al., 2001）。

场地高砷地下水 pH 通常大于 7.95，似乎证明了碱性条件有利于砷的富集。而且地下水中高质量浓度的砷、Fe（II）和 HS^- 说明了铁氧化物与硫酸盐还原有利于砷的迁移（Xie et al., 2009）。统计分析表明，水砷质量浓度与 pH（$R^2 < 0.01$）或 Eh（$R^2 = 0.03$）值之间没有明显的相关性，而且与其他组分也无显著相关性（SO_4^{2-}，$R^2 = 0.10$；Mn，$R^2 = 0.08$；HS^-，$R^2 = 0.06$；NH_4^+，$R^2 < 0.01$；Fe（II），$R^2 = 0.29$；DOC，$R^2 < 0.01$），表明砷的迁移转化可能受到多个地球化学过程的综合影响（Mukherjee et al., 2009）。

1）吸附作用

在弱碱性条件下，As（V）和 As（III）的解吸行为及程度可能存在差异。由图 15-2-12 可知，地下水 As（III）/总 As 值（总 As 指水砷总量）与 pH 呈现出两种不同的趋势。落入趋势 1 的地下水样品具有相对低的 As(III)/总 As 比值（< 0.5），并随 pH 增加而降低，这可能与 pH 上升引起的 As（V）解吸有关。沉积物顺序提取表明，As（V）在沉积物表面的化学吸附是固相砷的重要存在形态之一。基于水合铁氧化物表面双层扩散模型计算表明，As（V）在铁氧化物表面的吸附容量与 pH 的关系为非线性等温吸附模式，当 pH > 7.5 时 As（V）的解吸量大幅增长（Smedley and Kinniburgh, 2002）。落入趋势 2 的地下水样品具有相对高的 As（III）/总 As 比值（$0.6 \sim 0.9$），且与 pH 无显著相关性。当电中性的 As（III）为主要存在形式时（8.04 < pH < 8.34），其吸附过程对 pH 的依赖性大大减弱，因而 pH 对

砷迁移的影响不再显著（Dixit and Hering, 2003）。因此，地下水系统中 As（V）向 As（III）转变可能是地下水系统中砷富集的重要因素之一。

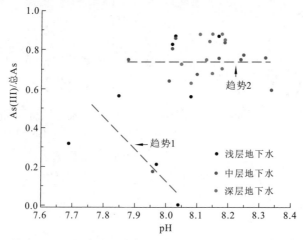

图 15-2-12　场地地下水中 As（III）/总 As 与 pH 的关系

有研究表明，地下水中的某些阴离子，如 HCO_3^-、SO_4^{2-} 和 HPO_4^{2-} 可通过表面竞争吸附导致砷的释放（Sø et al., 2012; Radu et al., 2005; Zhao and Stanforth, 2001）。试验场地下水中砷的潜在竞争阴离子包括 HCO_3^- 和 SO_4^{2-}。但地下水中 As（III）和 As（V）与 HCO_3^- 的质量浓度之间无显著正相关关系[图 15-2-13（a）和图 15-2-13（b）]，表明 HCO_3^- 对砷迁移的影响并不突出。其原因可能在于：①As（V）在铁矿物相表面的吸附为特异性化学络合作用，几乎不受 HCO_3^- 的非特异性静电吸引作用的影响（Sherman and Randall，2003）；②电中性的 As（III）吸附行为受 HCO_3^- 竞争效应的影响较微弱。地下水中 As（V）和 As（III）质量浓度与 SO_4^{2-} 质量浓度大体上呈现反相关关系[图 15-2-13（c）和图 15-2-13（d）]，表明强还原条件下 SO_4^{2-} 还原有利于砷的释放及 As（V）向 As（III）的转化（Burton et al., 2011）。因此，尽管 HCO_3^- 和 SO_4^{2-} 与砷之间存在竞争吸附的可能，但它们之间的关系表明氧化还原作用在砷的迁移中应当扮演着更为重要的角色。

为了进一步认识 As（V）和 As（III）在铁氧化物表面的吸附行为，采用三种表面吸附模型对不同砷浓度时表面吸附位点的分配进行了模拟研究（图 15-2-14）。第一种情形是水砷质量浓度较低[As（III）= 1.5 μg/L，As（V）= 6.7 μg/L]时，在 DM-SCM 模型中，铁矿物相表面弱吸附点位主要被 Si 表面络合物占据，其比例为 49.6%，其次是 Mg 络合物和 HCO_3^- 络合物，比例分别为 27.0% 和 11.7%，强吸附点位几乎不吸附水中的离子，As（V）表面络合物十分有限，占比仅为 0.1%，As（III）的吸附量可忽略不计。在 CD-MUSIC 模型中，Si 依然是最主要的吸附

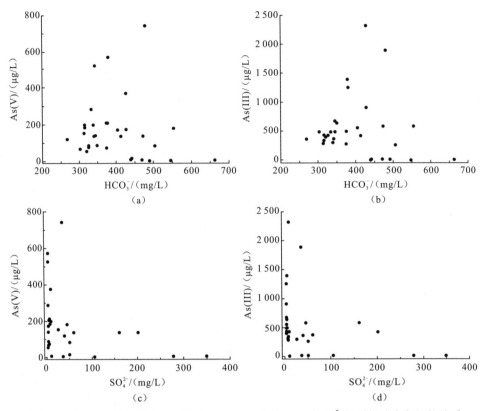

图 15-2-13　场地地下水中 As（V）、As（III）与 HCO_3^- 或 SO_4^{2-} 的质量浓度之间的关系

质，但 As（V）络合物比例高达 21.4%，As（III）吸附作用仍有限，仅占 0.1%。在 STO-SCM 模型中，除被去质子化部分外，Mg 和 Si 是主要的表面吸附质，As（V）和 As（III）的吸附作用均非常微小。

第二种情形是水砷质量浓度较高[As（III）= 2 320 μg/L，As（V）= 374 μg/L]时，在 DM-SCM 模型中最主要表面组分依然是 Si 络合物，但 As（III）的表面吸附显著增强，比例高达 31.9%，As（V）络合物比例依旧很低，仅为 2.1%，碳酸氢根表面络合物也仅占比 4.1%（图 15-2-14）。在 CD-MUSIC 模型中，As（V）和 As（III）成为主要的表面吸附质，其比例分别高达 49.1%和 23.9%，即铁矿物相表面大部分被砷占据。在 STO-SCM 模型中，与低水砷质量浓度相似，Mg 和 Si 的表面络合物仍是主体，As（III）和 As（V）占比分别为 9.4%和 3.4%。

通过比较三种模型计算结果可知，不同模型预测 As（III）和 As（V）吸附作用的结果差异显著。在 DM-SCM 模型中，无论砷质量浓度高低，Si 络合物均为主要吸附质，这可能与地下水中较高的 Si 浓度相关（Jessen et al.，2012）。当水

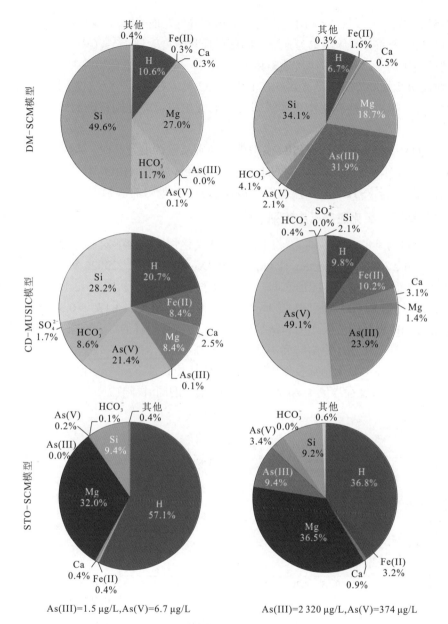

As(III)=1.5 μg/L, As(V)=6.7 μg/L　　　　　As(III)=2 320 μg/L, As(V)=374 μg/L

图 15-2-14　三种模型中界面分配平衡时铁氧化物表面络合物的组成

元素代表对应的络合物类型；H 表示所有质子化和去质子化的表面位点

砷质量浓度升高时，尤其是 As（III）质量浓度升高时，As（III）吸附容量占比显著升高，表明 As（III）具有更强的特异性吸附性能。STO-SCM 模型计算结果与

DM-SCM 模型类似仅 As（III）比例增量稍有降低。而 CD-MUSIC 模型结果表明，As（V）的表面吸附作用更为强烈。即使砷质量浓度较低，As（V）吸附容量也可达到较高比例（21.4%）；当砷质量浓度增加时，As（V）络合物成为主要的表面组分。对比沉积物顺序提取结果可知，CD-MUSIC 模型更接近于沉积物提取实验结果，因此，As（V）在铁氧化物表面吸附点位的吸附很可能是固相砷的一种重要存在形式。

在 DM-SCM 和 CD-MUSIC 模型中，当砷质量浓度升高时，As（III）占据的吸附点位比例增加而 HCO_3^- 占据的点位比例降低，表明 HCO_3^- 不是影响砷吸附的重要因素。同样 STO-SCM 模型结果也显示 HCO_3^- 吸附的影响可忽略不计。

2）地下水氧化还原反应序列

Fe(II) 与砷的相关性通常被用来分析铁氧化物还原溶解对砷释放的影响（Van Geen et al., 2006; Horneman et al., 2004; Dowling et al., 2002; McArthur et al., 2001）。然而，当考虑砷的形态时，情形似乎更为复杂。从图 15-2-15（a）可知，水相 As(V) 与 Fe(II) 质量浓度之间表现出一定的正相关关系（$R^2 = 0.31, \alpha = 0.05$）。这可能是 pH 引起的解吸作用和铁氧化物还原溶解作用等的综合结果。在适中的还原条件下，铁氧化物还原溶解尚不活泼，Fe(II) 质量浓度相对较低（< 0.05 mg/L），As(V) 的迁移主要受到解吸作用的控制。强还原条件下，铁氧化物的还原溶解作用占据主导，该过程导致了 As(V) 和 Fe(II) 的同时释放。

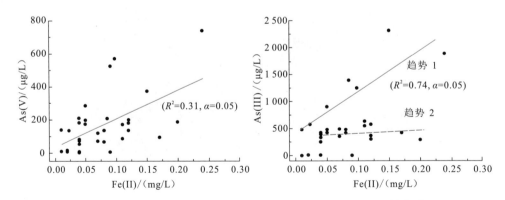

图 15-2-15　场地地下水中 As（V）和 As（III）与 Fe（II）的关系

与 As（V）不同，As（III）与 Fe（II）质量浓度表现出两种明显的趋势 [图 15-2-15（b）]。落入趋势 1 的地下水样品中 As（III）与 Fe（II）质量浓度之间呈现出良好的线性相关性（$R^2 = 0.74$, $\alpha = 0.05$），指示了 As（III）的富集受到铁氧化物还原和 As（V）还原的共同控制。在铁氧化物还原溶解过程中，As（V）同样接受来自有机质的电子并被还原为 As（III），导致 Fe（II）和 As（III）共同释出（Jiang et al., 2009）。落入趋势 2 的地下水样品中 As（III）质量浓度大致维持在 500 μg/L 的水平，与 Fe（II）质量浓度的变化几乎不存在相关性。其原因在于，强还原条件下 SO_4^{2-} 的还原产生大量的溶解态硫化物。硫化物可直接还原 As（V），导致 As（III）的还原解吸及其在水相中的累积（Rochette et al., 2000）。此外，硫化物可作为电子受体，在微生物介导下促进 As（V）向硫代砷化合物和 As（III）转化，促进 As（III）含量的升高（Burton et al., 2011; Planer-Friedrich and Wallschläger, 2009; Fisher et al., 2008）。

导致 As（III）或 As（V）与 Fe（II）质量浓度相关性趋于复杂化的另一个因素是次生亚铁矿物相对砷的固定作用（Postma et al., 2007）。SO_4^{2-} 还原产生的 HS^- 与铁氧化物还原产生的 Fe（II）可直接反应产生 FeS 沉淀。热力学计算结果表明，大部分的地下水中 FeS 处于过饱和状态，且当 FeS 的饱和指数（SI_{FeS}）超过 1 时，As（V）和 As（III）的质量浓度急剧降低（图 15-2-16）。其原因在于 FeS 沉淀作用同时导致了 As（III）和 As（V）的固定。有研究表明，硫酸盐还原过程中，地下水中的砷可通过化学吸附或共沉淀的形式被 FeS 固定，导致水砷质量浓度降低（Saalfield and Bostick, 2009; Kirk et al., 2004）。沉积物 HCl 提取实验结果中 As（III）与 Fe（II）质量浓度的良好相关性也有力证实了这一观点（图 15-2-10）。因此，还原性地下水环境中铁氧化物、砷和硫酸盐参与的多个氧化还原过程和次级反应不仅使得地下水中 As（V）和 As（III）出现了不同程度的富集，而且导致了砷与铁的去耦合迁移行为。

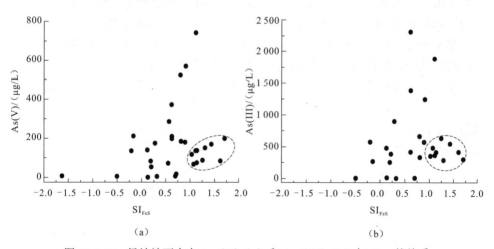

图 15-2-16　场地地下水中 As（V）（a）和 As（III）（b）与 SI_{FeS} 的关系

6. 反应性溶质运移模拟

场地尺度相对均一的水文地质条件及含水层结构使得通过构建一个简化的反应性溶质运移模型描述水化学演化过程成为可能。模型假设地下水水流主要沿垂向运移，从而带动地下水化学沿深度变化。一种简化处理方法是，将不同流动路径的水化学叠合到一个单独的垂向剖面，从而可以采用一维模型着重描述水化学过程。模型对氧化还原反应序列的处理基于 Postma 和 Jakobsen（1996）提出的部分平衡概念。天然有机质降解是氧化还原过程的推动者，其降解速率通常通过拟合铵根离子浓度变化得出（Postma et al., 2007）。其他组分的化学反应则由热力学方程控制。模型由 20 个反应单元组成，每个长 1 m，总长度覆盖距离地表 20～40 m 的含水层。根据场地地下水下渗速率估算地下水流速为 0.5 m/a，并将反应时间设定为 200 a，模型中未考虑弥散作用的影响。

模型成功地刻画了地下水中各组分随深度的变化特征（图 15-2-11）。模拟结果表明，O_2 和 NO_3^- 已被消耗殆尽，因此其质量浓度维持在极低水平。铁氧化物的还原溶解引起地下水中 Fe（II）质量浓度的上升，但其后的 SO_4^{2-} 还原过程产生 HS^-，而 Fe（II）和 HS^- 质量浓度增加使得 FeS 趋向饱和，最终导致 FeS 沉淀的生成。当 SO_4^{2-} 消耗殆尽后，CH_4 的质量浓度逐渐上升。

模型很好地刻画了 pH、HCO_3^-、Ca^{2+} 质量浓度及 $CaCO_3$ 和 CO_2 的饱和指数随深度的变化规律，证实了氧化还原过程与碳酸盐矿物反应密切相关。有机质降解产生的 HCO_3^- 通过影响方解石的沉淀溶解平衡来调节 CO_2 分压值，使其处于相对稳定的水平。此外，Fe（II）和 HCO_3^- 质量浓度上升使得地下水中的 $FeCO_3$ 逐渐趋向饱和，其 SI 值高达 0.29，导致 $FeCO_3$ 沉淀析出（Postma, 1982）。

模型中有机质的降解速率和铁氧化物稳定性是影响拟合结果的关键参数。模拟过程中发现，即使微小地改变这两个参数值，氧化还原反应序列及其发生程度也会发生显著的变化，并导致 pH 和 Fe（II）、HS^- 的拟合效果变差。在浅层含水层，有机质的平均降解速率相对较大，为 2 μmol C/（L·a），而在深层含水层，其值较低，为 0.5 μmol C/（L·a）。这说明不同深度有机质的活性存在差异。因此，可推测浅层有机质相对年轻，生物活性强，而深层有机质趋于成熟，活性低。在浅层含水层中，设定铁氧化物的热力学稳定性参数值 K 为 $10^{-41.6}$（相当于弱结晶态水铁矿或纤铁矿）时模拟结果与监测数据表现出高度吻合。而在深层含水层，其参数值设定为 $10^{-42.3}$（接近于结晶态针铁矿）时模拟结果与实测数据吻合。上述结果表明，铁氧化物相稳定性随深度增加逐渐增强。在深层含水层，铁氧化物稳定性的增强有利于 SO_4^{2-} 还原的发生，进而导致了 HS^- 的积累及 FeS 沉淀的生成（Jakobsen and Postma, 1999）。Postma 和 Jakobsen（1996）也指出，当铁氧化物变得稳定时，相比而言 SO_4^{2-} 还原在热力学上更易发生。

　　研究还发现，当铁氧化物中 As/Fe 摩尔比为 0.009 时，模拟结果才与实际监测结果表现出高度的一致性。还原性条件下，As（V）并不稳定，进一步被还原为 As（III）。释放的 As（III）则可重新被吸附在铁氧化物的表面。从上述表面吸附模拟结果可知，CD-MUSIC 模型模拟结果更接近沉积物实验结果，因此采用 CD-MUSIC 模型描述 As（III）在沉积物表面的吸附行为。根据沉积物顺序提取实验结果，设定铁氧化物表面弱吸附点位密度为 0.09 mmol/mol Fe，强吸附点位则按照模型原定比例设定。

　　模拟结果很好地刻画了水砷质量浓度随深度的分布特点（图 15-2-11）。由于 As（III）是主要的砷形态，As（III）与总砷因而具有相似的变化形式。在距地表 20～25 m 深度内，As（III）与 Fe（II）质量浓度均表现出随深度逐渐增加的趋势。随后，由于 FeS 的共沉淀作用，As（III）与 Fe（II）质量浓度转而逐渐降低。值得注意的是，模拟结果表明地下水中的 As（V）质量浓度应接近于 0，但实际测量结果显示 As（V）质量浓度较高。通过比较 As（III）/As（V）氧化还原对 pE 值与整个体系 pE 值发现，前者明显高于后者，证实了 As（III）/As（V）氧化还原对并没有达到平衡状态，As（V）还原可能由于动力学因素相对滞后（Postma et al.，2007）。事实上，砷价态间的热力学非平衡状态在其他的研究中也有发现（Oremland et al., 2000; Cullen and Reimer, 1989）。

　　综上所述，还原性含水层中不同形态砷的迁移转化受到多个过程的综合影响，包括表面解吸作用、序列氧化还原反应及沉淀反应等。地下水中砷的富集和有机质与铁氧化物、硫酸盐之间的氧化还原耦合密切相关。因此，基于分析和模拟结果建立了大同盆地浅层地下水系统中砷迁移富集的概念模型（图 15-2-17）：砷最初以化学吸附和共沉淀形式赋存于铁氧化物矿物中，随局部地下水环境演化出现不同程度的迁移及在地下水中的富集。在弱还原和近中性 pH 环境下，铁氧化物还原尚不活跃，大部分砷仍然以 As（V）形态被束缚在铁氧化物表面。当局部地下水 pH 升高（＞7.69）时，表面吸附点位变化导致了 As（V）的解吸并在水相中累积。当地下水还原性增强时，铁氧化物还原溶解和 As（V）还原解吸作用促进了 Fe（II）和 As（III）的释放，此时 As（III）逐渐成为主要的砷存在形态。当还原条件进一步增强至硫酸盐还原发生时，产生的溶解性硫化物一方面促进 As（V）向硫代砷化合物或 As（III）转化，另一方面可与 Fe（II）反应形成 FeS 沉淀。在沉淀过程中，部分的 As（V）和 As（III）通过共沉淀等方式进入 FeS 中，从而导致水砷质量浓度降低。该模型不仅可以很好地解释局部范围内水砷的空间变异性，还应适用于水化学条件与大同盆地相似的其他高砷地下水系统。

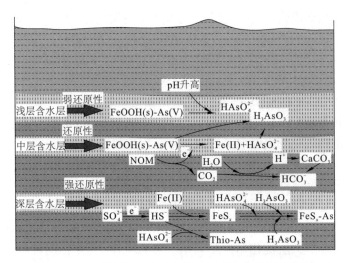

图 15-2-17　场地地下水系统中砷迁移转化的概念模型

　　针对大同盆地高砷地下水的场地尺度水文地球化学研究揭示了砷迁移转化的机理及不同形态砷空间分布的控制因素。研究结果表明，试验场地内水砷质量浓度具有高度的空间变异性，变化范围在 5.5～2 690 μg/L，并呈现波动的季节性变化趋势和先上升后下降的垂向分布特点。高砷地下水多发生于还原性环境中，同时含有较高质量浓度的 Fe（II）、HS⁻、HCO₃ 及 NH₄⁺等，且 H₃AsO₃ 为主要砷存在形态。含水层沉积物总砷平均质量分数为 27.73 mg/kg，并与总铁含量具有较好的相关性。沉积物顺序提取实验结果证实，固相砷大部分通过化学吸附和共沉淀的方式与易还原铁氧化物和结晶态铁氧化物结合，为水砷的重要直接来源。还原性条件下，有机质氧化降解与铁氧化物还原溶解的耦合导致 Fe（II）和砷的释放，以及 As（V）的还原解吸。当还原条件增强至 SO₄²⁻ 还原发生时，产生的硫化物一方面可促进硫代砷化合物和 As（III）的生成，强化地下水中砷的富集，另一方面可与 Fe（II）反应生成 FeS 沉淀，并导致砷部分被 FeS 固定。

　　反应性溶质运移模拟表明，浅层含水层中有机质和铁氧化物的活性相对较高，铁氧化物主要为水铁矿等弱结晶性矿物，而深层含水层中有机质活性有所下降，铁氧化物稳定性增强，接近于结晶态针铁矿。有机质活性影响着含砷铁氧化物还原溶解的程度，因而控制着水砷富集程度。有机质氧化降解与铁氧化物和硫酸盐还原的耦合是控制水砷含量空间变异性的主要地球化学过程。地下水 pH 是砷吸附和铁氧化物溶解的重要影响因素，但反过来受到有机质降解和碳酸盐矿物沉淀溶解的影响。

15.3　高砷地下水水质原位改良技术系统

基于前期的水文地球化学调查结果，首先对示范工程场地进行了水化学分区，然后根据地下水水化学的分布特点和砷迁移转化主导过程的差异性，在两个代表性分区内分别对基于亚铁氧化沉淀的原位固砷技术和基于生成硫化亚铁的原位固砷技术进行了场地试验研究，从而实现高砷地下水水质原位改良技术体系的工程示范。

15.3.1　场地水化学分区

以场地区域内距地表约 22 m 处浅层含水层为例，根据含水层水化学组分的变化特点，包括 pH、Eh 和水砷质量浓度等，将试验场地划分为 5 个区块，然后根据各分区的水化学特征采用相适应的原位固砷技术体系进行含水层修复。

根据场地含水层水化学变化特点，制定以下划分标准（表 15-3-1）。

表 15-3-1　示范工程场地水化学分区依据

判定指标	划分依据			
氧化还原条件	弱还原性（偏氧化）	中还原性	强还原性	
Eh / mV	>-50	-50～-150	<-150	
酸碱性	弱碱性	中碱性	强碱性	
pH	7.0～8.0	8.0～8.5	>8.5	
As 质量浓度	低砷水	中砷水	高砷水	极高砷水
/（μg/L）	<10	10～100	100～1 000	>1 000

依照以上划分标准得到场地水化学分区，如图 15-3-1 所示。各分区的水化学信息（区内监测点均值）如表 15-3-2 所示。

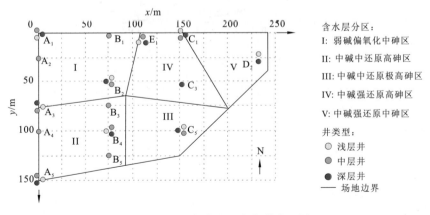

图 15-3-1　目标含水层水化学分区图

表 15-3-2　目标含水层各分区水化学特征

分区	pH	Eh / mV	As 质量浓度/（μg / L）
I	7.93	−77	78.0
II	8.05	−181	593
III	8.03	−146	2 690
IV	8.10	−160	608
V	8.13	−201	19.3

对于目标含水层, 通过野外水文地质试验获得以下参数值: ①含水层厚度 B(m); ②渗透系数 K（m/d）; ③有效孔隙度 n_e; ④储水系数 S; ⑤区域水力梯度 I; ⑥抽水井涌水量 Q（m³/d）; ⑦区域地下水流速 U（m/d）; ⑧抽水井半径 r_w（m）。

当抽水井被设置在地下水下游中点（坐标系统的原点, 图 15-3-2）时, 该系统能够覆盖的面积可用以下方程表示（Javandel and Tsang, 1986）:

$$y_D = \pm\frac{1}{2} - \frac{1}{2\pi}\tan^{-1}\frac{y_D}{x_D} \qquad (15\text{-}3\text{-}1)$$

式中: $y_D = \dfrac{BU_y}{Q}$; $x_D = \dfrac{BU_x}{Q}$。其图解如图 15-3-2 所示。

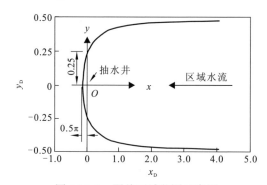

图 15-3-2　覆盖区域范围示意图

当确定以上参数后, 覆盖区面积即可通过计算得出。由此可以得知, 抽水井在对下游的最大影响范围为 $Q/2\pi BU$, 而上游横向最大跨度为 Q/BU。此外, 可计算得到以下参数值:

目标含水层内达西流速 U 为

$$U = KI \qquad (15\text{-}3\text{-}2)$$

抽水井涌水量 Q 为

$$Q = \left(\frac{Q}{BU} \right)_{取值} \times BU \tag{15-3-3}$$

抽水井降深值 Δh 为

$$\Delta h = \frac{2.3Q}{4\pi KB} \times \lg \frac{2.25KBt}{r_w^2 S} \tag{15-3-4}$$

式中：t 为抽水持续时间。

覆盖面积 A 为

$$A = 2\int_{\frac{Q}{2\pi BU}}^{r_w} f(x)\mathrm{d}x \tag{15-3-5}$$

其中 $f(x)$ 满足：

$$f(x) = \frac{Q}{2BU} - \frac{Q}{2\pi BU}\tan^{-1}\frac{f(x)}{x} \tag{15-3-6}$$

当把影响范围近似为一个矩形时，其值 A' 为

$$A' = r_w \times \frac{Q}{BU} \tag{15-3-7}$$

根据场地不同分区面积大小，可进行调控含水层修复系统的各种变形，以实现区域含水层全覆盖。

当注入速率一定时，注入的亚铁试剂及氧化剂的浓度需要根据不同分区地下水砷浓度按比例做出调整。根据地下水中砷质量浓度 c_{As}，依据化学计量计算亚铁试剂用量，以某一物质的量浓度 $c_{Fe(II)}$（mmol/L）注入含水层中。

假定含水层的长、宽、高分别为 a、b、c（m），孔隙度为 n，体积 $V = a \times b \times c$，饱水时体积 V_n（m³）：

$$V_n = a \times b \times c \times n \text{ 或 } V_n = S_w \times c \times n \tag{15-3-8}$$

式中：S_w 为含水层覆盖面积，$S_w = a \times b$。

亚铁试剂注入速率为 q（L/d），注入时间为 t（d），其质量 $m_{Fe(II)}$（g）为

$$m_{Fe(II)} = \frac{c_{Fe(II)} \times q \times t \times 56}{1\,000} \tag{15-3-9}$$

以 $FeSO_4 \cdot 7H_2O$ 计，其质量 M（g）为

$$M = \frac{c_{Fe(II)} \times q \times t \times 278}{1\,000} \tag{15-3-10}$$

假定地下水中初始砷质量浓度为 c_{As}（μg/L），砷在铁膜上的饱和吸附容量为 ω（g As/g Fe），当砷质量浓度降低至 $c_{As\,\varphi}$（μg/L）时，则可处理地下水体积 V_t（L）为

$$V_t = \frac{\omega \times m_{\text{Fe(II)}} \times 10^6}{c_{\text{As}} - c_{\text{As}(t)}} \tag{15-3-11}$$

生成的铁沉淀质量 $m_{\text{Fe(OH)}_3}$（g）或 m_{FeS}（g）为

$$m_{\text{Fe(OH)}_3} = \frac{m_{\text{Fe(II)}} \times 77}{56} \quad 或 \quad m_{\text{FeS}} = \frac{m_{\text{Fe(II)}} \times 88}{56} \tag{15-3-12}$$

其密度为 $\rho_{\text{Fe(OH)}_3}$ 或 ρ_{FeS}，则铁沉淀引起的孔隙度的变化为

$$n_t = n - \frac{V_n - \dfrac{m_{\text{Fe(OH)}_3}}{\rho_{\text{Fe(OH)}_3}}}{V} \quad 或 \quad n_t = n - \frac{V_n - \dfrac{m_{\text{FeS}}}{\rho_{\text{FeS}}}}{V} \tag{15-3-13}$$

15.3.2　亚铁氧化沉淀原位固砷技术场地示范

1. 技术示范实施

试验区位于 DY 场地的 I 区（图 15-3-3），目标含水层距地表深约 20 m、厚约 2 m，面积约为（75×50）m^2。目标含水层组成相对均一，主要由灰色或灰黄色中—粗砂组成，局部含有少量的粉细砂。地下水大致由西流向东北流动，流速缓慢。目标含水层地下水呈弱到中碱性（pH 均值为 7.9）、弱还原环境（Eh 均值为 -48 mV），水相 Fe（II）平均质量浓度为 0.05 mg/L，砷质量浓度变化范围为 38.0～94.4 μg/L，平均值为 78.0 μg/L。

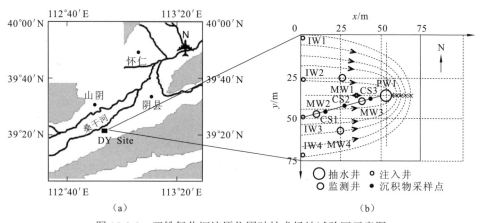

图 15-3-3　亚铁氧化沉淀原位固砷技术场地试验区示意图

在试验区内构建了调控含水层修复系统和多水平监测系统[图 15-3-3（b）]。在

地下水上游等距离布设四眼注入井，在地下水下游中点处布设一眼抽水井。此外，在目标含水层内布设了四眼监测井，用以监测修复过程中地下水的水化学变化特征。

通过人工控制地下水流场实现含水层原位镀铁固砷。先抽取地下水形成局部稳定地下水流场，然后采用四步交替循环法，从四口注入井分别注入 $FeSO_4$ 溶液、无氧水及 NaClO 溶液，使其在水流的引导下运移扩散。人工调控含水层原位镀铁固砷具体操作步骤如下：①以 v_i=7.7 L/h 速率注入 5.00 mmol/L 的 $FeSO_4$ 溶液（溶解氧质量浓度 < 0.01 mg/L）30.8 L；②以相同速率注入无氧水 14.7 L，冲洗井管并驱动 $FeSO_4$ 随地下水迁移，随后静置 2 h；③随后以相同速率注入 2.51 mmol/L 的 NaClO 溶液 30.8 L［NaClO 溶液相对 Fe（II）和 As 含量等稍过量］，以完全氧化 Fe（II）与其他还原性组分；④保持进水速率，再次注入无氧水 14.7 L，冲洗井管，随后静置 2 h。

重复上述 4 个步骤，场地注入试验于 25 d 内完成。

试验开始前，采集地下水样品，进行水质现场分析和室内全分析一次。试验开始后，每日定时监测水质参数一次，每 2 d 现场分析氧化还原活性组分一次，每 4～5 d 采集室内全分析地下水样品一次。试验结束后，每隔半个月检测水质参数、水砷浓度和其他水化学组分一次。

采用 PHREEQC-3 一维反应性溶质运移模型刻画目标含水层中砷原位固定过程，所用的热力学数据库为 WATEQ4F.DAT。模型假设注入井与抽出井间的含水层为 10 个反应单元组成的一维柱体，每个小单元长 5 m，流速为 1.5 m/d，并据实际观测过程设定模拟时间为地下水完全流经 2 个柱体所需时长。根据沉积物提取实验和 XRD 观测结果设定主要的固砷矿物相为水铁矿或针铁矿及各自数量，并假定砷的吸附遵从 Dzombak 和 Model（1990）提出的双层扩散表面络合模型（DM-SCM 模型）。模型计算中，使用的物理参数来源于现场实验测定值，采用场地背景数据作为模型初始输入值。

2. 注入过程中水化学变化特征

在 25 d 的场地试验过程中，水化学参数变化明显（图 15-3-4）。监测井地下水 pH 在初期缓慢上升，然后沿地下水流向（如从 MW2 到 PW1）依次出现了不同程度的下降。依据观测井位置不同，第二次 pH 的显著降低大约出现在首次降低后的第 5～10 天，随后又逐渐上升，直至试验结束时趋于稳定［图 15-3-4（a）］。在 pH 首次降低的同时，地下水 Eh 值也下降到极小值，随后逐渐上升至近 0 mV。在试验后期，Eh 值基本稳定在一个相对较高的水平［图 15-3-4（b）］。随着 $FeSO_4$ 和 NaClO 的注入，沿地下水流向各监测井中 EC 值随时间逐渐上升［图 15-3-4（c）］。

Fe（II）周期性注入后，地下水 Fe（II）质量浓度首先出现了不同程度的上

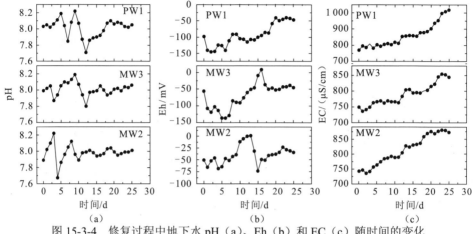

图 15-3-4　修复过程中地下水 pH（a）、Eh（b）和 EC（c）随时间的变化

升（图 15-3-5）。随后依据离注入井距离的不同，各监测井中 Fe（II）质量浓度在不同时间点出现了首次大幅下降，表明含水层区域内 Fe（II）随水流运移过程中发生了反应。Fe（II）质量浓度第二次显著下降发生在首次涨落后的约第 10 天，说明了 ClO⁻ 对 Fe（II）的周期性氧化特点。场地试验开始后，水相硫化物质量浓度由初始均值 12 μg/L 迅速下降至低于 1 μg/L，直至低于检出限。硫化物消失的主要原因可能是 ClO^- 的氧化作用结果。

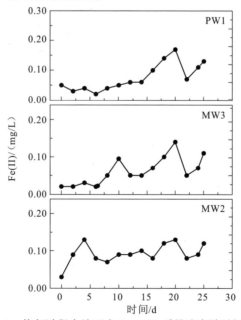

图 15-3-5　修复过程中地下水 Fe（II）质量浓度随时间的变化

可以发现，随着 Fe（Ⅱ）和 ClO⁻的周期性交替注入，目标含水层水化学快速响应。地下水 pH 由弱到中碱性向近中性演化，Eh 值逐渐上升至接近 0 mV，氧化性显著增强。场地试验过程中，pH 变化的一个重要原因是 Fe（Ⅱ）氧化沉淀时释放 2 倍于 Fe 数量的 H^+ 到地下水中[式（15-3-14）]。这不仅解释了试验初期 pH 出现快速下降的现象，而且说明了沿水流方向各监测井中依次发生的 pH 二次涨落与 Fe（Ⅱ）的运移与反应密切相关。此外，当 Fe（Ⅱ）吸附到铁矿物表面时，Fe（Ⅱ）与质子的交换反应[式（15-3-15）]也会导致地下水中质子的累积。而 pH 的波动性变化特点则可能与碳酸盐矿物的沉淀溶解平衡有关[式（15-3-16）]。低 pH 环境中碳酸盐矿物的溶解会引起地下水中 HCO_3^- 浓度的增加和 pH 的升高。注入过程中所有监测井均观测到了 HCO_3^- 浓度的上升趋势。因此，碳酸盐的强大缓冲能力约束着 pH 的波动，也使得试验结束后 pH 趋于稳定。

$$2Fe^{2+} + ClO^- + 3H_2O \longrightarrow 2Fe^{3+}OOH_{(s)} + Cl^- + 4H^+ \qquad (15\text{-}3\text{-}14)$$

$$3Fe^{3+}OOH_{(s)} + Fe^{2+} + H_2O \longrightarrow Fe^{3+}OOFe^{2+}OH_{(s)} + 2H^+ \qquad (15\text{-}3\text{-}15)$$

$$H_2O + CO_2 \longleftrightarrow H_2CO_3 \longleftrightarrow H^+ + HCO_3^- \longleftrightarrow CO_3^{2-} + 2H^+ \qquad (15\text{-}3\text{-}16)$$

场地试验开始后，Fe（Ⅱ）的输入使得目标含水层的还原环境增强，因而观测到地下水 Eh 的下降（图 15-3-4）。随后 ClO⁻的注入必然导致 Eh 的上升，从而使地下水氧化性增强。随着 Eh 值升高，水相 Fe（Ⅱ）被氧化沉淀，所以其浓度下降。显然，地下水氧化性的增强有利于 Fe（Ⅱ）异相氧化和铁（氢）氧化物沉淀的生成，也有利于铁矿物相的稳定。

场地试验结束后，含水层内水砷质量浓度由初始均值 78.0 μg/L 逐渐下降到 9.8 μg/L，除砷率达 87%。场地试验结束 30 d 后，水砷平均质量浓度维持在约 9.6 μg/L，除砷率保持在 88%，在随后的半年监测时间内水砷质量浓度大体稳定在这一水平。目标含水层内水砷质量浓度随时间的空间分布情况显示，较大程度的质量浓度下降首先发生在注入井附近，砷衰减锋面沿水流方向不断向前推进，与注入的固砷试剂的扩散趋势一致（图 15-3-6）。不同于水砷背景值的高度空间变异性，试验结束时低砷水（As <20 μg/L）覆盖了目标含水层大部分区域[图 15-3-6（e）]。最低砷质量浓度带主要分布在注入井附近。场地试验结束 30 d 后，砷的空间分布没有发生明显的变化[图 15-3-6（f）]，说明目标区域内地下水中的砷已然被固定。

伴随总砷质量浓度的下降，水砷形态也发生了显著变化（图 15-3-7）。以 PW1 井为例，场地试验开始前，As（Ⅲ）是主要的水砷存在形式，As（Ⅲ）/总 As 值为 74.5%。场地试验开始后，As（Ⅲ）质量浓度随时间迅速下降，第 18 天后基本维持在一个低的水平。反之，试验初始阶段 As（Ⅴ）下降幅度明显小于 As（Ⅲ），随后 As（Ⅴ）质量浓度逐渐降低，第 18 天后趋于平缓。尽管总砷质量浓度与 As（Ⅲ）质量浓度呈现出类似的变化趋势，As（Ⅴ）/总 As 值在试验期间不断上升，在第 18

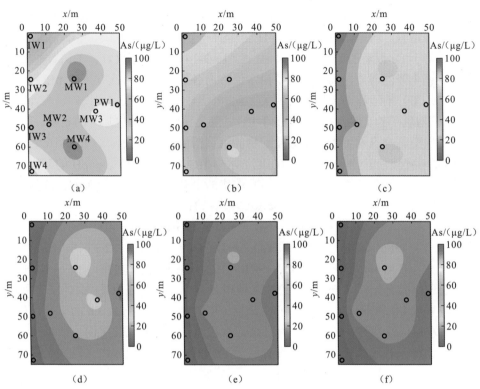

图 15-3-6　目标含水层内水砷质量浓度随时间变化平面图

（a）0 d；（b）8 d；（c）15 d；（d）21 d；（e）25 d（注入结束）；（f）55 d

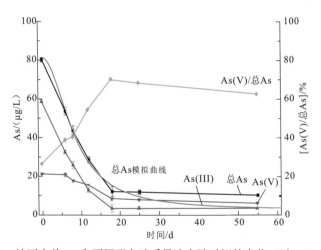

图 15-3-7　地下水总 As 和不同形态砷质量浓度随时间的变化（以 PW1 井为例）

天时达 70.2%，之后略有下降。

3. 沉积物中铁和砷含量变化特征

对比试验前后沉积物样品的 SEM-EDS 分析结果可知，试验后沉积物表面矿物相中铁和砷的质量分数发生了显著的变化（图 15-3-8）。试验前沉积物样品 EDS 结果显示其主要地球化学成分为 O、Si、Al 和 Na 等，铁质量分数很低（1.5%），砷未被检出。场地试验结束后，采集自 CS1-2 的沉积物样品 SEM 分析结果显示，沉积物表面出现了无定型颗粒状矿物相，其铁质量分数高达 19.3%，且与之结合的砷质量分数高达 5.1%。

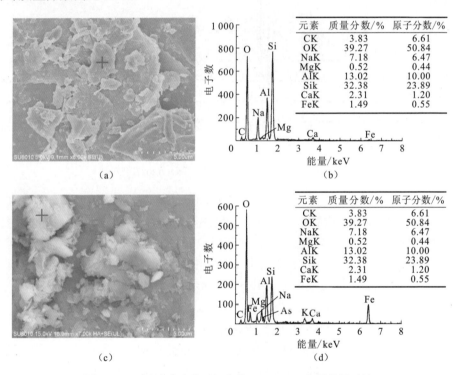

图 15-3-8　场地试验前后沉积物 SEM-EDS 分析结果对比

（a）为试验前沉积物表面形貌图，（b）为红色标记对应 EDS 图，（c）、（d）为试验后

沉积物 XRD 分析结果表明，相较于试验前沉积物（其主要成分为石英和硅酸盐矿物），试验完成后的沉积物中水铁矿（ferrihydrite）的特征峰明显增强（图 15-3-9）。水铁矿被认为是自然环境中最易形成的弱结晶态铁矿物相（Johnston et al., 2011）。此外，在样品 CS1-2 的 XRD 图谱中，21.2° 和 53.2°（2θ）等处的特征峰指示了针铁矿（goethite）的存在，说明了除水铁矿外，试验过程中也生成

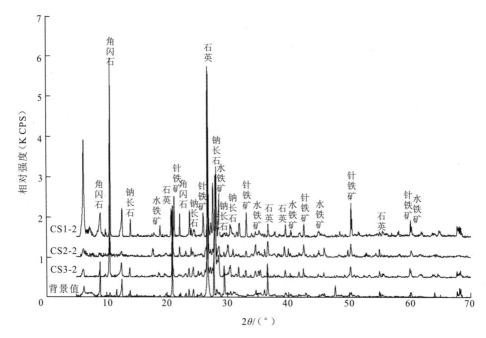

图 15-3-9 场地试验前后沉积物 XRD 分析结果对比

了一定量的针铁矿。通过对比不同位置沉积物样品的 XRD 谱图发现，随着离注入井距离的增加，样品中针铁矿特征峰强度逐渐减弱，水铁矿峰强相对逐渐增加。该现象表明弱结晶态水铁矿应该是最先形成也是最主要的铁矿物相，而针铁矿主要见于注入井附近。尽管 EDS 在新生铁矿物中检测到了砷的存在，但 XRD 并未识别出含砷矿物相，这可能是由于砷并没有形成特定的矿物相而主要以吸附或共沉淀形式被铁矿物相捕获。

沉积物顺序提取实验结果（表 15-3-3）表明，与试验前沉积物样品比较，试验完成 30 d 后的沉积物样品中总砷和总铁的质量分数均有所升高，净增量分别为 1.17~7.51 g/kg 和 0.47~5.87 mg/kg，这与 EDS 分析结果一致。试验前、后沉积物样品中弱吸附态砷质量分数变化很小。除样品 CS3-1 外，试验后强吸附态砷质量分数出现了明显的升高，净增量为 0.18~3.77 mg/kg。此外，试验后弱结晶态和结晶态铁矿物相中的铁质量分数均有显著升高。大多数情况下，可提取结晶态铁的增量（平均达 3.44 g/kg）大于可提取弱结晶态铁的增量（均值为 0.98 g/kg）。值得注意的是，更为显著的铁质量分数增加发生在靠近注入井的沉积物样品中。此外，与可提取弱结晶态铁质量分数普遍升高不同，部分样品可提取弱结晶态铁相中结合砷质量分数出现降低。但是可提取结晶态铁相中砷质量分数均有升高，其净增量为 0.03～3.42 mg/kg，最大增量值出现在靠近注入井的沉积物样品中。

表 15-3-3　试验前后沉积物中不同结合形式砷和铁含量的变化

编号	深度 /m	弱吸附态砷	强吸附态砷	弱结晶铁矿物相		结晶铁矿物相		沉积物总量	
		δAs	δAs	δAs	δFe	δAs	δFe	δAs	δFe
CS1-1	20.4	−0.01	1.28	−1.17	0.45	1.82	2.88	1.26	7.51
CS1-2	21.3	−0.01	0.18	1.76	1.70	2.64	4.82	4.48	6.85
CS1-3	22.2	−0.02	1.25	1.43	2.20	3.42	7.62	5.87	5.07
CS2-1	20.7	0.00	0.59	0.16	0.33	0.41	2.89	1.01	2.65
CS2-2	21.8	0.03	3.77	−1.40	1.84	0.53	3.18	2.91	1.17
CS2-3	22.5	−0.03	0.92	−0.14	0.79	0.12	2.18	0.87	3.52
CS3-1	19.9	−0.04	−0.43	1.94	0.66	0.03	1.79	1.23	3.45
CS3-2	21.2	−0.02	3.58	−2.12	0.64	0.35	1.76	0.47	2.89
CS3-3	22.4	−0.01	0.43	−0.25	0.18	0.40	3.88	0.73	2.23
最大值		0.03	3.77	1.94	2.20	3.42	7.62	5.87	7.51
最小值		−0.04	−0.43	−2.12	0.18	0.03	1.76	0.47	1.17
平均值		−0.01	1.29	0.02	0.98	1.08	3.44	2.09	3.93
标准偏差		0.02	1.46	1.45	0.74	1.24	1.85	1.91	2.13

注：δ 表示相对试验前背景值的增量；As 质量分数的单位为 mg/kg，Fe 质量分数的单位为 g/kg

4. 亚铁氧化沉淀原位固砷机理

场地试验过程中，水砷质量浓度与 Fe（II）质量浓度呈现相反的变化趋势。以 PW1 井为例，地下水砷和 Fe（II）的质量浓度之间显著的负相关关系（$R^2 = 0.82$，$\alpha = 0.05$）（图 15-3-10）表明，砷的固定与 Fe（II）的氧化沉淀密切相关。铁（氢）氧化物矿物对砷有着强烈的亲和力（Jia et al., 2006; Sherman and Randall, 2003），

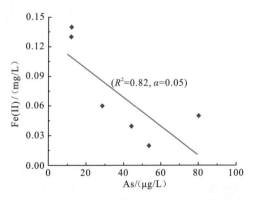

图 15-3-10　场地试验过程中 PW1 井 Fe（II）与砷质量浓度之间的相关性

因此，试验过程中形成的铁（氢）氧化物包覆层将成为固砷的重要媒介。SEM-EDS 分析结果（图 15-3-8）也证实了新生铁氧化物对砷的固定作用。

地下水水化学监测结果表明，与初始状态中 As（III）主导砷形态不同，试验完成后 As（V）成为主要的砷存在形式。其原因在于 ClO⁻ 的输入导致了 As（III）氧化，从而导致了前 18 天内 As（III）质量浓度不断下降（图 15-3-7）。尽管铁氧化物沉淀对 As（V）有强烈的固定作用，但 As（V）因 As（III）的氧化生成得到补偿，因此其质量浓度下降趋势较 As（III）平缓（图 15-3-7）。As（III）到 As（V）的氧化过程被认为是提高除砷效率的一个必要过程，因为碱性条件下铁（氢）氧化物与 As（V）的结合力更强（Sharma et al.，2014）。模拟结果表明，As（V）被吸附后即可在铁（氢）氧化物（HFO）上形成表面络合物（FeO≡OH₂AsO₄）（图 15-3-11）。As（V）吸附在 pH 降低至近中性时进一步增强。根据 As（V）吸附量与 pH 的非线性等温曲线可知，pH 降低有利于 As（V）在铁氧化物表面的吸附（Smedley and Kinniburgh，2002）。观测结果也证实了 pH 降低时，地下水中的砷质量浓度下降更为显著（图 15-3-11）。综上所述，砷的原位固定机理可表示为

$$Fe^{3+}OOH_{(s)} + HAsO_4^{2-} + H_2O \longleftrightarrow Fe^{3+}OH_2As_{(s)} + 2OH^- \qquad (15\text{-}3\text{-}17)$$

$$2Fe^{3+}OOFe^{2+}H_{(s)} + 4H_3AsO_3 + 5ClO^- \longleftrightarrow 4Fe^{3+}OH_2AsO_{4(s)} + 5Cl^- + 3H_2O$$
$$(15\text{-}3\text{-}18)$$

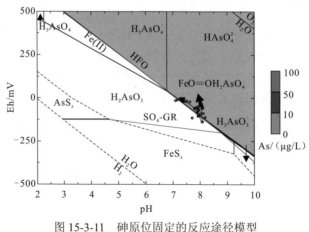

图 15-3-11　砷原位固定的反应途径模型

虚线箭头代表反应方向；HFO 为铁（氢）氧化物；FeO≡OH₂AsO₄：HFO 表面砷络合物

在试验完成后的连续监测中，水砷质量浓度趋于稳定的现象说明砷的吸附反应达到了准平衡状态（Höhn et al.，2006）。所有的监测井中，相较于 As（III），As（V）的质量浓度衰减和维持低水平所需的时间更长。

沉积物提取实验中，强吸附态砷质量浓度的显著升高说明大量的砷被铁（氢）氧化物所吸附。此外，盐酸羟胺提取结果表明部分的砷以共沉淀的形式进入铁矿物相中（表 15-3-3）。弱结晶态铁矿物相中砷与铁的净增量之间有良好的正相关关系（$R^2 = 0.82$，$\alpha = 0.05$）[图 15-3-12（a）]，证实了吸附和共沉淀作用在砷固定中的重要作用。结晶态铁矿物相中砷与铁净增量之间的正相关性（$R^2 = 0.75$，$\alpha = 0.05$）[图 15-3-12（b）]表明砷部分进入了新形成的结晶态铁矿物中。

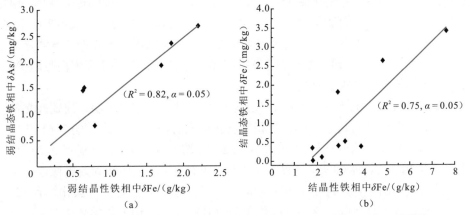

图 15-3-12　弱结晶和结晶态铁氧化物中砷与铁净增量的相关性（δ 表示净增值）

沉积物 XRD 分析结果表明，弱结晶态铁矿物相的主要成分为水铁矿，而结晶态铁矿物以针铁矿为主（图 15-3-9）。结合沉积物顺序提取结果可知，沉积物样品（尤其是靠近注入井的样品），与针铁矿结合的砷增量更大。如前所述，Fe（II）氧化首先形成无定形水合氧化铁或水铁矿，并大量结合砷。持续的 Fe（II）注入促进了弱结晶态铁矿物向晶型更好的针铁矿转化（Yang et al., 2010）。这是因为未被氧化的 Fe（II）吸附到新生成的水铁矿表面后，催化并加速结晶态铁矿物相的形成（Burton et al., 2011; Saalfield and Bostick, 2009）。吸附的 Fe（II）被氧化后生长出的新生铁矿物相则为砷提供了更多的吸附位点，进一步的老化过程使得更多的砷被束缚进针铁矿中。在注入井附近，Fe（II）的氧化沉淀首先发生，铁矿物相变过程历时更长，因而产生的针铁矿和固定的砷的数量更多。这说明，铁矿物相转变在砷的固定过程中发挥着更为重要的作用，而且铁矿物相的老化有利于砷在沉积物中的长期固定（Yang et al., 2010）。

基于 PHREEQC-3 的饱和指数（SI）计算结果表明，在试验期间，地下水中水合氧化铁、水铁矿、纤铁矿和针铁矿等铁（氢）氧化物始终处于过饱和状态。原始地下水中电中性的 H_3AsO_3 是最主要的砷存在形态（图 15-3-12）。场地试验开始后，pH 呈下降趋势，从初始弱—中碱性向弱碱性或近中性演化，同时 Eh 值逐渐升高，氧化性增强。水化学演化路径跨过 Fe（II）/HFO 边界，最终落入铁（氢）氧化物（HFO）的稳定区内。模拟结果表明，随着氧化性增强，As（V）成为主要的砷存在形态，并与铁（氢）氧化物结合。随着试验进行，水砷质量浓度逐渐降低，最终落入铁（氢）氧化物稳定区内。

一维反应性溶质运移模型刻画了从 MW2 到 PW1 水流路径上砷的固定过程。模拟结果表明，当以针铁矿为主要吸附质时，模拟结果能够较好地重现 PW1 井中水砷质量浓度的降低趋势（图 15-3-7），从而证实了针铁矿是砷的重要载体。模拟结果显示，在试验进行到第 20 天时，水砷质量浓度降低至与实测值相当的水平，但与观测结果不同的是，模拟砷质量浓度在之后的时间内持续降低，且明显低于观测值。其原因在于，地下水中存在大量其他竞争性离子与砷争夺表面吸附位点，因而导致砷的吸附被大大削弱。

基于亚铁氧化沉淀的高砷地下水水质改良场地试验结果表明，周期性交替注入 Fe（II）和 ClO⁻可促使水砷被沉积物表面形成的铁（氢）氧化物矿物相固定。25 d 内，水砷质量浓度从初始均值 78.0 μg/L 下降至 9.8 μg/L，除砷率达 87.4%。试验完成 30 d 后，水砷质量浓度大体维持在 9.6 μg/L，说明除砷效果稳定。

随着试验的进行，地下水 pH 由弱-中碱性向弱碱性或近中性演化，且 Eh 值上升，氧化性显著增强，这不仅强化了 Fe（II）和 As（III）化学氧化，而且促进了 As（V）与新形成的铁（氢）氧化物结合。

砷原位固定机理包括化学吸附作用和共沉淀作用。此外，Fe（II）吸附到铁（氢）氧化物沉淀表面后可促进弱结晶态水铁矿向晶型更好的针铁矿转化，这不仅强化了砷与针铁矿的结合，而且有利于砷在沉积物中长期保存。因此，提出的调控含水层修复方法具有良好的高砷地下水水质改良效果，且适用于弱还原性或氧化性的其他高砷含水层。

15.3.3　生成硫化亚铁原位固砷技术场地示范

1. 技术示范实施

场地试验区位于大同盆地 DY 场地的西南角，目标含水层面积约为（75×50）m²，距离地表约 20 m 深、厚约为 4 m（图 15-3-13）。含水层成分相对均一，主要由灰色至灰黑色的中—细砂组成，间夹少量的粉砂和粉土等。地下水呈弱到中碱性（pH 平均值为 8.0）和强还原性（Eh 平均值为-181 mV）。水相 Fe（II）质量浓度普遍较低，平均值为 0.10 mg/L，水砷质量浓度多在数百微克每升，平均值达 593 μg/L，且以 As（III）为主要水砷存在形式。

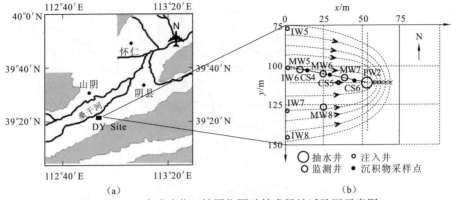

图 15-3-13　生成硫化亚铁原位固砷技术场地试验区示意图

在场地试验区内构建了调控含水层修复系统及多水平监测网[图 15-3-13（b）]。于试验区地下水上游等距离布设四口注入井，在下游截面中点处布置一口抽水井。此外，在试验区域内布设了四口监测井，用以监测试验过程中水化学的变化。

先抽取地下水形成稳定地下水流场（稳定流量约为 7 m^3/h），然后从 4 个注入井交替注入 $FeSO_4$ 溶液和无氧水。对每个注入井，先以 11.6 L/h 的速率注入 5 mmol/L 的 $FeSO_4$ 溶液 23.2 L，随后以相同速率注入 17 L 无氧水，用以冲洗井管并驱动 $FeSO_4$ 随地下水流运移；静置 4 h 后，再次泵入 5 mmol/L 的 $FeSO_4$ 溶液 23.2 L 及无氧水。重复上述步骤，场地注入试验于 25 d 内完成。

场地试验开始前，现场水质分析并采集地下水样品一次。试验开始后，每日定时监测水质参数一次，每两日进行氧化还原敏感组分现场分析一次，每 4～5 d 采集地下水样品一次。试验结束后，每隔约半个月检测水质参数、水砷浓度和其他水化学组分一次。T、EC、pH 和 Eh 等水化学参数监测、Fe（II）和 S（-II）等氧化还原活性组分现场分析、碱度滴定、不同形态砷现场分离。场地试验前和结束 30 d 后，分别采集目标含水层沉积物样品（CS4、CS5 和 CS6，图 15-2-8），用以对比分析不同赋存形式砷和铁数量的变化。

2. 注入过程中水化学组成变化特征

场地试验期间，目标含水层内水化学变化显著（图 15-3-14）。在 $FeSO_4$ 注入开始后，监测井地下水 pH 均上升了约 0.1，接着降低至 8.0 左右，随后出现了第二次上升，直至试验结束时趋于稳定，接近 8.05[图 15-3-14（a）]。地下水 Eh 值与 pH 的变化同时发生，先小幅度上升，随后逐渐下降至 -200 mV 以下，接着再次迅速上升至 -100 mV，后逐渐降低，直至试验结束时趋近 -200 mV[图 15-3-14（b）]。随着 $FeSO_4$ 的周期性注入，各监测井中地下水 EC 值总体呈现上升的趋势，但当 pH 降低时可观测到 EC 值小幅下降[图 15-3-14（c）]。

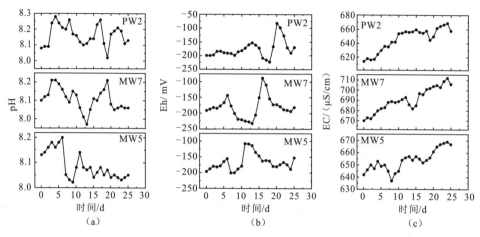

图 15-3-14 场地试验期间地下水 pH（a）、Eh（b）和 EC（c）随时间的变化

试验前目标含水层中 Fe（II）是主要的溶解态铁存在形式，Fe（II）/Fe$_T$ 比例（Fe$_T$ 为总溶解态铁）达 80% 以上，但 Fe（II）质量浓度普遍不高，绝大多数小于 0.2 mg/L。当 FeSO$_4$ 注入后，各监测井中 Fe（II）质量浓度首先上升至 0.3～0.4 mg/L，然后随时间呈现波动性变化，在试验后期再次上升，在结束时趋于平稳（图 15-3-15）。试验前地下水中硫化物质量浓度为 20～40 μg/L，试验期间也呈现波动性变化，但与 Fe（II）变化方向相反，硫化物最高时达 100 μg/L（图 15-3-15）。

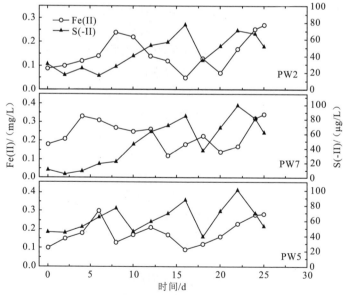

图 15-3-15 场地试验期间地下水 Fe（II）和硫化物[S（-II）]质量浓度随时间的变化

场地试验期间水砷质量浓度空间分布随时间显著变化（图 15-3-16）。试验前，目标区域内水砷质量浓度普遍较高，靠近 PW2 处水砷质量浓度高达近 1 000 μg/L [图 15-3-16（a）]。FeSO₄ 注入开始后，注入井附近水砷质量浓度首先出现显著下降，随后区域内水砷质量浓度逐渐降低[图 15-3-16（b）～（e）]。试验结束时，目标含水层水砷质量浓度由初始均值 593 μg/L 下降至 159 μg/L，除砷率平均达 73%[图 15-3-16（e）]。试验结束 30 天后，砷质量浓度进一步降低至 136 μg/L，除砷率上升至 77%[图 15-3-16（f）]。

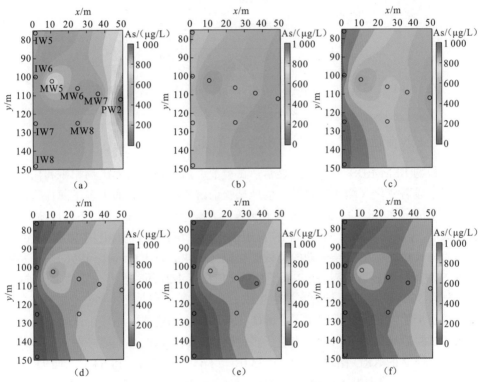

图 15-3-16　目标含水层内水砷平面分布随时间的变化

（a）0 d；（b）8 d；（c）15 d；（d）21 d；（e）25 d（注入结束）；（f）55 d

试验期间，地下水中各形态砷质量浓度同样变化显著（图 15-3-17）。以 PW2 井为例，试验前地下水 As（Ⅲ）和 As（Ⅴ）在总砷质量浓度中占比分别为 53% 和 47%。试验起初阶段 As（Ⅴ）质量浓度迅速降低至 123 μg/L。相较而言，As（Ⅲ）质量浓度变化幅度较小。与此同时，As（Ⅲ）/As$_T$ 比例（As$_T$ 为总砷质量浓度）上升至 80% 以上。随后 As（Ⅲ）质量浓度逐渐降低，并呈现出与总砷类似的下降趋势。As（Ⅲ）/As$_T$ 比例呈现小幅波动，但始终维持在 70% 以上。

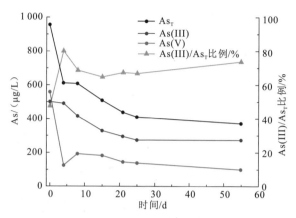

图 15-3-17　场地试验期间地下水总砷（As_T）和不同形态砷质量浓度随时间的
变化（以 PW2 井为例）

3. 注入前后沉积物中砷和铁含量的变化特征

沉积物 SEM-EDS 分析结果显示，试验前、后沉积物表面矿物相貌和化学组成发生了显著变化（图 15-3-18）。场地试验前沉积物样品表面大多呈薄片状，其主要化学成分为 Si、O、Al、Ca 和 Mg 等，无砷检出[图 15-3-18（b）]。注入试验完成后，采集自 CS4-2 的沉积物样品表面出现了草莓状矿物相[图 15-3-18(c)]，其晶貌与天然环境中生长初期的黄铁矿相似（Wilkin and Barnes, 1996），且其中 Fe 和 S 质量分数显著升高，Fe/S 原子数量比值接近 1/2，同时含有一定数量的砷（达质量分数 5.8%），表明目标含水层中生成了含砷黄铁矿或与之类似硫化亚铁矿物。

进一步的 XRD 分析证实了含砷硫化亚铁矿物的生成。相较于试验前沉积物样品，试验后采集的沉积物中出现了多种硫化亚铁矿物的特征峰（图 15-3-19）。在样品 CS4-2 的 XRD 图谱中，位于 33.0°、56.2°、47.4° 和 60.5°（2θ）等处的特征峰指示了黄铁矿（pyrite）的存在，而位于 30.1°、39.3° 和 17.6°（2θ）等处的特征峰指示了沉积物表面同时存在弱结晶态马基诺（FeS）矿物（mackinawite）。此外，在该样品中还发现了砷黄铁矿（arsenopyrite）的存在，其结果与 SEM-EDS 观测结果一致（图 15-3-18）。通过对比不同位置沉积物样品的 XRD 谱图发现，沿地下水流向（从 CS4 到 CS6），沉积物中黄铁矿特征峰峰强逐渐减弱，而马基诺矿峰强依次增强，说明了从 CS4 到 CS6 黄铁矿含量逐渐减低，而马基诺矿含量相对逐渐增加。样品 CS6-2 中黄铁矿几乎无检出，马基诺矿为主要的硫化亚铁矿物相。

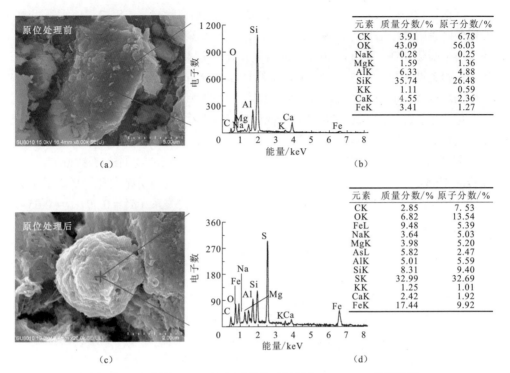

元素	质量分数/%	原子分数/%
CK	3.91	6.78
OK	43.09	56.03
NaK	0.28	0.25
MgK	1.59	1.36
AlK	6.33	4.88
SiK	35.74	26.48
KK	1.11	0.59
CaK	4.55	2.36
FeK	3.41	1.27

元素	质量分数/%	原子分数/%
CK	2.85	7.53
OK	6.82	13.54
FeL	9.48	5.39
NaK	3.64	5.03
MgK	3.98	5.20
AsL	5.82	2.47
AlK	5.01	5.59
SiK	8.31	9.40
SK	32.99	32.69
KK	1.25	1.01
CaK	2.42	1.92
FeK	17.44	9.92

图 15-3-18　场地 $FeSO_4$ 注入试验前后沉积物 SEM-EDS 分析结果

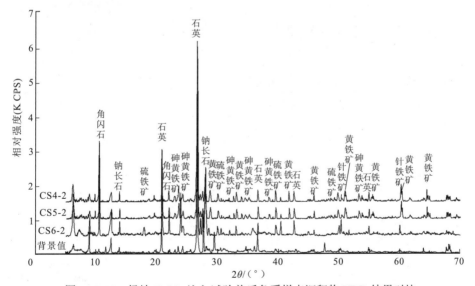

图 15-3-19　场地 $FeSO_4$ 注入试验前后各采样点沉积物 XRD 结果对比

沉积物顺序提取实验结果表明，场地试验完成后，除样品 CS5-2 中出现了小幅降低外，吸附砷净增量为 2.39～4.51 mg/kg（表 15-3-4）。试验后沉积物 AVS（主要成分为单硫化亚铁）中 Fe（II）和砷质量分数均明显增高，且它们的净增量之间呈良好正相关性（$R^2 = 0.72$，$\alpha = 0.05$）[图 15-3-20（a）]。大多数情况下，AVS 结合态砷的增量（均值为 1.58 mg/kg）小于吸附态砷的净增量（均值为 3.20 mg/kg）。此外，更为显著的 AVS 结合态砷质量分数增加发生在靠近注入井的沉积物样品中。结晶态硫化亚铁矿物相中砷和铁的增量较低，其平均值分别为 0.83 mg/kg 和 1.66 g/kg，但它们之间仍然存在一定的正相关关系（$R^2 = 0.45$，$\alpha = 0.05$）[图 15-3-20（b）]。除样品 CS5-2 外，试验后沉积物中总砷和总铁质量分数均明显上升，平均增量分别为 5.05 mg/kg 和 2.61 g/kg，且它们之间呈现正相关关系（$R^2 = 0.49$，$\alpha = 0.05$）。

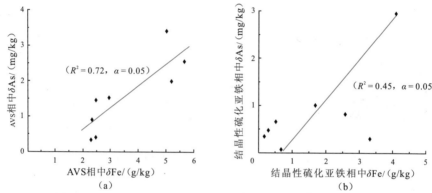

图 15-3-20　酸可挥发性硫化物相（AVS）和结晶性硫化亚铁相中
砷与铁净增量（δ 值）的相关性分析

表 15-3-4　场地试验前后沉积物中不同赋存形式的砷和铁含量的变化

编号	深度 /m	吸附态 δAs	酸可挥发性硫化物相		结晶性硫化矿物相		沉积物总量	
			δAs	δFe（II）	δAs	δFe	δAs	δFe
CS4-1	22.5	3.78	1.53	2.95	0.07	0.67	4.08	5.18
CS4-2	23.6	2.54	2.56	5.65	0.35	0.17	0.51	1.20
CS4-3	24.1	4.50	2.00	5.19	0.30	3.31	10.58	3.65
CS5-1	22.2	4.51	0.91	2.33	0.48	0.29	5.65	1.44
CS5-2	22.7	-0.64	3.42	5.01	2.95	4.09	-0.57	-0.82
CS5-3	23.2	2.39	1.46	2.47	0.66	0.51	2.59	1.29
CS6-1	23.5	4.31	0.34	2.29	1.01	1.68	8.49	5.62

续表

编号	深度 /m	吸附态 δAs	酸可挥发性硫化物相		结晶性硫化矿物相		沉积物总量	
			δAs	δFe（II）	δAs	δFe	δAs	δFe
CS6-2	24.0	4.24	0.41	2.47	0.82	2.57	9.04	3.28
最大值		4.51	3.42	5.65	2.95	4.09	10.58	5.62
最小值		−0.64	0.34	2.29	0.07	0.17	−0.57	−0.82
平均值		3.20	1.58	3.55	0.83	1.66	5.05	2.61
标准偏差		1.77	1.06	1.46	0.91	1.51	4.10	2.21

注：δ 表示相对背景值的增量；As 质量分数单位为 mg/kg，Fe 质量分数单位为 g/kg

4. 生成硫化亚铁原位固砷机理

随 $FeSO_4$ 的周期性注入，目标含水层内水化学出现了动态响应。试验过程中地下水 pH、Eh 值及水相 Fe（II）和硫化物质量浓度随时间呈现出协同变化的特征（图 15-3-14 和图 15-3-15），说明水化学环境演化在砷的固定过程中发挥了重要作用（Gorny et al., 2015; Jung et al., 2015）。含水层中丰富的易降解有机质可作为电子供体促进硫酸盐的微生物还原（Wang et al., 2014），进而生成硫化亚铁沉淀。若以 FeS 代表新形成的硫化亚铁沉淀，试验期间目标含水层内发生的（生物）地球化学过程可表示为

$$SO_4^{2-} + 2CH_2O + OH^- \longrightarrow HS^- + 2HCO_3^- + H_2O \qquad (15\text{-}3\text{-}19)$$

$$Fe^{2+} + HS^- \longrightarrow FeS_{(s)} + H^+ \qquad (15\text{-}3\text{-}20)$$

$$CaCO_3 + H^+ \longrightarrow HCO_3^- + Ca^{2+} \qquad (15\text{-}3\text{-}21)$$

因此，FeS 沉淀反应导致溶解态硫化物浓度首先出现降低，并引起地下水 Eh 值小幅上升和 pH 降低[式（15-3-20）]。但碳酸盐化学平衡反应使得 pH 的变化得以缓冲[式（15-3-21）]，从而导致地下水 pH 接近 8.3（Appelo 和 Postma, 2005）。

试验期间，SO_4^{2-} 还原反应消耗 OH^- 和释放 HS^- 的过程导致了地下水 pH 的降低[式（15-3-19）]，但 pH 始终受到碳酸盐平衡和 HCO_3^- 缓冲作用的控制，因此 pH 最终趋于稳定。SO_4^{2-} 还原和 FeS 沉淀反应不仅使得地下水 Eh 值呈现波动性变化特征，而且导致溶解态 Fe（II）和硫化物浓度总是表现为反向变化趋势。沉积物 XRD 分析和顺序提取实验结果均证实，试验完成后沉积物表面不仅生成了马基诺矿，还形成了结晶性较好的黄铁矿或类黄铁矿矿物。研究发现，还原条件下，当有硫的氧化还原中间产物多聚硫化物或溶解态单质硫存在时，FeS 的黄铁矿化作用会变得活跃，促进黄铁矿的生成（Bostick and Fendorf, 2003; Wilkin and Barnes,

1997）。随 $FeSO_4$ 周期性注入和还原反应的进行，含水层富硫环境的形成有利于黄铁矿的生长（Jakobsen and Postma, 1999; Wang and Morse, 1996）。注入井附近硫酸盐还原持续时间更长，所以该处沉积物样品中黄铁矿矿物含量相对较高；抽水井附近 FeS 到 FeS_2 相变过程历时较短，导致黄铁矿生成量相对较少，且在新生矿物相中比重降低。因此，距注入井较远样品 CS6-2 的 XRD 谱图中黄铁矿特征峰减弱，硝酸可提取结晶态硫化亚铁含量也较低（表 15-3-5）。综上所述，沉积物分析结果表明，$FeSO_4$ 注入试验完成后新生硫化亚铁矿物的主要类型为马基诺型 FeS，同时含有一定量的黄铁矿。

表 15-3-5　场地 I 区 PW1 井中水化学参数和化学组成变化

参数和组成	背景值	25 d	55 d	120 d	190 d
T/ ℃	9.9	9.5	9.4	8.7	12
pH	7.97	8.03	8.08	8.03	8.18
EC/(μS / cm)	770	997	1027	1013	920
Eh/ mV	-90.6	-40.2	-49.6	-14.6	-12.1
Fe(II)/(mg / L)	0.05	0.13	0.11	0.09	0.05
HS^-/(μg / L)	21	4	9	3	4
NH_4-N/(mg / L)	0.32	0.13	0.28	0.20	0.16
Na/(mg/L)	139.3	184.7	174.6	165.3	175.8
K/(mg/L)	1.026	1.158	1.145	0.835	0.945
Ca/(mg/L)	13.69	16.34	15.67	18.48	18.87
Mg/(mg/L)	18.19	22.46	21.35	24.09	25.92
Cl^-/(mg/L)	16.32	35.87	30.09	31.35	32.08
SO_4^{2-}/(mg/L)	9.00	25.53	22.22	24.00	28.31
HCO_3^-/(mg/L)	453.7	538.3	510.1	521.7	530.7
NO_3^-/(mg/L)	n.d.	n.d.	n.d.	n.d.	n.d.
As/(μg/L)	80.2	11.9	10.0	12.0	9.0
Fe/(mg/L)	0.10	0.26	0.20	0.19	0.11

注：n.d.表示未检出；表中时间从开始注入时计算

　　水化学和沉积物分析结果均表明，FeS 沉淀反应是目标含水层中的主导地球化学过程，砷的固定受 FeS 表面吸附作用和共沉淀作用共同控制。试验初始阶段，

As（V）还原导致 As（V）质量浓度快速降低，但在之后的时间内 As（V）质量浓度维持在约 150 μg/L（图 15-3-17）。其原因可能在于，真实环境中 As（V）到 As（III）的还原并没有达到平衡状态，这一现象在其他研究中也有发现（Saalfield and Bostick, 2009; Postma et al., 2007; Hollibaugh et al., 2006）。其原因还可能在于，硫酸盐还原产生硫化物与砷反应生成硫代砷酸盐，硫化亚铁对硫代砷酸盐的弱亲和性使得部分的砷仍停留在水相中（Couture et al., 2013; Suess et al., 2011）。As（V）还原生成 As（III）导致 As（III）质量浓度首先上升，直至 As（V）质量浓度接近于零。随后，As（III）呈现出与总砷相同的下降趋势。这些观测结果均有力证实了 As（III）与新生成 FeS 的相互作用是砷原位固定的主要机理。

为开发适用于强还原性高砷含水层的地下水水质改良技术，开展了基于硫酸盐微生物还原生成硫化亚铁的区域含水层原位固砷场地试验。结果表明，周期性注入 FeSO₄ 到目标含水层促进了硫酸盐还原作用和新生成的硫化亚铁沉淀对水砷的固定。25 d 内，水砷质量浓度从初始均值 593 μg/L 下降至 159 μg/L，除砷率为 73%。试验结束 30 d 后水砷质量浓度进一步降低至 136 μg/L，除砷率升高至 77%。

沉积物室内分析结果表明，新生硫化亚铁沉淀的主要组成为马基诺型 FeS，同时含有一定量的类黄铁矿矿物，表明了试验期间目标含水层内发生了 FeS 的黄铁矿作用。

砷原位固定的主要机理为硫化亚铁表面吸附作用和砷与硫化亚铁的共沉淀作用。监测和模拟结果均表明，地下水中发生了 As（V）到 As（III）的还原，但可能尚未进行完全。该过程促进了砷与硫化亚铁的结合，并有利于更加稳定的砷黄铁矿的生成。模拟结果证实，地下水 pH 在试验期间并未出现十分显著的变化，得以维持的弱碱和强还原条件有利于砷的固定和在沉积物中稳定保存。因此，基于生成硫化亚铁的原位固砷方法是一项极具潜力的强还原高砷地下水水质改良技术，对区域含水层高砷地下水水质改良的实践具有重要指导意义。

15.4　含水层原位固砷示范工程效果及应用前景

15.4.1　含水层原位镀铁技术效果

场地试验前，分别采集抽水井、监测井和注入井中的水样并测得场地地下水中砷和铁含量背景值。试验完成后通过定期采集场地地下水样品来监控含水层原位镀铁固砷技术的除砷效率及其稳定性。

如前所述，根据场地含水层水化学分布特点，对弱还原性的 I 区高砷含水层实施了基于亚铁氧化沉淀的地下水水质改良示范，对强还原性的 II 区含水层实施了基于生成硫化亚铁的地下水水质改良示范。不同区域内地下水砷质量浓度随时间的变化如图 15-4-1 和图 15-4-2 所示。

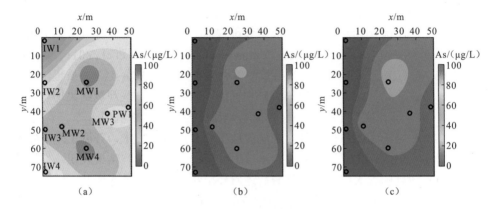

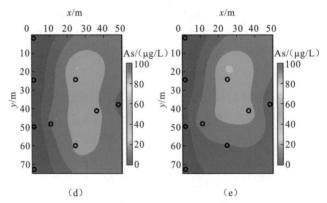

图 15-4-1　示范工程场地 I 区地下水砷质量浓度时空变化

(a) 0 d；(b) 25 d（注入结束）；(c) 55 d；(d) 120 d；(e) 190 d

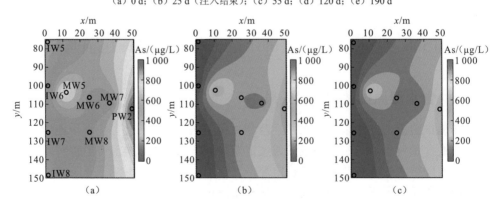

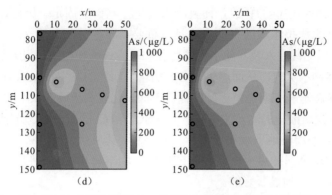

图 15-4-2 示范工程场地 II 区地下水砷质量浓度时空变化

(a) 0 d；(b) 25 d（注入结束）；(c) 55 d；(d) 120 d；(e) 190 d

相较于试验前背景值，亚铁氧化沉淀原位固砷方法使得目标含水层区域内水砷质量浓度显著降低。试验结束时，含水层内水砷质量浓度由初始均值 78.0 μg/L 逐渐下降到 9.8 μg/L，除砷率达 87%。场地试验结束 30 d 后，水砷平均质量浓度维持在约 9.6 μg/L，除砷率保持在 88%。120 d 和 190 d 后的监测结果表明，区域内水相砷的质量浓度虽然略有波动，但仍然维持在一个低的水平，区域监测均值分别为 11.6 μg/L 和 11.8 μg/L［图 15-4-1（d）和图 15-4-1（e）］。监测结果说明该技术除砷效率高且稳定性好。良好的除砷效果归因于新生成的铁氧化物/氢氧化物对砷的强烈吸附作用和共沉淀作用（Xie et al.,2015）。

从图 15-4-2 可以看出，生成硫化亚铁方法的除砷效果良好。试验结束时，目标区域内水砷质量浓度由初始均值 593 μg/L 下降至 159 μg/L，除砷率平均达 73%［图 15-4-2（b）］。试验结束 30 d 后，砷质量浓度进一步降低至 136 μg/L，除砷率上升至 77%［图 15-4-2（c）］。在第 120 天和第 190 天时，区域内地下水砷质量浓度均值分别为 154 μg/L 和 160 μg/L，砷平均去除率分别为 74% 和 73%。砷的去除效率在场地试验完成后一段时间内仍在上升，虽然之后略有下降，但总体上针对 II 区高砷含水层采用的生成硫化亚铁方法具有较好的稳定性。

15.4.2 应用前景分析

1. 亚铁氧化沉淀原位固砷技术

基于亚铁氧化沉淀的调控含水层修复方法取得了良好的原位固砷效果。在监测过程中，目标含水层水砷质量浓度大幅降低至 10 μg/L 以下。地下水中砷和铁的同时去除应归因于 Fe（II）和 As（III）化学氧化的增强，以及沉积物表面新生成的铁（氢）氧化物对砷的吸附与共沉淀。随着氧化条件的增强，上述过程不仅有效抑制了沉积物中砷的释放，而且极大促进了水砷的固定。因此，本场地试验对于高砷地下水原位水质改良的实践具有重要指导意义。

Fe（II）周期性注入及其随水流的运移和反应过程使得铁（氢）氧化物沉淀能够散布在目标含水层内，从而避免了含水层堵塞问题的发生（Appelo et al., 1999）。而且，弱结晶态水铁矿向晶型更好的针铁矿的转化有利于砷的长期稳定封存。

硫酸盐和次氯酸盐的注入使得地下水中 SO_4^{2-} 和 Cl⁻ 的质量浓度分别达 22.2 mg/L 和 30.1 mg/L。当周围地下水流经目标含水层后，其质量浓度因稀释效应必然会降低。此外，SO_4^{2-} 质量浓度受到石膏等硫酸盐矿物溶解和沉淀平衡的控制。因此，地下水水质不会受到显著影响。

地下水氧化还原环境在砷固定过程中具有重要作用。观测和模拟结果均表明，地下水环境由弱还原性向氧化性演化有利于砷的固定。换言之，提出的方法主要适用于弱还原性含水层环境，因为这类环境易于通过导入氧化剂的方法被逆转，使其向利于铁氧化物稳定存在的氧化性环境转变。因此，本方法应该也适用于具有类似弱还原性或氧化性环境的其他高砷含水层。

2. 生成硫化亚铁原位固砷技术

随着 $FeSO_4$ 的注入，目标含水层内硫酸盐还原和硫化亚铁生成导致了水砷浓度的显著降低，证明了提出的方法对强还原性高砷地下水水质改良的适用性。开展的场地试验可看作是运用调控含水层修复策略对强还原性高砷地下水水质进行原位改良的一个典型范例。

与抽出处理和渗透性反应墙等传统地下水污染修复手段不同，提出的调控含水层修复方法更注重于利用天然含水层自身的固砷能力，并通过调节水化学变化使其利于砷的固定。试验期间，碳酸盐和 HCO_3^- 的强大缓冲能力限制了 pH 的大幅波动，从而有利于砷的固定，否则显著的 pH 升高将会导致砷的吸附大大减弱（Wolthers et al., 2005）。地下水 pH 稳定同样有利于 FeS 沉淀反应的持续进行，且有助于其除砷能力保持稳定（Couture et al., 2010; Saalfield and Bostick, 2009）。尽管试验过程中 Eh 值发生了一定程度的波动，但试验结束后强还原性地下水环境得以维持，使得 FeS 涂层能够长期稳定存在，从而降低了砷再次迁移的风险。因此，提出的原位固砷方法尤其适用于普遍存在的强还原性高砷含水层，对区域含水层高砷地下水水质改良的实践具有重要指导意义。

虽然试验结束时水砷质量浓度仍高于 10 μg/L，但后续监测发现水砷质量浓度呈持续下降趋势，意味着持续进行的硫酸盐还原仍然促进硫化亚铁沉淀的生成（FeS 饱和指数仍大于 1）及水砷的去除。而且，含水层内 As（V）到 As（III）的还原和 FeS 黄铁矿化过程的持续，会促进砷与 FeS 的共沉淀和稳定性更强的砷黄铁矿的生成，从而强化砷的固定。

参 考 文 献

APPELO C A J, VET W W J M, 2003. Modeling *in situ* iron removal from groundwater with trace elements such as As[M]// WELCH A, STOLLENWERK K. Arsenic in ground water. Boston:Springer : 381-401.

APPELO C A J, POSTMA D, 2005. Geochemistry, groundwater and pollution[M]. London: CRC Press, 5(3): 256-270.

APPELO C A J, DRIJVER B, HEKKENBERG R, et al., 1999. Modeling *in situ* iron removal from ground water[J]. Ground water, 37(6): 811-817.

APPELO C A J, VAN DER WEIDEN, M J J, et al., 2002. Surface complexation of ferrous iron and carbonate on ferrihydrite and the mobilization of arsenic[J]. Environmental science and technology, 36(36): 3096-3103.

BORCH T, KRETZSCHMAR R, KAPPLER A, et al., 2010. Biogeochemical redox processes and their Impact on contaminant dynamics[J]. Environmental science and technology, 44(1): 15-23.

BOSTICK B C, FENDORF S, 2003. Arsenite sorption on troilite (FeS) and pyrite (FeS$_2$)[J]. Geochimica et cosmochimica acta, 67(5): 909-921.

BURTON E D, JOHNSTON S G, BUSH R T, 2011. Microbial sulfidogenesis in ferrihydrite-rich environments: effects on iron mineralogy and arsenic mobility[J]. Geochimica et cosmochimica acta, 75(11): 3072-3087.

CHAPELLE F H, 2000. The significance of microbial processes in hydrogeology and geochemistry[J]. Hydrogeology Journal, 8(1): 41-46.

CHRISTENSEN T H, BJERG P L, BANWART S A , et al., 2000. Characterization of redox conditions in groundwater contaminant plumes[J]. Journal of contaminant hydrology, 45(3/4): 165-241.

COUTURE R M, GOBEIL C, TESSIER A, 2010. Arsenic, iron and sulfur co-diagenesis in lake sediments[J]. Geochimica et cosmochimica acta, 74(4): 1238-1255.

COUTURE R M, ROSE J, KUMAR N, et al., 2013. Sorption of arsenite, arsenate, and thioarsenates to iron oxides and iron sulfides: a kinetic and spectroscopic investigation[J]. Environmental science and technology, 47(11): 5652-5659.

CULLEN W R, REIMER K J, 1989. Arsenic speciation in the environment[J]. Chemical reviews, 89(4): 713-764.

DIXIT S, HERING J G, 2003. Comparison of arsenic(V) and arsenic(III) sorption onto iron oxide minerals: Implications for arsenic mobility[J]. Environmental science and technology, 37(18): 4182-4189.

DOWLING C B, POREDA R J, BASU A R, et al., 2002. Geochemical study of arsenic release mechanisms in the Bengal Basin groundwater[J]. Water resour, 38(9): 121-1218.

DZOMBAK D A, MOREL F M M, 1990. Surface complexation modeling-hydrous ferric oxide[M]. New York: Wiley-Blackwell.

FISHER J C, WALLSCHLAGER D, PLANER-FRIEDRICH B, et al., 2008. A new role for sulfur in arsenic cycling[J]. Environmental science and technology, 42(1): 81-85.

GIMÉNEZ J, MARTÍNEZ M, DE PABLO J, et al., 2007. Arsenic sorption onto natural hematite, magnetite, and goethite[J]. Journal of hazardous materials, 141(141): 575-580.

GORNY J, BILLON G, LESVEN L, et al., 2015. Arsenic behavior in river sediments under redox gradient: a review[J]. Science of the total environmental, 505: 423-434.

HIEMSTRA T, VAN RIEMSDIJK W H, 1999. Surface structural ion adsorption modeling of competitive binding of oxyanions by metal (Hydr)oxides[J]. Journal of colloid and interface science, 210(1): 182-193.

HÖHN R, ISENBECK-SCHRÖTER M, KENT D B, et al., 2006. Tracer test with As(V) under variable redox conditions controlling arsenic transport in the presence of elevated ferrous iron concentrations[J]. Journal of contaminant hydrology, 88(1/2): 36-54.

HOLLIBAUGH J T, BUDINOFF C, HOLLIBAUGH R A, et al., 2006. Sulfide oxidation coupled to arsenate reduction by a diverse microbial community in a soda lake[J]. Applied and environmental microbiology, 72(3): 2043-2049.

HORNEMAN A, VAN GEEN A, KENT D V, et al., 2004. Decoupling of As and Fe release to Bangladesh groundwater under reducing conditions. Part I: evidence from sediment profiles[J]. Geochimica et cosmochimica acta, 68(17): 3459-3473.

JAKOBSEN R, POSTMA D, 1999. Redox zoning, rates of sulfate reduction and interactions with Fe-reduction and methanogenesis in a shallow sandy aquifer, Rømø, Denmark[J]. Geochimica et cosmochimica acta, 63(1): 137-151.

JAVANDEL I, TSANG C F, 1986. Capture-zone type curves: a tool for aquifer cleanup[J]. Ground water, 24(5): 616-625.

JESSEN S, POSTMA D, LARSEN F, et al., 2012. Surface complexation modeling of groundwater arsenic mobility: Results of a forced gradient experiment in a Red River flood plain aquifer, Vietnam[J]. Geochimica et cosmochimica acta, 98(6): 186-201.

JIA Y F, XU L Y, FANG Z, et al., 2006. Observation of surface precipitation of arsenate on ferrihydrite[J]. Environmental science and technology, 40(40): 3248-3253.

JIANG J, BAUER I, PAUL A, et al., 2009. Arsenic redox changes by microbially and chemically formed semiquinone radicals and hydroquinones in a humic substance model quinone[J]. Environmental science and technology, 43(10): 3639-3645.

JOHNSTON S G, KEENE A F, BURTON E D, et al., 2011. Iron and arsenic cycling in intertidal surface sediments during wetland remediation[J]. Environmental science and technology, 45(6): 2179-2185.

JUNG H B, ZHENG Y, RAHMAN M W, et al., 2015. Redox zonation and oscillation in the hyporheic zone of the Ganges-Brahmaputra-Meghna Delta: implications for the fate of groundwater arsenic during discharge[J]. Applied geochemistry, 63: 647-660.

KEON N E, SWARTZ C H, BRABANDER D J, et al., 2001. Validation of an arsenic sequential extraction method for evaluating mobility in sediments[J]. Environmental science and technology, 35(13): 2778-2784.

KIRK M F, HOLM T R, PARK J, et al., 2004. Bacterial sulfate reduction limits natural arsenic contamination in groundwater[J]. Geology, 32(1): 953-956.

LANGMUIR D, MAHONEY J, ROWSON J, 2006a. Solubility products of amorphous ferric arsenate and crystalline scorodite (FeAsO$_4$ · 2H$_2$O) and their application to arsenic behavior in buried mine tailings[J]. Geochimica et cosmochimica acta, 70(12): 2942-2956.

LE X C, YALCIN S, MA M S, 2000. Speciation of submicrogram per liter levels of arsenic in water: on-site species separation integrated with sample collection[J]. Environmental science and technology, 34(11): 2342-2347.

MCARTHUR J M, RAVENSCROFT P, SAFIULLAH S, et al., 2001. Arsenic in groundwater: testing pollution mechanisms for sedimentary aquifers in Bangladesh[J]. Water resources research, 37(1): 109-117.

MORSE J W, WANG Q, 1997. Pyrite formation under conditions approximating those in anoxic sediments: II. influence of precursor iron minerals and organic matter[J]. Marine chemistry, 57(3/4): 187-193.

MUKHERJEE A, BHATTACHARYA P, SHI F, et al., 2009. Chemical evolution in the high arsenic groundwater of the Huhhot basin (Inner Mongolia, PR China) and its difference from the western Bengal basin (India)[J]. Applied geochemistry, 24(10): 1835-1851.

OMOREGIE E O, COUTURE R M, VAN CAPPELLEN P, et al., 2013. Arsenic bioremediation by biogenic iron oxides and sulfides[J]. Applied and environmental microbiology, 79(14): 4325-4335.

OREMLAND R S, DOWDLE P , HOEFT S, et al., 2000. Bacterial dissimilatory reduction of arsenate and sulfate in meromictic Mono Lake, California[J]. Geochimica et cosmochimica acta, 64(18): 3073-3084.

PARKHURST D L, APPELO C A J, 2013. Description of input and examples for PHREEQC version 3 - A computer program for speciation, batch-reaction, one-dimensional transport, and inverse geochemical calculations[R]. Reston:U.S. Geological Survey.

PLANER-FRIEDRICH B, WALLSCHLA͏̈GER D, 2009. A critical investigation of hydride generation-based arsenic speciation in sulfidic waters[J]. Environmental science and technology, 43(13): 5007-5013.

POSTMA D, 1982. Pyrite and siderite formation in brackish and freshwater swamp sediments[J]. American journal science, 282(8): 1151-1183.

POSTMA D, JAKOBSEN R, 1996. Redox zonation: Equilibrium constraints on the Fe(III)/SO$_4$-reduction interface[J]. Geochimica et cosmochimica acta , 60(60): 3169-3175.

POSTMA D, LARSEN F, HUE N T M, et al., 2007. Arsenic in groundwater of the Red River floodplain, Vietnam: controlling geochemical processes and reactive transport modeling[J]. Geochimica et cosmochimica acta, 71(21): 5054-5071.

RADU T, SUBACZ J L, PHILLIPPI J M, et al., 2005. Effects of dissolved carbonate on arsenic adsorption and mobility[J]. Environmental science and technology, 39(20): 7875-7882.

ROCHETTE E A, BOSTICK B C, LI G C, et al., 2000. Kinetics of arsenate reduction by dissolved sulfide[J]. Environmental science and technology, 34(22): 4714-4720.

SAALFIELD S L, BOSTICK B C, 2009. Changes in iron, sulfur, and arsenic speciation associated with bacterial sulfate reduction in ferrihydrite-rich systems[J]. Environmental science and technology, 43(23): 8787-8793.

SHARMA A K, TJELL J C, SLOTH J J, et al., 2014. Review of arsenic contamination, exposure through water and food and low cost mitigation options for rural areas[J]. Applied geochemistry, 41(1): 11-33.

SHERMAN D M, RANDALL S R, 2003. Surface complexation of arsenic(V) to iron(III) (hydr)oxides: Structural mechanism from ab initio molecular geometries and EXAFS spectroscopy[J]. Geochimica et cosmochimica acta, 6(22): 4223-4230.

SMEDLEY P L, KINNIBURGH D G, 2002. A review of the source, behaviour and distribution of arsenic in natural waters[J]. Applied geochemistry, 17(5): 517-568.

SØ H U, POSTMA D, JAKOBSEN R, et al., 2012. Competitive adsorption of arsenate and phosphate onto calcite; experimental results and modeling with CCM and CD-MUSIC[J]. Geochimica et cosmochimica acta, 93(5/6): 1-13.

STACHOWICZ M, HIEMSTRA T, VAN RIEMSDIJK W H, 2008. Multi-competitive interaction of As(III) and As(V) oxyanions with Ca^{2+}, Mg^{2+}, PO_4^{3-}, and CO_3^{2-} ions on goethite[J]. Journal of colloid and interface science, 320(2): 400-414.

STOLLENWERK K G, BREIT G N, WELCH A H, et al., 2007. Arsenic attenuation by oxidized aquifer sediments in Bangladesh[J]. Science of the total environment, 379(2/3): 133-150.

STÜBEN D, BERNER Z, CHANDRASEKHARAM D, et al., 2003. Arsenic enrichment in groundwater of West Bengal., India: geochemical evidence for mobilization of As under reducing conditions[J]. Applied geochemistry, 18(9): 1417-1434.

SUESS E, WALLSCHLÄGER D, PLANER-FRIEDRICH B, 2011. Stabilization of thioarsenates in iron-rich waters[J]. Chemosphere, 83(11): 1524-1531.

SWEDLUND P J, WEBSTER J G, 1999. Adsorption and polymerisation of silicic acid on ferrihydrite, and its effect on arsenic adsorption[J]. Water research, 33(16): 3413-3422.

THORNTON S F, QUIGLEY S, SPENCE M J, et al., 2001. Processes controlling the distribution and natural attenuation of dissolved phenolic compounds in a deep sandstone aquifer[J]. Journal of contaminant hydrology, 53(3/4): 233-267.

VAN GEEN A, ZHENG Y, CHENG Z, et al., 2006. A transect of groundwater and sediment properties in Araihazar, Bangladesh: Further evidence of decoupling between As and Fe mobilization[J]. Chemical geology, 228(1/3): 85-96.

WANG Q W, MORSE J W, 1996. Pyrite formation under conditions approximating those in anoxic sediments I. Pathway and morphology[J]. Marine chemistry, 52(2): 99-121.

WANG Y, XIE X, JOHNSON T M, et al., 2014. Coupled iron, sulfur and carbon isotope evidences for arsenic enrichment in groundwater[J]. Journal of hydrology, 519: 414-422.

WHO(World Health Organization), 2011. Guideline for drinking-water quality[S]. 4th ed. Geneva: World Health Organization.

WILKIN R T, BARNES H L, 1996. Pyrite formation by reactions of iron monosulfides with dissolved inorganic and organic sulfur species[J]. Geochimica et cosmochimica acta, 60(21): 4167-4179.

WILKIN R T, BARNES H L, 1997. Formation processes of framboidal pyrite[J]. Geochimica et cosmochimica acta, 61(2): 323-339.

WOLTHERS M, CHARLET L, VAN DER WEIJDEN C H, et al., 2005. Arsenic mobility in the ambient sulfidic environment: sorption of arsenic(V) and arsenic(III) onto disordered mackinawite[J]. Geochimica et cosmochimica acta, 69(14): 3483-3492.

XIE X, WANG Y, SU C, et al., 2008. Arsenic mobilization in shallow aquifers of Datong Basin: hydrochemical and mineralogical evidences[J]. Journal of geochemical exploration, 98(3): 107-115.

XIE X, ELLIS A, WANG Y, et al., 2009. Geochemistry of redox-sensitive elements and sulfur isotopes in the high arsenic groundwater system of Datong Basin, China[J]. Science of the total environment, 407(12): 3823-3835.

XIE X, JOHNSON T M, WANG Y, et al., 2013a. Mobilization of arsenic in aquifers from the Datong Basin, China: Evidence from geochemical and iron isotopic data[J]. Chemosphere, 90(6): 1878-1884.

XIE X, WANG Y, ELLIS A, et al., 2013b. Multiple isotope (O, S and C) approach elucidates the enrichment of arsenic in the groundwater from the Datong Basin, northern China[J]. Journal of hydrology, 498(18): 103-112.

XIE X, WANG Y, PI K, LIU C, et al., 2015. *In situ* treatment of arsenic contaminated groundwater by aquifer iron coating: Experimental study[J]. Science of the total environment, s527-528: 38-46.

YANG J K, BARNETT M O, ZHUANG J L, et al., 2005. Adsorption, oxidation, and bioaccessibility of As(III) in soils[J]. Environmental science and technology, 39(18): 7102-7110.

YANG L, STEEFEL C I, MARCUS M A, et al., 2010. Kinetics of Fe(II)-catalyzed transformation of 6-line ferrihydrite under anaerobic flow conditions[J]. Environmental science and technology, 44(14): 5469-5475.

ZHAO H S, STANFORTH R, 2001. Competitive adsorption of phosphate and arsenate on goethite[J]. Environmental science and technology, 35(35): 4753-4757.

ZHENG Y, STUTE M, VAN GEEN A, et al., 2004. Redox control of arsenic mobilization in Bangladesh groundwater[J]. Applied geochemistry, 19(2): 201-214.

下　篇

高砷地下水研究方法

水文地质调查与监测 第 16 章

16.1 区域水文地质调查

16.1.1 目标任务

区域水文地质调查是指调查区域地下水类型、埋藏、分布、形成条件、物理化学性质及运动规律的综合性水文地质工作（中国地质调查局，2004），其中介质场、水动力场和水化学场的调查是区域水文地质调查的基础与核心任务。高砷地下水往往赋存于特定的介质场、水动力场和水化学场中（Guo et al., 2014）：含水介质多以河湖相为主，富含有机质，多呈暗色；地下水流动滞缓，多为山前冲积扇的扇缘或地下水排泄带；水化学环境多为偏还原环境，相对封闭，pH 偏碱性。因此，专门性的区域水文地质调查应结合高砷地下水特定的赋存环境特征，依照一般性的调查程序来开展工作。

专门性区域水文地质调查的目标任务应包括：①查明区域上地下介质的空间展布，进而划分地下含水系统，特别是查明沉积环境演化与含水介质形成之间的关系；②查明区域地下水的补给、径流和排泄特征，结合地下水储留时间的分布，刻画不同级次的地下水流系统；③查明区域地下水的化学特征，进而识别主要的水文地球化学控制过程；④查明区域地下水的动态变化特征，进而识别影响地下水水量与水质的主要因素。通过完成上述的目标任务，可建立区域水文地质概念模型，为高砷地下水成因研究提供重要的背景信息。

16.1.2 精度要求

区域水文地质调查工作一般需按照特定精度的比例尺来进行。20 世纪 60~70年代，地质矿产专业队伍在全国范围内开展了以供水为主要目的、以图幅为单元的 1∶20 万区域水文普查工作，其一般作为现阶段水文地质调查工作的基础资料。近年来，人类活动与气候变化改变着天然水循环，诱发了诸多环境地质问题。为适应形势的变化，当前区域水文地质调查工作包括：①以大型盆地为单元的 1∶25 万水文地质调查；②以重点地区图幅为单元的 1∶5 万水文地质调查。高砷地下水分布一般呈现"区域性"和"局部非均质性"的特点，故以 1∶25 万水文地质调查建立盆地水文地质概念模型为基础，配以 1∶5 万重点区域的水文地质调查，可更好地服务于高砷地下水成因研究。

由于调查精度的差异，1：25万与1：5万水文地质调查具有不同的工作量技术定额。此外，同一种地貌类型下水文地质条件复杂程度也可能存在差异（简单、中等、复杂），相应的技术定额也不同。高砷地下水主要分布于冲洪积平原环境（如江汉平原）（Gan et al., 2014）、内陆河湖相环境（如大同盆地、河套盆地）（Deng et al., 2009; Guo et al., 2003）和三角洲环境（如长江三角洲、珠江三角洲）（Wang et al., 2012），大体上分别对应1：25万与1：5万水文地质调查规范中的"平原地区"、"内陆盆地区"和"滨海地区"，在相应地区开展专门性的水文地质调查工作可参考相应的技术定额（表16-1-1和表16-1-2）。

表16-1-1　1：25万区域水文地质调查每百平方公里基本技术定额一览表（中国地质调查局, 2004）

地区类别			观测路线 / km	观测点 / 个	水点占观测点比例 / %	勘探钻孔数 / 个	水质分析 / 件
平原地区	简单地区		10～40	5～20	40～60	0.1～0.5	2～10
	中等地区		20～50	10～30		0.1～0.7	5～15
	复杂地区		30～60	20～50		0.2～1	10～20
内陆盆地区	山区	简单	5～30	5～20	20～40	0～0.2	1～10
		复杂	20～50	10～30		0.1～0.4	5～15
	戈壁平原	简单	5～20	2～10	20～50	0.1～0.3	1～5
		复杂	10～30	5～20		0.2～0.4	5～10
	细土平原	简单	20～50	10～30	30～40	0.2～0.4	5～15
		复杂	25～60	15～50		0.3～0.6	10～25
滨海地区	滨海平原		20～60	20～60	40～60	0.2～2	5～20
	丘陵台地		15～50	15～40	20～40	0.1～1	5～15
	岛屿		30～80	20～60	20～40	不定	5～15

表16-1-2　1：5万区域水文地质调查每百平方公里基本技术定额一览表（中华人民共和国国土资源部, 2015）

地区类别		观测路线间距 / km	观测点 / 个	水点占观测点比例 / %	水文物探 / 点	抽水试验 / 组	勘探钻孔数 / 个	水质分析 / 件	水同位素样品 / 件
平原地区	简单地区	1.7～2.0	40～45	75～85	50～60	3～4	2～2.5 （进尺600～750 m）	8～15	5～6
	中等地区	1.5～1.7	50～55	75～85	60～80	4～6	2.5～3.5 （进尺750～1 000 m）	15～20	6～8
	复杂地区	1.2～1.5	60～65	75～85	80～100	6～8	3.5～4 （进尺1 000～1 300 m）	20～25	8～10

地区类别		观测路线间距/km	观测点/个	水点占观测点比例/%	水文物探/点	抽水试验/组	勘探钻孔数/个	水质分析/件	水同位素样品/件
内陆盆地地区	简单地区	1.7～2.0	50～55	75～85	80～100	3～4	1.8～2（进尺 500～550 m）	8～12	3～5
	中等地区	1.5～1.7	60～65	75～85	80～100	4～5	2～2.5（进尺 550～700 m）	12～15	5～6
	复杂地区	1.2～1.5	65～70	75～85	100～120	5～6	2.5～3（进尺 700～850 m）	18～20	6～8
滨海地区	简单地区	1.7～2.0	45～55	75～85	40～50	3～5	2～2.5（进尺 700～850 m）	15～20	6～8
	中等地区	1.5～1.7	55～60	75～85	70～80	5～6	2.5～3（进尺 850～1 000 m）	20～25	8～10
	复杂地区	1.2～1.5	65～70	75～85	90～110	6～8	3～4（进尺 1 000～1 300 m）	25～30	10～12

16.1.3　一般工作程序

1. 资料收集与二次开发

资料收集的目的：①根据调查工作的目的与要求，有针对性地系统收集有关资料，经初步分析整理，掌握研究区基础地质、水文地质概况和研究程度，为调查工作的设计提供依据；②进行资料的二次开发，避免重复工作，达到节省调查工作量、缩短工作周期、提高调查工作质量的目标。

资料收集的内容包括：①基础地质——地层岩性、地质构造资料，岩矿鉴定、岩土化学分析、古生物鉴定、地层测年等成果，控制性地质钻孔、矿产勘探钻孔资料等；②水文地质——区域水文地质调查成果[水文地质图、地下水资源图、地下水水化学图、地下水等水位（水压）线与埋藏深度图]，水文地质钻孔、供水管井资料及其他集水构筑物资料，地下水水质分析成果、水同位素测试成果，抽水试验、物探测井、地下水动态监测资料，水文地质参数、地下水资源评价等成果；③遥感与地球物理勘探——不同时期的航片与卫片及其解译成果，不同时期不同波段的遥感数据，不同物探方法所获得的地区地球物理参数及其解释成果资料；④气象水文——多年、年及月降水量、蒸发度、相对湿度及气温资料，水系分布、河川流域面积、年及月平均径流量、平均流量、水位、水质，水库与湖泊的位置、面积、容积、水质，引地表水灌区的分布范围、引灌水量资料；⑤地下水开发利用——地下水开发的历史及现状，开采井的数量、分布、取水层位、开采量及用途，水资源供需矛盾、地下水开发与利用潜力等。

2. 遥感调查

遥感调查的目的在于提高地质工作预见性，指导水文地质测绘，获取常规地面调查难以取得的水文地质信息，减少野外工作量，提高工作效率和成果质量。

遥感调查的工作内容包括：①地貌基本轮廓、成因类型和主要微地貌形态组合及水系分布发育特征，判定地形地貌、水系特征与地质构造、地层岩性及水文地质条件的关系；②各类地层岩性的分布范围；③主要构造形迹的分布位置、发育规模及展布特征，判定地质、水文地质条件与地质构造的关系；④各种水文地质现象，圈定河流、湖泊、库塘、沼泽、湿地等地表水体及其渗失带的分布，确定古（故）河道变迁、地表水体变化的分布发育规律，分析其对水文地质条件的影响；⑤解译环境地质问题，重点解译地表水体的污染情况、污染源的分布。

将处理好的遥感数据，在 GIS 软件支持下在室内开展计算机辅助遥感解译，根据地质先检或经初步野外踏勘建立遥感解译标志，利用解译标志在计算机屏幕上进行目视解译，对于标志准确、唯一性强的影像，可以采用计算机自动解译，以提高工作效率。遥感解译后需进行野外验证。

3. 水文地质测绘

水文地质测绘以地面调查为主，对地下水天然和人工露头及与其相关的各种现象进行现场观察、描述、测量和编录，目的在于评价研究区的水文地质条件，同时为后续物探、钻探和监测方案的细化提供依据。

水文地质测绘的内容包括：①调查含（隔）水层的岩性结构、厚度、分布及其变化，主要含水层（组）间的水力联系；②调查地貌、地质构造、水文等对地下水补给、径流、排泄的控制，查明地下水补给、径流和排泄条件；③查明地下水化学特征；④查明地下水开发利用现状；⑤调查主要的地下水环境问题。

水文地质测绘一般以控制水文地质条件、重要地质、地貌界线和水点为重点的路线穿越法与界线追索法相结合，避免均匀布线、布点。水文地质测绘的观测路线宜按下列要求布置：①沿含水层富水性和水化学特征变化显著的方向；②沿原生和次生环境地质问题变化显著的方向；③沿地貌形态变化显著的方向；④沿河谷、沟谷方向；⑤沿地表水体和水利工程分布多的方向。

4. 水文地质物探

水文地质物探是指根据地下岩层在物理性质上的差异，借助专门的物探仪器，通过测量、分析其物理场的分布及变化规律来进行水文地质调查的一种勘探手段，其目的在于：确定含水层空间结构、岩性及富水区，指导水文地质钻探工作部署，提高钻探效率。

水文地质物探包括两个方面，即地面物探和水文测井。地面物探的调查内容包括：①查明含水层的岩性、厚度、埋深及富水地段；②探明覆盖层的厚度、基岩埋深、基底形态；③查明古河床、埋藏的冲洪积扇分布范围。地面物探应主要布置在测绘工作难以解决问题的地段、钻探试验地段以及钻探困难或仅需初步探测的地段，勘探剖面方向应尽量垂直勘查对象的总体走向或沿着水文地质条件变化大的方向，尽可能与已有的或设计的钻探剖面线一致，如发现异常应加密探测点。

水文物探测井的内容包括：①划分地层，编制钻孔地质柱状剖面图；②确定含水层与隔水层的层位和厚度；③初步判定含水层之间的补给关系；④估算水文地质参数，包括含水层的孔隙率、渗透系数及涌水量等。水文地质钻孔均应进行水文物探测井，测井一般在裸孔中进行，应采用多种测井方法进行对比或补充。

5. 水文地质钻探

水文地质钻探的目的在于查明研究区地层剖面，确定含水层的空间结构、埋藏深度、岩性、厚度、水头、水质，取得水文地质参数，解决和验证水文地质测绘和物探工作中难以解决的水文地质问题。

水文地质钻探的内容包括：①采取岩土样和水样，确定含水层的水质，测定岩土物理、化学和生物性质；②进行水文地质试验，确定含水层的各种水文地质参数；③完善和优化地下水监测网点，将有条件的水文地质钻孔纳入地下水动态监测网点。勘探孔的布置，应在遥感解译、水文地质测绘和充分利用以往勘探孔资料的基础上根据地质、地貌和水文地质条件以及物探资料，合理布置勘探线和勘探网；在冲积平原和大型盆地地区，勘探线宜垂直地下水流向布置，必要时可平行地下水流向布置辅助勘探线。每个钻孔的布置必须目的明确，一孔多用，并进行充分论证；钻孔布设与孔位确定，应优先考虑以下方面：地层结构、含水层发育不清楚的地段，含水层渗透系数等水文地质参数控制不足的地段，地质分析与物探解译急需验证结果的地段。

6. 水文地质试验

水文地质试验是为定量评价水文地质条件和取得水文地质参数而进行的各项野外测试工作。在孔隙地下水系统中，常用的两种水文地质试验为抽水试验和入渗试验。

抽水试验的调查内容包括：①确定井（孔）出水能力，评价含水层(组、段、带)的富水性；②确定含水层的水文地质参数，如渗透系数（K）、导水系数（T）、导压系数（a）、给水度（μ）、弹性释水系数等；③判断地下水运动性质，了解地下水与地表水及不同含水层之间的水力联系；④判断地下水系统的边界性质及位置。抽水试验以带观测孔的非稳定流抽水为主，稳定流抽水试验为辅；抽水试验孔一般宜采用完整井型；抽水试验一般宜利用机（民）井或天然水点作观测点；当需布置专门的抽水试验观测孔时，观测孔布置应根据水文地质条件和要解决的水文地质问题确定；对水文地质条件具有控制意义的不同含水层（组）的典型地段，应有抽水试验工作控制；当有多个强含水层时，应布置少数的分层抽水试验。

入渗试验的主要任务是野外测定包气带、非饱和岩层的渗透系数，常见的方法包括试坑法、单环法和双环法。入渗试验点的布设应涵盖不同的第四纪沉积类型（冲积相、湖积相、沼泽相等）和不同土地利用类型（水稻田、旱地、林地、漫滩等）。

7. 地下水水质分析

地下水水质分析目的在于查明区内各垂向含水系统地下水质的时空变化规律、地下水化学特征，为地下水质量和专项评价提供依据。

地下水水质分析的研究内容包括：①测定地下水与地表水的化学成分、物理性质、毒理指标及细菌指标，为水质评价提供依据；②划分地下水化学类型，研究区域水文地球化学特征及其垂向和水平分带规律，研究地下水成因；③基本查明地下水污染成分和含量、污染范围、污染源、污染途径及污染发展趋势；④分析地方病与地下水水质关系。

依据地下水补给、径流、排泄分带规律，沿地下水径流方向按水化学剖面采取样品。采样点应涵盖整个盆地不同级次的地下水流系统，即在横向上覆盖补给区、径流区和排泄区，垂向上覆盖不同深度的含水层。采样点类型一般包括机（民）井和重要地表水体（河流和大型湖泊等）。此外，抽水试验孔应分层或分段采集地下水样；地下水和地表水动态监测点应定期（以月或者季节为单位）采集水样。在采样现场，需用便携式水质分析仪测定水温、pH、电导率、氧化还原电位和溶解氧等指标，对氨氮、亚铁、硫化物等氧化还原敏感性指标也需在现场进行测定。此外，需现场采集用于实验室分析的指标主要包括：阴离子、阳离子、总有机碳、砷及其形态、与砷的迁移转化相关的微量元素等。具体的水质分析方法见17.1节。

8. 同位素分析

同位素分析的目的在于查明地下水及其特定组分的来源和演化过程，为地下水流过程和水文地球化学过程的表征提供依据。

同位素分析的主要内容包括：①测定地下水的年龄；②研究地下水的补给、

径流、排泄条件；③研究大气降水、地表水、地下水的转化关系；④研究地下水的形成和演化规律；⑤研究地下水中特定组分的来源、演化及其指示意义。同位素分析应在已有资料综合分析和水文地质测绘的基础上，根据水文地质条件和需要解决的问题部署取样点，选用同位素方法；根据区域水文地质特征，应以剖面控制为主，并选择地质背景不同的区域性控制点作为分析问题背景值；控制剖面应沿地下水流向布置，垂向上不同含水层均应有样品分布；在条件复杂区、水文地质边界附近宜多投入工作量；应设置相关的大气降水和地表水取样点。

常用于高砷地下水研究中的同位素及其应用见第 19 章。

9. 地下水动态监测

地下水动态监测的目的是进一步查明水文地质条件，特别是地下水的补给、径流和排泄条件，为研究某些专门问题提供基础资料。

地下水动态监测的调查内容包括：①监测地下水水位、水量、水温和水质的变化规律及发展趋势，当研究地表水体与地下水关系时，还应包括地表水体的水位、流量、水质的观测；②分析地下水动态变化的影响因素，确定地下水动态类型；③监测与地下水有关的环境地质问题。

观测点应沿地下水区域径流方向布置，选择有代表性的监测孔安装自动监测仪；为调查地下水与地表水的水力联系，监测孔应垂直地表水体的岸边布置；为调查垂直方向各含水层（组）间的水力联系，应设置分层监测孔组。为了满足数值法模拟的要求，监测孔的布置应保证对计算参数区的控制；对主要地表水体应设置观测点，以了解地表水与地下水的相互转化关系；监测延续时间应超过 1 个水文年。

10. 图件编制

图件编制是以上水文地质调查工作完成后的成果汇编，使得调查成果以图件的形式清晰地展现，需完成的基本图件主要包括。

（1）综合水文地质图。包括平面图、综合水文地质柱状图、水文地质剖面图和镶图。基本内容：地下水介质类型，埋藏条件，单井单位涌水量（分级表示），地下水溶解性总固体（TDS 分级表示），地下水系统边界条件，地下水补给、径流、排泄条件等。镶图包括：水化学类型图、渗透系数分区图、地下水埋深等值线图。

（2）立体水文地质结构图。以水文地质钻孔为基础，充分利用水文地质物探资料，构建含水层的空间立体结构。基本内容：岩性、地下水位、水文地质参数（单位涌水量、水位降深、渗透系数）、不同含水岩组界线、第四系各统界线等。

（3）包气带结构图：以新部署的浅钻资料和已有的地质、水文地质钻孔以及机井的地层、岩性资料为基础，编制包气带结构图，主要反映包气带厚度、岩性。

16.1.4 区域水文地质条件综合分析

在完成 16.1.3 小节所有水文地质调查工作的基础上，需进行区域水文地质条件的综合分析，重点从地下含水系统、地下水流场和地下水化学场三个方面展开，在此基础上建立区域水文地质概念模型与数值模型。高砷地下水一般赋存于第四系松散沉积物中，故本节以第四系孔隙含水系统为对象来阐述相关内容。

1. 地下含水系统

由于地质历史时期沉积环境的交替演化，以及地壳抬升与沉降，地下沉积介质往往呈现具有统一展布规律而局部非均质的特征，不同区域和埋藏深度的地下介质由于颗粒大小和孔隙空间等差异而具有不同的渗透性，这也是地下含水系统划分的主要理论依据。

区域地下含水系统的调查目标主要包括：①掌握含水层的埋藏条件和分布规律，包括含水层岩性、厚度、分布范围、埋藏深度、水位、涌水量以及水文地质参数，各含水层之间的水力联系等；②掌握隔水层或弱透水层的埋深、厚度、岩性和分布范围；③掌握包气带的厚度、岩性、孔隙特征、含水率及地表植被状况。

针对以上目标，区域地下含水系统的调查内容主要包括三个方面。

1）第四纪地层年代格架的建立

盆地的形成演化过程造就的地貌格局与第四纪沉积物的时空配置与地下水的形成环境关系密切,沉积环境演化对含水层的空间分布特征有着显著的控制作用。采取第四纪钻孔沉积物，利用较高精度的古地磁、光释光（optically stimulated luminescence, OSL）、加速器质谱 ^{14}C 等方法进行年代学研究，系统建立区域第四纪地层年代格架。对钻孔沉积物进行详细的岩性观察与描述，并与其他钻孔资料进行综合对比，结合磁化率、粒度分析、TOC、色素等进行相关生态环境指标（如孢粉、植硅体、介形虫等）分析，建立盆地演化格架，查明沉积物成因类型及其分布特征。

2）含水系统的表征

区域含水系统的表征总体上应包括包气带结构的调查及饱水带中含水层和隔水层的划分。包气带的结构调查一般采用浅钻来查明近地表沉积物的岩性、类型、土地利用和水位埋深等，同时结合野外入渗试验和室内实验等得到入渗系数和孔隙结构等物性参数。含水层和隔水层的划分一般利用收集资料、水文地质测绘资料和水文地质物探资料，基于沉积物岩性的差异，描绘含水层与隔水层的空间展布规律，建立水文地质介质剖面。在此基础上，利用钻探编录和粒度分析资料等，对水文地质介质剖面进行更精细的刻画,特别是区域大型透镜体的分布。

3）三维结构可视化模型的建立

构建三维结构可视化模型不仅可以更为直观地显示地下含水系统的空间展布,更重要的是可为后续构建区域水文地质概念模型与数值模型奠定基础。首先,建立地层时代模型,以收集钻孔资料、测井资料和物探剖面资料为基础,将钻孔资料数字化,并与物探剖面解译成果进行比较,检查是否具有一致性。其次,结合第四系地质演变的发展规律,采用添加控制点的方法,提取各控制点的地层时代高程数据,建立地层时代结构模型。最后,结合第四纪岩性、厚度、粒度等变化规律,将第四纪沉积物分层并进行分层岩性概化,来构建岩性结构模型。

2. 地下水流场

受地形、地下岩性分布、地质构造等因素的影响,地下水一般表现出有规律的流动,沿着流动方向,水量和水质呈现有规律的变化。因此,地下水流场是研究水量和水质时空演变的重要基础和框架。高砷地下水中砷的空间分布往往表现出高度的非均质性,同时在时间上也表现出动态变化,地下水流场及其引起的变化是潜在的影响因素,因此地下水流场的研究可为查明高砷地下水时空分布的非均质性奠定基础。

地下水流场的调查目标主要包括:①查明地下水补给、径流和排泄的路径和强度;②查明不同层位地下水的水位动态变化特征及其影响因素;③刻画不同级次的地下水流系统。

针对以上目标,地下水流场的调查内容主要包括三个方面。

1）地下水补给、径流、排泄条件分析

地下水的补给、径流和排泄决定着地下水水量和水质在空间和时间上的分布。基于收集资料、水文地质测绘资料和地下水动态监测资料,分析的内容包括以下几点:①地下水的补给来源、补给途径,补给区分布范围,地表水与地下水之间的补、排关系和补给、排泄量,地下水人工补给区的分布、补给方式、补给层位、补给水源水质和水量;②地下水的径流条件、径流分带规律和流向,不同含水层之间的水力联系,地下水和地表水之间的相互作用;③地下水的排泄形式、排泄途径和排泄区(带)分布,重点调查机(民)井的开采量。

2）地下水水位动态分析

地下水水位动态规律能够反映地下水补给、径流和排泄条件的变化,能更深入地查明区域水文地质条件,需分析的内容包括:①根据全年水位监测资料,划分地下水水位动态类型和动态成因类型；②运用数理统计方法，分析多年地下水水位动态类型、变化幅度、变化趋势等；③编制丰水期、平水期、枯水期地下水水位埋藏深度及等水位线图，分析地下水径流条件的变化、地下水流场变化的原因；④编制当年末与上年末同期水位变化差值分布图，分析水位上升区、下降区及其变化差值。

3）不同级次地下水流系统刻画

不同级次地下水流系统的刻画旨在揭示不同深度地下水的运移规律，对于构建区域地下水循环模式意义重大，需研究的内容包括：①识别地下水流动的主要因素，重点揭示地表分水岭、地形地貌条件和排泄基准面对水流系统的控制作用；②在渗流场、水化学场、温度场和同位素资料（特别是地下水年龄）的基础上，对区域地下水流系统进行划分，总结不同级次地下水流系统的发育规律；③选取有代表性的剖面进行详细解剖，揭示地下水流动过程中地下水动力学、水化学和地下水年龄等方面的特征，刻画地下水流系统的层次结构（即区域、中间和局部水流系统）和不同深度地下水的循环模式。

3. 地下水化学场

地下水在流动过程中会与含水介质发生水-岩相互作用，这使得地下水化学场一般呈现出有规律的分布。查明区域地下水化学特征及其分带性，有利于揭示地下水所经历的水文地球化学演化过程，对于揭示高砷地下水的分带性也具有重要的指示。

地下水化学场的调查目标主要包括：①查明地下水化学的空间分布特征及其与砷分布的关系；②揭示地下水所经历的水文地球化学过程，特别是影响砷迁移释放的过程。

针对以上目标，地下水化学场的调查内容主要包括三个方面。

1）沉积物物理、化学和生物性质表征

地下水中砷的富集与含水介质的理化生性质关系密切,对相应沉积物的物理、化学和生物性质进行表征可为高砷地下水成因分析提供基础,应研究的内容包括：①测定沉积物粒度、含水率、孔隙结构等物理指标，分析物理结构与高砷水赋存之间的关系；②测定沉积物矿物组成、化学组成等化学指标，分析沉积物化学对砷富集的影响；③测定微生物群落结构、微生物多样性、功能微生物群落等生物指标，分析微生物在砷迁移过程中的作用。

2）地下水化学性质与时空分布的表征

高砷地下水一般形成于特定的水文地球化学环境中，地下水化学性质的表征也是高砷地下水成因研究的一项重要基础工作，其应分析的内容包括：地下水的基本类型（酸碱性、氧化还原性），地下水的化学类型，地下水主要离子和特征元素的空间分布与动态变化等，砷的空间分布、动态变化及其与相关组分之间的关系。详细的表征方法见 17.2 节。

3）水文地球化学过程的揭示

地下水中砷的富集直接或间接地受某些水文地球化学过程的控制，揭示这些主要过程对于解释高砷地下水成因具有重要意义。其中，数理统计分析可以定性地揭示控制过程；离子比值关系可用于定性或半定量地揭示某些过程；水文地球化学模拟可用于定量地揭示不同过程的贡献。详细的研究方法见 17.2 节。

4. 区域水文地质概念模型与数值模型

区域地下含水系统、地下水流场和地下水化学场的研究最终将用于构建区域水文地质概念模型与数值模型。

1）水文地质概念模型的建立

水文地质概念模型是把含水系统实际的边界性质、内部结构、渗透性能、水力特征和补给径流排泄等条件概化为便于进行数学模拟的基本模式。在确定研究区范围的基础上，进行边界条件（水头边界、流量边界、隔水边界）和含水系统内部结构（含水岩组、含水系统空间分布、地下水运动状态、水文地质参数、源汇项等）的概化，最后根据模型概化结果，绘制模型概化平面图和剖面图。

2）地下水数值模型的建立

地下水数值模型主要用于模拟地下水的流动，以及地下水水位与时间的关系。在建立了上述区域水文地质概念模型的基础上，进一步建立地下水数值模型：①计算区网格剖分的疏密，应与调查区的研究程度和水文地质条件的复杂程度相适应；②按含水层特征分区，给出水文地质参数的初始估算值，如需在模型识别过程中调整分区，应与其水文地质特征相符合；③宜采用不同期的资料反求水文地质参数，识别和检验数值模型，并分析模型的灵敏度，数值模型的识别和检验必须利用相互独立的不同时段的资料分别进行；④利用非稳定流试验资料识别模型，应使地下水位的实际观测值与模拟计算值的变化曲线趋势一致，判断标准为水位拟合均方差等目标函数达到最小；⑤利用稳定流试验资料识别模型，模拟的流场应与实测流场的形态一致，且地下水流向相同。

16.2 场地水文地质调查

16.2.1 目的与意义

　　与区域水文地质调查不同，场地水文地质调查主要服务于场地修复或者长期监测研究，为场地的修复或监测场地的机理研究提供高精度的水文地质背景信息，其目的包括：①详细刻画场地的含水系统结构，特别是地下介质的非均质性；②查明场地内地下水的补给、径流和排泄特征；③查明场地内地下水化学特征及其非均质性；④建立高精度的地下水数值模型和溶质迁移模型。

16.2.2 工作程序

　　场地水文地质调查的工作程序总体上与区域调查相似，主要差异在于调查精读。场地的调查精读取决于研究目标，并无特定比例尺的要求，总体工作程序如下。

1）区域背景分析与场地踏勘

　　区域地质与水文地质背景的详细分析可为场地选址提供重要的依据，场地一般选在所研究问题最有代表性的区域，如高砷地下水修复研究场地一般建在地下水砷含量较高的区域，以便于评估修复效果；而高砷地下水动态监测场地一般建在外界条件（如地表水波动、灌溉活动、地下水抽提）变化较为显著的区域（图 16-2-1）。背景分析的内容应主要包括：场地内部及周边已有物探和钻探成果所揭示的地下岩性结构，场地在区域地下水流系统的位置，场地内部及周边地下水的化学特征及特征元素的含量分布。在完成场地选址和背景分析后，应在场地内部及周边进行详细踏勘，踏勘以调查与访问为主，内容应主要包括：不同土地利用类型的分布、灌溉活动的运行规律、地下水抽提强度及其他对地下水有潜在影响的人类活动规律。最后，需在选定的场地开展高精度的地形测绘，其一般采用高精度 GPS 进行测定，测量前通过基准点平移对 GPS 数据进行校正，野外工作完成后对获取高程及坐标信息通过数据转换得到场地平面坐标及高程数据，并通过软件处理最终成图。

2）水文地质物探

　　场地水文地质物探工作旨在精细刻画场地的地层岩性和含水系统结构，以地面物探为主，辅以水文测井。场地物探线的布设宜呈网状，且加密点距，以提高平面上的探测精读；此外，高砷地下水一般赋存于第四纪地层浅部，故探测深度

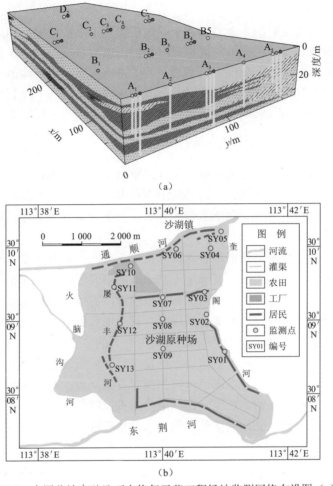

(a)

(b)

图 16-2-1　大同盆地高砷地下水修复示范工程场地监测网络布设图（a）和
江汉平原沙湖高砷地下水动态监测场示意图（b）（邓娅敏 等,2015）

较区域可适当减小,以涵盖高砷含水层赋存深度为基准,提高垂向上的探测精读。

3）水文地质钻探

场地水文地质钻探工作具有多重的目标任务:①详细查明地下岩性分布,为地下水概念模型的详细分层提供重要的依据;②采取沉积物样品,供物理、化学和生物指标的分析,为查明高砷地下水迁移与转化提供重要的背景信息;③进行抽水试验,表征不同含水层位的渗透性,为地下水数值模型的建立提供基础信息;④进行地下水动态监测,为地下水溶质反应性运移模型的建立提供所需信息。钻孔的布设取决于具体的研究目的。

4）水文地质试验

场地水文地质试验的主要目的在于获取后续地下水数值模型和溶质运移模型的水文地质参数。试验的类型与区域尺度相似，以抽水试验和入渗试验为主，除此之外还应补充测定地下黏性土层渗透系数的室内实验。对场地范围内不同层位的含水层都应进行抽水试验；入渗试验应涵盖场地内不同的土地利用类型或土壤类型；黏性土渗透系数的测定为表征场地隔水层或弱透水层提供水文地质参数。

16.2.3 地下水动态监测方法与技术

为了进一步查明和研究水文地质条件，特别是地下水的补给、径流和排泄条件，掌握地下水动态变化规律，需要对地下水水质、水量、水温、水位等开展长期连续的动态监测，从而为地下水资源评价、科学管理及环境地质问题的研究和防治提供科学依据。

地下水的动态监测需要根据各地区水文地质条件的复杂程度、地下水开采利用程度、环境地质问题严重程度及地下水动态的研究程度，合理布设监测网点，因地制宜地选择监测方法。监测网的布设过程中，需要依据地质环境背景和水文地质条件，选择较为完整的水文地质单元，具有现实供水意义或开发利用远景的主要含水层（组），以及与产生环境地质问题有关的含水层（组），对于部分次要开采层也应进行监测。监测点的布设原则是：对于面积较大的监测区域，应以沿地下水流方向为主，垂直地下水流方向为辅布设监测点；对于面积较小的监测区域，可根据地下水的补给、径流、排泄条件布设控制性监测点。控制性监测网点的布设密度，应根据水文地质条件、地下水供水程度及地下水动态监测工作程度合理选定。

1. 地下水水位动态监测

地下水水位动态监测包括人工监测、自动监测和远程遥测三种方法。

人工监测水位时，用测绳、测钟等测量井口固定点至地下水水面铅直距离两次，当连续两次静水位测量值之差不大于 1 cm 时，将两次测量值均值作为本次测量值。每次测水位时，应记录观测井是否抽过水，以及是否受到附近抽水井的影响。主要仪器设备包括测绳-测钟、电极-导线-重锤-音响装置（或万用表）。使用测绳-测钟时，将带有尺寸的测绳系统下入井（孔）内，当与水面接触发出清脆的响声后，直接读取测绳长度 [图 16-2-2（a）]。该设备适用于水位埋深小于 20 m 的井。使用电极-导线-重锤-音响装置时，将带有尺寸的测量系统下入井（孔）内，当电极接触水面时，发出响亮的声音，此时导线的长度即为水位埋深[图 16-2-2（b）]。该设备适用于孔径较小的观测孔、农机井和生产井。

（a）　　　　　　　　　　　　　　　　（b）

图 16-2-2　使用测绳-测钟装置（a）和电极-导线-重锤-音响装置（b）监测地下水水位

　　自动监测采用水位自动监测仪器，测量数据自动采集、自动储存，人员定期到现场进行数据回收和设备维护。测试仪器包括浮子式水位仪（在孔口安装测量设备，当水位变化时，通过浮子上升或下降，得到输出信号，由显示表直接读数，或通过数据接口由计算机进行数据回收）、压力式水位仪（探头投入井中，通过压力传感器，测定水位值，由数显表直接读数，或通过数据接口由计算机进行数据回收）和超声波式水位仪（对准井口向下发射超声波，通过水面反射回波在空气中的传播时间由显示表直接读数，或通过数据接口由计算机进行数据回收）。前两种设备适用于孔径较大的观测孔和农机井，不受井壁滴水而造成的漏电误测的影响；后者适用于快速一次性观察及连续且频繁变化的水位观测。

　　远程遥测使用地下水自动监测仪器和数据自动传输装置，测量数据自动采集、自动储存，并通过无线网络（电信运营商 GSM 网络、GPRS 无线网络）或卫星信号将数据自动传输到指定地点。地下水自动监测仪需每季校核一次，及时消除系统误差。在水面很深和高温（低温）下测量时，应进行拉长和热胀（冷缩）的校正。

2. 地下水水量动态监测

　　地下水流量的监测方法包括容积法（量水箱、水塔、蓄水池）、堰测法（三角堰、梯形堰、矩形堰）、差压法（圆缺孔板仪、缩径管、孔板流量计）、叶轮式孔口瞬时流量计法、喷水钻孔法、明渠流量计法和浮标法。量水箱适用于涌水量较小，且有管状引水设备的井（孔）；水塔和蓄水池适用于备有水塔，并有水位标尺的自备水源井。三角堰在涌水量较小时采用，梯形堰和矩形堰则在涌水量较大时采用。在密封有压管流中，需改变流量范围时采用圆缺孔板仪，有自由端出水的水井、农机井和生产井采用缩径管或孔板流量计。喷水钻孔法只适用于自流钻孔的涌水量的估测。明渠流量计法宜在测流量较大的井、泉或明渠流量时使用。每一种方法都有各自适用的条件，监测地下水流量时应根据涌水量的大小、井（孔）的类型等选择合适的方法。

对于单井涌水量的监测，在水位多年持续下降的开采区内，选择部分代表性国家级监测点与省级监测点（或附近同一层位的开采井）作为涌水量监测点，利用水表或孔口流量计，在动力条件不变的情况下定期监测，可视水量变化大小、每月或每季监测一次，同时取得水位资料。

对于自流井或泉水流量的监测，一般选择容积法、堰测法或流速仪法。当采用堰测法或孔板流量计进行水量监测时，固定标尺读数应精确到毫米。新建立的泉监测点，应每月观测一次流量；在已掌握其动态变化后，可视泉流量的稳定程度确定其监测频率。对于流量极稳定的泉，每季末、季中各监测一次即可；对于流量较稳定的泉，每月末、月中各监测一次；对于流量不稳定的泉，需每月监测三次。

3. 地下水水质动态监测

地下水水质监测项目应参照《地下水质量标准》（GB/T 14848—2017）执行，一般情况下应包括：pH、氨氮、硝酸盐、亚硝酸盐、挥发性酚类、氰化物、砷、汞、铬（六价）、总硬度、铅、氟、镉、铁、锰、溶解性总固体、高锰酸盐指数、硫酸盐、氯化物、大肠杆菌，以及反映本地区主要水质问题的其他项目。

地下水水质动态监测方法包括现场采样、实验室测试，现场快速检测和水质自动监测。对于野外水文地质调查，目前用得最多的是将前两种方法结合起来。水质理化指标和氧化还原敏感组分（水温、pH、电导率、溶解氧、氧化还原电位、浊度、游离 CO_2、NO_2^-、Fe^{2+}、Fe^{3+}、硫化物）使用便携式仪器在现场测定（图 16-2-3），碱度取样 24 h 内现场滴定，其他离子或元素则采用现场取样、加保护试剂、实验室测定的方法测定。根据水中预测组分的含量及分析精度的要求，选择适合的室内检验方法。通常情况下，滴定法测定碱度；比色法测定 Fe^{3+}、Fe^{2+}、

（a）

(b)

图 16-2-3　野外现场使用便携式 pH、Eh 计测试地下水的 pH、溶解氧、氧化还原电位、
电导率（a）和使用便携式分光光度计测试 NO_2^-、Fe^{2+}、NH_4^+、总 Fe、硫化物（b）

NH_4^+、NO_3^-、NO_2^-；离子选择电极法测定 F^-；原子吸收或原子发射光谱法测定钙、镁、铜、铅、锌、镉、铁、锰、镍、钴、铬、钾、钠、锂、铷、铯、锶等；电感耦合等离子体质谱法测定铜、铅、锌、镉、铬、钼、钒、镍、钴、钨及硒；原子荧光光谱法测定砷、硒；离子色谱法测定锂、钠、钾、铵、F^-、Cl^-、SO_4^{2-}、NO_3^-、$H_2PO_4^-$、Br^-、I^-；气相或液相色谱法测定氧、氮、一氧化碳、二氧化碳、甲烷、硫化氢、氩、氦、苯并芘、有机氯及有机磷农药残留物、卤代烷；质谱法测量 ^{18}O、^2H；射气法测量 ^{226}Ra、^{222}Rn。

水质自动监测又可分为电极法水质自动监测和抽水采样自动分析方法。地下水水质自动监测基本上都采用电极法水质自动测量仪器。电极法水质直接测量仪器的传感器放入水体中，能直接感测或转换得到某一水质参数的数值。一种电极只能测得一种水质参数。感应头直接感应水质，没有可动部件，可以较长时间在水中工作，连续测量。

4. 地下水水温动态监测

地下水水温监测可与区域水质监测网同步进行。对于浅层地下水及水温变化较大的地下水，应每月监测一或两次；对于深层地下水及水温变化较小的地下水，可以每季度监测一次；对于已经开发的地热田，应在地热资源勘查的基础上，重点监测地热井的温度与压力变化，检测频率一般为每月监测 3～6 次。

水温监测方法包括人工监测、数字显示和自动监测。人工监测水温时，使用深水水温用电阻温度计或颠倒温度计测量，水温计应放置在地下水水面以下 1 m 处，静置 10 min 后读数，当连续两次的测量值之差不大于 0.4 ℃时，取均值记录。同一监测点应采用同一个温度计进行测量。人工监测适用于水温低于气温，井（孔）侧口的孔径大于表壳外径的地下水。人工监测采用水银温度计时，读数易受气温的影响，精度较差，且震动会引起水银柱脱节或下降造成误测，该方法目前已较少使用。

数字显示是目前最常用的水温监测法。采用数显水温仪，将探头放置在水面以下 1m 处，由数字显示仪器直接读取水温值。该方法适用于不同深度的小口径钻孔的地下水水温及热水温度的观测。

有条件的地区，可采用自动测温仪器测量水温，自动测温仪探头位置应放在最低水位以下 3m 处，可采用地下水动态检测仪，对水位水温连续自动监测。自动监测仪有两种，一种由振荡器、分压器、放大器、检波器、指示灯和电缆等构成，如井中水温监测仪，可连续测量井（孔）中地下水水位、水温和矿化度；另一种由复合式水位水温探头、主机、信号传输电缆等组成，如地下水自动监测仪，使用时，将探头投入井中，按用户需要设置测量间隔时间后，仪器开始自动测量工作，测量的数据自动保存在存储单元内，通过 RS-232 串口，完成数据的回收。

16.2.4 场地水文地质条件综合分析

基于上述场地水文地质调查所获取的数据资料，可进行场地水文地质条件的综合分析，其主体的思路与区域水文地质条件综合分析的相似。

1. 地下含水系统

场地地下含水系统的调查任务与区域相似，即：①掌握含水层的埋藏条件、分布规律和水文地质参数；②掌握隔水层或弱透水层的埋藏条件、分布规律和水文地质参数；③掌握包气带的厚度、岩性、孔隙特征、含水率及地表植被状况。主要的不同之处在于：①即使在场地上，孔隙含水系统仍然高度非均质，因此，需对场地的地下岩性介质进行十分详细的分层刻画；②场地上的相对隔水层或弱透水层在区域上可能只是一层透镜体，因此，需查明场地含水系统与区域含水系统之间的关系。

2. 地下水流场

场地地下水流场的主要任务与区域相似，即：①查明地下水补给、径流和排泄的路径和强度；②查明不同层位地下水的水位动态变化特征及其影响因素。主要的不同之处在于：①在场地上，往往难以形成一个完整的水文地质单元，因此，需调查场地的地下水流在区域地下水流中所处的位置；②高砷地下水一般赋存于浅部第四纪沉积物，受地表水水位变化和人类活动（如灌溉、抽水）等影响，因此，在场地上需详细调查地表水与地下水之间的补排关系和交换量，以及人类活动对水均衡的影响。

3. 地下水化学场

场地地下水化学场的调查任务与区域相似，即：①查明地下水化学的空间分布特征；②揭示地下水所经历的水文地球化学过程。主要的不同之处在于：①场地上地下水的基本类型和化学类型几乎是一致的，但砷的分布仍然高度非均质，因此，需着重调查砷的空间分布与含水介质、氧化还原敏感性组分之间的关系；②与地表水的交换、灌溉水的入渗等过程均会直接或者间接地导致局部水文地球化学环境的剧烈变化，影响砷的释放，因此，需特别调查以上因素对地下水化学的影响。

4. 地下水数值模型与溶质运移模型

场地地下水数值模型建立的流程与区域相似，主要的不同之处在于：①场地的边界条件可能并不明显，往往需人为划定边界，如平行于等水头线方向的边界可定义为定水头边界或通用水头边界，垂直于等水头线方向的边界可定义为定流量边界或隔水边界；②无论场地的研究目的是监测还是修复，都应进行砷的反应性溶质运移模拟，旨在评价外界条件的变化对地下水中砷迁移转化的影响，或者评估场地修复效果。具体的溶质运移模拟工作方法见 17.5 节。

参 考 文 献

邓娅敏, 王焰新, 李慧娟, 等, 2015. 江汉平原砷中毒病区地下水砷形态季节性变化特征[J]. 地球科学 (中国地质大学学报), 26(11): 1876-1886.

中国地质调查局, 2004. 1：250000 区域水文地质调查技术要求:DD 2004—01[S].北京:中国地质调查局.

中华人民共和国国土资源部, 2015. 水文地质调查规范（1：50000）:DZ/T 0282—2015[S]. 北京: 中华人民共和国国土资源部.

DENG Y M, WANG Y X, MA T, 2009. Isotope and minor element geochemistry of high arsenic groundwater from Hangjinhouqi, the Hetao Plain, Inner Mongolia[J]. Applied geochemistry, 24(4): 587-599.

GAN Y Q, WANG Y X, DUAN Y H, et al., 2014. Hydrogeochemistry and arsenic contamination of groundwater in the Jianghan Plain, central China[J]. Journal of geochemical exploration, 138: 81-93.

GUO H M, WANG Y X, SHPEIZER G M, et al., 2003. Natural occurrence of arsenic in shallow groundwater, Shanyin, Datong Basin, China[J]. Journal of environmental science and health, part A, 38(11): 2565-2580.

GUO H M, WEN D G, LIU Z Y, et al., 2014. A review of high arsenic groundwater in Mainland and Taiwan, China: Distribution, characteristics and geochemical processes[J]. Applied geochemistry, 41: 196-217.

WANG Y, JIAO J J, CHERRY J A, 2012. Occurrence and geochemical behavior of arsenic in a coastal aquifer-aquitard system of the Pearl River Delta, China[J]. Science of the total environment, (427/428): 286-297.

水文地球化学研究 第 17 章

17.1 水 质 分 析

17.1.1 水样采集和处理

1. 野外样品采集

样品采集是水质监测中的一个重要步骤，正确选择采样方法和容器，严格执行操作规程，对于提高分析监测质量极其重要。一般清洁水样保存时间应不超过 72 h，轻度污染水样不超过 48 h，严重污染水样以不超过 12 h 为宜（聂梅生 等，2001）。另外，应按照质量控制要求，每批次样品至少采集两个现场平行样，或者样品较多时，采集 10%以上的现场平行样品。

1）野外采样点的选取

采样点布设应结合当地水文地质条件进行，对于水文地质条件复杂的调查对象，要根据实际情况，增加采样层位和采样点数量。采样点主要布设在污染源周边、污染区、周围环境敏感点（如地下水集中和分散式饮用水源地）附近等，尽量利用现有监测点。具体依据原则如下。

（1）样品应能反映调查范围内地下水总体水质状况，以地下水的补给区、主径流带及已识别的污染区为采样重点，采样点可适当加密。调查对象的上下游、垂直于地下水流向、调查区的两侧、调查区内部及周边主要敏感带（点）均需设有采样点。

（2）采样对象以浅层地下水为主时，对于研究区附近有地下水饮用水水源地，需对主开采层的地下水进行样品采集，以开采层为采样重点。存在多个含水层时，应在与目标含水层存在水力联系的含水层中布设采样点，并将与地下水存在水力联系的地表水纳入监测范围，增加采样点。

（3）岩溶区采样点的布设重点在于追踪地下暗河出入口和主要含水层。按地下河系统径流网形状和规模来布设采样点，在主管道与支管道间的补给和径流区，适当布设采样点。在重大或潜在的污染源分布区适当加密。

（4）裂隙发育的水源地，采样点应尽量布设在相互连通的裂隙网络上。

（5）若污染源为线性的污染源，如地表污水等，可在敏感点（如地下水水源地）的地下水流向的上游和下游布点。

2）野外样品预处理

对于所采集的水样来说，除一些野外规定项目（如水温、溶解氧、pH、氧化还原电位、电导率等）外，大部分测试分析项目都在实验室内完成。因此，需保证样品测试前的样品质量。尽量缩短样品运输时间，样品在实验室内保存须采取必要的保护措施。例如，进行主量及溶解性有机碳测试的样品，采样后应立即冷藏，保存在 2～4 ℃的低温闭光环境中。对部分环境敏感测试项目需在采样时加入一定的化学保护剂，如不改变酸可抑制微生物活性，消除微生物对 DOC 等检测的影响，还可防止水中金属离子水解、沉淀和吸附；加入碱同样是为了抑制微生物的代谢，防止微生物对有机项目检测的影响；而测定氨氮和总氮时在水样中加入 $HgCl_2$ 可抑制生物的氧化还原作用（李国辉，2002）。野外采样时加入化学试剂预处理的基本要求：化学试剂有效、经济、方便、对测定无干扰；应使用高纯试剂；所加试剂之间无相互反应。

2. 实验室样品处理

天然水样的组成和成分比较复杂，容易受各种各样并存物质的干扰，很多分析目标物的含量低，达不到仪器检出限的要求，因此需要进行化学预处理，如采取固相萃取、液相萃取、共沉淀等方式进行分离富集。

常用的处理手段是对水样进行消解。水样的消解主要是破坏有机物、大分子团和溶解悬浮物，将各种价态的待测元素转化为易于检测的无机离子。当检测含有有机物水样中的无机元素时，需要进行消化处理（俞英明，1993）。

17.1.2　水质检测

1. 物理性水质指标

水温：水温检测仪器有水温度计、深水温度计、颠倒温度计和热敏电阻温度计等。

色度：检测天然水和饮用水色度，可用铬钴比色法和铂钴标准比色法。铬钴比色法是以重铬酸钾和硫酸钴为比色体系，采用目视比色法测定水样的色度，该法方便简单；铂钴标准比色法是以铂氯酸钾和二水合氯化钴配成标准比色系列，然后将水样与此标准色系列进行目视比色。铂钴标准比色法色度稳定，适合长期使用。

嗅和味：嗅味是水质必测项目之一。嗅的检测靠人的嗅觉，可以用定性描述法。

浑浊度：各种水的浑浊度相差较大，浑浊度的检测方法也应该根据不同的水质来选择不同的仪器和方法。利用浊度计测定浊度时，浊度计发出光线，使之穿过一段水样，并从与入射光呈90°的方向上检测有多少光被水中的颗粒物所散射，这种测定散射光强度的方法称为散射法，适用于低浊度水的测量；若同时测定散射光和透射光，浊度用散射光与透射光（或散射光+透射光）的比值表示，这种方法称为透过散射测定法，适用于高浊度水的测量，具有较高的灵敏度和重现性。

电导率：电导率大致可反映水中的离子总量，水的电导率和水中离子的浓度存在某种程度的正比关系。电导率的测定采用电导率仪，分为实验室室内使用的仪器和现场便携式测试仪器两种。

2. 化学性水质指标

1）一般化学指标

（1）pH：在野外现场可以直接采用pH（酸度）计进行测定，测定前必须用标准缓冲溶液进行校正，使标度值与标准缓冲溶液的pH相一致。

（2）硬度：水质分析中硬度的测定主要采用络合滴定法，此方法简单、方便、分析成本低。

（3）Eh：又称氧化还原电位，水体环境中，往往存在多种氧化还原对，构成复杂的氧化还原体系。而氧化还原电位是多种氧化物质与还原物质发生氧化还原反应的综合结果。这一指标虽然不能直接表征某种氧化物质与还原物质的相对浓度，但有助于了解水体的电化学特征，分析水体的性质。

（4）碱度：表示水吸收质子的能力的参数，通常用水中所含能与强酸定量作用的物质总量来标定。水中碱度的形成主要是由于重碳酸盐、碳酸盐及氢氧化物的存在，硼酸盐、磷酸盐和硅酸盐也会产生一些碱度。复杂体系的水体中，还含有有机碱类、金属水解性盐类等，均为碱度组成部分。在这些情况下，碱度就成为一种水的综合性指标，代表能被强酸滴定物质的总和。常用测定方法为酸碱指示剂滴定法和电位滴定法。电位滴定法根据电位滴定曲线在终点时的突跃，确定特定pH下的碱度，它不受水样浊度、色度的影响，适用范围较广。用指示剂判断滴定终点的方法简便快速，适用于控制性试验及例行分析。这两种方法均可根据需要和条件选用。

（5）无机主量及微量元素：天然水中的无机元素主要是溶解性的离子如 Ca^{2+}、Mg^{2+}、Na^+ 等阳离子和 HCO_3^-、NO_3^-、Cl^-、SO_4^{2-} 等阴离子，其中，Pb^{2+}、Zn^{2+}、Cd^{2+}、Hg^{2+}、CrO_4^{2-}、F^-、CN^- 等属于有毒有害离子。

（6）溶解性有机质：有机杂质与水体环境密切相关。一般常见的有机杂质为腐殖质类及一些污染物，如蛋白质、酚、有机氯、有机磷农药、苯基烷烃类有机物等。

2）有毒化学组分

（1）重金属和部分非金属。水质分析中的重金属通常是指铜、锌、铅、铬、镉、镍、砷、汞、硒等元素。常用的分析方法有：紫外-可见分光光度法（ultraviolet-visible spectrophotometry, UV-Vis）、原子吸收分光光度法（atomic absorption spectroscopy, AAS）、原子荧光光谱法（atomic fluorescence spectrometry, AFS）、电感耦合等离子体原子发射光谱法（inductively coupled plasma atomic emission spectrometry, ICP-OES）、电感耦合等离子体质谱法（inductively coupled plasma mass spectrometry, ICP-MS）。其中采用 ICP-OES 和 ICP-MS 进行检测，精密度更高，检测结果更为精确。

（2）氰化物。水中无机氰化物一般分为简单氰化物和络合氰化物两类。水中氰化物测定方法较多，有分光光度法、电极法、气相色谱法、荧光法等。

（3）多环芳香烃、农药和抗生素。检测手段主要有色谱法和色谱-质谱法等。水体中这些有机物含量较低，但毒性较大，因此需要一些方法进行预分离富集，常用的方法有固相萃取、液相萃取等。

3）氧化还原敏感元素

（1）氮（N）：通常采用的分析方法有过硫酸钾氧化紫外分光光度法，或用连续流动分析法同时测定污水中总氮、氨氮、亚硝酸盐氮、硝酸盐氮等。

（2）硫（S）：对水中硫化物的测定方法可分为化学分析法和仪器分析法两大类，化学分析法一般为碘量法、汞量法；仪器分析法有光分析法、电化学分析法和色谱分析法等。

（3）铁（Fe）：在测定痕量铁方面多用光度法，用邻菲罗啉、磺基水杨酸和硫氰酸盐等显色剂配合火焰原子吸收等大型仪器进行检测。

17.1.3　常用检测技术

1. 常量组分分析

1）分光光度法

水中氨氮、亚硝酸盐、总氮含量常用来评价水体被污染情况和自净状况。最常用的是纳氏试剂分光光度法，该方法的原理是碘化汞和碘化钾的碱性溶液与氨反应生成淡黄棕色胶态化合物，其色度与氨氮含量成正比，通常可在波长 410～425 nm 内测其吸光度。在测定时要注意两点。

（1）纳氏试剂中碘化汞与碘化钾的比例，会对显色反应的灵敏度造成较大影响。静置后生成的沉淀应立即除去。

（2）滤纸中常含微量铵盐，使用时注意用无氨水洗涤。所用玻璃器皿应避免实验室空气中氨的沾污。

除此以外，分光光度法在测定水中总磷（过硫酸盐消解-光度法）、六价铬离子（显色反应分光光度法）、余氯和铁等离子含量方面也有很好的应用。

2）滴定法

滴定法在测定水体中有机物污染方面有着重要的应用。其原理是：在强酸性溶液中，用一定量的重铬酸钾将水样中还原性物质（主要是有机物）氧化，过量的重铬酸钾以试亚铁灵作指示剂，用硫酸亚铁铵溶液回滴，根据硫酸亚铁铵的用量算出水样中还原性物质消耗氧量。除此以外，还可用碘量法、高锰酸钾法和络合滴定法测定水质中的余氯、二氧化氯（ClO_2）、溶解氧（DO）、生物化学需氧量（BOD_5）、总硬度和氰化物等。

3）沉淀法

测定水中 Cl^-、Br^-、I^-、SCN^- 等离子时通常采用银量法，银量法根据指示剂不同分为莫尔法、福尔哈德法和法扬斯法。

2. 微痕量组分分析

1）原子吸收光谱法

原子吸收光谱法在水质分析中的应用非常广泛。采用火焰原子吸收光谱法和石墨炉原子吸收光谱法测定水样中痕量金属元素，由于不同元素原子具有各自不同的特征吸收谱线，它们相互之间不会产生干扰，在多种金属离子共存条件下，可直接测定铜、银、镉、铅、钴、镍等金属元素。

原子吸收光谱法有以下优点：

（1）检出限低，灵敏度高，特别是石墨炉-火焰一体机可以灵活运用不同优势进行检测，火焰原子吸收光谱法检出限可达 ng/mL 级，石墨炉原子吸收光谱法检出限可达 ng/L 级；

（2）选择性好，不同元素可以选择最佳测定波长；

（3）精度高，火焰原子吸收光谱法精度的相对标准偏差（relative standard deviation, RSD）在1%以内，石墨炉原子吸收光谱法的 RSD 一般在 1%～3%；

（4）应用范围相对广，可以测定元素周期表上大部分金属和非金属元素。

原子吸收光谱法的缺点：

（1）不能多元素同时分析，一种元素灯只能用于测定一种元素；

（2）熔沸点高的元素很难测定，对于 W、Nb、Ta、Zr、Hf 和 REE 等元素原子化效率低，检出能力差，化学干扰严重；

（3）线性范围窄，一般为 1～2 个数量级。

2）电感耦合等离子体原子发射光谱法

电感耦合等离子体原子发射光谱法（ICP-OES）可用于水中微量元素的分析，如可以测定水中 K、Na、Ca、Mg、Cu、Fe、Ni、Co、Li、Sr、Ar、P 等元素（Tran et al., 2016）。对于水中较易蒸发和激发的元素，如 Na、K、Ca、Mg 等，可用火焰光源测定；对于容易形成难熔氧化物从而难以原子化和激发的元素，如水中硅的含量，用 ICP-OES 分析，其中心通道温度高达 4 000~6 000 K，可以将难原子化或难激发的元素进行原子化和激发（Bings et al., 2014）。

3）电感耦合等离子体质谱法

应用电感耦合等离子体质谱法（ICP-MS）可以检测天然水体中 Ag、Al、As、Ba、Be、B、Cd、Ca、Co、Cr、Cu、Fe、K、Mn、Mo、Mg、Na、Ni、Pb、Sb、Se、Si、Tl、V、Zn、Hg 等多种痕量元素，该方法检出限为 0.002~0.981 μg/L，除 Ge、Er、Yb 和 Nb 精密度（RSD）略偏大外，其他元素的 RSD 均小于 10%，加标回收率在 90.0%~110.0%（Agatemor and Beauchemin, 2011），是环境监测部门的水质分析常用的方法（徐先顺 等，2006）。

ICP-MS 的优点有以下几点：

（1）分析灵敏度高，比一般的 ICP-OES 高 2~3 个数量级，特别是重质量端的元素，灵敏度更高，检出限更低；

（2）采用跳峰模式可以在 10~100 s 高速进行扫描；

（3）可以同时测定各个元素的同位素，因此可以用同位素稀释法测定；

（4）利用 ICP-MS 的高灵敏度和高选择性，可以与其他技术联用于元素形态分析，如测定 As、Se、Sn、Hg 和 Cr 等元素的化学形态。

ICP-MS 的缺点有以下几点：

（1）轻质量端的元素由于空间电荷效应导致测定困难；

（2）部分目标元素需要消除质谱干扰；

（3）溶液中的总溶解固体含量不能超过 2%；

（4）由于 ICP-MS 灵敏度很高，对所使用的水、酸、试剂、容器和室内环境有很高要求，增加了实验成本。

4）气相色谱法

气相色谱法是用气体作为流动相的色谱法。根据所用的固定相不同，又可以将气相色谱分为气-固色谱和气-液色谱。气-固色谱用多孔性固体作为固定相，分离的主要对象是一些永久的气体和低沸点的化合物。但是由于气-固色谱可供选择的固定相种类甚少，分离对象不多，且色谱峰容易拖尾，所以实际应用并不广泛。气-液色谱多用高沸点的有机化合物，将其涂覆在惰性载体上作为固定相，一般只要在 450 ℃ 以下有 1.5～10 kPa 的蒸气压，热稳定性能好的有机及无机化合物都可以用气-液色谱来分离（Peng et al., 2003）。

5）液相色谱法

液相色谱适用于分离大部分相对分子质量较大、难气化、不易挥发或者对热敏感的有机物。液相色谱通常选用不同比例的两种或者两种以上的液体作为流动相，以增大分离的选择性。液相色谱通常在常温条件下就可以进行工作，不仅可用于样品的分离分析，还可用于制备纯样品。

6）紫外吸收光谱法

紫外吸收光谱可用于水中有机化合物的定性分析和化合物的纯度检测（吴元清 等，2011）。

（1）定性鉴定。对于水样中存在的有机化合物，可借助紫外吸收光谱法对其进行初步鉴定。其方法是：将水样配制成适当的浓度，在不同波长下测吸光度，绘制吸收光谱曲线，查标准谱图，根据吸收峰的位置和数目初步断定该水样中可能存在的特征基团。由于紫外吸收光谱只能表现化合物生色团、助色团和分子母核，而不能表达整个分子的特征，所以仅靠紫外吸收光谱曲线对未知物进行定性是不可靠的，需要借助其他的分析手段（如红外光谱法、核磁共振波谱、质谱等）来确定水样中化合物的结构（周天泽，1985）。

（2）定量分析。利用吸收峰的强度，可以测定水样中有机化合物的含量。如用紫外吸收光谱法测定水中微量苯酚，先配制一系列苯酚标准水溶液，以水作参比，在波长 288 nm 处测系列苯酚标准溶液的吸光度，绘制吸光度-浓度曲线，计算回归方程。在相同的条件下，测定含苯酚水的吸光度，利用回归方程计算水中苯酚的含量。如果水样中含有干扰物质，应根据具体情况选择合适的测试条件或在测定前去除干扰物质。

7）仪器联用技术

目前常用的联用技术是将分离能力较强的色谱与分辨能力较强的光谱和质谱联用起来，综合其能力，使其成为分析复杂混合物的有效方法（Consonni et al.，2009）。

（1）气相色谱-质谱联用（gas chromatography-mass spectrometry, GC-MS）技术。GC-MS 技术是一种把气相色谱法与质谱仪直接联用的分析方法，气相色谱法可以实现高效率的分离，但是定性能力差；而质谱仪具有高的灵敏度、定性能力强等优点（Petrović et al., 2005）。两者联用，将气相色谱作为质谱的进样装置，在混合物进入质谱前，先经过气相色谱分离，将各组分按照时间顺序分开，依次进入离子源，分批分析。这种联用技术几乎能检出全部的化合物，气相色谱不能分离的组分经过质谱检测器电离后可以按照质核比进一步分离。

目前，GC-MS 技术已经广泛用于有机物的鉴定（丁力，2008）。水样经过富集、浓缩后，已经可以方便地检测出水中浓度低至数微克的有机物。一般而言，凡是能用气相色谱法分析的试样，大部分可以用 GC-MS 技术进行定量和定性分析。杨玉萍（2006）采用固相萃取—GC-MS 技术，对黄河水中的有机污染物进行检测。发现黄河水中共检出有机污染物 26 种，包括烷烃类、酯类、酸、胺类、醇类、链烃、烃基苯、杂环化合物八大类化合物，其中有三种属于有毒物质。

（2）液相色谱-质谱联用（liquid chromatography-mass spectroscopy, LC-MS）技术。液相色谱法（LC）可用于分离热稳定性差且不易蒸发以及含有非挥发性的样品（Petrović et al., 2005）。但由于 LC 分离要使用大量的流动相，所以进入高真空度的质谱仪前需要有效地除去流动相，而不损失样品，到现在为止仍然是一个难题（Theodoridis et al., 2012）。LC-MS 技术的接口现在广泛用于"离子喷雾"和"电喷雾"技术，该技术有效地解决了 LC 和 MS 的连接问题。

17.2　地球化学图解与元素比值

地下水化学数据处理方法主要包括：地下水化学成分图示法、离子比例系数分析法、相图分析法、数理统计法和水质模型法等。通过水质资料的数据处理，往往能够更清楚地认识地下水化学成分的特征及演化规律等问题。以下从常用的地下水化学成分图示法、离子比例系数分析法、相图分析法等方面分别说明。

17.2.1　地下水化学成分图示法

地下水化学成分图示法是水文地球化学研究中的一项重要手段，可以直观地表现地下水化学组成和水质特征，因此得到广泛的应用。在国内外相关研究中，水化学成分图示法可与离子比例系数分析法等结合来研究水质特征，也可与水文地球化学模拟等相结合来研究水-岩相互作用等水化学过程。简言之，水化学分析结果的图示法有助于对分析结果进行比较，发现异同点，更好地显示各种水的化学特性。

由于研究目的的不同，已发展有多种水化学成分图示方法。因此，理解其表示意义和表现形式，选择合适的图示方法，可以更加准确、直观地传达水质中所隐含的信息。根据水化学成分图示法的表现内容及研究目的，将其分为以下两大类。

一类是单测点的图示方法。此类图示方法主要反映单个水样中各类离子的含量或相对比例，包括饼图、多边形图、径向图以及柱形图等。

另一类是多测点的图示方法。在水化学分析中，所采集的水样往往来自多批"多测点"，对于如此众多的水样，不仅需要分析单个测点的水化学特征，有时更关注这些测点的水化学特征及其时空变化趋势。因此，根据表示多测点水质指标内容的不同，又分为反映水化学类型的图示法、反映水化学变化趋势的图示法及反映水化学指标统计数据的图示方法三类。

1. 反映水化学类型的图示法

常用的水化学类型图示法主要包括 Ternary 图、Piper 图、Durov 图和矩形图。

1）Ternary 图

Ternary 图由一个三角形构成，用以表示多测点水溶液中各阳（阴）离子占阳（阴）离子总毫克当量的百分数。Ternary 图是构成 Piper 图以及 Durov 图的基础部分。

2）Piper 图

Piper 图是一种分析水化学离子分布特征最常用的图示法，由两个三角形及一个位于中上方的菱形组成。左下方和右下方的两个三角形分别为阳、阴离子的 Ternary 图，引线至菱形图中可以综合表示此水样的阴阳离子相对含量。构图时，首先依据阴阳离子各自的毫克当量百分含量确定水点在两个三角形上的位置，然后通过该点作平行于刻度线的延伸线，两条延伸线在菱形的交点即为该水点在菱形中的位置。

Piper 图解可以简单、直观地反映水样的一般化学特征及水化学类型，展现地下水水质演化规律，其最大的优点是能把大量的水化学分析资料点绘在图上，依据其分布情况可以解释众多水文地质问题。若地下水系统的补给、径流及排泄条件已知，则可根据该图所反映的水化学信息判定地下水化学的演变趋势。

如图 17-2-1 所示，从大同盆地地下水补给区到排泄区，地下水化学类型从 $Ca \cdot (Mg)$-HCO_3、Na-HCO_3、Na-$HCO_3 \cdot Cl$ 变化至 Na-$Cl \cdot (SO_4)$ 型。盆地内地下水经历的水化学作用依次主要为溶滤型、径流型和蒸发型，盆地中心排泄区地下水中的离子毫克当量百分含量明显高于盆地边缘，水体中 HCO_3^-、SO_4^{2-}、Cl^-、Mg^{2+}、Na^+、K^+等离子毫克当量百分含量呈逐渐上升趋势，而 Ca^{2+}的毫克当量百分含量则不同程度地下降。

3）Durov 图

Durov 图是在 Piper 图的基础上改进得到的，由一个正方形及位于相邻两条边上的两个三角形构成，并可在另两条边扩展出矩形框格来表示 TDS、pH 等指标，如图 17-2-2 所示，具体分析方法与 Piper 图类似。

4）矩形图

矩形图是在模仿 Piper 图菱形区和 Durov 图正方形区域基础上加以改进，将

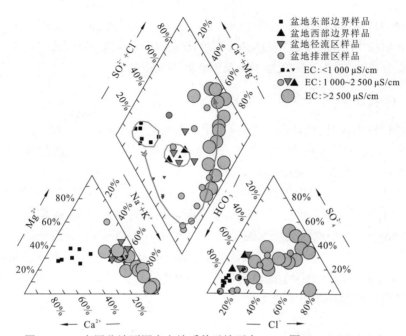

图 17-2-1　大同盆地不同水文地质单元地下水 Piper 图（Li et al., 2018）

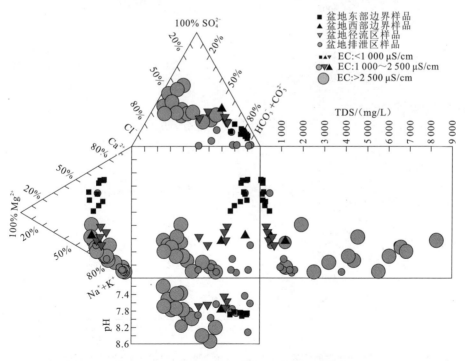

图 17-2-2　大同盆地地下水 Durov 图

水化学分类直接显示于矩形区域中的一种图示方法。以 $[c(Ca^{2+}+Mg^{2+})-c(Na^+)]$ 为 X 轴，以 $[c(HCO_3^-)-c(SO_4^{2-}+Cl^-)]$ 为 Y 轴（c 为该离子占阴离子或阳离子毫克当量百分数），并在刻度值为-100 及 100 处围成矩形。

2. 反映水化学变化趋势的图示法

水质指标不仅具有时间、空间的变化，而且某些指标之间具有一定的相关关系。因此，可以通过某些水化学图示方法来反映这类趋势，主要包括空间序列图、时间序列图、散点图及 Schoeller 图等。

根据大同盆地孔隙地下水垂向埋藏条件和水平向具有分带规律性的特点，对其进行了区别分析。水化学分析结果表明，浅层孔隙水 TDS 较高，平均值可达 987.1 mg/L；而中深层孔隙水的 TDS 平均值为 611.4 mg/L，各组分的质量浓度均较浅层孔隙水低，变化幅度也较浅层小。根据盆地地下水中主要离子 Schoeller 图（图 17-2-3），由补给区至排泄区，孔隙水中的 Mg^{2+}、Na^+、Cl^-、SO_4^{2-} 和 HCO_3^- 的平均质量浓度呈明显升高的趋势。

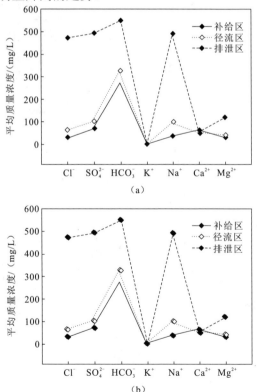

图 17-2-3　大同盆地不同水文地质单元孔隙地下水中主要离子平均质量浓度分布图（Su et al., 2013）

（a）浅层孔隙水；（b）中深层孔隙水

3. 反映水化学指标统计数据的图示法

在实际工作中，当积累的水化学数据系列比较长时，有必要对此做一些统计分析。可用均值、最大值、最小值、频数等特征值来反映，常用的图示方法包括箱图、直方图等。

箱图又称箱线图，它直观地显示指标统计数据的中位数、上下四分位数，以及最大值、最小值等。根据箱图中表示变量的不同，又可以把之分为两类：①表示某一测点不同水质指标的箱图；②表示不同测点同一水质指标的箱图。

直方图是以一组无间隔的直条柱反映观测数据频数分布特征的统计图。将观测数据按一定的区间分为若干组，统计落入每组中的样本数目，其频数以直条柱的长短来表示，直条柱的宽度表示数据区间的范围。

17.2.2　离子比例系数分析法

在地下水的化学成分中，各种组分之间的毫克当量浓度比例系数常被用来研究某些水文地球化学问题，因为不同成因或不同条件下形成的地下水，某些比例系数在数值上有比较明显的差异。因此，可以利用这类比例系数判断地下水的成因、水化学成分来源或者形成过程。有时还需要结合地下水化学类型分析，以便于更深入剖析地下水化学的演化过程和特点。

1. $\gamma_{Cl^-}/\gamma_{Ca^{2+}}$

$\gamma_{Cl^-}/\gamma_{Ca^{2+}}$ 系数是描述地下水水动力特点的参数。通常 Ca^{2+} 是弱矿化水中的主要阳离子，Cl^- 在滞缓的水动力带中富集。系数大说明地下水流动滞缓，水交替程度弱，溶滤作用进行得不充分，岩层中保留了部分的易溶盐。如果研究区地下水的 $\gamma_{Cl^-}/\gamma_{Ca^{2+}}$ 系数随 TDS 的增大而增大，说明研究区内沿水流方向水动力条件逐渐变差，地下水交替程度变弱。

通常，在研究区的上游地区，地下水水动力条件较好，TDS 较低，地下水化学类型以重碳酸型水为主，在下游河谷排泄区水动力条件较差，TDS 较高，Cl^- 富集，地下水化学类型变为以重碳酸-硫酸（或重碳酸-氯化物）、氯化物等为主。

2. $\gamma_{Na^+}/\gamma_{Cl^-}$

$\gamma_{Na^+}/\gamma_{Cl^-}$ 系数称为地下水的成因系数，也是表征地下水中 Na^+ 富集程度的一个水文地球化学参数。标准海水的 $\gamma_{Na^+}/\gamma_{Cl^-}$ 系数平均值为 0.85，低矿化度水具有较高的 $\gamma_{Na^+}/\gamma_{Cl^-}$ 系数（＞0.85），高矿化度水具有较低的 $\gamma_{Na^+}/\gamma_{Cl^-}$ 系数（＜0.85）。如果所含的 Na^+ 和 Cl^- 是由岩盐全等溶解而形成的，那么水样应该落在等摩尔趋势线上。

3. $\gamma_{Mg^{2+}}/\gamma_{Ca^{2+}}$ 和 $\gamma_{Na^+}/\gamma_{Mg^{2+}}$

$\gamma_{Mg^{2+}}/\gamma_{Ca^{2+}}$ 和 $\gamma_{Na^+}/\gamma_{Mg^{2+}}$ 系数可用来表征地下水演化过程的矿化程度。一般情况下，低 TDS 水中 Ca^{2+} 处于优势地位；随着 TDS 增大，水中 Mg^{2+} 的含量也相应升高；随 TDS 继续增大，则 Na^+ 在水中处于优势地位。实践中也常用 $\gamma_{Mg^{2+}}/\gamma_{Ca^{2+}}$ 来判断海水入侵范围和程度。因为海水中 Mg^{2+} 总比 Ca^{2+} 多，其 $\gamma_{Mg^{2+}}/\gamma_{Ca^{2+}}$ 值约为 5.4，一般地下水不可能达到如此高值，所以求得地下淡水的 $\gamma_{Mg^{2+}}/\gamma_{Ca^{2+}}$ 背景值后，就很容易用 $\gamma_{Mg^{2+}}/\gamma_{Ca^{2+}}$ 系数来判断海水入侵范围和程度。这种方法比用 $\gamma_{Cl^-}/\gamma_{Br^-}$ 系数方便，因为测定地下水中的 Br^- 相对困难，通常缺乏 Br^- 的数据。

4. $\gamma_{SO_4^{2-}}/\gamma_{HCO_3^-}$ 和 $\gamma_{SO_4^{2-}}/\gamma_{NO_3^-}$

$\gamma_{SO_4^{2-}}/\gamma_{HCO_3^-}$ 和 $\gamma_{SO_4^{2-}}/\gamma_{NO_3^-}$ 系数越大，说明蒸发浓缩作用越强烈，有易溶盐的积聚。

5. $\gamma_{Ca^{2+}}/\gamma_{SO_4^{2-}}$

$\gamma_{Ca^{2+}}/\gamma_{SO_4^{2-}}$ 系数可以反映水中主要离子的来源，当地下水中 Ca^{2+} 和 SO_4^{2-} 来源于石膏等硫酸盐的溶解时，$\gamma_{Ca^{2+}}/\gamma_{SO_4^{2-}}$ 系数接近于 1。

17.2.3 相图分析法

1. Eh-pH 图

Eh 和 pH 是决定砷在环境中存在形式的主要因素，因此，利用 Eh-pH 图可以确定不同酸碱环境和氧化还原条件下，地下水中水化学组分的存在形态。自然水体中，砷主要以无机形式存在，且砷的不同形态之间在一定条件下会发生相互转化。图 17-2-4 显示了 Eh 和 pH 对于自然环境中砷形态的影响。在氧化条件（高 Eh 值）下，pH < 2 时，无机砷主要以 H_3AsO_4 形式存在，在 pH 为 2~11 时，$H_2AsO_4^-$ 和 $HAsO_4^{2-}$ 同时存在；在低 Eh 值条件下，主要以 H_3AsO_3 形式存在。在 Eh 值低于 -250 mV，且存在硫或硫化氢的环境中，可形成砷的硫化物（如 As_3S_3），这些硫化物在中性或酸性条件下溶解度很差。在强还原条件下，会形成单质砷和氢化砷，但这种情况在自然环境中十分少见。

2. 矿物稳定场图

地下水相对原生铝硅酸盐的饱和状态可根据矿物的稳定场图进行判断，并利

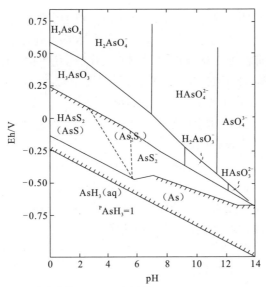

图 17-2-4　砷形态的 Eh-pH 示意图（Ferguson and Gavis, 1972）

25℃，标准大气压下，总砷物质的量浓度 10^{-5} mol/L，总硫物质的量浓度 10^{-3} mol/L

用其来解释一些水文地球化学现象。图 17-2-5 为大同盆地孔隙地下水中钠和钙矿物组合及其风化产物三水铝石、高岭石及钠蒙脱石和钙蒙脱石的稳定场图。该图说明钠长石和钙长石的稳定风化产物主要是溶解二氧化硅浓度的函数。当溶解二氧化硅浓度较低时，风化产物为三水铝石。当水中的二氧化硅含量较高时，高岭石或钠蒙脱石和钙蒙脱石变为稳定的风化产物。图 17-2-5（a）中许多数据点都处

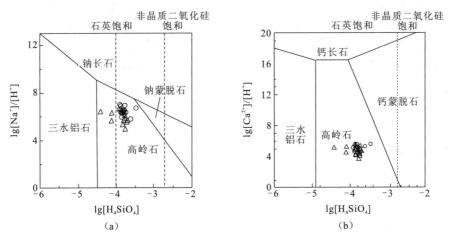

图17-2-5　大同盆地孔隙地下水25 ℃下 Na^+-H^+-SiO_2（a）、Ca^{2+}-H^+-SiO_2（b）系统矿物平衡图

（△: TDS < 1.0 g/L; ○: TDS > 1.0 g/L）（Wang et al., 2009）

在石英溶解度线的右侧，这进一步说明低温下石英的沉淀对溶解二氧化硅含量的影响可以忽略。与此形成明显对照的是，大部分水样点处在非晶质二氧化硅溶解度线左侧，这表明非晶质二氧化硅是控制二氧化硅含量的上限。

在 Na-铝硅酸盐（Na^+-H^+-SiO_2）稳定场图[图 17-2-5（a）]中，大同盆地的所有孔隙水样均位于高岭土稳定区，无水样落在钠长石稳定区。在钙-铝硅酸盐（Ca^{2+}-H^+-SiO_2 体系）稳定场图[图 17-2-5（b）]中，所有水样也是位于高岭土稳定区，无样品落在钙蒙脱石稳定区。这是由于水样中钙的浓度较低，所有的水样相对于钙长石均未达到饱和，距离图中的稳定区还很远。因为所有水样相对于原生造岩矿物都没有达到饱和，所以仍有溶解能力，并形成次生矿物。由于这些矿物的不全等溶解，化学元素一部分释放到地下水中，一部分与次生矿物结合。

据此认为，大同盆地沉积含水层中的硅酸盐矿物，如斜长石、黑云母主要水解为高岭石，并释放出 Ca^{2+}、Mg^{2+}、Na^+ 和 K^+ 等离子，从而导致沿地下水径流途径，主要阳离子浓度呈上升趋势。

17.3　砷的形态分析

17.3.1　砷的形态

在自然界，砷元素可以许多不同形态的化合物形式存在。自然水体中主要以无机形式存在，最常见的是还原条件下的亚砷酸（H_3AsO_3）和氧化条件下的砷酸（$H_2AsO_4^-$）（Wang and Mulligan, 2006）。有机砷形态在自然水体中含量很低，常见的有一甲基砷(monomethylated arsenic, MMA)和二甲基砷(dimethylated arsenic, DMA)。有机砷化合物主要来源于生物活动，一些地表水中有机砷含量很高，大多是由人类工业污染造成。水体中被检测到的有 25 种砷形态，其中含量最高的四种形态是砷酸盐、亚砷酸盐、一甲基砷和二甲基砷（Komorowicz and Barałkiewicz, 2011）。

砷的毒性与其存在的化学形态有着密切的关系。不同形态的砷毒性差异很大，无机砷是砷众多形态中毒性最强的，其中三价毒性强于五价。与无机砷相比，有机砷的毒性相对较低。无机砷是公认的强致癌物质，而 MMA 和 DMA 仅仅定义为潜在致癌物质（George, 1997）。

17.3.2　样品采集与制备

砷元素各形态之间会随着样品基质和周围环境条件的改变而发生转化，因此对样品的采集、保存条件有较高的要求。如何采集有代表性的样品，同时避免样品污染、形态转化，防止吸附、挥发造成的损失，是精确测定的先决条件。

1. 水样

水样采集后必须尽快运到实验室进行测定。通常情况下，水样运输时间不超过 24 h，在运输过程中应注意：装箱前要将水样容器内外盖拧紧，如果是玻璃磨口瓶需用聚乙烯膜覆盖瓶口，并用细绳将瓶塞与瓶颈系紧；装箱时用泡沫塑料或波纹纸板垫底防震。同一采样点的样品瓶尽量装在同一箱内。运输过程中应避免日光照射，气温异常偏高或者偏低时还应适当采取措施。

水样从采集到分析这段时间内，受环境条件改变、微生物新陈代谢活动和物理、化学作用的影响，会引起砷形态的转化和损失，因此对于样品储存条件有较高的要求。天然水中砷以砷酸盐和亚砷酸盐的形式存在，微生物作用下，经亚砷酸氧化、烷基化而生成一甲基砷和二甲基砷。水样中砷含量一般不高，采样后立即加酸酸化，分析前用溶液调节至中性后，一般无须进一步处理，可直接进色谱柱分离。如果水样中有机砷含量偏高，在采样后应立即用有机溶剂提取。Jókai 等（1998）研究认为，样品中 As（III）和 As（V）的质量浓度如果在 $0.5\sim20$ mg/L，温度在 4 ℃的条件下，可以储存 28 d，到 29 d 后才有部分砷的形态发生变化。

在采样现场通过固相萃取分离技术，使不同形态砷完全分离，再分别运送至实验室分析，这种现场分离技术能有效避免不同形态间相互转化的影响，从而提升数据的准确性。

2. 土壤

土壤样品采集分为三个步骤，即采样前期准备、采样和采样后样品处理。土壤样品可以进行冷冻干燥或室温下风干或 50 ℃下烘箱干燥，也可以直接在-20 ℃下冷冻保存。样品应存放在密闭的玻璃或聚乙烯材料容器中低温保存（Radke et al.，2012）。

土壤中砷形态的提取，理想状态是既要有良好的回收率，又要保证砷的形态不发生转化。同时，还要考虑提取液成分对下一步的分离和测定造成的影响。在利用液相色谱分离砷形态时，提取液中的离子可能会影响流动相中砷形态与固定相的相互作用，产生竞争吸附作用，从而影响形态分离效果。另外，一些有机提取液，可能会造成检测仪器的不稳定，使分析精度变差。因此，在提取方法选择上要综合考虑。一般常用的提取液有甲醇、水、磷酸、无机盐等，辅助以加热、超声、离心等物理、化学过程。Sun 等（2015）以磷酸铵为提取液，在 70 ℃下加热 120 min，一次性提取了 As（III）、As（V）、MMA、DMA 四种砷形态，标

准物质（GBW07442）的加标回收率分别为 102%、107%、110%、105%，RSD
均在 10%以内。

17.3.3　砷的形态分析方法

砷的形态分析通常需要形态分离和检测两个步骤。常用的分离方法有液相色
谱、毛细管电泳和氢化物发生；常用的检测技术有原子光谱法（包括原子荧光、原
子吸收等），电感耦合等离子体质谱法和有机质谱法。联用技术以其高选择性、高
灵敏度，成为砷形态分析的重要手段，联用技术的发展大大推动了砷形态的研究。

1. 色谱法

1）液相色谱

色谱法是目前最为成熟、应用最为广泛的方法。液相色谱是利用不同形态的
分析物在固定相和流动相之间分配系数的不同，其随流动相运动速度各不相同，
随着流动相的运动，混合物中的不同组分在固定相上相互分离。该方法易与多种
检测器联用实现在线分析。

（1）高效液相色谱与电感耦合等离子体质谱联用（HPLC-ICP-MS）。HPLC-
ICP-MS 是目前最有效的形态分析方法。ICP-MS 的原理是样品溶液经过雾化形成
气溶胶，由载气送入等离子体炬焰中，在等离子体的高温下使样品蒸发、解离、电
离从而转化为带电的正离子，在真空系统下经离子采集系统进入质谱仪，质谱仪根
据荷质比进行定性、定量分析。ICP-MS具有灵敏度高、检出限低、动态线性范围
宽等优点，特别适合痕量砷的形态分析。

不同砷形态间结构、电性存在差异，根据这种差异，液相色谱在分离方面具
有多样性，有众多的固定相、流动相和分离模式可供选择。根据分离原理不同，
HPLC 在砷形态分析中一般分为：体积排阻色谱、离子交换色谱和反相离子对色
谱。目前砷形态分析中一般采用离子交换色谱和反相离子对色谱。

离子交换色谱是通过固定相表面带电荷的基团与样品离子和流动相离子进行
可逆交换、离子偶极作用或吸附，实现色谱分离，特别适合于分离无机离子型化
合物及易解离的化合物，如氨基酸、核酸、蛋白质等有机及生物物质的分离。
利用离子交换色谱法分离主要是利用了这些砷化物在分离条件下大多是以离子
型化合物存在的特征。根据表 17-3-1 列出的几种重要砷化合物的 pK_a 值可以得
出，As（III）、As（V）、MMA 和 DMA 是弱酸或中强酸，而且值相差也比较大，
在适宜的条件下均能以阴离子的形式存在。Hamilton PRP-X100 阴离子交换色谱
柱是砷形态分析中最常用的色谱柱。目前通常是以磷酸盐缓冲溶液为流动相，等

度或梯度洗脱分离砷的阴离子化合物。在流动相 pH 小于 10 时，其洗脱顺序为
As（III）、DMA、MMA 和 As（V）；在高 pH 时，第一个出现的是 DMA 或 MMA。
Milstein 等（2002）用 Hamilton PRP-X100 阴离子交换色谱柱分离，ICP-MS 检测，
测定了饮用水中 As（III）、As（V）、MMA、DMA 四种砷形态。对比了三羟基甲
基氨基甲烷（trihydroxymethyl aminomethane, Tris）与磷酸盐两种缓冲液流动相的
洗脱效果。该研究发现，Tris 缓冲液流动相能更好地分离四种砷形态，并且能减小
磷酸盐作为流动相在 ICP-MS 采样锥的盐沉积，从而缩短分析时间，实现高通量分析。
此方法对于 As（III）、As（V）、MMA 和 DMA 的检出限可以分别达到 0.047 μg/L、
0.042 μg/L、0.045 μg/L 和 0.063 μg/L，精度分别为 3%、8%、2%和 2%。

表 17-3-1　几种重要的砷形态的 pK_a 值（顾婕，2008）

项目	形态			
	As（III）	As（V）	MMA	DMA
pK_{a1}	9.2	2.3	2.6	6.2
pK_{a2}	—	6.8	8.2	—
pK_{a3}	—	11.6	—	—

反相离子对色谱固定相通常是非极性的，该方法的最大优点是重现性好。应
用反相色谱分离的前提是分析物应为疏水性物质。若要使离子型物质能够在反相
柱上得到分离，则需要将它们转化为疏水性物质。通常是用含一个长链有机基团
的离子与和它带相反电荷的所要分离的化合物形成疏水性的离子对化合物，然后
在非极性的反相柱上分离。由表 17-3-1 可见，As（III）、As（V）、MMA 和 DMA
均可以阴离子形式存在，它们在疏水性的反相色谱柱上不被保留，也就不能被分
离，但是用一长链烷基的季铵盐可与上述阴离子砷化物形成离子对化合物，这种
化合物表现出疏水性而能被反相柱保留并分离。Shraim 等（2002）以反相 C$_{18}$ 柱
为固定相，以四丁基氢氧化铵+丙二酸+甲醇为流动相，分离了 As（III）、As（V）、
MMA 和 DMA 四种砷形态，洗脱顺序与离子交换色谱相同。以 ICP-MS 为检测器，
测定了地下水中不同砷形态含量。该方法检出限可以分别达到 0.07 μg/L、0.09 μg/L、
0.06 μg/L 和 0.10 μg/L，实际样品的加标回收率分别为 112%、97%、108%和 112%。
该研究首次报道了孟加拉国西部地下水样品中有机砷形态的含量。ICP-MS 作为检
测器可以使检出限达到很低水平，但由于等离子体成分为氩（Ar）会与氯离子形
成 $^{40}Ar^{35}Cl^+$ 多原子离子，对 $^{75}As^+$ 检测造成干扰，所以样品中应尽量避免引入氯离
子，还可以采用碰撞/反应池技术来消除这种干扰（Jackson et al., 2014; Olesik and
Gray, 2014）。

（2）液相色谱与其他检测器联用技术。原子光谱分析法（原子荧光、原子吸收等）由于其经济成本低，也是砷常用检测方法之一。原子荧光光谱法（atomic fluorescence spectrometry, AFS）的基本原理是基态原子吸收适合的特定频率的辐射而被激发至高能态，激发过程中以光辐射形式发射出特定波长的荧光。根据待测元素的原子蒸气在一定波长的辐射能激发下发射的荧光强度进行定量分析。原子吸收的原理是以受激发的同种原子发出的辐射为光源，光束通过待测的同种原子蒸气时，此特定的波长辐射能被吸收的量与蒸气中基态原子数量成正比，根据此可以对该元素进行定量分析。液相色谱与原子荧光光谱联用是在砷形态分析中发展较快的一种技术，它与质谱法相比，成本较低，分析效果也比较好，检出限可以与 ICP-MS 相媲美。原子吸收是一种使用较早的检测器，但与 HPLC 联用会使整个分析过程变长，同时背景过大，不利于形态分析测定，所以在实际应用中并不多见。

2）固相萃取

固相萃取（solid phase extraction, SPE）技术是一种基于液固分离萃取的样品预处理技术。该技术通过颗粒细小的多孔固相吸附剂选择性吸收溶液中被测物质，待被测物质被定量吸附后，用体积较小的另一种溶液洗脱或用热解析的方法进行脱附，从而达到分离富集的目的。SPE 过程主要分为吸附和洗脱两个部分：在吸附过程中，当溶液通过吸附剂时，由于吸附剂对目标物质的吸附力大于溶剂的吸附力，目标物质被选择性地保留在吸附剂上，此过程中由于共吸附作用和吸附剂选择性等因素，部分干扰物质也会被保留在吸附剂上；洗脱过程首先选用适当的溶剂除去干扰物，然后用洗脱剂对目标物质进行洗脱，最后得到目标物。SPE 技术的显著优势在于：分离效果好；有机溶剂用量少；杂质干扰低；易于实现在线自动化分析；也可用于离线的现场分离。

根据 SPE 的材料不同，分为传统材料和功能材料。传统材料很多，包括离子交换树脂、玻璃、修饰的多孔硅胶等。例如，被支链阳离子聚乙烯亚胺改性的多壁碳纳米管对 As（V）有较好的吸附性，结合流动注射技术，可在线分离富集 As（V），以 NH_4HCO_3 为洗脱液，富集倍数可以达到 16.3，检出限为 0.014 μg/L。Chen 等（2013）应用此方法在线分析了雪水、雨水中的砷形态。另外，SPE 还应用于现场分离。通过离线的分离处理，可以有效防止在样品运输阶段导致的砷形态转化。Sugár 等（2013）采用阴离子交换树脂填充的固相萃取装置，吸附样品中的 As（V），而 As（III）流出，从而实现现场分离砷的形态，并联用扇形磁场（magnetic sector, SF）质谱仪进行检测，对砷的检出限可以达到 0.06 μg/L，应用此方法成功测定了三个国家的 23 个井水样品中砷的形态。同时，随着材料科学技术发展，大量的功能材料出现，提供了性能绝佳的吸附材料，可用于野外现场分析。纳米填充材料的兴起，以其较大的比表面积，大大提升了对于砷形态的分离和提取能力。Chen 等（2009）证明了吡咯烷二硫代氨基甲酸铵（ammonium pyrrolidine dithiocarbamate, APDC）改性的纳米碳纤维对于 As（III）的优越的选择性，尽管 SPE 过程是在填充了碳纳米纤维的小柱中进行，但 As（III）很容易被洗脱，在下次分析中也未发现残留。应用于地下水中砷形态分离，在回收率不变的情况下，此小柱可以进行吸附-洗脱循环使用 30 次。结合 ICP-MS 检测技术，As（III）和 As（V）检出限可以分别达到 0.0045 μg/L 和 0.24 μg/L。

2. 非色谱法

1）氢化物发生

利用 NaBH$_4$ 或 KBH$_4$ 可以选择性地将不同砷形态还原为砷的氢化物，分别进入检测器进行测定。选择性氢化物发生与原子光谱、质谱技术联用可以实现在线砷的形态分析。大部分选择性氢化物发生是基于在特定的溶液条件下（特定 pH 或选择性掩蔽剂），不同砷形态生成氢化物的动力学反应速率不同。As（III）是最容易与 BH$_4$ 反应生成氢化物的价态，其反应是典型的氢化物发生方程。

以气态形式传输分析物进入检测器，可以很大幅度地提升样品传输效率、实现样品与基体分离和分析物预富集，从而达到很低的检出限（μg/L 级以下）。As（V）生成氢化物的速率较慢，且生成效率很低，同等条件只有 As（III）的 10%。因此，只要操作得当，此方法可以较好地应用于砷的形态测定，具有高通量、高灵敏度且成本低廉的特点。

选择性氢化物发生对于无机砷形态区分有很好的适用性。通过改变溶液的 pH，或者加入掩蔽剂，使得一种砷形态先生成氢化物，改变溶液条件或者进行还原过程，测得总砷含量，通过差减法得出另一种砷形态的含量。Aggett 和 Aspell（1976）最早报道了控制 pH 条件进行价态区分，在 pH 为 4~5 时测定 As（III）含量，在 5 mol/L 盐酸条件下测定总砷含量。这种方法操作简单，成本低廉，适合实验室的常规分析。随着研究的深入，发现在甲基砷存在的情况下，会使得 As（III）和总 As 测试值偏高，而稳定剂、掩蔽剂的加入会降低这种干扰。Bermejo-Barrera 等（1998）在 0.02 mol/L 羟基乙酸介质中用 NaBH$_4$ 还原了 As（III）、As（V）、MMA 和 DMA，在 pH 为 5 的柠檬酸-氢氧化钠介质中还原了 As（III），在 4 mol/L 盐酸介质中还原了 As（III）和 As（V），在 0.14 mol/L 乙酸介质中还原了 As（III）、DMA。应用此方法测定了海水和温泉中的总砷和四种砷形态。在羟基乙酸介质中总砷的检出限为 0.056 μg/L，在盐酸中介质中无机砷[As（III）和 As（V）]的检出限为 0.050 μg/L，在醋酸介质中 As（III）和 DMA 的检出限为 0.050 μg/L，在柠檬酸–氢氧化钠的介质中 As（III）的检出限为 0.080 μg/L。

低温捕集氢化物顺序挥发检测技术（hydride generation-cold trap, HG-CT）逐渐发展成最灵敏的砷形态方法之一，但不足之处为该方法仅适用于可进行氢化物衍生的砷形态分析。一般分析过程为，将样品中的砷元素进行氢化物衍生，所生成的砷化氢在载气的带动下进入浸在液氮中的 U 形玻璃管，被低温捕集，之后取出 U 形玻璃管并逐步加热，不同形态的砷氢化物气体根据沸点不同依次释放出来实现分离，之后导入适当的检测器进行分析。新型的冷阱捕集装置的设计和研发是冷阱捕集形态分析的重要发展方向，Hsiung 和 Wang（2004）设计了一种新型的冷阱捕集装置，代替传统的 U 形玻璃管进行砷元素氢化物的捕集，对于 As（III）、As（V）、MMA 和 DMA 的检出限分别达到 0.047 μg/L、0.042 μg/L、0.045 μg/L 和 0.063 μg/L，应用于淡水和海水样品中砷的形态分析，加标回收率为 82%～113%，实际样品三次测量结果的相对偏差小于 10%。

2）毛细管电泳

电泳是依据各形态所带的电荷、类型以及尺寸来将它们彼此分离。毛细管电泳（capillary electrophoresis, CE）结合了电泳、色谱及其交叉内容。毛细管及其蓄水池中盛有电解液，毛细管的两端加上高压，样品中分子会沿着毛细管以不同的速率迁移。分离出来的部分可以用紫外–可见或者荧光检测器来测定。如果联用质谱作为检测器，可得到更高的灵敏度。毛细管电泳有如下优点：高效，快速，微量，可通过采用不同的分离模式来适用不同的分离对象；经济，操作费用低；洁净，通常使用水溶液，对环境无害；适用范围广，分离用的电解质和缓冲液及其分析操作的 pH 条件正好在许多元素形态的稳定性范围内，是分离过程中能够保持原有化学信息的一种难得的分离技术，非常适合于元素的各种化学形态的分离。

Koellensperger 等（2002）对比了 HPLC-ICP-MS 和毛细管电泳与电感耦合等离子体质谱联用（CE-ICP-MS）两种方法的分析性能，发现 CE-ICP-MS 技术的分离能力强于 HPLC-ICP-MS，可以比 HPLC-ICP-MS 多分离出一种砷形态——砷胆碱（arsenocholine, AC），应用于土壤提取液中 As（III）、As（V）、MMA、DMA 和 AC 分析，检出限可分别达到 5.26 μg/L、7.67 μg/L、6.02 μg/L、5.74 μg/L 和 12.00 μg/L。虽然检出限高出 HPLC 两个数量级，但已经满足测试需求，且分析成本远低于 HPLC。

CE-ICP-MS 具有分离分析速度快、灵敏度高、分辨率高、样品用量少和检出限低等优点。在短短几年中 CE-ICP-MS 联用技术得到迅速发展。毛细管与雾化器之间的接口是 CE-ICP-MS 联用技术成功的关键。CE 与 ICP-MS 的连接须满足两个条件：一是保证 CE 的稳定电连接，维持 CE 的分辨率；二是维持 CE 流出液的高效率传输及稳定雾化，保证待测信号的灵敏度与重现性。当前文献上报道的 CE

与 ICP-MS 联用的接口主要有三种形式: 无辅助流连接、辅助流连接和氢化物发生。其中,辅助流接口在 CE 与 ICP-MS 的联接中有较广泛的应用,它通过在 CE 出口端引入辅助流,一方面可保证 CE 的稳定连接,另一方面可通过调节其流速来平衡 ICP-MS 常用的气动雾化器对 CE 的拖动,使 CE 毛细管中的层流降至最小,并可保证 CE 流出物的流量等参数与 ICP-MS 常用气动雾化器所要求的样品提升速度相匹配,从而保证待测物雾化时产生好的气溶胶,具有稳定的原子化效率。Yang 等 (2009) 改进了辅助流接口装置,避免了由 ICP-MS 自吸导致的 CE 的层状流动, 使放电更稳定,分析物传输效率更高。应用此装置测定了山毛榉和虾中的 As(III)、As(V)、MMA 和 DMA 质量浓度,检出限分别为 0.10 μg/L、0.10 μg/L、0.19 μg/L 和 0.18 μg/L。

3. 现场分析及分离技术

实验室内方法一般价格昂贵、仪器体积较大、需要较为复杂的处理过程,样品采集后运输、储存和样品处理都可能导致价态发生转变或损失。电化学方法具有较好的灵敏度,成本低廉,仪器轻便可携,成为现场分析的重要手段,也被认为是最合适现场分析的技术 (Antonova and Zakharova, 2016)。

1) 溶出伏安法

阳极溶出伏安法 (anodic stripping voltammetry, ASV) 是一种常用的测定砷的方法。测定通常是在三电极体系中完成,该体系由工作电极、对电极和参比电极组成。在溶出伏安分析过程中,氧化态的砷在工作电极上还原成零价砷,对电极起输送电流的作用。阳极溶出伏安法先将被测物质通过阴极还原富集在电极上,再由负向正电位方向扫描溶出,根据溶出伏安曲线来进行分析测定。Xiao 等 (2008) 用 NaBH₄ 还原 HAuCl₄ 制备纳米金颗粒溶胶,采用无电沉积或氧化还原反应将纳米金颗粒沉积到碳纳米管上,再将纳米金-碳纳米管固定到玻碳电极表面制成修饰电极,此修饰电极的表面积大于纳米金颗粒修饰玻碳电极的表面积。用上述修饰电极溶出伏安法测定三价砷,检出限是 0.1 μg/L,证明纳米金修饰的碳纳米管具有更好的检出限。此电极能在保证精度的情况下工作 10 个月,更适合野外现场对于天然样品的分析。

阴极溶出伏安法 (cathodic stripping voltammetry, CSV) 的富集是氧化过程,溶出是还原过程。在阴极溶出伏安法中,待测阴离子与电极材料因阳极极化在电极表面产生的阳离子形成难溶膜,对形成的难溶膜进行阴极还原扫描时,阴离子从电极中溶出。He 等 (2004) 在 HCl 溶液中,将 As 富集到汞电极表面,采用微分脉冲阴极溶出伏安法测 As (III) 含量,再将 As (V) 还原成 As (III),测定总砷的含量，通过差减法计算 As（V）的量。峰电流和砷质量浓度在 4.5～180 μg/L 内呈线性关系，检出限为 0.5 μg/L。应用此方法对于地下水的现场分析结果与室内的高分辨质谱、原子吸收、原子发射光谱的测定结果具有一致性。

2）SPE 用于现场分离技术

前面已经提到，SPE 可以用于砷形态的现场分离，然后再运送到实验室分析，这种现场分离法可减小运输和储存过程可能引起的价态转换的风险。常用的材料是强阴离子交换树脂，水样通过充满树脂的交换柱时，样品中的 As（V）被吸附，As（III）通过交换柱，保留在滤液中。这种方法简单、有效。

Le 等（2000）利用不同砷形态在交换材料上的吸附和洗脱特性不同，结合滤膜、阴离子柱、阳离子交换柱制作了一次性分离 As（III）、As（V）、MMA、DMA 的装置。样品溶液在蠕动泵作用下分别通过滤膜、阳离子树脂交换柱和阴离子硅胶交换柱，滤膜用于过滤悬浮物颗粒，阳离子交换柱用于吸附 DMA，阴离子交换柱用于吸附 MMA 和 As（V），As（III）不被两个交换柱吸附，而存在于滤液中。该装置实现了一次性分离砷的四种形态。滤膜、离子交换柱和溶液分别送到实验室进行定量分析。滤膜上保留的悬浮物颗粒中的砷用 0.5 mol/L HCl 溶液洗脱，阳离子柱上的 DMA 用 1 mol/L HCl 洗脱，阴离子柱上的 MMA 和 As（V），先用 60 mmol/L 乙酸洗脱 MMA，再用 1 mol/L HCl 洗脱 As（V），滤液中的 As（III）可以直接测定。实验证明，吸附在柱子上的砷可以在 4 周内保证有良好的回收率。应用此方法测定了地表水和地下水中砷的形态，检出限可以达到 0.05 μg/L。本方法测定结果与 HPLC-ICP-MS 测定结果相一致。

17.4　批实验与柱实验

批实验（batch experiments）和柱实验(column experiment)是高砷地下水研究中十分常用的实验手段。在高砷地下水形成和演化过程中，砷的迁移转化既受到水化学条件、表面控制反应和氧化还原反应等地球化学因素的影响，又受到赋存介质物理属性、含水层结构和地下水流速等动力学因素的控制，且这两类因素通常紧密耦合在一起。在认识这些影响因素时，常需要通过室内条件控制实验进行较为精确的定量分析。对于地球化学的定量刻画，可通过室内批实验方法进行探究，而对于水动力学因素方面的分析，则可以通过室内柱实验方法进行研究。在需要考虑地球化学和水动力学因素的综合影响时，如随地下水流迁移的砷在沉积物表面的吸附行为时，可以用未经扰动的含水层沉积物填充实验柱，将含相关化学组分的溶液导入，通过反应性溶质运移柱实验进行探究。因此，批实验和柱实验结果往往可以提供在传统水文地球化学调查中难以获得的信息，可为深入认识砷的迁移释放规律提供更详细的信息。

17.4.1　批实验

批实验是相对于柱实验而言的室内实验方法，通常指利用化学反应容器（如锥形瓶、培养瓶、圆底烧瓶、试管和离心管等）批量进行的实验，依据不同的实验目的，设计相应的实验流程及采用相应的批实验反应容器。在高砷地下水研究中，常需定量分析 pH、Eh、砷形态、共存离子和有机质等因子，以及离子交换、共沉淀、络合和氧化还原等化学过程对砷迁移的影响，这些因素均可以通过微宇宙实验或批次培养实验的方法进行研究。此外，也常需对土壤和沉积物中砷的赋存形态及砷在水、固两相间的分配进行定量刻画，此时则可借助于沉积物砷的连续提取实验予以识别。

1. 微宇宙实验

微宇宙实验或批次培养实验常被用于探究天然系统中的平衡反应过程以及各类因素对砷迁移转化的影响。地球化学平衡反应是控制天然系统中砷迁移转化的重要过程。通常认为，在地下水流缓慢的天然环境中，大多数的化学反应如离子交换、酸碱反应、表面吸附和络合反应等趋于平衡状态（Appelo and Postma, 2005; Dixit and Hering, 2003; Davis et al.,1998）。因此，在实验室中模拟和研究这些地球化学反应的热力学过程对于深入认识和定量刻画天然系统中砷的迁移性具有重要意义，而开展这类研究的一种有效方法即为微宇宙实验。

微宇宙实验易于操作和模拟，因此常被用于探讨地球化学反应过程。典型微宇宙实验的常规步骤是首先添加反应物质（如溶液和沉积物等）到反应容器，充分混匀，控制实验条件，等待反应进行直至达到平衡，然后分析水相组分浓度和固相组分的变化。微宇宙实验已被广泛用于研究砷在各类固相介质表面的吸附行为及砷与其他化合物的络合反应（Mai et al., 2014; Dousova et al., 2012; Sø et al., 2012; Duan et al.,2009; Yang et al., 2005）。

微宇宙实验的设计主要需要考虑两个方面：一个是反应容器的选择及相应实验环境的控制；另一个是影响因素的选择和设计。目前，已有多种反应装置用于实验室条件下的地球化学平衡反应研究。在批实验中，通常需要使用数量众多的反应器皿，如锥形瓶、小口径培养瓶和圆底烧瓶等。装置类型包括单反应器、多反应器联用和批次反应系统（Jeppu et al., 2012）。在单反应器装置中，各培养瓶或反应罐相对独立，且仅进行一个小单元的反应，通过使用多个平行单元来实现参数数值变化设置（Sø et al., 2008）。多反应器联用则将多个培养瓶串联，作为整个反应单元来探究某一因素或某一反应过程产生的影响（García-Luque et al., 2006; Bale and Morris, 1981）。与多反应器联用不同的是，批次反应系统主要用于模拟地下水系统中趋向化学平衡、耗时漫长的地球化学过程，形式上类似于反应性溶质运移模型中的一维网格（Jeppu et al., 2012）。该反应系统具备批实验的典型特征，同时可以根据需要灵活控制反应时间，此外还包括一些简单的溶质运移性质。但与柱实验不同的是，批次反应系统允许阶段性地灵活调整反应参数，如 pH、反应时间和固液比等，并便于实验进行过程中收集样品。

大多数的高砷含水层处于无氧或还原性环境，诸多化学组分具有氧化还原活性，对氧气的扰动十分敏感（Johnston and Singer, 2007）。在室内实验中，为消除空气中氧气对实验结果的影响，通常需要在手套箱中实施整个实验过程。因此，控制手套箱的严格厌氧环境是模拟含水层真实情形的必要条件之一，否则实验结果不真实或具有误导性。但实际上，控制手套箱的绝对无氧环境并非易事。即使向手套箱中循环地通入 N_2+H_2 混合气体并使用铂催化氧气与氢气的反应，腔体内仍会保留少量的氧气。解决这个问题的一个有效途径是在手套箱内安置一个氧气捕获装置（图 17-4-1）。该装置主要由两个串联的装有悬浮液的广口瓶组成，每个瓶中装有约 500 mL 的 93.2 mmol/L 氢氧化铁和 0.90 mmol/L 氯化亚铁溶液（pH = 8.1）。研究表明，通过该反应器的气体中的氧气含量低于 7.5×10^{-9} atm[①]，可以满足大多数实验的要求（Jeon et al., 2004）。

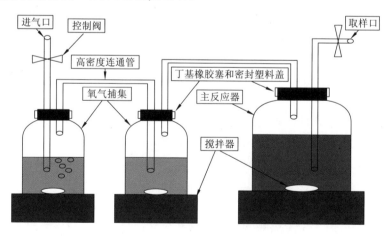

图 17-4-1　氧气捕获装置示意图

每个捕获单元中含有 93.2 mmol/L Fe（OH）$_3$ 和 0.90 mmol/L Fe（II），pH = 8.1

---

① 1 atm = 1.013 25×10^5 Pa。

在考虑各类因素对砷迁移性的影响时，通常需要基于野外调查结果选择那些主要控制因素来开展批实验。天然地下水系统异常复杂，可能有诸多因素参与到砷的迁移转化中，但这些因素的重要性存在显著差异（Gorny et al., 2015; Sharma and Sohn, 2009）。基于实验可操作性的考虑，根据实验目的不同，通常只选取那些决定性因素。例如，在考查竞争效应对砷吸附过程的影响时，一般只需考虑磷酸根、碳酸根这些与砷酸根化学结构相近的阴离子，而少有考虑 Cl^- 和 SO_4^{2-} 等非特异性吸附离子（Gao et al., 2013; Radu et al., 2005b; Arai et al., 2004; Zhao and Stanforth, 2001）。在考查主要因素的影响程度时，通常采用单因素或单变量控制多批次实验，即每一批次只改变一个变量，而保持其他条件一致。例如，在探讨 pH 对砷在铁氧化物表面吸附的影响时，通常会保持水相中砷初始浓度和铁矿物相基质不变，仅改变溶液 pH，通过绘制等温吸附曲线描述这一过程（Jia and Demopoulos, 2005）。

虽然微宇宙实验应用范围极为广泛，具备易于操作和重复性好等优点，但不同于地下水系统的动态变化，微宇宙实验仅在非流动条件下操作，因此它无法直接用于研究地下水系统中的溶质迁移问题。

2. 提取实验

有效提取土壤或沉积物中不同赋存形态砷并进行精确的分析，对认识砷的环境行为具有重要意义。目前，已有一些方法用于提取土壤和沉积物中的总砷或操作定义上的各种结合形式的砷（Georgiadis et al., 2006; Hudson-Edwards et al., 2004）。根据实验目的的不同，这些方法可分为顺序提取实验、平行提取实验和选择性提取实验。下面将对这几类实验方法逐一进行介绍。

1) 总砷提取和分析

土壤和沉积物中总砷的提取和分析方法有多种。最为常见的方法为湿式消解法，即利用一种或多种酸的组合消解样品，包括硫酸、硝酸、过氧化氢、盐酸和氢氟酸。酸的主要作用是彻底破坏土壤和沉积物中的含砷矿物相。研究中常见的总砷提取方法如表 17-4-1 所示。通过用标准参考物或认证参考物进行方法有效性验证，这些提取方法的回收率通常在 74%～110%（Gault et al., 2003; Hudson-Edwards et al., 2003; Kneebone et al., 2002）。导致回收率差异性的因素主要有样品的非均质性和挥发性砷化合物的形成（Gault et al., 2003; Marín et al., 2001）。对于前一个问题，可通过充分研磨和混匀样品的方式消除影响；对于后一个问题，可使用硫酸消解样品，这样可抑制挥发性砷化合物的形成，也可采用微波消解的方法（Gault et al., 2003）。

表 17-4-1　土壤和沉积物中总砷的提取和分析方法

提取方法来源	提取试剂	测试方法	回收率	重现性
中华人民共和国国家质量监督检验检疫总局和中国国家标准化管理委员会（2009）	HNO_3-HCl	HG-AFS	未提供	≤7%
US EPA（1978）	H_2SO_4-HNO_3	AAS	未提供	未提供
US EPA（1994）	H_2O_2-HNO_3	GFAAS	未提供	未提供
US EPA（1996）	HNO_3-HCl	GFAAS 或 ICP-MS	100%～102%	未提供
US GS（1999）	HNO_3-H_2O_2 或 H_2SO_4-HF-HCl	HGFAAS	未提供	未提供
US DA（2001）	HNO_3-HCl	AAS	80%～110%	≤10%
Marín 等（2001）	HNO_3-H_2SO_4-$HClO_4$	AAS	（96±3）%	未提供
Marín 等（2001）	HNO_3-HCl	AAS	（74±1）%	未提供
Keon 等（2001）	H_2O_2-HNO_3	GFAAS	未提供	11%～15%

样品的消解有数种方式，常见的有特氟龙消解罐高温高压消解和微波消解两种（Mucci et al., 2003; Wenzel et al., 2001）。通常建议采用微波消解法，因为消解时挥发性砷化合物的生成量很少或几乎没有，且样品空白值较低，使用的酸量和耗费的时间更少。微波消解采用的特氟龙罐同样可以承受高温高压，因而提取效率也更高。

对于提取液中砷的定量分析，有多种方法可供选择，包括火焰原子吸收光谱法（flame atomic absorption spectroscopy, FAAS）、石墨炉原子吸收光谱法（graphite furnace atomic absorption spectrometry, GFAAS）、电感耦合等离子体原子发射光谱法（ICP-AES）、原子荧光光谱法（AFS）和电感耦合等离子体质谱法（ICP-MS）。这些方法均可与氢化物发生器（hydride generation, HG）连用，提高检测灵敏度。

火焰原子吸收光谱法和石墨炉原子吸收光谱法并不常用于砷提取液的分析，这是由于强烈干扰和较高检出限（<1 mg/L）的问题使得测试结果并不令人满意。为提高方法的准确性，通常有两种途径可供选择：一是在样品中加入基底改进剂（如硝酸镍或硝酸钯），避免灰化阶段中砷的损失（砷在 613 ℃时升华），并可使信号强度保持稳定；二是分析时采用氘灯的 193.7 nm 波长来校正背景噪声，因为砷易受到光散射和基质效应的影响。

电感耦合等离子体原子发射光谱法和原子荧光光谱法也没有得到广泛的应用，这是由于它同样易受基质干扰影响。通过与氢化物发生器联用，可以有效地消除这种干扰并显著改善检出限，甚至可达 100 倍以上。在氢化物发生技术中，通过促使砷形成砷化氢，然后用惰性气体将其运载至原子化器及火焰中。这种方法不仅可以显著地降低基质的干扰，并且可以使砷原子能够在火焰中停留更长的时间，从而大大提高分析灵敏度（Hudson-Edwards et al., 2004）。

最为常用的总砷分析方法为电感耦合等离子体质谱法（Jabłońska-Czapla et al., 2014; Postma et al., 2007; Matera et al., 2003）。唯一的缺陷是它不大适用于 Cl^- 浓度较高的样品，因为生成的 $^{40}Ar^{35}Cl^+$ 与砷摩尔质量十分接近，会导致测量值比真实值高。鉴于此，不建议使用电感耦合等离子体质谱法直接分析用盐酸消解的样品。减小这种影响的途径有两种：一种是电热板上驱赶盐酸后更换为硝酸介质；另一种是往载气中加入氮气，以减弱这种干扰的影响。

2）顺序提取实验

尽管获取土壤和沉积物中的总砷含量十分重要，但这些结果并不能提供关于砷存在形态及迁移潜势方面的信息。鉴于此，研究者提出了针对不同结合形式砷的顺序提取方法（Georgiadis et al., 2006; Van Herreweghe et al., 2003; Keon et al., 2001）。虽然大多数的提取方法只是基于操作上的定义，并存在一些较为突出的缺陷，如重新吸附、重现性较差和缺乏高度选择性等，许多研究者仍致力于改善和检验土壤和沉积物中砷的顺序提取程序，借此认识砷在不同载体相中的分布、溶解性、可利用性和迁移性等。目前，尚没有普遍公认的砷序列提取标准方法，但有些提取方法得到了比较广泛的应用（Giral et al., 2010; Huang and Kretzschmar, 2010; Xie et al., 2008）。

表 17-4-2 中列出了目前常用的土壤和沉积物中砷的顺序提取方法。可以发现，几乎所有提取方法均涉及的砷赋存形态包括弱吸附态、强吸附态、金属（铁、锰和铝）氧化物结合态和残余态，这几种形态也是土壤和沉积物中常见的砷赋存形态。根据关注对象的不同，其他操作定义上的目标相还包括易溶（水溶）态、酸可挥发性硫化物结合态、有机结合态、酸溶态、碳酸盐结合态、砷氧化物和砷（铁）硫化物等（表 17-4-2）。由此导致的一个现象是，不同提取方法中提取步骤不同，所使用的提取剂也有显著差异。此外，每步所采用的提取时间也大不相同。但通常而言，土壤和沉积物中的砷主要与易还原和结晶态铁氧化物结合，反映了铁氧化物矿物相是砷的重要载体。

在顺序提取中，提取试剂的选用原则是按照目标相稳定性从弱到强逐步引入，并根据需要调整提取剂的 pH，以尽量避免目标相的重叠和不同步骤之间发生重新吸附或沉淀。例如，在提取可交换态或离子结合态砷时，不同研究者分别采用了 $MgCl_2$、$(NH_4)_2SO_4$ 和 $NaNO_3$ 试剂（Cai et al., 2002; Keon et al., 2001; Wenzel et al.,

表 17-4-2　土壤和沉积物中砷的顺序提取方法

方法来源	水溶态	离子结合态/可交换态	强吸附态	酸可挥发性硫，碳酸盐，锰氧化物，无定形铁氧化物	铝结合态	有机质结合态/可氧化态	弱结晶态或结晶态铁氧化物/易还原态	酸溶态	砷氧化物和硅酸盐结合态	黄铁矿和无定形砷硫化物结合态	雄黄和其他顶固矿物
Tessier 等（1979）		（1）1 mol/L $MgCl_2$			（2）1 mol/L NaOAc（碳酸盐）	（4）8.8 mol/L H_2O_2/ HNO_3 + 0.8 mol/L NH_4OAc	（3）0.04 mol/L $NH_2OH·HCl$		（5）HF/$HClO_4$		
Amacher 和 Kotuby-Amacher（1994）									（1）0.25 mol/L $N_2HOH·HCl$/ 0.2 mol/L HCl/ 0.025 mol/L H_3PO_4（金属氧化物）	（2）王水 +8.8 mol/L H_2O_2（金属硫化物）	
Montperrus 等（2002）	（1）超纯水						（2）0.1 mol/L 盐酸羟胺　（3）0.2 mol/L 草酸		（4）0.3 mol/L H_3PO_4		
Gleyzes 等（2002）	（1）0.1 mol/L KH_2PO_4/ K_2HPO_4（易提取态）					（2）0.2 mol/L 草酸-草酸铵					
Cai 等（2002）	（1）0.1 mol/L $NaNO_3$	（2）0.1 mol/L KH_2PO_4									

续表

方法来源	水溶态	离子结合态/可交换态	强吸附态	酸可挥发性硫、碳酸盐、锰氧化物、无定形铁氧化物	铝结合态	有机质结合态/氧化态	弱结晶和或结晶态铁氧化物/易还原态	酸溶态	砷氧化物和硅酸盐结合态	黄铁矿和无定形砷硫化物	雌黄和其他顽固矿物
Keon 等（2001）		（2）1 mol/L MgCl₂	（2）0.1 mol/L KH₂PO₄	（3）1 mol/L HCl			（4）0.2 mol/L 草酸-草酸铵 （5）0.05 mol/L Ti（III）-柠檬酸-EDTA-重碳酸盐		（6）10 mol/L HF	（7）16mol/L HNO₃	（8）16mol/L HNO₃+30% H₂O₂
Wenzel 等（2001）		（1）0.05 mol/L （NH₄）₂SO₄ （非特异性吸附）	（2）0.05 mol/L NH₄H₂PO₄ （特异性吸附）	（3）0.2 mol/L 草酸铵（无定形、弱结晶铁、铝氧化物/氢氧化物）			（4）0.2 mol/L 草酸-草酸铵（结晶性较好的铁、铝氧化物/氢氧化物）		（5）HNO₃/H₂O₂（微波消解）（残渣）		
Cappuyns 等（2002）；Van Herreweghe 等（2003）方法 I	（1）1 mol/L NH₄Cl （易溶）				（2）0.5 mol/L NH₄F （pH=8.2）		（3）0.1 mol/L NaOH （4）0.5 mol/L 柠檬酸钠+1 mol/L NaHCO₃+0.5 g Na₂S₂O₄·2H₂O	（5）0.25 mol/L H₂SO₄	（7）HCl/HNO₃/HF （残渣）		
Cappuyns 等（2002）；Van Herreweghe 等（2003）方法 II	（1）超纯水	（2）阴离子交换膜				（6）8.8 mol/L H₂O₂+0.02 mol/L HNO₃	（4）0.1 mol/L NaOH （6）0.5 mol/L 柠檬酸钠+1 mol/L NaHCO₃		（3）HCl/HNO₃/HF（残渣）		

2001；Tessier et al.，1979），但选取提取剂的一个共同原则是离子交换能力，也即在任何矿物相表面松散结合的砷可以被提取剂中的某一组分（Cl^-、SO_4^{2-}或NO_3^-）完全交换出来。

强烈吸附或特异性吸附态砷是受到广泛关注的砷结合形态之一，研究者同样选用了各种试剂提取这一结合形式的砷，包括NaH_2PO_4、$NH_4H_2PO_4$和KH_2PO_4等（Cai et al.，2002；Keon et al.，2001；Wenzel et al.，2001）。该提取步骤的基本原理是磷酸根与砷酸根之间的竞争吸附作用。磷酸根相比于砷酸根具有更小的尺寸和更高的电荷密度，因此可通过竞争吸附将砷释放出来。

研究者提取酸可挥发性硫化物、碳酸盐和锰/铁氧化物结合态砷时同样用到了多种提取剂（表17-4-2）。相反，提取铝结合砷时大多数研究均使用了NH_4F试剂（Van Herreweghe et al.，2003；Cappuyns et al.，2002），这主要是由于铝和氟可形成稳定性强的Al-F络合物（Appelo and Postma，2005）。也有研究者对NH_4F试剂提取铝结合砷的能力提出了质疑，且通过实验发现Al-As结合体并不一定存在，因而认为NH_4F试剂提取出的砷与铝之间的相关性应该依照土壤和沉积物性质而定（Wenzel et al.，2001），另一个问题是NH_4F提取步骤和NaOH提取步骤之间可能存在显著的砷再次吸附问题。因此，NH_4F试剂主要适用于富含铝的黏土中砷的提取。

类似地，已有研究中多种试剂被用于提取无定形和结晶态铁氧化物结合态砷，如稀盐酸、草酸盐/草酸、Ti（III）-柠檬酸盐-EDTA-碳酸氢盐、NH_4^+-草酸盐-抗坏血酸和柠檬酸盐-碳酸氢盐-硝酸等（表17-4-4）。这些试剂中的一部分具有氧化性，可促进配体溶解，如草酸盐/草酸（Keon et al.，2001）；另一部分则依靠还原溶解作用来实现提取砷的目的，如Ti（III）-柠檬酸盐-EDTA-碳酸氢盐（Keon et al.，2001）和柠檬酸盐-碳酸氢盐-硝酸（Van Herreweghe et al.，2003；Cappuyns et al.，2002）。虽然作用原理存在差异，这些试剂均能较为完全地提取铁氧化物结合态砷。但需要注意的是，用于提取强吸附态砷的试剂，如NaH_2PO_4和$NH_4H_2PO_4$，同样可以释出吸附在铁矿物相表面的砷，因此在具体分析中需要细加甄别（Wenzel et al.，2001）。此外，尽管提取时采取了质量控制程序，根据样品来源不同，这些试剂并不总是具有高度选择性。例如，Van Herreweghe等（2003）发现在用NaOH提取铁氧化物结合态砷时，同时将砷酸铅提取了出来。

氧化性的浓酸或其他试剂（如过氧化氢、氢氟酸、硝酸和王水）通常被用于提取与相对难溶矿物相结合的砷，包括硫化矿、硅酸盐、砷氧化物和残余态砷等（表17-4-2）。这些试剂的本质作用与提取土壤和沉积物中总砷的试剂非常相似。

另一个值得注意的问题是，不同研究者在检验这些顺序提取方法时得到了相反的结果（Van Herreweghe et al.，2003；Gleyzes et al.，2002）。例如，Gleyzes等（2002）比较了不同提取方法对砷污染土壤的适用性，发现基于阳离子交换性的提取步骤比基于阴离子交换作用的步骤在评价土壤中砷的迁移潜势时更为方便有效。相反，Van Herreweghe 等（2003）指出，在探讨沉积物中砷的迁移性时，基于阴离子交换作用的提取方法更为可靠。这表明，提取方法的选择与样品来源和属性密切相关，使用者需要根据样品自身属性选择最为适合的砷提取方法，必要时应通过对比实验进行甄选。

Van Herreweghe 等（2003）指出，Keon 等（2001）提出的方法具有一定的偶然性。但实际上，Keon 等（2001）的确采用了比较严格的质量控制程序。此外，Harvey 等（2002）使用 Keon 等（2001）的方法评价沉积物中砷的赋存形态对高砷地下水形成的影响，发现各提取步骤中砷的含量总和与 XRF 测定的总砷含量比较接近，误差在（120±39）%，在可接受范围内。

顺序提取实验中存在的种种问题促使研究者采用多种技术来检验实验程序的有效性，主要包括：

（1）借助不同样品检验方法自身的重现性（Keon et al., 2001）；

（2）添加已知含量的常见含砷矿物相到样品中，以检验提取效率（Keon et al., 2001）；

（3）通过改变提取剂浓度和提取时间，优化提取实验条件（Wenzel et al., 2001）；

（4）比较各提取步骤的砷含量总和与沉积物中的总砷含量，以检验精确性（Gault et al., 2003; Van Herreweghe et al., 2003; Keon et al., 2001; Wenzel et al., 2001）。

研究表明，实验结果变异系数和重复样相对标准偏差在小于 5% 到 10% 之间变化，结果精确度从 88% 到大于 90%（Keon et al., 2001; Wenzel et al., 2001）。这些数据说明总体上，常用的顺序提取步骤具有较高的可靠性和较好的重现性。相比而言，重度砷污染天然样品的变异系数较大（11%～20%），其原因可能在于样品的非均质性更为显著（Van Herreweghe et al., 2003）。

鉴于顺序提取方法操作意义上的缺陷，许多研究者强烈建议采用矿物学和光谱学分析手段作为必要补充实验，来验证提取实验结果的可靠性，这些手段包括 X 射线衍射分析、扫描电子显微镜-X 射线能量散射联合分析和 X 射线吸附精细结构分析等（Gault et al., 2003; Van Herreweghe et al., 2003; Keon et al., 2001）。此外，对于顺序提取实验，建议采用通用性标准技术并使用认证参考物质进行有效性验证。

3）平行提取实验

在顺序提取实验中，上一步骤分离出的沉积物被用于下一步骤的提取。在这一多步骤递进的提取程序中，存在一些较为明显的缺陷：其一是如果水液两相分离不彻底，或者固相样品不慎被带出，这种土壤和沉积物样品的损失会逐渐累积，以至于后续步骤误差逐渐增大；其二是在步骤较多的顺序提取实验中，频繁的添加和移取提取液总会引入这样或那样的误差，较难有效控制；其三是各步骤之间存在砷的再次吸附或共沉淀等问题。鉴于此，研究者提出了砷的平行提取实验方法（Mai et al., 2014; Postma et al., 2012），其基本原则是所选试剂的提取能力逐渐增强，且后一种试剂提取的砷应包括前一种试剂提取的砷。操作时准备多份平行样品，分别加入各种提取试剂，然后通过差减法计算每一种结合形态砷的含量。这种提取方法的优点有两个：一是避免了误差累积效应和砷再次吸附问题，二是使得提取过程的外部实验条件尽量相同，有效地避免外部因素误差的影响。正因如此，该提取方法的结果更为精确，重复样的相对标准偏差相比于顺序提取实验小得多（Postma et al., 2012）。

Mai 等（2014）采用平行提取方法分析了红河三角洲高砷含水层沉积物样品中砷的赋存形式，所使用的提取步骤如表 17-4-3 所示。除最后的 HNO_3 提取步骤外，其他步骤中振荡时间均为 24 h，这一定程度上保证了外部实验条件的一致性，且有利于每步中与目标相结合的砷可以被完全提取出来。其中，0.5 mol/L $NaHCO_3$ 溶液（pH = 8.5）主要用于提取吸附态的砷（Hiemstra et al., 2010）。需要注意的是：①不同于之前研究中使用的盐酸溶液（pH = 3），使用酸性更弱的甲酸溶液（pH = 3）来提取碳酸盐结合态砷，其优点在于避免无定形或结晶性极差的铁氧化物被溶解；②在提取弱结晶态铁氧化物（如水铁矿）时使用了抗坏血酸溶液（pH = 3），而在提取结晶性更好的铁氧化物时使用了草酸铵+抗坏血酸溶液（pH = 3）。通过比较可以发现，所使用试剂的提取能力逐渐增强，这保证了各平行步骤之间具有可比性并相互对接，因而可以通过差减法计算与每种目标矿物相结合砷的含量。

表 17-4-3　红河三角洲含水层沉积物平行化学提取方法（Mai et al., 2014）

目标矿物相或结合态	提取试剂	时间	提取方式
吸附态	0.5 mol/L $NaHCO_3$，pH = 8.5	24 h	室温振荡提取
碳酸盐和磷酸盐	0.5 mol/L 甲酸，pH = 3	24 h	室温振荡提取
无定形和弱结晶态铁氧	0.1 mol/L 抗坏血酸，pH = 3	24 h	室温振荡提取
结晶态铁氧化物	0.1 mol/L 抗坏血酸 + 0.2 mol/L 草酸铵，pH = 3	24 h	室温振荡提取
全岩总量	16 mol/L HNO_3	25 min	微波消解

平行提取方法操作上更为简便和可靠，但对试剂的选择有更为严格的要求。不同于顺序提取方法的灵活性，在有些情况下，平行提取试剂之间可能难以很好地衔接；存在的一种可能性是，较强试剂提取的砷并不能完全包括前面较弱试剂

提取的砷，导致通过差减法得到的砷含量没有明确的意义。鉴于此，在提取实验之前，需要尽可能完全地了解样品信息及可能存在的矿物相，以便于更好地选择提取试剂。必要时，需要将平行提取实验与其他表征手段结合，从而更为准确地鉴定目标矿物相及砷的赋存形式。

4）选择性提取实验

不同于顺序提取实验和平行提取实验，选择性提取实验常被用于测定特殊条件下土壤和沉积物中砷的释出量或提取特定赋存形式的砷，如金属氧化物结合态砷和金属硫化物结合砷等（Xie et al., 2013; Postma et al., 2012）。一些选择性提取方法是基于上述顺序提取步骤的一部分改进而来，另一些则是为特定目的专门开发。这类提取方法的步骤相对较少，试剂也较为简单，在操作上更为简便和节省时间。例如，含砷无定形铁氧化物是沉积物中砷的重要载体之一，因此通常需要选择性提取这类矿物相结合的砷含量来评价结合强度，酸性草酸铵溶液即为提取试剂之一（Hudson-Edwards et al., 2003）。但有研究者指出，酸性草酸铵溶液的溶解能力可能过强，以至于可溶解黏土矿物和结晶态铁氧化物矿物（如磁铁矿）（Smedley and Kinniburgh, 2002）。Xie 等（2013）则采用 0.5 mol/L 盐酸溶液提取弱结晶态铁氧化物，而用 1 mol/L 盐酸羟胺+1 mol/L 盐酸溶液提取结晶态铁氧化物，较好地避免了第一步中两种铁氧化物的混合溶解。也有其他研究利用盐酸羟胺提取铁氧化物结合态砷（Montperrus et al., 2002; Gomez-Ariza et al., 1998）。然而，Van Herreweghe 等（2003）指出，在用温和的酸性盐酸羟胺溶解无定形态铁氧化物后，释放出来的砷可能重新吸附到针铁矿表面。经过进一步的对比研究发现，在盐酸羟胺提取步骤后添加 0.1 mol/L 磷酸盐提取步骤可以有效地消除上述影响（Jackson and Miller, 2000）。此外，乙酸被用来提取土壤中酸可溶态砷的含量（Taggart et al., 2004）。Bhattacharya 等（2002）使用了焦磷酸钠提取冲积沉积物中有机结合态砷，实验结果精确度在 ± 5%以内。

选择性提取实验也用于砷在人体中的生物有效性评估，其所依据的事实是土壤砷污染危害人类健康（尤其是儿童）的一条主要途径为通过手口接触摄入（Calabrese et al., 1989）。Rodriguez 等（1999）通过选择性提取实验探讨了尾矿污染土壤的生物有效性，他们用 0.15 mol/L NaCl + 1%猪胃蛋白酶溶液模拟人体胃部消化液，用 $NaHCO_3$ + 猪胆汁模拟了肠道消化液，借此定量了可被人体吸收的砷含量。Ruby 等（1996）提出了一种基于生理学的提取方法，用于模拟人体胃部和小肠的消化过程，他们用盐酸、胃蛋白酶、柠檬酸盐、苹果酸盐、乳酸和乙酸等模拟了胃部消化液，而用 $NaHCO_3$ 溶液模拟肠道消化液。这些研究为人体砷吸收风险评价提供了科学依据。

同样地，选择性提取方法的选择依赖于待分析土壤和沉积物样品的来源和类型。Gleyzes 等（2002）和 Montperrus 等（2002）对此进行了较为系统的阐述，并指出磷酸对提取河流沉积物和淤泥中的砷最为有效，而草酸铵对土壤中砷的提取最为有效。因此，在提取实验前应该获取必要的样品来源和种类方面的信息，如有机质和营养素含量、矿物学组成、离子交换能力以及常量和微量元素的组成等。例如，富含铁氧化物的土壤和沉积物应该采用包括铁氧化物结合态砷提取步骤，而富含铝质黏土的样品应该包含铝矿物相结合态砷提取步骤。需要注意的是，同样应该采取矿物学和光谱学表征方法作为补充手段来验证操作定义上砷提取方法的可靠性。此外，应该尽量采用通用性的标准化砷提取方法，以提高结果之间的可比性。并且，建议采用易得的公认标准物质来检验提取方法的有效性。

17.4.2　柱实验

柱实验常被用于研究一维均匀水流条件下的溶质迁移过程。实验柱体是对地下水流向上的含水层介质的模拟，地下水的流入和流出则借助于重力作用或蠕动泵平推作用来实现。相比于微宇宙实验，柱实验考虑了水流运移作用对溶质迁移的影响。

柱实验大体可分为两种类型：一类是在柱内填充未经扰动的原状沉积物样品，通过注入含有惰性示踪剂的模拟地下水流来测定天然含水层的某些水文地质参数和水力学性质，如渗透系数、弥散系数和穿透曲线等；另一类是模拟反应性溶质（如砷）迁移过程和水-沉积物相互作用对溶质迁移转化的影响。在后一种类型中，溶液相可以是为特定实验目的设计的模拟地下水，如为了探究竞争吸附对砷释放的影响，常常只需在基质溶液中添加感兴趣的阴离子和砷，以此作为注入溶液；溶液相也可以是天然地下水原样，借此研究天然含水层的水化学组分变化。固相可以是自行设计的模拟含水层介质，如为了探讨铁氧化物对砷的吸附作用，通常以表面涂覆有铁氧化物的石英砂代替沉积物样品，这样就可避免其他因素对实验结果的影响（Sharma et al., 2011）。当然，柱内填充介质也可以是原状沉积物样品，借此可以较高程度地还原含水层真实情形（Liu et al., 2008）。

柱实验设计中需要注意的一个原则是平行组和对照组（空白实验柱）的设置。如同批实验一样，对每个系列的柱实验，都应设置平行组和对照组，以监测实验结果可重复性和非条件控制因素带来的误差。在有些情形中，对照组为惰性示踪剂溶液或不具有反应活性的石英砂。例如，在探究铁氧化物吸附作用对砷迁移的阻滞效应时，实验组液相（或模拟地下水）为含砷溶液，而对照组即为惰性示踪剂（Br 或荧光素钠）溶液（Xie et al., 2015; Van Halem et al., 2010）。然而，与批实验不同的是，空白柱体难以与实验组保持一致。尤其是对于体积较大的实验柱，填充均匀并保持相同的压实程度和孔隙度并不是一件容易的事情。由此导致的一个现象是，平行柱实验结果的相对标准偏差往往较大，且空白值有时呈现较大的波动。鉴于此，在准备实验柱时，除需要使用相同规格和材质的柱子时，填充时应格外细致，尤其在填充天然沉积物时，尽量保证平行柱体之间均匀性和压实度相同。

　　柱实验已被用于研究流动系统中砷在铁氧化物矿物相（涂镀在石英砂表面）和其他介质上的吸附行为（Dadwhal et al., 2009; Zhang and Selim, 2006; Radu et al., 2005a）。在模拟天然含水层中的地球化学过程时，可能会遇到的一种情形是，流体质点在柱内停留的时间相对较短，如数分钟到数小时，而某些反应，如砷在金属氧化物表面的吸附达到平衡可能需要数十小时甚至数天（Khaodhiar et al., 2000; Raven et al., 1998; Manning and Goldberg, 1996）。Langmuir（1997）指出，地球化学过程的半反应时间通常在数秒到数年，而地下水停留时间为数月到数十年甚至更长。由此导致的一个问题是液相在柱内停留时间不足以令局部反应达到平衡，因此实验结果将受到动力学因素的控制，而在真实情形中，大多数平衡反应可能已经趋于平衡（Appelo and Postma, 2005）。Valocchi（1985）发现地下水系统中的局部平衡受到渗流速度、弥散系数、分配系数、吸附速率和其他边界条件的影响。

　　此外，柱实验结果还可能受其他因素的影响，如不规则混合作用和优势流等。从批实验中获取的平衡反应参数，往往无法准确地预测柱实验结果，因为动力学因素可能限制了反应性溶质的运移和化学反应的进行。Darland 和 Inskeep（1997）指出，即使在很低的孔隙水流速下砷在砂土表面的吸附也难以达到平衡。Sharma等（2011）的柱实验结果表明即使停留时间达 5h，砷的迁移仍未能趋向平衡。另一个值得注意的现象是，某些金属和准金属元素（包括砷）的吸附过程有时呈现出先快速后逐渐缓慢的特征，这导致观测结果呈现出高度的非线性，因而需要使用与各过程匹配的多个参数来成功解释实验结果（Couture et al., 2013；Jenne，1995）。

17.5　水文地球化学模拟

　　自 20 世纪 60 年代以来，尤其是近二十年，水文地球化学模拟方法得到了极为广泛的应用，已然成为解释高砷地下水水化学分析结果和认识自然或人为因素对高砷地下水系统影响的重要工具（Hafeznezami et al., 2016; Rawson et al., 2016; Biswas et al., 2014; Sø et al., 2012; Postma et al., 2007）。

反应性溶质运移数值模型同样是研究高砷地下水（流动）系统的重要手段之一。数值模拟结果为解译描述多组分运移过程的复杂线性或非线性方程组提供了基础。通常而言，完整的热力学和动力学参数及详细的水化学和沉积物地球化学数据是水文地球化学模拟的必要基础，也是影响模拟结果的关键要素。模拟时需要以热力学和动力学参数作为初始值。热力学参数，包括解离常数、络合常数以及溶度积等，通常随程序发布时以默认数据库的形式给出。某些程序中还包括常见物质的动力学参数。然而，根据研究目的的不同，描述表面反应、氧化还原反应以及反应动力学等的数据，常需要研究者通过实验获得（Postma et al., 2016）。

地球化学模拟可以用于解决高砷地下水研究中的诸多问题，包括化学组分形态计算、饱和指数计算、矿物相平衡/非平衡调节、相态转化、表面吸附、反向模拟和动力学反应等，因此可以为深入了解地下水系统中砷迁移转化行为提供丰富的信息。不同于纯粹的地下水流动模型，地球化学热力学模型具有以下特点：①大多数情况下，热力学模型基本无须任何校正，但在处理某些表面控制反应或动力学控制反应时需要对地球化学模型进行校准；②模拟结果优劣不仅受到原始水化学分析数据和数值方法误差的影响，还取决于选择的热力学数据库等；③对所研究的地下水系统的熟悉程度决定了模型的鲁棒性，为此需要掌握水化学和热力学等的基础知识。

17.5.1　水文地球化学模拟程序

水文地球化学模拟通常是基于按某种计算机语言编写的程序。最早的地球化学模拟程序为 WATCHEM，在 20 世纪 70 年代初就已出现，经不断改进现已升级为 WATEQ4F。70 年代末许多新程序相继出现，且计算效率明显提高。80 年代初，适用于个人计算机的程序出现，使得模拟计算更为方便和有效。当前，最为常用的模拟程序包括 MINTEQA2（Allison et al., 1991）、WATEQ4F（Ball and Nordstrom，1991）、EQ3/6（Wolery, 1992）和 PHREEQC（Parkhurst and Appelo，2013）等。

1. 模拟计算法则

在地球化学模型中，通常采用离子离解理论来描述液相体系中物质间的相互作用过程（Bucherer, 1900）。但必须注意的是，只有在离子强度不超过 1 mol/L 时，该离子离解模型才可以给出可靠的结论。若离子强度较高时，则需要以离子相互作用理论作为模拟计算基础，如采用 Pitzer 方程式（Pitzer, 1973）。

当计算化学组分存在形态时，根据热力学数据库形式的不同，有两种方法供采用：①热力学稳定态（能量最低态）由自由生成焓的最小值决定，这类程序如

CHEMSAGE；②热力学稳定态由体系中的平衡常数确定，这类程序包括 PHREEQC、EQ3/6、WATEQ4F 和 MINTEQA2 等。但不管是何类模拟程序，其重要基础是反应体系达到化学平衡和满足质量守恒方程。平衡时，平衡常数 K 与自由焓之间的数学关系如下：

$$G_0 = -RT\ln K \qquad (17\text{-}5\text{-}1)$$

实际操作中，有两种获取反应平衡常数的方法。一种是利用已有的物质自由焓计算平衡常数，如表 17-5-1 中的举例。然而，由于自由焓值有时存在较大的误差，所以计算前必须仔细核对，选取合适的数值，否则将导致错误的结果。这种方法的严重缺陷使得研究者更倾向于使用第二种方法，即直接通过实验测定平衡常数，得到的数值更为可靠。

表 17-5-1　用标准吉布斯自由能计算平衡常数示例

组分形态	$G_0/$（kJ/mol）
$CaCO_3$（方解石）	-1130.61
Ca^{2+}	-553.54
CO_3^{2-}	-527.90
$-G_0 = G_{0,CaCO_3} - G_{0,Ca^{2+}} - G_{0,CO_3^{2-}}$ $-G_0 = -1\,130.61 + 553.54 + 527.90 = -49.17$ $\lg K = -49.17/5.707 = -8.62$	
实验测得值 $\lg K$（Plummer and Busenberg, 1982）	-8.48 ± 0.02

从基础数据库获取特定反应的另一种途径是将部分反应组合出整个反应，通过计算部分反应的平衡常数得出整个反应的平衡常数，举例见表 17-5-2。

表 17-5-2　用部分反应平衡常数计算整体反应平衡常数示例

$CaCO_3 + CO_2 + H_2O \Longrightarrow Ca^{2+} + 2HCO_3^-$	
$CaCO_3 \Longrightarrow Ca^{2+} + CO_3^{2-}$	$\lg K = -8.48$
$CO_2 + H_2O \Longrightarrow H_2CO_3$	$\lg K = -1.47$
$H_2CO_3 \Longrightarrow H^+ + HCO_3^-$	$\lg K = -6.35$
$H^+ + CO_3^{2-} \Longrightarrow HCO_3^-$	$\lg K = 10.33$
反应式加和：$CaCO_3 + CO_2 + H_2O \Longrightarrow Ca^{2+} + 2HCO_3^-$ $\lg K_s = -8.48 - 1.47 - 6.35 + 10.33 = -5.97$	

2. 常用程序

不同于工程技术研究中常用的基于最小自由生成焓方法的程序，水文地球化学模拟程序通常是以热力学平衡常数方法为基础，其中最具代表性的是PHREEQC 和 EQ3/6。这两个程序均可从美国地质调查局（USGS）官方网站或美国劳伦斯·利弗莫尔国家实验室（LLNL）网站免费下载。

1）PHREEQC

PHREEQC 的前身是模拟程序 PHREEQE，该程序由 Parkhurst 等于 1980 年用FORTRAN 语言编写。由于该程序处理问题能力的有限性以及随着计算机语言的发展，Parkhurst 在 1995 年用 C 语言重新编写了该程序，发布了 PHREEQC 程序，并大大提高了其处理水化学问题的能力。例如：①PHREEQC 消除了组分数、液相组分形态、溶解、相、交换作用和表面络合作用等方面的限制；②方程求解方法得到大大改进，并提供了新功能供选择。经多次改进和更新，最近版本的PHREEQC-3 已经具备了较为全面和强大的计算能力（Parkhurst and Appelo, 2013）。PHREEQC-3 在处理水文地球化学问题方面具有以下特点：

（1）可以根据同一元素的不同存在形态，在输入文件中分别给出各形态的具体浓度，如 As 可以 As（III）、As（V）和 As（-III）输入；

（2）输入氧化还原电位时可用测得的 Eh 值（ORP 值），也可以用具体的氧化还原对来定义，如 As（V）/As（III）；

（3）表面吸附和离子交换等表面控制反应可用多种模型来模拟，包括等温吸附模型、扩散双电层模型、电荷分布-多位点表面络合模型和非静电模型等，并可根据实验结果扩充模型和对应的数据库；

（4）开放或封闭体系中多组分气相反应模拟；

（5）固相中矿物含量厘定和热力学稳定矿物相组合的自动确定；

（6）在进行反应和迁移模拟计算时，可依据氢-氧物质的量平衡确定液相中的水量和 pE 值，并据此正确模拟水的消耗或产生量；

（7）反应路径的计算采用更为合理的依据，即反应体系的质量守恒；

（8）物质的对流迁移、弥散及扩散作用均可借助一维迁移模型来模拟；

（9）反向模拟的引入为推断特定水样组分提供了途径，并可通过所有的平衡反应来分析数据的不确定性；

（10）理想与非理想固溶体矿物形成过程模拟；

（11）动力学反应的速率等可由用户自定义，通过包含的 BASIC 程序实现；

（12）吸附剂上位点数可随物质溶解或沉淀发生变化；

（13）反应模拟过程中添加了同位素平衡计算；

（14）支持用户界面"PHREEQC for Windows"图形编辑和输出。

然而，PHREEQC-3 也存在一些不足之处，例如：

（1）离子交换模型中简单认为活度等于等当量分数，尚未考虑更为复杂的模型；

（2）大多数情况下表面络合模型仅符合第一灵敏度分析，对三层或四层吸附模型的计算还不够精确；

（3）仅能进行一维迁移模拟，并认为迁移过程仅仅是发生在均匀介质中简单边界条件下的稳定流动，假定较为简单。

2）EQ3/6

EQ3/6 程序主要由两部分组成：其一是 EQ3 程序，仅能进行单纯的组分形态分配计算；其二是 EQ6，利用 EQ3 结果进行后续模拟和计算。

EQ3/6 常被用于固溶体矿物模拟及表面络合模拟，也可用于动力学控制反应模拟。值得一提的是，EQ3/6 很早就使用了离子离解理论，且包含了适用于高离子强度溶液的 Pitzer 方程。

3）PHREEQC-3 与 EQ3/6 的比较

虽然 EQ3/6 较早地囊括了固溶体矿物和动力学控制反应模块，但随着 PHREEQC 不断引入新功能，PHREEQC-3 比 EQ3/6 具有诸多优点（Merkel and planer-Friedrich，2005）。

（1）PHREEQC-3 中的反应均以通常的化学方程式的形式给出，非常便于理解和编辑；而 EQ3/6 并没有采用化学方程式形式，热力学基础数据库庞大，物质定义非常复杂，数据格式较为复杂，输入文件也较大。

（2）PHREEQC-3 采用的是常用的 C 语言编写而成，输入格式更为灵活，并带有检错功能，而 EQ3/6 使用的是 FORTRAN 语言编写，格式错误（如符号在一行中的位置）可能导致严重错误。

（3）PHREEQC-3 对问题的定义更为简单和符合通用思维，因此程序执行速度较快，并带有用户视窗界面，进一步简化了输入，而 EQ3/6 对问题的定义较为复杂，通常需要输入大量的字符。

总体而言，PHRREQC-3 在处理问题能力、数值稳定性、用户友好性、兼容性、灵活性及数据输入格式直观性等方面均有良好的表现，是进行水文地球化学模拟及一维反应性溶质运移模拟的最佳程序，被大多数研究者所青睐，在高砷地下水研究中得到了广泛的应用。

17.5.2 热力学数据库

1. 概述

热力学数据库是所有水文地球化学模拟的重要基础和信息来源。原则上，所有程序都应建立自己的热力学数据库。但由于热力学参数的测定存在许多技术难点，并且费时费力，极需耐心和细心，程序开发者一般会通过整合已有数据库来建立扩展数据库，或提供其他程序的热力学数据库供选用。

需要注意的是，不同程序的热力学数据并不是以数据库通用格式（如 dBase 文件）给出，而往往为各自程序或程序版本特定要求的格式。数据库格式的非统一性使得热力学数据库的共享稍显复杂，需要通过转换程序将其他数据库转换为与所使用程序匹配的格式。

模拟过程中有时为了节省资源，需要借助合适的数据过滤器，从标准数据库或庞大的整个数据库中抽取出子数据库。例如，在进行迁移和反应的耦合模拟时，由于数据量较大，且分析计算量很大，利用合适的子数据库可以节省计算时间。但必须注意的是，在任何情况下，使用子数据库的前提是子数据库给出的结果与原始数据库给出的结果基本吻合或具有可比性，且得出的结论一致。另外，必须意识到，即使采用了合适的子数据库也不能保证数据的正确性，因为程序自带的数据库也不一定完全可靠，这一点程序开发者也有明确指出（Parkhurst and Appelo, 2013; Allison et al., 1991）。

2. 数据库构成

多数地球化学模拟程序的数据库以 ASCII 文件的形式整合进程序包中。数据库文件按照关键词（keywords）被划分为多个逻辑块，对每个逻辑块，有相应的数据结构和数据读取与解译方式，实际运行时根据关键词从 ASCII 文件中读取数据。例如，PHREEQC-3 数据库包括以下关键词及对应的逻辑块：

（1）液相主要组分形态（SOLUTION_MASTER_SPECIES）；

（2）液相组分形态（SOLUTION_SPECIES）；

（3）相（包括固相和气相）（PHASES）；

（4）交换作用主要组分形态（EXCHANGE_MASTER_SPECIES）；

（5）交换作用组分形态（EXCHANGE_SPECIES）；

（6）表面作用主要组分形态（SURFACE_MASTER_SPECIES）；

（7）表面作用组分形态（SURFACE_SPECIES）；

（8）反应速率（RATES）。

在"主要组分形态"中对组分的化学形式和基本性质作出定义，在"组分形态"则对具体化学方程式和反应平衡常数等作出定义。以砷（As）为例，PHREEQC-3中对各关键词的描述如表 17-5-3 所示。

表 17-5-3　PHREEQC 数据库 WATEQ4F 中关键词描述

SOLUTION MASTER SPECIES（主要组分形态）				
元素	主要形态	碱度	质量浓度/（mg/L）	原子量
As	H_3AsO_4	-1.0	74.921 6	74.921 6
As(III)	H_3AsO_3	0	74.921 6	74.921 6
As(V)	H_3AsO_4	-1.0	74.921 6	74.921 6

SOLUTION（组分形态）

```
#H3AsO4 primary master species
   H3AsO4=H3AsO4
   log_k    0.0

#H3AsO3
   H3AsO3 = H3AsO3
   log_k     0.0
```

需要注意的是，当用户自定义的反应中含有数据库中不包括组分形态时，需要先使用"SOLUTION_MASTER_SPECIES"对相应的主要组分形态进行定义，否则程序运行时会报错。

在液相组分形态（SOLUTION_SPECIES）定义中，最上面一行带有编号，以表示具体的组分形态，"log_k"后数值即为 25 ℃时的反应平衡常数，"delta_h"即为反应生成焓（kcal/mol 或 kJ/mol）。"gamma"一行给出了用 Debye-Hückel 离子离解理论计算活度系数 γ 时的参数。"analytical"一行给出了反应平衡常数随温度变化的系数。若模拟过程中不需考虑反应的电荷平衡问题，则可用"no_check"标记。

相（PHASES）中物质反应的定义与液相组分形态定义类似。需要注意的是，PHREEQC-3 中对同一物质的不同存在形态在不同关键词下均有明确的定义，因此查询具体形态的反应平衡常数时需要找到正确的关键词。例如：

$$\text{方解石沉淀：} \quad Ca^{2+} + CO_3^{2-} =\!=\!= CaCO_3, \quad \lg K = 8.48 \qquad (17\text{-}5\text{-}2)$$

$$\text{液相络合物生成：} \quad Ca^{2+} + CO_3^{2-} =\!=\!= CaCO_3, \quad \lg K = 3.224 \qquad (17\text{-}5\text{-}3)$$

尽管上述两个反应方程式看起来一样，但其实是两个不同的反应。在

PHREEQC-3 热力学数据库中，反应（17-5-2）在关键词"PHASES"下，而反应式（17-5-3）在关键词"SOLUTION_SPECIES"下。

关键词"EXCHANGE_MASTER_SPECIES"定义了交换剂名称及主要组分形态。关键词"EXCHANGE_SPECIES"则定义了与主要组分形态对应的半反应，以及交换剂形态的选择性系数。但与离解常数或络合常数不同的是，交换选择性系数取决于提供交换位点的固相物质的自身表面属性。因此，主要组分形态仅被看作交换位点的持有者，在具体模拟过程中则需要根据具体固相物质做相应改变。

类似地，关键词"SURFACE_MASTER_SPECIES"定义了表面结合位点名称及表面主要组分形态，而"SURFACE_SPECIES"定义了各组分形态的具体反应，并按与阳离子和阴离子及结合对象的强弱顺序逐一分类。

关键词"RATES"给出了文献中已报道的数种物质的反应速率和动力学数学表达式，包括钾长石、钠长石、方解石和黄铁矿等。当然，用户可以按照数据库编写格式，自行补充其他物质的动力学控制反应。

17.5.3 模拟误差来源

模拟过程和结果误差有多种来源，它们均会对结果造成不同程度的影响。了解和尽量避免这些影响，是获得合理、可信结果的必经途径。

1. 水化学分析完整性

尽可能完整和正确的水化学分析结果代表了最本质的信息，因而是进行可靠水文地球化学模拟的基本前提。分析结果误差的影响十分显著，并且会一直影响到最终模拟结果。

以方解石饱和指数（SI）计算为例，根据完整水化学分析结果（Merkel and Planer-Friedrich, 2005）（表 17-5-4），SI 值为 0.66，但当移去部分指标的分析结果时，SI 变化较为显著（图 17-5-1）。由分析结果不完整带来的误差使得研究者对反应平衡体系形成错误的认识，甚至远远偏离实际情形。

表 17-5-4　某水样水化学分析结果

化学组分	质量浓度/（mg/L）	化学组分	质量浓度/（mg/L）	化学组分	质量浓度/（mg/L）	化学组分	质量浓度/（mg/L）
Na^+	1.88	HCO_3^-	295	Fe^{2+}	0.042	Cd^{2+}	0.003
K^+	2.92	Cl^-	2.18	Mn^{2+}	0.014	Pb^{2+}	0.003
Ca^{2+}	74.9	NO_3^-	3.87	Zn^{2+}	0.379	SiO_2	0.026
Mg^{2+}	13.1	SO_4^{2-}	2.89	Cu^{2+}	0.030	DOC	8.83

注：pH 为 7.4；温度为 8.1℃；电导率为 418 μS/cm

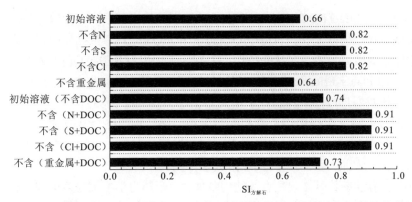

图 17-5-1　完整水化学分析和非完整水化学分析的方解石饱和指数比较

2. 假设合理性

由于天然系统的复杂性,研究者在模拟时通常会基于一些假设对概念模型进行简化。如果模拟程序中存在不完全合理的本质性假设,通常会导致最终结果偏离实际。例如,若假设反应体系达到动力学平衡,则其难以被应用于天然系统中,因为自然环境中某些过程较为缓慢地持续进行。天然体系中的诸多反应,包括络合物的形成、受动力学因素控制的氧化还原反应和微生物参与的反应等,非平衡状态可能持续较长时间(Postma et al., 2016; Jakobsen and Postma,1994)。

3. 数值求解方法

数值求解方法所导致的误差在各种模拟程序中比较常见,尤其是涉及物质迁移构成的模拟。例如,在使用有限差分法或有限元法求解方程时,数值离散或振荡效应会给物质迁移模拟结果带来偶然误差。根据经验,通过设定数值求解稳定性标准(Peclet 数或 Courant 数)或使用随机步行法,可以有效地降低甚至完全消除这类误差。

4. 热力学数据库

热力学数据库中反应常数或其他参数的不确定性也是模拟结果的最常见误差来源之一。虽然每个程序均提供了相应的数据库,给出了组分形态和相等的反应平衡常数,但通过比较可以发现,不同程序提供的反应参数在有些情况下差异非常显著(可达数量级的差别),甚至组分形态、矿物相和化学反应方程式等也有差别。有些文献中提供的组分形态络合常数并没有通过严格的实验得以证实,这直接给模拟结果带来了不确定性。

例如,不同程序的数据库中给出的砷酸钡$[Ba_3(AsO_4)_2]$矿物溶度积差异明显。

在 WATEQ4F.DAT 和 MINTEQ.DAT 数据库中，砷酸钡的溶度积很小，导致在热力学模拟过程中该矿物成为限制相；PHREEQC.DAT 和 EQ3/6.DAT 数据库中则没有提供相应的数值。但研究表明，在某些条件下限制性矿物相为 $BaHAsO_4 \cdot H_2O$，并不是 $Ba_3(AsO_4)_2$（Planer-Friedrich et al., 2001）。实际上，给出的 $Ba_3(AsO_4)_2$ 溶度积偏小是因为当初对所形成的矿物进行了错误的鉴定（Robins, 1985）。

需要注意的是，从文献中引用矿物相的溶度积或络合物的络合常数时，必须明确给出相应的化学反应方程式。这是由于不同数据库中对同一矿物或络合物的化学反应定义不同，从而导致相应的反应常数也不同。

另外，引用热力学参数时必须注意其适用条件。由于热力学参数与多个因素有关，如温度、离子强度等，在应用于天然系统或地质成因环境时必须根据其限制条件合理选择，否则只会导致错误的认识。例如，铀的热力学数据主要来源于原子能研究，所使用的铀物质的量浓度一般为 0.1 mol/L，远高于天然水体中的 nmol/L 级，不可生搬硬套（Merkel and Planer-Friedrich, 2005）。

实验研究中使用离子离解理论计算反应常数时常出现的一个错误是实验条件超出了理论适用范围或限制条件，这样得出的反应常数显然不够精确；另一个常犯的错误是，引用的热力学参数往往来自不同的文献，而实际上这些数据是在不同的实验条件下或利用不同计算方法获得的，自然不具有类比性，更不可混为一谈。

鉴于热力学数据库中存在的各种缺陷，在使用某数据库之前，应该尽可能使用一些经典案例或得到证实的结果来检验其可靠性以及不同数据库之间的一致性。通常有两类数据库供选择：一类是数据可靠性高但包含组分有限且不完整；另一类是包含组分形态多、使用范围较广但数据间一致性较差。实际模拟时选择哪一类数据库需要研究者自己权衡。通常是，尽可能地测量典型水样中组分形态分布和准确浓度，据此进行判别。

另一点值得注意的是，在计算组分形态分布时，有必要根据分析误差给出水化学参数或组分形态含量值的误差范围。例如，pH 是水化学分析中最基本的参数之一，在实际测量时其精确度通常为 ± 0.1。这种误差看似很小，但可能对多质子反应的计算结果产生显著的影响。

17.5.4　地球化学模拟

1. PHREEQC 视窗结构

正如前文所述，PHREEQC 可用于模拟天然系统或室内实验中的一系列反应和过程，是水文地球化学模拟最为常用和最受欢迎的程序。下面将以 PHREEQC-3

为例，对模拟程序结构和实施过程进行概述。

启动程序后，PHREEQC-3 包含 5 个基本模块（窗口）：输入（INPUT）、输出（OUTPUT）、数据库（DATABASE）、网格（GRID）和曲线图（CHART）。

在输入文件中，需要运用关键词（KEYWORDS）和对应的数据模块来具体定义需解决的问题。PHREEQC 输入中常用关键词如下，它们均是对实际中可能遇到问题的抽象化。

（1）SOLUTION（溶液）：定义水化学组分以及溶液样品数量。

（2）USE（使用）：表示使用特定溶液或其他组分使其参与某种反应或过程。

（3）MIX（混合）：将两种或多种溶液混合，该过程可能伴随化学反应的发生。

（4）EQUILIBRIUM_PHASES（平衡相）：矿物相或气体等以可逆反应方式参与预先设定的平衡过程。

（5）EXCHANGE（交换）：定义交换剂的容量和组分。

（6）SURFACE（表面）：定义表面络合剂的络合能力和组分等。

（7）REACTION（反应）：定义反应过程，如逐步添加或移去化合物、矿物相或水等。

（8）KINETICS（动力学）：定义具备随时间或溶液组分变化动力学特征的反应物。

（9）GAS_PHASE（气相）：定义气相性质，如特定体积或给定压力等。

（10）SOLID_SOLUTIONS（固溶体）：用于添加多种矿物相构成的固溶体或有机化合物液体。

（11）REACTION_TEMPERATURE（反应温度）：定义或改变反应体系温度。

（12）INVERSE_MODELING：对反向模拟过程进行具体定义。

（13）END（结束）：表示已完成对具体问题的描述，PHREEQC 即可进行水化学组分计算或进入模拟。END 在简单问题中并不一定需要，但定义多级反应或多个过程时需用 END 分隔。

在 PHREEQC-3 程序中，有多种数据库可供选择，包括 PHREEQC.DAT、WATEQ4F.DAT、MINTEQ.DAT 和 PITZER.DAT 等。正如前面所述，它们各有优劣，不同数据库可能适用于不同的问题。

模拟过程中遇到不常见元素时，可以通过将不同数据库组合组合等方式构建自己的数据库或修改已有数据库。在使用或修改数据库时，需要谨记以下问题：数据库维护、数据库不一致性、反应产物合理性检验、反应常数可靠性和微分求解等。

如有某些元素或反应常数仅在具体任务中需要自己定义或修改，为方便起见，可在输入文件中对其进行直接定义，而不需修改数据库，这是因为输入文件权限级别高于数据库。

输出文件由标准输出项和用户自定义内容组成。需要注意的是，在标准输出（初始溶液计算）之后，才模拟任务计算结果的输出，即经历过反应或变化的溶液。为了不混淆标准输出与反应后溶液组分结果，可通过关键词来查找会更为方便。

此外，用户可在输入文件中自定义输出，将感兴趣的结果输出到电子表等。在自定义输出时，通常会用到以下关键词。

（1）SELECTED_OUTPUT（选择性输出）：用户自定义除标准输出项外感兴趣的其他内容，可设定结果以工作表形式给出。

（2）PRINT（打印）：限定输出窗口中显示的内容，可设定停用或重启输出。

（3）USER_PRINT（用户打印）、USER_PUNCH（用户提取）和 USER_GRAPH（用户绘图）：用户自定义打印内容和绘图等。

表格（GRID）模块即是用于使数据以电子表格格式输出。模拟计算完成之后，可在 GRID 文件夹中打开所形成的文件，其中扩展名为“.csv”的文件可直接用电子表格程序（如 EXCEL）打开，之后可用图解表示。

若需绘制图件，则可在 GRID 文件夹中选定数据范围，用 CHART 以曲线图形式表达出来。此外，也可使用关键词 USER_GRAPH，自定义表格内容，将需要的信息绘制到 CHART 图中。在曲线图模块，可对图形界面格式、图例及坐标轴和图名等进行处理和优化。

2. 模拟示例

1）液相组分形态和平衡反应

溶液组分形态计算和平衡反应模拟是最常见的地球化学模拟，也是在进行水化学分析时常需解决的问题。下面通过海水样品热力学计算分析的经典例子说明如何利用 PHREEQC 解决上述问题（Merkel and Planer-Friedrich, 2005）。

已知某一海水样品分析结果如表 17-5-5 所示。利用关键词"SOLUTION"将结果输入 PHREEQC 中，运行，计算完成后即自动转到输出模块。从标准输出中可以得知该样品的水化学特征。

根据溶液组成（solution composition）可知，样品水化学类型为 Na-Cl 型，其中 Cl^- 物质的量浓度达 0.55 mol/L，Na^+ 物质的量浓度为 0.47 mol/L。阳离子中 Mg^{2+} 物质的量浓度也较高，其次是 K^+ 和 Ca^{2+}。

表 17-5-5　某海水样品水化学计算输入文件

```
SOLUTION 1  Sea water
    units    mg/l
    density  1.023
    temp     25
    pH       8.22
    pe       8.451
    redox    O(0)/O(-2)
    Alkalinity 141.682  as  HCO3
    Ca       412.3
    Cl       19353  charge
    Fe(2)    0.0005
    Fe(3)    0.002
    K        399.1
    Mg       1291.8
    Mn       0.0002
    N(-3)    0.03  as  NH4
    N(5)     0.29  gfw  62.0
    Na       10768.0
    O(0)     1.0  O2(g)  -0.7
    S(6)     28.25 mmol/l
    Si       4.28
    U        3.3 ug/l  N(5)/N(-3)
END
```

　　计算结果（description of solution）显示该样品的离子物质的量浓度为 0.66 mol/L，表明海水的矿化度很高。电荷平衡计算显示误差值为 0.06%，表明该分析的准确性非常好，其结果可以继续用于模拟研究。

　　根据氧化还原对（redox couples）列表中给出的各氧化还原对的 pE 值，如 $pE_{Fe(2)/Fe(3)}$ 为 2.164、$pE_{N(-3)/N(5)}$ 为 4.6738 和 $pE_{O(-2)/O(0)}$ 为 12.3892，可以通过式（17-5-4）计算出整个样品的总 pE 值。

$$pE = -\lg\left(\frac{1}{\sum_1^n (a_1 + a_2)} \times \sum_1^n [e^-] \times (a_1 + a_2)\right) \qquad (17\text{-}5\text{-}4)$$

式中：n 为氧化还原对数目；a_1 和 a_2 分别为各氧化还原反应的相应组分活度；$[e^-]$ 为各氧化还原反应的电子浓度（其负对数即为 pE 值）。

据此可知：

$$\sum_1^n (a_1 + a_2) = 9.06 \times 10^{-9} + 3.63 \times 10^{-8} + 1.68 \times 10^{-6} + 4.76 \times 10^{-6} + 3.76 \times 10^{-4} + 2.19 \times 10^{-6} = 3.85 \times 10^{-4}$$

和

$$\sum_1^n [e^-] \times (a_1 + a_2) = 10^{-2.164} \times (9.06 \times 10^{-9} + 3.63 \times 10^{-8}) + 10^{-4.6738} \times (1.68 \times 10^{-6} + 4.76 \times 10^{-6}) + 10^{-12.3892} \times (3.76 \times 10^{-4} + 2.19 \times 10^{-6}) = 4.47 \times 10^{-10}$$

以上两式相除后并对结果求负对数，可得

$$pE = -\lg(1.16 \times 10^{-6}) = 5.935$$

上述总氧化还原势 pE 计算值明显低于实测值 8.451。其原因有二：一方面是尚有一些重要的氧化还原敏感组分未被测定；另一方面是氧化还原电位测定本身存在显著的不确定性。用传统的铂-甘汞电极测定氧化还原电位时，常受诸多因素的干扰，测得值的误差可达 ±30 mV。

组分形态计算的一个重要作用是可提供各元素的具体组分形态分布，也即自由离子和正电性、负电性及中性络合物占总浓度的比例，据此可以计算或判断氧化剂/还原剂比、元素迁移性、溶解度或毒性等。

从模拟计算结果可知，钠、钾、钙和镁主要以自由阳离子的形式存在，占比为 87%～99%，而与硫酸根形成的络合物仅占 1%～13%。氯几乎完全以自由离子 Cl^- 形式存在，这是由于它基本不与其他配位体发生反应。无机碳主要以 HCO_3^- 的形式存在（70%），此外，还包括少量的 Mg^{2+} 和 Na^+ 与 HCO_3^- 和 CO_3^{2-} 形成的络合物[图 17-5-2（a）]。硫酸盐的情形与无机碳类似[图 17-5-2（b）]。无机氮则主要以 NO_3^- 和 NH_4^+ 的形式存在，两者物质的量比值约为 3∶1。

Fe（II）与 Fe（III）的存在形式具有明显不同，Fe（II）与 Fe（III）摩尔比值为 1∶4。Fe（II）的主要存在形态为自由离子 Fe^{2+} 和带正电荷的络合离子 $FeCl^+$，因此参与离子交换的潜力较大。Fe（III）则主要以中性的络合物 $Fe(OH)_3$ 形态存在（注意不是沉淀），离子交换能力较弱。

铀以多种价态和形态存在于该海水样品中。显而易见，U（VI）是最主要的存在形式，而 U（V）和 U（IV）的含量相对较低。相比于 U（IV），U（IV）非常易于溶解，因此迁移性更强。但进一步分析可发现，U（VI）主要以带负电荷的络合物 $[UO_2(CO_3)_3]^{4-}$ 和 $[UO_2(CO_3)_2]^{2-}$ 的形式存在，可被强烈地吸附在铁氧化物的表面，从而使得其迁移性减弱。

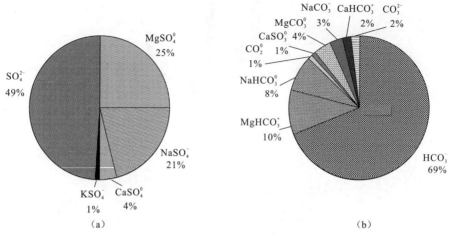

图 17-5-2　无机碳(a)和硫酸盐(b)组分形态模拟结果分布图(Merkel and Planer-Friedrich, 2005)

　　模拟计算结果表明，N、Fe 和 U 等氧化还原敏感元素的还原形态占总浓度的比例与理论情形一致。当 pE 值为 0 时，Fe（Ⅱ）就可被氧化为 Fe（Ⅲ），因此 Fe（Ⅲ）是主要铁价态。而 pE 值达到 6 时，NH_4^+ 可被氧化成 NO_3^-，因此 NO_3^- 占据主导。此外，在 pE 值为 8.45 的海水样品中，铀的氧化基本结束。

　　从 PHREEQC 计算结果中还可获得常见矿物相的饱和指数，据此可判断这些矿物相的沉淀或溶解趋势。例如，从含铁矿物相的饱和指数分布图（图 17-5-3）可知，无定形的 Fe（OH）₃ 处于过饱和状态，其 SI 值为 0.18，仅稍大于 0，说明其生成趋势较大，可快速地从水相中沉淀析出。黄铁矿处于强过饱和状态，表明它的形成过程较为缓慢，可能逐渐转变为微晶形式的氢氧化铁。结晶性较强的铁氧化物矿物相，包括赤铁矿、磁铁矿和针铁矿，一般由非晶质氢氧化铁转化而来，尽管它们的饱和指数均大于 0，但并不会从水相中直接沉淀析出。而大部分铁矿物相处于欠饱和状态，一个可能的原因是它们大部分可能并不存在于该海水样品所处于的天然系统中。

　　值得注意的是，饱和指数 SI 值虽代表了矿物相沉淀或溶解的趋势，但 SI 值大于 0 并不能说明矿物相就一定可以沉淀析出，因为反应过程可能还受到动力学因素的影响。较慢的反应速率可能导致体系长期地处于非平衡状态。例如，从模拟结果可知，方解石 SI 值虽仅稍大于 0，但可以预见它将从溶液中快速地沉淀析出；相反，虽然白云石 SI 值达 2.37，但由于反应十分缓慢，白云石生成量应该很小。

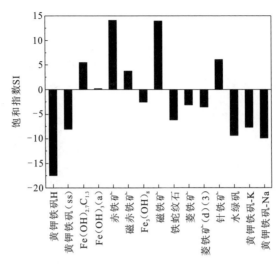

图 17-5-3　铁矿物相饱和指数模拟计算结果分布图（Merkel and Planer-Friedrich, 2005）

2）矿物相溶解过程

以石膏在蒸馏水中溶解度的计算和模拟为例，进一步说明模拟方法在认识天然系统中水文地球化学过程的重要性。

已知无水石膏（$CaSO_4$）的溶度积 K_{sp} 等于 $10^{-4.602}$（$T = 20$ ℃）。据此可以计算石膏在蒸馏水中的溶解量，计算过程如下：

$$CaSO_4 \Longrightarrow Ca^{2+} + SO_4^{2-} \tag{17-5-5}$$

因为 $[CaSO_4]=1\,mol/L$，所以 $K_{sp} = [Ca^{2+}] \cdot [SO_4^{2-}] = 10^{-4.602}$；　　　　（17-5-6）

又因为 $[Ca^{2+}] = [SO_4^{2-}]$，所以 $K_{sp}=[SO_4^{2-}]^2$，则 $[SO_4^{2-}] = 5\,mmol/L$。

以上计算求得 SO_4^{2-} 的活度，根据浓度与活度的关系，通过迭代逼近法获得活度系数，再经计算可得石膏溶解度约为 10 mmol/L。

为了检验上述结果的合理性，同时采用 PHREEQC 对石膏溶解过程进行了模拟，输入文件如表 17-5-6 所示。

表 17-5-6　石膏溶解 PHREEQC 计算输入文件

```
SOLUTION 1
  temp    20
  pH    7.0
EQUILIBRIUM_PHASES
gypsum    0
END
```

从模拟结果中"phases assemblage"部分可以得知石膏溶解量为 15.32 mmol/L，高于计算结果 10 mmol/L。其主要原因在于 Ca^{2+} 和 SO_4^{2-} 还能够以其他组分形态存在于溶液中。从模拟结果易知，除自由离子 Ca^{2+} 和 SO_4^{2-} 外，溶液中还存在其他的络合物，如 $CaSO_4^0$、$CaOH^+$、HSO_4^- 和 $CaHSO_4^+$。其中，$CaSO_4^0$ 的物质的量浓度达 4.949 mmol/L，从而使得石膏的溶解度显著升高。然而，计算过程并没有考虑络合物形成对溶解度的影响，从而导致计算值比模拟值少约 5 mmol/L。

从此例可以认识到，矿物相的溶解并不是想象中那么简单，络合物的形成对溶解度可产生显著的影响。实际上，天然系统中含有的组分更为多样化，其中的水文地球化学过程更为复杂，缺乏模拟分析支持的结果具有显著的局限性，有时甚至带来错误的认识。

3）动力学控制过程

对于受动力学控制的反应，反应速率通常随反应进行发生变化，因此需要用微分方程或微分方程组表示。在 PHREEQC 中，求解反应速率对时间的积分可借助龙格-库塔（Runge-Kutta）运算法则。

动力学模拟需要使用两个关键词：RATES 和 KINETICS，分别对反应速率及动力学反应物质和过程进行定义。模拟时需注意，必须给这两个关键词指定一个名称并且相同，如模拟方解石溶解动力学时可使用"calcite"一词。此外，当输入关键词"RATES"下属代码时，在"-start"和"-end"之间必须是一个 BASIC语言程序。

PHREEQC 用于动力学模拟的一大特点是，根据反应速率数学表达式的不同，可以用关键词"RATES"对其进行灵活定义。下面以方解石溶解过程为例，说明如何通过模拟认识天然系统中的动力学过程。输入文件如表 17-5-7 所示。

表 17-5-7　方解石溶解动力学 PHREEQC 模拟输入文件

```
SOLUTION 1
   pH  7
   temp  10
EQUILIBRIUM_PHASES
    CO2(g)  -3.5
    #CO2(g)  -2
KINETICS 1
  Calcite
  -tol  1e-8
  -m0  3.0e-3
```

续表

```
    -m  3.0e-3
    -parms  50  0.6
    -steps 36000 in 20 steps
    -step_diVide 10000
RATES
    Calcite
    -start
    10 si_cc = si("Calcite")
    20 if(m <= 0 and si_cc < 0)then goto 200
    30 k1 = 10^(0.198-444.0/(273.16+tc))
    40 k2 = 10^(2.84-2177.0/(273.16+tc))
    50 if tc <= 25 then k3 = 10^(-5.86-317.0/(273.16+tc))
    60 if tc > 25 then k3 = 10^(-1.1-1737.0/(273.16+tc))
    70 t = 1
    80 if m0 > 0 then t = m/m0
    100 moles = parm(1)*0.1*(t)^parm(2)
    110 moles = moles*(k1*act("H")+k2*act("CO2")+k3*act("H2O"))
    120 moles = moles*(1-10^(2/3*si_cc))
    130 moles = moles*time
    140 if(moles > m) then moles = m
    150 if(moles >=0) then goto 200
    160 temp = tot("Ca")
    170 mc = tot("C(4)")
    180 if mc < temp then temp = mc
    190 if -moles > temp then moles = -temp
    200 saVe moles
    -end
SELECTED_OUTPUT
    -file Calcite_dis_kin.csV
    -si  calcite
END
```

注：在"EQUILIBRIUM_PHASES"下输入 CO_2 平衡压时，使用"#"交替输入，否则同时输入会报错

　　模拟结果表明（图 17-5-4），在较低的 CO_2 平衡分压下（体积分数 0.03%，标准大气压），方解石溶解很快就可达到平衡；而当 CO_2 平衡分压较高时（体积分数 1%，标准大气压），达到平衡的速率明显减缓。可以推测，CO_2 平衡分压升高不利于方解石沉淀反应的进行。

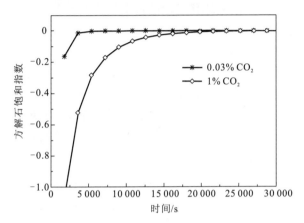

图 17-5-4　不同 CO_2 分压条件下方解石饱和指数随时间变化（Merkel and Planer-Friedrich, 2005）

17.5.5　反应性溶质运移模拟

　　前文的地球化学模拟介绍主要集中于水化学组分及其与矿物相的相互作用，没有考虑溶质随水流的运移过程。在天然系统中，物质随地下水流的迁移和反应在物质归趋中有着重要影响。反应性溶质运移模型结合了溶质的对流和弥散迁移与地球化学过程，因而可以将物质的空间分布和地球化学行为结合，进行耦合模拟。

1. 理论基础

　　控制物质迁移的物理过程主要包括对流、扩散和弥散，而化学过程包括滞留、衰减和降解等。单纯的物理过程假定水相物质组分与流经的固相之间不存在相互作用，且认为水是唯一的液相。

　　对流为基于 Darcy 或 Richards 方程式的矢量概念，用于表示一定时间内溶质的迁移速度和流程，因此可以很好地描述物质迁移作用。对流迁移的速率和方向受到诸多因素的影响，主要包括流场特征、含水介质渗透性分布、水力位势或基底位势、源与汇的存在性，这些因素对溶质迁移作用可产生非常显著的影响。

　　扩散用于表示分子运动引起的浓度差变化。在含水层中，扩散作用矢量明显小于对流作用矢量，且随地下水流速的增加，扩散作用的影响程度减弱。然而，在渗透性较差的沉积物中，如黏土层中，对流作用的影响反而非常小，扩散作用成为控制物质迁移的主要因素（陈崇希和李国敏，1996）。

弥散是指由于含水介质的几何形状和沉积形式等引起地下水流速波动，溶质的迁移受到影响。弥散作用影响程度与地下水流速相关，对流作用矢量越小，弥散效应越小；反之亦然。

一般而言，地下水中溶质迁移过程的数学表达式包含对流、扩散和弥散作用以及源汇项等（陈崇希和李国敏，1996）。在有些情形中，根据实际情况和研究需要，具体运用时可做适当简化。

化学作用过程中溶质可能与含水层固相介质之间发生相互作用，也可能溶质之间发生化学反应。滞留作用通常指含水层中物质不随水流发生迁移或相对迟缓的现象。滞留作用过程中，水相中物质质量因吸附或离子交换等会发生减少。衰减则可由于物质发生形态转变或放射性物质衰变引起。降解过程包括微生物降解和氧化还原反应等，与衰减作用有相似之处。

对于仅发生简单化学反应的单组分迁移过程，其数学表达式可描述为

$$\frac{\partial c_i}{\partial t} = D_l \frac{\partial^2 c_i}{\partial z^2} + D_t \frac{\partial^2 c_i}{\partial z^2} + D \frac{\partial^2 c_i}{\partial z^2} - v \frac{c_i}{\partial z} + c_{QS} \tag{17-5-7}$$

式中：c_i 为水相中组分 i 的浓度；t 为时间；D_l 为纵向弥散系数；D_t 为横向弥散系数；D 为弥散系数；z 为空间坐标；v 为地下水真实流速；c_{QS} 为组分浓度（源或汇）。

注意：天然系统中物质的迁移比较复杂，对流、扩散和弥散只是部分地描述了迁移过程中发生的作用，实际运用时为了简单有效，需使用式（17-5-7）的简化形式。惰性示踪剂如氚、氯和溴等，在单孔隙度含水层中的迁移可用一般的溶质迁移方程进行模拟，无须考虑化学反应的影响。而水中其他组分，均会以不同方式与自身以外的组分或固相发生反应，引起组分浓度的变化，此时需要将这些反应考虑进源汇相中。

有些情形中，上述迁移方程的适用性较差，此时需要对其进行适当扩展。例如，对于存在溶质与沉积物的交换作用、与气相的相互作用及水相组分相互作用的不饱和带和饱和带，一维迁移方程可做如下扩充：

$$\frac{1}{\partial t} \partial \left(c_i + \left(s_i \frac{\rho}{n} \right) + \frac{G_i}{n} \right) = D_l \frac{\partial^2 c_i}{\partial z^2} + D \frac{\partial^2 c_i}{\partial z^2} - v_p \frac{c_i}{\partial z} \tag{17-5-8}$$

式中：t 为时间；v_p 为孔隙速率；c_i 为水相中组分 i 的浓度；s_i 为组分 i 在固相表面或内部的浓度；n 为孔隙度；ρ 为密度；G_i 为组分 i 在气相中的浓度；D_l 为纵向弥散系数；D 为弥散系数；z 为空间坐标。

2. 数值方法

结合化学反应的迁移方程式的数值求解有多种方法，大体可分为两类：一类

是差分的方法；另一类是耦合的方法。

1）有限差分法

有限差分法是常见的微分方法。使用时，模拟区域被划分为相对独立的长方形单元，这些单元的空间坐标结点间距可以不同。一般而言，结点位于单元重心，并代表了该单元的平均含量。质量迁移的模拟通过促使每个结点在不连续的时间段达到平衡来实现。因此，基于有限单元的浓度重心，可以计算经过每个单元的各边界所发生的物质迁移和单元内浓度变化。

对流和弥散物质流之间的关系可用网格-佩克莱数 Pe（grid-Peclet-number）表示：

$$Pe = \frac{|v| \times L}{D} \tag{17-5-9}$$

式中：D 为弥散系数；L 为单位长度。

其中

$$|v| = \sqrt{v_x^2 + v_y^2 + v_z^2} \tag{17-5-10}$$

有限差分法大体分为两类：一类是隐式差分法，即为对时间的反演差分，它具有较好的数值稳定性，如 Crank-Nicholson 法；另一类是显式差分法，即为迭代方程式求解方法。需要注意的是，不同的差分方法用于方程求解时均对可结果产生显著影响。这种由于方法本身的缺陷带来的不确定性属于数值离散的范畴。

解决这种问题的一条途径是使用更加精确的空间离散方法。网格-佩克莱数可先对单元大小进行定义，通常取值为 Pe 小于或等于 2（陈崇希和李国敏，1996）。但采用的空间离散方法越精确，计算时间就越长，而时间离散则会影响微分方法的稳定性。针对此，可使用柯朗数 Co（Courant-number）来评估溶质至少在一个单元的一个时间段内的迁移：

$$Co = \left| v \frac{dt}{L} \right| < 1 \quad \Rightarrow \quad dt < \frac{L}{v} \tag{17-5-11}$$

差分方法虽然是一种常用的方法，但使用时常会遇到两个难题：一个是上述的数值离散问题，它会导致过强的衰减；另一个是数值振荡（图 17-5-5）。模拟过程中，需要通过调整参数，采用反复试验法尽量消除这两个问题的影响。

2）耦合方法

在描述污染物的迁移过程时，另一种方法是基于粒子追踪或随机步行原理，如特征法（Merkel and Planer-Friedrich, 2005）。不同于有限差分法，即使在高梯度的范围内，特征法不存在数值离散的问题。特征法将对流和扩散分开处理，即通过沿对流矢量方向建立单独的坐标系来描述弥散问题。但在反应性溶质运移模型

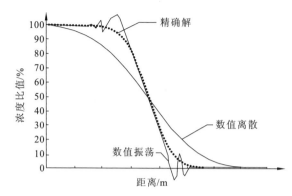

图 17-5-5　数值求解时的数值离散和振荡效应（Merkel and Planer-Friedrich, 2005）

中，通常需要一方面准确刻画水相组分的对流和弥散过程，另一方面考虑水相组分的相互作用及与固相或气相的相互作用。

解决上述问题的一种途径是耦合的方法。基本思路是，首先用随机步行法对水流进行完全独立的模拟，然后在水流模型基础上进行改进，采用特征法模拟。此时，微小单元代表一个完整的水化学分析单元或一个独立的具有特定组分性质的水体积单元。独立的水体积单元每次只迁移一个时间步骤，然后计算水体积单元与周围环境的相互作用及水相组分间的相互作用。之后计算结果赋加给微小单元，然后再一次迁移。

PHREEQC 模拟程序中包含这种方法的一维尺度简化模块。在一维恒定流速的简化情形下，可用其对反应性溶质运移进行模拟计算，还可考虑扩散和弥散作用的影响。

在反应性溶质运移模拟中，化学反应尤其是动力学过程的计算特别耗费计算机资源，因此模拟所需时间主要由热力学计算过程决定。当模型为二维或三维时，计算时间将非常长。某些情形中，如只需要描述某一个维度的变化或缺乏含水层非均质性方面的资料，可采用或简化为一维模型进行模拟。

但需要注意的是，一维模型存在一个明显的缺陷：没有考虑横向弥散引起的稀释作用，因此溶质浓度可在一维路径上保持任意长的路程而不发生变化。然而，实际情形是，横向弥散作用可导致另两个方向上发生物质交换，从而引起浓度稀释。易于发现，这种稀释作用是横向弥散系数和地下水流速的函数。如果这两个参数在水流场中恒定，则这种稀释作用可用一个线性方程或一个常数因子来描述。

3. 模拟示例

除地球化学模拟之外，PHREEQC 还可用于相对简单的一维反应性溶质运移模拟。对于恒定流速或可简化为恒定流速的一维溶质运移模拟问题，PHREEQC程序中有两种方法可供使用：一种为使用关键词"ADVECTION"，通过混合单元计算，进行较为简单的溶质运移模拟；另一种为利用关键词"TRANSPORT"，可对包含弥散、扩散和双孔隙度的较为复杂的溶质运移进行模拟。

　　一维模型对于室内柱实验和沿地下水流动方向地球化学演化过程非常适用，往往可以获得理想的模拟效果。下面通过柱实验结果对 PHREEQC 一维反应性溶质运移进行示例（Merkel and Planer-Friedrich, 2005）。

　　柱实验的目的在于认识地下水流动过程中的离子交换作用。实验柱长 8 m，柱内装填有离子交换剂。首先用 1 mmol/L $NaNO_3$ 溶液和 0.2 mmol/L KNO_3 溶液淋洗实验柱，连续通入直至达到离子交换平衡，也即流出液与输入液组分一致。然后将输入液更换为 0.5 mmol/L $CaCl_2$ 溶液，连续注入，并同时监测流出液中组分浓度的变化。

　　在 PHREEQC 中对这一问题进行描述时，将实验柱划分为 40 个反应单元，每一个单元中含有上述 $NaNO_3$ 和 KNO_3 溶液及离子交换剂（用关键词"EXCHANGE"定义），且离子交换剂与 $NaNO_3$ 和 KNO_3 溶液已达到平衡，也即完成了上述实验第一步的输入。再定义输入溶液为上述 $CaCl_2$ 溶液（用"SOLUTION 0"定义），使其连续流入实验柱，直至达到再次平衡。输入文件参见表 17-5-8，模拟结果如图 17-5-6 所示。

表 17-5-8　离子交换柱实验反应性溶质运移模拟输入文件

```
SOLUTION 0   CaCl2
   units    mmol/kgw
   temp     25.0
   pH       7.0      charge
   pe       12.5     O2(g)    -0.68
   Ca       0.5
   Cl       1.0
SOLUTION 1-40  Initial solution for column
   units    mmol/kgw
   temp     25.0
   pH       7.0      charge
   pe       12.5     O2(g)    -0.68
   Na       1.0
   K        0.2
   N(5)     1.2
```

```
EXCHANGE 1-40
    equilibrate 1
    X          0.0015
TRANSPORT
    -cells     40
    -length    0.2
    -shifts    120
    -time_step  720.0       # V = 24 m/day
    -flow_direction   forward
    -boundary_cond    flux   flux
    -diffc     0.0e-9
    -dispersiVity  0.1
    -correct_disp  true
    -punch_cells   40
    -punch_frequency  1
    -print     40
SELECTED_OUTPUT
    -file   exchange.csV
    -totals   Na  Cl  K  Ca
END
```

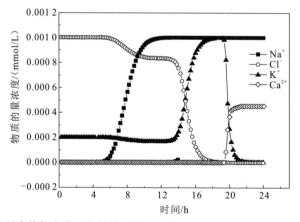

图 17-5-6　离子交换柱实验反应性溶质运移结果（Merkel and Planer-Friedrich, 2005）

在该例中，Cl⁻可视为理想的示踪剂，其迁移过程仅受弥散作用的影响，因此 Cl⁻首先完全穿透。柱中水全部交换一次后（一个柱体积水），流出液中仍未检测

到 Ca^{2+}，这是由于它与 Na^+ 和 K^+ 发生了阳离子交换。交换剂中所有的 Na^+ 被置换后，K^+ 被逐渐置换出来，从而导致了 K^+ 物质的量浓度峰值的出现。可以发现，柱中水被交换 2.5 次左右后，流出液中 Ca^{2+} 物质的量浓度逐渐升高。

值得一提的是，本例中通过设定 40 个反应单元对实验柱进行了空间离散。对每一个反应单元，预先给定了液相组成和离子交换剂。实际应用中，若需考虑更为复杂的化学过程，如平衡反应或动力学过程，则可添加关键词 "EQUILIBRIUM_PHASES" 或 "KINETICS" 来实现。

参 考 文 献

陈崇希, 李国敏, 1996. 地下水溶质运移理论及模型[M]. 武汉: 中国地质大学出版社.

陈静生, 陶澍, 邓宝山, 等, 1987. 水环境化学[M]. 北京: 高等教育出版社.

陈丽琼, 茹婉红, 胡勇, 等, 2013. 生化需氧量测定方法的研究进展及现状[J]. 绿色科技(2): 138-141.

崔保红, 2013. 地表水中 COD 与高锰酸盐指数相关性分析及应用[C]//中国环境学会.2013 中国环境科学学会学术年会论文集 (第四卷).北京: 中国环境科学出版社.

崔家荣, 2008. 水中氨氮纳氏试剂分光光度法测定[J]. 现代农业科技, 8: 208-209.

崔执应, 张波, 李宗尧, 2006.水分析化学[M]. 北京: 北京大学出版社.

丁力, 2008. 有机污染物的色谱—质谱联用检测新方法研究与应用[D]. 衡阳: 南华大学.

苟德国, 陈京京,黄忠平, 2011. 顶空–气相色谱法测定水中的挥发性卤代烃[J]. 广州化工, 39(11): 116-168.

顾海东, 陈邵鹏, 秦宏兵, 2012. 高效液相色谱-原子荧光光谱联用分析土壤中形态砷[J]. 环境监测管理与技术, 24(1): 38-42.

顾婕, 2008. 砷形态分析方法研究[D]. 上海: 东华大学.

洪日升, 1998. 双硫腙分光光度法测定水中汞出现浑浊干扰的排除[J]. 中国公共卫生, 14(11): 659-659.

佘赞芳, 陈英旭, 柯强, 2001. 运河和西湖底泥砷的吸附及形态分析[J]. 浙江大学学报(农业与生命科学版), 27(6):65-69.

君礼, 2008. 水分析化学[M]. 北京: 中国建筑工业出版社.

李国辉, 2002. 水分析化学实验教学改革探讨[J]. 湖南城建高等专科学校学报, 11(2): 64-65.

廖百森, 赵舰, 肖义夫, 2005. ECD 同时测定水中 1605、六六六、DDT 的气相色谱法[C]//重庆市预防医学会 2005 年学术交流会论文集.[S.l.]:[s.n.].

林月明, 2012. 在线固相萃取分离富集: 氢化物发生原子荧光法测定砷形态的研究[D]. 沈阳: 东北大学.

林树及, 2004. 对《双硫腙分光光度法测定水中微量铅的改进》的看法和建议[J]. 中国卫生检验杂志(3): 383-383.

刘娜, 于文芳, 屈静, 2014. 二苯碳酰二肼分光光度法测定饮用水中的铬(六价)[J]. 环境科学导刊 (1): 96-98.

刘庆阳, 2009. 液相色谱与原子光谱联用技术在汞、砷和硒形态分析中的应用[D]. 济南: 山东大学.

刘蕊, 2008. 负载型纳米二氧化钛在痕量元素分离富集及形态分析中的应用[D]. 武汉: 华中师范大学.

罗磊, 张淑贞, 马义兵, 2008. 土壤中砷吸附机理及其影响因素研究进展[J]. 土壤,40(3): 351-359.

聂梅生, 戚盛豪, 严煦世, 2001. 水工业工程设计手册:水资源及给水处理[M]. 北京: 中国建筑工业出版社.

邱海鸥, 帅琴, 汤志勇, 1996. 一种新型重力分相器在流动注射液-液萃取原子吸收间接测定硝酸根的应用[C]//地质行业科技发展基金资助项目优秀论文集.[S.l.]:[s.n.].

阮国洪, 2002. 水中苯酚、苯二酚和苯三酚的高效液相色谱分析方法的研究[J]. 环境与健康杂志, 19(1): 64-65.

石邦辉, 孔祥生, 康云华, 2003 双硫腙分光光度法测定水中微量铅的改进[J]. 中华预防医学杂志(4): 57-59.

苏春利, HLAING W, 王焰新, 等, 2009. 大同盆地砷中毒病区沉积物中砷的吸附行为和影响因素分析[J]. 地质科技情报, 28(3): 120-126.

汤斌, 2014. 紫外-可见光谱水质检测多参数测量系统的关键技术研究[D]. 重庆: 重庆大学.

卫生部卫生标准委员会, 2010.GB5749—2006《生活饮用水卫生标准》应用指南[M]. 北京: 中国标准出版社.

王宝贞, 刘润芬, 1983. 高浓度含铬污染地下水净化技术[J]. 哈尔滨建筑工程学院学报(1): 65-74.

王俊, 唐启, 崔俊峰, 等, 2012. 重铬酸钾法测定水中化学需氧量的分析研究[J]. 现代农业科技, 30（9）:1217-1219.

王晓, 关淑霞, 申华, 2001 .国标 GB5750-85 双硫腙分光光度法测定镉:对水样预处理方法的探讨[J]. 广东微量元素科学(4): 68-70.

王苏明, 王亚平, 1998. 水分析技术进展[J]. 岩矿测试, 17(3): 229-237.

吴元清, 杜树新, 严赟, 2011. 水体有机污染物浓度检测中的紫外光谱分析方法[J]. 光谱学与光谱分析, 31(1):233-237.

许保玖, 2000. 给水处理理论[M]. 北京: 中国建筑工业出版社.

徐先顺, 张新荣, 彭玉秀, 2006.电感耦合等离子体质谱在水质分析中的应用[J]. 中国卫生检验杂志, 16(6): 763-766.

杨国红, 吴春梅, 钟云林, 2000.大理师专地下水钙、镁、铁和氯含量的测定[J]. 大理师专学报(4): 102-104.

杨玉萍, 2006. 黄河水中有机污染物的 GC/MS 分析及作为饮用水源的研究[D]. 济南: 山东大学.

俞英明, 1993. 水分析化学[M]. 北京 :冶金工业出版社.

俞静, 李文秀, 王雪枫, 等, 2014.双硫腙分光光度法测定水中微量锌方法的改进[J]. 天津化工(1): 36-39.

张俊文, 马腾, 冯亮, 2015. 微生物介导下高砷地下水系统的氧化还原分带性概念模型[J]. 地质科技情报(5): 153-159.

赵欢欢, 张新申, 曹凤梅, 等, 2011. 流动注射分光光度法测定水体中的微量铜[J]. 皮革科学与工程(2): 60-64.

中华人民共和国国家质量监督检验检疫总局, 中国国家标准化管理委员会, 2009.土壤质量 总汞、总砷、总铅的测定 原子荧光法: 第 2 部分: 土壤中总砷的测定: GB/T 22105.2-2008[S].北京: 中国标准出版社.

周天泽, 1985.环境分析监测的近况与进展[J]. 环境科学丛刊(11): 1-61.

周丽, 董亮, 史双昕, 等, 2014.液相色谱-串联质谱法测定水环境中的十氯酮[J]. 色谱(3): 211-215.

MERKEL B J , PLANER - FRIEDRICH B, 2005. 地下水地球化学模拟的原理及应用[M].朱义年, 王焰新, 译. 武汉: 中国地质大学出版社.

AGATEMOR C, BEAUCHEMIN D, 2011.Matrix effects in inductively coupled plasma mass spectrometry: a review[J]. Analytica chimica acta, 706(1): 66-83.

AGGETTR J, ASPELL A C, 1976. The determination of arsenic(III) and total arsenic by atomic-absorption spectroscopy[J]. Analyst, 101(1202): 341-347.

ALLISON J D, BROWN D S, NOVO-GRADAC K J, 1991. MINTEQA2 - a geochemical assessment database and test cases for environmental systems: Vers. 3.0 User's manual[J]. Environmental research laboratory office of research and development USEPA, 37(106):371-383.

AMACHER M C, KOTUBY-AMACHER J, 1994. Selective extraction of arsenic from minespoils, soils, and sediments[C]//Agronomy abstracts, 86: 256.

ANTONOVA S, ZAKHAROVA E, 2016. Inorganic arsenic speciation by electroanalysis. From laboratory to field conditions: a mini-review[J]. Electrochemistry communications, 70: 33-38.

APPELO C A J, POSTMA D, 2005. Geochemistry, Groundwater and Pollution[J]. Sedimentary geology, 220(3):256-270.

ARAI Y, SPARKS D L, DAVIS J A, 2004. Effects of dissolved carbonate on arsenate adsorption and surface speciation at the hematite-water interface[J]. Environmental science and technology, 38(3)：817-824.

BALE A J, MORRIS A W, 1981. Laboratory simulation of chemical processes induced by estuarine mixing: the behaviour of iron and phosphate in estuaries[J]. Estuarine coastal and shelf science, 13(1)：1-10.

BALL J W, NORDSTROM D K, 1991. WATEQ4F – User's manual with revised thermodynamic data base and test cases for calculating speciation of major, trace and redox elements in natural waters[R].Washington D.C.: U.S. Geological Survey: 1-189.

BENNETT G F, BENNETT G F, 1989. Arsenic in the environment — Part I: cycling and characterization[M]. New York: Wiley.

BERMEJO-BARRERA P, MOREDA-PIÑEIRO J, MOREDA-PIÑEIRO A, et al., 1998. Selective medium reactions for the 'arsenic(III)', 'arsenic(V)', dimethylarsonic acid and monomethylarsonic acid determination in waters by hydride generation on-line electrothermal atomic absorption spectrometry with in situ preconcentration on Zr-coated[J]. Analytica chimica acta, 374(2/3): 231-240.

BHATTACHARYA P, JACKS G, AHMED K M, et al., 2002. Arsenic in groundwater of the Bengal Delta Plain aquifers in Bangladesh[J]. Bulletin of environmental contamination and toxicology, 69(4)：538-545.

BINGS N H, ORLANDINI VON NIESSEN J O, SCHAPER J N, 2014. Liquid sample introduction in inductively coupled plasma atomic emission and mass spectrometry: critical review[J]. Spectrochimica acta part B: atomic spectroscopy, 100: 14-37.

BISWAS A, GUSTAFSSON J P, NEIDHARDT H, et al., 2014. Role of competing ions in the mobilization of arsenic in groundwater of Bengal Basin: insight from surface complexation modeling[J]. Water research, 55：30-39.

BUCHERER A H, 1900. Zur Theorie der Thermoelektricität der Elektrolyte[J]. Annalen der Physik,308(10)：204-209.

CAI Y, CABRERA J C, GEORGIADIS M, et al., 2002. Assessment of arsenic mobility in the soils of some golf courses in South Florida[J]. Science of the total environment, 291(1/3)：123-134.

CALABRESE E J, BARNES R, STANEK E J, et al., 1989. How much soil do young children ingest: an epidemiologic study[J]. Regulatory toxicology and pharmacology, 10(2)：123-137.

CAPPUYNS V, VAN HERREWEGHE S, SWENNEN R, et al., 2002. Arsenic pollution at the industrial site of Reppel-Bocholt (north Belgium)[J]. Science of the total environment, 295(1/3): 217-240.

CHEN S, ZHAN X, LU D, et al., 2009. Speciation analysis of inorganic arsenic in natural water by carbon nanofibers separation and inductively coupled plasma mass spectrometry determination[J]. Analytica chimica acta, 634(2): 192-196.

CHEN M, LIN Y, GU C, et al., 2013. Arsenic sorption and speciation with branch-polyethyleneimine modified carbon nanotubes with detection by atomic fluorescence spectrometry[J]. Talanta, 104(2): 53-57.

CUI H, GUO W, CHENG M, et al., 2015. Direct determination of cadmium in geological samples by slurry sampling electrothermal atomic absorption spectrometry[J]. Analytical methods, 7(20): 8970-8976.

CONSONNI R, CAGLIANI L R, STOCCHERO M, 2009. Triple concentrated tomato paste: discrimination between Italian and Chinese products[J]. Journal of agricultural and food chemistry, 57(11): 4506-4513.

COUTURE R M, ROSE J, KUMAR N, et al., 2013. Sorption of arsenite, arsenate, and thioarsenates to iron oxides and iron sulfides: a kinetic and spectroscopic investigation[J]. Environmental science and technology, 47(11)：5652-5659.

DADWHAL M, OSTWAL M M, LIU P K T, et al., 2009. Adsorption of Arsenic on Conditioned Layered Double Hydroxides: Column Experiments and Modeling[J]. Industrial and engineering chemistry research，48(4): 2076-2084.

DARLAND J E, INSKEEP W P, 1997. Effects of pore water velocity on the transport of arsenate[J]. Environmental science and technology, 31(3)：704-709.

DAVIS J A, COSTON J A, KENT D B, et al., 1998. Application of the Surface Complexation Concept to Complex Mineral Assemblages[J]. Environmental science and technology, 32(19)：2820-2828.

DIXIT S, HERING J G, 2003. Comparison of arsenic(V) and arsenic(III) sorption onto iron oxide minerals: implications for arsenic mobility[J]. Environmental science and technology, 37(18)：4182-4189.

DOBRAN S, ZAGURY G J, 2006. Arsenic speciation and mobilization in CCA-contaminated soils: influence of organic matter content[J]. Science of the total environment, 364(1/3)：239-250.

DOUSOVA B, BUZEK F, ROTHWELL J, et al., 2012. Adsorption behavior of arsenic relating to different natural solids: Soils, stream sediments and peats[J]. Science of the total environment, 433：456-461.

DUAN M, XIE Z, WANG Y, et al., 2009. Microcosm studies on iron and arsenic mobilization from aquifer sediments under different conditions of microbial activity and carbon source[J]. Environmental geology, 57(5)：997-1003.

FARZANA A K, CHEN Z, SMITH L, et al., 2005. Speciation of arsenic in Ground water samples: a comparative study of CE-UV, HG-AAS and LC-ICP-MS[J]. Talanta, 68(2): 406-415.

FELDMANN J, 2005. What can the different current-detection methods offer for element speciation[J]. Trac trends in analytical chemistry, 24(3): 228-242.

FERGUSON J F, GAVIS J, 1972. A review of the arsenic cycle in natural waters [J]. Water research, 6(11): 1259-1274.

FERREIRA M A, BARROS A A, 2002. Determination of As(III) and arsenic(V) in natural waters by cathodic stripping voltammetry at a hanging mercury drop electrode[J]. Analytica chimica acta, 459(1): 151-159.

GAO X, ROOT R A, FARRELL J, et al., 2013. Effect of silicic acid on arsenate and arsenite retention mechanisms on 6-L ferrihydrite: A spectroscopic and batch adsorption approach[J]. Applied geochemistry, 38: 110-120.

GARCÍA-LUQUE E, FORJA PAJARES J M, GÓMEZ-PARRA A, 2006. Assessing the geochemical reactivity of inorganic phosphorus along estuaries by means of laboratory simulation experiments[J]. Hydrological processes: an international journal, 20(16): 3555-3566.

GAULT A G, POLYA D A, CHARNOCK J M, et al., 2003. Preliminary EXAFS studies of solid phase speciation of As in a West Bengali sediment[J]. Mineralogical magazine, 67(6): 1183-1191.

GEBEL T W, 2010. Arsenic methylation is a process of detoxification through accelerated excretion[J]. International journal of hygiene and environmental health, 205(6): 505-508.

GEORGE M, 1997. Dimethylarsinic acid treatment alters six different rat biochemical parameters: relevance to arsenic carcinogenesis[J]. Teratogenesis carcinogenesis and mutagenesis, 17(2): 71-84.

GEORGIADIS M, CAI Y, SOLO-GABRIELE H M, 2006. Extraction of arsenate and arsenite species from soils and sediments[J]. Environmental pollution, 141(1): 22-29.

GIRAL M, ZAGURY G J, DESCHENES L, et al., 2010. Comparison of four extraction procedures to assess arsenate and arsenite species in contaminated soils[J]. Environmental pollution, 158(5): 1890-1898.

GLEYZES C, TELLIER S, ASTRUC M, 2002. Fractionation studies of trace elements in contaminated soils and sediments: a review of sequential extraction procedures[J]. Trends in Analytical chemistry, 21(6/7): 451-467.

GOMEZ-ARIZA J, SANCHEZ-RODAS D, GIRALDEZ I, 1998. Selective extraction of iron oxide associated arsenic species from sediments for speciation with coupled HPLC-HG-AAS[J]. Journal of analytical atomic spectrometry, 13(12): 1375-1379.

GORNY J, BILLON G, LESVEN L, et al., 2015. Arsenic behavior in river sediments under redox gradient: a review[J]. Science of the total environment, 505: 423-434.

GUO H, ZHANG B, YANG S, et al., 2009. Role of colloidal particles for hydrogeochemistry in As-affected aquifers of the Hetao Basin, Inner Mongolia[J]. Geochemical journal, 43(4): 227-234.

HAFEZNEZAMI S, LAM J R, XIANG Y, et al., 2016. Arsenic mobilization in an oxidizing alkaline groundwater: Experimental studies, comparison and optimization of geochemical modeling parameters[J]. Applied geochemistry, 72: 97-112.

HARVEY C F, SWARTZ C H, BADRUZZAMAN A B M, et al., 2002. Arsenic mobility and groundwater extraction in Bangladesh[J]. Science, 298(5598): 1602-1606.

HE Y, ZHENG Y, RAMNARAINE M, et al., 2004. Differential pulse cathodic stripping voltammetric speciation of trace level inorganic arsenic compounds in natural water samples[J]. Analytica chimica acta, 511(1): 55-61.

HO T D, YEHL P M, CHETWYN N P, 2014. Determination of trace level genotoxic impurities in small molecule drug substances using conventional headspace gas chromatography with contemporary ionic liquid diluents and electron capture detection[J]. Journal of chromatography a, 1361: 217-218.

HIEMSTRA T, ANTELO J, RAHNEMAIE R, et al., 2010. Nanoparticles in natural systems I: the effective reactive surface area of the natural oxide fraction in field samples[J]. Geochimica et cosmochimica acta, 74(1): 41-58.

HSIUNG T M, WANG J M, 2004. Cryogenic trapping with a packed cold finger trap for the determination and speciation of arsenic by flow injection/hydride generation/atomic absorption spectrometry[J]. Journal of analytical atomic spectrometry, 19(7): 923-928.

HUANG J H, KRETZSCHMAR R, 2010. Sequential extraction method for speciation of arsenate and arsenite in mineral soils[J]. Analytical chemistry, 82(13): 5534-5540.

HUANG C, XIE W, LI X, et al., 2011. Speciation of inorganic arsenic in environmental waters using magnetic solid phase extraction and preconcentration followed by ICP-MS[J]. Microchimica acta, 173(1): 165-172.

HUDSON-EDWARDS K A, HOUGHTON S L, OSBORN A, 2004. Extraction and analysis of arsenic in soils and sediments[J]. Trends in Analytical chemistry, 23(10/11): 745-752.

HUDSON-EDWARDS K A, MACKLIN M G, JAMIESON H E, et al., 2003. The impact of tailings dam spills and clean-up operations on sediment and water quality in river systems: the Ríos Agrio-Guadiamar, Aznalcóllar, Spain[J]. Applied geochemistry, 18(2): 221-239.

ISLAM F S, GAULT A G, BOOTHMAN C, et al., 2004. Role of metal-reducing bacteria in arsenic release from Bengal delta sediments[J]. Nature, 430(6995): 68-71.

JABŁOŃSKA-CZAPLA M, SZOPA S, GRYGOYĆ K, et al., 2014. Development and validation of HPLC-ICP-MS method for the determination inorganic Cr, As and Sb speciation forms and its application for Pławniowice reservoir (Poland) water and bottom sediments variability study[J]. Talanta, 120: 475-483.

JACKSON B P, MILLER W P, 2000. Effectiveness of phosphate and hydroxide for desorption of arsenic and selenium species from iron oxides[J]. Soil science society of America journal, 64(5): 1616-1622.

JACKSON B, LIBA A, NELSON J, 2014. Advantages of reaction cell ICP-MS on doubly charged interferences for arsenic and selenium analysis in foods[J]. Journal of analytical atomic spectrometry, 2015(5): 1179-1183.

JAKOBSEN R, POSTMA D, 1994. *In situ* rates of sulfate reduction in an aquifer (Rømø, Denmark) and implications for the reactivity of organic matter[J]. Geology, 22(12): 1103-1106.

JENNE E A, 1995. Metal adsorption onto and desorption from sediments. I. rate. marine and fresh water research[M]// ALLEN H E. Metal speciation and contamination of aquatic sediments.Ann Arbor : Ann Arbor Press:81-112.

JEON B, DEMPSEY B, ROYER R, et al., 2004. Low-temperature oxygen trap for maintaining strict anoxic conditions[J]. Journal of environmental engineering, 130(11):1407-1410.

JEPPU G P, CLEMENT T P, BARNETT M O, et al., 2012. A modified batch reactor system to study equilibrium-reactive transport problems[J]. Journal of contaminant hydrology, 129: 2-9.

JIA Y F, DEMOPOULOS G P, 2005. Adsorption of arsenate onto ferrihydrite from aqueous solution: Influence of media (sulfate vs nitrate), added gypsum, and pH alteration[J]. Environmental science and technology, 39(24):9523-9527.

JÓKAI Z, HEGOCZKI J, FODOR P, 1998. Stability and optimization of extraction of four arsenic species[J]. Microchemical journal, 59(1): 117-124.

JOHNSTON R B, SINGER P C, 2007. Redox reactions in the Fe-As-O2 system[J]. Chemosphere,69(4):517-525.

JONES A M, GRIFFIN P J, COLLINS R N, et al., 2014. Ferrous iron oxidation under acidic conditions - The effect of ferric oxide surfaces[J]. Geochimica et cosmochimica acta, 145:1-12.

KAISE T, OYA-OHTA Y, OCHI T, et al., 1996. Toxicological study of organic arsenic compound in marine algae using mammalian cell culture technique[J]. Journal of the food hygienic society of Japan, 37(3): 135-141.

KEON N E, SWARTZ C H, BRABANDER D J, et al., 2001. Validation of an arsenic sequential extraction method for evaluating mobility in sediments[J]. Environmental science and technology, 35(13):2778-2784.

KHAODHIAR S, AZIZIAN M F, OSATHAPHAN K, et al., 2000. Copper, chromium, and arsenic adsorption and equilibrium modeling in an iron-oxide-coated sand, background electrolyte system[J]. Water, air, and soil pollution, 119(1/4): 105-120.

KLIGERMAN A D, DOERR C L, TENNANT A H, et al., 2003. Methylated trivalent arsenicals as candidate ultimate genotoxic forms of arsenic: induction of chromosomal mutations but not gene mutations[J]. Environmental and molecular mutagenesis, 42(3): 192-205.

KNEEBONE P E, O'DAY P A, JONES N, et al., 2002. Deposition and fate of arsenic in iron- and arsenic-enriched reservoir sediments[J]. Environmental science and technology, 36(3):381-386.

KOMOROWICZ I, BARAŁKIEWICZ D, 2011. Arsenic and its speciation in water samples by high performance liquid chromatography inductively coupled plasma mass spectrometry—last decade review[J]. Talanta, 84(2): 247-261.

KOELLENSPERGER G, NURMI J, HANN S, et al., 2002. CE-ICP-SFMS and HPIC-ICP-SFMS for arsenic speciation in soil solution and soil water extracts[J]. Journal of analytical atomic spectrometry, 17(9): 1042-1047.

KUMPIENE J, LAGERKVIST A, MAURICE C, 2008. Stabilization of As, Cr, Cu, Pb and Zn in soil using amendments - A review[J]. Waste management, 28(1): 215-225.

LANGMUIR D, 1997. Aqueous Environmental chemistry[D]. New Jersey:Prentice-Hall .

LE X C, SERIFE YALCIN A, MA M, 2000. Speciation of submicrogram per liter levels of arsenic in water: on-site species separation integrated with sample collection[J]. Journal of environmental science and technology, 34(11): 769-774.

LELAND H V, BRUCE W N, SHIMP N F, 1973. Chlorinated hydrocarbon insecticides in sediments of southern Lake Michigan[J]. Environmental science and technology, 7(9):833-838.

LI J, DEPAOLO D J, WANG Y, et al., 2018. Calcium isotope fractionation in a silicate dominated Cenozoic aquifer system[J]. Journal of hydrology, 559: 523-533.

LIU R, WU P, XI M, et al., 2009. Inorganic arsenic speciation analysis of water samples by trapping arsine on tungsten coil for atomic fluorescence spectrometric determination[J]. Talanta, 78(78): 885-890.

LIU X, ZHANG W, HU Y, et al., 2013. Extraction and detection of organoarsenic feed additives and common arsenic species in environmental matrices by HPLC-ICP-MS[J]. Microchemical journal, 108(3): 38-45.

LIU C, ZACHARA J M, QAFOKU N P, et al., 2008. Scale-dependent desorption of uranium from contaminated subsurface sediments[J]. Water resources research, 44(8): 1-13.

LUM T S, LEUNG K, 2016.Strategies to overcome spectral interference in ICP-MS detection[J]. Journal of analytical atomic spectrometry, 31(5): 1078-1088.

MAJID E, HRAPOVIC S, LIU Y, et al., 2006. Electrochemical determination of arsenite using a gold nanoparticle modified glassy carbon electrode and flow analysis[J]. Analytical chemistry, 78(3): 762-769.

MAI N T H, POSTMA D, TRANG P T K, et al., 2014. Adsorption and desorption of arsenic to aquifer sediment on the Red River floodplain at Nam Du, Vietnam[J]. Geochimica et cosmochimica acta, 142:587-600.

MANNING B A, GOLDBERG S, 1996. Modeling competitive adsorption of arsenate with phosphate and molybdate on oxide minerals[J]. Soil science society of america journal, 60(1):121-131.

MARíN A, LÓPEZ-GONZÁLVEZ A, BARBAS C, 2001. Development and validation of extraction methods for determination of zinc and arsenic speciation in soils using focused ultrasound: application to heavy metal study in mud and soils[J]. Analytica chimica acta, 442(2):305-318.

MATERA V, LE HECHO I, LABOUDIGUE A, et al., 2003. A methodological approach for the identification of arsenic bearing phases in polluted soils[J]. Environmental pollution, 126(1):51-64.

MATOUŠEK T, CURRIER J M, TROJÁNKOVÁ N, et al., 2011. Selective hydride generation- cryotrapping- ICP-MS for arsenic speciation analysis at picogram levels: analysis of river and sea water reference materials and human bladder epithelial cells[J]. Journal of analytical atomic spectrometry, 28(9): 1456-1465.

MCARTHUR J M, BANERJEE D M, HUDSON-EDWARDS K A, et al., 2004. Natural organic matter in sedimentary basins and its relation to arsenic in anoxic ground water: the example of West Bengal and its worldwide implications[J]. Applied geochemistry, 19(8):1255-1293.

MONTPERRUS M, BOHARI Y, BUENO M, et al., 2002. Comparison of extraction procedures for arsenic speciation in environmental solid reference materials by high-performance liquid chromatography-hydride generation-atomic fluorescence spectroscopy[J]. Applied organometallic chemistry, 16(7): 347-354.

MUCCI A, BOUDREAU B, GUIGNARD C, 2003. Diagenetic mobility of trace elements in sediments covered by a flash flood deposit: Mn, Fe and As[J]. Applied geochemistry, 18(7):1011-1026.

MILSTEIN L S, ESSADER A, PELLIZZARI E D, et al., 2002. Selection of a suitable mobile phase for the speciation of four arsenic compounds in drinking water samples using ion[J]. Environment international, 28(4): 277-283.

MORITA Y, KOBAYASHI T, KUROIWA T, et al., 2007. Study on simultaneous speciation of arsenic and antimony by HPLC-ICP-MS[J]. Talanta, 73(1): 81-86.

NICKSON R T, MCARTHUR J M, RAVENSCROFT P, et al., 2000. Mechanism of arsenic release to groundwater, Bangladesh and West Bengal[J]. Applied geochemistry, 15(4):403-413.

OLESIK J W, GRAY P J, 2014. Advantages of N_2 and Ar as reaction gases for measurement of multiple Se isotopes using inductively coupled plasma-mass spectrometry with a collision/reaction cell[J]. Spectrochimica acta part b atomic spectroscopy, 100: 197-210.

PARKHURST D L, 1995. User's guide to PHREEQC-A computer program for speciation, reaction-path, advective-transport and inverse geochemical calculations[R]//U.S. Geological Survey Water-resources Investigation Report.Reston:U.S. Geological Survey:95-227.

PARKHURST D L, APPELO C A J, 2013. Description of input and examples for PHREEQC version 3-a computer program for speciation, batch-reaction, one-dimensional transport, and inverse geochemical calculations[M]//U.S. Geological Survey Techniques and Methods Book 6.[S.l.]:[s.n.]:497.

PARKHURST D L, PLUMMER L N, THORSTENSON D C, 1980. PHREEQE-a computer program for geochemical calculations[R]//Review of U.S. Geological Survey Water-resources Investigation Report.Reston:U.S. Geological Survey: 80-96.

PENG J, ELIAS J E, THOREEN C C, et al., 2003. Evaluation of multidimensional chromatography coupled with tandem mass spectrometry (LC/LC-MS/MS) for large-scale protein analysis: the yeast proteome[J]. Journal of proteome research, 2(1): 43-50.

PETROVIĆ M, HERNANDO M D, DÍAZ-CRUZ M S, 2005.Liquid chromatography-tandem mass spectrometry for the analysis of pharmaceutical residues in environmental samples: a review[J]. Journal of chromatography a , 1067(1/2): 1-14.

PICHLER T, VEIZER J, HALL G E M, 1999. Natural input of arsenic into a coral-reef ecosystem by hydrothermal fluids and its removal by Fe(III) oxyhydroxides[J]. Environmental science and technology, 33(9):1373-1378.

PITZER K S, 1973. Thermodynamics of electrolytes. I. Theoretical basis and general equations[J]. The journal of physical chemistry ,77(2):268-277.

PLANER-FRIEDRICH B, ARMIENTA M, MERKEL B, 2001. Origin of arsenic in the groundwater of the Rioverde Basin, Mexico[J]. Environmental geology, 40(10):1290-1298.

PLUMMER L N, BUSENBERG E, 1982. The solubilities of calcite, aragonite and vaterite in CO_2-H_2O solutions between 0 and 90 C, and an evaluation of the aqueous model for the system $CaCO_3$-CO_2-H_2O[J]. Geochimica et cosmochimica acta, 46(6): 1011-1040.

POSTMA D, LARSEN F, HUE N T M, et al., 2007. Arsenic in groundwater of the Red River floodplain, Vietnam: controlling geochemical processes and reactive transport modeling[J]. Geochimica et cosmochimica acta, 71(21):5054-5071.

POSTMA D, LARSEN F, NGUYEN THI T, et al., 2012. Groundwater arsenic concentrations in Vietnam controlled by sediment age[J]. Nature geoscience,5(9):656-661.

POSTMA D, TRANG P T K, SØ H U, et al., 2016. A model for the evolution in water chemistry of an arsenic contaminated aquifer over the last 6000 years, Red River floodplain, Vietnam[J]. Geochimica et cosmochimica acta,

195: 277-292.

RADU T, HILLIARD J C, YANG J K, et al., 2005a. Transport of As(III) and As(V) in experimental subsurface systems, advances in arsenic research[J]. American chemical society,915: 91-103.

RADU T, SUBACZ J L, PHILLIPPI J M, et al., 2005b. Effects of dissolved carbonate on arsenic adsorption and mobility[J]. Environmental science and technology, 39:7875-7882.

RADKE B, JEWELL L, NAMIEŚNIK J, 2012. Analysis of arsenic species in environmental samples[J]. Critical reviews in analytical chemistry, 42(2): 162-183.

RAVEN K P, JAIN A, LOEPPERT R H, 1998. Arsenite and arsenate adsorption on ferrihydrite: kinetics, equilibrium, and adsorption envelopes[J]. Environmental science and technology, 32:344-349.

RAWSON J, PROMMER H, SIADE A, et al., 2016. Numerical modeling of arsenic mobility during reductive iron-mineral transformations[J]. Environmental science and technology, 50:2459-2467.

ROBINS R G, 1985. The solubility of barium arsenate: Sherritt's barium arsenate process[J]. Metallurgical and materials transactions B, 16:662-662.

RODRIGUEZ R R, BASTA N T, CASTEEL S W, et al., 1999. An in vitro gastrointestinal method to estimate bioavailable arsenic in contaminated soils and solid media[J]. Environmental science and technology, 33:642-649.

RONKART S N, LAURENT V, CARBONNELLE P, et al., 2007. Speciation of five arsenic species (arsenite arsenate, MMAAV, DMAA V and AsBet) in different kind of water by HPLC-ICP-MS[J]. Chemosphere, 66(4): 738-745.

RUBY M V, DAVIS A, SCHOOF R, et al., 1996. Estimation of lead and arsenic bioavailability using a physiologically based extraction test[J]. Environmental science and technology, 30:422-430.

SHARMA V K, SOHN M, 2009. Aquatic arsenic: Toxicity, speciation, transformations, and remediation[J]. Environment international., 35:743-759.

SHRAIM A, SEKARAN N C, ANURADHA C D, et al., 2002. Speciation of arsenic in tube-well water samples collected from West Bengal., India, by high-performance liquid chromatography-inductively coupled plasma mass spectrometry[J]. Applied organometallic chemistry, 16(4): 202-209.

SHARMA P, ROLLE M, KOCAR B, et al., 2011. Influence of natural organic matter on As transport and retention[J]. Environmental science and technology, 45:546-553.

SILGONER I, ROSENBERG E, GRASSERBAUER M, 1997.Determination of volatile organic compounds in water by purge-and-trap gas chromatography coupled to atomic emission detection[J]. Journal of chromatography a, 768(2): 259-270.

SMEDLEY P L, KINNIBURGH D G, 2002. A review of the source, behaviour and distribution of arsenic in natural waters[J]. Applied geochemistry, 17:517-568.

SØ H U, POSTMA D, JAKOBSEN R, et al., 2008. Sorption and desorption of arsenate and arsenite on calcite[J]. Geochimica et cosmochimica acta, 72:5871-5884.

SØ H U, POSTMA D, JAKOBSEN R, et al., 2012. Competitive adsorption of arsenate and phosphate onto calcite;

experimental results and modeling with CCM and CD-MUSIC[J]. Geochimica et cosmochimica acta, 93:1-13.

STUMM W, SULZBERGER B, 1992. The cycling of iron in natural environments: considerations based on laboratory studies of heterogeneous redox processes[J]. Geochimica et cosmochimica acta, 56:3233-3257.

SU C, WANG Y, PAN Y, 2013. Hydrogeochemical and isotopic evidences of the groundwater regime in Datong Basin, Northern China[J]. Environmental earth sciences, 70(2): 877-885.

SUGÁR É, TATÁR E, ZÁRAY G, et al., 2013. Field separation‐based speciation analysis of inorganic arsenic in public well water in Hungary[J]. Microchemical journal, 107(3): 131-135.

SUN J, MA L, YANG Z, et al., 2015. Speciation and determination of bioavailable arsenic species in soil samples by one-step solvent extraction and high-performance liquid chromatography with inductively coupled plasma mass spectrometry[J]. Journal of separation science, 38(6): 943-950.

TAGGART M A, CARLISLE M, PAIN D J, et al., 2004. The distribution of arsenic in soils affected by the Aznalcóllar mine spill, SW Spain[J]. Science of the total environment, 323:137-152.

TEMPLETON D M, ARIESE F, CORNELIS R, et al., 2012. Guidelines for terms related to chemical speciation and fractionation of elements. Definitions, structural aspects, and methodological approaches (IUPAC Recommendations 2000) [J]. Pure and applied chemistry, 72(8): 1453-1470.

TESSIER A, CAMPBELL P G C, BISSON M, 1979. Sequential extraction procedure for the speciation of particulate trace metals[J]. Analytical chemistry, 51:844-851.

THEODORIDIS G A, GIKA H G, WANT E J, 2012.Liquid chromatography-mass spectrometry based global metabolite profiling: a review[J]. Analytica chimica acta, 711: 7-16.

TRAN P, NGUYEN L, NGUYEN H, et al., 2016. Effects of inoculation sources on the enrichment and performance of anode bacterial consortia in sensor typed microbial fuel cells[J].AIMS bioeng,3(1): 60-74.

US DA(United States Department of Agriculture), 2001. Determination of arsenic by atomic absorption spectrophotometry:SOP CLG-ARS.03[S] Washington D.C.:United States Department of Agriculture:16.

US EPA(United States Environmental Protection Agency), 1978. Arsenic, sample digestion prior to total arsenic analysis by silver diethyldithiocarbamate or hydride procedures: 206.5[S]. Washington D.C.:United States Environmental Protection Agency.

US EPA(United States Environmental Protection Agency),1994.Arsenic (atomic absorption, gaseous hydride): 7060A[S].Washington D.C.:United States Environmental Protection Agency.

US EPA(United States Environmental Protection Agency),1996.Acid digestion of sediments, sludges, and soils.: 3050B[S].Washington D.C.:United States Environmental Protection Agency.

US GS(United States Geological Survey),1999. Methods of Analysis by the U.S. Geological survey National Water Quality Laboratory determination of arsenic and selenium in water and sediment by graphite furnace-atomic absorption spectrometry: 98-639[S].Reston:United States Geological Survey.

VALOCCHI A J, 1985. Validity of the Local Equilibrium Assumption for Modeling Sorbing Solute Transport Through

Homogeneous Soils[J]. Water resources research, 21:808-820.

VAN HALEM D, OLIVERO S, DE VET W W J M, et al., 2010. Subsurface iron and arsenic removal for shallow tube well drinking water supply in rural Bangladesh[J]. Water research, 44(19):5761-5769.

VAN HERREWEGHE S, SWENNEN R, VANDECASTEELE C, et al., 2003. Solid phase speciation of arsenic by sequential extraction in standard reference materials and industrially contaminated soil samples[J]. Environmental pollution, 122:323-342.

WANG S, MULLIGAN C N, 2006. Occurrence of arsenic contamination in Canada: sources, behavior and distribution[J]. Science of the total environment, 366(2/3): 701-721.

WANG Y, SHVARTSEV S L, SU C, 2009. Genesis of arsenic/fluoride-enriched soda water: a case study at Datong, Northern China[J]. Applied geochemistry, 24(4): 641-649.

WENZEL W W, KIRCHBAUMER N, PROHASKA T, et al., 2001. Arsenic fractionation in soils using an improved sequential extraction procedure[J]. Analytica chimica acta, 436:309-323.

WOLERY T J, 1992. EQ3/6, a software package for geochemical modeling of aqueous systems: package overview and installation guide (Version 7.0):UCRL-MA-110662PT IV[R].Livermore: Lawrence Livermore National Laboratory.

WU H,Li S,Lu J, et al., 2011. Simultaneous speciation of inorganic arsenic and antimony in water samples by hydride generation-double channel atomic fluorescence spectrometry with on-line solid-phase extraction using single-walled carbon nanotubes micro-column[J]. Spectrochimica acta part B: atomic spectroscopy, 66(1): 74-80.

XIAO L, WILDGOOSE G G, COMPTON R G, 2008. Sensitive electrochemical detection of arsenic(III) using gold nanoparticle modified carbon nanotubes via anodic stripping voltammetry[J]. Analytica chimica acta, 620(1/2): 44-49.

XIE X, WANG Y, SU C, et al., 2008. Arsenic mobilization in shallow aquifers of Datong Basin: hydrochemical and mineralogical evidences[J]. Journal of geochemical exploration, 98(3):107-115.

XIE X, JOHNSON T M, WANG Y, et al., 2013. Mobilization of arsenic in aquifers from the Datong Basin, China: Evidence from geochemical and iron isotopic data[J]. Chemosphere, 90:1878-1884.

XIE X, WANG Y, PI K, et al., 2015b. In situ treatment of arsenic contaminated groundwater by aquifer iron coating: experimental study[J]. Science of the total environment, 527-528:38-46.

XIE X, WANG Y, SU C, et al., 2012. Influence of irrigation practices on arsenic mobilization: evidence from isotope composition and Cl/Br ratios in groundwater from Datong Basin, Northern China[J]. Journal of hydrology, 424-425:37-47.

YANG J K, BARNETT M O, ZHUANG J L, et al., 2005. Adsorption, oxidation, and bioaccessibility of As(III) in soils[J]. Environmental science and technology, 39(18):7102-7110.

YANG G D, XU J H, ZHENG J P, et al., 2009. Speciation analysis of arsenic in Mya arenaria Linnaeus and Shrimp with capillary electrophoresis-inductively coupled plasma mass spectrometry[J]. Talanta, 78(2): 471-476.

YIN X B, YAN X P, JIANG Y, et al., 2002. On-line coupling of capillary electrophoresis to hydride generation atomic fluorescence spectrometry for arsenic speciation analysis[J]. Analytical chemistry, 74(15): 3720-3725.

ZHANG H, SELIM H, 2006. Modeling the transport and retention of arsenic (V) in soils[J]. Soil science society of America journal, 70(5): 1677-1687.

ZHAO F, CHEN Y, QIAO B, et al., 2012. Analysis of two new degradation products of arsenic triglutathione in aqueous solution[J]. Frontiers of chemical science and engineering, 6(3): 292-300.

ZHAO H S, STANFORTH R, 2001. Competitive adsorption of phosphate and arsenate on goethite[J]. Environmental science and technology, 35(24):4753-4757.

18.1　水力学特征

含水介质是地下水的重要载体，分析含水介质的水力学特性是研究地下水流作用对砷在含水介质中迁移转化影响的基础。地下水水化学组成及砷的空间分布特征明显受水流场影响。近年来，受人为活动影响，地下水位大幅度变化，对非饱和带及饱和带中砷的富集及迁移转化规律造成了重要影响。大量研究证实季节性漫灌会增加农田土壤中砷的积累，同时砷在农田土壤垂直方向上存在迁移，灌溉回流和洗盐水的渗滤可能是包气带中砷迁移的主要驱动力。富砷沉积物是地下水中砷的直接来源，高 pH、强还原性的地下水环境及竞争吸附离子的存在是含水沉积物中砷向地下水迁移的主要控制因素。因此，含水介质对于分析地下水动力与水文地球化学耦合作用对砷迁移转化的影响具有重要意义。

针对孔隙含水介质，主要涉及的水力学参数和函数有饱和导水率、非饱和导水率函数和水分特征曲线等。

1. 非饱和带介质水力学参数

1）土壤水分特征曲线

土壤水基质势或土壤水吸力是土壤含水率的函数，它们之间的关系曲线称为土壤水分特征曲线（soil water retention curve，SWRC），表示土壤水分的能量和数量之间的关系，是反映土壤水运动基本特征的曲线（张人权 等，2011）。

土壤基质势/土壤负压与含水率关系至今尚不能从理论上得出，因而 SWRC 均用实验方法测定。为了计算和分析需要，常把 SWRC 拟合为经验公式。目前多采用 Van Genuchten（1980）和 Gardner 等（1970）提出的经验公式。

Gardener 公式一般为以下形式：

$$h = a\theta^{-b} \tag{18-1-1}$$

式中：h 为土壤水负压；θ 为土壤体积含水率，%；a、b 为经验常数。

Van Genuchten 公式如下：

$$\frac{\theta - \theta_{\mathrm{r}}}{\theta_{\mathrm{s}} - \theta_{\mathrm{r}}} = \left(\frac{1}{1 + \alpha h^{n}}\right)^{m} \quad \left(m = 1 - \frac{1}{n},\ 0 < m < 1\right) \tag{18-1-2}$$

或

$$\theta(h)=\begin{cases}\theta_{r}+\dfrac{\theta_{s}-\theta_{r}}{(1+|\alpha h|^{n})m} & h<0\\\theta_{s} & h\geqslant0\end{cases}\qquad(18\text{-}1\text{-}3)$$

式中：h 为土壤水负压，cm；θ 为土壤体积含水率，%；θ_{s} 为饱和含水率，%；θ_{r} 为残余含水率，%；α、m、n 为经验常数。

SWRC 测定方法主要有张力计法和压力膜（板）法。由于张力计测定的土壤水吸力为 $0\sim85\,kPa$，所以张力计法只能测定低土壤水吸力范围的水分特征曲线；压力膜法能测定土壤水吸力为 $0\sim1.5\,MPa$ 下的水分特征曲线（马传明，2013）。

（1）张力计法。张力计下端为一多孔的陶土头，溶质和水能自由通过，土颗粒不能通过。陶土头上面连接软管，充满无气水，上端接负压表或 U 形汞柱测压计。当陶土头插入不饱和土壤后，土壤通过陶土头从张力计中吸出水分，因而造成一个真空度或吸力，平衡后从测压计上读数并计算出土壤吸力，再测出陶土头周围的土壤含水率，就得到一组数据。变更土壤含水情况，分别测出对应的土壤水吸力，就可以完成土壤水分特征曲线的测定。

（2）压力膜法。压力膜法是加压使土壤水分流出，土壤基质势降低，直到基质势与所加压力平衡位置。它可应用于扰动土和原状土，测定特征曲线的形状与土壤固有的特征曲线相符，适用于土壤水分动态模拟。其缺点在于：测定周期长，步骤烦琐，存在容重变化问题。

根据实验所得数据，借助土壤水分特征曲线估计软件 RETC（Retention Curve）结合颗粒级配结果，得到拟合结果，即可得出残余含水量、饱和含水量、水分特征函数及饱和导水率等土壤水动力学参数。

2）土壤水力传导度

土壤水力传导度是反映土壤水分在压力水头差作用下流动的性能，在数量上等于在单位水头差作用下，单位土壤断面面积上通过的水流通量，常用单位有 cm/s、cm/min 或 m/d。它是土壤含水率或土壤负压的函数。在饱和土壤中，全部孔隙中都充满水，水力传导度达到最大值，且为常量（在饱和土壤中，水力传导度称为渗透系数）；在非饱和土壤中，部分孔隙，特别是大孔隙充气时，不再导水，导水孔隙相应减少，导水率低于饱和土壤水情况，而且水力传导度随着土壤含水率的降低而降低。

（1）饱和水力传导度测定。在实验室内测定土壤的渗透系数方法很多。根据其原理，可分为常水头和变水头两种：前者适用于透水性大（渗透系数 $k>10^{-3}\,cm/s$）的粗粒土，如砾石和砂土；后者适用于透水性小（$k<10^{-3}\,cm/s$）的细粒土，如粉

土和黏土。细粒土由于渗透系数很小、渗流流过土样的总水量很小，不易准确测定；或者测定总水量的时间很长，受蒸发和温度变化影响的实验误差会逐渐变大，必须采用变水头渗流法（马传明，2013）。

（2）非饱和水力传导度测定。利用垂直土柱取原状土或分层等密度装入扰动土，然后进行定水头上渗实验。根据达西定律，垂直一维流的通量公式为

$$q(z,t) = K(\theta)\left(\frac{\partial h}{\partial z} - 1\right) \tag{18-1-4}$$

式中：$q(z,t)$ 为距进水端距离为 z 处、t 时刻的水流通量，cm/min；$K(\theta)$ 为非饱和水力传导度，cm/min；z 为距进水端（试样段底部）的距离，cm，向上为正；h 为土壤水负压（用水柱高度表示），cm；t 为时间，min。

则可得

$$K(\theta) = \frac{q(z,t)}{\frac{\partial h}{\partial z} - 1} \tag{18-1-5}$$

只要求得 z 处 t 时刻的水流通量 $q(z,t)$ 和负压梯度 $\frac{\partial h}{\partial z}$，就可计算土壤非饱和水力传导度 $K(\theta)$。

3）土壤水分扩散度

土壤水分扩散度为不计重力影响时，单位含水率梯度下，通过单位面积的土壤水流通量，其值为土壤含水率的函数，即

$$D(\theta) = K(\theta)\frac{\partial h}{\partial \theta} \tag{18-1-6}$$

$D(\theta)$ 的常用单位为 cm^2/min。

在土壤含水率很低时，由于土壤水汽扩散速度增大，使扩散度随土壤含水率降低而增大。在土壤含水率很高的情况下，土壤接近饱和，扩散率趋向于无限大。

采用水平土柱法测定非饱和土壤水分扩散度时，要求土柱的土壤质地密度均一、初始含水率相同、土柱进水端水位恒定、压力为零，即水分在土柱中水平吸渗运动的主要动力为土壤基质吸力（马传明，2013）。由于土柱的口径较小，所以忽略重力作用，视为一维水平流动，其微分方程和定解条件为

$$\frac{\partial \theta}{\partial t} = \frac{\partial}{\partial x}\left[D(\theta)\frac{\partial \theta}{\partial x}\right] \quad \begin{array}{l} \theta = \theta_a \quad x > 0, t = 0 \\ \theta = \theta_b \quad x = 0, t > 0 \\ \theta = \theta_a \quad x \to \infty, t > 0 \end{array} \tag{18-1-7}$$

式中：θ 为距土柱初始端（进水边界）的距离为 x 处的土壤含水率，cm^3/cm^3；t 为实验时间，min；x 为距土柱初始段的距离，cm；$D(\theta)$ 为土壤水分扩散度，cm^2/min；

θ_a 为土壤初始含水率，cm^3/cm^3；θ_b 为始端土壤含水率（饱和含水率），cm^3/cm^3。

上述方程为非线性偏微分方程，采用 Boltzmann 变换，将其转化成常微分方程求解，即可得到 $D(\theta)$ 的计算公式（谢森传和杨诗秀，1989）：

$$D(\theta) = \frac{-1}{2\left(\dfrac{d\theta}{d\lambda}\right)} \int_{\theta_a}^{\theta} \lambda d\theta \qquad (18\text{-}1\text{-}8)$$

式中：θ 为距土柱初始端（进水边界）的距离为 x 处的土壤含水率，cm^3/cm^3；$D(\theta)$ 为土壤水分扩散度，cm^2/min；θ_a 为土壤初始含水率，cm^3/cm^3；λ 为 Boltzmann 变换的参数，$\lambda = xt^{-1/2}$，$cm/min^{1/2}$。

实验时，在 t 时刻测出土柱的含水率，并计算出各 x 点的 λ 值，就可以绘制出 θ-λ 关系的实验曲线。由此曲线，可求出不同 θ 值相对应的 $d\theta/d\lambda$ 值和 $\int_{\theta_a}^{\theta} \lambda d\theta$ 值，把它们代入式（18-1-8）就可以计算出 $D(\theta)$。

4）容水度

容水度表示压力水头减小一个单位时，自单位体积土壤中所能释放出来的水体体积。容水度可以用下式表示：

$$c(h) = \frac{d\theta}{dh} \qquad (18\text{-}1\text{-}9)$$

它是负压 h 的函数，为水分特征曲线上任一特定含水率 θ 值时的斜率，并随土壤水分特征曲线而变化，因此它取决于土壤含水率和土壤质地等（张蔚榛，1996）。

2. 饱和带介质水力学参数

饱和带介质水力学参数的求取一般基于水文地质抽水试验，抽水试验是地下水试验与求参的常用方法。

水文地质抽水试验过程中涉及的参数有：

μ_s——单位弹性给水度/单位储水系数，当水头下降一个单位时，从单位体积空隙介质中释放的水量（体积），量纲为 L^{-1}；

M——含水层（承压含水层）厚度，量纲为 L；

h_0——含水层（潜水含水层）外边界处的水位（从隔水底板算起）或渗流厚度，量纲为 L；

μ_e——承压含水层的出水系数/弹性给水度；单位水平面积承压含水层柱体水头下降（或上升）一个单位时所释放（或储存）的水量，$\mu_e = \mu_s M$，无量纲；

K——含水层渗透系数，单位水力梯度下的单位流量，量纲为 L/T；

T——含水层导水系数，表示含水层导水能力的大小，$T = KM$，量纲为 L^2/M；

Q——抽水流量/钻孔涌水量，量纲为 L^3/T；

s_w——抽水井水位降深，量纲为 L；

r_w——抽水井半径，量纲为 L；

R——抽水井影响半径，量纲为 L。

1）稳定流抽水试验求参

（1）抽水设计要符合裘布依公式。稳定流抽水试验主要是求渗透系数 K，其准确程度取决于钻孔施工质量、选用计算公式、抽水引起的地下水运动规律、边界条件与裘布依公式的基本假设条件是否相符等。裘布依（J. Dupuit）公式的基本假定为（陈崇希和林敏，1999）：

（a）含水层均质、水平；

（b）承压水顶底板是隔水的；潜水井边水力坡度小于 1/4，底板隔水，抽水前地下水是静止的，即天然水力坡度等于零；

（c）半径 R 的圆柱面上保持常水头，抽水井内水头上下一致。

在实际工作中，建议使用的抽水设计方法是（中国地质调查局，2006）：

（a）采用较小降深抽水；

（b）观测孔距主井适宜的范围是 $1.6M \leqslant r \leqslant 0.178R$，其中 R 为引用半径，M 为含水层厚度；

（c）每个抽水试验一般要做三个降深，抽水试验最好安排在地下水非开采期，并将抽出的水引出试验区外，以免干扰水位下降。

（2）稳定流常用计算公式。

（a）承压含水层完整井单孔：

$$Q = \frac{2\pi T s_w}{\ln \dfrac{R}{r_w}} = 2.73 \frac{KM s_w}{\lg \dfrac{R}{r_w}} \tag{18-1-10}$$

即

$$K = 0.366 \frac{(\lg R - \lg r_w)}{M s_w} \tag{18-1-11}$$

（b）承压含水层完整井单孔二次以上降深：

$$K = 0.366 \frac{Q(\lg R - \lg r_w)}{aM} \tag{18-1-12}$$

其中，二次降深：

$$a = \frac{s_1 Q_2^2 - s_2 Q_1^2}{Q_1 Q_2^2 - Q_2 Q_1^2} \tag{18-1-13}$$

三次降深：

$$a = \frac{\sum Q_i s_{wi} \sum Q_i^4 - \sum Q_i^2 s_{wi} \sum Q_i^3}{\sum Q_i^2 \sum Q_i^4 - \sum Q_i^3 \sum Q_i^3}$$ （18-1-14）

式中：Q_i 为三次降深的三个流量；s_{wi} 为三次降深的抽水井水位降深。

（c）承压含水层完整井有一个观测孔：

$$K = 0.366 \frac{Q(\lg r_1 - \lg r_w)}{M(s_w - s_1)}$$ （18-1-15）

（d）承压含水层完整井有两个观测孔：

$$K = 0.366 \frac{Q(\lg r_2 - \lg r_1)}{M(s_1 - s_2)}$$ （18-1-16）

式中：s_1、s_2 为观测孔水位降深；r_1、r_2 为抽水孔至观测孔距离。

（e）潜水完整井（单孔）：

$$K = 0.733 \frac{Q(\lg R - \lg r_w)}{(2h_0 - s_w)s_w}$$ （18-1-17）

（f）潜水完整井有一个观测孔：

$$K = 0.733 \frac{Q(\lg r_1 - \lg r_w)}{(2h_0 - s_w - s_1)(s_w - s_1)}$$ （18-1-18）

2）非稳定流抽水试验求参

地下水非稳定流理论对含水层抽水过程的认识与稳定流理论的不同之处主要在于，非稳定流理论将含水层看作弹性体，在无限边界含水层中抽水时，整个流场的各运动要素是随时间而变化的，即流向钻孔的地下水为非稳定流动。经过一定时间后地下水流才趋于稳定流动。非稳定流理论的基本公式——泰斯（C. V. Theis）公式的基本假设条件是（陈崇希和林敏，1999）：

（1）含水层均质、各向同性、等厚且水平分布，水和含水层均假定为弹性体；

（2）没有垂向补给、排泄；

（3）渗流满足达西定律；

（4）完整井，假定流量沿井壁均匀进水；

（5）水头下降引起地下水从储量中的释放是瞬时完成的；

（6）抽水前水头面是水平的，即地下水初期水力坡度为零；

（7）地下水是平面流；

（8）井径无限小且定流量抽水；

（9）含水层侧向无限延伸。

泰斯公式与裘布依公式比较，其优点在于反映了地下水运移普遍存在的非稳定过程，公式中考虑了时间因素，因此在一定条件下可以预测含水层中任一点的水位降深及降落漏斗展布的范围。有利于求取除 K、T 以外的其他参数，如弹性释水系数 S（潜水为给水度 μ）、压力传导系数 σ 等。根据泰斯公式发展的其他模型和计算公式，还可计算弱透水层越流系数 K'/M'、垂向渗透系数 K_z 等。

抽水试验设计须考虑的主要方面有：

（1）抽水前要进行试抽，了解抽水孔的出水量，水位降深和观测孔水位降深情况，选择一个较小的适当流量，以免抽水时掉泵和形成大降深。在 $1.6M \leqslant r \leqslant 0.178R$ 处设置观测孔，以避免三维流、紊流和远处计算 K 值偏大等问题的干扰；

（2）观测孔设置在垂直于地下水流动的方向上；

（3）抽水试验选择时间段内周边地区无地下水开采，抽水井抽出水量引出区外，避免引起对水位降深的干扰；

（4）抽水流量必须保持基本稳定，最大流量与最小流量之比不应大于 1.05；

（5）抽水时间的长短，要根据抽水过程中所绘制的水位降深（s）与时间（t）的双对数曲线所显示的抽水阶段来决定。当曲线平稳的第二阶段末期出现曲线上翘，显示达到第三阶段后，再略延长一段时间抽水试验就可结束。所需抽水时间的长短与含水层岩性有关（中国地质调查局，2006）。

（1）承压完整井非稳定流抽水求参。

以固定流量 Q 抽水时，距抽水井距离 r 处任一时间 t 的水位降深可简化为（陈崇希和林敏，1999）：

$$s(r,t) = \frac{Q}{4\pi T} W(u) \tag{18-1-19}$$

式中：$W(u) = \int_u^\infty \frac{e^{-x}}{x} dx$，含水层定流量井函数，可查表；$u = \frac{r^2}{4at}$，井函数自变量；$a = \frac{T}{\mu_e}$，压力传导系数。

则得

$$s(r,t) = \frac{Q}{4\pi T} \ln \frac{2.25at}{r^2} = \frac{0.183Q}{T} \lg \frac{2.25at}{r^2} \tag{18-1-20}$$

（2）潜水完整井非稳定流抽水求参。

以固定流量 Q 抽水时，距抽水井距离 r 处任一时间 t 的水位降深可简化为

$$s(r,t) = h_0 - \sqrt{h_0^2 - \frac{Q}{4\pi T} W(u)} \tag{18-1-21}$$

$$Q = \frac{2\pi K(2h_0 - s)s}{W(u)} \tag{18-1-22}$$

则得

$$s(r,t) = h_0 - \sqrt{h_0^2 - \frac{Q}{4\pi T}\ln\frac{2.25at}{r^2}} = h_0 - \sqrt{h_0^2 - \frac{0.183Q}{T}\lg\frac{2.25at}{r^2}} \qquad (18\text{-}1\text{-}23)$$

18.2 物理特性与矿物组成

含水层介质由土壤或沉积物构成,它们的主体部分是各种类型的矿物相。这些矿物不仅影响含水层的水文地质参数,更为重要的是控制地下水化学组成和演化过程,并且在砷等污染物的迁移转化中发挥重要的作用。

18.2.1 物理特性

1. 沉积物颗粒尺寸测定

颗粒成分实验是用来测定沉积物中各种粒组所占该土总质量的百分数的实验,可分为筛分法和静水沉降分析法(林彤 等,2012)。

1)筛分法测定砂类土的粒度成分

筛分法是利用一套孔径不同的标准分析筛来分离一定质量的砂土中与筛孔径相应的粒组,而后称量,计算各粒组的相对含量,确定砂土的粒度成分。需风干土样,将土样摊成薄层,在空气中放 1~2 d,待土样水分蒸发后使用。在筛分过程中,尤其是将试样由一器皿倒入另一器皿时,要避免微小颗粒的飞扬。

2)密度计法测定细粒土的粒度成分

密度计法是通过测定土粒的沉降速度求相应的土粒直径,如下式所示:

$$d = \sqrt{\frac{1800\eta}{(\rho_s - \rho_w)g} \cdot v} \qquad (18\text{-}2\text{-}1)$$

若土粒密度一定,悬液温度恒定,令

$$\frac{1800\eta}{(\rho_s - \rho_w)g} \cdot v = A = 常数 \qquad (18\text{-}2\text{-}2)$$

则

$$d = \sqrt{A \cdot v} = \sqrt{A \cdot \frac{H_r}{t}} \qquad (18\text{-}2\text{-}3)$$

式中:d 为土粒直径,mm;η 为水的动力黏滞系数,Pa·s(10^{-3});ρ_s 为土粒的密度,g/cm^3;ρ_w 为 4 ℃水的密度,g/cm^3;g 为重力加速度,cm/s^2;v 为沉降速度,

cm/s；H_r为有效深度，cm；t为沉降时间，s。

在静置过程中，已知密度的均匀悬液由于不同粒径土粒的下沉速度不同，粗、细颗粒发生分异现象。随粗颗粒不断沉至容器底部，悬液密度逐渐减小。密度计在悬液中的沉浮取决于悬液的密度变化。悬浮液静置一定时间后，将密度计放入盛有悬液的量筒中，可根据密度计刻度杆与液面指示的读数测得某深度有效深度的密度，并求出下沉至有效深度处的最大粒径 d；同时，通过计算即可求出有效密度处单位体积悬液中直径小于 d 的土粒含量，以及这种土粒在全部土样中所占的质量含量。由于悬液在静置过程中密度逐渐减小，相隔一段时间测定一次读数，就可以求出不同粒径在土中的相对含量。

2. 含水介质密度

土粒的密度是指干土质量与排开同体积水的比值，是土的三项实测物理指标之一，其单位为 g/cm³，其值大小主要取决于土中的矿物成分和土的塑性特征。

土的密度是指土的单位体积质量，其单位为 g/cm³。土的密度反映了土体结构的松紧程度，是计算土的自重应力、干密度、孔隙比、孔隙度等指标的重要依据。

含水率是土的基本物理性质指标，也是实测物理指标，反映土的干、湿状态。含水率的变化使土物理力学性质发生一系列变化。含水率是计算土的干密度、孔隙比、饱和度、液性指数等不可缺少的依据（林彤 等，2012）。

天然含水率是指在实验温度为 105～110℃恒温 8 h 后，土中失去的水分与其干土质量的百分比，其单位用百分数表示。

1）比重瓶法

此法适用于粒径小于 5 mm 或者含有少量 5 mm 颗粒的土。粒径大于 5 mm 的土，则用虹吸筒法。该方法的原理是将土颗粒放入盛有一定水位的虹吸筒中，排开的水量即为试样的体积。对于砂土，可用大型的李氏比重瓶法，其原理与虹吸筒法相似。土中含有气体，实验时必须把它排尽；否则影响测试精度。可用煮沸法或抽气法排出土内气体（聂良佐和项伟，2009）。

按下式计算土粒的密度，精确至 0.01 g/cm³：

$$\rho_s = \frac{m_s}{m_1 + m_s - m_2} \rho_{w_t} \qquad (18\text{-}2\text{-}4)$$

式中：m_s 为土粒的质量，g；m_1 为瓶加水加土的质量，g；m_2 为瓶加水的质量，g；ρ_{w_t} 为 t℃时蒸馏水的密度。

在实验过程中需注意，进行两次平行测定，取其结果的算术平均值，其平行

差值不得大于 $0.02\,\mathrm{g/cm^3}$。

2）环刀法

环刀法是用一定质量及容积的环刀，切取土样，使土样的体积与环刀容积一致，这样环刀的容积即为土的体积；称量后，减去环刀的质量就得土的质量。然后计算土的密度。

$$\rho = \frac{m_2 - m_1}{V} \tag{18-2-5}$$

式中：ρ 为土的密度，$\mathrm{g/cm^3}$；m_1 为环刀的质量，g；m_2 为环刀与土样质量之和，g；V 为土的体积，$\mathrm{cm^3}$。

3）蜡封法

蜡封法是将已知质量的土块浸入融化的石蜡中，使试样有一层蜡的外壳，保持其完整外形，通过分别称得带有蜡壳的土样在空气中和在水中的质量，根据阿基米德原理，计算出试样体积，便可以求得土的密度（聂良佐和项伟，2009）。

$$\rho = \frac{m}{V_1 - V_2} = \frac{m}{\dfrac{m_1 - m'}{\rho_\mathrm{w}} - \dfrac{m_1 - m}{\rho_\mathrm{n}}} \tag{18-2-6}$$

式中：ρ 为土的密度，$\mathrm{g/cm^3}$；m' 为封蜡试样在水中的质量，g；m_1 为封蜡试样的质量，g；m 为试样的质量，g；V_1 为封蜡试样体积，$\mathrm{cm^3}$；V_2 为蜡膜体积，$\mathrm{cm^3}$；ρ_w 为水的密度，$\mathrm{g/cm^3}$；ρ_n 为石蜡的密度，常采用 $0.92\,\mathrm{g/cm^3}$。

3. 介质含水率

含水率是指土中水分质量与干土质量的比值。湿土在温度为 $105\sim110\,^\circ\mathrm{C}$ 的长时间烘烤下，土中水分完全被蒸发，土样减轻的质量与完全干燥后土样的质量的比值，即为湿土的含水率，以百分数（%）表示，计算精确至 0.1%（聂良佐和项伟，2009）。

$$\omega = \frac{m_1 - m_2}{m_2 - m_0} \times 100\% \tag{18-2-7}$$

式中：ω 为土的含水率，%；m_1 为铝盒加湿土的质量，g；m_2 为铝盒加干土的质量，g；m_0 为铝盒的质量，g。

每一土样须做两次平行测定，取其结果的算数平均值。在实验过程中需注意，打开土样后，应立即取样称湿土质量，以免水分蒸发。土样必须按要求烘至恒重，否则影响测试精度。烘干的实验应冷却后称量，防止热土吸收空气中的水分，并避免天平受热不均影响称量精度。

18.2.2　矿物组成

研究表明，沉积物中铁氧化物/氢氧化物是高砷含水层中砷的主要来源，而有利的氧化还原环境是地下水系统中砷迁移转化的重要促进因素（Islam et al., 2004; Mcarthur et al., 2004; Nickson et al., 2000）。也有部分学者认为，含砷黄铁矿同样是沉积物中砷的重要来源之一。含水层沉积物中通常含有一定量的黄铁矿，黄铁矿的氧化过程可促使砷从沉积物向地下水中释放（Basu and Schreiber, 2013; Masscheleyn et al., 1991）。因此，明确沉积物的矿物组成，尤其是含砷矿物相组成对了解含水层中砷的来源至关重要。天然沉积物中，铁氧化物/氢氧化物矿物主要包括赤铁矿（α-Fe_2O_3）、针铁矿（α-FeOOH）、纤铁矿（γ-FeOOH）、磁赤铁矿（γ-Fe_2O_3）、磁铁矿（Fe_3O_4）及水铁矿（$5Fe_2O_3 \cdot 9H_2O$）等（Chowdhury et al., 1999）。这些铁矿物均表现出不同地球化学行为特征（表 18-2-1）。虽然环境磁学研究已被广泛用于鉴定铁矿物相组成和地球化学特征，但其在高砷地下水研究领域的应用少见报道。

表 18-2-1　磁性矿物特征及主要赋存环境

矿物种类	化学式	磁性性质	颜色	赋存环境
磁铁矿	Fe_3O_4	铁磁性	灰黑色	主要存在于第四系碎屑沉积物及自生沉积物中，在缺氧环境下完好保存
磁赤铁矿	γ-Fe_2O_3	铁磁性	棕黑色	大量保存于高度风化的热带与亚热带土壤中
赤铁矿	A-Fe_2O_3	反铁磁性	红色	发育于高温、干燥的氧化性土壤中
针铁矿	α-FeOOH	顺磁性	黄色	在高温、湿润的土壤中大量发育
纤铁矿	γ-FeOOH	顺磁性	红黄色	主要存在于排水不良的土壤中
水铁矿	$5Fe_2O_3 \cdot 9H_2O$	顺磁性	红黑色	存在于排水不良的灰化壤中

鉴于此，本小节将重点论述沉积物矿物组成分析方法和环境磁学表征方法。

1. 矿物相鉴定和组分分析

土壤和沉积物主要由各类矿物颗粒或矿物聚合体组成。按照形成过程大致可分为三类：原生矿物、次生矿物和有机质等。原生矿物主要为矿物岩体风化后形成的矿物颗粒或碎屑，如石英、长石、云母和角闪石等，它们在土壤和沉积物中最为常见。次生矿物是原生矿物经化学反应过程产生的新矿物相，一般颗粒相对细小，如方解石、白云石、金属氧化物和硅酸盐矿物等，它们也是土壤和沉积物中的常见组分。有机质通常为动植物残骸的化学或微生物分解产物，土壤和沉积物中的有机质主要由腐殖质组成，当其质量分数较高（>5%）时，常会形成泥炭层或有机质土。

传统上，矿物相的鉴定可以通过观测成块或聚集矿物体的形状、解理和颜色等进行。然而，天然松散沉积物中的矿物相（如铁氧化物矿物和碳酸盐矿物等次生矿物）通常以细小颗粒或微晶的形式与其他组分混杂在一起，且矿物相晶型可能没有单晶那样完美，常掺杂其他化学元素。这些因素使得沉积物中矿物相的鉴定和定量分析面临不小的挑战。

X 射线衍射（XRD）分析是表征沉积物中矿物相的一种有效手段（Wang and Mulligan, 2008）。矿物结构中的原子排列有序规整，这种重复排列使得 X 射线发生衍射，而不同的晶体类型和结构衍射图谱具有特异性。换言之，X 射线衍射图谱是晶体中原子有序重复排列方式的直观体现，因此可以借此鉴定矿物相。实际上，XRD 已被广泛用于鉴定矿物材料和表征它们的晶体结构（Savage et al., 2000; Myneni et al., 1997）。此外，XRD 还可用于分析砷在矿物表面的吸附形式。Myneni 等（1997）使用 XRD 探讨了 As（V）在钙矾石表面的吸附行为，认为砷与钙矾石的结合可能存在两种方式：一种是与晶体的内表面和外表面上的官能团络合；另一种是砷酸根直接与晶体通道中的硫酸根发生离子交换，完成置换作用。XRD 对于单晶或纯度较高的矿物相颗粒具有很好的鉴定效果，并可通过引入标准的方法进行定量化分析。然而，天然含水介质多为松散沉积物，通常为多种矿物相的混合体，且次生矿物相较为杂乱，这给 XRD 分析带来了极大的困难。此时，XRD 分析可以较好地鉴定那些含量较高、稳定性相对较强的原生矿物相，如石英、长石和角闪石等，但对于大多数的含量较低的次生矿物相却难以准确鉴定，如各类铁氧化物、方解石和雄黄等。但即使能够鉴定这些次生矿物相，其结果也仅能作为定性分析参考，由于诸多干扰因素，如检出限限制、择优取向、峰位重叠和样品复杂性等的存在难以做到定量分析。XRD 粉晶分析对于天然沉积物中矿物有较好的鉴别效果。将样品充分研磨后，有利于少量矿物物相的鉴定，这是由于样品经充分研磨后，衍射强度重复性好，可反映样品的真实强度，且能较好地消除择优趋向的问题。但对于结构相似的矿物，需要注意通过主要特征线细加区分。因此，常常需要将 XRD 分析与其他更为精确的表征手段或化学分析方法结合，才可对矿物含量进行定量化分析。

扫描电子显微镜（SEM）是鉴定矿物相组成的另一种强有力的手段。SEM 给出的图谱可非常直观地观测微小矿物颗粒（亚微米级）的形状、解理和堆积方式，通过与典型图谱对比快速地初步判定矿物相类型。借助与能量色散 X 射线谱（EDS）联用，可以对目标矿物相的元素组成和比例进行定量分析，再与经验化学式对比就可进一步确定矿物相。SEM 方法可以进行局部和微区分析，因此对于含量较低的次生矿物相的寻找和鉴定极为适用。此外，一些先进的 SEM 仪器可以提供多种高分辨率的扫描方式，因此可以根据样品来源和待确定目标矿物相的特点选择最为合适的扫描方法，方便灵活。SEM 方法的突出优势使得它被广泛地用于鉴别和定量土壤和沉积物中的含砷矿物相。例如，Matera 等（2003）使用 SEM-EDS 成功地识别了法国某地土壤样品中的富砷矿物颗粒及与其他元素的结合情况，并发现 Fe/As 比对含砷矿物相的溶解性有着显著的影响：当 Fe/As 比达到 3 时足以将砷固定在土壤中，且随着 Fe/As 比的升高，砷的溶解性下降。Xie 等（2015）利用高分辨率 SEM 观测了石英砂表面用于固砷的镀铁层，发现其主要成分为针铁矿，且在砷吸附后发生了明显的形貌变化。

2. 环境磁学表征方法

天然沉积物中，作为砷重要载体之一的铁氧化物矿物相主要包括赤铁矿（α-Fe_2O_3）、针铁矿（α-FeOOH）、纤铁矿（γ-FeOOH）、磁赤铁矿（γ-Fe_2O_3）、磁铁矿（Fe_3O_4）及水铁矿（$5Fe_2O_3 \cdot 9H_2O$）（Chowdhury et al.，1999）。不同铁矿物相可表现出不同的环境磁性特性（表 18-2-1）。因此，矿物相磁性参数可为认识砷与铁矿物间的相关性提供进一步的证据。

磁化率（χ）是亚铁磁性参数，当亚铁磁性较低时，其对反铁磁性及顺磁性也较为敏感。饱和等温剩磁（SIRM），如 χ 也为亚铁磁性参数，但对反铁磁性和顺磁性并不敏感（Hunt et al., 2013; Robertson et al., 2003; Peters and Thompson, 1998）。

沉积物中的磁性矿物可以分为软磁性和硬磁性矿物两类。软磁性矿物具有较低的矫顽力，软磁性矿物组分的含量通常与沉积物或土壤中磁铁矿的含量相当。而硬磁性矿物组分具有较高的矫顽力，其通常被用于估计反铁磁性矿物的含量（如赤铁矿）（Thompson and Oldfield, 1986）。IRM300 mT/SIRM 比值（F 比值）可指示沉积物中软或硬的磁性矿物的相对含量。当该比值接近 1 时，意味着在外加 300mT 的磁场时其即达到磁性饱和，表明样品中以软磁性矿物为主，如磁铁矿；当该比值接近 0 时，对应的样品具有较高的矫顽力，外加 300 mT 的磁场时其远未达到磁性饱和（Liu et al., 2012；Peters and Dekkers, 2003）。硬饱和等温剩磁强度（HIRM）可指示矿物中反铁磁性矿物富集程度（Peters and Dekkers, 2003; Thompson and Oldfield, 1986）。

3. 含水层中的砷矿物相

虽然砷被发现存在于诸多原生矿物相中，但其实砷并不易于通过类质同象替换进入这类矿物相中，因此天然含水层中原生矿物相的砷含量通常较低。砷更多地以少见矿物相的形式存在，如单质砷（As）（极为少见）、雄黄（As_4S_4）、雌黄（As_2S_3）、砷黄铁矿（FeAsS）和辉砷钴矿（CoAsS）等（O'Day，2006）。当这些初级矿物转移至地表或暴露在空气中时，风化作用导致这些还原性的砷矿物转变为砷氧化物（如 As_2O_3）及砷、氧和金属元素组成的复合化合物。这些次生矿物相随沉降过程进入含水层，在一定条件下又可能转变为砷硫化物矿物等（Neil et al., 2014）。

　　总结已有研究结果可知，含水层中的砷矿物相大体可以分为三类。一类是含砷氧化物，主要包括砷华和白砷石，其化学式均可表示为 As_2O_3。这两者是同质多型体，具有相近的热力学稳定性（Nordstrom and Archer, 2003）。砷华和白砷石通常为砷硫化物风化后的次生产物，也可能是富含砷的煤的风化产物，从而构成砷的重要来源（Smedley and Kinniburgh, 2002）。此外，As（III）可通过阳离子-氧-砷的化合形式与大量的碱金属、碱土金属和其他金属元素结合，形成一系列的金属砷氧化物矿物相（表 18-2-2）。这类金属砷氧化物在天然含水层中相对少见，多为弱还原性条件下的水热或变质过程产物，因此可能在某些地热系统中发现它们的身影。这些亚砷酸盐矿物的溶解度在很大程度上取决于其组成中的阳离子类型，通常碱金属类最易溶解，而重金属类多较难溶解（O'Day，2006）。

表 18-2-2　砷矿物相一览表

大类	矿物相	大类	矿物相
单质砷	**砷元素** 原生砷 As 自然砷铋 As		六方砷钙石 $Ca_5(AsO_4)_3(OH)$ 砷铅矿 $Pb_5(AsO_4)_3(Cl)$ **砷钙镁石类 AB $(XO_4)(OH)$**
含砷氧化物相	**As（III）氧化物** 砷华 As_2O_3 白砷石 As_2O_3	含砷氧化物相	A 为 Ca、Pb；B 为 Fe^{2+}、Co、Cu、Zn 砷锌钙矿 $CaZn(AsO_4)(OH)$ 砷钙铜矿 $CaCu(AsO_4)(OH)$ **磷铝石类：A $(XO_4)\cdot 2H_2O$** A 为 Me^{3+}，通常为 Al 或 Fe 臭葱石 $FeAsO_4\cdot 2H_2O$ 砷铝石 $AlAsO_4\cdot 2H_2O$
	$[AsO_2]^-$类 $NaAsO_2$ $Cu^{2+}(AsO_2)_2$ $Cu^{2+}(AsO_2)(OH)$ **$[As_2O_4]^{2-}$类** 软砷铜矿 $Cu^{2+}As_2O_4$ 锌砷矿 $Zn As_2O_4$ 锰砷矿 $Mn_3^{2+}As_2O_4(OH)_4$ **$[AsO_3]^{3-}$类** 砷锌矿 $Zn_3(AsO_3)_2$ 水砷锰铅矿 $Pb_2Mn^{2+}(AsO_3)_2\cdot 2H_2O$ 钙铁砷矿 $Ca_8Mn^{2+}(AsO_3)_2\cdot H_2O$ **$[As_2O_5]^{4-}$类** $Pb_2As_2O_5$ 羟氯铅矿 $Pb_8(As_2O_5)_2OCl_6$		**蓝铁矿类：$A_3(XO_4)_2\cdot 8H_2O$** A 为 Me^{2+}，通常为 Co、Ni、Zn、Fe、Mn 或 Mg 砷镁石　$Mg_3(AsO_4)_2\cdot 8H_2O$ 钴华 $Co_3(AsO_4)_2\cdot 8H_2O$ **毒铁矿类：** **$AB_4(AsO_4)_3(OH)_4\cdot 5\sim 7H_2O$** A 为 K、Na；B 为 Al^{3+}或 Fe^{3+} **$AB_4(AsO_4)_3(OH)_5\cdot 5\sim 7H_2O$** A 为 Ba；B 为 Al^{3+}或 Fe^{3+} 钠毒铁矿 $NaFe_4^{3+}(AsO_4)_3(OH)_4\cdot 6\sim 7H_2O$ 钡毒铁矿 $BaFe_4(AsO_4)_3(OH)_5\cdot 5H_2O$
	As（V）氧化物 X 可能为 P、As 或 V **磷灰石类：$A_5(XO_4)_3(OH,F,Cl)$** A 通常为二价阳离子（Me^{2+}），如 Ca、Ba、Pb、Sr	X 可能为 P、As 或 V	

大类	矿物相	大类	矿物相
含砷氧化物相	**As（V）氧化物** X 可能为 P、As 或 V	砷硫化物相	**砷硫化砷** 砷黄铁矿 FeAsS 辉钴矿 CoAsS 辉砷镍矿 NiAsS 雌黄 As_2S_3 雄黄 AsS 或 As_4S_4 **砷磺酸盐** 硫砷铜矿 Cu_3AsS_4 硫砷银矿 Ag_3AsS_3
	砷铋铜矿-砷铜钇矿类： $ACu_6(XO_4)_3(OH)_6·3H_2O$ A 为 Me^{2+}、Ca、REE、Bi 砷铋铜矿 $BiCu_6(AsO_4)_3(OH)_6·3H_2O$ 砷铜钇矿- (Y)(Y,Ca)$Cu_6(AsO_4)_3(OH)_6·3H_2O$ **砷酸硫酸盐** 砷铁矾 $Fe_2(AsO_4)(SO_4)(OH)·5H_2O$ 水合硫砷铁石 $Fe_4(AsO_4)_3(SO_4)(OH)·15H_2O$ **铀酰砷酸** 水砷铀矿 $Ca(UO_2)_4(AsO_4)_2(OH)_4·6H_2O$ 翠砷铜铀矿 $Cu(UO_2)_2(AsO_4)_2·12H_2O$	金属砷化物相	**砷化物** 砷铜矿 Cu_3As 斜方砷铁矿 $FeAs_2$ 红砷镍矿 NiAs 镍方钴矿 (Ni,Co)$As_{2\sim3}$ 斜方砷镍矿 $NiAs_2$ 斜方砷钴矿 $CoAs_2$ 方钴矿 $CoAs_{2\sim3}$ 砷铂矿 $PtAs_2$

类似地，砷酸盐矿物也可能存在于天然含水层系统中。砷酸盐矿物的典型结构为几何形状相对稳定的$[AsO_4]^{3-}$四面体与过渡金属元素以八面体的形式结合（类似于磷铝石族）或与二价金属离子（如钙和铅）结合（类似于磷灰石族）。键合方式的可变性和多样化有利于相对宽松的晶体结构的形成，从而导致阳离子、阴离子或水分子可通过取代方式进入晶相结构。因此，在土壤和氧化性浅表环境中，砷酸盐矿物可稳定存在，根据环境干燥程度的不同，可能含有一个至多个结晶水。实际上，砷酸盐矿物相更多地见于含砷矿床周围，它们常以水合砷酸盐矿物的形式包裹在硫化矿颗粒的表面（Anthony et al., 2000）。砷酸盐矿物的溶解性决定了砷的迁移性，其也受到环境因素的影响。

第二大类砷矿为砷硫化物相，包括砷黄铁矿、雄黄和雌黄等，其中砷黄铁矿是含水层中最为常见和含量相对较高的含砷矿物（表 18-2-2）。这些矿物通常见于水热系统或岩浆矿床中，也可能存在于富硫条件下的高砷含水层中。例如，O'Day 等（2004）通过光谱表征技术发现了硫酸盐还原环境高砷含水层中存在有类雄黄和类雌黄矿物相，这可能与硫和砷的微生物还原过程密切相关。这些矿物在氧化环境中不稳定，易被氧化。某些过渡金属元素，如钴、镍和铜等，也可与砷和硫结合形成一系列的微量硫化矿或固溶体。

砷硫化物的结构和化学键性质与砷氧化物截然不同，与其他金属硫化物也有显著差别。砷硫化物中的化学键呈高度共价形式，大体包括 As—S 和 As—As 两种二聚基本单元，以此构成更为复杂的晶型（O'Day，2006）。雄黄及其多形体（或同质异象体）通常由相对离散的[As_4-S_4]笼状分子结构组成，分子结构之间则通过 As—As 和 S—S 二聚体相连。相反，雌黄则由[As-S_3]分子结构以链状形式组成，分子结构之间通过硫原子桥接。这种键合形式和晶体结构上的差异决定了矿物的宏观性质，使得它们能够在较宽的温度范围内稳定存在，因而可以在一些地热系统中发现它们的身影。尽管这两种矿物存在分子结构上的差异，且雌黄比雄黄在某些情况下更稳定，但矿物结构和活性之间的细微差异使得通过 XRD 等表征手段难以区分它们，这给含水层中砷硫化物的鉴定和定量分析带来了更大的难度。

砷黄铁矿的结构与黄铁矿有些类似，可看作黄铁矿的衍生物。矿物晶体结构中，铁原子周围以共边和共角的形式被三个砷原子和三个硫原子围绕，形成典型的八面体结构。每一个砷或硫原子以四面体的形式与三个铁原子配合，或与一个硫原子或砷原子共键形成[AsS]$^{2-}$二聚体。与立方体式的黄铁矿不同的是，砷黄铁矿的结构相对扭曲、对称性稍差，因而更易被破坏，有利于氧化条件下砷的迁移（Basu and Schreiber，2013；Corkhill and Vaughan，2009）。实际上，砷黄铁矿是某些含水层中水砷的重要来源，砷黄铁矿或含砷黄铁矿的氧化是高砷地下水的主要机理之一（Smedley and Kinniburgh，2002）。

第三类砷矿物为金属砷化物，但极为少见。金属砷化物类似于合金类矿物相，通常可写成 $MeAs_n$（Me 代表金属，n=1、2 或 3），具有半导体的性质。砷与金属原子之间高度共价，天然系统中相对常见的矿物相为铁、钴、镍和铜的砷化物（表 18-2-2），通常只存在于水热系统或岩浆岩矿床中，与硫化矿共生或形成固溶体。

因此，天然系统中砷矿物类型及与之相关的砷环境行为和其所处的环境密切相关。在氧化环境中，电负性更强的氧使得砷呈现出阳离子的性质，形成含氧砷矿物相或化合物，并可以络合物的形式存在于其他矿物相表面。而在还原环境中，As—S 和 As—As 二聚体单元具有较强的稳定性，As 和 S 电负性的相似性使得它们之间高度键合，以此形成多种类型的砷硫化物矿物。

18.3　化　学　组　成

含水层介质中的固相砷可以矿物组成元素（进入矿物结构）的形式存在，也可以吸附或共沉淀形式与载体结合。研究表明，砷十分易于吸附在铁、锰和铝等金属氧化物及黏土矿物的表面（Wang and Mulligan，2006）。此外，砷酸根还可替换矿物表面的元素，进入黄钾铁石、石膏、方解石和钙矾石等次生矿物相中（Yokoyama et al., 2012; Savage et al., 2005; Myneni et al., 1997）。随着地下水环境的演变，这些富含砷的颗粒相可能成为水砷的重要来源或固砷介质。

已有研究采用了诸多分析方法来定量表征不同固相介质中砷的化学价态和局部结合环境，并可较为精确地揭示砷的微观结合形式和化学键结构。例如，X射线技术和振动光谱检测技术可用于半定量或定量测定沉积物中的砷化合物结构和砷的界面反应过程（Ouvrard et al., 2005; Fendorf et al., 1997; Helz et al., 1995）。下面将重点介绍沉积物化学组成分析方法、固相介质中砷的形态和表面结合表征方法。

根据来源不同，天然沉积物的化学组成可能十分复杂，因而测试指标和表征手段也多种多样。其中常见的两大类为光谱学表征和化学分析。光谱学表征手段包括X射线荧光光谱（XRF）、能量色散X射线谱（EDS）（通常与扫描电子显微镜联用）、傅里叶变换红外光谱（FTIR）、穆斯堡尔谱、X射线吸收近边结构（XANES）和扩展X射线吸收精细结构（EXAFS）等。光谱学分析方法的优点是样品使用量少、不损伤样品和可进行微区精细分析等。化学分析方法通常是使用化学试剂提取出沉积物中的特定组分或目标矿物相或将沉积物完全消解，然后对提取液或消解液中的元素组分进行定量分析，常用的分析方法包括石墨炉原子吸收光谱法（GFAAS）、电感耦合等离子体原子发射光谱法（ICP-AES）、氢化物发生原子荧光光谱法（HG-AFS）和电感耦合等离子体质谱法（ICP-MS）等。

1. 沉积物全岩化学分析

全岩化学分析通常是针对沉积物样品整体，分析其化学组分的总体含量，如主量、微量元素总量（包括砷）和有机质（包括有机碳、有机氮、有机硫和有机磷等）含量等。目前，已有数种方法用于分析土壤和沉积物中的总砷。XRF是测定矿物主量元素组成的一种常用光谱学方法。将土壤或沉积物样品充分研磨均匀、过筛（一般为200目）后，再用样品黏合剂胶结并压成圆形小片后，即可进行XRF分析。测定土壤或沉积物中主量、微量化学组分含量（包括砷）的另一种方法是消解法，即利用合适的浓酸和氧化剂体系将样品完全破坏，通过测定消解液中元素含量来计算沉积物中元素的质量分数。

含水介质中的有机质是影响砷迁移性的一个重要因素，其含量和活性很大程度上影响了氧化还原序列进行程度和含砷铁氧化物矿物相的溶解程度（Lawson et al., 2016; Postma et al., 2016; Mladenov et al., 2010）。因此，沉积物有机质（主要是有机碳）含量的测定十分必要，属于反映土壤和沉积物基本化学性质的重要指标。天然沉积物中的有机质一般以有机碳为主。有机碳的测试通常用元素分析仪（element analyzer）进行。样品通常需先烘干和充分研磨均匀，然后通过高温（1100℃）催化氧化将有机碳转换为二氧化碳气体，借助于高精度红外检测仪来测定有机碳的含量。为了避免无机碳对结果的影响，测试前需使用稀盐酸去除样品中的溶解性碳酸氢盐和碳酸盐矿物。

2. 光谱学表征方法

1）傅里叶变换红外光谱（FTIR）

红外光谱主要适用于具有红外吸附活性的物质或表面络合结构。红外光被这类物质吸收即可产生对应的吸收光谱图，通过将谱图与标准谱图对比即可获知样品中化学键的强度、局部环境和含量等方面的信息。FTIR 的检出限依据样品性质而定，通常为 0.1%～1%（Wang and Mulligan, 2008）。

FTIR 常被用于介质表面吸附砷的分子结构分析，如介质表面的羟基基团、砷吸附位置和被吸附砷的局部环境等。例如，砷与铁氧化物表面的羟基相互作用必然会引起砷和表面羟基振动能的变化，这种变化会引起红外信号的动态响应，包括峰位的移动和峰强的变化等，据此可判断砷的吸附形式和吸附量。

FTIR 存在多种工作模式，如透射红外光谱（T-FTIR）和衰减全反射红外光谱（ATR-FTIR）等。T-FTIR 较适用于简单的合成物相，它所产生的谱图数据相对直接，易于解读，制样过程也较为简单（Smith, 1996）。但 T-FTIR 不大适用于表面组分的分析，因为红外光束需要穿透整个样品。而 ATR-FTIR 可以较好地解决这个问题，因为物质表面处的红外吸收可导致总反射辐射减弱。ATR-FTIR 被认为是一种简单、直接、灵活和灵敏的原位红外表征技术，对固相表面组分分析尤为适用（Voegelin and Hug, 2003）。

此外，FTIR 方法还可分为异位（ex-situ）和原位（in-situ）两种使用环境。异位 FTIR 主要用于移出反应体系后的样品的分析，经干燥的样品与 KBr 混合后，在真空或氮气氛围下压成待测薄片，即可上机测试。而原位 FTIR 可以直接测试反应体系中固相介质表面甚至液相分子结构的动态变化。此时需要将反应体系与红外光谱仪整合，因此对仪器精度、稳定性和抗干扰能力要求较高。原位红外光谱可以捕获反应中间产物的信息，并且对于易受环境干扰的样品更为适用，因此有利于深入认识反应路径和反应机理。

对于天然样品，FTIR 分析存在一些较为明显的缺陷。这是由于天然样品比较复杂，物质组分多种多样，多种组分吸收峰的重叠和掩盖使得定性和定量分析都面临不小的困难（Smith，1996）。鉴于此，常需要将 FTIR 方法与其他表征手段相结合，如拉曼光谱（Raman Spectroscopy，RS），从多个角度考查待测物质组分。FTIR 和 RS 的联合使用可对分子的多个振动方式进行识别，从而显著提高分析的灵敏度和准确性。例如，红外和拉曼联合分析结果表明，液相和结晶态砷酸盐中的 $[AsO_4]^{3-}$ 几何构型可因质子化作用强烈扭曲（Myneni et al.，1998）。基于振动光谱得出的 As—OM（M 代表金属）模型已成为分析固-液两相界面处的砷表面吸附络合物结构的一种非常有用的途径。

Sun 和 Doner（1996）利用 T-FTIR 和 ATR-FTIR 研究了 As（III）和 As（V）在针铁矿表面的吸附机制，发现大部分的 As（III）和 As（V）主要替换了表面处两个独立的羟基（A 型）来形成双核桥连络合物，即 Fe—O—AsO（OH）—O—Fe 和 Fe—O—As（OH）—O—Fe；此外，As（V）还可与双羟基（B 型）反应，而 As（III）主要与三羟基（C 型）反应。

Voegelin 和 Hug（2003）利用原位 ATR-FTIR 技术探究了 As（III）和 As（V）在水铁矿表面的吸附行为。谱图结果显示，相比于未吸附砷的水铁矿表面，As（V）吸附后在 819 cm^{-1} 处出现典型的特征吸收峰和在 860 cm^{-1} 处出现肩峰，整个峰位从 700 cm^{-1} 延展至 950 cm^{-1}，而 As（III）仅在 774 cm^{-1} 出现吸收峰，据此推测 As（V）和 As（III）均可以内层络合物形式吸附在水铁矿表面，而 As（III）还可能部分地以外层络合形式吸附。

2）X 射线光电子能谱（XPS）

X 射线光电子能谱也称化学分析电子能谱（ESCA），是一种非破坏性的固相介质表面分析方法。XPS 可以精确表征固体样品表面（0.2～0.5 nm）的化学组成和化合物形态（Jeong et al.，2010）。X 射线激发出的光电子具有离散化的动能，其代表发射原子和键合形态方面的信息，通过捕获这些信息就可识别元素价态和与之结合的配位原子和配合环境。

由于不同的砷形态具有各自的结合能特性及 3d 电子结合能，XPS 尤其适用于解析单相介质表面上砷的价态及砷在介质表面的吸附方式和络合形态，是一种精确的微观表征手段（Kim and Batchelor，2009；Violante et al.，2007；Ohki et al.，2005）。例如，Na_2HAsO_4 中 As（V）的 3d 电子结合能为 45.5 eV，而 $NaAsO_2$ 中 As（III）的 3d 电子结合能为 44.2 eV（Wang and Mulligan，2008），当发生质子化、去质子化和络合反应时，3d 电子结合能就会发生相应的改变，根据不同价态和不同结合形式的特征能量值即可判断砷的存在形态（Ohki et al., 2005）。例如，Nesbitt 和 Reinke（1999）借助于 XPS 分析确定了红砷镍矿（NiAs）中的砷处于-1 价态。

　　XPS 的一个主要缺点是灵敏度不够高，检出限通常约为 1%，且空间分辨率有时不太理想。此外，由于电子无法穿透空气，XPS 分析必须在超高真空条件下（$<1.3 \times 10^{-7}$ Pa）进行。上述缺点使得 XPS 在分析复杂和非均质性较强的天然样品时表现不大理想，常常会遇到多种元素峰位重叠或互相掩盖的问题。Atzei 等（2003）建议，将 XPS 与 X 射线激发俄歇电子（XAES）联合使用可能成为解析复杂环境样品中砷化学形态的一种新手段。例如，XPS 和 X 射线吸收光谱联合分析结果表明，砷黄铁矿中砷的平均价态为-1 价，其中砷的 3d 主峰峰位值为 41.20 eV，可能是（As-S）$^{2-}$中 As 的特征峰（Buckley and Walker，1988）。

　　含砷硫化物如砷黄铁矿氧化的动力学过程和机理一直以来是一个争议的课题。通过利用循环伏安法和 XPS 分析，Beattie 和 Poling（1987）指出，当 pH 大于 7 时，砷黄铁矿的氧化会导致在其表面形成 Fe（III）氧化物层，且砷可被氧化成 As（V）而硫被氧化成硫酸盐。利用类似实验手段，后续研究相继证实，氧化反应快慢和产物与环境因素密切相关：在空气或中性水溶液中，砷黄铁矿的氧化比较缓慢，而在碱性或酸盐溶液中氧化速率快速增加；砷的氧化存在多种中间产物，包括 As（-1）、As（+1）和 As（+3）等；在矿物表面甚至可能形成 Fe（III）氢氧化物、砷酸铁和亚砷酸铁等多种产物（Nesbitt et al., 1995; Richardson and Vaughan，1989; Buckley and Walker，1988）。

3）X 射线吸收光谱（XAS）

　　X 射线吸收光谱是一种无定形和晶型物质表面电子构型的表征手段，元素针对性强，精细程度高，适用范围广。XAS 的元素特异性使得它尤其适用于探究各类固相介质中的微量元素，纯矿物相、土壤和沉积物中以吸附和共沉淀等形式存在的砷均可用 XAS 进行精确解译（Wilkin and Ford，2006）。此外，通过控制环境条件可以进行原位和异位等多种形式的谱图采集，这进一步拓宽了 XAS 的适应性。

　　基于 XAS 提供的信息不同，XAS 分析方法大致可分为两类：一类是扩展 X 射线吸收精细结构（EXAFS），主要用于采集配位数、原子间距和配位原子位置和属性等方面的信息，因此可用于识别和定量主要矿物相、吸附络合物和结晶性等；另一类是 X 射线吸收近边结构（XANES），常用于吸附离子的电子构型和化学结构的鉴定，因此常被用于测定样品中某元素的化学价态和局部电子结构，以助于确定吸附类型。对于含砷样品，砷的 EXAFS 分析检出限为 100 mg/kg，而砷的 XANES 分析检出限可低至 50 mg/kg，当测试条件得到优化后甚至可以更低

（Sherman and Randall，2003; Fendorf et al., 1997）。因此，XAS 对于天然沉积物中多种存在形态的砷的鉴定独具优势。

EXAFS 和 XANES 已被广泛用于探究砷在固相介质表面的络合机理（Kappen and Webb，2012; Burton et al., 2009; Choi et al., 2009）。砷在铁氧化物矿物表面的吸附是控制砷迁移性的重要地球化学过程之一，而 As（III）和 As（V）表面络合的局部环境和作用方式与铁氧化物的晶型密切相关。其微观作用机制通过 EXAFS 及其他分析技术可得以揭示。例如，Fendorf 等（1997）通过 XAS 分析发现，砷在铁（氢）氧化物表面的吸附主要通过与矿物表面的羟基发生配体交换来实现，形成内层表面络合物，这是铁（氢）氧化物对砷表现出强烈吸附作用的主要机制。虽然通过光谱学手段观测了外层表面络合物的形成，但其所占比例较低（Voegelin and Hug，2003）。Manning 等（1998）利用 EXAFS 进一步分析了 As（III）和 As（V）在合成铁氧化物表面的吸附行为，指出吸附络合物同样以内层双配位 As（III）和 As（V）络合物为主，且 As（III）和 As（V）可稳定吸附而不发生价态变化。总结已有关于砷吸附作用的研究结果可知，固相表面形成的内层砷络合物可能有三种形式：单齿单核、双齿单核和双齿双核型。但众多研究者利用 XAS 技术专门探讨了这三种形式的稳定性和相对重要性，大多数证据表明，单齿单核络合物可能存在，但应该极不稳定，而双齿双核络合物从热力学上看比双齿单核络合物更易形成，因而最为稳定，是最为常见的砷吸附方式（Manceau, 1995; Sherman and Randall, 2003; Waychunas et al., 1996）。

XAS 技术也被用于分析铁矿物相转变过程中砷吸附行为的变化。Randall 等（2001）使用 EXAFS 探究了绿锈向纤铁矿转变过程中 As（V）的吸附行为。不管是在绿锈生长前还是生长后加入 As（V），砷总是以 $[AsO_4]^{3-}$ 形式快速吸附到其表面并形成内层表面配合物，且存在两种具体形式：其一是 AsO_4 与 FeO_6 多面体之间的 As—Fe 距离为 2.88~2.95Å，即为共边的双齿单核结合形式；其二是 AsO_4 四面体与 FeO_6 多面体之间的 As—Fe 距离为 3.42~3.47Å，即共双角的双齿双核形式。只有当所有绿锈被氧化成纤铁矿后，As（V）才通过内层络合方式吸附到其表面，As—Fe 距离为 3.36Å，表明 AsO_4 四面体与 FeO_6 八面体之间可能以共角形式结合。

利用 K 边 XAS 分析技术，Farquhar 等（2002）探讨了砷与马基诺矿和黄铁矿的表面作用方式，结果发现，As（III）和 As（V）与硫离子表面的络合方式比较接近，其中 As—O 键长为 1.69~1.76Å，而 As—S 和 As—Fe 键长分别为 3.1Å 和 3.4~3.5Å，这指示砷主要以外层络合形式吸附在这些矿物相表面。Wolthers 等（2005）报道，As（III）和 As（V）在非结晶态马基诺矿表面主要形成外层络合物。但 Bostick 和 Fendorf（2003）的流动体系实验结果显示，As（III）主要通过内层络合形式与硫化亚铁和黄铁矿表面结合。因此，从以上分析可知，根据矿物生成环境和晶型结构的不同，砷与它们的结合可能存在多种形式，这些从宏观角度难以区分的反应可通过微观的光谱学精细表征进行揭示。

XAS 分析方法也常被用于测定天然矿物元素键合方式和键长等。例如 Bostick 和 Fendorf（2003）基于 XAS 分析结果指出，在砷黄铁矿中，砷既与硫结合也与铁相连，其键长分别为 d（As—S）≈ 2.35 Å 和 d（As—Fe）≈ 2.37 Å，十分接近。相比而言，雄黄和雌黄中的 As—S 键长较短，仅为 2.25 Å（Savage et al., 2000; Helz et al., 1995），且雄黄中还存在 As—As 键合作用，其键长为 2.57 Å，相对较长，稳定性略弱（Eary, 1992）。Helz 等（1995）也指出，合成的无定形 As_2S_3 中 As—S 键长为 2.28 Å，而稳定性相对较弱的 As—As 键长为 3.50 Å。这种结构有序性的缺乏可能是由于 As—As 结合方式部分替换了 As—S—As 键合结构或硫的缺失导致部分 As—O—As 桥接组合的混入。实际上，这种非定形矿物结构在介质表面的沉积物相中十分常见（Bostick and Fendorf, 2003; Eary, 1992）。

4）穆斯堡尔谱

穆斯堡尔谱是一种相对新颖的谱学分析技术，基于无反冲核共振吸收效应（即穆斯堡尔效应）开发而来。穆斯堡尔谱方法的谱线宽度接近核能级宽度，具有极高的 γ 射线能量分辨率，因此能准确观测原子核能级的超精细结构和相互作用。

化学吸附作用和络合作用是控制砷迁移性的重要过程。而表面吸附的穆斯堡尔原子与基体内的穆斯堡尔原子的周围环境不同，可以通过它们的同质异能移位、四级分裂以及超精细磁场的不同进行研究，这对于认识各类界面的吸附作用具有重要意义。此外，谱线的变化可用于分析不同的配位环境和络合作用。由于与配位体成键形成络合物时中心原子处的电子密度的改变必然在穆斯堡尔参数上有所反映，所以穆斯堡尔技术很适合于络合物的研究，对于认识天然条件下砷的环境行为有重要助益。

Postma 等（2010）利用穆斯堡尔谱法测定了红河三角洲沉积物中的微量铁矿物相组成。由于检出限的限制，其利用 XRD 粉晶技术并没有检测到铁氧化物、菱铁矿、黄铁矿或蓝铁矿的存在，但采用穆斯堡尔谱（20 K）成功地找到了含量较少的铁矿物相。谱图中的二重峰指示了层状硅酸盐矿物中 Fe（III）和 Fe（II）的存在，尽管尚无法确定具体矿物相；而六重峰清晰指示了沉积相中赤铁矿和针铁矿的存在，而水铁矿含量很低。此外，铁矿物相的超精细穆谱参数使得描述矿物结晶程度成为可能，通过与结晶性完整的针铁矿对比分析指出，河流淤泥、河流砂层、氧化性含水层和还原性含水层中均存在弱结晶性的针铁矿，其中河流砂层中的针铁矿结晶性最差。利用穆谱结果还定量分析了各类铁矿物相的含量。结果显示，河流沉积物和含水层沉积物中的铁矿物相分布大体相同，其中针铁矿是主要类型，占铁总量的 30%～53%，而赤铁矿质量分数相对较少，仅为 7%～12%。此外，硅酸盐矿物中 Fe（II）占总铁量的 14%～31%，而 Fe（III）占到 23%～28%，这些铁可能来自伊利石和蒙脱石。

从以上研究案例分析可以清晰地看到，穆斯堡尔谱在表征微量铁矿物相类型甚至精确定量方面具有突出的优势，其所提供的信息难以从传统分析技术中得到。虽然受放射源限制目前大多数研究主要针对铁相物质，但可以想象，随着技术的拓展，穆斯堡尔谱在含水层介质研究方面前景广阔。

5）应用前景

从以上讨论可知，土壤和沉积物等固相组分中砷的形态以及结合形式的分析很大程度上依赖于光谱表征技术的革新。上述表征手段已经深入高砷含水层介质研究的各个方面，从简单的物相分离、矿物结构鉴定、物理化学性质测试到分子层次的具体结构、化学键长和局部络合环境等，这些极大程度地加深了对砷赋存形式和迁移机制的理解。这些光谱表征方法有各自的优势，当然也存在缺陷（表 18-3-1），因此研究者们常常将它们或与其他化学分析方法联用，以获取更为充分的证据来说明研究结果（Wang and Mulligan，2008）。

表 18-3-1　固相中砷形态和表面结合形式光谱表征技术一览表

技术	原理	应用	砷检出限	优点 / 缺点
XRD	特征晶格的 X 射线衍射	表征结晶相	2%~5%	非破坏性结构测定，但仅限于晶体
XRF	充分照射时由原子元素产生特征 X 射线	识别和定量固体中的含砷相	50~20 mg/kg	非破坏性、可靠、快速，样品需求量小
XPS	通过 X 射线从内层轨道撞击出特征电子	确定模型系统和单一相中砷价态和表面性质	~1%	非破坏性但是灵敏度和分辨率低，对天然非均质相不理想
XAS	靶原子特定能级吸收 X 射线后发射核心电子	EXAFS 用来识别和定量主要矿物相、吸附络合物和结晶性；XANES 用来测定氧化态和局部电子结构	100~500 mg/kg（EXAFS） ≤500 mg/kg（XANES）	元素选择性强，适用于无定形和结晶材料，但需要同步辐射加速器

技术	原理	应用	砷检出限	优点/缺点
FTIR	通过红外分子的光吸收测量	识别固体表面上的砷离子和固体中砷的局部环境	0.1%~1%	非破坏性、快速，但是在天然物质中的应用受到限制
RS	通过分子的拉曼散射光测量	分析固液交界处砷络合物结构	≥1%	高特异性，对较小的结构变化敏感
穆斯堡尔谱	原子核无反冲发射或共振吸收 γ 射线，即穆斯堡尔效应	识别共振原子核周围化学环境的变化；获得共振原子核周围化学环境的变化；获得共振原子的氧化态、自旋态、化学键的性质等有关固体微观结构的信息		简单高效、分辨率高，灵敏度高，抗扰能力强，无破坏性，对象可以是导体、半导体或绝缘体，可以是晶态或非晶态的材料，薄膜或固体的表层，也可以是粉末、超细小颗粒，甚至是冷冻的溶液，但只有有限数量的核有穆斯堡尔效应

　　砷与其固相介质载体如铁（氢）氧化物的相互作用在控制砷迁移中扮演十分重要的角色，深入理解这一过程对于开发固砷技术也有启发意义。但实际上，目前大多数研究主要集中于室内严格控制条件下的简单系统或纯矿物相，对复杂的天然含水介质研究相对很少，尚缺乏深入的认识。因此，复杂系统中砷形态的表征亟待开展。未来应该深入开展光谱表征技术在天然环境中的应用，以此认识砷在多种固相介质上的吸附行为。

　　再者，有必要开发适用于天然条件的高灵敏度原位分析技术。如核磁共振（nuclear magnetic resonance, NMR）和穆斯堡尔谱在探究固相和液相体系中物质的静态结构和动态变化过程中均显示出广阔应用前景。针对高砷含水介质研究，很有必要尝试它们在表征砷形态方面的适用性。此外，鉴于不同表征技术从不同角度解读物质性质，将多种技术联合使用就可以为全面认识含水介质中砷形态提供更为准确的信息。

18.4　有机地球化学研究

　　众多研究表明，生物过程通过直接参与氧化还原反应或通过间接改变含水层的氧化还原条件的方式在高砷地下水形成过程中扮演着重要作用（Oremland and Stolz, 2005; Oremland and Stolz, 2003）。事实上，最近的研究证实含水介质中反应性有机质的出现对地下水中砷的迁移富集起到了决定性的作用（Farooq et al., 2010; Postma et al., 2007; Rowland et al., 2007）。含水层沉积物中的天然有机质在微生物呼吸过程中作为电子供体被用于还原溶解铁的氧化物/氢氧化物并释放其被吸附的砷（Buschmann et al., 2006; Van Geen et al., 2006; Islam et al., 2004; Harvey et al., 2002; Nickson et al., 2000）。微生物降解含水层沉积物中的天然有机质并还原铁氧化物/氢氧化物会导致地下水中砷、铁及重碳酸根在地下水中的同时富集。因此，当含水层沉积物中有可获得的天然石油烃类物质时，微生物在生长过程中可利用这类物质作为电子供体来还原含砷的铁氧化物/氢氧化物，促进砷向地下水中释放和富集（Rowland et al., 2007）。

18.4.1　生物标志物提取与分析方法

生物标志物是源自生物体的有机化合物，广泛存在于沉积岩及沉积物中并能有效保持基本骨架的稳定（Peters et al., 2005），因此生物标志物能够指示有机质的物质来源和沉积环境。

在有机地球化学的油/源对比研究中，原油、烃源岩抽提物烃类中的生物标志化合物是一项重要的研究内容。理论上，沉积有机质中生物标志化合物以游离态、束缚态和化学键结合态三种形式存在。通常文献报道中指的是游离态或化学键结合态生物标志化合物的组合，前者利用有机溶剂（如二氯甲烷）通过索氏抽提、超临界萃取、超声波抽提等方法提取是一种比较常规的方法（卢冰和唐运千，1999）；而后者主要指键合于干酪根、胶质、沥青质等大分子网络中的小分子，可以通过热裂解或化学降解方法释放，主要用于阐明大分子结构对比等。

土壤和沉积物样品中的游离态生物标志物提取主要采用的是索氏抽提法，即利用有机试剂对固体样品进行反复的浸渍、淋洗和提取，将其中的目标物质萃取到有机溶剂中，并对有机溶剂进行分离、富集使得待测目标物的浓度达到分析测试的检出限。采用索氏提取法以二氯甲烷等有机溶剂为提取剂提取沉积物样品中饱和烷烃类物质，总提取时间至少为 72 h，提取过程中添加金属铜以去除硫的影响。提取液采用旋转蒸发法进行浓缩蒸发，然后将浓缩后的提取液转移至 1 mL 的细胞瓶中。浓缩后的有机组分采用色谱柱分离（色谱柱采用活性铝及硅胶按 2∶1 的比例混合填充）的方法将其分离成三类：①饱和烷烃采用非极性溶剂（如正己烷）进行淋洗；②芳香烃类采用非极性溶剂与极性溶剂按照一定的比例混合后进行淋洗；③非烃类化合物采用极性溶剂（如甲醇等）进行淋洗。

分离出的生物标志化合物采用气相色谱质谱联用仪（GC-MS）进行分析，分析过程采用 HPMS 型毛细柱进行饱和烃类物质的分离。根据保留时间和不同化合物的特征质谱峰与报道文献中数据以及 NIST 数据库谱图进行对比来确定生物标志化合物。根据全扫得到的总离子色谱中的特征离子碎片来进行定量分析。GC-MS 对生物标志化合物的检出限在 0.1 ppb[①]，一般样品中待测样品的浓度为 ppm[②]级别时有较好的灵敏度。

18.4.2 溶解性有机质提取与三维荧光分析

溶解性有机质（DOM）作为环境中吸附、络合污染物的重要反应物，与 As 在环境中的毒性、形态和迁移性密切相关（葛思怡，2017）。地下水系统中，DOM 主要通过以下三种方式对 As 产生影响：①络合反应；②电子穿梭；③竞争吸附。首先，DOM 中的腐殖质中含有大量的羧基（—COOH）和羟基（—OH）。这些基团可以配体交换的方式，以金属阳离子（如 Fe^{3+}、Al^{3+}）为桥梁，在铁矿物表面对 As 形成吸附，进而形成了 As—Fe—腐殖质（humic substances, HS）的三元内球复合物，这将对 As 的迁移和富集产生影响。其次，微生物介导铁矿物还原释放砷是目前被广泛接受的一种 As 富集机制。HS 中包含有氧化还原敏感的醌类基团，这些基团的存在使得 HS 可以通过改变自身氧化还原状态（氧化醌或者还原醌）来促进电子转移，这可能进一步促进沉积物中铁矿物的还原溶解。此外，竞争吸附也是有机质控制 As 迁移的一种重要机制。DOM 能够与 As 竞争铁矿物表面的吸附位点，促进含水层系统中 As 的释放。DOM 在高砷地下水形成演化过程中扮演着至关重要的角色，充分理解 DOM 在高砷含水层系统中的地球化学行为对高砷地下水领域的研究有着重要意义。

三维荧光光谱是极佳的沉积物 DOM 表征手段，由于其灵敏度高、用量少且不破坏样品结构，常用来表征固液相介质中 DOM 的来源、结构及组分。大部分含有芳香烃的有机质在受到外界光波照射后，该物质中处于基态的分子吸收了外来光子的能量后，跃迁到激发态。然而，处于激发态的分子是不稳定的，它通过向外辐射光子的方式回到了基态，在此过程中发射出荧光。三维荧光光谱中的三个维度是由样品的激发波长、发射波长及两者对应的荧光强度组成，三者同时测定可获取完整的试样荧光信息。

对液相样品可直接完成测试与表征，对固相样品的表征需将固相中的 DOM 提取到液相中再进行测定。由于水溶性有机质（WEOM）是沉积物中最活跃的有机质组分，具有相对较强的生物可利用性并广泛参与各种生物地球化学反应过程，对表征沉积物中的 DOM 性质具有一定程度的代表性（Liu et al., 2019）。因此，目

---

① ppb = 10^{-9}。

② ppm = 10^{-6}。

前沉积物中 DOM 的提取方法主要为水提法。将沉积物与去离子水按 1:10 的固液比混合，在 120 r/m 的转速下室温下振荡 24 h，之后将悬浮液以 10 000 r/m 的转速离心 10 min，上清液通过 0.45 μm 的滤膜获得待测提取液，在 4 ℃下避光储存待测（He et al., 2011）。EEMs 谱图常采集发射波长范围为 280~600 nm，激发波长为 200~450 nm。

  EEMs 谱图常用的数据分析方法为平行因子分析法（PARAFAC）。PARAFAC 是一种基于多个样品 EEMs 数据的统计建模方法，基于已知代表性有机组分的峰值位置，提取谱图中 2～6 种代表性有机组分及每一组分的相对浓度（Coble, 2007; Cory and McKnight, 2005）。目前，PARAFAC 分析主要通过 MATLAB 中的 N-way 工具箱实现（Stedmon and Markager, 2005）。由于瑞利散射与拉曼散射对样品的荧光强度影响较大，在进行 EEMs 谱图数据分析前，需先扣除散射的影响区域，再采用 OutlierTest 函数对扣除散射后的数据进行初始的离散值识别与剔除。程序的核心步骤在于二分法分析和检验、随机初始化分析，该过程中使用了最小二乘法及其他迭代拟合程序使数据更好地匹配模型，最终获得数据集公共荧光组分的数量及含量。FRI 方法则主要对单个样品的 EEMs 数据进行分析。基于谱图激发和发射波长分布特征，谱图主体划分为五种代表性有机组分，即图 18-4-1 所示的区域 IV（Chen et al., 2003）。其中激发波长（<250 nm）和发射波长（<350 nm）都较短的区域（区域 I 和区域 II）主要与芳香族蛋白质（如酪氨酸类）有关（Ahmad and

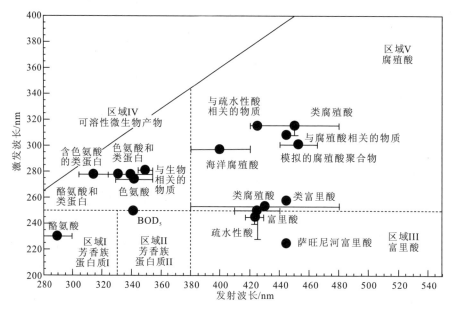

图 18-4-1　EEMs 谱图有机组分对应峰位置（点标识及误差棒）（Chen et al., 2003）

Reynolds, 1999）；具有中等激发波长（250～280 nm）和较短的发射波长（<380 nm）的区域（区域 IV）主要与可溶性微生物产物有关（Ismaili et al., 1998）；激发波长（>280 nm）和发射波长（>380 nm）都较长的区域（区域 V）主要与腐殖酸类物质有关（Artinger et al., 2000）；具有较短的激发波长（<250 nm）和较长的发射波长(>350 nm)的区域（区域 III）则被认为与富里酸类物质有关（Mcknight et al., 2001）。

目前，三维荧光已广泛应用于高砷区生物地球化学循环的研究。如 Mladenov 等（2010）测定了孟加拉国高砷、高铁地下水中 DOM 的三维荧光特征，发现地下水中的还原醌类物质较多，且不稳定 DOM 含量较少。结合室内沉积物培养实验，认为 DOM 在含水层系统中一方面为还原菌提供了营养物质，另一方面，其中的醌类物质作为电子穿梭体促进了铁矿物的生物还原。此外，Mladenov 等 （2015）对多个高砷地下水样品进行了荧光光谱分析，发现这些样品的 As、Fe、富里酸浓度、荧光参数之间存在显著的相关关系，表明 As、Fe 和腐殖质可能是以络合的形式存在于沉积物中。

18.5　生　物　遗　存

在第四纪漫长的地质作用过程中，大量的生物遗体堆积于沉积物中，随着时间的推移，这些生物遗体的腐烂会释放出大量的砷，据 Ravenscroft 等（2001）研究认为孟加拉国地下水砷污染主要是第四纪地层中存在含有大量有机质的泥炭层所致，分析岩芯中的有机物含量、有机质遗存对查明地下水砷污染机理及沉积物中砷的存在形态有极其重要的作用。

许多有机酸，如柠檬酸、乙酸、甲酸及腐殖酸等，能促进金属元素在地下水中的迁移。一方面，有些元素可直接与有机酸官能团结合，随有机酸一起迁移；另一方面，由于某些有机酸具有还原能力和胶体性质，不少变价元素（如砷）处于低价态时具有较高的溶解度，而有机酸的还原作用可促使它们由高价态向低价态转变，并使之在迁移过程中保持价态的稳定性（郭华明 等，2007）。有机质形态的砷，主要是经生物吸收浓缩后，堆积在沉积物中的生物遗体内（高存荣 等，2010; Shamsudduha et al.，2008）。

18.5.1　植物大化石

1. 植物大化石特点

植物残体研究是第四纪研究较早的分支之一，最早开始于 19 世纪 40 年代大不列颠岛第四纪植被的研究。植物大化石的分析可以为微体生物数据提供补充信息，也是重建古环境的一个独立手段。植物大化石包括从微小植物组织到木质部分，甚至整个树木。它们可以是肉眼分辨的植物器官或组织，如果实、种子、雄性花蕊、花蕾、鳞苞、角质层等，偶尔也有苔藓类植物的残体及藻类的卵孢子。在研究中，特别是在考古研究中经常会遇到碳化的植物大化石，通常是植物木质部分和种子（Lowe and Walker，2010）。

植物大化石可见于各种沉积环境，最常见的是河口、河流沉积物（特别是很细的淤泥层）以及酸性沼泽沉积物，植物大化石保存最好的环境是酸性泥炭沉积，这些化石通常被保留在原处，并且处于厌氧环境下。植物化石的保存度存在很大的差异。木质部分在滞水环境和非常干旱的土壤环境中都能保存上千年，但在其他环境下分解会很快。种子和果实在大部分环境下都能保存下来，其强抗腐蚀能力反映了它们能够经受住较长的休眠期。具有精细结构的落叶乔木叶片通常易遭受机械破碎和分解，因此在湖泊沉积物中也很少能够保存下来，即使有也是一些很小的碎片。但是，在滞水环境中，迅速沉积在颗粒很细的淤泥层中的植物叶片能很好地保存下来，获得的样品也较完整。

2. 采样和实验室分析

较大的植物大化石可以直接从裸露的采样点或者沉积物岩芯中提取出来，但是大部分情况下样品的提取都是在实验室中完成。有很多方法可以从沉积物中提取植物残体，但是用硝酸处理或者用氢氧化钠处理会造成植物残体的分解，因此用筛选法提取植物大化石更为合理。颗粒较细的湖泊和泥炭沉积物均可以在水流冲积下轻易地将植物残体分离出来，然后过 250 μm 网筛即可。在分离过程中，果实、种子和叶片可以通过筛选的方法提取出来，也可以用很细的画笔刷子挑选出来。有些化石如果实可以风干保存，但有些需要加酒精、甘油或者其他保存液来储存。更加细微结构的植物大化石，如半透明的叶子和种子应该封片制成薄片。大部分植物大化石可以利用双目扫描镜或低倍体显微镜观察，偶尔也需要高倍显微镜。

18.5.2 孢粉

1. 孢粉的特点

孢粉学是一门新兴的综合性学科，是在植物学、古植物学、地质学、地理学、化学、数学等基础上发展起来的，是拓展应用于多个学科的自然科学。孢粉粒的直径一般为 10~200 μm，体轻，有些还具有气囊，可以分布到较大范围。如松、云杉、椴等花粉均可飘飞一千多千米。孢粉具有体积小、产量大、外壁坚固、易于保存、能搬运一定距离、分布广泛等特征，使得孢粉化石可以在较大范围内用于地层对比和古植被、古气候分析判断。不同地质时期、不同地理、气候环境下生长着不同的植物群，因而产生不同的孢粉组合。沉积物中孢粉组合的特征基本上能反映当时地面植物群的面貌。各大类植物孢粉形态不同，苔藓植物的孢子个体小，缺少萌发构造；无射线孢子多为圆形，具刺状、网状纹饰；蕨类植物的孢子形态具有三射线或单射线；裸子植物的花粉形态根据气囊的有无、萌发构造的形状和结构分五种基本类型，即松型、苏铁型、杉型、柏型、麻黄型；被子植物的花粉形态较复杂，常见复合花粉、二合花粉、四合花粉、花粉块和单粒花粉。典型的花粉颗粒包括三个组成部分：①中央部分是活细胞，被一层纤维素所包围着，称为内壁，这两个部分不会在沉积物中保存下来；②花粉最外层有一层由孢粉素组成的外壁，是一种复杂的碳、氢、氧化合物，能耐酸、碱，极难氧化，在高温下也难溶解，因此可以保存成化石，该物质的具体组成和结构目前尚不清楚，可能由胡萝卜素或胡萝卜素脂的单体或者聚合体组成，该层外部结构的最初作用是保护发育过程中配子体的水分，以免受到微生物的影响，当其他有机体的结构遭到破坏后，它依然能够起到保护花粉颗粒的作用；③孢粉的外壁有不同的形式和结构存在，结合其上萌芽孔的数量和分布情况以及颗粒大小和形态特征，就构成了鉴定孢粉的基本方法（Lowe and Walker，2010）。

2. 野外工作方法

人为的干扰如堤坝修筑或者挖掘等会破坏沉积物，因此通常利用钻孔来获得孢粉沉积样品。为了避免空气中孢粉的污染（尤其在孢粉的繁殖季节）以及微生物的影响，采集的样品要密封冷藏（1~3 ℃）。野外采样需要注意以下几个事项：

（1）保持样品的纯净，不能混入现代孢粉，为此一定要采新鲜面上的标本，不能在风化面、裂缝和节理发育的岩石上采孢粉样；

（2）岩石的颜色不同含孢粉的多少也各不相同，如一些暗灰色、灰黑色、黑色沉积物中多富含孢粉，采样时应加密采集，而在一些红色、砖红色以及石膏、岩盐地层中往往受强氧化作用和气候干旱的影响而少含孢粉，可适当放宽采样密度；

（3）从沉积物粒度上看，一般砂、砂土、黏土中富含孢粉，较粗的砾石层由于沉积时的水动力较强，所以保存较少。

3. 室内工作方法

孢粉的室内分析处理采用常规酸碱法及重液浮选法富集，经过沉积物离散、筛选或者化学浮选（重力浮选）之后，再通过一系列的化学处理方法尽可能除去沉积物中的杂质。通过氧化和醋解作用，可以清除大部分的木质素和纤维素。沉积物中的矿物质可以通过氢氟酸处理或者通过重液浮选分离。利用盐酸可以去除碳酸盐成分。然后，将处理好的样品加入合适的甘油或硅油滴到载玻片上。根据鉴定要求不同，选择 100～1 000 倍的显微镜统计孢粉数量。通过有规律地移动载玻片可以对所有的能鉴别的孢粉种类进行统计，直到其数量达到统计要求为止，即必须达到足以说明孢粉谱中大部分变化信息为止（如 300～500 粒）。孢粉很容易鉴定到科，通常在分析时鉴定到属，一般很难鉴定到种。鉴定的程度取决于区别孢粉外壁的分类检索表、孢粉图片和现代孢粉数据库。孢粉统计数据的处理与表达往往依靠孢粉组合带和孢粉图谱分析。

18.5.3　植硅体

1. 植硅体的特点

植硅体学作为一门新兴的学科，近年来广泛应用于地质学、植物学和考古学等方面。植硅体（phytolith）是高等植物在生理活动过程中，从土壤吸收可溶性的单硅酸（H_4SiO_4），由于蒸腾作用经维管束传送，在植物细胞间及细胞内沉淀形成的具有不同形态特征的水合硅颗粒（$SiO_2 \cdot nH_2O$），所以，植硅体形态记录了它所起源的植物细胞及细胞间隙的形态特征。植硅体最小为 2 μm，最大为 2 000 μm，一般在 20～200 μm，在透射光下为无色或肉红色，少数为黑色或褐色，其主要原因是火灾或者样品处理时碳元素吸附于表面造成。植硅体主要存在于高等植物的茎叶中，尤其是禾本科植物，其中 SiO_2 质量分数高达 67%～95%，耐高温，理化性质稳定。植硅体的分类是基于对禾本科、木本植物及其他草本植物如蕨类、莎草科、棕榈科等的研究成果提出来的。蕨类植物、裸子植物、阔叶类植物、禾本科植物、莎草科植物均产生独特的植硅体形态及组合特征。其中，蕨类植物中发育大量不定形植硅体碎片，但也发育形态特征明显的植硅体，如折曲的三棱柱状、带有纹饰的棒状和边缘为波状棒型。裸子植物中 SiO_2 含量较少，主要见到不规则立方体型或多面体型、扁棒状或薄板状、松树皮状、石块或石屑状等植硅体。阔叶类木本植硅体常见边缘弯曲的板状或不规则齿轮状、多边型板状、"Y"字形或弓形、块状和纺锤状、纺锤状或导管型、鸟嘴状等。

2. 野外工作方法

表层土壤样品采集分量视土壤类型而定，在植硅体含量丰富的草原土壤中，选择 1 cm^2 的样方，除去草皮，取表层 2 cm 以上样品，重量 5～10 g，如果在含植硅体较少的荒漠土、砂砾层、砖红土等则需要加大样品量。地层剖面样品采集需要保证无交叉污染，还要按照地层深度顺序编号。考古样品采集视研究内容而定，要验证农作物起源与驯化，就要在推测的古老耕作层取样，并与现代农作物对比；要研究古人类遗址的变迁，要在古人类遗留的绳子、灰烬层等处取样。取样时要与考古工作者密切配合，注意避免交叉污染及现代人类活动及动物干扰。

3. 实验分析方法

植硅体室内处理的详细方法如下：①称取风干样品 5g 置于 1 000mL 大烧杯中，加入适量 30% H_2O_2 溶液，静置 24h，以除去有机质；②加适量 10%稀盐酸，静置 12h，反应完全为止，除去铁质、钙质；③加水至满，静置 2 h 以后倒掉上层清液，重复 5～6 次，稀释盐酸；④将样品移至离心管中，离心 10 min，倾去水分，加入比重为 2.3 的重液，离心 10～20 min（2 000 r/min）；⑤用吸管小心吸取大离心管中含植硅体的悬浮液，置于 250 mL 的小烧杯中，滴入几滴冰醋酸防止凝絮，加蒸馏水稀释，静置 12 h，倒掉上部液体，重复 3～4 次，除掉重液；⑥倾去小烧杯上部蒸馏水，将下部剩余液全部倒入小离心管中，离心 10 min（2 000 r/min），取出小离心管倒掉上部清液，烘干；⑦向烘干的小离心管中加入几滴无水乙醇后，进行制片，供观察用。对于含碳量很高的样品如泥炭样前期处理方法参照现代植物的湿式灰化法，需加入浓硝酸，电热板 200 ℃加热至充分反应。

18.5.4　硅藻

1. 硅藻的结构和生态属性

硅藻是一种很小的单细胞藻类生物，由硅质壳体组成，个体长度为 2 μm～5 mm。硅藻由两个互相交叠的壳体组成，较大的壳体（上壳）将较小的壳体（下壳）包住，形成类似于盒子的形状以保护硅藻的生长。壳体之间通过束管状或者腰带状带子（结合部）相连接。细胞的外壁可能只有一层硅质，或者可能被垂直板状的硅质物质分割而成双层硅。硅藻的形状通常是圆形（中心纲硅藻）、椭圆形和竿状，且由很多微小的孔组成。这些孔的排列方式是鉴别硅藻种的一个重要特征，其他结构如网状条纹的排布、壳缝和肋纹都是鉴定属的重要标准，只有在高倍显微镜下仔细观察壳体才能区别不同的硅藻种。硅藻壳体由非晶质氧化硅组成，类似于蛋白石，这种结构加强了其在沉积物中的保存能力（Lowe and Walker, 2010）。

硅藻生长在各种水体生境中，大约占全球初级生产量的 80%，主要营底栖（底栖种类）、附生（附着在植物和石头上，后者又称石生硅藻）以及浮游生活，所有硅藻都需要阳光，因此其生长带都限制在透光层内（通常小于 200 m 水深）。但硅藻的分布由很多因素决定，包括水体的酸碱度、盐度、溶解氧、营养物质和水温等。例如，淡水硅藻主要受控于盐度、pH 和营养状况，而海表温度、暖流和冷流交汇处营养物质的上涌等都会影响海洋硅藻的分布。

2. 采样与实验室分析

硅藻和孢粉一样在颗粒较粗的沉积物中壳体结构容易遭到破坏，而在颗粒较细的沉积物中能够被较好地保存下来。大部分研究样品都取自硅藻保存较好的湖泊、大陆架和深海沉积物中，但也有一些取自浅海区或者河口地区的沉积物。硅藻壳体要通过一系列的实验步骤才能从沉积物中分离出来。通常用氧化的方法去除有机质，这种消化主要选用过氧化氢或者重铬酸钾和硫酸的混合溶液。沉积物中的碳酸盐和其他盐类则通过稀盐酸加热的方法去除。对粗颗粒物质（大于 $500\,\mu m$），可以通过过筛或者在烧杯中轻轻冲洗；对细颗粒物质，可能利用重液浮选或者离心的方法来除去。随后，将硅藻残留物进行制片，用相差显微镜，放大 1000 倍以上进行计数。沉积物中硅藻的丰度通常比孢粉的丰度大得多，一般统计 500～1000 粒便可达到统计要求（Lowe and Walker, 2010）。

18.5.5　脊椎动物化石

1. 脊椎动物化石特点

第四纪沉积物中发现的动物化石是指大型脊椎动物的骨骼和牙齿，偶尔沉积物中也有毛发、肌肉和角被发现，而且在诸如西伯利亚北极的永久冻土层，在焦油坑及泥炭沼泽中，还意外地发现了木乃伊。其他早期出现的动物证据包括鸟巢、老鼠粪便、洞穴、鬣狗牙齿、粪化石、鸟卵、食肉动物牙齿、"痕迹化石"（足迹和印迹）等。牙齿和骨头是脊椎动物残体化石的主要部分。哺乳动物的牙齿结构很复杂，但大多数哺乳动物的牙齿由三个不同硬度的部分组成：珐琅质（坚硬易碎的外层保护套）、较软的象牙质（牙齿大部分的组成物质）以及黏合带（保护牙根及牙床）。在很多沉积物中都会发现第四纪脊椎动物残体，包括洞穴和裂缝沉积物、湖泊及海洋沉积物、河流沉积物（特别是河流阶地）、泥炭沼泽、土壤及与人类活动有关的粪堆、污水坑和墓室（Lowe and Walker, 2010）。

2. 野外和实验室分析

挖掘埋藏于沉积物中的骨骼时必须特别小心，骨骼从沉积环境中挖掘出来之前应该以描述、素描和拍照的方式进行制图和调查。在一些情况下，可能需要直接取出较大的骨头。可以让它晾干然后用刷子清洁或者在水中轻轻地洗干净。然而，很多骨骼残体即使在高度矿化的情况下，也是非常易碎的。因此，从沉积环境中取出骨骼是需要用渗透的可塑性溶液（如溶于甲苯的乙酸乙烯）。如果有非常小的骨骼或牙齿（如啮齿目动物的牙齿）存在，则需要在取出大的动物残体之后通过筛选沉积物检出。骨骼残体的鉴定通常在实验室进行，一般包括两步：第一步是确定骨骼碎片属于哪个部位，通常可以将碎片与不同大小的各种动物现在的骨骼进行比较；第二步是查处骨骼属于哪种动物，这一步较为困难。

18.5.6　淡水软体动物

1. 软体动物化石特点

软体动物属于无脊椎动物，是第四纪陆相沉积物中很常见的一种化石残体，相对于其他陆生和淡水的化石组成而言，软体动物在第四纪环境重建的应用方面拥有很多优势，软体动物反映古环境变化的其他方面，如贝壳的形态、壳体彩色条带、壳体有机质稳定同位素、壳体碳酸盐和成岩作用的氨基酸比率。第四纪古生态学者主要关注两个基本的类别：一是腹足纲软体动物，如蜗牛或单壳螺类，通常拥有一个螺旋形或圆锥形的壳；二是双壳类（蚌类和蛤类等），即有两个壳体。软体动物都有各自对生境明显的喜好性，其生长的生境中有足够利用的碳酸盐来构建壳体。通常，无论是在陆地还是在淡水环境中，碱性环境越高，软体动物群越丰富，这些残体可以在河流、湿地、湖泊、林地以及人类干扰的陆地沉积物中广泛出现（Lowe and Walker，2010）。

2. 采样及实验室分析

对钻孔和剖面沉积物，首先将样品风干，然后浸入水中，加入少量的 H_2O_2 或者 NaOH 作为离散剂去除有机质。然后用 0.5 mm 的筛子将含有软体动物化石的沉积物轻轻移出，这一过程要重复几次，直到在残留的泡沫中没有软体动物化石为止。随后，将残留卜米的泡沫再用 0.5 mm 的筛过筛一次。两次筛选物都要干燥，残留物随后用另外一组孔径的筛（1 mm、710 μm、2 411 μm）分选。软体动物的残体既可以用手来直接挑出，也可以借助于低倍的双目显微镜或者扫描仪利用湿的小刷子从沉积物中挑出。软体动物的鉴定通常都是参考标本，这就是必要开展现代软体动物的工作。陆生软体动物壳体微细结构的差异性也可以作为诊断的特征，由此特殊残体碎片的测定可以用光学显微镜，甚至扫描电子显微镜来进行种区分。

18.5.7　昆虫化石

1. 昆虫化石特点

第四纪沉积物中昆虫残体的含量非常丰富，常见于池塘、湖泊沿岸带、河流滞水区、沼泽等沉积环境。昆虫化石包括很多不同门类，包括半翅目-同翅目、双翅目、毛翅目、鞘翅目、似节肢动物五节科、蝉科、蜂科、膜翅科、蜻蜓科、摇蚊科、水蝇科、花螨科等，甚至蚁类家族的种。螨类尽管不是真正意义上的昆虫，也被放在昆虫类群中，在北极和高山地区螨类是构成土壤生态系统的一个特别重要的组成部分。鞘翅类昆虫是动物王国中最大的群体，组成了最重要的昆虫类动物，目前已知的种类大约有 30 万种，大约占已知生物体的 25%。鞘翅类残体是第四纪沉积物中最多的一类群体，且数量丰富，它们的几丁质外骨骼特别坚硬，且有足够的细节结构，易于鉴定到种的水平。由于许多鞘翅类昆虫种类为窄幅分布种（只适于在特殊生境和非常窄的温度条件下生存），是环境的敏感指示物，鞘翅目化石已被证明是第四纪环境变化研究的一种很有效的手段，特别是在气候变化研究方面（Lowe and Walker，2010）。

2. 实验室分析

沉积物中昆虫化石残体的提取通常在实验室内进行。偶尔昆虫碎片会直接捡出，如昆虫残体出现在黏土或黏结的泥炭底层表面，大部分情况下需要用浮选的方法。最常用的方法是利用水或者碳酸钠溶液把沉积物分解成泥浆状，然后通过筛（300 μm）之后的残留物与煤油（或石蜡）混合，加入水，这样就可以使得昆虫以及一些植物大化石的残体能够漂浮到表层。将浮起的部分轻轻倒出，冲洗并在低倍显微镜下挑选出来放入乙醇中。随后，将化石残体利用树脂固定在卡片上，或者保存在乙醇（20%）中，以备显微镜观察。在观察非常微小结构时需要用到电子显微镜，以便能够确定到种。

18.5.8 介形类

1. 介形类特征及分布

介形亚纲动物是体小、侧面卷曲、有双壳的甲壳类动物，分布的时间范围覆盖寒武纪到现在。在整个地质时期，介形类从绝对的海洋环境逐步进入大部分水体环境中，并覆盖了很广的盐度和温度范围，包括暂时性的湖泊和池塘。大多数成年介形类的长度为 0.6～2.0 mm，它们由外壳或甲壳组成，生命有机体包含其中。甲壳通常是卵形、似肾形或者豆状，包含两个在背部连接在一起的壳质或者方解石化的壳体。介形类活体组合的分布模式受到很多因素控制，这些因素包括物理因子如水温、矿化度、基质以及生物因子如食物链和自然生物群落结构。利用介形类个体生态学的研究，可以建立控制介形动物分布的限制性因子，而那些指示种对古环境重建非常有价值（Lowe and Walker，2010）。

2. 样品采集和鉴定

介形类样品通常与有孔虫或其他软体动物一起，从湖泊或海洋沉积物中采集。沉积物通常先浸泡在水中（有时也需要利用过氧化氢处理），然后过筛后风干。介形类壳体可以用非常细的刷子检出。大部分情况下介形类化石需要在放大 40 倍或 60 倍的双目扫描仪挑出。随后，介形类壳体被封片并在高倍显微镜下计数。甲壳拥有很多的外形特征，包括丰富的褶皱、刺及一些内部结构如肌肉组织留下的肌痕、小孔组成的槽和黏膜皱裂，据此可以进行区分。

18.5.9 有壳变形虫

1. 有壳变形虫特征

有壳变形虫又称"有壳肉足虫"或"有壳根足虫"，是一类具外壳的单细胞陆相原生动物，属原生生物界肉鞭门根足总纲，因其伪足具有叶状、丝状或网状的不同形态，因此划分为叶足纲、丝足纲和网粒纲。根足总纲（又称肉足总纲），根据伪足的形态特征分为三个目，即变形虫目、有壳目和有孔虫目。有壳变形虫具几丁质或拟壳质构成的单室壳，或体外有黏液黏附砂粒等外来物形成自身的壳。有壳变形虫大小一般在 $20\sim250\ \mu m$，广泛栖息于湖泊、泥炭、沼泽、土壤等各种淡水潮湿环境，在苔藓尤其是泥炭藓以及高等植物叶、茎表面的水膜里都有分布。其死亡后的壳体则保存于泥炭、湖泊、河流等沉积物中。有壳变形虫的形态比较稳定，它们的壳体结构特征明显，比较易于分类和鉴定。大部分有壳变形虫具有相对较窄的生态幅，对环境变化敏感，它们的繁殖速率快，生命周期短，能够迅速地响应周围环境的变化。有壳变形虫的群落结构和组合面貌能够随着环境条件的改变而快速变化，是十分理想的环境变化指示体。

2. 实验室分析

对于湖泊和河流沉积物，其分析方法与有孔虫类似。首先称取湿重为 5 g 的样品，人工散样后，置于孔径为 $300\ \mu m$ 铜筛内水洗，以去除样品中粗的杂质颗粒，将通过筛的部分再置于 $35\ \mu m$ 铜筛内继续水洗，以去除壳体上的杂质，然后将筛内余下的部分转入培养皿中，置于 60 ℃烘箱内烘干，最后在双目体视显微镜下挑选、鉴定和统计。这样介于 $35\sim300\ \mu m$ 的有壳变形虫被分选出来，尽管小于 $35\ \mu m$ 的个体会漏掉，但是只占整个有壳变形虫（$20\sim250\ \mu m$）的极少部分。也有极少数学者为了统计精确而使用孔径为 $15\ \mu m$ 的铜筛甚至不过筛而直接观察。

泥炭沉积物中有壳变形虫的提取方法和孢粉的分析方法类似：将泥炭样按一定间隔各取体积 $2\ cm^3$ 于 250 mL 烧杯中，加入三片石松孢子作为外源计数标记。

加入 100 mL 蒸馏水，煮沸 10 min，同时用玻璃棒轻轻搅拌。溶液分别过 300 μm 和 15 μm 的铜筛，再将 15 μm 筛内的剩余部分用少量水缓慢冲洗转入 100 mL 离心管，这样介于 15～300 μm 的有壳变形虫被分选出来。然后在于 3 000 r/min 转速下离心 3 min；弃去上浮液，在管内剩余部分中加入 2 滴 5% 番红精染色，再用蒸馏水冲洗 2 次后装入小瓶，向瓶中加入甘油数滴保存；鉴定时吸取一滴于载玻片上，盖上盖玻片，在 200～400 倍显微镜下鉴定和计数，每个样品至少统计 150 个壳体。

参 考 文 献

陈崇希, 林敏, 1999. 地下水动力学[M]. 武汉: 中国地质大学出版社.

陈凡, 2010. 索氏抽提—溶剂结晶法纯化银杏叶提取物中银杏内酯的研究[J]. 漳州师范学院学报(自然科学版), 23(3) : 132-137.

段艳华, 2016. 浅层地下水系统中砷富集的季节性变化与机理研究[D]. 武汉: 中国地质大学(武汉).

方敏, 丁小霞, 李培武, 等, 2012. 索氏抽提测定含油量的方法改良及其应用[J]. 中国油料作物学报, 34(2): 210-214.

高存荣, 刘文波, 刘滨, 等, 2010. 河套平原第四纪沉积物中砷的赋存形态分析[J]. 中国地质, 37(3): 760-770.

葛思怡, 2017. 金属离子对溶解性有机质与砷类化合物之间相互作用的影响研究[D]. 南京: 南京师范大学.

郭华明, 杨素珍, 沈照理, 2007. 富砷地下水研究进展[J]. 地球科学进展, 22(11): 1109-1117.

李斌, 刘昕宇, 解启来, 等, 2014. 自动索氏抽提-凝胶渗透色谱(GPC)-气相色谱/质谱法测定沉积物中多环芳烃和有机氯农药[J]. 环境化学, 33 (2) : 236-242.

李红梅, 邓娅敏, 罗莉威, 等, 2015. 江汉平原高砷含水层沉积物地球化学特征[J]. 地质科技情报, 3: 178-184.

李震宇, 朱荫湄, 1998. 杭州西湖沉积物的若干物理和化学性状[J]. 湖泊科学, 10 (1): 79-84.

林彤, 谭松林, 马淑芝, 2012. 土力学(第二版)[M]. 武汉:中国地质大学出版社.

卢冰, 唐运千, 1999. 褐煤蜡中树脂组分的化学研究:生物标志化合物[J]. 燃料化学学报, 3: 262-267.

马传明, 2013. 包气带水文学实验指导书[M]. 武汉:中国地质大学出版社.

马如璋, 徐英庭, 1996. 穆斯堡尔谱学[M]. 北京:科学出版社.

聂良佐, 项伟. 2009. 土工实验指导书[M]. 武汉:中国地质大学出版社.

钱宝, 刘凌, 肖潇, 2011. 土壤有机质测定方法对比分析[J]. 河海大学学报:自然科学版, 39 (1) : 34-38.

苏春利, HLAING W, 王焰新, 等, 2009. 大同盆地砷中毒病区沉积物中砷的吸附行为和影响因素分析[J]. 地质科技情报, 28 (3): 120-126.

孙永革, MEREDITH W, SNAPE C E, 等, 2008. 加氢催化裂解技术用于高演化源岩有机质表征研究[J]. 石油与天然气地质, 29 (2): 276-282.

王焰新, 苏春利, 谢先军, 等, 2010. 大同盆地地下水砷异常及其成因研究[J]. 中国地质, 37(3):771-780.

谢森传, 杨诗秀, 1989. 水平入渗条件下溶质含量对土壤水分运动的影响和土壤水盐运动综合扩散[J]. 灌溉排水学报, 1: 6-12.

谢先军, 苏春利, 段萌语, 2014. 山西大同盆地地质成因高砷地下水系统地球化学研究[M]. 武汉:中国地质大学出版社.

于彬, 郭彦青, 杨乐苏, 2007. 化学氧化法测定土壤有机质的研究进展[J]. 广东林业科技, 23 (1): 100-103.

张人权, 梁杏, 靳孟贵, 等, 2011. 水文地质学基础(第六版)[M]. 北京:地质出版社.

张蔚榛, 1996. 地下水与土壤水动力学[M]. 北京:中国水利水电出版社.

赵海超, 李艳平, 王圣瑞, 等, 2019. 洱海沉积物有色可溶性有机物(CDOM)三维荧光空间分布特性及指示意义[J]. 湖泊科学, 31 (2): 507-516.

赵淑军, 刘甘露, 杨宝霞, 等, 2009. 湖北省仙桃市饮水型地方性砷中毒病区和高砷区水砷筛查报告[J]. 中华地方病学杂志, 28 (1): 71-74.

赵淑军, 陆业新, 罗中俊, 等, 2007. 湖北省仙桃市发现地方性砷中毒病区和高砷水源[J]. 中华地方病学杂志, 26(5): 526-526.

郑国东, 2008. 基于穆斯堡尔谱技术的铁化学种及其在相关表生地球科学研究中的应用[J]. 矿物岩石地球化学通报, 27 (2): 161-168.

中国地质调查局, 2006. 水文地质参数获取方法技术要求:GW1-A4[S]. 北京:中国地质调查局.

中国土壤学会, 2000. 土壤农业化学分析方法[M]. 北京:中国农业科技出版社.

LOWE J J , WALKER M J C, 2010. 第四纪环境演变 [M]. 沈吉, 于革, 吴敬禄, 等, 译. 北京: 科学出版社.

AHMAD S R, REYNOLDS D M, 1999. Monitoring of water quality using fluorescence technique: prospect of on-line process control[J]. Water research, 33 (9): 2069-2074.

ANTHONY J W, BIDEAUX R A, BLADH K W, et al., 2000. Handbook of mineralogy volume III: arsenates, phosphates, vanadates[M]. Tucson : Mineral Data Publishing .

ARTINGER R, BUCKAU G, GEYER S, et al., 2000. Characterization of groundwater humic substances: influence of sedimentary organic carbon[J]. Applied geochemistry, 15 (1): 97-116.

ATZEI D, DA P S, ELSENER B, et al., 2003. The chemical state of arsenic in minerals of environmental interest: an XPS and an XAES study[J]. Annali di chimica, 93 (1/2): 11-19.

BASU A, SCHREIBER M E, 2013. Arsenic release from arsenopyrite weathering: insights from sequential extraction and microscopic studies[J]. Journal of hazardous materials, 262 (8): 896-904.

BEATTIE M J V, POLING G W, 1987. A study of the surface oxidation of arsenopyrite using cyclic voltammetry[J]. International journal of mineral processing, 20(1/2): 87-108.

BEAUDOIN A, 2003. A comparison of two methods for estimating the organic content of sediments[J]. Journal of paleolimnology, 29 (3): 387-390.

BERG M, TRAN H C, NGUYEN T C, et al., 2001. Arsenic contamination of groundwater and drinking water in vietnam: a human health threat[J]. Environmental science and technology, 35 (13): 2621-2626.

BOSTICK B C, FENDORF S, 2003. Arsenite sorption on troilite (FeS) and pyrite (FeS$_2$)[J]. Geochimica et cosmochimica acta, 67 (5): 909-921.

BUCKLEY A N, WALKER G W, 1988. The surface composition of arsenopyrite exposed to oxidizing environments[J]. Applied surface science, 35 (2): 227-240.

BURTON E D, BUSH R T, JOHNSTON S G, et al., 2009. Sorption of arsenic(V) and arsenic(III) to schwertmannite[J]. Environmental science and technology, 43 (24): 9202-9207.

BUSCHMANN J, KAPPELER A, LINDAUER U, et al., 2006. Arsenite and arsenate binding to dissolved humic acids: influence of pH, type of humic acid, and aluminum[J]. Environmental science & technology, 40(19): 6015-6020.

CHEN W, WESTERHOFF P, LEENHEER J A, et al., 2003. Fluorescence excitation-emission matrix regional integration to quantify spectra for dissolved organic matter[J]. Environmental science and technology, 37 (24): 5701-5710.

CHOI S, O'DAY P A, HERING J G, 2009. Natural attenuation of arsenic by sediment sorption and oxidation[J]. Environmental science and technology, 43 (12): 4253-4259.

CHOWDHURY T R, BASU G K, MANDAL B K, et al., 1999. Arsenic poisoning in the Ganges delta[J]. Nature, 40 (6753): 545-546.

COBLE P G, 2007. Marine optical biogeochemistry: the chemistry of ocean color[J]. Chemical reviews, 107 (2): 402-418.

CORKHILL C L, VAUGHAN D J, 2009. Arsenopyrite oxidation:a review[J]. Applied geochemistry, 24 (12): 2342-2361.

CORY R M, MCKNIGHT D M, 2005. Fluorescence spectroscopy reveals ubiquitous presence of oxidized and reduced quinones in dissolved organic matter[J]. Environmental science and technology, 39 (21): 8142-8149.

DIXIT S, HERING J G, 2003. Comparison of arsenic(V) and arsenic(III) sorption onto iron oxide minerals: implications for arsenic mobility[J]. Environmental science and technology, 37 (18): 4182-4189.

DUAN M, XIE Z, WANG Y, et al., 2009. Microcosm studies on iron and arsenic mobilization from aquifer sediments under different conditions of microbial activity and carbon source[J]. Environmental geology, 57 (5): 997-1003.

DUAN Y, GAN Y, WANG Y, et al., 2015. Temporal variation of groundwater level and arsenic concentration at Jianghan Plain, central China[J]. Journal of geochemical exploration, 149 (12): 106-119.

EARY L, 1992. The solubility of amorphous As_2S_3 from 25 ℃ to 90 ℃[J]. Geochimica et cosmochimica acta, 56 (6): 2267-2280.

FAROOQ S H, CHANDRASEKHARAM D, BERNER Z, et al., 2010. Influence of traditional agricultural practices on mobilization of arsenic from sediments to groundwater in Bengal delta[J]. Water research, 44 (19): 5575-5588.

FARQUHAR M L, CHARNOCK J M, LIVENS F R, et al., 2002. Mechanisms of arsenic uptake from aqueous solution by interaction with goethite, lepidocrocite, mackinawite, and pyrite: an X-ray absorption spectroscopy study[J]. Environmental science and technology, 36 (8): 1757-1762.

FARRINGTON J W, TRIPP B W, 1977. Hydrocarbons in western North Atlantic surface sediments[J]. Geochimica et cosmochimica acta, 41(11): 1627-1641.

FENDORF S, EICK M J, GROSSL P, et al., 1997. Arsenate and chromate retention mechanisms on goethite. 1. surface structure[J]. Environmental science and technology, 31(2): 315-320.

GAN Y, WANG Y, DUAN Y, et al., 2014. Hydrogeochemistry and arsenic contamination of groundwater in the Jianghan Plain, central China[J]. Journal of geochemical exploration, 138 (3): 81-93.

GARDNER W R, HILLEL D, BENYAMINI Y, 1970. Post-irrigation movement of soil water: 2. simultaneous redistribution and evaporation[J]. Water resources research, 6 (3): 1148-1153.

HARVEY C F, SWARTZ C H, BADRUZZAMAN A B M, et al., 2002. Arsenic mobility and groundwater extraction in Bangladesh[J]. Science, 298 (5598): 1602-1606.

HE X S, XI B D, WEI Z M, et al., 2011. Spectroscopic characterization of water extractable organic matter during composting of municipal solid waste[J]. Chemosphere, 82 (4): 541-548.

HEIRI O, LOTTER A F, LEMCKE G, 2001. Loss on ignition as a method for estimating organic and carbonate content in sediments: reproducibility and comparability of results[J]. Journal of paleolimnology, 25: 101-110.

HELZ G R, TOSSELL J A, CHARNOCK J M, et al., 1995. Oligomerization in As (III) sulfide solutions: theoretical constraints and spectroscopic evidence[J]. Geochimica et cosmochimica acta, 59 (22): 4591-4604.

HUDSON-EDWARDS K A, HOUGHTON S L, OSBORN A, 2004. Extraction and analysis of arsenic in soils and sediments[J]. Trends in Analytical chemistry, 23 (10/11): 745-752.

HUNKELER D, HÖHENER P, BERNASCONI S, et al., 1999. Engineered *in situ* bioremediation of a petroleum hydrocarbon-contaminated aquifer: assessment of mineralization based on alkalinity, inorganic carbon and stable carbon isotope balances[J]. Journal of contaminant hydrology, 37 (3/4): 201-223.

HUNT C P, MOSKOWITZ B M, BANERJEE S K, 2013. Magnetic properties of rocks and minerals, rock physics and phase relations[J]. American Geophysical Union:89-204.

ISLAM F S, GAULT A G, BOOTHMAN C, et al., 2004. Role of metal-reducing bacteria in arsenic release from Bengal delta sediments[J]. Nature, 430 (6995): 68-71.

ISMAILI M M, BELIN C, LAMOTTE M, et al., 1998. Distribution et caractérisation par fluorescence de la matiére organique dissoute dans les eaux de la manche centrale[J]. Oceanologica acta, 21 (5): 645-654.

JEONG H Y. , HAN Y S, HAYES K F, 2010. X-ray absorption and X-ray photoelectron spectroscopic study of arsenic mobilization during mackinawite (FeS) oxidation[J]. Environmental science and technology, 44 (3): 955-961.

KAO C M, CHIEN H Y, SURAMPALLI R Y, et al., 2010. Assessing of natural attenuation and intrinsic bioremediation rates at a petroleum-hydrocarbon spill site: laboratory and field studies[J]. Journal of environmental engineering, 136 (1): 54-67.

KAPPEN P, WEBB J, 2012. An EXAFS study of arsenic bonding on amorphous aluminium hydroxide[J]. Applied geochemistry, 2013 , 31 (2) :79-83.

KIM E J, BATCHELOR B, 2009. Macroscopic and X-ray photoelectron spectroscopic investigation of interactions of arsenic with synthesized pyrite[J]. Environmental science and technology, 43 (8): 2899-2904.

LAWSON M, POLYA D A, BOYCE A J, et al., 2016. Tracing organic matter composition and distribution and its role on arsenic release in shallow Cambodian groundwaters[J]. Geochimica et cosmochimica acta, 178: 160-177.

LIU C, LI Z W, BERHE A A, et al., 2019. Characterizing dissolved organic matter in eroded sediments from a loess hilly catchment using fluorescence EEM-PARAFAC and UV-Visible absorption: insights from source identification and carbon cycling[J]. Geoderma, 334: 37-48.

LIU Q, ROBERTS A P, LARRASOAÑA J C, et al., 2012. Environmental magnetism: principles and applications[J]. Reviews of geophysics, 50 (4) :197-215.

LOVE G D, ALAN MCAULAY A, SNAPE C E, et al., 1997. Effect of process variables in catalytic hydropyrolysis on the release of covalently bound aliphatic hydrocarbons from sedimentary organic matter[J]. Energy and fuels, 11 (3) :522-531.

LOVE G D, SNAPE C E, FALLICK A E, 1998. Differences in the mode of incorporation and biogenicity of the principal aliphatic constituents of a Type I oil shale[J]. Organic geochemistry, 28 (2): 797-811.

MANCEAU A, 1995. The mechanism of anion adsorption on iron oxides: evidence for the bonding of arsenate tetrahedra on free $Fe(O, OH)_6$ edges[J]. Geochimica et cosmochimica acta, 59 (17): 3647-3653.

MANNING B A, FENDORF S E, GOLDBERG S, 1998. Surface structures and stability of arsenic(III) on goethite: spectroscopic evidence for inner-sphere complexes[J]. Environmental science and technology, 32 (16): 2383-2388.

MAROTOVALER M M, AND G D L, SNAPE C E, 1997. Close correspondence between carbon skeletal parameters of kerogens and their hydropyrolysis oils[J]. Energy and fuels, 11 (3): 539-545.

MASSCHELEYN P H, DELAUNE R D, PATRICK W H, 1991. Effect of redox potential and pH on arsenic speciation and solubility in a contaminated soil[J]. Environmental science and technology, 25: 1414-1419.

MATERA V, LE HECHO I, LABOUDIGUE A, et al., 2003. A methodological approach for the identification of arsenic bearing phases in polluted soils[J]. Environmental pollution, 126 (1): 51-64.

MCARTHUR J M. , BANERJEE D M, HUDSON-EDWARDS K A, et al., 2004. Natural organic matter in sedimentary basins and its relation to arsenic in anoxic ground water: the example of West Bengal and its worldwide implications[J]. Applied geochemistry, 19 (8): 1255-1293.

MCKNIGHT D M, BOYER E W, WESTERHOFF P K, et al., 2001. Spectrofluorometric characterization of dissolved organic matter for indication of precursor organic material and aromaticity[J]. Limnology and oceanography, 46 (1): 38-48.

MLADENOV N, ZHENG Y, MILLER M P, et al., 2010. Dissolved organic matter sources and consequences for iron and arsenic mobilization in Bangladesh Aquifers[J]. Environmental science and technology, 44 (1): 123-128.

MLADENOV N, ZHENG Y, SIMONE B, et al., 2015. Dissolved organic matter quality in a Shallow aquifer of Bangladesh: implications for arsenic mobility[J]. Environmental science and technology, 49 (18): 10815-10824.

MURRAY I P, LOVE G D, SNAPE C E, et al., 1998. Comparison of covalently-bound aliphatic biomarkers released via hydropyrolysis with their solvent-extractable counterparts for a suite of Kimmeridge clays[J]. Organic geochemistry, 29 (5/7): 1487-1505.

MYNENI S C B, TRAINA S J, LOGAN T J, et al., 1997. Oxyanion behavior in alkaline environments: sorption and desorption of arsenate in ettringite[J]. Environmental science and technology, 31 (6): 1761-1768.

MYNENI S C B, TRAINA S J, WAYCHUNAS G A, et al., 1998. Experimental and theoretical vibrational spectroscopic evaluation of arsenate coordination in aqueous solutions, solids, and at mineral-water interfaces[J]. Geochimica et cosmochimica acta, 62 (19/20): 3285-3300.

NEIL C W, YANG Y J, SCHUPP D, et al., 2014. Water chemistry impacts on arsenic mobilization from arsenopyrite dissolution and secondary mineral precipitation: implications for managed aquifer recharge[J]. Environmental science and technology, 48 (8): 4395-4405.

NESBITT H W, REINKE M, 1999. Properties of As and S at NiAs, NiS, and Fe1-xS surfaces, and reactivity of niccolite in air and water[J]. American mineralogist, 84(4): 639-649.

NESBITT H W, REINKE M, 2015. Properties of As and S at NiAs, NiS, and Fe (sub 1-x) S surfaces, and reactivity of niccolite in air and water[J]. American Mineralogist, 84 (4): 639-649.

NESBITT H W, MUIR I J, PRARR A R, 1995. Oxidation of arsenopyrite by air and air-saturated, distilled water, and implications for mechanism of oxidation[J]. Geochimica et cosmochimica acta, 59 (9): 1773-1786.

NICKSON R T, MCARTHUR J M, RAVENSCROFT P, et al., 2000. Mechanism of arsenic release to groundwater, Bangladesh and West Bengal[J]. Applied geochemistry, 15 (4): 403-413.

NORDSTROM D K, ARCHER D G, 2003. Arsenic thermodynamic data and environmental geochemistry [M]// WELCH A H, STOLLENWERK K G. Arsenic in ground water. Boston: Springer: 1-25.

O'DAY P, 2006. Chemistry and mineralogy of arsenic[J]. Elements , 2: 77-83.

O'DAY P A, VLASSOPOULOS D, ROOT R, et al., 2004. The influence of sulfur and iron on dissolved arsenic concentrations in the shallow subsurface under changing redox conditions[J]. Proceedings of the national academy of sciences, 101 (38): 13703-13708.

OHKI A, NAKAJIMA T, SAKAGUCHI Y, et al., 2005. Analysis of arsenic and some other elements in coal fly ash by X-ray photoelectron spectroscopy[J]. Journal of hazardous materials, 119 (1/3): 213-217.

OHNO T, AMIRBAHMAN A, BRO R, 2008. Parallel factor analysis of excitation-emission matrix fluorescence spectra of water soluble soil organic matter as basis for the determination of conditional metal binding parameters[J]. Environmental science and technology, 42 (1): 186-192.

ONA-NGUEMA G, MORIN G, WANG Y, et al., 2010. XANES evidence for rapid arsenic(III) oxidation at magnetite and ferrihydrite surfaces by dissolved O_2 via Fe^{2+}-mediated reactions[J]. Environmental science and technology, 44 (14): 5416-5422.

OREMLAND R S, STOLZ J F, 2003. The ecology of arsenic[J]. Science, 300(5621): 939-944.

OREMLAND R S, STOLZ J F, 2005. Arsenic, microbes and contaminated aquifers[J]. Trends in microbiology, 13 (2): 45-49.

OUVRARD S, DE DONATO P, SIMONNOT M O, et al., 2005. Natural manganese oxide: combined analytical approach for solid characterization and arsenic retention[J]. Geochimica et cosmochimica acta, 69 (11): 2715-2724.

PETERS C, THOMPSON R, 1998. Magnetic identification of selected natural iron oxides and sulphides[J]. Journal of magnetism and magnetic materials, 183 (3): 365-374.

PETERS C, DEKKERS M J, 2003. Selected room temperature magnetic parameters as a function of mineralogy, concentration and grain size[J]. Physics and chemistry of the earth, parts A/B/C, 28 (16/19): 659-667.

PETERS K E, WALTERS C C, MOLDOWAN J M, 2005. The biomarker guide[M]. Cambridge:Cambridge University Press.

POSTMA D, LARSEN F, HUE N T M, et al., 2007. Arsenic in groundwater of the Red River floodplain, Vietnam: controlling geochemical processes and reactive transport modeling[J]. Geochimica et cosmochimica acta, 71 (21): 5054-5071.

POSTMA D, JESSEN S, Hue N T M, et al., 2010. Mobilization of arsenic and iron from Red River floodplain sediments, Vietnam[J]. Geochimica et cosmochimica acta, 74 (12): 3367-3381.

POSTMA D, TRANG P T K, SØ H U, et al., 2016. A model for the evolution in water chemistry of an arsenic contaminated aquifer over the last 6000 years, Red River floodplain, Vietnam[J]. Geochimica et cosmochimica acta, 195 :277-292.

POULTON S W, CANFIELD D E, 2005. Development of a sequential extraction procedure for iron: implications for iron partitioning in continentally derived particulates[J]. Chemical geology, 214 (3/4): 209-221.

RANDALL S R, SHERMAN D M, RAGNARSDOTTIR K V, 2001. Sorption of As(V) on green rust (Fe$_4$(II)Fe$_2$(III)(OH)$_{12}$SO$_4$ · 3H$_2$O) and lepidocrocite (γ-FeOOH): surface complexes from EXAFS spectroscopy[J]. Geochimica et cosmochimica acta, 65 (7): 1015-1023.

RAVENSCROFT P, AGAR M, BOUGHEY M, et al., 2001. Therapeutic guidelines: palliative care [M]. Melbourne:Therapeutic Guidelines Ltd.

RICHARDSON S, VAUGHAN D J, 1989. Arsenopyrite: a spectroscopic investigation of altered surfaces[J]. Mineralogical magazine, 53 (370): 223-229.

ROBERTSON D J, TAYLOR KG, HOON S R, 2003. Geochemical and mineral magnetic characterisation of urban sediment particulates, Manchester, UK[J]. Applied geochemistry, 18(2): 269-282.

ROCHA J D, BROWN S D, LOVE G D, et al., 1997. Hydropyrolysis: a versatile technique for solid fuel liquefaction, sulphur speciation and biomarker release[J]. Journal of analytical and applied pyrolysis, 97(40/41): 91-103.

ROOT R A, DIXIT S, CAMPBELL K M, et al., 2007. Arsenic sequestration by sorption processes in high-iron sediments[J]. Geochimica et cosmochimica acta, 71 (23): 5782-5803.

ROWLAND H A L, PEDERICK R L, POLYA D A, et al., 2007. The control of organic matter on microbially mediated iron reduction and arsenic release in shallow alluvial aquifers, Cambodia[J]. Geobiology, 5 (3): 281-292.

SAVAGE K S, TINGLE T N, O'DAY P A, et al., 2000. Arsenic speciation in pyrite and secondary weathering phases, Mother Lode Gold District, Tuolumne County, California[J]. Applied geochemistry, 15 (8): 1219-1244.

SAVAGE K S, BIRD D K, O'DAY P A, et al., 2005. Arsenic speciation in synthetic jarosite[J]. Chemical geology, 215 (1/4): 473-498.

SHAMSUDDUHA M, UDDIN A, SAUNDERS J A, et al., 2008. Quaternary stratigraphy, sediment characteristics and geochemistry of arsenic-contaminated alluvial aquifers in the Ganges-Brahmaputra floodplain in central Bangladesh[J]. Journal of contaminant hydrology, 99(1/4): 112-136.

SCHAEFER M V, YING S C, BENNER S G, et al., 2016. Aquifer arsenic cycling induced by seasonal hydrologic changes within the Yangtze River Basin[J]. Environmental science and technology, 50 (7): 3521-3529.

SHERMAN D M, RANDALL S R, 2003. Surface complexation of arsenic(V) to iron(III) (hydr)oxides: Structural mechanism from ab initio molecular geometries and EXAFS spectroscopy[J]. Geochimica et cosmochimica acta, 67 (22): 4223-4230.

SMEDLEY P L, KINNIBURGH D G, 2002. A review of the source, behaviour and distribution of arsenic in natural waters[J]. Applied geochemistry, 17 (5): 517-568.

SMITH B C, 1996. Fundamentals of fourier transform infrared spectroscopy[M]. New York:CRC Press .

STEDMON C A, MARKAGER S, 2005. Resolving the variability in dissolved organic matter fluorescence in a temperate estuary and its catchment using PARAFAC analysis[J]. Limnology and oceanography, 50 (2): 686-697.

SUN X, DONER H E, 1996. An investigation of arsenate and arsenite bonding structures on goethite by FTIR[J]. Soil science, 161 (12): 865-872.

SWARTZ C H, BLUTE N K, BADRUZZMAN B, et al., 2004. Mobility of arsenic in a Bangladesh aquifer: inferences from geochemical profiles, leaching data, and mineralogical characterization[J]. Geochimica et cosmochimica acta, 68 (22): 4539-4557.

TAYLOR S R, MCLENNAN S M, 1995. The geochemical evolution of the continental crust[J]. Reviews of geophysics, 33 (2): 241-265.

THOMPSON R, OLDFIELD O, 1986. Environmental magnetism[M]. London:Allen and Unwin .

VAN GEEN A, ZHENG Y, CHENG Z, et al., 2006. Impact of irrigating rice paddies with groundwater containing arsenic in Bangladesh[J]. Science of the total environment, 367(2/3): 769-77.

VAN GENUCHTEN M T, 1980. A closed-form equation for predicting the hydraulic conductivity of unsaturated soils[J]. Soil science society of America journal, 44(44): 892-898.

VIOLANTE A, DEL GAUDIO S, PIGNA M, et al., 2007. Coprecipitation of arsenate with metal oxides. 2. Nature, mineralogy, and reactivity of iron(III) precipitates[J]. Environmental science and technology, 41(24): 8275-8280.

VOEGELIN A, HUG S J, 2003. Catalyzed oxidation of arsenic(III) by hydrogen peroxide on the surface of ferrihydrite: an *in situ* ATR-FTIR Study[J]. Environmental science and technology, 37(5): 972-978.

WANG S, MULLIGAN C N, 2006. Natural attenuation processes for remediation of arsenic contaminated soils and groundwater[J]. Journal of hazardous materials, 138 (3): 459-470.

WANG S, MULLIGAN C N, 2008. Speciation and surface structure of inorganic arsenic in solid phases: a review[J]. Environment international, 34 (6): 867-879.

WANG Y, MORIN G, ONA-NGUEMA G, et al., 2010. Evidence for different surface speciation of arsenite and arsenate on green rust: an EXAFS and XANES study[J]. Environmental science and technology, 44 (1): 109-115.

WAYCHUNAS G, REA B, FULLER C, et al., 1993. Surface chemistry of ferrihydrite: part 1. EXAFS studies of the geometry of coprecipitated and adsorbed arsenate[J]. Geochimica et cosmochimica acta, 57 (10): 2251-2269.

WAYCHUNAS G A, FULLER C C, REA B A, et al., 1996. Wide angle X-ray scattering (WAXS) study of "two-line" ferrihydrite structure: effect of arsenate sorption and counterion variation and comparison with EXAFS results[J]. Geochimica et cosmochimica acta, 60 (10): 1765-1781.

WILKIN R T, FORD R G, 2006. Arsenic solid-phase partitioning in reducing sediments of a contaminated wetland[J]. Chemical geology, 228 (1): 156-174.

WOLTHERS M, CHARLET L, VAN DER WEIJDEN C H, et al., 2005. Arsenic mobility in the ambient sulfidic environment: Sorption of arsenic(V) and arsenic(III) onto disordered mackinawite[J]. Geochimica et cosmochimica acta, 69 (14): 3483-3492.

XIE X, WANG Y, SU C, et al., 2008. Arsenic mobilization in shallow aquifers of Datong Basin: hydrochemical and mineralogical evidences[J]. Journal of geochemical exploration, 98(3): 107-115.

XIE X, WANG Y, DUAN M, et al., 2009. Geochemical and environmental magnetic characteristics of high arsenic aquifer sediments from Datong Basin, northern China[J]. Environmental geology, 58 (1): 45-52.

XIE X, WANG Y, SU C, 2012. Hydrochemical and sediment biomarker evidence of the impact of organic matter biodegradation on arsenic mobilization in shallow aquifers of Datong Basin, China[J]. Water, air, and soil pollution, 223: 483-498.

XIE X, WANG Y, PI K, et al., 2015. *In situ* treatment of arsenic contaminated groundwater by aquifer iron coating: experimental study[J]. Science of the total environment, (527/528): 38-46.

YOKOYAMA Y, TANAKA K, TAKAHASHI Y, 2012. Differences in the immobilization of arsenite and arsenate by calcite[J]. Geochimica et cosmochimica acta, 91: 202-219.

19.1 同位素基本概念及测试分析

19.1.1 同位素基本概念

同位素（isotope）是指质子数相同而中子数不同的一类元素。同位素标示法为该元素符号的左上角标以核子数（质量数），如 ^{18}O。氧元素的原子序数为 8，所以由元素符号本身可知，此同位素原子中含 8 个质子，中子数即为 10。自然界中每种元素的原子量是该元素同位素质量的加权平均值。

同位素可分为两种基本类型，即不稳定（放射性）同位素（unstable isotope or radioactive isotope）和稳定同位素（stable isotope）。稳定同位素约有 300 种，而迄今发现的放射性同位素则有 1 200 多种。从原子序数为 1（H）到 83（Bi）的元素中，除质量数为 5 和 8 外，其他稳定核素（nuclide）均已确定。只有 21 种元素为纯元素（pure element，即仅有一种稳定同位素）。对于轻元素（light element），是一种同位素占主导地位，其他同位素占比例极低。放射性同位素中有的是长寿命的，如 ^{87}Rb 能自发衰变，形成稳定的 ^{87}Sr。有些放射性同位素需经过连续的衰变过程才成为最终的稳定同位素，如 ^{238}U 放出 8 个 α 粒子衰变为 ^{206}Pb，构成一个由母体放射性同位素、许多中间放射性同位素和最终的放射成因稳定同位素组成的放射系。无可测放射性的同位素者为稳定同位素。其中一部分是放射性同位素衰变的最终稳定产物，如 ^{87}Sr 和 ^{206}Pb，称为放射成因同位素（radiogenic isotope）。另一大部分是天然的稳定同位素，即自核合成以来就保持稳定的同位素，如 H 和 D、^{13}C 和 ^{12}C、^{18}O 和 ^{16}O、^{34}S 和 ^{32}S 等。

1. 同位素丰度

绝对丰度：指某一同位素在所有各种稳定同位素总量中的相对份额，常以该同位素与 ^{1}H（取 $^{1}H = 10^{12}$）或 ^{28}Si（$^{28}Si = 10^{16}$）的比值表示。

相对丰度：指同一元素各同位素的相对含量。大多数元素有两种或两种以上同位素，少数元素为单同位素元素（F）。

当原子序数 $Z < 20$ 时，元素的一种同位素（常是最轻同位素）的相对丰度最高，其他同位素丰度都很低（Li、B、He、Ar 除外）。当 $Z > 28$ 时，元素的各同位素丰度值比较均匀。但当 Z 为偶数时，丰度最大同位素的 N 也一定为偶数。

2. 同位素结果表示

一般定义同位素比值 R 为某一元素的重同位素原子丰度与轻同位素原子丰度之比。在同位素地球化学中，将待测样品（Sa）的同位素比值 R_{Sa} 与一种标准物质（St）的同位素比值 R_{Sa} 做比较。用 δ 值表示，即样品的同位素比值相对于某一标准的同位素比值的千分差，公式如下：

$$\delta_{Sa}(\text{‰}) = \left(\frac{R_{Sa}}{R_{St}} - 1 \right) \times 10^3 \tag{19-1-1}$$

δ 值的大小显然与所采用的标准有关，所以在做同位素分析时首先要选择合适的标准，不同样品间的比较必须采用同一标准才有意义。

3. 同位素分馏

同位素比值不同的两种物质或同一物质具有不同同位素比值的两个相态之间的同位素分配，称为同位素分馏（isotope fractionation）。引起同位素分馏的主要过程为：①同位素交换反应（同位素平衡分布）；②动力学过程，主要取决于同位素分子的反应速率差异。

1）同位素交换

同位素交换（isotope exchange）包含了物理化学差异极大的过程。此处的适用情形如下：系统中无净反应（net reaction），但不同化学物质之间、不同相之间或各分子之间的同位素分布发生变化。振动能的差异是导致同位素效应的主要动因。这里，振动能包含两方面的含义：一是振动能与零点能差异有关，这就是为什么大多数同位素的物理性质会随温度的变化而变化；二是振动能主要来源于其他所有束缚态原子的贡献，其值接近于均匀态。实际情况较简单模型要复杂得多，主要由于振子（oscillator）并不是完全谐波的，所以需要加入非协修正（inharmonic correction）。

同位素化合物的蒸气压差异会导致明显的同位素分馏，因此，在稳定同位素地球化学中，蒸发-冷凝作用（evaporation-condensation process）引起人们的极大关注。理论上，这一同位素分离过程可用平衡条件下同位素的蒸发或冷凝分馏作用的瑞利（Rayleigh）方程来描述。对于凝聚过程，这一方程表示为

$$\frac{R_V}{R_{V_0}} = f^{\alpha-1} \tag{19-1-2}$$

式中：R_{V_0} 为初始总成分的同位素比值；R_V 为残余蒸气相的瞬时同位素比值；f 为残余蒸气所占比例；分馏系数 α 由 R_L / R_V（L 表示液相）表示。同样，液相的瞬

时同位素比（R_L）由下式表示：

$$\frac{R_L}{R_{V_0}} = \alpha f^{\alpha-1} \qquad (19\text{-}1\text{-}3)$$

在冷凝过程中，任意时间内分离和聚集的冷凝体的平均同位素比值（$\overline{R}_L$）表示如下：

$$\frac{\overline{R}_L}{R_{V_0}} = \frac{1-f^\alpha}{1-f} \qquad (19\text{-}1\text{-}4)$$

在蒸发过程中，残余液体和脱离液体的瞬时同位素比分别表示为

$$\frac{R_L}{R_{L_0}} = f^{\frac{1}{\alpha}-1} \qquad (19\text{-}1\text{-}5)$$

和

$$\frac{\overline{R}_V}{R_{L_0}} = \frac{1}{\alpha} f^{\frac{1}{\alpha}-1} \qquad (19\text{-}1\text{-}6)$$

蒸发过程中，分离和聚集蒸气的同位素比值的平均值为

$$\frac{\overline{R}_V}{R_{L_0}} = \frac{1-f^{\frac{1}{\alpha}}}{1-f} \qquad (19\text{-}1\text{-}7)$$

式中：f 为残留液相所占的比例。

反应的任何生成物形成后立即与反应物发生分离，这是同位素组成在同位素分馏过程中的典型的变化趋势。随着冷凝或蒸发作用的继续进行，重同位素将在残留气相中逐渐亏损，而在残留液相中逐渐富集。

2）动力学同位素效应

产生同位素分馏的第二个重要因素为动力学同位素效应（kinetic isotope effect），这种效应与不完全过程和单向过程如蒸发作用、离解作用、生物作用过程及扩散作用有关。当化学反应速率对某种反应物中特定位置的原子量的变化敏感时，也将产生动力学同位素效应。

不同的同位素化合物具有不同反应速率，这可以定量地解释简单平衡过程中出现的偏差。单向化学反应中，同位素的观测结果始终显示生成物中优先富集轻同位素的特征。单向反应过程中，同位素分馏系数可用同位素化合物的速率常数比值表示。因此，在两个同位素竞争反应中：

$$A_1 \xrightarrow{k_1} B_1, \quad A_2 \xrightarrow{k_2} B_2 \qquad (19\text{-}1\text{-}8)$$

式中：k_1、k_2 分别表示轻同位素化合物和重同位素化合物的反应速率常数，其比值 k_1/k_2 为平衡常数。平衡常数也可以用两个配分函数比来表示，其中一个函数为

两个反应物同位素的配分函数，另一个为过渡态（A^X）的两个同位素的配分函数：

$$\frac{k_1}{k_2} = \left[\frac{Q^*_{(A2)}}{Q^*_{(A1)}} \middle/ \frac{Q^*_{(A2^X)}}{Q^*_{(A1^X)}} \right] \frac{v_1}{v_2} \qquad (19\text{-}1\text{-}9)$$

式中：系数 v_1 / v_2 为两个同位素化合物的质量比值。虽然过渡态的详细信息的缺失致使计算结果不那么精确，但是确定速率常数比值与确定平衡常数的原理是基本相同的。过渡态（transition state）一词指反应物向生成物变化过程中很难获得的一种分子结构。该理论基于如下设想：化学反应是由某个初始态（initial state）通过连续变化达到最终状态的过程，这一过程中存在一些中间临界分子结构，称为活化态（activated species）或过渡态。平衡中有少量活化分子与反应物共存，反应速率受控于这些活化态的分解速率。

19.1.2 同位素测试分析

1. 基本原理

目前，质谱分析法（mass spectrometric method）是测量同位素丰度最有效的方法。质谱仪根据带电原子和分子在磁场或电场中具有不同的运动，将它们相互分离。质谱仪的种类多样，用途非常广。质谱仪一般可分为四个重要的组成部分：进样系统、离子源、质量分析器、离子检测器。

（1）进样系统（inlet system）：这一特殊装置需要在几秒钟内迅速、连续地分析两个气体（样品和标准气），所以安装较为特殊，包括一个转换阀（changeover valve）。这两种气体由直径约 0.1 mm、长约 1 m 的毛细管从储样室（reservoir）中引入，其中一种气体流向离子源（ion source），另一种气体流向废气泵（waste pump），从而保持毛细管中的气流连续不断。为避免质量损失（mass discrimination），气体物质的同位素丰度测量利用黏性的气体流。在黏性气流状态下，分子的自由路径长度非常小，因此分子经常发生碰撞，气体混合均匀，从而不会发生质量分离（mass separation）。在黏性流进样系统的末端，有一个泄漏口（leak），使得流线收缩。应用双路进样系统（dual inlet system）可以对非常少量的样品进行高精度分析，同时，样品分析受黏性气流保持状态的限制。这一过程一般在 15～20 mbar（100 Pa）的压力下进行。如要减小样品量，则必须在毛细管之前将气体浓缩为很小的体积。

（2）离子源（ion source）：是质谱仪中离子形成、加速、聚焦成为狭窄的离子束的部位。在离子源中，气体流总是呈分子状态。气体样品的离子多由电子轰击（electron bombardment）产生。电子束一般由加热的钨丝或铼丝发出，在静电场中进行加速，在进入电离室（ionization chamber）之前的能量达到 50～150 eV，以便使一次电离效率最大化。电离之后，根据离子获得的能量，带电分子被进一步分成若干分子碎片，从而产生特定化合物的质谱。

为了增加电离的概率，采用同性质的弱磁场使电子保持螺旋轨道（spiral path）。电子在电离室的末端由带正电的补集器收集，对电子流进行测量，并由电子发射调节器电路（emission regulator circuitry）将其保持在恒定状态。

电离的分子在电场的作用下脱离电子束，随后由高达数千伏的电压进行加速，其路径形成离子束，该离子束通过出口狭缝进入分析器。

（3）质量分析器（mass analyzer）：可根据其 m/e（质量/电荷）比，将离子源发出的粒子束分离开来。当离子束通过磁场时，离子发生偏转，形成圆周轨迹，其圆周半径与 m/e 的平方根成比例。通过这一过程，离子被分离并形成若干离子束，每个离子束都具有特定的 m/e 值。该磁场被称为扇形磁分析器（sector magnetic analyzer）。在这种分析器中，离子束发生偏转的磁场呈楔形。离子束以与磁场边界呈直角的角度进入和离开磁场，因此其偏转角度等于楔形角。扇形磁分析器的优势在于其离子源和检测器相对来说，不受分析其磁场质量损失的影响。

（4）离子检测器（ion detector）：离子通过磁场后，被离子检测器所收集。离子检测器将输入的离子转换为电脉冲（electrical impulse），电脉冲随后被输入放大器。Nier 等（1947）提出，利用多个检测器同时聚集粒子流。这种同时利用两个独立放大器的优势在于，对于所有 m/e 离子束，作为时间函数的粒子流波动都是相同的。每个检测器通道都安装一个适合于所测离子流天然丰度的高电阻的电阻器。

现代同位素比质谱仪至少装有三个法拉第杯（Faraday collector/Faraday cup），它们位于质谱仪的焦平面（focal plane）上。这是由于相邻峰值的间距随质量变化，并且范围是非线性的，所以，每组同位素往往都需要一套单独的法拉第杯。

2. 激光微探针

激光萃取的依据为激光束的能量可以被多种天然物质有效吸收。吸收特性取决于样品的结构、组成和结晶习性。高能、高聚焦激光被用于氩（Ar）同位素分析已有多年。Crowe 等（1990）、Kelley 和 Fallick（1990）、Sharpe（1990）首先对用于测定稳定同位素的 CO_2 和 Nd-YAC（钇铝榴石）激光系统制备技术进行了详细描述。其结果表明，能够分析质量在毫克级以下矿物的 O、S 和 C 同位素组成。激光加热过程中过高的温度梯度可引起同位素分馏（Elsenheimer and Valley, 1992），因此，为了获得精确的测量结果，必须将样品进行完全蒸发。CO_2 和 Nd-YAG 激光制备技术的热效应要求，在完全蒸发前，须将样品分割成若干小片。该技术的空间分辨率限于小于 $500\,\mu m$ 的范围内。

3. 二级离子质谱法

二级离子质谱法（secondary ion mass spectrometry，SIMS）一般有两种类型：Cameca-f 系列和 SHRIMP 系列（Sensitive High Mass Resolution Ion MicroProbe）（Mckibben and Riciputi, 1998; Valley et al., 1998; Graham and Valley, 1992）。离子微探针（ion microprobe）分析是通过将高聚焦初离子束喷射至样品表面从而产生二级离子，二级离子在二级质谱仪内进行萃取和分析。这一技术的主要优点在于，具有高灵敏度、高空间分辨率和较小的样品量需求。在 SIMS 分析中的 30 min 内，喷射形成的凹陷直径为 10～30 μm，深度为 1～6 μm，分辨率的数量级比激光技术要好。其不足之处是，喷射过程中随着原子二级离子的产生，也将一并产生各种分子二级离子，对原子二级离子形成干扰；另外，离子化在很大程度上取决于样品的化学组成，因此不同元素的电离化率变化很大，甚至是数量级的变化。这种基体效应（matrix effect）是定量分析中的一个重要问题。这两种仪器（Cameca-f 和 SHRIMP）的技术特性，如高分辨能力和能量过滤，有助于克服分子同量异同位素干扰（isobaric interference）和次级离子的基体效应的影响。

4. 重元素的稳定同位素分析

热电离质谱（thermal ionization mass spectrometry, TIMS）技术的进步和多接收电感耦合等离子体质谱（MC-ICP-MS）技术的引入，使对目前尚无法精确测量的大范围迁移的自然变异和重金属系统的同位素组成进行研究成为可能。MC-ICP-MS 的出现可将诸如 Zn、Cu、Fe、Cr、Mo 和 Ti 元素同位素测量的精确度提高到 4×10^{-6}。该技术综合了电感耦合等离子体（ICP）技术的优点（对几乎所有元素都具有高效的电离能力）和配备法拉第杯（Faraday collector）的热离子源质谱仪的高精度。从溶液和等离子体电电离子中引入元素，然后通过在相同操作条件下增加外部示踪剂或将样品与标样比较，对仪器质量分馏进行修正。与传统电感耦合等离子体质谱仪（ICP-MS）相同，所有 MC-ICP-MS 仪器都需要氩作为等离子工作气体。因此，质量干扰便成为这一技术的固有属性，这一问题可利用去溶雾化器克服。

19.2　氢、氧同位素

氢有两种稳定同位素，分别是 ${}^1H$（称为氕）和 ${}^2H$（称为氘，记作 D）。除了这两种稳定同位素以外，还有一种天然放射性同位素氚（${}^3H$），其半衰期约为 12.5a。氢的稳定同位素的平均丰度：${}^1H$ 为 99.9885%，D 为 0.0115%。氧是地壳中丰度最高的元素。它赋存于气体、液体和固体化合物中。氧具有三种稳定同位素，其丰度如下：^{16}O 为 99.757%，^{17}O 为 0.038%，^{18}O 为 0.205%。

19.2.1　同位素分馏机理

地球上的水分通过蒸发、凝聚、降落、渗透和径流形成水分的循环。由于水分子的某些热力学性质与组成它的氢、氧原子的质量有关，所以在水分循环过程中会产生同位素分馏。由于存在着 3 种稳定性的氧同位素和两种稳定性的氢同位素，所以普通的水分子存在 9 种不同的同位素组合，即 $H_2^{16}O$（分子量 18），$H_2^{17}O$（分子量 19），$H_2^{18}O$（分子量 20），$HD^{16}O$（分子量 19），$HD^{17}O$（分子量 20），$HD^{18}O$（分子量 21），$D_2^{16}O$（分子量 20），$D_2^{17}O$（分子量 21），$D_2^{18}O$（分子量 22）。由于各种同位素水分子的蒸汽压与分子的质量成反比，所以 $H_2^{16}O$ 比 $D_2^{18}O$ 的蒸汽压要高得多，这样蒸发的液体水生成的水蒸气富集 H 和 ^{16}O，残余水富集 D 和 ^{18}O。在水分循环过程中导致了氢、氧稳定性同位素的分馏，因此可用水中氢、氧同位素含量的高低研究水分的循环。

同位素分馏可用分馏系数定义：$T = R_A / R_B$。式中：R_A 是分子 A 或者 A 相中重同位素与轻同位素的比值；R_B 是在 B 相中的二者比值。对于某一特定的温度，如果蒸气和液体处于平衡状态，那么分馏系数就等于蒸汽压之比。将天然水的循环可比拟为一个向储存器凝聚回流的多层蒸馏柱，其中海洋相当于储存器，两极的冰原相当于柱的最高层。由于上述 9 种组合水分的蒸汽压不同，所以从空气团水蒸气中凝聚的水，要比蒸汽更富集 D 和 ^{18}O，这样云中的 H 和 ^{16}O 越来越多。当富含水蒸气的空气团从海洋向内陆移动时，随着距离海洋的远近不同，降水中的 H 和 ^{16}O 越来越多（涂光炽，1984）。

由于自然界中重同位素与轻同位素的比值（分馏系数）很小，对于水中的氢、氧同位素组成一般用相对于 SMOW 标准（标准平均海水）的千分差表示：

$$\delta^{18}O = \left(\frac{(^{18}O / ^{16}O)_{样品}}{(^{18}O / ^{16}O)_{SMOW}} - 1 \right) \times 10^3 (‰) \qquad (19\text{-}2\text{-}1)$$

$$\delta D = \left(\frac{(D/H)_{样品}}{(D/H)_{SMOW}} - 1 \right) \times 10^3 (‰) \qquad (19\text{-}2\text{-}2)$$

当 $\delta^{18}O$ 和 δD 为正值时，表示样品较 SMOW 标准富集了 ^{18}O 和 D；当为负值时，表明样品中的两种同位素比 SMOW 标准中亏损。当水从海洋表面蒸发时，由于 $H_2^{16}O$ 具有较高的蒸汽压，因而水气中富集了 H 和 ^{16}O，所以海洋上空水蒸气中的 $\delta^{18}O$ 和 δD 均为负值。当云中的水蒸气冷凝形成雨滴时，液相中相对富集 ^{18}O 和 D，由于 ^{18}O 和 D 不断地由潮湿的空气中优先冷凝，从而使剩余的气相中富集 H 和 ^{16}O。这样，当降水不断地进行，空气中 δ^{18}O 和 δD 值逐渐变得更负，而液相和固体降水中的 δ 值也因蒸汽中 ^{18}O 和 D 的减少而变负（福尔，1983）。

根据不同地区收集的大量雨水资料分析，Craig（1961）提出了降水样品对 SMOW 的 δ^{18}O 和 δD 值呈线性关系的全球雨水线方程：

$$\delta D = 8\delta^{18}O + 10 \tag{19-2-3}$$

式中：截距 10 为全球大气降水的平均值，若截距大于 10，则意味着降水云气形成过程中气、液两相同位素分馏不平衡的程度偏大；小于 10，则表明在降雨过程存在蒸发作用的影响。

我国科学家曾对天然降水中的氢氧同位素组成进行了研究（于津生 等，1987）。在我国东部大气降水的雨水线方程为

$$\delta D = 7.8\delta^{18}O + 6.6 \tag{19-2-4}$$

这一结果与全球雨水线相近；同时在东部地区存在纬度效应和海拔效应，随着纬度的升高，δ^{18}O 和 δD 值逐渐降低，随着海拔升高，δ^{18}O 和 δD 值表现出降低的趋势，海拔每升高 100m，δ^{18}O 和 δD 值分别下降 0.3‰和 1.3‰。对于 δD，由于大气降水的氢氧同位素受纬度效应、海拔效应和大陆效应的综合影响，所以不同地区的降水有不同的含量，其雨水线接近全球雨水线，但并不相等。部分地区的研究结果也证明了这一点（刘东生 等，1987）。

由于不同来源的水分有着不同的氢氧同位素组成，所以可利用其同位素含量的差异研究水分的来源。Brown 和 Taylor（1974）研究了新西兰凯库拉（Kaikoura）平原 Kowai 河流侧向渗透对地下水补给的重要性，认为氢氧稳定性同位素技术可用于评价山洪对地下水的补给作用。在我国，尹观等（2000）根据氢氧稳定性同位素研究了九寨沟风景区的水分循环，发现尽管大气降水是九寨沟的主要水分来源，但是由于大气降水补给到各种水体内的时间、补给源区的高度、补给方式以及地下水库容的大小、水滞留时间和新老水更替周期不同，各种水体中 δ^{18}O 和 δD 存在较大的差异。降雨径流问题是水文循环的关键组成部分，其研究的主要内容是径流数量和分配的降雨径流关系和单位线，稳定性氢氧同位素技术为这些研究提供了新的技术。

19.2.2 分析测试技术

水的 D/H 比值一般根据 H_2 气体进行测定。目前比较常用的一种方法是将水通过高温金属后转换为氢气，常用的金属包括金属铀（Godfrey，1962；Friedman，1953）、金属锌（Coleman et al., 1982）和金属铬（Gehre et al., 1996）。测量 D/H 同位素比过程中由于离子-分子碰撞形成 H_3^+ 离子副产物，必须对 H_3^+ 进行修正。通常，氢同位素测定分析误差为±0.5‰～±5‰。分析误差主要取决于样品组成、

制备技术和实验设备的不同。

传统的氧同位素一般通过气态 CO_2 进行质谱分析，氧同位素通过 25℃下 H_2O-CO_2 平衡 24 h，使用 Thermo Finnigan Gas Bench 连续流质谱仪分析测试。激光探针制备技术的发展可以直接分析有机质高温裂解产生的 CO 和 O_2。水的 $^{18}O/^{16}O$ 比值通常是在恒定温度下，由少量 CO_2 和过量水达到平衡后测定。此外，还可以通过与盐酸胍反应的方法将水中所有的氧定量转化为 CO_2（Dugan et al., 1985），其优点是都可以不必假设 H_2O-CO_2 同位素分馏系数即可获得 $^{18}O/^{16}O$ 比值。另外，用 TC-EA 法通过在线热解（on-line pyrolysis）也可以对水的氧同位素进行检测（Groot，2004）。

$\delta^{18}O$ 和 δD 值根据使用 V-SMOW 的内标校准来确定，同位素组成（$\delta^{18}O$ 和 δD）用标准 δ 符号来代表相对 V-SMOW 标准的千分偏差，$\delta^{18}O$ 和 δD 的精度分别是 $\pm 1.0‰$ 和 $\pm 0.1‰$。

19.2.3　研究案例

此处以华北平原地下水氢氧同位素组成特征为案例说明，深入探讨氢氧同位素在分析地下水来源、补给、混合及在指示水文地球化学过程等方面的应用。高碘地下水广泛分布于华北平原沿海区，很有可能为压密释放型劣质地下水，本研究借助氢氧同位素的手段，以期为阐明高碘地下水成因机理提供科学依据。

华北平原位于我国东部，其西部边界为太行山山脉，东部位为渤海湾，北部为燕山山脉，南部为黄河。区域内盛行中纬度大陆半干旱季风气候，年平均温度为 12~13℃，年平均降雨量为 500~600 mm，年蒸发量为 1 100~1 800 mm。华北平原第四系在沿海区域因受到海侵影响，沉积有海相或海相影响后的黏性松散沉积物。为满足农业、工业和饮水需求，大量抽取地下水致使华北平原形成了世界上严重的地下水位降落漏斗和大面积的地面沉降。与此相伴随的是，黏性土压缩导致赋存于其中的孔隙水释出进入地下水，可能导致地下水水质恶化。

地下水样品采集于保定至渤海湾的水文地质剖面，沿地下水流向，地下水中碘的质量浓度在沿海区域突升（图 19-2-1）。地下水样品的 $\delta^{18}O$ 及 δD 变化范围分别为 $-10.3‰ \sim -8.9‰$，$-81‰ \sim -69‰$，主要分布于全球大气降水线（GMWL）和当地大气降水线（LMWL: $\delta D = 7\delta^{18}O + 1.7$; Zhang et al., 2000）的右侧，说明地下水主要补给来源是当地大气降水（图 19-2-2）。据文献报道，华北平原更新世地下水是补给于末次冰期，其氢氧同位素范围为：$\delta^{18}O$ 值为 $-11.7‰ \sim -9.4‰$，δD 的值为 $-85‰$ 至 $-76‰$（Kreuzer et al., 2009; Chen et al., 2003）。本研究中的高碘地下水的氢氧同位素与报道值相比偏正，可能是由其他补给来源或者是经历了混合过程所致。为了揭示高碘地下水与低碘地下水的差异，它们的两条回归曲线分别为

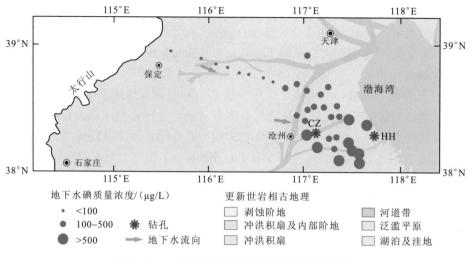

图 19-2-1　华北平原地下水样品和钻孔分布图

$$\delta D = 7.1\delta^{18}O - 3.1 \ (低碘地下水，LIWL)$$
$$\delta D = 3.6\delta^{18}O - 38 \ (高碘地下水，HIWL)$$

　　LIWL 回归线几乎平行于当地的大气降水线（LMWL），但是高碘地下水斜率较低，可能受到其他来源水的影响。

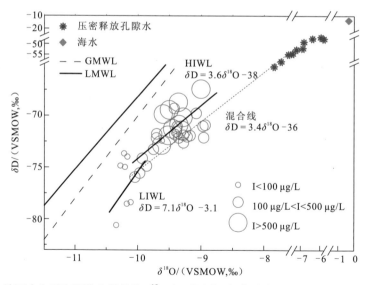

图 19-2-2　地下水和压密孔隙水样品的 $\delta^{18}O$ 与 δD 图（与全球大气降水线（Craig, 1961）和当地大气降水线对比）

研究区内地面沉降导致黏性土压密释水，可能为其诱因。为此，研究提取了沿海区域（高碘地下水的主要分布区）两个钻孔中的压密孔隙水，测得其氢氧同位素范围：$\delta^{18}O$ 值为-7.8‰～-5.4‰，δD 的值为-65‰～-52‰，与地下水相比偏正。对高碘地下水样品和压密释放的孔隙水进行线性拟合，拟合所得方程为

$$\delta D=3.4\delta^{18}O-36$$

其斜率与高碘地下水的回归曲线非常接近，这意味着压密释放孔隙水可能补给或混合进入地下水中。

为进一步揭示压密孔隙水对于高碘地下水的影响，将地下水中氯质量浓度与 δD 值进行比较发现，当地下水碘质量浓度小于 100 μg/L 时，氯质量浓度没有明显变化，δD 值有较大的变化，其原因可能为地下水流路过程中的入渗补给（Faure and Mensing, 2005）。而在图 19-2-3 的灰色区域，基本包含了全部高碘地下水，其氯含量变化较大，但是 δD 值变化幅度较小，且两者的变化趋势直接指向沿海钻孔压密孔隙水。这个压密孔隙水样品碘质量浓度大约为 830 μg/L，其对地下水的补给将会使地下水碘质量浓度升高（Xue et al., 2019）。

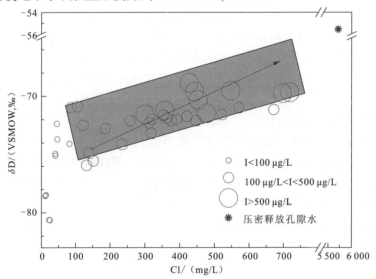

图 19-2-3　地下水和压密释放孔隙水样品的氯质量浓度和氢同位素比较图

19.3　硫酸盐硫氧同位素

硫有四种稳定同位素，其丰度为：^{32}S 为 94.93%，^{33}S 为 0.76%，^{34}S 为 4.29%，^{36}S 为 0.02%。硫是矿床的重要组成，也是主要的非金属矿产元素，可以硫酸盐的

形式存在于蒸发岩中。硫以硫化物和硫酸盐的形式普遍存在于生物圈的有机物、海水和沉积物中。自然界中广泛分布的硫有多种价态（S^{2-}、S_2^{2-}、S^0、S^{4+}、S^{6+}），在地下水中存在的形式主要是 H_2S、HS^- 和 SO_4^{2-}，受地下水不同氧化、还原环境的影响，其形成则往往受围岩中各种形式硫（如 FeS_2、$CaSO_4$、$CaSO_4 \cdot 2H_2O$）的影响。不同价态的硫有不同富集 ^{34}S 的能力。从 20 世纪 50 年代起使用硫同位素研究矿床成因，此后发展为研究地下水（Thode et al., 1961），主要应用丰度高的 ^{32}S 和 ^{34}S，并用 δ 值表示。地下水在地质和水文地质环境制约下，发生硫化合物间的同位素交换反应，并因价态变化的氧化、还原化学反应以及由生物细菌参与的生物化学反应，使硫同位素发生热力分馏且往往伴有较强的动力分馏。这一方面造成地下水中 $\delta^{34}S$ 的较大变幅，另一方面又使 $\delta^{34}S$（SO_4^{2-}）和 $\delta^{34}S$（HS^-）发生不同的组合。此外，在上述过程中还将构成 $\delta^{34}S$（SO_4^{2-}）和 $\delta^{18}O$（SO_4^{2-}）的不同关系。这一切实际上正是地下水来源、赋存、循环等的综合反映。

19.3.1　同位素分馏机理

微生物在其硫营养代谢过程中能够使硫同位素发生分馏，尤其是在硫酸盐异化还原（dissimilary sulfate reduction）过程中将产生硫同位素的最大分馏。Jørgensen 等（2004）研究表明沉积物和地下水中的硫化物的 ^{34}S 亏损高达 70‰，而培养硫酸盐还原菌产生的硫化物中 ^{34}S 的亏损为 4‰～46‰（Bolliger et al., 2001），这有可能是因为沉积物环境中的硫酸盐被还原为硫化物之后再次被氧化。在该过程中硫处于中间氧化态，这是一种活化状态，容易被细菌歧化。硫同位素可以提供微生物作用和硫循环的有用信息。硫酸盐中硫同位素在硫酸盐还原反应中被分馏，未反应的硫酸盐以重同位素形式富集。通过精确计算细菌引起的硫酸盐还原反应的量是很困难的，这是因为微生物数目的不同、电子供体类型和浓度的不同以及新陈代谢途径的不同导致分馏因子在高达−46.0‰～+19.0‰的范围内变化（Brüchert et al., 2001；Canfield, 2001；Detmers et al., 2001；Robertson and Schiff, 1994；Kaplan and Rittenberg, 1964）。目前对于硫化物或硫元素氧化为硫酸盐过程中的分馏作用了解较少。目前的研究显示有很少量的硫同位素分馏（−5‰～+5‰）（Canfield, 2001；Taylor et al., 1984），硫化物氧化作用引起的硫酸盐中 $\delta^{34}S$ 的变化大致与源硫化物中的相似（Seal and Wandless, 1997; Taylor et al., 1984）。溶解性的 HS^- 的非生物的和生物的氧化作用中，硫同位素富集因子（ε_S）为+2‰～−5‰（Fry et al., 1988；Gest and Hayes, 1984）。涉及溶液中硫化物在中性或碱性环境下氧化为硫酸盐的实验，产生少量正富集的硫酸盐，即 0～5‰（Toran and Harris, 1989）。然而，富集的值仅指示硫酸盐的还原反应，但要注意的是在硫酸盐有限的系统中（封闭系统），未还原的硫酸盐将逐渐以重同位素的形式富集，硫化物也可以按照瑞利分馏过程来示踪富集特征。

19.3.2　样品制备与测试分析

Kusakabe 等（1976）及其他研究者讨论用于同位素分析的各种硫化合物的化学制备法。用于质谱测量的气体一般是 SO_2。采用 SO_2 时，纯净的硫化物必须与氧化剂（如 CuO、Cu_2O、V_2O_5 或 O_2）发生反应。由于 SO_2 和 SO_3 之间存在同位素分馏，所以尽可能减少 SO_3 的产生就显得非常重要。如果与其他硫化物分开，单独分析黄铁矿，则必须采取特殊的化学处理方法。自 Giesemann 发明了在线燃烧法（on-line combustion methods）后，样品制备的多个步骤可简化为一步，称为元素分析仪内燃烧（combustion in an elemental analyzer），从而大大减少了湿化学萃取（wet-chemical extraction）的步骤，且大大缩短了样品的制备时间。

硫通过 $BaCl_2$ 沉淀为 $BaSO_4$。沉淀物通过离心获取，小心清洗并烘干做同位素分析。$BaSO_4$ 与 O_2 和 V_2O_5 在 1 030 ℃ 高温下完全转化为 SO_2 和 CO_2 后，通过同位素比率质谱仪（thermo quest finnigan delta plusXL）耦合元素分析仪分析得到。硫同位素比率以千分比表示，通常用 δ 表示。$\delta^{34}S$ 用以下公式计算得

$$\delta^{34}S = \left(\frac{(^{34}S / ^{32}S)_{sample}}{(^{34}S / ^{32}S)_{standard}} - 1 \right) \times 1\,000‰ \qquad (19\text{-}3\text{-}1)$$

式中：$\delta^{34}S$ 为 $^{34}S/^{32}S$；$^{34}S_{sample}$ 和 $^{34}S_{standard}$ 为各自样本中和标准值的同位素比例。

$\delta^{34}S$ 是相对 the Vienna Canyon Diablo Troilite（V-CDT）标准来表示的。标准化以国际标准 NBS 127 和 OGS-1 为基础，其他硫化物和硫酸盐物质在多个实验室测量数据对比。在标准线 $-10‰\sim+30‰$ 线性分布。$BaSO_4$ 中 $\delta^{34}S$ 分析的重现性高于 0.15‰。

氧同位素值用相同的方程来计算且以与 V-SMOW 组分的千分偏差来表示。$BaSO_4$ 分析的重现性对于 $\delta^{18}O$ 的值大于 0.45‰。氧同位素比率以千分比表示，$\delta^{18}O$ 用以下公式计算得

$$\delta^{18}O = \left(\frac{(^{18}O / ^{16}O)_{sample}}{(^{18}O / ^{16}O)_{standard}} - 1 \right) \times 1\,000‰ \qquad (19\text{-}3\text{-}2)$$

Puchelt 等（1971）和 Rees（1978）提出了一种激光 SF_6 新技术。由于氟为单一同位素，所以该技术的 SF_6 没有质谱记忆效应，不必对测量的同位素比的原始数据进行修正。与激光 SF_6 技术相比较，采用传统的 SO_2 获得的 $\delta^{34}S$ 值存在一个严重的问题，即氧同位素会干扰 SO_2 的可靠性（Beaudoin and Taylor，1994）；因此，SF_6 技术获得了新的关注（Hu et al., 2003）。业已证实，SF_6 是测量 $^{33}S/^{32}S$、$^{34}S/^{32}S$、$^{36}S/^{32}S$ 比值的理想气体。

微量分析技术，如激光微探针（Ono et al., 2006）和离子微探针（Chaussidon

et al., 1988）已经成为确定硫同位素组成的有力工具。相对于传统技术，这些新技术具有高分辨和现场进行点分析等优势。硫同位素在离子或激光轰击过程中产生分馏，但是这种分馏效应与具体矿物有关，并且可以重现。

19.3.3　研究案例

此处选取大同盆地高砷地下水硫氧同位素组成特征为案例说明，基于同位素分馏机理，充分运用硫氧同位素组成特征，深入探讨高砷地下水系统中影响硫同位素分馏的（生物）地球化学过程，在完成上述过程提取的基础上，深入分析高砷地下水微观形成机理，为高砷地下水的探究提供更多理论依据。

总体而言，地下水中溶解 SO_4^{2-} 的 $\delta^{34}S$ 和 $\delta^{18}O$ 通常用来确定 SO_4^{2-} 储藏和描述生物地球化学过程（Yuan and Mayer，2012；Kao et al.，2011；Xie et al.，2009）。通常，地下水中的 SO_4^{2-} 来源有：①沉积物含水层硫化物相（ $\delta^{34}S_{SO_4^{2-}}<0‰$ 且 $\delta^{18}O_{SO_4^{2-}}$ 从小于 0 到大于 15‰）氧化作用得到 SO_4^{2-} （Yuan and Mayer，2012）；② SO_4^{2-} 从原岩（ $\delta^{34}S_{SO_4^{2-}}$ 从 10‰到 25‰， $\delta^{18}O_{SO_4^{2-}}$ 从 13‰到 18‰）中的风化作用（Clark and Fritz，1998）；③有机物分解过程中 SO_4^{2-} 的释放（ $\delta^{34}S_{SO_4^{2-}}=8‰$ 且 $\delta^{18}O_{SO_4^{2-}}=6‰$ ）（Tuttle et al.，2009）；④陆相蒸发岩得到的 SO_4^{2-} （ $\delta^{34}S_{SO_4^{2-}}<10‰$ 且 $\delta^{18}O_{SO_4^{2-}}<5‰$ ）（Clark and Fritz，1998）；⑤大气来源 SO_4^{2-} 降水进入土壤。大气来源的 SO_4^{2-} 在土壤中经历一系列反应，使得大气 SO_4^{2-} 的 $\delta^{34}S_{SO_4^{2-}}$ 降低超过 5‰，这是因为新的氧原子引入刚形成的 SO_4^{2-} 中并不会改变 $\delta^{34}S_{SO_4^{2-}}$ 值。中国北方大气的 SO_4^{2-} 平均 $\delta^{34}S_{SO_4^{2-}}$ 值为 3.7‰（Guo et al.，2011）。根据 Yuan 和 Mayer（2012）的研究，大同盆地土壤中大气衍生 SO_4^{2-} 的 $\delta^{34}S_{SO_4^{2-}}$ 和 $\delta^{18}O_{SO_4^{2-}}$ 值大概分别为 3.7‰和 7.5‰。

从 $\delta^{34}S_{SO_4^{2-}}$ - $\delta^{18}O_{SO_4^{2-}}$ 值图中可见，明显所有水样分布在三条平行线附近［图 19-3-1(b)］。不同直线代表不同来源 SO_4^{2-} 的 $\delta^{34}S_{SO_4^{2-}}$ 和 $\delta^{18}O_{SO_4^{2-}}$ 值的演变。

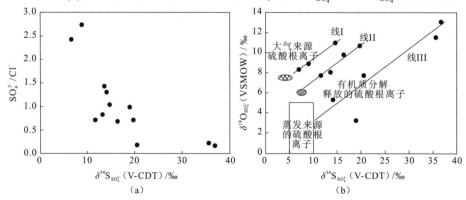

图 19-3-1　研究区地下水样品中 $\delta^{34}S_{SO_4^{2-}}$ 值与 SO_4^{2-}/Cl^- （a）、 $\delta^{34}S_{SO_4^{2-}}$ 与 $\delta^{18}O_{SO_4^{2-}}$ 值（b）关系

图 19-3-1(b)中每条线有一个 $\delta^{34}S_{SO_4^{2-}}$ 和 $\delta^{18}O_{SO_4^{2-}}$ 值最低点作为起点。这些值接近大气的 SO_4^{2-} 降水进入土壤的同位素组成（线 I），含水层沉积物和非饱和带中有机物分解过程中释放的 SO_4^{2-}（线 II），大陆蒸发岩（如石膏和芒硝）衍生的 SO_4^{2-} 在研究区地表也广泛分布（线 III）。

依据我们之前的研究，$\delta^{34}S_{SO_4^{2-}}$ 值为 7.0‰～36.8‰。值得注意的是，$\delta^{34}S_{SO_4^{2-}}$ 值最高的地下水样品的 SO_4^{2-}/Cl$^-$ 相对较低 [图 19-3-1（a）]。同位素的区间范围广与盆地氧化还原循环水平的变化和/或不同水的混合有关（Xie et al.，2009）。SO_4^{2-}/Cl$^-$ 与 $\delta^{34}S_{SO_4^{2-}}$ 的负相关 [图 19-3-1（a）] 表明微生物作用引发 SO_4^{2-} 还原作用，因为细菌还原 SO_4^{2-} 生成硫化物会导致大量 S 同位素分馏（Canfield，2001；Detmers et al.，2001；Böttcher et al.，1998；Robertson and Schiff，1994）。与 $\delta^{34}S_{SO_4^{2-}}$ 数据相似，地下水样的 $\delta^{18}O_{SO_4^{2-}}$ 值分布范围广，从 3.2‰到 13.0‰。$\delta^{18}O_{SO_4^{2-}}$ 受到微生物作用 SO_4^{2-} 还原反应和硫化物氧化作用的影响。细菌的 SO_4^{2-} 还原作用会导致氧的动力学同位素分馏，与硫的动力学同位素分馏类似。因此，$\delta^{34}S_{SO_4^{2-}}$ 和 $\delta^{18}O_{SO_4^{2-}}$ 值之间的正相关关系 [图 19-3-1（b）]，证实了细菌还原 SO_4^{2-} 过程的 $\delta^{34}S_{SO_4^{2-}}$ 和 $\delta^{18}O_{SO_4^{2-}}$ 值变化模型。

从 $\delta^{34}S_{SO_4^{2-}}$-As 质量浓度和 $\delta^{18}O_{SO_4^{2-}}$-As 质量浓度图（图 19-3-2），发现当砷质量浓度大于 $10\,\mu g/L$ 时，$\delta^{34}S_{SO_4^{2-}}$、$\delta^{18}O_{SO_4^{2-}}$ 值和砷质量浓度之间呈现很好的正相关关系。因此，可以推测微生物导致的 SO_4^{2-} 还原反应与砷在地下水中的还原和富集有关。在强还原环境中（Eh 从$-201.5\,mV$ 到 $173.9\,mV$），SO_4^{2-} 和 Fe（III）氢氧化物可能被还原。SO_4^{2-} 和 Fe（III）氢氧化物的还原作用还可以通过 $\delta^{34}S_{SO_4^{2-}}$-Fe 图得以证明。硫酸盐还原菌优先利用 ^{32}S 导致重 $\delta^{34}S_{SO_4^{2-}}$ 值在剩余 SO_4^{2-} 中积累（Kaplan and Rittenberg，1964；Nakai and Jensen，1964）。有趣的是，在一些 Fe 浓度高的样品中，$\delta^{34}S_{SO_4^{2-}}$ 和 Fe 质量浓度之间呈正相关 [图 19-3-3（a）]。根据氧化还原反应顺序，无定形 Fe（III）氢氧化物的还原发生在 SO_4^{2-} 还原为 HS$^-$ 之前，结晶态 Fe 氧化物/氢氧化物如 α-FeOOH（s）的还原作用发生在 SO_4^{2-} 还原反应后。因此，在中等还原环境下少数微生物还原 SO_4^{2-} 引起的无定形的 Fe（III）氢氧化物还原，导致 $\delta^{34}S_{SO_4^{2-}}$ 和 Fe 含量呈正相关及铁的含量很高。在强还原环境中，结晶态 Fe（III）氧化物/氢氧化物和 SO_4^{2-} 还原反应会优先产生 Fe 硫化物沉淀，导致 Fe 质量浓度降低、$\delta^{34}S_{SO_4^{2-}}$ 值升高。Fe（III）和 SO_4^{2-} 的还原和铁硫化物的生成，已经通过高砷含水层沉积物中可提取的铁同位素组成证实（Xie et al.，2013）。结果，就会出现图 19-3-3 所示的 $\delta^{34}S_{SO_4^{2-}}$ 值范围广以及样品的 $\delta^{34}S_{SO_4^{2-}}$ 值与 Fe 质量浓度之间呈负相关。虽然在 SO_4^{2-} 和 Fe（III）还原过程中，生成的无定形态 FeS 可以吸附一定量的砷，但是 Fe（III）矿物的还原可能导致砷在地下水中的富集（Xie et al.，2008）。

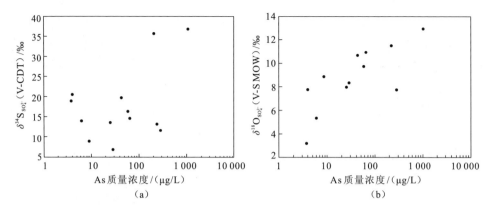

图 19-3-2　研究区地下水样品中 $\delta^{34}S_{SO_4^{2-}}$（a）、$\delta^{18}O_{SO_4^{2-}}$（b）值与 As 质量浓度关系

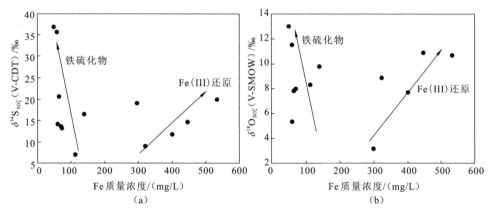

图 19-3-3　研究区地下水样品中 $\delta^{34}S_{SO_4^{2-}}$（a）、$\delta^{18}O_{SO_4^{2-}}$（b）值与 Fe 质量浓度关系

19.4　碳同位素

　　碳元素在地球上有多种赋存形式，从生物圈内呈还原态的有机化合物到氧化态的无机化合物，如 CO_2 和碳酸盐。可通过碳同位素分馏来研究地质体中的含碳化合物。碳具有两种稳定同位素 ^{12}C 和 ^{13}C，其中 ^{12}C 是原子量标度的基准物质。两种同位素相对丰度如下（Burrows et al., 2000）：^{12}C 为 98.93%，^{13}C 为 1.07%。

19.4.1　同位素分馏机理

　　自然界碳主要有两个储库：有机碳和碳酸盐，其碳同位素组成差别较大，前者轻（$\delta^{13}C=-25‰$），后者重（$\delta^{13}C=0‰$），但两者的质量占比却不相同，有机碳库质量占 18%～27%。碳同位素的主要分馏机理也有两个：①无机碳系统内的碳同位素平衡交换反应，主要通过"大气 CO_2→溶解的碳酸氢盐→固体碳酸盐"的途径使 ^{13}C 逐渐富集在碳酸盐内；②光合作用过程中的动力学同位素效应使轻同位素 ^{12}C 逐渐富集在合成的有机物中。

$\delta^{13}C$ 值总体变化大于 100‰，范围为-90‰～20‰。地球上碳同位素组成的总体变化规律是：①氧化碳富 ^{13}C，还原碳亏损 ^{13}C；②大气 CO_2 的 $\delta^{13}C$ 平均值为-7‰；③海相沉积碳酸盐的 $\delta^{13}C$ 变化范围很小（-1‰～+2‰，平均 0‰），淡水沉积碳酸盐岩比同类海相岩石亏损 ^{13}C；④深源火成碳酸岩和金刚石的 $\delta^{13}C$ 值大多数集中在-5‰±2‰，此值可能代表原始地幔岩部分熔融所形成的原生岩浆值。

在地下水系统中，碳主要以五种形态赋存：CO_2、H_2CO_3、HCO_3^-、CO_3^{2-} 和有机碳。各种碳原子团的浓度和同位素组成随温度和 pH 而变化。沉积物中有机物分解时消耗氧生成轻的 CO_2，$CaCO_3$ 分解形成重的 CO_2，这两种同位素组成不同的 CO_2 均可进入孔隙水中。孔隙水的 $\delta^{13}C$ 取决于这两种过程的相对强度，但总效应是上层孔隙水的 $\delta^{13}C$ 比上覆水柱的小。在沉积物/水界面以下几十厘米内，碳同位素梯度最大。在富碳的还原环境中，往往伴随硫酸盐的细菌还原生成 $\delta^{13}C$ 非常负的 CH_4。这种 CH_4 的逸出导致孔隙水中富集 ^{13}C。

淡水中 CO_2 的 $\delta^{13}C$ 变化很大。它通常代表一种混合关系：碳酸岩石风化形成的"重"HCO_3^- 和有机来源（淡水浮游生物和土壤有机质）的"轻"C。例如，未被污染过的加拿大马更些河中 $\delta^{13}C$ 约为-9‰，亚马孙河的 $\delta^{13}C$ 约为-20‰，也许表明前者以碳酸盐碳居多，而后者主要是生物成因碳。

地下水中的溶解性无机碳（DIC）主要受水岩反应、土壤 CO_2 的溶解、有机质降解以及 CO_2 在水-汽间的交换共同控制。在岩溶地区，岩溶作用强烈，降水下渗经过表层土壤和包气带到达含水层溶蚀基岩，DIC 含量和 $\delta^{13}C$ 发生相应改变（Fritz et al., 1989；Wigley et al., 1978）。由于稳定性同位素在特定污染源中组成确定，且具有分析结果精确可靠、在污染物迁移与转化过程中不发生显著变化的特点，所以已被广泛应用于环境污染物的来源分析与示踪研究中（白志鹏等，2006）。加拿大学者 O'Malley 等（1994）首次测定了环境样品中多环芳烃单化合物的稳定碳同位素组成，认为在挥发、光照和生物作用下其稳定碳同位素组成没有明显的分馏，而且不同污染源产生的 PAHs 的单化合物稳定碳同位素组成不同，故可以利用 PAHs 的分子碳同位素组成特征研究空气、土壤颗粒物中 PAHs 的来源。

19.4.2　样品制备与测试分析

通常采用气态 CO_2 进行 $^{13}C/^{12}C$ 的测量，直到近年来出现了通过热解的方法产生 CO 来进行 $^{13}C/^{12}C$ 的测量。对于 CO_2，通常采用如下制备方法。

（1）碳酸盐在 20～90 ℃（根据碳酸盐的类型来确定温度）与 100%磷酸反应，释放出 CO_2。

（2）有机化合物一般在高温下（850～1 000 ℃）于氧气流中或采用氧化剂如氧化铜（CuO）进行氧化。在过去的几年里，还出现了一种新的方法，就是在复杂有机混合物中测量单个化合物的 ^{13}C 值。这种称为气相色谱-质谱联用法（GC-C-MS）测量仪器包括：气相色谱仪、用于产生 CO_2 的燃烧接口及一个经过改良的传统气体质谱仪，该方法可测量微量（纳克级以下）混合物中的某一含碳化合物的碳同位素，其精度超过±0.5‰。

在溶解性无机碳中稳定碳同位分析时，干燥的 $BaCO_3$ 在自动化的酸浴准备系统中用 H_3PO_4 在 90 ℃转化为 CO_2，并用 Finnigan MAT 253 质谱仪（喀斯特地质协会环境同位素实验室，中国地质科学院桂林岩溶所）测量。$\delta^{13}C$ 值计算公式：

$$\delta^{13}C=\left(\frac{R_{sample}}{R_{standard}}-1\right)\times1\,000‰ \qquad (19-4-1)$$

式中：$R = {}^{13}C/{}^{12}C$。碳同位素组分是以 δ 符号代表以 V-PDB 为标准的千分偏差，重复样品分析误差在± 0.2‰以内。

基于世界范围内对于高砷地下水的研究，学者提出了许多解释地下水中 As 富集机理的理论。普遍认同 As 的地球化学作用与 Fe 和 S 的地球化学和生物化学循环有紧密联系，且砷的释放与有机物的反应有关（Farooq et al., 2010；Postma et al., 2007；Rowland et al., 2007）。含水层系统中，Fe（III）和 SO_4^{2-} 是有机物氧化作用的主要电子受体（Appelo et al, 1993）。一些研究表明，氧化还原反应直接或间接地与微生物活动有关，这是含水层中控制 As 迁移的最重要过程。

有机物的氧化作用和溶解性无机碳的形成可以与含水层 Fe（III）、SO_4^{2-} 的还原反应耦合（Holliger and Zehnder，1996）。微生物作用下有机物发生矿化作用形成的 DIC 可以通过稳定 C 同位素来查明（Grossman et al., 1997；Aggarwal and Hinchee，1991）。因此，碳同位素（$\delta^{13}C$）和硫同位素（$\delta^{34}S$）为含水层中 Fe、S、C 循环和 As 迁移提供有用信息。

19.4.3　研究案例

在地下水系统中，碳同位素通常用于探究地下水系统碳循环，如微生物降解过程中有机碳到无机碳的转化，同时，也应用于分析地下水系统碳的不同来源及其贡献程度量化。从高砷地下水机理探究角度分析，因国外大量文献研究均已表明有机质在地下水系统中砷的（生物）地球化学循环过程中起到非常重要的作用，基于此，针对大同盆地典型高砷地下水开展碳同位素研究分析工作，以期探究地下水系统碳的循环，并为有机/无机碳循环过程中砷迁移富集提供直接证据。

研究区内地下水中 DIC 碳同位素组分变化范围为-6.9‰～-22.0‰。因此，地下水中 $\delta^{13}C_{DIC}$ 值低（低于-12.0‰）归因于生物源。值得一提的是，最低 $\delta^{13}C_{DIC}$ 值为-22.0‰，与在半干旱气候中发现的生物碳特征一致。地下水中的高 $\delta^{13}C_{DIC}$ 值（大于-12‰）与生物起源碳和石灰岩起源 DIC 的混合有关。因此，可以推断生物起源碳是大同盆地 DIC 的最重要来源。

微生物氧化有机碳通常可与含水层或包气带 $Fe(III)$ 和 SO_4^{2-} 的还原作用耦合。与 S 同位素组分相似，细菌优先利用 ^{12}C，造成有机物微生物矿化作用期间 $\delta^{13}C_{DIC}$ 减小（Clark and Fritz, 1998）。结果，微生物引起的有机物氧化作用（与 $Fe(III)$ 和 SO_4^{2-} 的还原作用耦合）产生的 $\delta^{13}C_{DIC}$ 将减少，而剩余的 SO_4^{2-} 的 $\delta^{34}S$ 将富集。在 $\delta^{13}C_{DIC}$-$\delta^{34}S_{SO_4^{2-}}$ 图［图 19-4-1（a）］中，$\delta^{13}C_{DIC}$ 与 $\delta^{34}S_{SO_4^{2-}}$ 之间的负相关关系显而易见，SO_4^{2-} 还原已经发生或正在进行。

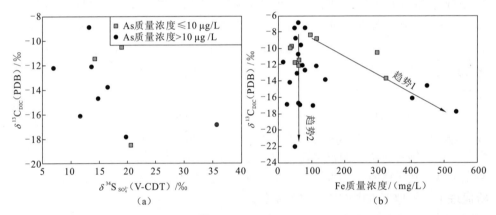

图 19-4-1　大同盆地地下水样品中 $\delta^{13}C_{DIC}$ 值与 $\delta^{34}S_{SO_4^{2-}}$ 值（a）、Fe 质量浓度（b）之间关系

水化学数据表明，微生物引发 $Fe(III)$ 和 SO_4^{2-} 的还原耦合有机物的氧化是控制地下水中砷富集的关键因素。有机物氧化和 SO_4^{2-} 还原可以通过地下水中 $\delta^{13}C_{DIC}$ 和 $\delta^{34}S_{SO_4^{2-}}$ 值识别。下文中，基于 $\delta^{13}C_{DIC}$ 值对 $Fe(III)$ 的还原再进行深入研究。如上讨论的，可发现两个 DIC 来源：生物成因的 DIC 和碳酸盐溶解产生的 DIC。从 $\delta^{13}C_{DIC}$-Fe 质量浓度图［图 19-4-1（b）］可发现两个明显的趋势：①$\delta^{13}C_{DIC}$ 值随着 Fe 质量浓度的增加而减小（趋势 1）。$Fe(III)$ 和 SO_4^{2-} 是微生物代谢有机物的主要电子受体（Appelo et al., 1993）。微生物优先利用 ^{12}C，使得 $\delta^{13}C_{DIC}$ 值在微生物氧化有机物的过程中减小，可以预测溶解的 Fe 质量浓度和 $\delta^{13}C_{DIC}$ 值呈负相关。因此，图 19-4-1（b）中的趋势 1 表明无定形 $Fe(III)$ 氢氧化物的还原反应

已经和微生物氧化有机物作用相耦合。②$\delta^{13}C_{DIC}$ 值显著减少而不改变 Fe 质量浓度（趋势 2）。在研究区用岩溶水灌溉补给地表水和地下水很常见。所以，$\delta^{13}C_{DIC}$ 值的显著变化，可能与来自碳酸盐溶解的 DIC（灌溉水）和通过微生物氧化含水层和包气带的地表引入的有机物产生的 DIC 的混合有关，这可能产生相当大的 $\delta^{13}C_{DIC}$ 值变化。近地表是最适合生物地球化学活动的区域。正如在西孟加拉邦含水层所发现的，溶解的天然有机物可以加强生物地球化学反应（Nath et al.，2008a）。从地表输入有机物可以加强微生物呼吸作用。大同盆地大范围种植玉米。根据 Clark 和 Fritz（1998）的研究，来自玉米的有机物 $\delta^{13}C_{DIC}$ 值约-10‰。地表的有机物可以通过回灌被携带进入包气带和含水层。图 19-4-1 可见，近地表有机物的微生物矿化作用，可以产生较小的（小于-10‰）和较大区间的 $\delta^{13}C_{DIC}$ 值。如上讨论，有机物的微生物氧化伴随着强烈的 Fe（III）矿物和硫酸盐还原，可以形成铁硫化物沉淀且铁浓度低。分布在趋势线 2 附近的样本，Fe 质量浓度低且 $\delta^{13}C_{DIC}$ 值范围大，是因为微生物催化有机物氧化和 Fe（III）矿物、硫酸盐还原。值得一提的是，分布在该趋势线附近的样本砷含量相对高，表明微生物引发的有机物氧化和地表有机物的增加引起的 Fe（III）、SO_4^{2-} 还原是大同地下水砷迁移和富集的控制过程。

$\delta^{13}C_{DIC}$ 值和[Cl⁻]关系如图 19-4-2 所示，进一步阐述生物呼吸作用的有机物来源。回灌的垂向补给导致[Cl⁻]变化大（因为岩盐的溶解）且新的有机物从地表被引入。微生物对有机物的氧化使得 $\delta^{13}C_{DIC}$ 值较小的且变化范围大。从图 19-4-2 明显可见，几乎所有高砷水样点分布在垂向淋滤线上。这再次验证了垂向回灌补给促进了大同地下水中砷的迁移和富集。

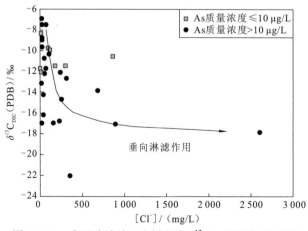

图 19-4-2　大同盆地地下水样品中 $\delta^{13}C_{DIC}$ 值与[Cl⁻]关系

19.5　铁 同 位 素

铁有四种稳定同位素，其丰度如下：^{54}Fe 为 5.84%，^{56}Fe 为 91.76%，^{57}Fe 为 2.12%，^{58}Fe 为 0.28%。在各种高温或低温的地球化学环境中，铁元素都是由生物和非生物控制的氧化还原反应的主要参与元素。铁可与多种重要的元素和配位体成键，形成硫化物、氧化物和硅酸盐矿物，以及与水形成复合物，且细菌可在异化和同化氧化还原过程中利用铁。由于铁的高丰度，并在高（或低）温度过程中占据重要地位，所以，铁同位素的研究获得了比其他过渡元素更多的关注。

19.5.1　同位素分馏机理

Johnson 等（2002）给出了在低温下，水溶液中 Fe^{3+} 和 Fe^{2+} 具有 2.75%的富集，这一数值大约是 Schauble 等（2001）预测值的一半。可以想象，铁同位素可在高温下达到平衡，在低得多的温度下，有关平衡分馏的迹象却并不那么明显。因此，低温时，动力学分馏可能主导铁同位素的分馏。

在低温条件下，观察到的天然铁同位素变化范围约为 4‰，这是由多个过程导致的，可分为无机反应和微生物引发的过程。大约 1‰的分馏是由含铁矿物（氧化物、碳酸盐、硫化物）沉淀所引起的（Anbar and Rouxel，2007）。更多的铁同位素分馏发生在生物化学氧化还原过程中，包括异化 Fe（III）还原（Crosby et al.，2007）、厌氧光合作用 Fe（II）氧化（Croal et al.，2004）。

在浅表层下特定地球化学环境中，生物还原 Fe（III）矿物形成多种次级相包括 Fe（OH）$_2$、$FeCO_3$、FeS。另外，Fe（III）还原形成的液相 Fe（II）能被吸附到 Fe（III）矿物上。然而，不同生物还原途径和化学吸附，可能在形成的 Fe（II）和剩余 Fe（III）相中留下独特的铁同位素"指纹"。在接近地表的 Fe 还原区之上，Fe（II）$_{aq}$ 的成岩氧化作用主要通过吸附和随后的氧化而发生。Johnson 等（2005）关于微生物作用下 Fe（III）氧化物还原期间形成磁铁和 Fe 碳酸盐的实验数据表明，室温中 Fe（II）$_{aq}$ 磁铁矿、Fe（II）$_{aq}$ 菱铁矿、Fe（II）$_{aq}$ 铁白云石分馏的 $^{56}Fe/^{54}Fe$ 平衡分馏因子分别为-1.3‰、0.0‰、+0.9‰。Fe 硫化物沉淀在溶液中形成轻同位素，$\delta^{56}Fe_{[FeS-Fe（II）]}$ 值为-0.3‰～85‰（Butler et al.，2005）。另外，微生物 Fe（III）还原会导致 Fe（II）$_{aq}$ 的 $\delta^{56}Fe$ 值约为 1.3‰，比 Fe（III）基底的值轻（Icopini et al.，2004；Beard et al.，2003）。Crosby 等（2005）近期开展的研究表明，液相 Fe（II）和 Fe（III）氧化物最外层表面之间的 $^{56}Fe/^{54}Fe$ 同位素分馏约为-3‰，且吸附作用不会在液态 Fe（II）和 Fe（III）氧化物之间形成显著同位素分馏。根据 Johnson 等（2005）的研究，吸附的 Fe（II）的同位素组分与平衡状态中液态 Fe（II）相似。因此，可能是关于 Fe（III）氧化物还原和含 Fe 矿物的转化的不同机理产生了明显的同位素分馏。另外，在自然界中，沉积物中的具有化学活性 Fe 能够记录化学反应的同位素分馏。因此，固体中 $\delta^{56}Fe$ 值可能是示踪控制 Fe 地球化学循环的地球化学环境和/或生物影响的有用工具（Crosby et al., 2005; Croal et al., 2004; Beard et al., 2003）。

19.5.2　样品制备与测试分析

1. 沉积物铁的提取

采用 Guelke（2010）对于沉积物样品中弱结晶态 Fe 和结晶态 Fe（III）氧化物序列提取的化学分离方法。具体过程如下：①弱结晶 Fe 提取。称取 0.5 g 冻干沉积物样品加入 50 mL 离心管，加入 10 mL 0.5 mol/L HCl。将样品置于室温下的顶置式振荡器中。经过 24 h 振荡，离心（15 min，5000 r/min）后取上清液。离心分离出的物质用超纯水洗两次，再次离心；洗涤水与提取样品合并，然后通过 0.45 μm 滤膜过滤。②结晶 Fe 氧化物/氢氧化物提取。接着步骤①，向含有洗净残余物的 50 mL 离心管中加入 10 mL 含 1 mol/L 盐酸羟胺+1 mol/L HCl 溶液。离心管在 90 ℃ 水浴锅内振荡加热 4 h。之后，5000 r/min 离心 15 min 取出上清液。离心剩余物质用超纯水清洗两次，再次离心；洗涤水加入萃取样品，然后通过 0.45 μm 滤膜过滤。提取物保存在 4 ℃ 冰箱中用于化学分析和 Fe 同位素分析。

2. 铁同位素样品的制备及测试

弱结晶 Fe 和结晶态 Fe（III）氧化物/氢氧化物相的提取溶液在加热板上进行烘干。然后加入浓缩的 H_2O_2 和 HNO_3，样品放在 180 ℃ 加热板上加热 24 h 来消解残留的有机物或羟胺，同时将 Fe（II）氧化为 Fe（III）。溶液烘干后，残余物溶解于 0.4 mL 8 mol/L HCl 中用于分离 Fe。将溶液通过 HCl 调节的阴离子交换树脂（Bio-Rad AG1-X8）用于纯化 Fe。用 8 mol/L HCl 洗涤除去基质元素。再依次加入 0.5 mol/L HCl、H_2O、8 mol/L HNO_3 和 H_2O 来洗脱 Fe。分离基质元素后，纯化的 Fe 部分被蒸干并溶解于 2% HNO_3 用于进行同位素分析。将所有样品和标准品中的 Fe 浓度调节至 1.0 ppm 之后，通过配备有 Cetac ASX-110 自动进样器和 DSN-100 膜气溶雾化器系统的多接受杯电感耦合等离子体质谱仪（MC-ICP-MS）（Nu Instrument Nu Plasma）[伊利诺伊大学厄巴纳-香槟大学（UIUC）地质系]进行 Fe 同位素比测试。

将 IRMM-014 的 $^{56}Fe/^{54}Fe$ 同位素比作为标准。通过标准-样品-标准（SSB）法校正仪器质量偏差。获得的同位素比用如下关系定义的 δ 表示法表示：

$$\delta^{56}\text{Fe} = \left(\frac{({}^{56}\text{Fe}/{}^{54}\text{Fe})_{sample}}{({}^{56}\text{Fe}/{}^{54}\text{Fe})_{standard}} - 1 \right) \times 1\,000‰ \tag{19-5-1}$$

对 $\delta^{57}\text{Fe}$ 值也进行了测试，并在三同位素图中检查所有数据是否遵循质量分馏定律，加以确证数据结果不存在分子或元素干扰。69 个机构内部标准（UIFe）分析的平均 $\delta^{56}\text{Fe}$ 值为（0.70 ± 0.04）‰。提取样品的 $\delta^{56}\text{Fe}$ 的平均外部精度约为 0.09‰（2SD）。大多数重复样品重现性较好，在 0.05‰以上。

19.5.3　研究案例

原生高砷地下水系统中，砷的迁移释放同系统中铁的地球化学循环密切相关，因此，针对高砷地下水系统开展铁同位素研究分析工作，可为进一步表征砷的微观迁移释放机理提供更多理论依据。此处依旧以我国大同盆地原生高砷地下水系统的铁同位素组成特征为例，说明铁同位素测试分析技术在地下水系统中的应用。

前人大量文献研究表明，地下水系统沉积物中 As 与 Fe 关系紧密（Swartz et al., 2004; Nickson et al., 2000; Nickson et al., 1998）。铁氧化物/氢氧化物被认为是含水层沉积物中使 As 积累的主要固着物，As 可以通过吸附作用或者共沉淀作用附着到 Fe 氧化物/氢氧化物上（Berg et al., 2008; Smedley and Kinniburgh, 2002; Nickson et al., 1998）。Fe 氧化物/氢氧化物是含水层沉积物中主要的 As 储藏形式（Xie et al., 2008）。相应地，大部分沉积物中 Fe 和 As 的强相关性可能是由于 As 吸附或共沉淀到 Fe 氧化物/氢氧化物上。两个 Fe 浓度低的沉积物样品 As 浓度相对较高；这可能是由于有机质增加导致沉积物中还原反应的发生而形成的痕量硫化物的积累引起的（Smedley and Kinniburgh, 2002）。根据 Xie 等（2012）开展的研究，在大同盆地沉积物含水层中发现了高含量的总有机碳，最大值高达 1.6%。

由于地下水系统中砷、铁密切相关性，所以预计 Fe（III）氧化物/氢氧化物中提取 Fe 和 As 质量分数有正相关关系。有趣的是，在结晶态 Fe（III）氧化物/氢氧化物相中能发现显著的正相关（图 19-5-1）。然而，弱结晶 Fe 相中提取 As 和 Fe 没有明显相关性（图 19-5-1）。此外，提取得到结晶态 Fe（III）氧化物/氢氧化物相中的 As 质量分数比弱结晶态 Fe 相中更高。砷在 Fe（III）矿物中富集而在次生 Fe（II）相中亏损，可以解释 Fe（III）氧化物/氢氧化物相中高提取 As 质量分数和提取 As、Fe 质量分数间的明显正相关关系（图 19-5-1）。因为 As 和 Fe（III）相之间关系紧密，和结晶态 Fe 相一样，预测弱结晶态中的提取 As 和 Fe（III）存在好的相关性。然而，没有在弱结晶提取 As 和 Fe（III）之间发现明显相关性。可能是因为 As 贫化的次生 Fe（II）相的再氧化，这可以部分地解释在弱结晶 Fe

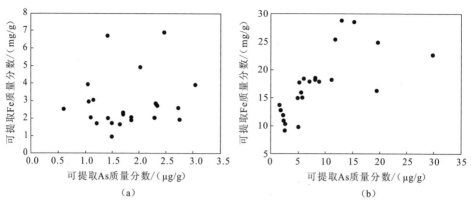

图 19-5-1 盐酸提取的弱结晶态铁矿物相（a）与盐酸羟铵提取的结晶态铁矿物相（b）中可提取的 Fe 和 As 质量分数关系

相中可萃取的 As 和 Fe 的弱相关性（图 19-5-1）。提取实验的结果表明结晶态 Fe（Ⅲ）氧化物/氢氧化物是含水层沉积物中的主要 As 库。有研究表明砷在地下水和沉积物中的迁移、转化受到铁矿物沉淀/溶解作用和矿物相态转化的影响（Jung et al., 2012）。因此，结晶态 Fe（Ⅲ）氧化物/氢氧化物和 HCl 提取态 Fe 相，包括弱结晶 Fe（Ⅲ）氧化物/氢氧化物和次生 Fe（Ⅱ）相，之间的转化可能能解释这两相中 As 的不同和导致地下水中 As 富集的原因。

HCl 提取的弱结晶 Fe 相 δ^{56}Fe 值范围广泛，为 -0.41‰～0.36‰，平均值为 -0.08‰。相反，结晶态 Fe（Ⅲ）氧化物/氢氧化物的 δ^{56}Fe 值在 -0.01‰～0.24‰ 变化，集中分布于 0.1‰ 附近。HCl 提取的弱结晶铁相的 δ^{56}Fe 值区间广泛，表明微生物 Fe（Ⅲ）还原作用促进了 Fe 的氧化还原循环，会导致显著的同位素分馏作用（Crosby et al., 2005; Icopini et al., 2004; Beard et al., 2003）。在地下环境中 Fe 的地球化学循环与 S 和 C 紧密联系。Fe（Ⅲ）还原细菌通过使用 Fe（Ⅲ）氧化物矿物作为电子受体来氧化有机质（Lovley et al., 1987），以产生贫化 δ^{56}Fe 值的液相 Fe（Ⅱ）和富集 δ^{56}Fe 值的残余 Fe（Ⅲ）相（Johnson et al., 2005）。微生物 Fe（Ⅲ）还原的矿物产物包括磁铁矿、菱铁矿和 Fe（Ⅱ）氢氧化物，它们的 δ^{56}Fe 值通常是贫化的。另外，氧化还原环境的季节性波动会导致 δ^{56}Fe 值贫化的次生 Fe（Ⅱ）氢氧化物在次氧化环境中再氧化。该过程产生的 Fe（Ⅲ）经历进一步微生物还原。微生物还原引起的 Fe 氧化还原循环，因此导致了弱结晶态 Fe 相中的 δ^{56}Fe 值逐渐减小。因此，HCl 提取的弱结晶 Fe 相中广范围的 δ^{56}Fe 值主要来自微生物对 Fe（Ⅲ）的还原，以及次生含 Fe（Ⅱ）相例如 Fe（Ⅱ）氢氧化物的再氧化。

从图 19-5-2 可明显看出两组：①组 1。弱结晶 Fe 相的 δ^{56}Fe 值随着 Fe（Ⅱ）/Fe$_{可提取}$ 的增大而减小。超过 80% 的弱结晶 Fe 相的 δ^{56}Fe 值聚集在约 0.2‰（图 19-5-2）。

然而，一些样品的弱结晶 Fe 相的 δ^{56}Fe 值贫化（最小为-0.4‰）而其中 Fe（II）占比相对较大[Fe（II）/Fe 可提取高达 0.5]（图 19-5-3）。这与含 Fe（III）形态的 δ^{56}Fe 值一致，总体比含 Fe（II）形态的 δ^{56}Fe 高（Johnson et al., 2005）。Fe 还原菌的出现，Fe（II）aq 的 ^{56}Fe/^{54}Fe 比 Fe（III）基底如水铁矿、赤铁矿、针铁矿高约 1.3‰（Icopini et al., 2004；Beard et al., 2003）。因此，微生物引起的 Fe（III）还原反应会产生大量 ^{56}Fe 贫化的 Fe（II）aq。沉积物中，生物引起的还原反应产生的 Fe（II）会以 ^{56}Fe 贫化的次生 Fe（II）相如 Fe（II）氢氧化物形式存在（Bo and Canfield, 1996；Bo et al., 1994）。此外，这些次生 Fe（II）相的再氧化会形成上面讨论的 δFe (II) -FeS 为 0.85‰贫化的 Fe（III）相。因此，在该组发现贫化的 δ^{56}Fe 值，反映了微生物 Fe（III）还原反应引起的 Fe 氧化还原反应循环。②组 2。弱结晶态 Fe 相的 δ^{56}Fe 值随着 Fe（II）/Fe 可提取比例的增加而同时增加。该组内包含的所有样品 Fe（II）/Fe 可提取比例高（0.69～0.88），且 δ^{56}Fe 值贫化（从-0.36‰～0.05‰）。Butler 等（2005）开展 FeS 沉淀过程中的 Fe 同位素分馏研究，发现新形成 FeS 的 Fe 同位素分馏差值 $\Delta_{Fe(II)-FeS}$(=δ^{56}Fe$_{Fe(II)}$-δ^{56}Fe$_{FeS}$)为 0.85‰，并在与液相 Fe(II)接触过程中 FeS 逐渐富集重 Fe 同位素（平衡时 $\Delta_{Fe(II)-FeS}$=0.30‰）。实验表明 FeS 沉淀过程中 FeS 的 δ^{56}Fe 值的变化高达 0.55‰。组 2 中提取 Fe 的 δ^{56}Fe 值变化为 0.41‰，与 Fe 沉淀实验中得到的结果一致，表明这些样品中的固体 Fe（II）组分可能是以 FeS 为主导。因此我们总结包括组 2 在内的样品经过硫化的成岩作用。

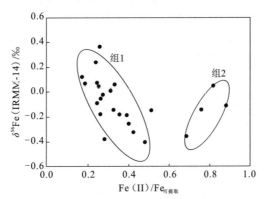

图 19-5-2　盐酸提取的弱结晶态铁矿物相中 δ^{56}Fe 值与 Fe（II）/Fe 可提取关系

有趣的是，结晶态 Fe（III）氧化物/氢氧化物中 δ^{56}Fe 值和可提取态 Fe 之间呈负相关（图 19-5-3）。Fe 还原菌的出现，微生物更偏向利用轻的 ^{54}Fe 而释放 ^{56}Fe 为主的 Fe（II）到溶液中，导致固相 Fe 含量减少。考虑到目前的含水层是 Fe（III）

控制的系统，由于微生物对 Fe（III）还原，未反应的 Fe（III）形成 ^{56}Fe 富集的残余物（Johnson et al., 2005）。Fe（II）$_{aq}$ 中 ^{56}Fe/^{54}Fe 比 Fe（III）基底如水铁矿、赤铁矿、针铁矿轻约 1.3‰（Icopini et al., 2004；Beard et al., 2003）。这部分中 δ^{56}Fe 值范围从约 0 到 0.24‰，与 Fe（III）氧化物/氢氧化物的 δ^{56}Fe 值一致，其初始值约为 0，且经过了微生物对 Fe（III）还原。因此，δ^{56}Fe 值与结晶态 Fe（III）中可提取 Fe 质量分数的负相关关系，说明含水层沉积物中发生了广泛的微生物 Fe（III）还原作用。

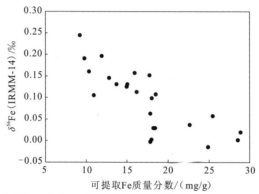

图 19-5-3   盐酸羟铵提取的结晶态铁矿物相中 δ^{56}Fe 值与可提取的 Fe 质量分数关系

大部分沉积样品的地球化学表明含水层沉积物中 As 与 Fe 的良好相关性。结果与在大同盆地高砷含水层开展的研究一致（Xie et al., 2008）。提取结果表明，弱结晶态 Fe 相和结晶态 Fe（III）氧化物/氢氧化物的 As 含量有显著差异。这表明结晶态 Fe（III）氧化物/氢氧化物和弱结晶态 Fe 相包括 Fe（III）氧化物/氢氧化物和次生 Fe（II）结合砷的能力不同（Jung et al., 2012; Smedley and Kinniburgh, 2002）。因此，结晶态 Fe（III）氧化物/氢氧化物和弱结晶态 Fe 相之间的转换可以用来解释地下水中 As 的富集。Fe 矿物的转化能通过以下铁同位素数据来支撑。

对于结晶态 Fe（III）氧化物/氢氧化物，δ^{56}Fe 值表明这部分 Fe 已经经历或者正在经历微生物的 Fe（III）还原作用，正如上面所讨论的。产生的 Fe（II）$_{aq}$ 中的再氧化作用导致形成无定形和弱结晶态 Fe（III）氧化物/氢氧化物。另外，硫化沉积物中形成的 Fe（II）$_{aq}$ 可以从溶液中以 Fe 硫化物的形式移除。弱结晶态 Fe 相的 δ^{56}Fe 值表明了大量这部分 Fe 经历过氧化还原循环，包括微生物的 Fe(III) 还原作用。另外，Fe 硫化物成岩作用对样品中弱结晶态 Fe 相的高 Fe（II）/Fe $_{可提取}$ 比例有重要作用。Fe 同位素数据表明，结晶态 Fe（III）氧化物/氢氧化物和弱结晶态 Fe 氧化物/氢氧化物包括 Fe（III）氧化物/氢氧化物和次生 Fe（II）相之间的转换，已经在含水层沉积物中发生。更重要的是，结晶态 Fe（III）氧化物/氢氧化物与弱结晶态 Fe 相相比，含有更多的 As。因此，由于微生物对 Fe（III）还原作用和硫酸盐还原作用，结晶态 Fe（III）氧化物/氢氧化物转化为弱结晶态 Fe 氧化物/氢氧化物，会使 As 活化迁移。

19.6　钼 同 位 素

钼（Molybdenum）作为氧化还原敏感微量元素被广泛应用于地质时间尺度上海洋环境的氧化−还原条件指示及全球氧平衡研究。钼是一种氧化还原敏感金属元素，可以提供整个地质年代下的全球海洋氧化过程信息（Wille et al.，2013；Glass et al.，2012；Dahl et al.，2011；Pearce et al.，2008b；Wille et al.，2006）。自然界中有 7 种钼的稳定同位素：^{92}Mo（14.84%）、^{94}Mo（9.25%）、^{95}Mo（15.92%）、^{96}Mo（16.68%）、^{97}Mo（9.55%）、^{98}Mo（24.13%）和 ^{100}Mo （9.63%）（Anbar，2004）。

19.6.1　同位素分馏机理

现代海水中 Mo 同位素 $\delta^{98/95}$Mo 值是（2.3±0.2）‰（Archer and Vance，2008；Mcmanus et al.，2002）。大多数河流的 Mo 同位素的 $\delta^{98/95}$Mo 值在 0.2‰～2.3‰，平均值约为 0.7‰（Malinovsky et al.，2007）。风化作用和向海洋的转移使得 $\delta^{98/95}$Mo 值增大，要高于典型的火成地壳中 Mo 同位素比值。自然界和实验样本中的 Mo 同位素分馏可达 6.4‰（Wasylenki et al.，2011；Tossell，2005）。Mo 同位素分馏主要是由溶液中和表面固着的 Mo 形态之间的转变引起的，在特定的氧化还原环境下分馏更为明显（Dickson et al.，2012；Helz et al.，2011；Pearce et al.，2008a）。因此，Mo 同位素系统被应用到越来越多样的地球科学问题中。迄今，Mo 同位素在地质记录中的变化已经被应用来评估古海洋运动的空间尺度（Wille et al.，2013；Dahl et al.，2011；Duan et al.，2010；Voegelin et al.，2010；Archer and Vance，2008），阐述海洋和大气氧化的起源（Voegelin et al.，2012；Pearce et al.，2010），理解风化作用的过程（Greber et al.，2011；Zerkle et al.，2011；Mathur et al.，2010；Goldberg et al.，2009），从而示踪高温矿石的形成起源和途径，同时可能作为现代和远古生物过程的标志（Neubert et al.，2008）。

最大的同位素分馏是在有氧环境下，轻 Mo 优先吸附在铁锰氧化物表面，$\delta^{98/95}$Mo$_{aqueous-solid}$ 值为 3.0‰，而封闭条件下且 H$_2$S$_{aq}$ 物质的量浓度大于 11 μmol/L 时，Mo 吸附沉淀过程伴随着很少或者几乎没有同位素的分馏（Nägler et al.，2011；Wang et al.，2011；Archer and Vance，2008；Poulson et al.，2006；Siebert et al.，2003；

Mcmanus et al., 2002）。分馏平衡常数的理论计算可以推测钼酸盐和硫代钼酸盐之间明显的分馏（Wasylenki et al., 2011），但是在含硫环境中，钼酸盐定量地转换成难溶于水的四硫钼酸盐应该不会产生较大的分馏（Wang et al., 2011）。在黑海沿海地区的研究表明，在相对较浅深度，假定 H_2S_{aq} 的物质的量浓度小于 $10\,\mu mol/L$，与硫代钼酸盐形成所需中间产物有关的较大馏分，被保存在沉积物中（Siebert et al., 2003）。在弱氧化的和弱的封闭环境中且 $H_2S_{aq}<11\,\mu mol/L$，同位素分馏较大，$\delta^{98/95}Mo$ 在这种沉积物中的变化范围为 $-0.5‰\sim1.6‰$（Reitz et al., 2007; Mcmanus et al., 2002）。Mo 同位素分馏的原因可能是铁锰氧化物的吸附过程和成岩作用过程中 MoO_4^{2-} 转化成低价态 MoS_4^{2-} 使得 Mo 被固定。MoO_4^{2-} 到 MoS_4^{2-} 的转化过程的硫代钼酸盐中间复合物 $MoO_xS_{4-x}^{2-}$ 的 $\delta^{98/95}Mo_{海水-固相}$ 约为 $0.7‰$（Brucker et al., 2009）。风化作用产生一个相对较弱的 Mo 同位素效应（Archer and Vance, 2008）。

需要消耗溶解氧的 Mn 氧化物循环过程能促进固定沉积物富硫区域内同位素消耗殆尽的 Mo（Albarede and Beard, 2004）。关于浅层地下水中中间产物硫代钼酸根形成过程的同位素结果的调查，前人尚未研究过。但是基于 Tossel（2005）的理论研究，与中间产物硫代钼酸根的形成相关的分馏产物，能够在非封闭环境下（沉积物中有机物发生厌氧氧化，底水中不含硫化物）促进 Mo 同位素亏损，前提是浅层地下水中 MoO_4^{2-} 向 MoS_4^{2-} 的转化是不完全的，由于海水和 Mn 氧化物之间的同位素分馏，较轻的 Mo 同位素富集在富含 Mn 的沉积物中。在含 Mn 和较多 Fe 还原反应区域内的且 Mn 含量较少沉积物中，$\delta^{98}Mo$ 很大程度上受到 Mo 被 Fe 氧化物（包括弱结晶的 $\delta^{98}Mo$，如水铁矿）预吸附的影响。在较弱 Fe 还原反应区域内且 Mn 缺乏的沉积物中，$\delta^{98}Mo$ 受到 Mo 被 Fe 氧化物（包括结晶铁氢氧化物，如针铁矿、赤铁矿）预吸附和再吸附的影响。含有硫磺酸的浅层地下水沉积物中 $\delta^{98}Mo$ 受到硫代钼酸根形成作用的影响（Wieser et al., 2007）。

19.6.2　样品制备与测试分析

多接收杯电感耦合等离子体质谱仪（MC-ICP-MS）等分析手段的发展极大地促进了钼稳定同位素测试方法的快速开发。采用双稀释剂法监测和校正钼同位素测试过程中产生的质量歧视效应。外标重现性用 0.2 倍的 $\delta^{98}Mo$（2σ）来衡量。将地下水样品和对应量的双稀释剂转移到大口杯中。待样品完全蒸干后加入 $5\,mL$ $6\,mol/L$ 盐酸，加热至 $120\,℃$ 并过夜，然后添加至第二个杯中。待样品再次蒸干，将得到的残余物转移至预先准备好的 $HCl+H_2O_2$ 溶液（$1\,mL$ $7\,mol/L$ HCl 和 0.3% H_2O_2）中，然后装载到阴离子交换树脂上，将阳离子冲洗下来（Dowex™ 1X8 树脂，目数 $200\sim400$）。最后，用 $0.5\,mol/L$ HNO_3 洗脱钼酸根离子，用阳离子交换柱（Dowex™ 50WX8 树脂，目数 200～400）去除残余的 Fe。用 2 mL 0.5 mol/L HCl 和 0.3% H_2O_2 将干燥的 Mo 残渣再次溶解，后装载至柱子上并用 5 mL 相同的酸混合溶液进行收集，加入 H_2O_2 以维持 Mo 处于 VI 价的氧化态。最后，将纯 Mo 溶液蒸干，溶解于 0.5 mol/L HNO_3 中，使用 MC-ICP-MS（型号：Neptune Plus）进行测试。测试过程中，每个样品采集 4 组数据，每组数据采集 10 个数据点。钼同位素数据用如下公式表示：

$$\delta^{98}Mo = \left(\frac{(^{98}Mo/^{95}Mo)_{sample}}{(^{98}Mo/^{95}Mo)_{standard}} - 1 \right) \times 1\,000‰ \qquad (19\text{-}6\text{-}1)$$

一般情况下，Mo 同位素数据用 $\delta^{98}Mo$ 表示。包括双稀释剂还原过程在内的加标重现性大于 0.2‰（2σ）。

19.6.3　研究案例

在原生高砷地下水系统中，钼可能是影响砷在沉积物-地下水间迁移转化的潜在因素之一，基于此，针对大同盆地原生高砷地下水系统开展钼同位素组成特征及分馏机理探究，以期进一步指示砷的迁移释放机理。

盆地环境中砷的迁移释放能力根本上受到含水层中铁/锰氧化物和氢氧化物的控制。铁/锰氢氧化物也在显著的钼同位素分馏过程中发挥主导作用（Nägler et al., 2011）。水中砷去除的一种普遍描述为，在富硫区域中，H_2S（硫酸盐还原产物）可以与铁反应，并与砷紧密结合生成砷黄铁矿，从而使溶液中的砷减少。这些过程的必要条件包括足量的硫化物和可反应的铁，以保证超过 As—Fe—S 复合物的溶解度。这个反应模型也可以视为微生物通过 BSR 修复砷污染。除硫化物和铁之外，从 $\delta^{98}Mo$ 值进行推断，钼这个因素也可能影响 As—Fe—S 矿物的析出（Wang et al., 2011）。在硫化环境中，可能会有 Fe—Mo—S 簇复合物形成。另外，低浓度的硫化物（低于 0.1 μmol/L）会促进硫代钼酸根中间复合物（$MoO_xS_{4-x}^{2-}$）和 Mo—Fe—S 簇共沉淀的形成（Wang et al., 2011）。硫代钼酸根优先被含铁矿物和硫化的有机颗粒去除。钼以 Fe—Mo—S 形式去除这一过程可以结合 $\delta^{98}Mo$ 同位素解释进行推断。在硫化物含量较低的地下水（S^{2-} 质量浓度 <25 μg/L）中，$\delta^{98}Mo$ 和 S^{2-} 质量浓度存在正线性相关，暗示着钼被（含铁的）硫化物缓慢地封存（图 19-6-1）。高 $\delta^{98}Mo$ 值是钼以形成硫代钼酸根被去除的一个标志。在有硫化物和铁存在的还原环境中，As—Fe—S 和 Mo—Fe—S 复合物的形成可能包含砷和钼的竞争。从图 19-6-2 可以看出，砷和钼之间存在微弱的负相关。另外，砷和 $\delta^{98}Mo$ 之间存在微弱的正相关，这一点也可以支撑这个假设（图 19-6-2）。

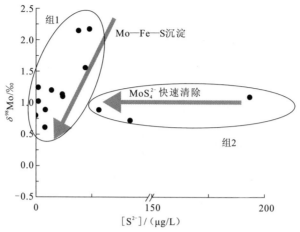

图 19-6-1　地下水中钼同位素 δ^{98}Mo 与溶解硫化物的关系

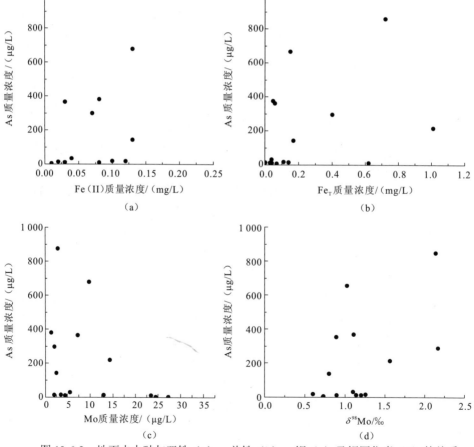

图 19-6-2　地下水中砷与亚铁（a）、总铁（b）、钼（c）及钼同位素（d）的关系

前人研究提出的地下水中砷富集的主要机制为还原条件下的还原溶解导致被吸附的砷释放进入地下水中，本研究中，利用地下水中钼同位素组成 $\delta^{98}Mo$ 值进一步证实了这一点。铁/锰氧化物循环的影响可以通过硫化带中封存的原生钼同位素的组成表现出来（Albarede and Beard，2004）。浅层含水层提供了钼的来源，并且最终封存在富硫区域中。在铁/锰氧化物含量较少而有硫化物存在的沉积物中，硫代钼酸根来源于浅层地下水，并且不会随着铁/锰氧化物的溶解而增加，从而接近海水同位素值，也就是相对更重的 $\delta^{98}Mo$ 值（Brucker et al.，2009; Wieser et al.，2007）。基于这个理论，高 $\delta^{98}Mo$ 值可能是由于缺乏丰富的铁氧化物和氢氧化物，而这两类物质是含水层中砷的主要吸附剂。然而，为了证明这个结论成立，还需要对更多沉积物的 Fe/Mn 值和钼同位素组成进行检测和研究。

最新研究通过观测地下水中溶解性钼的 $\delta^{98}Mo$ 值发现，铁氢氧化物比锰氢氧化物具有更重要的作用。实验结果表明钼被水铁矿吸附导致吸附相的同位素组成比锰氧化物更重。相对于锰氧化物，水铁矿还原溶解释放出的钼逐渐递增，导致浅层地下水中 $\delta^{98}Mo$ 值逐渐增加。$\delta^{98}Mo$ 和铁之间的关系比和锰更加相关，这暗示了铁比锰对 $\delta^{98}Mo$ 的影响程度更大，即使地下水中 Fe（II）和总铁与锰质量浓度的关系是非线性的，较高的 $\delta^{98}Mo$ 值说明 $\delta^{98}Mo$、Fe（II）和总铁之间存在微弱的正相关，铁氢氧化物及其还原溶解可能对钼同位素组成的修饰和对砷富集的影响一样很重要。

19.7　锶　同　位　素

锶（Sr）是一种碱土元素并在低温环境中与 Ca 有较强的地球化学联系。自然界中，Sr 有 4 种稳定同位素，其丰度分别为：^{84}Sr 为 0.56%，^{86}Sr 为 9.86%，^{87}Sr 为 7.00%，^{88}Sr 为 82.58%，^{87}Rb 的 β 衰变衍生了 ^{87}Sr，而 ^{86}Sr 是非放射性衍生（Peterman and Wallin，1999）。

19.7.1　同位素分馏机理

地下水锶同位素的组成受到补给水化学特征、岩石的地球化学特征与地下水的水-岩相互作用、在含水层地下水中滞留时间以及与不同的地下水混合的影响。天然条件下，锶同位素组成不受矿物沉淀或离子交换的影响（Bailey et al.，1996; Miller et al.，1993）。在自然界中，某一特定矿物风化释放的 Sr 通常具有自己特征的 $^{87}Sr/^{86}Sr$ 比值（Hamilton，1986），各水体由于活动时会带出流经地质体中 Sr，造成不同水体具有不同的 $^{87}Sr/^{86}Sr$ 值，所以其能为水中物质的来源提供有效指示信息。锶同位素组成常用 $^{87}Sr/^{86}Sr$ 值来表示，低温地球化学过程中其组成特征不受影响。不同天然矿物端元中的锶浓度和 $^{87}Sr/^{86}Sr$ 值显著不同。与硅酸盐端元相比，碳酸盐端元具有低放射性 $^{87}Sr/^{86}Sr$ 值特征。白云岩在重结晶过程中会形成高的 $^{87}Sr/^{86}Sr$ 值（Machel et al., 1996）。因此，锶同位素是确定地下水来自何种矿物风化及其比例的有用工具。

19.7.2 样品制备与测试分析

锶同位素样品用酸洗的瓶子保存。室内样品处理过程如下：取适量样品于特氟龙（Teflon）杯子中并在加热板上蒸干。再用 330 μL 0.3 mol/L 超纯 HNO_3 溶解以用于离子交换。锶专用离子交换树脂、高纯硝酸和超纯水被用来分离锶。锶同位素分析（$^{87}Sr/^{86}Sr$）通过 Finnigan-MAT 261 热离子化质谱仪进行。$^{87}Sr/^{86}Sr$ 测试的重现性通过 NIST SRM987 标准的多次测试来衡量。锶同位素组成的表达公式如下：

$$\delta^{87}Sr = \left(\frac{^{87}Sr/^{86}Sr}{0.709\,20} - 1 \right) \times 1\,000‰ \tag{19-7-1}$$

式中：0.709 20 表示现代海水中 $^{87}Sr/^{86}Sr$ 值。

19.7.3 研究案例

锶同位素已被广泛应用于地下水流动系统的示踪，是确定地下水来自碳酸盐或硅酸盐风化及其比例的有用工具（Cartwright et al., 2010; Uliana et al., 2007; Gosselin et al., 2004; Frost et al., 2002）。硅酸盐和海相碳酸盐是大部分地下水系统化学组成的主要控制端元，但硫酸盐和氯化物等蒸发盐的风化对某些地下水系统水化学特征也会产生一定影响。在补给和区域地下水流动过程中，地下水和富锶矿物之间的相互作用促使锶进入地下水中（Bullen et al., 1996）。从而，地下水锶同位素组分能记录沿地下水流向上发生的水-岩相互作用信息，并可用于示踪地下水流动路径（Frost et al., 2002; Johnson and Depaolo，1994）。此外，地下水与含水层矿物质之间的相互作用能影响地下水流经区地下水中的主要离子组分。因此，地下水化学的变化主要受沿地下水流向上的水-岩相互作用的控制（Guo and Wang，2005; Guo and Wang，2004），并且通过反向地球化学模型能很好地捕捉沿地下水流动路径上地下水的演化过程。已有研究表明基于地下水主量元素的反向地球化学模型为地下水流动系统的研究提供了有利手段。

位于山西省朔州市的岩溶水样品取自中奥陶统含水层，该含水层为 Sr 的地质储库。该地质时期的海水中锶同位素的比值是恒定的，所以理论上该时期形成的石灰岩中 Sr 的同位素比值是固定的。因此如果沿着地下水流向采集到的石灰岩和补给区的地下水有相互作用，那么排泄区岩溶水中的 Sr 同位素比值应该向含水层矿物相的同位素比值漂移，这是由含水层中 Sr 的混合作用引起的。在朔州岩溶水系统中，岩溶水中 $^{87}Sr/^{86}Sr$ 平均值从补给区的 0.710 72 降低到排泄区的 0.710 25，后者的数值接近于中奥陶系石灰岩中的 Sr 同位素比值（0.707 87），这表明水-岩相互作用是控制岩溶水中 Sr 同位素组成的最重要因素。采集的岩溶水样品中的 Sr 同位素比值和 Sr 质量浓度的图（图 19-7-1）用来阐述岩溶水的锶来源。大部分样品的 Sr 含量较低并且 $^{87}Sr/^{86}Sr$ 值相似并且聚集在混合线上（除了排泄区的 St06 和 St05 样品）。排泄区的所有岩溶水样品都落在混合线之上。对于排泄区的样品来说，除水岩相互作用之外还有其他的锶来源。对于该研究区而言，第四系含水层中的地下水的混合是主要的原因。研究区内第四系含水层排泄区（St17，St18）有很高的 $^{87}Sr/^{86}Sr$ 值（0.710 92）且 Sr 质量浓度为 0.39～0.48 mg/L（图 19-7-1）。含水层沉积物有很高的 $^{87}Sr/^{86}Sr$ 值（0.712 73～0.713 34），且锶质量浓度为 383～475 mg/L，所以第四系含水层中高的 $^{87}Sr/^{86}Sr$ 值应该来源于含水层矿物。当岩溶水排泄经过第四系含水层时，与第四系含水层的混合导致岩溶水中锶同位素比值的增大，并且从理论的混合线上漂移（图 19-7-1）。$^{87}Sr/^{86}Sr$ 值的变化与 Mg 质量浓度的关系如图 19-7-2 所示。基于前期调查研究，高 $^{87}Sr/^{86}Sr$ 值的样品来自北部研究区的径流 1，低 $^{87}Sr/^{86}Sr$ 值的样品来自南部研究区的径流 2（图 19-7-3）。图 19-7-3 中具有代表性的样品表明沿着这两条径流的 $^{87}Sr/^{86}Sr$ 值的趋势。从图 19-7-2 中我们可以看到径流 1 的 $^{87}Sr/^{86}Sr$ 值从 St10 到 St09 增加得比较缓慢而从 St09 到 St12 降低，而沿着径流 2 的 $^{87}Sr/^{86}Sr$ 值降低得较为剧烈。$^{87}Sr/^{86}Sr$ 值降低的趋势可能是在该径流上高 $^{87}Sr/^{86}Sr$ 值的补给水与低 $^{87}Sr/^{86}Sr$ 值的石灰岩相互作用的结果。从径流 1 的结果可以推断岩溶水流动得更快且水-岩相互作用较弱，所以 $^{87}Sr/^{86}Sr$ 值变化

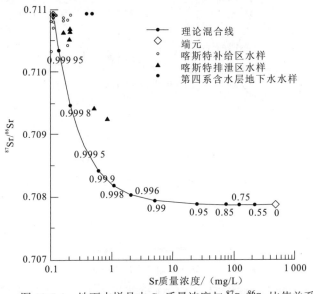

图 19-7-1 地下水样品中 Sr 质量浓度与 $^{87}Sr/^{86}Sr$ 比值关系

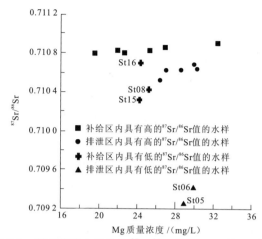

图 19-7-2　所有岩溶水样品中 $^{87}Sr/^{86}Sr$ 值与 Mg 质量浓度关系

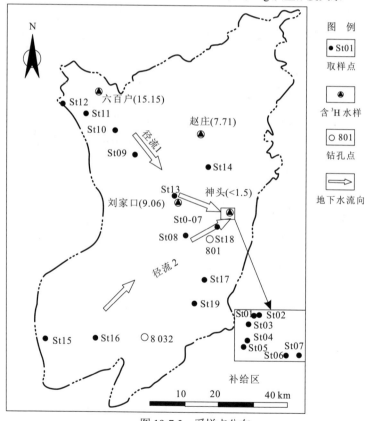

图 19-7-3　采样点分布

在图的右边部分标注的是岩溶水的氚浓度。所有泉水的氚浓度小于 1.5TU。径流 1 的水头梯度是 1%，径流 2 的水

头梯度通过 8032 和 801 的水压计算而得到（0.15%）

较弱。相反地，在径流 2 中岩溶水流动缓慢且水-岩相互作用强烈，导致明显的 $^{87}Sr/^{86}Sr$ 值降低。为了确认这个推断，对两个地下水径流的水力梯度进行了对比：沿着径流 1 的水力梯度大约是 1%（图 19-7-3），而径流 2 的水头梯度只有 0.015%（图 19-7-3，从 8 032 到 801）。前者的水头梯度明显大于后者，这确证了该研究关于锶的地球化学行为的推断。

根据以上的分析，朔州岩溶水的水化学特征是由两条不同径流的水化学过程控制的。第一条径流是沿着径流方向的水-岩相互作用导致 TDS 和 Sr 质量浓度的增加以及 $^{87}Sr/^{86}Sr$ 值的降低；第二条径流是与含有高 TDS 和 $^{87}Sr/^{86}Sr$ 值的第四系含水层地下水相混合。

参 考 文 献

白志鹏, 张利文, 彭林, 等, 2006. 稳定同位素在污染物溯源与示踪中的应用[J]. 城市环境与城市生态(4): 29-32.

福尔, 1983. 同位素地质学原理[M]. 北京: 科学出版社.

刘东生, 陈正明, 罗可文, 1987. 桂林地区大气降水的氢氧同位素研究[J]. 中国岩溶, 6(3): 51-57.

涂光炽, 1984. 地球化学[M]. 上海: 上海科学技术出版社.

尹观, 范晓, 郭建强, 等, 2000. 四川九寨沟水循环系统的同位素示踪[J]. 地理学报, 67(4): 487-494.

于津生, 虞福基, 刘德平, 1987. 中国东部大气降水氢、氧同位素组成[J]. 地球化学(1): 22-26.

AGGARWAL P K, HINCHEE R E, 1991. Monitoring *in situ* biodegradation of hydrocarbons by using stable carbon isotopes[J]. Environmental science and technology, 25(6): 1178-1180.

ALBAREDE F, BEARD B, 2004. Analytical methods for non-traditional isotopes[J]. Reviews in mineralogy and geochemistry, 55(1): 113-152.

ALLISON G B, 1982. The relationship between ^{18}O and deuterium in water in sand columns undergoing evaporation[J]. Journal of hydrology, 55(1/4): 163-169.

ANBAR A D, 2004. Molybdenum stable isotopes: observations, interpretations and directions[J]. Reviews in mineralogy and geochemistry, 55(1): 429-454.

ANBAR A D, ROUXEL O, 2007. Metal stable isotopes in paleoceanography[J]. Earth and planetary sciences, 35: 717-746.

APPELO C A J, POSTMA D, ROTTERDAM A A B, 1993. Geochemistry, groundwater and pollution[M]. New York: CRC Press.

ARCHER C, VANCE D, 2008. The isotopic signature of the global riverine molybdenum flux and anoxia in the ancient oceans[J]. Nature geoscience, 1(9): 597.

BÖTTCHER M E, OELSCHLÄGER B, HÖPNER T, et al., 1998. Sulfate reduction related to the early diagenetic degradation of organic matter and "black spot" formation in tidal sandflats of the German Wadden Sea (southern North Sea): stable isotope (^{13}C, ^{34}S, ^{18}O) and other geochemical results[J]. Organic geochemistry, 29: 1517-1530.

BAILEY S W, HORNBECK J W, DRISCOLL C T, et al., 1996. Calcium inputs and transport in a base‐poor forest ecosystem as interpreted by Sr isotopes[J]. Water resources research, 32(3): 707-719.

BANNER J L, WASSERBURG G J, DOBSON P F, et al., 1989. Isotopic and trace element constraints on the origin and evolution of saline groundwaters from central Missouri[J]. Geochimica et cosmochimica acta, 53(2): 383-398.

BARNES C J, ALLISON G B, 1988. Tracing of water movement in the unsaturated zone using stable isotopes of hydrogen and oxygen[J]. Journal of hydrology, 100: 143-176.

BEARD B L, JOHNSON C M, SKULAN J L, et al., 2003. Application of Fe isotopes to tracing the geochemical and biological cycling of Fe[J]. Chemical geology, 195: 87-117.

BEAUDOIN G, TAYLOR B E, 1994. High precision and spatial resolution sulfur isotope analysis using MILES laser microprobe[J]. Geochimica et cosmochimica acta, 58: 5055-5063.

BERG M, TRANG P T K, STENGEL C, et al., 2008. Hydrological and sedimentary controls leading to arsenic contamination of groundwater in the Hanoi area, Vietnam : the impact of iron-arsenic ratios, peat, river bank deposits, and excessive groundwater abstraction[J]. Chemical geology, 249: 91-112.

BO T, CANFIELD D E, 1996. Pathways of carbon oxidation in continental margin sediments off central Chile[J]. Limnology and oceanography, 41: 1629-1650.

BO T, FOSSING H, BO B J, 1994. Manganese, iron and sulfur cycling in a coastal marine sediment, Aarhus bay, Denmark[J]. Geochimica et cosmochimica acta, 58: 5115-5129.

BOLLIGER C, SCHROTH M H, BERNASCONI S M, et al., 2001. Sulfur isotope fractionation during microbial sulfate reduction by toluene-degrading bacteria[J]. Geochimica et cosmochimica acta, 65: 3289-3298.

BRÜCHERT V, KNOBLAUCH C, BO B J, 2001. Controls on stable sulfur isotope fractionation during bacterial sulfate reduction in Arctic sediments[J]. Geochimica et cosmochimica acta, 65: 763-776.

BROWN L J, TAYLOR C B, 1974. Geohydrology of the Kaikoura Plain, Marlborough, New Zealand[J]. Isotope techniques in groundwater hydrology, 1: 169-189.

BRUCKER R L P, MCMANUS J, SEVERMANN S, et al., 2009. Molybdenum behavior during early diagenesis: Insights from Mo isotopes[J]. Geochemistry geophysics geosystems, 10: 258-266.

BULLEN T D, KRABBENHOFT D P, KENDALL C, 1996. Kinetic and mineralogic controls on the evolution of groundwater chemistry and $^{87}Sr/^{86}Sr$ in a sandy silicate aquifer, northern Wisconsin, USA[J]. Geochimica et cosmochimica acta, 60: 1807-1821.

BURROWS H, WEIR R, STOHNER J. 2000. Isotopic compositions of the elements 1989[J]. Pure and applied chemistry, 63(7):991-1002.

BUTLER I B, ARCHER C, VANCE D, et al., 2005. Fe isotope fractionation on FeS formation in ambient aqueous solution[J]. Earth and planetary science letters, 236: 430-442.

CANFIELD D E, 2001. Biogeochemistry of Sulfur Isotopes[J]. Stable isotope geochemistry, 43: 607-636.

CARTWRIGHT I, WEAVER T, CENDÓN D I, et al., 2010. Environmental isotopes as indicators of inter-aquifer mixing, Wimmera region, Murray Basin, Southeast Australia[J]. Chemical geology, 277: 214-226.

CHAUSSIDON M, ALBARÈDE F, SHEPPARD S M F, 1988. Sulphur isotope variations in the mantle from ion microprobe analyses of micro-sulphide inclusions[J]. Earth and planetary science letters, 92: 144-156.

CHEN Z Y, QI J X, XU J M, et al., 2003. Paleoclimatic interpretation of the past 30 ka from isotopic studies of the deep confined aquifer of the North China Plain[J]. Applied geochemistry. 18 (7): 997-1009.

CLARK I D, FRITZ P F, 1998. Environmental isotopes in hydrology[M]. Boca Raton: Lewis Publishers.

CRAIG H, 1961. Isotope variation in meteoric waters[J]. Science ,133: 1702-1703.

COLEMAN M L, SHEPHERD T J, DURHAM J J, et al., 1982. Reduction of water with zinc for hydrogen isotope analysis[J]. Analytical chemistry, 54: 993-995.

CROAL L R, JOHNSON C M, BEARD B L, et al., 2004. Iron isotope fractionation by Fe(II)-oxidizing photoautotrophic bacteria 1[J]. Geochimica et cosmochimica acta, 68: 1227-1242.

CROWE J H, CARPENTER J F, CROWE L M, et al., 1990. Are freezing and dehydration similar stress vectors? A comparison of modes of interaction of stabilizing solutes with biomolecules[J]. Cryobiology, 27(3): 219-231.

CROSBY H A, JOHNSON C M, RODEN E E, et al., 2005. Coupled Fe(II)-Fe(III) electron and atom exchange as a mechanism for Fe isotope fractionation during dissimilatory iron oxide reduction[J]. Environmental science and technology, 39: 6698-6704.

CROSBY H A, RODEN E E, JOHNSON C M, et al., 2007. The mechanisms of iron isotope fractionation produced during dissimilatory Fe(III) reduction by *Shewanella putrefaciens* and *Geobacter sulfurreducens*[J]. Geobiology, 5: 169-189.

DAHL T W, CANFIELD D E, ROSING M T, et al., 2011. Molybdenum evidence for expansive sulfidic water masses in ~750 Ma oceans[J]. Earth and planetary science letters, 311: 264-274.

DETMERS J, BRÜCHERT V, HABICHT K S, et al., 2001. Diversity of sulfur isotope fractionations by sulfate-reducing prokaryotes[J]. Applied and environmental microbiology, 67: 888-894.

DICKSON A J, COHEN A S, COE A L, 2012. Seawater oxygenation during the Paleocene-Eocene Thermal Maximum[J]. Geology, 40: 639-642.

DUAN Y, ANBAR A D, ARNOLD G L, et al., 2010. Molybdenum isotope evidence for mild environmental oxygenation before the Great Oxidation Event[J]. Geochimica et cosmochimica acta, 74: 6655-6668.

DUGAN J P, BORTHWICK J, HARMON R S, et al., 1985. Guanidine hydrochloride method for determination of water oxygen isotope ratios and the oxygen-18 fractionation between carbon dioxide and water at 25. degree. C[J]. Analytical chemistry, 57: 207-208.

ELSENHEIMER D, VALLEY J W, 1992. In situ oxygen isotope analysis of feldspar and quartz by Nd: YAG laser microprobe[J]. Chemical geology: isotope geoscience section, 101(1/2): 21-42.

FAROOQ S H, CHANDRASEKHARAM D, BERNER Z, et al., 2010. Influence of traditional agricultural practices on mobilization of arsenic from sediments to groundwater in Bengal delta[J]. Water research, 44: 5575-5588.

FAURE G, MENSING T M, 2005. Isotopes: principles and applications[M].3ed. New Jersey:JohnWiley & Sons.

FRIEDMAN I, 1953. Deuterium content of natural waters and other substances[J]. Geochimica et cosmochimica acta, 4: 89-103.

FRITZ P, FONTES J C, FRAPE S K, et al., 1989. The isotope geochemistry of carbon in groundwater at Stripa[J]. Geochimica et cosmochimica acta, 53: 1765-1775.

FROST C D, PEARSON B N, OGLE K M, et al., 2002. Sr isotope tracing of aquifer interactions in an area of accelerating coal-bed methane production, Powder River Basin, Wyoming[J]. Geology, 30: 923-926.

FRY B, RUF W, GEST H, et al., 1988. Sulfur isotope effects associated with oxidation of sulfide by O_2 in aqueous solution[J]. Isotope geoscience, 73: 205-210.

GEHRE M, HOEFLING R P, KOWSKI A, et al., 1996. Sample preparation device for quantitative hydrogen isotope analysis using chromium metal[J]. Analytical chemistry, 68: 4414-4417.

GEST B F H, HAYES J M, 1984. Isotope effects associated with the anaerobic oxidation of sulfide by the purple photosynthetic bacterium, *Chromatium vinosum*[J]. FEMS microbiology letters, 27: 227-232.

GLASS J B, AXLER R P, CHANDRA S, et al., 2012. Molybdenum limitation of microbial nitrogen assimilation in aquatic ecosystems and pure cultures[J]. Frontiers in microbiology, 3: 331.

GODFREY J D, 1962. The deuterium content of hydrous minerals from the East-Central Sierra Nevada and Yosemite National Park[J]. Geochimica et cosmochimica acta, 26: 1215-1245.

GOLDBERG T, ARCHER C, VANCE D, et al., 2009. Mo isotope fractionation during adsorption to Fe (oxyhydr)oxides[J]. Geochimica et cosmochimica acta, 73: 6502-6516.

GOLLER R, WILCKE W, LENG M J, et al., 2005. Tracing water paths through small catchments under a tropical montane rain forest in south Ecuador by an oxygen isotope approach[J]. Journal of hydrology, 308: 67-80.

GOSSELIN D C, HARVEY F E, FROST C, et al., 2004. Strontium isotope geochemistry of groundwater in the central part of the Dakota (Great Plains) aquifer, USA[J]. Applied geochemistry, 19: 359-377.

GRAHAM C M, VALLEY J W, 1992. Sulphur isotope analysis of pyrites[J]. Chemical geology: isotope geoscience section, 101(1/2): 169-172.

GREBER N D, HOFMANN B A, VOEGELIN A R, et al., 2011. Mo isotope composition in Mo-rich high- and low-T hydrothermal systems from the Swiss Alps[J]. Geochimica et cosmochimica acta, 75: 6600-6609.

GROOT P A D, 2004. Handbook of stable isotope analytical techniques[M] . Amsterdam: Elsevier.

GROSSMAN E L, HURST C J, KNUDSEN G R, et al., 1997. Stable carbon isotopes as indicators of microbial activity in aquifers[J]. Environmental science and technology, 30(4):567-576.

GUELKE M, BLANCKENBURG F V, SCHOENBERG R, et al., 2010. Determining the stable Fe isotope signature of plant-available iron in soils[J]. Chemical geology, 277: 269-280.

GUO H, WANG Y, 2004. Hydrogeochemical processes in shallow quaternary aquifers from the northern part of the Datong Basin, China[J]. Applied geochemistry, 19: 19-27.

GUO H, WANG Y, 2005. Geochemical characteristics of shallow groundwater in Datong basin, northwestern China[J]. Journal of geochemical exploration, 87: 109-120.

GUO Q, CHEN T, YANG J, et al., 2011. Using different facies of sulfur isotopic composition for tracing the process of soil pollution[J]. Acta scientiae circumstantiae, 31: 1730-1735.

HAMILTON E I, 1986. Principles of isotope geology [M]. New York:Wiley.

HARVEY C F, AHMED M F, 2002. Arsenic mobility and groundwater extraction in Bangladesh[J]. Science, 298: 1602-1606.

HELZ G R, BURA-NAKIĆ E, MIKAC N, et al., 2011. New model for molybdenum behavior in euxinic waters[J]. Chemical geology, 284: 323-332.

HOLLIGER C, ZEHNDER A J B, 1996. Anaerobic biodegradation of hydrocarbons[J]. Current opinion in biotechnology, 7: 326-330.

HU G, RUMBLE D, WANG P L, 2003. An ultraviolet laser microprobe for the *in situ* analysis of multisulfur isotopes and its use in measuring Archean sulfur isotope mass-independent anomalies[J]. Geochimica et cosmochimica acta, 67: 3101-3118.

ICOPINI G A, ANBAR A D, RUEBUSH S S, et al., 2004. Iron isotope fractionation during microbial reduction of iron: the importance of adsorption[J]. Geology, 32: 205-208.

JØRGENSEN B B, BÖTTCHER M E, LÜSCHEN H, et al., 2004. Anaerobic methane oxidation and a deep H_2S sink generate isotopically heavy sulfides in Black Sea sediments[J]. Geochimica et cosmochimica acta, 68: 2095-2118.

JOHNSON T M, DEPAOLO D J, 1994. Interpretation of isotopic data in groundwater-rock systems: model development and application to Sr isotope data from Yucca Mountain[J]. Water resources research, 30(5): 1571-1588.

JOHNSON C M, SKULAN J L, BEARD B L, et al., 2002. Isotopic fractionation between Fe(III) and Fe(II) in aqueous solutions[J]. Earth and planetary science letters, 195: 141-153.

JOHNSON C M, RODEN E E, WELCH S A, et al., 2005. Experimental constraints on Fe isotope fractionation during magnetite and Fe carbonate formation coupled to dissimilatory hydrous ferric oxide reduction[J]. Geochimica et cosmochimica acta, 69: 963-993.

JUNG H B, BOSTICK B C, ZHENG Y, 2012. Field, experimental, and modeling study of arsenic partitioning across a redox transition in a Bangladesh Aquifer[J]. Environmental science and technology, 46: 1388-1395.

KAO Y H, WANG S W, LIU C W, et al., 2011. Biogeochemical cycling of arsenic in coastal salinized aquifers: evidence from sulfur isotope study[J]. Science of the total environment, 409: 4818-4830.

KAPLAN I R, RITTENBERG S C, 1964. Microbiological fractionation of sulphur isotopes[J]. Microbiology, 34(2): 195-212.

KELLEY S P, FALLICK A E, 1990. High precision spatially resolved analysis of δ^{34}S in sulphides using a laser extraction technique[J]. Geochimica et cosmochimica acta, 54(3): 883-888.

KUSAKABE M, RAFTER T A, STOUT J D, et al., 1976. Sulphur isotopic variations in nature[J]. New Zealand journal of science, 19(4): 433-440.

KREUZER A M, VON ROHDEN C, FRIEDRICH R, et al., 2009. A record of temperature and monsoon intensity over the past 40 kyr from groundwater in the North China Plain[J]. Chemical geology, 259: 168-180.

LAETER J R D, HEUMANN K G, ROSMAN K J R, 1998. Isotopic compositions of the elements 1989[J]. Journal of physical and chemical reference data, 27(6):1275-1287.

LI J, WANG Z, CHENG X, et al., 2005. Investigation of the epidemiology of endemic arsenism in Ying County of Shanxi Province and the content relationship between water fluoride and water arsenic in aquatic environment[J]. Chinese journal of endemiology, 24: 183-185.

LOVLEY D R, STOLZ J F, NORD G L, et al., 1987. Anaerobic production of magnetite by a dissimilatory iron-reducing microorganism[J]. Nature, 330: 252-254.

MACHEL H G, CAVELL P A, PATEY K S, 1996. Isotopic evidence for carbonate cementation and recrystallization, and for tectonic expulsion of fluids into the Western Canada Sedimentary Basin[J]. Geological society of America bulletin, 108: 1108-1119.

MALINOVSKY D, DAN H, ILYASHUK B, et al., 2007. Variations in the isotopic composition of molybdenum in freshwater lake systems[J]. Chemical geology, 236: 181-198.

MATHUR R, BRANTLEY S, ANBAR A, et al., 2010. Variation of Mo isotopes from molybdenite in high-temperature hydrothermal ore deposits[J]. Mineralium Deposita, 45: 219-224.

MCKIBBEN M A, RICIPUTI L R, 1998. Sulfur isotopes by ion microprobe[J]. Applications of microanalytical techniques to understanding mineralizing processes. reviews in economic geology, 7: 121-139.

MCMANUS J, NÄGLER T F, SIEBERT C, et al., 2002. Oceanic molybdenum isotope fractionation: diagenesis and hydrothermal ridge-flank alteration[J]. Geochemistry geophysics geosystems, 3: 1-9.

MILLER E K, BLUM J D, FRIEDLAND A J, 1993. Determination of soil exchangeable-cation loss and weathering rates using Sr isotopes[J]. Nature, 362: 438-441.

NÄGLER T F, NEUBERT N, BÖTTCHER M E, et al., 2011. Molybdenum isotope fractionation in pelagic euxinia: Evidence from the modern Black and Baltic Seas[J]. Chemical geology, 289: 1-11.

NAKAI N, JENSEN M L, 1964. The kinetic isotope effect in the bacterial reduction and oxidation of sulfur[J]. Geochimica et cosmochimica acta, 28: 1893-1912.

NATH B, SAHU S J, JANA J, et al., 2008a. Hydrochemistry of arsenic-enriched aquifer from Rural West Bengal., India: a study of the arsenic exposure and mitigation option[J]. Water, air, and soil pollution, 190: 95-113.

NATH B, STÜBEN D, MALLIK S B, et al., 2008b. Mobility of arsenic in West Bengal aquifers conducting low and high groundwater arsenic. Part I: comparative hydrochemical and hydrogeological characteristics[J]. Applied geochemistry, 23: 977-995.

NEUBERT N, NÄGLER T F, BÖTTCHER M E, 2008. Sulfidity controls molybdenum isotope fractionation into euxinic sediments: evidence from the modern Black Sea[J]. Geology, 36: 775-778.

NICKSON R, MCARTHUR J, BURGESS W, et al., 1998. Arsenic poisoning of Bangladesh groundwater[J]. Nature, 395: 338-338.

NICKSON R T, MCARTHUR J M, RAVENSCROFT P, et al., 2000. Mechanism of arsenic release to groundwater, Bangladesh and West Bengal[J]. Applied geochemistry, 15: 403-413.

NIER A O, 1947. A mass spectrometer for isotope and gas analysis[J]. Review of scientific instruments, 18(6): 398-411.

O'MALLEY V P, ABRAJANO JR T A, HELLOU J, 1994. Determination of the $^{13}C/^{12}C$ Ratios of Individual PAH from Environmental-Samples - Can PAH Sources Be Apportioned[J]. Organic geochemistry, 21: 809-822.

ONO S, WING B, JOHNSTON D, et al., 2006. Mass-dependent fractionation of quadruple stable sulfur isotope system as a new tracer of sulfur biogeochemical cycles[J]. Geochimica et cosmochimica acta, 70: 2238-2252.

PEARCE C R, BURTON K W, POGGE V S P A E, et al., 2008a. Molybdenum isotope fractionation accompanying weathering, riverine transport and estuarine mixing[J]. Geochimica et cosmochimica acta Supplement, 72(12): 730.

PEARCE C R, COHEN A S, COE A L, et al., 2008b. Molybdenum isotope evidence for global ocean anoxia coupled with perturbations to the carbon cycle during the Early Jurassic[J]. Geology, 36: 231-234.

PEARCE C R, BURTON K W, JAMES R H, et al., 2010. Molybdenum isotope behaviour accompanying weathering and riverine transport in a basaltic terrain[J]. Earth and planetary science letters, 295: 104-114.

PETERMAN Z E, WALLIN B, 1999. Synopsis of strontium isotope variations in groundwater at Äspö, southern Sweden[J]. Applied geochemistry, 14: 939-951.

POSTMA D, LARSEN F, MINH HUE N T, et al., 2007. Arsenic in groundwater of the Red River floodplain, Vietnam: controlling geochemical processes and reactive transport modeling[J]. Geochimica et cosmochimica acta, 71: 5054-5071.

POULSON R L, MCMANUS J, SIEBERT C, et al., 2006. Molybdenum isotopes in modern marine sediments: Unique signatures of authigenic processes[J]. Geochimica et cosmochimica acta, 70: A501.

PUCHELT H, SABELS B R, HOERING T C, 1971. Preparation of sulfur hexafluoride for isotope geochemical analysis[J]. Geochimica et cosmochimica acta, 35: 625-628.

REES C E, 1978. Sulphur isotope measurements using SO_2 and SF_6[J]. Geochimica et cosmochimica acta, 42: 383-389.

REITZ A, WILLE M, NÄGLER T F, et al., 2007. Atypical Mo isotope signatures in eastern Mediterranean sediments[J]. Chemical geology, 245: 1-8.

ROBERTSON W D, SCHIFF S L, 1994. Fractionation of sulphur isotopes during biogenic sulphate reduction below a sandy forested recharge area in south-central Canada[J]. Journal of hydrology, 158: 123-134.

ROWLAND H A L, PEDERICK R L, POLYA D A, et al., 2007. The control of organic matter on microbially mediated iron reduction and arsenic release in shallow alluvial aquifers, Cambodia[J]. Geobiology, 5: 281-292.

SAHA G C, ALI M A, 2007. Dynamics of arsenic in agricultural soils irrigated with arsenic contaminated groundwater in Bangladesh[J]. Science of the total environment, 379: 180-189.

SCHAUBLE E A, ROSSMAN G R, TAYLOR JR H P, 2001. Theoretical estimates of equilibrium Fe-isotope fractionations from vibrational spectroscopy[J]. Geochimica et cosmochimica acta, 65: 2487-2497.

SEAL R, WANDLESS G, 1997. Stable isotope characteristics of waters draining massive sulfide deposits in the eastern United States[J]. In Proceedings of the Fourth International Symposium on Environmental Geochemistry U. S. geological survey open file report: 97-496.

SEVERMANN S, JOHNSON C M, BEARD B L, et al., 2006. The effect of early diagenesis on the Fe isotope compositions of porewaters and authigenic minerals in continental margin sediments[J]. Geochimica et cosmochimica acta, 70: 2006-2022.

SHARPE S A, 1990. Asymmetric information, bank lending, and implicit contracts: a stylized model of customer relationships[J]. The journal of finance, 45(4): 1069-1087.

SIEBERT C, NÄGLER T F, BLANCKENBURG F V, et al., 2003. Molybdenum isotope records as a potential new proxy for paleoceanography[J]. Earth and planetary science letters, 211: 159-171.

SMEDLEY P L, KINNIBURGH D G, 2002. A review of the source, behaviour and distribution of arsenic in natural waters[J]. Applied geochemistry, 17: 517-568.

SWARTZ C H, BLUTE N K, BADRUZZMAN B, et al., 2004. Mobility of arsenic in a Bangladesh aquifer: inferences from geochemical profiles, leaching data, and mineralogical characterization[J]. Geochimica et cosmochimica acta, 69: 4539-4557.

TAYLOR B E, WHEELER M C, NORDSTROM D K, 1984. Stable isotope geochemistry of acid mine drainage: Experimental oxidation of pyrite[J]. Geochimica et cosmochimica acta, 48: 2669-2678.

THODE H G, MONSTER J, DUNFORD H B, 1961. Sulphur isotope geochemistry[J]. Geochimica et cosmochimica acta, 25: 159-174.

TORAN L, HARRIS R F, 1989. Interpretation of sulfur and oxygen isotopes in biological and abiological sulfide oxidation[J]. Geochimica et cosmochimica acta, 53: 2341-2348.

TOSSELL J A, 2005. Calculating the partitioning of the isotopes of Mo between oxidic and sulfidic species in aqueous solution[J]. Geochimica et cosmochimica acta, 69: 2981-2993.

TUTTLE M L W, BREIT G N, COZZARELLI I M, 2009. Processes affecting δ^{34}S and δ^{18}O values of dissolved sulfate in alluvium along the Canadian River, central Oklahoma, USA[J]. Chemical geology, 265: 455-467.

ULIANA M, BANNER J, SHARP J, 2007. Regional groundwater flow paths in Trans-Pecos, Texas inferred from oxygen, hydrogen, and strontium isotopes[J]. Journal of hydrology, 334: 334-346.

VALLEY J W, KINNY P D, SCHULZE D J, et al., 1998. Zircon megacrysts from kimberlite: oxygen isotope variability among mantle melts[J]. Contributions to mineralogy and petrology, 133(1/2): 1-11.

VAN G A, ZHENG Y, CHENG Z, et al., 2006. Impact of irrigating rice paddies with groundwater containing arsenic in Bangladesh[J]. Science of the total environment, 367: 769-777.

VOEGELIN A R, NÄGLER T F, BEUKES N J, et al., 2010. Molybdenum isotopes in late Archean carbonate rocks: implications for early earth oxygenation[J]. Precambrian research, 182: 70-82.

VOEGELIN A R, NÄGLER T F, PETTKE T, et al., 2012. The impact of igneous bedrock weathering on the Mo isotopic composition of stream waters: natural samples and laboratory experiments[J]. Geochimica et cosmochimica acta, 86: 150-165.

WACHNIEW P, 2006. Isotopic composition of dissolved inorganic carbon in a large polluted river: the Vistula, Poland[J]. Chemical geology, 233: 293-308.

WANG Y X, SHVARTSEV S L, SU C L, et al., 2009. Genesis of arsenic/fluoride-enriched soda water: a case study at Datong, northern China[J]. Applied geochemistry, 24: 641-649.

WANG D, ALLER R C, SAÑUDO-WILHELMY S A, 2011. Redox speciation and early diagenetic behavior of dissolved molybdenum in sulfidic muds[J]. Marine chemistry, 125: 101-107.

WASYLENKI L E, WEEKS C L, BARGAR J R, et al., 2011. The molecular mechanism of Mo isotope fractionation during adsorption to birnessite[J]. Geochimica et cosmochimica acta, 75: 5019-5031.

WIESER M E, LAETER J R D, VARNER M D, 2007. Isotope fractionation studies of molybdenum[J]. International journal of mass spectrometry, 265: 40-48.

WIGLEY T M L, PLUMMER L N, PEARSON F J, 1978. Mass transfer and carbon isotope evolution in natural water systems[J]. Geochimica et cosmochimica acta, 42: 1117-1139.

WILLE M, KRAMERS J D, NÄGLER T F, et al., 2006. Evidence for a gradual rise of oxygen between 2.6 and 2. 5Ga from Mo isotopes and Re-PGE signatures in shales[J]. Geochimica et cosmochimica acta, 70: 2417-2435.

WILLE M, NEBEL O, VAN KRANENDONK M J, et al., 2013. Mo-Cr isotope evidence for a reducing Archean atmosphere in 3.46-2.76 Ga black shales from the Pilbara, Western Australia[J]. Chemical geology, 340. 68-76.

XIE X, WANG Y, SU C, et al., 2008. Arsenic mobilization in shallow aquifers of Datong Basin: hydrochemical and mineralogical evidences[J]. Journal of geochemical exploration, 98: 107-115.

XIE X, ELLIS A, WANG Y, et al., 2009. Geochemistry of redox-sensitive elements and sulfur isotopes in the high arsenic groundwater system of Datong Basin, China[J]. Science of the total environment, 407: 3823-3835.

XIE X, JOHNSON T M, WANG Y, et al., 2013. Mobilization of arsenic in aquifers from the Datong Basin, China: Evidence from geochemical and iron isotopic data[J]. Chemosphere, 90: 1878-1884.

XIE X, WANG Y, SU C, et al., 2012. Influence of irrigation practices on arsenic mobilization: evidence from isotope composition and Cl/Br ratios in groundwater from Datong Basin, northern China[J]. Journal of hydrology, 424: 37-47.

XUE X, LI J, XIE X, et al., 2019. Impacts of sediment compaction on iodine enrichment in deep aquifers of the North

China Plain[J]. Water research,159: 480-489.

YUAN F, MAYER B, 2012. Chemical and isotopic evaluation of sulfur sources and cycling in the Pecos River, New Mexico, USA[J]. Chemical geology, 291: 13-22.

ZERKLE A L, SCHEIDERICH K, MARESCA J A, et al., 2011. Molybdenum isotope fractionation by cyanobacterial assimilation during nitrate utilization and N_2fixation[J]. Geobiology, 9(1): 94-106.

ZHANG Z, SHEN Z, XUE Y, et al., 2000. Evolution of groundwater environment in North China Plain[J]. Beijing:China Geology Press.

地质微生物学研究方法 第 20 章

20.1 概 述

地质微生物学以地质系统中的微生物为研究对象，运用微生物学和分子生物学相结合的研究方法和手段，研究在微生物作用下过去和现在正在进行的地质过程，是地球科学和生命科学交叉的热门学科（Ehrlich, 2002）。微生物是地下水系统中主要的生命组成部分，在地下水系统中担任着能量转换和物质循环加速器和调节器的角色。地下水和沉积物环境中砷的迁移转化是一系列复杂的微生物活动和地球化学过程共同作用的结果。高砷地下水环境中存在大量的耐砷菌及与 As、Fe、S、N 和 C 代谢相关的微生物群落（Das et al., 2016; Li et al., 2015; Gorra et al., 2012; Kocar et al., 2010; Fisher et al., 2008）。因此，深入分析研究高砷地下水环境中的微生物作用过程，是深刻理解高砷地下水成因和修复的关键环节。

近年来，随着微生物学和分子生物学的学科交叉发展，相关的研究技术和方法取得了变革性的突破，这为我们深入了解高砷地下水环境中的微生物作用提供了良好的契机。目前，应用于高砷地下水环境中微生物的研究方法众多，本章主要从非分子生物学和分子生物学方法两大类进行介绍。非分子生物学的研究方法主要包括原位环境和实验室条件下的观察、分离、培养，以及生理生化鉴定、模拟等。分子生物学的研究方法主要包括基于 16S rRNA 的分子鉴定、微生物群落结构和多样性分析，功能基因分析、（宏）基因组学、蛋白质组学以及代谢水平分析等等。

20.2 非分子生物学方法

研究高砷地下水环境中微生物过程中，常常需要对微生物细胞的形态和结构、代谢特征、代谢过程与产物等进行表征，通常采用一些非分子生物学的研究方法。地下水中微生物非分子生物学的研究方法通常有：对微生物生长环境及其活性物质的现场观察和监测、原位样品的采集，以微生物的分离与富集、培养、观察、生理生化特征的检测和微生物学过程实验室模拟等方法。微生物非分子生物学的研究方法具有简单、快速、直观等特点。

20.2.1　现场观察与监测及原位样品的采集和保存

地下水微生物的代谢活动离不开适宜的营养组分、pH、渗透压和温度等，因此考察一个正在进行的地下水微生物作用过程，需要对微生物所在环境温度、pH、Eh、DO、TOC 及水中的化学物质等进行检测。对于高砷地下水，一些主要阴阳离子如 SO_4^{2-}、NO_3^-、S^{2-}、Fe^{2+}、As（III）、As（V）、CH_4 等是现场或者实验室需要重点检测的项目。同时可以通过现场观察，如地下水颜色、气味及沉积物岩性等的特征对某些特殊类群的微生物进行初步推测。如有明显臭鸡蛋气味的地下水中，往往含有较多的硫还原菌；颜色呈灰绿色的沉积物中铁还原菌的丰度通常较高。由于地下水中微生物的生长环境具有厌氧、低温、易污染等特殊性，需要在原位环境有效采集与保存地下水环境中沉积物和水体中的微生物样品，并采用正确的方法进行运输至实验室开展进一步的实验研究。样品的采集是开展研究关键的第一步，根据沉积物和水体微生物样品的不同，采样方法也有较大差别，目前已发展了多种技术用于地下水微生物样品的采集。

地下水系统水体中微生物样品的收集，通常采用现场抽取地下水，同时在线过膜的方式将微生物收集到滤膜上，在现场进行低温保存。滤膜采用 0.22 μm 的纤维素滤膜，过滤器根据不同实验需要进行选择。目前比较常用的过滤器有手动式和电动式，手动式过滤器过滤收集的样品量少，过滤速度较慢，能满足用于微生物的富集、分离和培养等实验的需要。电动式过滤器主要有平板式过滤器和切向流超滤装置，具有收集微生物量大，快速高效的特点，通常用于微生物脱氧核糖核酸（deoxyrioucleic acid, DNA）/生物遗传信息载体(ribonucleic acid, RNA)提取后微生物群落结构的分析以及微生物组学，如（反转录）宏基因组学的分析。采集的样品不能立即开展实验，通常需要一定时间的野外保存和运输才能运至实验室，因此防止微生物样品在这些过程中繁殖和死亡，需要将样品进行冷藏/冻。冷藏/冻的温度控制要根据经验在保存样品的容器中放置适当量的蓝冰或者干冰，以最小程度地破坏微生物活性。用于微生物富集培养和分离筛选的样品用蓝冰盒 4 ℃保存，用于 DNA/RNA 提取的样品，要放置在干冰箱内低于−20 ℃保存。由于 RNA 很不稳定，用于 RNA 提取的样品还需要加 RNA 防降解保护剂，目前通常用市售的 RNA Later 试剂作为保护剂。滤膜、针筒式过滤器的滤头，及装滤膜用的采样瓶等事先要在实验室进行高温灭菌处理，现场过滤前将过滤用的镊子等物品用酒精灭菌消毒，操作人员带上无菌手套进行过滤操作，以避免样品污染。

地下水系统沉积物中微生物样品的采集主要采用收集钻孔岩心的方法，要通过特殊的装置来完成，在很大程度上避免取样过程中岩心被污染。相比地下水水体微生物样品，沉积物中微生物样品具有微生物量大、微生物多样性丰富的特点，同时由于沉积物中富含有机质，使得样品更容易被污染。因此，如何在采集岩心样品的过程中获得有效的原位样品，避免微生物样品被污染是采样的难点。在凿孔过程中应优先采用无钻井液技术，如中空螺旋钻，能进行灭菌处理的岩心采集装置有固体管采样器、开缝管采样器、谢尔比管采样器等（McNabb and Mallard, 1984）。钻取装置和工具应该经过蒸气清洗。岩心取出后为避免微生物污染，通常需要削除表面，来自挤压机中的采样管立即连接充满氮气的厌氧手套盒，然后将灭菌消毒后的修削刀拧在采样管上，岩心通过拖拉式装置拉出，再将样品放置在PVC 管或容器中。如果采用钻井液技术，钻井液需要经过氯化处理。示踪剂如溴化钾、罗丹明 T 等，通过示踪剂在岩心中的量，同时对比钻井液和岩心中大肠杆菌数来评价钻井液对样品的污染程度（Beeman and Suflita, 1989）。野外放置样品的容器可事先放入厌氧发生袋为保存样品制造厌氧环境，根据后续实验的不同需求在现场进行低温保存并运输至实验室。同样地，如果用于提取 RNA 的沉积物微生物样品也需要添加防 RNA 降解保护剂。如果因条件限制不能通过无菌装置获得完全无污染的样品，就在样品中取尽量污染少的子样品进行研究。例如后续用于分子生物学实验的样品，在提取 DNA/RNA 样品之前，需要在实验室厌氧手套箱中将现场保存的样品打开，用无菌刀削除表面，取岩心里层的样品进行后续实验。

20.2.2　微生物的分离富集与培养

为加强对高砷地下水系统中微生物的生理生化特征、代谢过程以及参与的生物地球化学循环的机理方面的认识，通常会采用微生物的富集培养和分离技术来获得微生物及微生物代谢过程中的活性物质。实验室模拟越贴近自然环境，微生物越可能被成功培养。但地下水系统中微生物的生长代谢环境是极其复杂的，缺乏工具测定地下水中任意组分是否对微生物的生长代谢有显著贡献，想要准确地模拟地下水系统中微生物的自然生长环境是一项很难完成的任务。尽管如此，近年来随着我们对高砷地下水系统认识的加深，对影响高砷地下水系统中微生物的显著环境因子有了一定的认识。比较成功的方法是设计选择性的培养基在特定的条件下来筛选培养特定的微生物。

根据微生物所需的生长条件，一般根据氧浓度的不同分为好氧菌和厌氧菌的分离，两者在分离时有较大的区别，但也有共同点。高砷地下水中微生物的富集与分离主要采用选择性培养基，根据实验的需求在实验室准备好培养基，筛选厌氧菌需要将培养基除氧。在野外现场接种。由于地下水中微生物量相对较少，通常需要过膜收集微生物的方式，把微生物样品收集到纤维膜上，然后用少量（<1 mL）的地下水样把微生物样洗脱下来，将洗脱液接种到事先准备好的培养基中。如果需要的微生物量不大也可直接将地下水样接种至培养基中，尽快运回

实验室开展下一步实验。

现场接种的培养基在实验室避光培养 3～5 d 后，观察培养基出现浑浊后，将浑浊的菌液以 1%～5%的接种量接种于另一瓶同样的培养基中，在相同的条件下继续培养 3～5 d，待培养基出现浑浊后再转种，如此重复 3～5 次。在实验室经过多次选择性培养基转种之后，微生物的筛选和富集基本完成。要得到纯的微生物培养物，必须将筛选富集液中的微生物进行分离。对于地下水中好氧菌的分离，除培养条件尽可能地接近地下水环境外，分离富集方法与其他环境微生物类似。分离地下水中厌氧菌需要采用亨盖特（Hungate）厌氧技术（Hungate and Macy，1973）。亨盖特厌氧滚管技术是由美国微生物学家亨盖特首先应用于厌氧微生物筛选和研究的一种厌氧培养技术。经历了几十年的改进和完善，该技术已经成为研究厌氧微生物的常用技术。该技术对于研究严格、专性厌氧微生物极为有效。这套厌氧技术主要包含加热铜柱除氧技术、厌氧培养基的制备、厌氧滚管培养技术等一整套厌氧操作方法。加热铜柱除氧装置如图（图 20-2-1）所示。购买的市售高纯度氮气中通常仍然有一定浓度的 O_2，将高纯 N_2 导入装有铜丝的玻璃柱中，玻璃柱周围缠绕加热带，在加热条件下，铜丝可以迅速将 N_2 中残余的 O_2 去除，从而得

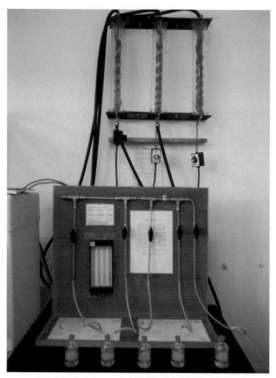

图 20-2-1　加热铜柱除氧装置

到严格无氧的氮气。将除氧后的氮气通入装有液体培养基的厌氧试管中 15 min（培养基液面以下 10 min，液面以上 5 min），除去试管及培养基中的 O_2，橡皮塞封口，加铝盖密封，121.5 ℃灭菌 20 min，最后得到厌氧的培养基。为了确保培养基中的氧完全去除干净，通常会在培养基中加入一定量的刃天青作为指示剂。厌氧菌的分离通常需要配制厌氧滚管培养基，在 20 mL 厌氧试管中加入 4.5 mL 固体培养基，充 N_2 除氧灭菌后，将试管置于 45 ℃水浴中，避免琼脂凝固。将筛选富集得到的菌悬液，在厌氧手套箱内，采用逐级稀释的方法得到稀释 $10^3 \sim 10^6$ 倍的菌液。取 0.5 mL 稀释液接种到装有 4.5 mL 固体培养基的厌氧试管中，轻轻颠倒试管使菌液和培养基混合均匀，之后迅速将试管水平放置在盛有冰水的托盘中滚动，培养基会在厌氧试管内壁上形成薄薄的一层，将试管水平放置于恒温培养箱中培养 3～5 d，待滚管内培养基表面长出菌斑（图 20-2-2），在厌氧手套箱内，挑取单菌落接种到灭菌除氧后的液体培养基中培养，将得到的菌液按上述方法，再次滚管分离，得到单菌落，重复 3～5 次即可得到目标菌种的纯培养物。将菌液与 30%甘油混合均匀置于-80 ℃冰箱保存备用。

图 20-2-2　铁还原菌在厌氧滚管中形成的菌落

　　为了得到研究感兴趣的微生物，通常需要在基础培养基中加入一定有利于目标微生物生长营养，同时在特定的温度、pH、Eh 等条件下进行培养，以选择性地促进目标微生物的生长。如砷还原菌的筛选培养基中需要添加一定浓度的砷酸盐，铁还原菌的筛选添加柠檬酸铁，硫酸盐还原菌的筛选添加硫酸盐，同时添加 Fe^{2+} 作为指示剂，当硫酸盐被还原生成还原态硫与亚铁生成 FeS 黑色沉淀，即指示微生物具有硫还原代谢功能。另外，还有一些特殊的方法也被应用到地下水环境中微生物的筛选，如添加抑制剂和信号因子，以固体矿物作为培养基质等。即使在培养方法上不断改进，通过培养技术来观察微生物在砷转化过程中扮演的角色仍然十分有限。不是所有的功能微生物都能得到纯培养物。一些生物地球化学作用是由微生物的共生体作用的结果，单独分离纯的微生物往往不能出现预期的活性，或者纯的微生物根本不能存活。这时就需要采用富集菌液的办法，得到多种微生物的混合培养物。例如，Boetius 等（2000）通过富集海洋微生物，发现厌氧条件下甲烷的氧化是由甲烷生产菌和硫酸盐还原菌共同作用的结果。

20.2.3 微生物非分子生物学的鉴定方法

微生物非分子生物学的鉴定方法主要包括上述的细菌形态观察和生理生化水平的分析，是经典的分类鉴定方法，也是现代化分类鉴定的依据。生理生化水平的分析方法是基于对大量已知菌生化实验的结果，组合生理生化指标集合成套试剂，采用商品化的鉴定测试卡，结合数据库数值分析，对未知菌进行分类学或生物型方面的鉴定。目前比较常见的自动化鉴定系统主要有 Biolog、Vitek-AMS 和 ATB expression 等细菌鉴定系统，这些分析技术大多是将待测样品进行接种到固定有氧化还原指示剂的测试卡上，通过 4~24h 培养后，用分光光度计检测微生物的化学反应结果，计算机自动分析微生物的"指纹图谱"得出鉴定结果。该类方法具有简易快速的特点，如 ATB expression 系统可在 4~24h 鉴定 600 多种细菌，操作简便、结果准确。目前这些方法较多地应用于医学临床检验及食品、饮水卫生的监控等，在高砷地下水中微生物的应用还并不多见。

20.2.4 微生物形态结构转化产物的观察及其生物活性的检测

观察微生物形态结构及其转化产物，通常采用的方法有显微镜观察，如普通光学显微镜、偏光显微镜、相差显微镜、荧光显微镜以及电子显微镜，如扫描电子显微镜（scanning electron microscope，SEM）和透射电子显微镜（transmission electron microscope，TEM）、红外光谱等。

光学显微镜以光作为光源。在普通光学显微镜下无法看清小于 0.2 μm 的细微结构，用光学显微镜只能观察到细胞中相对较大、有色（或染色）的细胞结构，如染色后的染色体等。

偏光显微镜用于检测具有双折射性的物质，如纤维丝、纺锤体、胶原、染色体等。

荧光显微镜是荧光显微检测的专用工具，它除具有光学显微镜的基本结构和光学放大作用外，基于荧光特性，还具有独特的功能。在短波长光波照射下，某些物质吸收光能，受到激发并释放出一种能级较低的荧光。如脂质、蛋白质均可发出淡蓝色荧光。利用荧光显微镜，可以开展荧光原位杂交（fluorescence *in situ* hybridization，FISH）实验，在不通过提取 DNA 和 PCR 实验等分子生物学实验的情况下，实现对功能微生物的定量分析（详见 20.3.2 小节）。例如，Weldon 和 Macrae（2006）通过 FISH 技术定量了美国缅因州地下水中砷还原菌 *Sulfurospirillum species* NP4 和铁还原菌 *Geobacter* 的丰度，发现 *Geobacter* 的丰度与地下水中砷的浓度呈正相关性，间接证明了铁还原菌的介导的铁的羟基氧化物的还原导致砷的释放。

相差显微镜是不经染色就能看清细胞形态和内部结构，通常用的是暗相差。用于观测不染色或者染不上色的细菌等微生物的快速辨认，特别是对具有鞭毛、夹馍等特殊形态微生物的鉴别。

电子显微镜以电子束代替光束作为光源，用光、磁场作为透镜的显微镜，具有分辨率高、放大倍数大、可进行微区分析的特点。根据成像原理不同又分为扫描电子显微镜（SEM）和透射电子显微镜（TEM）。SEM 是二次电子成像。入射电子探针和样品相互作用，产生信号电子，经光、电系统收集、放大，在显像管上成像。目前 SEM 的分辨率可达 $6\sim10$ nm，主要观察样品的形貌的立体图像，可以用于观察细胞、组织表面的立体构像。在地下水环境微生物的研究中，SEM 通常用于微生物或者微生物和矿物相互作用的观察。例如，Hoeft 等（2004）通过 SEM 对一株化能自养异化砷还原菌 MLMS-1 的形态进行观察，发现其棒状结构，且细胞的长度为 $1.4\sim2.0$ μm。TEM 是透射成像，入射电子束与样品相互作用，使透射电子带有样品信息，经磁透镜成像，放大后在屏幕上形成样品放大了的透射像。目前 TEM 的分辨率可以达到 0.2 nm，可以观察样品内部的形态和结构。例如，Blum 等通过 TEM 对一株化能自养异化砷还原菌 *Halarsenatibacter silvermanii* strain SLAS-1 的形态详细观察，发现其侧生的双鞭毛结构及细胞内不寻常的线形结构和众多的包含物（Blum et al., 2009）。

红外光谱分析法，是利用红外光谱对物质分子进行分析和鉴定。每种分子都有其组成和结构决定的独有红外吸收光谱，据此可以对分子结构进行分析和鉴定。核酸、蛋白质等分子是构成细胞的基本物质，利用红外光谱分析可以反映出核酸、蛋白质、糖蛋白等分子的构型、构像等信息，进而揭示细胞发育状态、功能等差异。

根据地下水环境中微生物对一些稳定同位素代谢特征，可以采用稳定同位素技术来检测特殊微生物的活性（Dumont and Murrell, 2005）。通常情况下，地下水中的微生物主要代谢较轻的同位素，如 ^{12}C 优先于 ^{13}C，H 优先于 D，^{16}O 优先于 ^{18}O，^{14}N 优先于 ^{15}N，^{32}S 优先于 ^{34}S，^{54}Fe 优先于 ^{56}Fe（Radajewski et al., 2000）。当检测到地下水中样品同位素比率小于标准对照样品中同位素比率，说明被测样品富集了较轻的同位素。根据这个结果就可以初步判断，在该位点的地下水环境中，微生物参与了该元素的地球化学循环。关于微生物参与同位素分馏方面的研究，目前已有相关报道。例如，Li 等（2014a）通过对内蒙古河套盆地高砷地下水中硫和氧同位素的分析，推测微生物可能参与了硫酸盐还原生物硫循环（becterial sulphate reduction, BSR）和 BSR 中间产物的再氧化（Li et al., 2014a）。运用同位素技术还可以对原位地下水环境中的微生物活性进行检测，通常采用放射性同位素进行示踪。

20.2.5　微生物学过程实验室模拟

为了研究微生物参与高砷地下水形成和演化作用机制，需要在实验室中模拟自然条件下微生物参与地球化学作用过程。微生物学过程实验室模拟通常采用微宇宙（microcosm）实验，又称模拟生态系统法，该方法可应用实验室模拟生态系统，也可用于野外原位环境中的微宇宙实验。实验通过调控不同的环境因子如温度、pH、Eh、As/S/Fe 等理化参数及一些特殊环境因子如不同种类的碳源、菌源、矿物等来排除干扰因素，优化比自然条件下更有利研究的反应条件，以达到研究的目的。例如，Das 等（2016）在实验室微宇宙实验中发现，在地下水环境中的微生物作用下砷的还原不依赖于 Fe 还原，而沉积相砷是随着天然有机物降解而释放的。

20.3　分子生物学方法

虽然采用传统的微生物观察、分离、培养、模拟等非分子生物学技术可以获得高砷地下水系统中微生物的有用信息，但高砷地下水系统中的微生物生态系统是一个极其复杂的生态系统。有研究表明，自然界中有 99%的微生物细胞不能在实验室条件下培养（Amann，1995）。高砷地下水系统是一个开放的体系，As、S、Fe、C 和 N 等元素不断地得到补给，同时又不断地从沉积物中迁移到水相；地下水环境中的温度、pH、Eh 等理化参数也随着季节、水位等自然条件的变化而波动。并且在原位微生物群落生态系统中，微生物与地下水中各物质之间不仅存在着复杂的生物化学作用，微生物之间也存在着竞争、代谢交换和互生等相互作用。通过传统的非分子生物学研究方法来认识地下水复杂的微生物系统存在很大的局限，对现在方法的进一步完善和延伸显得十分有必要。

近几十年来，随着分子生物学技术发展的突飞猛进，人们对微生物世界的认识也得到了突破性的进展。特别是近十年来出现的一些非常新颖的微生物分子生态学实验方法和手段，为研究地球微生物作用开辟了新的途径。这些技术以 DNA、RNA、蛋白质或脂类为研究对象，可在无须实验室培养的情况下，对样品中的微生物直接进行研究。运用这些微生物分子生物学的研究方法，不仅能够鉴定地下水环境中微生物的种类，还有助于我们深刻认识地下水系统中的各种元素地球化学循环和微生物代谢过程。不断革新的微生物分子生物学分析技术正为我们全面深刻地认识地下水系统中的微生物世界提供良好契机。例如，最近的宏基因组学研究结果揭示了地下世界微生物惊人的多样性以及这些微生物在驱动碳、氢、氮、硫循环协同作用的复杂性（Anantharaman et al., 2016）。这为我们进一步了解地下微生物群落如何相互作用以驱动地球化学循环对全球气候和地球生命至关重要。应用于地下水环境中微生物的分子生物学技术根据研究的目的和手段不同可将其划分为：①基于微生物 16S rRNA 基因的分子鉴定及群落多样性分析技术；②基于功能基因的多样性及定量分析技术；③基于纯培养或者环境样品微生物基因组的（宏）基因/转录组学技术；④基于蛋白质（酶）分子及组学分析技术；⑤基于代谢水平的稳定同位素探测技术（stable isotope probing, SIP）和代谢组学技术等。

20.3.1　微生物分子分类鉴定及群落多样性分析技术

20 世纪 80 年代，DNA 扩增技术的发展为原核生物分类学研究注入了新的动力，发展了以基于 16S rRNA 基因的原核微生物的分类和鉴定技术。微生物的核糖体 16S rRNA 基因分子具有高度的保守性，不受水平基因转移的影响，在 30 多亿年的进化中仍保持着原初的状态，素有"分子化石"之称。同时细菌的 16S rRNA 基因的可变区序列因不同细菌而异，在短短的 1 400 bp 左右的序列中还存在 10 个序列片段的差异（通常称为 V1~V10 可变区），利用可变区序列差异来对不同菌属、菌种进行分类鉴定，判定不同菌属、菌种的细菌或古菌的遗传关系远近，是一种用于研究细菌进化和亲缘关系十分理想的分子材料。因此目前被用作细菌和古菌的分类学鉴定和群落多样性研究。任何新发现的 16S rRNA 基因序列都可以提交到国际通用的数据库 GenBank 与已知序列通过 BLAST 程序进行比对，并根据与已知序列的同源性来进行微生物物种的分类。根据生物物种分类学标准，通常情况下，16S rRNA 基因序列相似性大于 97%可划分为同一个种。每一个新获得的 16S rRNA 基因序列在发表之前都需要提交到 Genbank 数据库中通过审核并获得序列号。这些数据库主要包括 RDP（Ribosomal Database Project, http://rdp.cme.msu.edu/）和 NCBI（https://www.ncbi.nlm.nih.gov/GenBank）。

目前，基于 16S rRNA 的分子生物学技术发展迅速，已经被广泛应用到海洋、土壤、高温、高盐等环境微生物多样性研究中。近年来，该技术也广泛应用到地下水环境中的微生物研究。基于 16S rRNA 基因的分类鉴定及群落多样性研究方法主要包括以第一代测序技术为基础的聚合酶链式反应（polymerase chain reaction, PCR）技术、克隆文库技术、变性梯度凝胶电泳（denaturing gradient gel electrophoresis, DGGE）技术、随机扩增多态性 DNA 标记（randomly amplified polymorphic DNA, RAPD）技术和限制性片段长度多态性（restriction fragment length polymorphism, RFLP）技术，以及新一代的测序技术如 Illumina、454 测序技术等。

1. 基于第一代测序技术的微生物群落多样性分析方法

PCR 技术及克隆文库技术对于微生物纯培养物的分子鉴定，通常采用提取基因组 DNA，以 DNA 为模板，采用 16S rRNA 基因通用引物，扩增靶向 16S rRNA 基因序列，然后将 PCR 产物纯化或将其克隆到特定质粒上后进行测序。若研究对象是地下水中的环境样品，则需要在获得 16S rRNA 基因 PCR 产物纯化之后建立 16S rRNA 基因文库。然后挑选阳性克隆子进行测序，将获得的序列进行操作分类单元（operational taxonomic unit, OTU）的划分，并根据获得 OTU 和单克隆子的数量进行文库的评估。

DGGE 技术是由 Fisher 和 Lerman 于 1983 年创立。Muyzer 等 1993 年首次把这一技术拓展应用于微生物的遗传多样性研究。DGGE 主要用于研究环境样品，在不需要建立文库的基础上，通过分析图谱上条带的数目和所处的位置，就可以初步辨别出该样品中微生物的种类和数量，从而可粗略分析该样品中微生物的多样性。该技术可以用于检测单一碱基的变化、微生物群落遗传多样性，分析基因定位及基因的表达与调控，具有可靠性强、重现性高、方便快捷等优点。尽管 DGGE 技术在研究群落动态和多样性方面存在很多优势，但是该技术只能有效分离长度为 500 bp 以下的序列片断，不能将序列有差异的片断完全分开；且 DGGE 也只能反映群落中的优势菌群，数量占到总数 1% 的菌群才能在 DGGE 图谱上显示出来（Muyzer et al., 1993）。因此，DGGE 技术需与其他分子生物学技术结合，才能更好地为微生物群落结构和功能分析服务。

RFLP 技术是通过扩增细菌 16S rRNA 基因序列或特定基因片段，用限制性内切酶酶切获得的序列 DNA，根据酶切图谱来分析变异的多样性。该方法通常与 16S rRNA 基因文库分析法相结合。RAPD 标记是利用随机选择的寡核苷酸（一般为 10bp）作引物，通过对基因组 DNA 的 PCR 扩增，得到大小不同的产物，经电泳可显示出"条形码"，得到 DNA 的多态性标记。其多态性反映了 16S rRNA 基因多态性。RAPD 技术的缺点在于重复性和稳定性差，产生的图谱条带过于复杂，不易分析；进行分析以前，往往要筛选大量的引物，从中找到较为合适的引物，较为费时。

2. 基于新一代测序技术的微生物群落多样性分析方法

以 Sanger 法（双脱氧核苷酸末端终止法）为代表的第一代测序技术的局限性日益突出，该技术依赖于毛细管电泳和酶法测序，不仅工作效率低，且存在费用高、通量低等缺点。随着分子生物学测序技术的发展，以美国 Roche 公司的 454 技术、Illumina 公司的 Solexa 技术和 ABI 公司的 SOLiD（supported oligo ligation detetion）技术为标志的高通量测序技术相继诞生，很快地在生命科学领域得到广泛应用。该方法因其通量的大幅度提高，使得对一个物种或者环境样品进行细致全貌的分析成为可能，又被称作深度测序或者"下一代测序技术"。该类技术能一次并行对几十万到几百万条 DNA 分子进行测序，读取长度根据平台不同从 25 bp 到 750 bp，这不但大大地节省了成本和时间，而且可以在芯片上进行高通量分析。不同的测序平台在一次实验中，可以读取 1～14G 不等的碱基数，具有非常庞大的测序能力。

454 测序技术是 2005 年 454 生命科学公司推出的新一代测序平台，该平台是基于 FLX 焦磷酸测序法的超高通量基因组测序系统（Genome Sequencer 20 System）。该技术开创了边合成边测序技术的先河。GS PLX 系统是一种依靠生物发光体进行 DNA 序列分析的新技术。该技术将 PCR 扩增的单链 DNA 与引物杂交，并与 DNA 聚合酶、ATP 硫酸化酶、荧光素酶、三磷酸腺苷双磷酸酶的协同作用下，将引物上的每一 dNTP 的聚合与一次荧光信号释放耦联起来，即生成新 DNA 互补链时，要么加入的 dNTP 通过酶促级联反应催化底物激发出荧光，要么直接加入被荧光标记的 dNTP 或半简并引物，在合成或连接生成互补链时释放出荧光信号。此技术不需要荧光标记的引物或核酸探针，也不需要克隆和电泳检测，只需 CCD 检测荧光信号释放的有无和强度，就可以达到实现测序 DNA 序列的目的。454 测序技术平台的突出优势是读长，每轮测序能产生 100 万个读长片段，读长可达到 400～500 bp。

之后，Illumina 公司和 ABI 公司相继推出了 Solexa 和 SOLiD 测序技术。它们与 454 测序技术焦磷酸测序法的原理类似，核心思想都是边合成边测序，Illumina 测序技术利用"DNA 簇"和"可逆性末端终结"（reversible terminator），实现自动化样本制备及数百万个碱基大规模平行测序，该技术读长为 100～250 bp。SOLiD 技术独特之处在于以四色荧光标记寡核苷酸的连续连接合成为基础，取代了传统的聚合酶连接反应，可对单拷贝 DNA 片段进行大规模扩增和高通量并行测序，该技术读长较短为 50～75 bp，但测序精度较高，特别适合单核苷酸多态性（single-nucleotide polymorphism, SNP）检测。相比 454 测序技术，后两种技术均有读长较短、通量更高、费用更低的特点。这三种主要的技术各有优势，可根据研究的需求选择方法。例如，454 测序技术平台比较适合对未知基因组从头测序，但是在判断连续单碱基重复区时准确度不高。新一代测序技术平台，具有高准确性、高通量、高灵敏度和低运行成本等突出优势，很快地被应用到传统基因组学（测序和注释）及功能基因组学 （基因表达及调控，基因功能，蛋白/核酸相互作用）研究。

随着第二代测序技术的发展，研究微生物群落与其所生活的环境或宿主的相互关系的学科——微生物群落学（microbiome）取得了突破性的发展，目前已经在土壤、污水等宏观环境或者人体肠道、皮肤等微环境中得到广泛应用。一个完整的微生物群落学的研究往往有以下几个阶段：样本采集、微生物 DNA（或者 RNA）文库构建、测序、测序数据的生物信息学分析和统计分析。

高通量测序产生大量的测序数据后，需要用复杂的生物信息学分析方法来协助解释测序结果。16S rRNA 基因高通量测序数据首先通过 QIME 或者 Mother 软件根据其提供的 piperline 对测序的原始数据进行如下处理，如不同样品序列分选（Split libraries）、双向测序序列拼接（fast length adjustment of short, Flash）、去除引物序列（Btrim）、去除序列中含有 N 的序列（Trim N）、去除嵌全体序列（U-Chine），将处理后的序列按照特定的标准进行分类（Uclust）、生成可分类操作单元表（Generate operational taxonomic units table）、对表中每个 OUT 指定分类学地位（Ribosomal Database Project classifier）。然后再通过 R 软件（https:// www. r-project.org/）对生成的可分类操作单元表（operational taxonomic units, OTU）做多样性分析、聚类分析、排序分析（principal component analysis, PCA）、对应分析（correspondence analysis, CA）、去趋势对应分析（detrended correspondence analysis, DCA）、主坐标分析（principal coordinate analysis, PCoA）、非度量多维尺度分析（non-metric multidimensional scaling, NMDS）、冗余分析（redundancy analysis, RDA）、典范对应分析（canonical correspondence analysis, CCA）、热图和显著性分析等统计学分析。

近年来，高通量测序技术也被应用到高砷地下水微生物群落的研究中。例如，Li 等（2014a）运用高通量 454 测序技术分析了内蒙古高砷地下水强还原区的水样和沉积物样中微生物的群落结构和多样性，发现高砷地下水中高砷样品与低砷样品中的微生物群落结构明显不同。采用生物信息学分析方法发现：砷是导致不同的微生物群落结构的关键环境因子，同时一些其他地球化学参数包括 TOC、SO_4^{2-}、SO_4^{2-} / TS 和 Fe^{2+}等也是导致微生物群落结构不同的重要因素（图 20-3-1）。

20.3.2 微生物功能基因多样性及定量分析技术

功能基因分析是应用 PCR 技术来扩增编码特定蛋白的基因。我们通常利用编码功能酶的功能基因保守序列设计引物或者特定功能基因的 DNA 探针，通过克

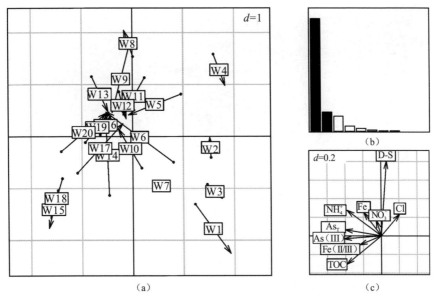

图 20-3-1 采用生物信息学分析高砷地下水中的微生物群落结构
与环境因子之间的关系（Li et al., 2015）

隆文库、PCR-DGGE、荧光原位杂交（fluorescence *in situ* hybridization, FISH）、实时荧光定量 PCR（RT-qPCR）和基因芯片等技术对功能基因进行多样性和定量分析。应用功能基因的分析方法，研究地下水环境微生物功能群落与其作用的地下水环境之间的关系，具有独特优势。

目前，基于第一代测序技术比较常用于分析地下水功能微生物多样性的功能基因研究方法主要是克隆文库技术和 PCR-DGGE 技术。关于克隆文库技术与 PCR-DGGE 技术的原理，已在 20.3.1 小节有介绍。目前，这两种技术已应用到高砷地下水功能微生物群落结构的研究中。例如，王艳红（2014）采用克隆文库技术对内蒙古河套盆地高砷地下水样品中的砷还原菌基因（*arrA*）进行了研究，发现河套地区高砷地下水中砷还原菌主要包括地杆菌、脱硫芽孢弯菌、产金菌和脱硫小螺体属（*Desulfurispirillum*），这些菌落多是能进行异化砷酸盐还原或者硫氧化的细菌。

Li 等（2014b）采用 PCR-DGGE 技术对高砷地下水中的硫酸盐还原菌功能基因 *dsrB* 进行了 DGGE 指纹图谱（图 20-3-2）分析，发现高砷地下水中的硫酸盐还原菌主要有脱硫肠状菌、脱硫叶菌、脱硫叠球菌和脱硫化杆菌属（*Desulfobacca*）。

当然，功能基因多样性的检测除了采用传统的第一代测序技术进行分析，也可以通过高通量的第二代测序技术进行，但由于某一特定的功能基因引物的通用性的局限以及功能基因自身有限多样性等原因，目前运用高通量技术分析地下水环境中功能微生物的研究还并不多见。

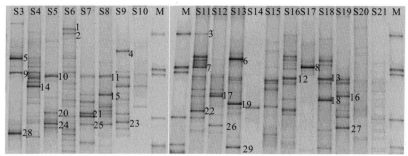

图 20-3-2　高砷地下水中的硫酸盐还原菌功能基因 *dsrB* 的
DGGE 指纹图谱（Li et al., 2014b）

运用实时荧光定量 PCR（RT-qPCR）技术可以分析地下水微生物群落及功能微生物的丰度。实时荧光定量 PCR（Q-PCR）技术是在普通 PCR 反应体系中加入荧光染料或荧光探针，利用荧光信号积累实时监测 PCR 扩增反应中每一个循环后扩增产物量的变化，最后通过标准曲线和扩增产物的荧光信号达到设定的阈值时，用所经历的循环次数（Ct）对未知模板进行定量分析。起始模板浓度的对数值与 Ct 值呈线性关系。因此，利用已知起始拷贝数的标准样品所做出标准曲线，通过样品扩增达到阈值时所用的循环数 Ct 值就可以计算出样品中所含的模板量。由于 qPCR 操作简便、快速高效，且敏感性强，该技术已被广泛应用于各类环境样品中的功能基因的丰度研究。

在高砷地下水系统中，由于砷的毒性及其活跃的化学性质，微生物参与砷迁移转化的功能基因众多，如砷的抗性基因 *arsC*、转运基因 *arsB* 和 *acr3*、好氧氧化基因 *aioA*、厌氧氧化基因 *arxA*、异化还原基因 *arrA*、甲基化基因 *arsM* 等（图 20-3-3）。除此之外，一些与其相关的功能微生物群，如硫酸盐还原菌（硫酸盐还原基因 *dsrB*）和产甲烷菌（产甲烷基因 *mcrA*），也可能参与地下水系统中砷的迁移转化（表 20-3-1）。通过对这些相关功能基因的定量分析及 20.3.1 小节所讲的文库分析，可以获悉原生高砷地下水系统中功能群落结构及其丰度，对微生物介导砷迁移转化提供有力证据。

通过功能基因的保守性设计引物进行 PCR 扩增，结合相应技术对功能微生物进行多样性和定量分析，可以获得大量有用信息。然而编码功能酶的基因广泛分布于微生物中且具有典型的序列多样性，所获得的序列之间的比对往往不能获得相应的分类学信息。正是由于功能基因的多样性，相应序列缺乏高度保守性，这使得设计用来检测新微生物中特定基因的通用引物受到限制。例如，在我们的研究中，常常会遇到这样的情况：即使功能基因相似性大于 90% 的微生物也有可能在系统分类上有较远的亲缘关系，而同一个属的微生物同种功能基因也可能有

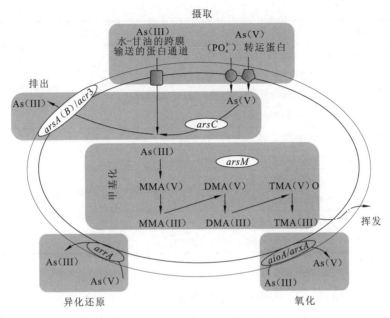

图 20-3-3　微生物介导砷迁移转化的不同机制（Slyemi and Bonnefoy, 2012）

MMA 为一甲基砷；DMA 为二甲基砷；TMA 为三甲基砷

表 20-3-1　砷及其相关功能基因的 qPCR 引物

功能	引物	引物序列（5'-3'）	片段	参考文献
aioA	aroA95F	TGYCABTWCTGCAIYGYIGG	500 bp	Jiang 等（2014）
	aroA599R	TCDGARTTGTASGCIGGICKRTT		
	aoxBMF	CCACTTCTGCATCGTGGGNTGYGGNTA	1 100 bp	Quemeneur 等（2010）
	aoxBM1R	GGAGTTGTAGGCGGGCCKRTTRTGDAT		
arxA	arxA_F	CCATCWSCTGGRACGAGGCCYTSG	260 bp	Zargar 等（2012）
	arxA_R	GTWGTTGTAGGGGCGGAAS		
arrA	as1F	CGAAGTTCGTCCCGATHACNTGG	625 bp	Song 等（2009）
	as1R	GGGGTGCGGTCYTTNARYTC		
arsC	amlt-42F	TCGCGTAATACGCTGGAGAT	334 bp	Sun 等（2004）
	amlt-376R	ACTTTCTCGCCGTCTTCCTT		
	smrc-42F	TCACGCAATACCCTTGAAATGATC	334 bp	
	smrc-376R	ACCTTTTCACCGTCCTCTTTCGT		
arsB	darsB1F	GGTGTGGAACATCGTCTGGAAYGCNAC	750 bp	Achour 等（2007）
	darsB1R	CAGGCCGTACACCACCAGRTACATNCC		

续表

功能	引物	引物序列（5'-3'）	片段	参考文献
*acr*3	dacr1F	GCCATCGGCCTGATCGTNATGATGTAYCC	750 bp	Achour 等（2007）
	dacr1R	CGGCGATGGCCAGCTCYAAYTTYTT		
	dacr5F	TGATCTGGGTCATGATCTTCCCVATGMTGVT	750 bp	
	dacr4R	CGGCCACGGCCAGYTCRAARAARTT		
arsM	arsMF1	TCYCTCGGCTGCGGCAAYCCVAC	324 bp	Jia 等（2013）
	arsMR2	CGWCCGCCWGGCTTWAGYACCCG		
dsrB	dsrp2060F	CAACATCGTYCAYACCCAGGG	350 bp	Li 等（2014a）
	dsr4R	GTGTAGCAGTTACCGCA		
mcrA	mlas	GGTGGTGTMGGDTTCACMCARTA	489 bp	Wang 等（2015）
	mcrA-rew	CGTTCATBGCGTAGTTVGGRTAGT		

比较低的相似性。虽然随着人们对功能基因序列认识的加深，引物多样性的增加，在多种环境中检测和鉴定这些基因也变得更加方便可靠。然而我们发现已有的引物对于微生物来说还是太过简并或太过特异性，使得还有一些新酶难以被发现。因此，上述基于 PCR 扩增的功能基因的多样性和定量分析技术需要与其他方法相结合，以增加其可靠性和准确性。

荧光原位杂交（FISH）技术是应用非放射性荧光物质依靠核酸探针杂交原理在核中或染色体上显示核酸序列位置，是单个细胞水平上分析微生物群落结构的常用分子生态学方法。该技术根据已公布的特定 DNA 分子特征位置序列，设计靶点寡核苷酸探针（通常为 15～30 bp 的单链 DNA 分子），在原位水平上用荧光标记探针并和样品杂交，在荧光显微镜下观察。该技术问世于 20 世纪 70 年代中期，开始多用于染色体异常的研究，因其具有特异性强、快速、精确，可实现原位动态观察和坚定等特点而在环境微生物学中得到广泛应用。近年来随着 FISH 探针种类的不断增多，使得该技术逐步应用于各种领域原位单个细胞的鉴定，可进行特定种属或功能基因的检测，同时还被应用于环境中微生物群落结构及其动态演化的研究。例如，Zwirglmaier 等（2004）利用 FISH 成功地在单个细胞中检测抗生素基因的拷贝数。

近年来，也有人将 FISH 技术和同位素技术结合，发展了显微放射自显影技术（FISH-microautoradiography，FISH-MAR）、FISH-亚离子吸收光谱法（FISH-secondary ion mass spectrometry，FISH-SIMS）等技术（Orphan et al., 2009; Schmid et al., 2005），这些技术将同位素标定微生物代谢过程中需要的基质，再通过荧光检测，跟踪微生物活动的代谢过程。目前，这类主要应用于微生物参与 C、N 和 S 代谢活动过程的监测。例如，硫酸盐还原菌的活性可以通过在密闭的容器中加入 $Na^{35}SO_4$ 到已知硫化物含量的地下水中，在原位环境中孵育一段时间后，通过测量放射性强度来分析样品中硫的含量，以此来评价该环境中微生物的硫还原活性。由于放射性同位素检测十分灵敏，在待测地下水样品中仅加入少量放射性底物，或者加入的底物转化率非常低的情况下均可以检测到微生物参与的转化量。

　　基因芯片技术（gene chip，DNA chip）又称 DNA 微阵列（DNA microarray）是指将千万个核酸分子探针所组成的微点阵阵列固定在固相载体上很小面积内，在一定条件下，载体上的探针与来自样品的序列互补的核酸片段杂交。通过在专用的芯片阅读仪上检测每个探针分子的杂交信号强度进而快速获取样品分子的数量和序列信息。基因芯片技术是 *Science* 杂志 1991 年首次提出，它作为生物芯片技术一个发展最完备的分支，具有检测迅速、高效、通量大等特点，已经成为国内外相关研究领域备受欢迎的技术手段。基因芯片技术在环境微生物的研究中不需要知道微生物基因的保守序列，并且可以根据不同种群的同一功能组基因序列的多态性来检测微生物群落在环境样品中的分布。目前该技术已应用到高砷地下水的研究。Li 等（2017）采用第五代基因芯片技术（GeoChip 5.0）通过对高砷地下水中微生物样品进行了研究，发现高砷样品和低砷样品中微生物与 As、S、Fe、C 和 N 等元素代谢的多种功能基因丰度有显著差异。

　　运用高通量测序和基因芯片技术对微生物群落结构和功能基因分析，准确度高，对环境微生物群落的主要物种的识别真实、可靠，结合先进的生物信息学方法可以发现新物种，但其分析方法较为复杂，并且由于通量的限制，信息深度、定量性还不够好，不易发现群落中丰度较低的微生物。要全面地反映环境样品的信息，仍然需要结合传统的分析方法。

20.3.3　（宏）基因／转录组学技术

　　20.3.2 小节介绍了对环境样品的某些特定基因，如对 16S rRNA 基因进行研究，通过某些特定基因的研究能了解环境样品的微生物群落或者功能群落的结构和多样性，但对微生物群体的功能和代谢机制的认识仍然十分局限。近年来，随着现代分子生物学技术的不断革新，基因组学（genomics）和宏基因组学（metagenome）应运而生，开启了环境微生物学的新方向。

1.　基因组学技术

　　基因组学是研究生物基因组的组成、组内各基因的精确结构、相互关系及表达调控的科学。基因组学、转录组学、蛋白质组学与代谢组学等一同构成系统生物学的组学（omics）生物技术基础。基因组研究通常包括两方面的内容：以全基因组测序为目标的结构基因组学（structural genomics）和以基因功能鉴定为目标的功能基因组学（functional genomics），又被称为后基因组（postgenome）研究，是系统生物学的重要方法。结构基因组学是生物体的整体水平上（如全基因组、全细胞或完整的生物体）测定出全部蛋白质分子、核酸、多糖等与其他生物分子复合体的精细三维结构，以便人们有可能在基因组学、蛋白质组学、分子细胞生物学以至生物体整体水平上理解生命的原理。功能基因组学研究成为研究的主流，它从基因组信息与外界环境相互作用的高度，阐明基因组的功能，研究包括基因组表达与调控、基因功能信息的识别和鉴定、基因多样性等。基因组学出现于 20 世纪 80 年代，20 世纪 90 年代随着几个物种基因组计划的启动，基因组学取得了长足发展。目前在环境微生物中的应用主要集中在功能基因组学方面，即着重研究基因组信息与环境因子的相互作用。

1998 年，Handelsman 首次引入宏基因组的概念，意思是指生境中全部微生物基因组的总和（the genomes of the total microbiota found in nature）。全基因组测序（whole genome sequencing），是对一个物种和个体的基因组中的全部基因进行测序。随着新一代高通量低成本测序技术的使用，科学家可以对环境中的所有物种的基因组进行测序，在获得海量的测序数据后，全面地分析微生物群落结构和基因功能，宏基因组学得到迅猛发展。例如，Inskeep 等通过全基因组测序对黄石公园不同高温热泉中微生物群落结构和功能进行研究，发现热泉本身所具有地球化学参数如 pH、溶氧、硫化物、铁等显著影响着微生物的群落与功能以及从高温酸性热泉铁的沉淀物中发现一个新的古菌门类 Geoarchaeota（Inskeep et al., 2013; Kozubal et al., 2013; Inskeep et al., 2010）。

2. 宏基因组学技术

宏基因组学又称环境基因组学，它是通过直接从环境样品中提取全部微生物的 DNA，构建宏基因组文库，利用基因组学的研究策略研究环境样品所包含的全部微生物的遗传组成及其群落功能。该技术在不依赖实验室培养的条件下，从天然环境中直接提取所有微生物的核酸序列，对微生物群体的结构和功能进行研究。也就是说，通过测序的手段，对研究对象环境中所有的微生物基因组序列进行分析，找出该生境中的优势菌群，以及它们与环境因子之间相互作用。宏基因组文库为我们提供了一个存在大量有应用潜力的功能基因库，研究宏基因组库不仅能最大限度地挖掘微生物资源，还能全面地解析复杂环境中微生物群体的功能和代谢机制。宏基因组学不仅克服了微生物难以培养的困难，还从群落结构水平上全面认识微生物的生态特征和功能开辟了新的途径。目前，微生物宏基因组学已经成为微生物研究的热点和前沿，广泛应用于气候变化、水处理工程系统、极端环

境、人体肠道、石油污染修复、生物冶金等领域，取得了一系列引人瞩目的重要
成果。例如，2016 年，科学家重建了来自美国科罗拉多州的含水土层沉积物和地
下水样本的超过 2 500 种微生物基因组（Anantharaman et al., 2016），并发现了来
自超过80%已知细菌种类的基因组，在同一地点如此程度的生物多样性是惊人的。
他们还发现了 47 种新的细菌种群，并以很多有影响的微生物学家和其他科学家的
名字命名。科学家发现，碳、氢、氮、硫循环都是由代谢交换驱动，而代谢交换
极度依赖于各种微生物的互相联系作用。绝大多数的微生物不能独自地充分减少
某些成分，而是需要团队合作。还有一些起备用作用的微生物，如果第一梯队的
微生物无法进行代谢交换，它们就会执行代谢交换，直观表现了令人惊讶的多样
性。所有已知的主要细菌种群都由"生命树"圈中的楔形代表。

　　相对基于 16S rRNA 基因的群落结构分析和纯菌株的分离培养，宏基因组学
在高砷地下水系统中的应用能够在空间角度更加全面而深刻地揭示微生物群落在
砷迁移转化过程中扮演的作用，为高砷地下水的微生物修复技术提供依据。由于
宏基因组学测序对基因组 DNA 在总量和质量方面都要求较高，通常需要在采样
过程中加大地下水或者沉积物中微生物的采样量，在提取 DNA 的方法上也根据
地下水和沉积物样采用不同的方法。目前，基因组学和宏基因组学采用的测序手
段主要是 Illumina 测序，测序费用也逐渐商业化。通过测序获得海量的数据，需
要采用生物信息学和系统生物学的方法对数据进行分析。宏基因组学分析主要包
括群落基因组组装、基因组分装、基因预测、功能注释。主要可注释的功能数据
库包括 KEGG、eggNOG 和 Go 数据库等。基于注释结果，可构建群落中微生物
种群的代谢通路及不同五物种间的功能交互，对于多个群落可完成群落间的功能
差异分析。此外可以通过 R 软件对解析出来的数据进行统计学分析和可视化作图
（https:// www.r-project.org/），如相关性分析、差异分析、多样性分析、聚类分析、
排序分析、热图等。

　　上述基于基因组 DNA 的宏基因组学揭示了微生物群落所包含的代谢潜能。
但由于 DNA 比较稳定，不易降解，上述基于基因组 DNA 的微生物群落结构分析
方法并不能监测微生物的实时活力及代谢状态。而微生物细胞中产生的 rRNA 量
与活细胞量有直接关系，能直接反映细菌的生长活性，通过分析反转录获取的样品
cDNA 生物信息的方法，研究环境样品中 RNA 转录本的组成，能够直接检测转录
的活性基因，描述微生物群落中的代谢活性群落。因此，在宏基因组学的基础上，
又发展了基于 mRNA 分子水平的宏转录组学（metatranscriptomics）。宏转录组学
也称元转录组学，是从 RNA 水平研究基因表达的情况，研究整个微生物群落在某
一功能状态下基因组产生的全部转录物的种类、结构和功能、不同微生物构成的群
落及其相互关系。开展宏转录组学首先需要从环境中提取微生物样品总 RNA，再

利用减除杂交法去除 rRNA 富集 mRNA，然后采用随机引物进行反转录 RT-PCR，获得 cDNA 模板，构建 cDNA 文库，再进行高通量的测序。Poretsky 等在 2005 年率先开展了宏转录组学研究，成功地对海洋和淡水的浮游细菌群落进行了基因表达分析，为后续大量的宏转录组学研究工作奠定了基础。目前，宏转录组学的研究方法已在水体微生物、土壤微生物和肠道微生物领域得到应用。但由于地下水环境中微生物量相对较少，RNA 的提取和 mRNA 富集存在较大困难，开展的相关研究至今还比较少见。

20.3.4 蛋白质（酶）分子及组学分析技术

1. 蛋白质的分离纯化与结构鉴定方法

酶是生命活动的重要组成部分，是体内新陈代谢途径的激动者和调节者。高砷水环境中微生物中存在着各种功能的酶，与微生物体内错综复杂的化学反应密切相关。对微生物酶的理化性质、作用规律、结构和功能的研究，有助于我们深刻地理解微生物在高砷水环境中的功能作用。

现有的技术手段并不能做到在细胞体内研究酶的结构和功能，通常需要从细胞中分离纯化酶。目前分离纯化酶最常用的方法是沉淀法。沉淀法操作简便，成本极低，主要包括盐析法、有机溶剂沉淀法、热变性沉淀法和等电点沉淀法等。另外，凝胶过滤柱层析分离法根据蛋白质大小差异，也广泛应用于蛋白质的纯化。还有其他的酶纯化方法，如离子交换柱层析法，该方法利用不同的蛋白质表面的带电荷部分与具有相反电荷的离子交换剂吸附强弱不同这一原理，可选择不同的洗脱剂强度，使得蛋白质进行分离。在实际研究中，活菌体内的蛋白质种类过多，成分极其复杂，仅用一种方法无法做到高特异性地分离目的酶，因此常采用多种方法联合使用来纯化天然酶。例如，Del Giudice 等（2013）采用 Resource Q 阴离子交换层析柱和 Superdex 75 凝胶层析结合的方法从嗜热菌（*Thermus thermophiles*）HB27 中纯化砷还原酶，最终得到纯度较高的砷还原酶。经研究后发现，纯化后的酶不仅具有砷还原的功能，还有较弱的磷酸酶功能。

将蛋白质分子根据亲和性的不同进行分离纯化的方法被称为亲和层析。亲和层析与其他的纯化方法相比，特异性高，纯化量大，操作简单，损失少，是非常理想的一种高效分离方法。但是与酶特异性结合的分子比较难以筛选，使得该方法应用难度较大。随着分子生物学的发展，新的方法使得亲和层析更易实现：对酶的基因扩增后进行异源表达，在异源表达的过程中人工添加标签置于目的蛋白末端，从而使得表达后的酶带有"尾巴"，可以与其他分子特异性结合，便于进行亲和层析。例如，2006 年，Qin 等从沼泽红假单胞菌（*Rhodopseudomonas palustris*）克

隆得到砷甲基化酶 *arsM* 的基因，将该酶的基因整合到大肠杆菌（*E. coil*）的基因组上进行异源表达。因为在整合过程中在 *arsM* 的基因上添加了组氨酸标签，所以诱导表达得到大量 *arsM* 后，利用 Ni Sepharose 亲和柱层析柱进行纯化得到纯度较高的 *arsM* 砷甲基化酶，用于进一步研究。

　　酶的独特结构决定了它的功能多样性，酶的催化中心的结构更是对其催化活力有决定性功能。因此对酶结构的研究也是必不可少的。在纯化得到目的酶之后，可以通过多种方法对酶的各级结构进行分析，寻找酶结构和功能的对应关系。

　　蛋白质的一级结构通常采用蛋白谱图法，二级结构通常采用光谱法，包括圆二色谱法和红外光谱法等。目前较为成熟的是第三代预测方法：运用长程信息和蛋白质序列的进化信息进行综合比对，首先预测出蛋白质的结构类型，然后再预测其二级结构。蛋白质三级结构现阶段的测定方法主要有 X 射线晶体衍射和核磁共振技术。其中 X 射线晶体衍射分析主要步骤包括晶体培养、数据收集和处理、测定相位、相位的改进、电子密度图的计算解释和结构模型修正。目前，与砷代谢相关的酶结构陆续被鉴定。例如，2001 年，Martin 等利用 X 射线衍射的方法，首次鉴定了砷还原酶 *arsC* 的三维结构，找到了 *arsC* 与底物砷的结合位点，证明了 Cys12 是催化位点的关键氨基酸。现在 X 射线晶体衍射的技术已经很成熟，但是很多纯化酶的高质量的晶体很难以获得，使得大量酶的三维结构无法获得。因此，通过计算机模拟三维结构的方法正在被越来越多研究者应用。目前最常用的两种预测方法是计算穿线法和同源建模法。例如，Osborne 等（2013）以已知的类产碱菌（*Alcaligenes faecalis*）的砷氧化酶（PDB code:1g8j）为模板，运用 modelller 软件采用同源建模的方法对来自于极地单胞菌（*Polaromonas* sp.）的砷氧化酶 GM1 Aio 结构进行模拟。根据模拟的 GM1 Aio 三维结构，推测其亲水核心包被于疏水残基之中，研究结果有助于提高该酶的低温稳定性（图 20-3-4）。

2. 酶动力学分析方法

　　在地下水中的环境中，微生物参与元素氧化还原过程主要是通过自身合成的酶的催化来实现的。通过对酶功能的研究，有助于加强对微生物作用下的地球化学过程理解，我们通常对酶的催化动力学进行研究。酶催化动力学是讨论酶促反应的速度问题，研究各种因素（包括温度、pH、效应物等）对反应速率的影响。对酶作用动力学进行研究，探讨由反应物转变产物的一系列中间步骤，进一步了解反应机理。1913 年 Michealis 和 Menten 建立了酶促反应动力学的米氏方程，1925 年 Briggs-Haldane 对米氏方程进行修正，最终确定了酶促反应动力学的模型。公式如下所示：

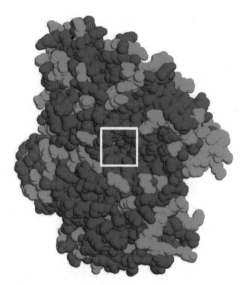

图 20-3-4 采用同源建模的方法模拟 *Polaromonas* sp.的砷氧化酶
GM1 Aio 三维结构（Osborne et al., 2013）

$$V_0 = \frac{V_{max}[S]}{K_m + [S]} \qquad (20\text{-}3\text{-}1)$$

其中：V_{max} 是底物被酶饱和时的反应速率；[S] 为底物浓度；K_m 为米氏常数。米氏常数的数值相当于酶仅具有一半活性时的底物浓度，即使反应条件中其他因素如温度、pH 等发生改变时，K_m 值也是稳定的。K_m 相当于酶的特征值，具有重要的生物学应用意义。目前已经有很多学者研究了与砷迁移有关酶的酶促反应动力学（表 20-3-2）。

表 20-3-2 砷氧化还原酶的酶促反应动力学参数

功能酶	微生物	V_{max}/[μmol/ (min·mg)]	K_m/（mmol/L）	参考文献
砷还原酶	金黄色葡萄球菌（*Staphylococcus aureus*）	0.45	2	Ji 等（1994）
砷还原酶	硒还原芽孢杆菌（*Bacillus selenitireducens*）	2.5	0.034	Afkar 等（2003）
砷氧化酶	节杆菌（*Arthrobacter* sp.）	2.45	0.026	Prasad 等（2009）
砷还原酶	鱼腥藻（*Anabaena* sp.）	5.6	16.0	Pandey 等（2013）
砷氧化酶	极地单胞菌（*Polaromonas* sp. str.）	12.16	0.111 7	Osborne 等（2013）

3. 蛋白质组学分析方法

地下水环境中极为复杂，要探究微生物对环境的作用，仅仅依靠研究纯菌的单个酶是不够的，对于环境中的复杂样品可以利用蛋白质组学这一工具开展。当与宏基因组学方法相结合时，蛋白质组学是一种强力有效的补充工具，不仅能够评价环境中的发育多样性和功能基因多样性，而且在基于核酸检测的方法上可以了解相关新陈代谢过程发生的时间和位置。因此，作为后基因组时代重要的研究方法，蛋白质组学技术的发展对地下水环境中微生物的代谢机制的研究将起到巨大的促进作用。

蛋白质组（proteome）概念由澳大利亚科学家 Wilkins 和 Williams 1994 年在意大利科学会议上首次提出，指基因组表达的所有相应的蛋白质，即细胞、组织或机体全部蛋白质的存在及其活动形式。蛋白质组与基因组相对应，也是一个整体的概念，它是在组织、细胞的整体蛋白质水平上，探索蛋白质作用模式、功能机理、调节控制以及蛋白质群体内的相互关系，从而获得细胞代谢过程及调控网络的全面而深入的认识，以揭示生命活动的基本规律。这种方法的研究策略通常分为蛋白质提取、蛋白质分离和分析及质谱鉴定。首先需要从环境样品中提出所有的蛋白质片段，再用胰蛋白酶溶解消化，然后利用质谱来分析肽段的序列（Ram et al., 2005）。这种方法既可以直接分析整个环境中的样品，也可以分析从蛋白电泳中分离得到的小蛋白集团。当蛋白质组学研究应用于纯培养微生物中时，可以揭示砷对细胞代谢和基因表达的影响。2007 年，Patel 等将二维电泳技术与 MALDI-TOF 技术联用来分析 *Pseudomonad* sp. strain As-1（耐砷菌）分别在高砷和无砷条件下的蛋白质组特征。经过比较后发现，在不同条件下共有 10 种蛋白质的表达量有所差别，其中有 4 种与磷酸盐结合相关的蛋白质在高砷条件下表达量会显著升高，因此推测砷可能是通过磷酸盐特异转运系统（Pst）进入细胞的，或者更有可能是通过特异性较低的无机磷酸盐转运系统（Pit）进入的（Patel et al., 2007）。

20.3.5　基于代谢水平的稳定同位素探测技术和代谢组学技术

前面讨论的基于基因水平的分子生物学技术虽然能为我们提供大量的物种信息，并推测微生物与环境之间的相互作用和代谢过程，但难以提供直接的有关微生物与环境间相互作用及其代谢功能信息。如何将微生物群落与其功能直接联系起来，是一直以来备受学界关注的科学问题。在微生物代谢过程中，采用稳定性同位素探测技术标记的微生物标志物，从而完成对微生物代谢过程的跟踪监测，有效地将微生物的组成和功能联系起来，在群落水平上揭示复杂环境中某种微生物代谢过程的分子机制。

1. 稳定同位素探测技术

稳定同位素探测（stable isotope probing，SIP）技术的基本原理是微生物以经同位素标记过物质为碳源或氮源进行物质代谢，稳定同位素化合物进入微生物体内，参与各类物质的代谢活动，合成核酸（DNA 和 RNA）及磷脂脂肪酸（phospholipid fatty acid，PLFA）等，然后提取、分离、纯化、分析这些微生物体内稳定性同位素标记的生物标志物，就可以得到具有利用该种氮（^{15}N）源、碳（^{13}C）源或硫（^{34}S）源的具有特殊功能的活性微生物的分子生物学信息，从而将微生物的组成与其功能联系起来。运用该技术需要使用氯化铯-溴化乙锭密度梯度超高速离心机分离得到被稳定性同位素标记过的核酸，或者 GC-IRMS 分析 PLFA 图谱。SIP 技术是一项具有广泛应用前景的技术，目前已在地质微生物学领域中得到广泛应用，提供了许多关于参与重要地球化学循环过程的关键微生物功能种群的多样性和功能等有用信息。例如，Héry 等（2015）通过 SIP 技术对柬埔寨高砷地下水环境中全新世和更新世沉积物进行分析，发现全新世沉积物中新陈代谢活跃的微生物群落主要为铁还原菌和砷还原菌，而且更新世的沉积物在外加碳源的情况下是能够释放砷到地下水中。

SIP 技术也有许多不足之处，如对于多碳源利用方式的微生物，存在 ^{13}C 在细胞内会被稀释，或者因为因目标微生物死体被分解而致使 ^{13}C 转移到其他微生物体内；另外大多数 SIP 技术实验只能在微宇宙中进行，并不能完全代表微生物生长的实际原位环境条件。因此，该技术仍然需要结合其他技术。

2. 微生物代谢组学技术

微生物代谢组学（metabolomics 或 metabonomics）是继基因组学、转录组学和蛋白质组学之后兴起的系统生物学的一个新的分支，是通过考察生物体系在经过某个特定的基因变异或环境变化后，代谢产物图谱及其动态变化的一种技术。该技术运用核磁共振、质谱或色谱等检测代谢物的种类、含量、状态及其变化，得到代谢指纹图谱，而后通过生物信息学分析，研究相关代谢途径及其转化规律，以阐述生物体对环境响应的机制。与转录组学和蛋白质组学等其他组学相比，代谢组学具有以下优点：①基因和蛋白质表达的微小变化会在代谢物水平得到放大；②代谢组学的研究不需进行全基因组测序或建立大量表达序列标签的数据库；③代谢物的种类远少于基因和蛋白质的数目。目前微生物代谢组学已经成功地应用于微生物降解环境污染物代谢途径等方面。例如，Callaghan（2013）通过微生物代谢组学详细地剖析了有机物的厌氧降解途经，并提倡多技术联合使用来评价有机物生物降解的原位修复效果。

地质微生物学是一个近年来发展起来的极具发展空间的新兴交叉学科，目前已成为地球科学和生命科学研究的热点。地质微生物学的发展，让我们更加全面深刻地认识了各元素的地球化学过程。尤其是近年来新发展起来的现代分子生物学技术以及生物信息学技术，将我们对微生物地球的认识扩展到一个前所未有的深度和广度。地质微生学的研究方法应用到高砷地下水的研究，必将成为今后研究的有力工具，在很大程度上丰富高砷水成因理论，同时为高砷水的生物修复拓展广阔的空间。

参 考 文 献

王艳红, 2014. 河套平原强还原高砷地下水系统微生物分子生态学研究[D]. 武汉: 中国地质大学(武汉).

ACHOUR A R, BAUDA P, BILLARD P, 2007. Diversity of arsenite transporter genes from arsenic-resistant soil bacteria[J]. Research in microbiology, 158(2): 128-137.

AFKAR E, LISAK J, SALTIKOV C, et al., 2003. The respiratory arsenate reductase from *Bacillus selenitireducens* strain MLS10[J]. FEMS microbiology letters, 226(1): 107-112.

AMANN R I, 1995. Fluorescently labelled, rRNA-targeted oligonucleotide probes in the study of microbial ecology[J]. Molecular Ecology, 4(5): 543-554.

ANANTHARAMAN K, BROWN C T, HUG L A, et al., 2016. Thousands of microbial genomes shed light on interconnected biogeochemical processes in an aquifer system[J]. Nature communications, 7: 13219.

BEEMAN R E, SUFLITA J M, 1989. Evaluation of deep subsurface sampling procedures using serendipitous microbial contaminants as tracer organisms[J]. Geomicrobiology journal, 7(4): 223-233.

BLUM J S, HAN S, LANOIL B, et al., 2009. Ecophysiology of "*Halarsenatibacter silvermanii*" strain SLAS-1[T], gen. nov. , sp. nov. , a facultative chemoautotrophic arsenate respirer from salt-saturated Searles Lake, California[J]. Applied and environmental microbiology, 75(7):1950-1960.

BOETIUS A, RAVENSCHLAG K, SCHUBERT C J, et al., 2000. A marine microbial consortium apparently mediating anaerobic oxidation of methane[J]. Nature, 407(6804): 623-626.

BRIGGS G E, HALDANE J B S, 1925. A note on the kinetics of enzyme action. Biochemical journal, 19(2): 338.

CALLAGHAN A V, 2013. Metabolomic investigations of anaerobic hydrocarbon-impacted environments[J]. Current opinion in biotechnology, 24(3): 506-515.

DAS S, LIU C C, JEAN J S, et al., 2016. Effects of microbially induced transformations and shift in bacterial community on arsenic mobility in arsenic-rich deep aquifer sediments[J]. Journal of hazardous materials , 310:11-19.

DEL GIUDICE I, LIMAURO D, PEDONE E, et al., 2013. A novel arsenate reductase from the bacterium *Thermus thermophilus* HB27: Its role in arsenic detoxification[J]. Biochimica et Biophysica Acta (BBA)-Proteins and Proteomics, 1834(10):2071-2079.

DUMONT M G, MURRELL J C, 2005. Stable isotope probing—linking microbial identity to function[J]. Nature reviews microbiology, 3(6): 499-504.

EHRLICH H L, 2002. Geomicrobiolgy[M]. New York: Marcel Dekker.

FISHER J C, WALLSCHLAGER D, PLANER-FRIEDRICH B, et al., 2008. A new role for sulfur in arsenic cycling[J]. Environmental science and technology, 42(1): 81-85.

GORRA R, WEBSTER G, MARTIN M, et al., 2012. Dynamic microbial community associated with iron-arsenic co-precipitation products from a groundwater storage system in Bangladesh[J]. Microbial ecology, 64(1): 171-186.

HÉRY M, RIZOULIS A, SANGUIN H, et al., 2015. Microbial ecology of arsenic-mobilizing C ambodian sediments: lithological controls uncovered by stable-isotope probing[J]. Environmental microbiology, 17(6): 1857-1869.

HOEFT S E, KULP T R, STOLZ J F, et al., 2004. Dissimilatory arsenate reduction with sulfide as electron donor: experiments with mono lake water and isolation of strain MLMS-1, a chemoautotrophic arsenate respirer[J]. Applied and environmental microbiology, 70(5):2741-2747.

HUNGATE R E, MACY J, 1973. The roll-tube method for cultivation of strict anaerobes[J]. Bulletins from the ecological research committee (17): 123-126.

INSKEEP WP, RUSCH DB, JAY Z J, et al., 2010. Metagenomes from high-temperature chemotrophic systems reveal geochemical controls on microbial community structure and function[J]. PLoS One, 5(3): e9773.

INSKEEP W P, JAY Z J, HERRGARD M J, et al., 2013. Phylogenetic and functional analysis of metagenome sequence from high-temperature archaeal habitats demonstrate linkages between metabolic potential and geochemistry[J]. Frontiers in microbiology, 4: 95.

JI G, GARBER E A, ARMES L G, et al., 1994. Arsenate reductase of Staphylococcus aureus plasmid pI258[J]. Biochemistry, 33(23):7294-7299.

JIA Y, HUANG H, ZHONG M, et al.2013. Microbial arsenic methylation in soil and rice rhizosphere[J]. Environmental science and technology,47(7): 3141-3148.

JIANG Z, LI P, JIANG D, et al.2014. Diversity and abundance of the arsenite oxidase gene *aio*A in geothermal areas of Tengchong, Yunnan, China[J]. Extremophiles, 18(1):161-170.

JIANG D, LI P, JIANG Z, et al., 2015. Chemolithoautotrophic arsenite oxidation by a thermophilic *Anoxybacillus flavithermus* strain TCC9-4 from a hot spring in Tengchong of Yunnan, China[J]. Frontiers in microbiology, 6: 360.

KOCAR B D, BORCH T, FENDORF S, 2010. Arsenic repartitioning during biogenic sulfidization and transformation of ferrihydrite[J]. Geochimica et cosmochimica acta , 74(3):980-994.

KOZUBAL M A, ROMINE M, JENNINGS R, et al., 2013. Geoarchaeota: a new candidate phylum in the Archaea from high-temperature acidic iron mats in Yellowstone National Park[J]. The ISME journal, 7:622-634.

LI M D, WANG Y X, LI P, et al., 2014a. δ^{34}S and δ^{18}O of dissolved sulfate as biotic tracer of biogeochemical influences on arsenic mobilization in groundwater in the Hetao Plain, Inner Mongolia, China[J]. Ecotoxicology, 23(10): 1958-1968.

LI P, LI B, WEBSTER G et al., 2014b. Abundance and diversity of sulfate-reducing bacteria in the high arsenic shallow aquifers of the Hetao Basin, Inner Mongolia[J]. Geomicrobiology journal, 31(1): 802-812.

LI P, WANG Y, DAI X, et al., 2015. Microbial community in high arsenic shallow groundwater aquifers in Hetao Basin of Inner Mongolia, China[J]. PloS one, 10(5): 1-21.

LI P, JIANG Z, WANG Y, et al., 2017. Analysis of the functional gene structure and metabolic potential of microbial community in high arsenic groundwater[J]. Water research, 123 (1): 268-276.

MARTIN P, DEMEL S, SHI J, et al., 2001. Insights into the structure, solvation, and mechanism of ArsC arsenate reductase, a novel arsenic detoxification enzyme[J]. Structure, 9(11): 1071-1081.

MUYZER G, DE WAAL E C, UITTERLINDEN A G, 1993. Profiling of complex microbial populations by denaturing gradient gel electrophoresis analysis of polymerase chain reaction-amplified genes coding for 16S rRNA[J]. Applied and environmental microbiology, 59(3): 695-700.

MCNABB J F, MALLARD G E, 1984. Microbiological sampling in the assessment of groundwater pollution[M]//BITTON G, GERBA C P. Groundwater pollution microbiology. New York: John Wiley & Sons.

MICHAELIS L, MENTEN M L, 1913. Die kinetik der invertinwirkung. Biochem. z, 49(333/369): 352.

ORPHAN V J, TURK K A, GREEN A M, et al., 2009. Patterns of 15N assimilation and growth of methanotrophic ANME-2 archaea and sulfate‐reducing bacteria within structured syntrophic consortia revealed by FISH‐SIMS[J]. Environmental microbiology, 11(7): 1777-1791.

OSBORNE T H, HEATH M D, MARTIN A C R, et al., 2013. Cold-adapted arsenite oxidase from a psychrotolerant *Polaromonas* species[J]. Metallomics, 5(4):318-324.

PANDEY S, SHRIVASTAVA A K, RAI R, et al., 2013. Molecular characterization of Alr1105 a novel arsenate reductase of the diazotrophic cyanobacterium *Anabaena* sp. PCC7120 and decoding its role in abiotic stress management in Escherichia coli[J]. Plant molecular biology, 83(4/5):417-432.

PATEL P C, GOULHEN F, BOOTHMAN C , et al., 2007. Arsenate detoxification in a *Pseudomonad* hypertolerant to arsenic[J]. Arch microbiol, 187(3):171-183.

PORETSKY R S, BANO N, BUCHAN A, et al., 2005. Analysis of microbial gene transcripts in environmental samples. Applied and environmental microbiology, 71(7): 4121-4126.

PRASAD K S, SUBRAMANIAN V, PAUL J, 2009. Purification and characterization of arsenite oxidase from *Arthrobacter* sp. [J]. Biometals, 22(5):711-721.

QIN J , ROSEN B P , ZHANG Y , et al., 2006. Arsenic detoxification and evolution of trimethylarsine gas by a microbial arsenite S-adenosylmethionine methyltransferase[J]. Proceedings of the national academy of sciences of the United States of America, 103(7):2075-2080.

QUEMENEUR M, CEBRON A, BILLARD P, et al., 2010. Population structure and abundance of arsenite-oxidizing bacteria along an arsenic pollution gradient in waters of the upper isle River Basin, France[J]. Applied environmental microbiology, 76(13): 4566-4570.

RADAJEWSKI S, INESON P, PAREKH N R, et al., 2000. Stable-isotope probing as a tool in microbial ecology[J]. Nature, 403(6770): 646-649.

RAM R J, VERBERKMOES N C, THELEN M P, et al., 2005. Community proteomics of a natural microbial biofilm[J]. Science, 308(5730):1915-1920.

SCHMID M C, MAAS B, DAPENA A, et al., 2005. Biomarkers for *in situ* detection of anaerobic ammonium-oxidizing (anammox) bacteria[J]. Applied and environmental microbiology, 71(4): 1677-1684.

SLYEMI D, BONNEFOY V , 2012. How prokaryotes deal with arsenic[J]. Environmental microbiology reports, 4(6):571-586.

SONG Z, ZHI X, LI W, et al., 2009. Actinobacterial diversity in hot springs in Tengchong (China), Kamchatka (Russia), and Nevada (USA)[J]. Geomicrobiology journal, 26(4): 256-263.

SUN Y, POLISHCHUK E A, RADOJA U, et al., 2004. Identification and quantification of *ars*C genes in environmental samples by using real-time PCR[J]. Journal of microbiological methods, 58(3): 335-349.

WANG Y H, LI P, DAI X Y, et al., 2015. Abundance and diversity of methanogens: Potential role in high arsenic groundwater in Hetao Plain of Inner Mongolia, China[J]. Science of the total environment, 515(1): 153-161.

WELDON J M, MACRAE J D, 2006. Correlations between arsenic in Maine groundwater and microbial populations as determined by fluorescence *in situ* hybridization[J]. Chemosphere, 63(3):440-448.

ZARGAR K, CONRAD A, BERNICK D L, et al., 2012. ArxA, a new clade of arsenite oxidase within the DMSO reductase family of molybdenum oxidoreductases[J]. Environmental microbiology, 14(7): 1635-1645.

ZWIRGLMAIER K Z, LUDWIG W, SCHLEIFER K H, 2004. Recognition of in dividual genes in a single bacterial cell by fluorescence *in situ* hybridization-RING-FISH[J]. Molecular microbiology, 51(1):89-96.

索　引